Handbuch Nautik
Navigatorische Schiffsführung

Herausgeber:
Prof. Dr. Bernhard Berking, Hamburg (ex: ISSUS/HAW Hamburg)
Kapitän Prof. Werner Huth, Oststeinbek (ex: ISSUS/HAW Hamburg)

Autoren:
Prof. Dr. Bernhard Berking, Hamburg (ex: ISSUS/HAW Hamburg)
Prof. Ralf Brauner, Jade Hochschule, Fachbereich Seefahrt, Elsfleth
Kapitän Hans-Hermann Diestel, Althof
Kapitän Prof. Werner Huth, Oststeinbek (ex: ISSUS/HAW Hamburg)
Prof. Dr.-Ing. Jürgen Majohr, Lambrechtshagen (ex: Universität Rostock, Institut für Automatisierungstechnik)
Dipl.-Ing. Ralf-Dieter Preuß, Bundesamt für Seeschifffahrt und Hydrographie, Hamburg
Dipl.-Ing. Jochen Ritterbusch, Bundesamt für Seeschifffahrt und Hydrographie, Hamburg
Dipl.-Wirt.-Ing. Günter Schmidt, Fachhochschule Flensburg
Prof. Dr. Christoph Wand, Jade Hochschule, Fachbereich Seefahrt, Elsfleth
Prof. Dr. Ralf Wandelt, Jade Hochschule, Fachbereich Seefahrt, Elsfleth
Prof. Hanno Weber, Hamburg (ex: HAW Hamburg)
Kapitän Dipl.-Ing. (FH) Gert Weißflog, Rostock
Kapitän Dipl.-Ing. Stefan Wessels (OStR), Staatliche Seefahrtschule Cuxhaven

Seehafen Verlag

Bibliographische Information der Deutschen Bibliothek:
Die Deutsche Bibliothek verzeichnet diese Publikation in der Deutschen Nationalbibliographie;
Detaillierte bibliographische Daten sind im Internet unter http://d-nb.de abrufbar.

Verlag:	DVV Media Group GmbH I Seehafen Verlag Postfach 10 16 09, D-20010 Hamburg Nordkanalstraße 36, 20097 Hamburg Telefon: +49 (0)40 - 237 14 02 Telefax: +49 (0)40 - 237 14 236 E-Mail: seehafen-verlag@dvvmedia.com Internet: www.dvvmedia.com, www.schiffundhafen.de
Verlagsleitung:	Detlev K. Suchanek
Lektorat und Herstellungskoordination:	Dr. Bettina Guiot (verantw.), Ulrike Schüring
Anzeigen:	Florian Visser
Vertrieb und Buchservice:	Riccardo di Stefano
Umschlaggestaltung:	Karl-Heinz Westerholt
Druck:	TZ-Verlag & Print GmbH, Roßdorf
Copyright:	© 2010 DVV Media Group GmbH, Hamburg

Das Buch einschließlich aller seiner Teile ist urheberrechtlich geschützt. Jede Verwertung außerhalb der engen Grenzen des Urheberrechtsgesetzes ist ohne Zustimmung des Verlages unzulässig und strafbar. Das gilt insbesondere für Vervielfältigungen, Mikroverfilmungen sowie die Einspeicherung und Verarbeitung in elektronischen Systemen.

ISBN 978-3-87743-821-3

Eine Publikation der DVV Media Group

Inhaltsverzeichnis

Vorwort 9

1	**Schiffsführung und Organisation des Brückenteams**	**11**
1.1	*Bridge Resource Management (BRM)*	11
1.1.1	Grundlagen	11
1.1.2	Definitionen...	12
1.1.3	Zielstellung des BRM	12
1.1.4	Prinzipien des BRM	13
1.1.5	Struktur und Hierarchie im Team...	14
1.1.6	Checklisten..	14
1.1.7	Vermeidung von Fehlerketten als Ursache von Unfällen	15
1.1.8	Verantwortung des Kapitäns...	15
1.1.9	Struktur und Aufgaben des BRM	17
1.2	**Reiseplanung**..	**21**
1.2.1	Rechtliche Vorgaben...	21
1.2.2	Typische Unfallsituationen..	28
1.2.3	Die praktische Umsetzung der *Richtlinien für die Reiseplanung* an Bord	30
1.3	**Navigieren mit einem Lotsen an Bord**	**37**
1.4	**Maßnahmen entsprechend den *Regeln guter Seemannschaft***	**40**
2	**Konventionelle Navigation**	**44**
2.1	**Terrestrische Navigation**	**44**
2.1.1	Leuchtfeuer und Seezeichen	44
2.1.2	Karten und Koordinaten..	48
2.1.3	Besteck- und Großkreisrechnung	53
2.1.4	Kurse und Kursbeschickung...	62
2.1.5	Terrestrische Ortsbestimmung	70
2.1.6	Gezeiten und Gezeitenströme..	77
2.1.7	Nautische Publikationen	88
2.2	**Astronomische Navigation**	**93**
2.2.1	Grundlagen	93
2.2.2	Astronomische Ortsbestimmung...	96
2.2.3	Astronomische Kompasskontrolle...	104

Inhaltsverzeichnis

3 Navigationssensoren 106

3.1 Elektronische Positionssensoren 106
- 3.1.1 GPS – Prinzip und charakteristische Parameter 106
- 3.1.2 GPS – Empfänger und Empfängerbedienung 109
- 3.1.3 GPS – Genauigkeit, Grenzen und Fehler 111
- 3.1.4 Weitere Navigationsverfahren: GALILEO, GLONASS, LORAN-C 116

3.2 Kursmessung 119
- 3.2.1 Kreiselkompassanlagen 119
- 3.2.2 Magnetkompasse 126
- 3.2.3 Weitere Kursmessanlagen 128

3.3 Tiefen- und Fahrtmessung 130
- 3.3.1 Hydroakustische Grundlagen 130
- 3.3.2 Tiefenmessanlagen (Navigations-Echolote) 131
- 3.3.3 Doppler-Fahrtmessanlagen (Doppler-Logge) 134
- 3.3.4 Elektromagnetische Fahrtmessanlagen (EM-Logge) 136
- 3.3.5 Weitere Fahrtmessanlagen 138

4 Systeme mit grafischen Displays: ECDIS, Radar und AIS 139

4.1 ECDIS 139
- 4.1.1 Prinzip, Komponenten und Funktionsweise 139
- 4.1.2 Zulassung und Vorschriften, Papierseekartenersatz 141
- 4.1.3 Elektronische Kartendaten 144
- 4.1.4 ECDIS-Funktionen (Übersicht) 150
- 4.1.5 Funktionen zur Kartendarstellung 151
- 4.1.6 Funktionen zur Reiseplanung 155
- 4.1.7 Funktionen zur Reiseüberwachung *(Route Monitoring)* 156
- 4.1.8 Überlagerung von Radar und AIS-Daten 161
- 4.1.9 ECDIS: Kompetenz, Kommunikation, Brückenprozeduren 162

4.2 Radar 163
- 4.2.1 Grundlagen und Aufgabe des Radars 163
- 4.2.2 Radarziele und ihre Darstellung 167
- 4.2.3 Bedienelemente und optimale Bildeinstellung 177
- 4.2.4 Radarnavigation 183
- 4.2.5 Radarbildauswertung zur Kollisionsverhütung 186
- 4.2.6 Automatische Zielverfolgung *(Target Tracking)* 197
- 4.2.7 Weitere Anzeigen im Radarbild 205
- 4.2.8 Zukünftige Entwicklung der Radartechnik: *New Technology Radar* 207

4.3	**Automatic Identification System *(AIS)***	**209**
4.3.1	Prinzip und technische Realisierung	209
4.3.2	Installation und Inbetriebnahme	210
4.3.3	Inhalt der *AIS*-Aussendungen	212
4.3.4	Bordbetrieb und Bedienung des *AIS*	213
4.3.5	Leistungsfähigkeit und Leistungsgrenzen von *AIS*	216
4.3.6	Nutzung von *AIS*-Informationen zur Navigation	217
4.3.7	Weitere Anwendungen	218
4.3.8	Long Range Identification and Tracking *(LRIT)*	219
5	**Kurs- und Bahnregelung**	**220**
5.1	**Kursregelung *(Heading control)***	**220**
5.1.1	Wirkungsweise der automatischen Kursregelung und charakteristische Parameter	220
5.1.2	Betriebsarten und Bedienung von Kursreglern	225
5.1.3	Leistungsmerkmale und -grenzen der automatischen Kursregelung	227
5.2	**Bahnregelung *(Track control)***	**228**
5.2.1	Wirkungsweise der automatischen Bahnregelung und charakteristische Parameter	228
5.2.2	Betriebsarten und Bedienung von Bahnregelungssystemen	229
5.2.3	Leistungen und Leistungsgrenzen	234
6	**Übergreifende Systeme**	**235**
6.1	**Integrierte Navigationssysteme (INS)**	**235**
6.1.1	Aufgaben und Struktur	235
6.1.2	*Alert Management* und Rückfallpositionen	239
6.2	**Schiffsdatenschreiber (VDR)**	**241**
6.2.1	Aufgabe und Wirkungsweise	241
6.2.2	Bedienung von Schiffsdatenschreibern	244
7	**Meteorologie und Grundlagen der Ozeanographie**	**247**
7.1	**Grundlagen der Meteorologie**	**247**
7.1.1	Luftdruck	247
7.1.2	Wind	248
7.1.3	Lufttemperatur	252
7.1.4	Luftfeuchte	253
7.1.5	Nebel	255
7.1.6	Wolken	256

7.2	**Allgemeine Zirkulation und Westwinddrift**	**258**
7.2.1	Tiefdruckgebiete an der Polarfront	259
7.2.2	Wettergeschehen um ein ideales Tief	262
7.2.3	Trog	264
7.2.4	Randtief und Teiltief	265
7.2.5	Hochdruckgebiete	267
7.2.6	Regionale Windsysteme	269
7.2.7	Kap-, Düseneffekt und Küstenführung	272
7.2.8	Wettererscheinungen an Küsten	273
7.2.9	Gewitter und Wasserhosen	274
7.2.10	Land-Seewind-Zirkulation	276
7.3	**Wetter der Tropen**	**277**
7.3.1	Intertropische Konvergenzzone	277
7.3.2	Passate	278
7.3.3	Monsunzirkulation	278
7.3.4	Tropische Wirbelstürme	279
7.4	**Wetter der Polarregionen**	**280**
7.4.1	*Polar Lows*	281
7.4.2	Katabatische Winde	281
7.4.3	Meteorologische Gefahren in Polarregionen	282
7.5	**Wetterinformationen**	**282**
7.5.1	Wetterbeobachtungen	282
7.5.2	Wetterkarten	283
7.5.3	Wetterwarnungen/GMDSS	286
7.5.4	Wetterberichte	286
7.5.5	GRIB-Daten	287
7.5.6	Routingservice	287
7.6	**Grundlagen der Ozeanographie**	**288**
7.6.1	Seegang	288
7.6.2	Meeresströmungen	294
7.6.3	Gezeitenströmungen	297
7.6.4	Meereis	299
7.7	**Tropische Wirbelstürme**	**304**
7.7.1	Entstehung	304
7.7.2	Anzeichen für die Annäherung eines tropischen Wirbelsturms	306
7.7.3	Jahreszeitliches Auftreten und Zugbahnen	307
7.7.4	Warnungen vor Wirbelstürmen	309
7.7.5	Ausweichmanöver vor tropischen Wirbelstürmen	311
7.8	**Meteorologische Reiseplanung**	**312**
7.9	**Wetter-*Routing* und wirtschaftliches Fahren**	**314**

8	**Seeverkehrsrecht**	**319**
8.1	Verordnung zu den *KVR*	319
8.2	Einleitung zu den *KVR*	321
8.3	Allgemeine Regeln *(Regel 1* bis *3 KVR)*	323
8.4	Ausweich- und Fahrregeln *(Regel 4* bis *10 KVR)*	327
8.5	Ausweich- und Fahrregeln *(Regel 11* bis *18 KVR)*	334
8.6	Verhalten von Fahrzeugen bei verminderter Sicht *(Regel 19 KVR)*	340
8.7	Sichtzeichen und Schallsignale der *KVR* (Auszug)	344
8.8	*Seeschifffahrtsstraßen-Ordnung (SeeSchStrO)*	348
8.9	Sichtzeichen und Schallsignale der *SeeSchStrO* (Auszug)	357
9	**Telekommunikation**	**361**
9.1	Betrieb des mobilen Seefunkdienstes	361
9.1.1	Funkausrüstungspflicht und Funkpersonal für Seeschiffe	361
9.1.2	Funkstellen, Frequenzzuteilung	362
9.1.3	Organisation des Funkbetriebs an Bord	364
9.2	Mobile Seefunkeinrichtungen – Funktechnik	366
9.2.1	*VHF-*, *MF-* und *HF-*Seefunkgeräte	366
9.2.2	*Inmarsat-*Schiffs-Erdfunkstellen	369
9.2.3	*EPIRBs*, *SARTs*, *NAVTEX-* und *EGC-*Empfänger	370
9.3	Sprechfunkdienst	372
9.3.1	Vorbereitung des Funkverkehrs – Funkanruf	372
9.3.2	*IMO SMCP* und *Internationales Signalbuch (ISB)*	373
9.3.3	Anruf und Verkehrsabwicklung	374
9.3.4	Not- und Sicherheitsverkehr im *VHF-*Bereich	378
9.4	Weltweites Seenot- und Sicherheitsfunksystem *(GMDSS)*	385
9.4.1	Grundelemente des *GMDSS*	385
9.4.2	Seegebiete und Teilsysteme des *GMDSS*	386
9.4.3	*GMDSS-*Betrieb an Bord: Funktionen und Alarme	392

Autorenvitae	405
Abkürzungsverzeichnis	409
Literaturverzeichnis	416
Stichwortverzeichnis	422

Vorwort

Das vorliegende „Handbuch Nautik – Navigatorische Schiffsführung" befasst sich ausführlich und fundiert mit allen für den navigatorischen Schiffsführungsprozess notwendigen Wissensbereichen Schiffsführung, Navigation, Meteorologie, Seeverkehrsrecht und Telekommunikation. Es werden sowohl bewährte konventionelle Verfahren als auch die zahlreichen technologischen Neuerungen für den täglichen Schiffsbetrieb und für den Notfall beschrieben. Im Verkehrsrecht wird die aktuelle Rechtsprechung erläutert.

Handbücher stellen ein wertvolles Instrument für die Schiffsführung dar. In erster Linie dienen sie als Informationsquelle, Nachschlagewerk und Entscheidungshilfe im Bordbetrieb. Sie bieten dem Nautiker – auf der Grundlage von Erfahrungen und technischem Verständnis – Problemlösungen und Verhaltensrichtlinien für den praktischen Betrieb und die Möglichkeit, Informationslücken zu schließen.

Im Zeitalter des Computers und der Automatisierung muss der Nautiker zur Lösung seiner Aufgaben im Bereich der navigatorischen Navigation kaum noch neue Informationen erarbeiten, z. B. durch Beobachtungen oder Berechnungen. Er muss vielmehr und vor allem die ihm verfügbaren Informationen auswählen, bewerten und auf Plausibilität überprüfen können. Er muss ein gerechtfertigtes Vertrauen in die Bordsysteme entwickeln, ohne sich blind auf die Anzeigen zu verlassen. Dazu bedarf es qualifizierter Hintergrundkenntnisse, ohne die seine Entscheidungen nicht fundiert sein können. Diese notwendigen Grundlagen vermittelt das vorliegende Werk.

Dieses Handbuch dient weiterhin Mitarbeitern in Reedereien, Schifffahrtsbehörden und anderen schifffahrtsbezogenen Institutionen als aktuelles Nachschlagewerk. Eine vielfältige Bedeutung wird es im Bereich der maritimen Ausbildung – also für Lehrende und Studierende an nautischen Ausbildungsstätten – erlangen.

Die Herausgeber konnten für die einzelnen Fachgebiete kompetente Experten aus nautischen Ausbildungsstätten, dem Bundesamt für Seeschifffahrt und Hydrographie und der Praxis als Autoren gewinnen. Die Autoren bieten die Gewähr dafür, dass die Themen umfassend, sachgerecht und praxisrelevant dargestellt werden.

Die Herausgeber danken den Autoren für ihr Engagement sowie für den Ehrgeiz, die Teile des Werkes zu einem Gesamtwerk zusammenzufügen. Sie danken auch der Geschäftsführung der DVV Media Group für die Bereitschaft, das Buch zu verlegen, sowie dem Produktmanagement und dem Lektorat für die konstruktive Unterstützung bei der Realisierung.

Hamburg, August 2010
Bernhard Berking   Werner Huth

www.shipandoffshore.net

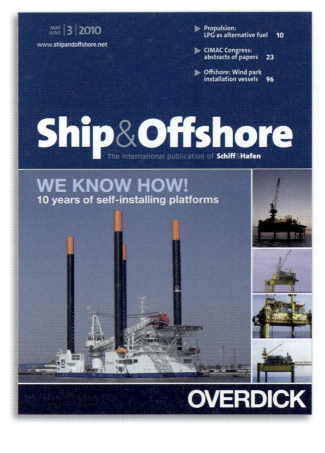

information often arrivals

since 2010 Ship&Offshore arrives 6 times a year

Ship&Offshore is your professional provider of news and information for all areas of the maritime sector, concentrating on shipbuilding, marine technology and offshore technology from the international point of view.

Free trial issue available! Just send us an email: service@shipandoffshore.net.

DVV Media Group

1 Schiffsführung und Organisation des Brückenteams

1.1 Bridge Resource Management (BRM)
Hans-Hermann Diestel, Werner Huth

Die Notwendigkeit einer qualifizierten Organisation auf der Brücke, eines *Bridge Resource Managements (BRM)* ist inzwischen allgemein anerkannt. Sie wird bereits auf vielen Schiffen konsequent umgesetzt. Unter anderem ist BRM im *Bridge Procedure Guide (Fourth Edition 2007)* [1.1.1] des *International Chamber of Shipping* enthalten. Auf den *Bridge Procedure Guide* wird, wie in Kapitel 1.2 dargelegt, u. a. in der britischen *Seekarte 5500* verwiesen, eine Seekarte, die für die Fahrt durch den Englischen Kanal bei Anwendung des britischen Seekartensystems zwingend zu benutzen ist.

Eine qualifizierte Organisation auf der Brücke hängt von vielen Faktoren ab, deshalb ist es schwierig, für alle Schiffe und Situationen allgemeingültige Grundsätze aufzustellen. Beispielhaft seien schiffstypisch genannt die sog. Zweiwachen-Schiffe (die neben den häufig üblichen Dreiwachenschiffen in Europa im Feeder-Dienst weit verbreitet sind) oder aber gebietstypisch die Situation im freien Seeraum gegenüber einer Situation in Küstennähe/auf einem Revier. Auf Dreiwachenschiffen geht der Kapitän manchmal bei nur zwei zusätzlichen nautischen Schiffsoffizieren eine eigene Wache mit, z. B. die 8-12-Wache, häufig ist er „wachfrei". Hinzu kommen Fähren im Küstenverkehr und Fischereifahrzeuge. Dennoch gibt es eine Reihe von Grundregeln, die allgemein zu beachten sind.

Bereits in den 1970er Jahren wurden Kurse zur besseren Reisevorbereitung und zur Verbesserung des Verhältnisses Kapitän – Lotse angeboten. Die Bemühungen zur Verbesserung des BRM mündeten in vielfältigen Lehrgängen zum *Bridge Resource Management* oder *Bridge Team Management*. Aktivitäten vieler Reedereien und Organisationen haben die Entwicklung des BRM vorangetrieben. Der in der Luftfahrt vollzogenen Entwicklung vom *cockpit* zum *Crew Resource Management* folgten verschiedene Organisationen in der Schifffahrt mit einer Erweiterung des *Bridge Resource Management* zum *Maritime Resource Management*. Damit existieren eine Reihe sehr unterschiedlicher Systeme, die eine Vereinheitlichung unter dem Dach der IMO erfordern. BRM-Kurse werden heute an vielen nautischen Ausbildungsstätten angeboten; allerdings sollte noch ein einheitlicher Standard durch eine Vorgabe der IMO erreicht werden.

1.1.1 Grundlagen

Trotz fehlender internationaler Vorschrift zum BRM bzw. zum *Bridge Team Management (BTM)* stellt das BRM eine anerkannte Regel der Technik dar und findet Eingang in Regelwerke wie *STCW (International Convention on Standards of Training, Certification and Watchkeeping for Seafarers*, 1978/95) [4.1.6] und *CFR (Code of Federal Regulations)* [1.1.2].

Selbstverständlich müssen in allen Situationen beachtet werden:
- die *Kollisionsverhütungsregeln* [4.2.6],
- die Bestimmungen für das sichere Gehen einer Seewache nach dem *STCW Code* [1.3.1],
- das *Ship Management System* nach *ISM Code*, soweit für das betreffende Schiff relevant (gilt z. B. nicht für NON-SOLAS-Schiffe) [1.1.3],
- ggf. zusätzlich interne Bestimmungen/Anweisungen der Reederei/des Charterers und
- üblicherweise die „Regeln guter Seemannschaft", die als „Stand der Technik" gelten.

Der Einhaltung des *STCW Codes* kommt bei allen Überlegungen zum BRM eine herausragende Bedeutung zu. Bei der Besetzung der Brücke während einer Seewache sind vornehmlich folgende Faktoren zu berücksichtigen:

1 Schiffsführung und Organisation des Brückenteams

- ein dafür qualifizierter Ausguck,
- Sichtweite und aktuelle Wetter- und Seegangsverhältnisse,
- Verkehrsdichte und andere Gegebenheiten des Seegebietes, in dem das Schiff navigiert,
- Navigation in Verkehrstrennungsgebieten oder in Küstenverkehrszonen (soweit Letzteres erlaubt ist),
- Erfahrung jedes wachhabenden Offiziers *(Officer Of the Watch = OOW)* einschließlich Vertrautheit mit der Ausrüstung des Schiffes, insbesondere mit der nautischen Ausrüstung auf der Brücke (ECDIS, Radar usw.), und mit den Manövriereigenschaften des Schiffes,
- Ausgeruhtheit der Brückenbesatzung unter Berücksichtigung der Aufgaben, die während der Seewache zu erledigen sind.

1.1.2 Definitionen

Entsprechend den unterschiedlichen Auffassungen zur Brückenorganisation werden sehr unterschiedliche Begriffe verwendet, z. B.:

- Brückenorganisation (besser: Organisation auf der Brücke oder Organisation der Brückenwache)/*Bridge Resource Management/Bridge Team Management*: Das effektive Management (Anleitung, Einsatz und Kontrolle) sowohl der Mitglieder des Brückenteams als auch der auf der Brücke vorhandenen Anlagen und Ausrüstung zur Schiffsführung.
- Teamleiter (gelegentlich auch „Wachleiter"): Ein Offizier mit Anordnungsbefugnis, der befähigt ist, die Mitglieder des Brückenteams während des jeweiligen Reiseabschnittes zu führen. Häufig übernimmt der Kapitän in Seegebieten mit hoher Verkehrsdichte, bei der Ansteuerung eines Hafens und der Lotsenübernahme diese Funktion. Es gibt aber eine Reihe von Schiffen, insbesondere Fähren, auf denen erfahrene wachhabende Offiziere solche Aufgaben wahrnehmen. Und auf den schon erwähnten Zweiwachenschiffen zwingt schon die Besetzung mit nur zwei Nautikern zu einem rationalen Einsatz.

In den nachfolgenden Ausführungen wird vom *OOW – Officer Of the Watch* (wachhabender Offizier) gesprochen. Dieser Begriff ist international eingeführt. Der OOW ist der nautische Offizier, welcher die Verantwortung für die Schiffsführung für die Dauer seiner Wache übernommen hat. Er hat Befehlsgewalt über die seinem Team angehörigen Mitglieder wie andere Schiffsoffiziere, Ausguck oder Rudergänger. Der OOW (Teamleiter) muss nicht zwingend der höchstrangige Offizier des Teams sein. Der Kapitän kann Teamleiter sein (und damit auch OOW), muss es aber nicht.

1.1.3 Zielstellung des BRM

Die Zielstellung der Organisation auf der Brücke ist die Führung des Schiffes mit größtmöglicher Sicherheit für den jeweiligen Reiseabschnitt. Voraussetzungen für die Realisierung einer „größtmöglichen" Sicherheit sind Teamarbeit sowie interne und externe Kommunikation, die Durchführung der erforderlichen Einweisungen, Belehrungen, Konsultationen, Kontrolle der Teammitglieder, regelmäßige Auswertungen zur Entwicklung der Teamarbeit sowie die Überprüfung der Nutzung der vorhandenen technischen Ressourcen auf der Brücke.

Die unabdingbare Voraussetzung dafür ist – in der Sprache der Psychologen – ein gemeinsames mentales Modell der Situation und des geplanten Vorgehens. Alle Mitarbeiter müssen eine gemeinsame Vorstellung davon haben, welches Ziel der Schiffsführer verfolgt und wie er es zu erreichen gedenkt. Dieses Ziel zu vermitteln ist ein wesentlicher Teil der Führungsaufgabe des Teamleiters. Dies gilt in Routinesituationen (Planung eines Anlegemanövers) ebenso wie in kritischen Situationen (Ausfall der Maschine in engem Tidegewässer) oder in Notfällen.

Entsprechend dem jeweils geplanten (Zwischen-)Ziel müssen die einzelnen Handlungen und Handlungsträger koordiniert und überwacht werden. Die gemeinsame Vorstellung über die nächsten Schritte zum Erreichen des Ziels fördert das selbstständige Handeln der Mitarbeiter. Vor allem aber ermöglicht erst das gemeinsame mentale Modell den Mitarbeiten in unklaren Situationen, ihre Fragen oder ihre Kritik an den Schiffsführer zu formulieren. Kurz aber anschaulich: Wenn ich nicht weiß, was der Kapitän vorhat, kann ich ihn nicht kontrollieren und auf mögliche Fehler aufmerksam machen. Eine unterschiedliche Vorstellung von den nächsten zu unternehmenden Schritten führt zu Missverständnissen und Fehlschlüssen. Dass dies in kritischen Situationen oder Notsituationen von besonderer Bedeutung ist, ist offensichtlich.

Die Ausführungen schließen aber Situationen nicht aus, in denen der Kapitän oder OOW unmittelbar handeln muss, um z. B. auf einem Revier eine Strandung oder eine Kollision mit einem entgegenkommenden Schiff zu verhindern, wenn aus zeitlichen Gründen eine Befragung bzw. Information des Teams nicht möglich ist.

Weitere Zielstellungen sind:
- Objektivierung der Organisation auf der Brücke und damit Verringerung des Einflusses subjektiver Auffassungen Einzelner. Die in der Gegenwart oft noch sehr persönlich geprägte Leitung des Teams durch den Kapitän entspricht nicht mehr den heutigen Bedingungen der Schifffahrt. Vor allem die zunehmende Größe und Geschwindigkeit der Schiffe und ihre immer komplexere Handhabung verlangen eine von allen Teammitgliedern verstandene und akzeptierte straffe und effiziente Organisation. Die letztendliche Entscheidungshoheit des Kapitäns wird davon nicht berührt.
- Schaffung einer Struktur, die gewährleistet, dass alle Hauptaufgaben, von der Reisevorbereitung bis zur Dokumentation, unabhängig vom Reiseabschnitt, von zu erwartenden Schwierigkeiten, auftretenden Problemen und Komplikationen und unabhängig von den jeweiligen Teammitgliedern, erfüllt werden können. Schulung der Teamleiter und Mitarbeiter in ihrem Verhalten muss Teil der Strategie zur Verbesserung der Teamarbeit an Bord jedes Schiffes, aber auch im gesamten Unternehmen, sein.

1.1.4 Prinzipien des BRM

Zum besseren Verständnis der folgenden Ausführungen müssen einige wichtige Grundsätze der Teamarbeit, die für die Brückenwache/das BRM unerlässlich sind, erwähnt werden:

Teams leisten mehr als Einzelpersonen. Das gilt nicht automatisch für eine Ansammlung von Personen, die zwar als Team bezeichnet werden, aber als Individuen agieren. An Bord von Seeschiffen ist eine klare Struktur und Hierarchie der Besatzung eingeführt, verursacht u.a. durch die Führung des Schiffes in schwerem Wetter und tropischen Wirbelstürmen. Eine eindeutige Aufteilung der Aufgaben und Verantwortung war und ist unverändert notwendig, damit eine Besatzung schnell und geschlossen zur Abwendung von Gefahren für Schiff, Ladung und Personen agieren kann. Die entscheidende Position in diesem System nimmt der Kapitän ein. Ungeachtet dessen sind Manöver in kritischen Situationen in der Regel nur dann erfolgreich, wenn eine Besatzung als Team funktioniert. Teamfähigkeit ist generell bei Menschen, somit auch bei Kapitänen und Schiffsoffizieren, unterschiedlich stark ausgeprägt; sie kann aber bei allen verbessert werden.

Voraussetzungen für die Teamarbeit sind:
- Kommunikationsfähigkeit,
- Respekt vor und Akzeptanz von anderen Teammitgliedern,
- Lernfähigkeit,
- Verlässlichkeit,

- Fähigkeit, auf neue Situationen, Anforderungen und Aufgaben flexibel reagieren zu können und
- Fähigkeit zur Selbstkritik.

Teamarbeit wird unter anderem durch Egoismus sowie unklare Zielstellungen, Strukturen und Aufgabenverteilungen beeinträchtigt oder verhindert. Deshalb ist es nicht ungewöhnlich, dass tief verwurzelter Individualismus bei charakterlich schwachen Kapitänen und Offizieren sowie bei solchen mit mangelnden Kenntnissen besonders ausgeprägt ist. Starken Persönlichkeiten fällt es leichter, mit anderen Besatzungsmitgliedern im Team zusammenzuarbeiten. Teamarbeit kann Panik in Notsituationen verhindern.

1.1.5 Struktur und Hierarchie im Team

Teams ersetzen nicht Strukturen und Hierarchien, aber sie ermöglichen und erleichtern die Zusammenarbeit über die erforderlichen formalen Strukturen hinaus. Die Struktur des Teams soll verhindern, dass die sichere Führung des Schiffes allein von den Entscheidungen einer Person, in der Regel des wachhabenden Offiziers, abhängt. Alle Entscheidungen und Anweisungen sind von anderen Teammitgliedern zu kontrollieren und ihre Effektivität ist zu überwachen. Jüngere Teammitglieder müssen ermutigt werden, Fragen zu stellen und Hinweise zu geben, wenn sie zu der Auffassung kommen, dass gegebene oder fehlende Anweisungen zum Beispiel zu notwendigen Kurs- und/oder Geschwindigkeitsänderungen die Sicherheit des Schiffes oder der Besatzung gefährden. Wissen und Erfahrung aller Teammitglieder sind für die Erfüllung der Zielstellung „größtmögliche Sicherheit" unverzichtbar. Die Kompetenz eines Mitarbeiters hängt nicht von seiner Position in der Hierarchie eines Teams ab. Dies gilt auch für die Schifffahrt allgemein (Land- und Bordbetrieb).

Kein Team kann Effizienz ohne Disziplin und gegenseitigen Respekt erzielen! Ohne gegenseitigen Respekt gibt es auch nicht die nötige interne Kommunikation, wird man nicht „miteinander reden". Das ist bei vielen Seeunfällen der Ausgangspunkt für das Entstehen der unbedingt zu verhindernden Fehlerketten. Gegenseitiger Respekt im Team ist auch die Voraussetzung für loyale Zusammenarbeit der Teammitglieder. Mangelnde Loyalität verhindert die Bildung von Teams. Die Mitglieder des Teams haben die Grundsätze der Teamarbeit zu verinnerlichen. Es muss eine ausreichende Zahl an Teammitgliedern zur Verfügung stehen, was häufig bei den sogenannten Zweiwachenschiffen wegen zu kleiner Besatzungen nicht der Fall ist.

Aber auch auf Dreiwachenschiffen kommt es am Tage bei guter Sicht und in freiem Seeraum häufig nicht zur Teambildung auf der Brücke, weil der OOW allein dort auf der Brücke steht und zusätzlich die Aufgaben des Ausgucks wahrnimmt. Dabei muss der OOW sicherstellen, dass es bei sich entwickelnden kritischen Situationen unverzüglich zur Teambildung kommen kann.

Standardisierte Regeln, die in Verfahrens- und Arbeitsanweisungen niedergelegt wurden, sind ein sicheres Fundament dafür, dass die Teammitglieder ohne Verunsicherung, ohne ablenkende Erwägungen und Diskussionen sowie ohne Zeitverlust einen Leitfaden für die Bewältigung schwierigster Situationen zur Verfügung haben. Standardisierte Regeln fördern die von der jeweiligen Situation unabhängige automatische Erfüllung wichtiger Aufgaben und gewährleisten damit die Effizienz des Brückenteams.

1.1.6 Checklisten

Von zunehmender Bedeutung sind auch auf der Brücke standardisierte Regeln, so z.B. Checklisten für verschiedene Situationen um das sichere Gehen einer Seewache. Beispielhaft seien erwähnt Checklisten für

- eine Wachübergabe,
- das Vertrautmachen mit den elektronischen Geräten auf der Schiffsbrücke (Radar, ECDIS, Kreiselkompass usw.),
- das Navigieren bei unsichtigem Wetter, bei Sturm oder im Eis,
- das Navigieren in Küstengewässern oder auf Hoher See,
- das Fahren mit Lotsen, Besprechung der Reisepläne.

(Siehe hierzu insbesondere den *ICS Bridge Procedure Guide*, der über 20 Checklisten für verschiedene Situationen enthält [1.1.4].)

Solche Checklisten können hilfreich sein, vor allem wenn man neu an die Aufgabe eines verantwortlichen wachhabenden Offiziers herangeführt wird. Sie können aber auch zu einer „lästigen Routine" werden, die nicht mehr mit vollem Ernst wahrgenommen wird, weil man sie insgesamt für überflüssig oder manche Formulierung darin für nicht mehr ganz zeitgemäß hält. Manchmal werden in der Praxis auf einer Checkliste ohne Überlegung Kreuze gemacht, wo immer ein entsprechendes Kästchen vorhanden ist, „weil dort einfach ein Kreuz erwartet wird". Das Lesen und ggf. Hinterfragen fällt aus. Hier kommt es sehr auf das Fingerspitzengefühl des Kapitäns an, den OOW für solche Aufgaben zu motivieren.

Standardisierte Regeln dürfen jedoch nicht dazu führen, dass ihnen der Teamleiter, unabhängig von der aktuellen Situation, blindlings folgt. Die Regeln guter Seemannschaft erfordern, dass jede Situation analysiert (nur am Simulator kann immer wieder die gleiche Situation dargestellt werden, nicht aber in der Praxis) und dann mit den erforderlichen Maßnahmen, in der richtigen Reihenfolge und zum richtigen Zeitpunkt die sichere Schiffsführung gewährleistet wird. Sollten die existierenden standardisierten Regeln für eine Situation unzureichend sein, müssen sie überarbeitet werden.

1.1.7 Vermeidung von Fehlerketten als Ursache von Unfällen

In vielen Fällen sind Unfälle nicht auf einzelne Fehler, sondern auf eine Aneinanderreihung vieler kleiner Fehler und Fehlentscheidungen zurückzuführen (siehe auch Beispiele in Kapitel 1.2.2). Ein wesentliches Ziel einer jeglichen Teamarbeit ist es, den Beginn solcher Fehlerketten frühzeitig zu erkennen und Störungen zu vermeiden. Die Einhaltung der Regeln guter Seemannschaft und ein intensiver Austausch aller Teammitglieder sind Voraussetzungen dafür, dass sich Fehlerketten entweder nicht entwickeln oder ihre Auswirkungen minimiert werden können. Hier sind auf Zweiwachenschiffen natürliche Grenzen gesetzt, weil eine Teambildung infolge einer relativ kleinen Besatzung kaum bzw. nicht möglich ist. Insofern kommt dem Handeln des Kapitäns bzw. OOW eine erhöhte Aufmerksamkeit zu, zumal diese Schiffe u. a. wegen der permanenten Überlastung häufig in Unfälle verwickelt sind.

1.1.8 Verantwortung des Kapitäns

Der Kapitän trägt die Verantwortung für die Umsetzung der Prinzipien des BRM bei der Führung des Schiffes durch die Offiziere. In seiner Verantwortung liegt es auch, die Situation während der Passage eines schwierigen Seegebietes zu überprüfen. Diese Überprüfung hat das Ziel, festzustellen, ob das Brückenteam die Regeln guter Seemannschaft einhält und ob das Team in der Lage ist, seine Aufgaben zu erfüllen. Die Überlastung oder Überforderung einzelner Mitglieder muss vermieden werden, andernfalls muss der Kapitän reagieren. Der Teamleiter muss die Teammitglieder bei der Erfüllung der ihnen übertragenen Pflichten und Aufgaben kontrollieren. Das gilt für alle Offiziere, die die Funktion des Teamleiters innehaben.

B1 FAMILIARISATION WITH BRIDGE EQUIPMENT

Has the operation of the following equipment been studied and fully understood?

- [ ] bridge and deck lighting
- [ ] emergency arrangements in the event of main power failure
- [ ] navigation and signal lights, including
  - [ ] searchlights
  - [ ] signalling lamp
  - [ ] morse light
- [ ] sound signalling apparatus, including
  - [ ] whistles
  - [ ] fog bell and gong system
- [ ] safety equipment, including
  - [ ] LSA equipment including pyrotechnics, EPIRB and SART
  - [ ] bridge fire detection panel
  - [ ] general and fire alarm signalling arrangements
  - [ ] emergency pump, ventilation and watertight door controls
- [ ] internal ship communications facilities, including
  - [ ] portable radios
  - [ ] emergency "batteryless" telephone system
  - [ ] public address system
- [ ] AIS and external communication equipment, including
  - [ ] VHF and GMDSS equipment
- [ ] alarm systems on bridge
- [ ] automatic track-keeping system, if fitted
- [ ] ECDIS and electronic charts, if fitted
- [ ] echo sounder
- [ ] electronic navigational position-fixing systems
- [ ] VDR or S-VDR equipment
- [ ] gyro compass/repeaters
- [ ] IBS functions, if fitted
- [ ] magnetic compass
- [ ] off-course alarm
- [ ] radar including ARPA
- [ ] speed/distance recorder
- [ ] engine and thruster controls
- [ ] ship security alert equipment
- [ ] steering gear, including manual, auto-pilot and emergency changeover and testing arrangements (see annex A7)
- [ ] location and operation of ancillary bridge equipment (e.g. binoculars, signalling flags, meteorological equipment)
- [ ] stowage of chart and hydrographic publications

Other checks (to be expanded by master and navigation officer):
- [ ]
- [ ]
- [ ]
- [ ]

Abb. 1.1.1: Checkliste B1: Vertrautmachen mit Brückenausrüstung

1.1 Bridge Resource Management (BRM)

Einweisung des Brückenteams in seine Aufgaben

Der Kapitän muss das Brückenteam, falls erforderlich, unterweisen, insbesondere den/die vorgesehen OOW. Eine Unterweisungsnotwendigkeit ergibt sich immer bei einem Besatzungswechsel, d. h. beim Anbordkommen neuer Schiffsoffiziere, gelegentlich beim Antritt einer neuen Reise. Bei der Vielfalt der nautischen Geräte auf der Brücke, beispielhaft seien die Radargeräte genannt, bedarf es einer Schulung auf das jeweilige an Bord befindliche Radargerät. Kein Nautiker kann alle zurzeit im Betrieb befindlichen Radargeräte verschiedenster Hersteller beherrschen (das gilt auch für die Lotsen (siehe auch Kapitel 1.3). Ein Vertrautmachen vor dem Auslaufen des Schiffes unter der Aufsicht des Kapitäns ist unerlässlich. Hilfreich ist die Checkliste B 1 des *Bridge Procedure Guide* (siehe Abb. 1.1.1) oder ein ähnliches Formular.

Außerdem kann der Kapitän die Wahl der Route im Zusammenhang mit einer möglichen Wetterroutung nicht einfach einem nautischen Offizier übertragen, weil damit nicht nur Fragen der Schiffssicherheit, sondern auch der Wirtschaftlichkeit des Schiffes und der Erfüllung von Verpflichtungen gegenüber dem Charterer verbunden sind.

Eine Einteilung der erforderlichen Anzahl von Besatzungsmitgliedern zur Brückenwache hat entsprechend den zu erwartenden Schwierigkeiten bei der Führung des Schiffes und bei dichter Hafenfolge unter Berücksichtigung der vorgeschriebenen Ruhezeiten zu erfolgen. So kann z. B. eine „Doppelwache" im dichten Nebel in sehr verkehrsreichen Gewässern notwendig sein, die vom 3. Offizier und dem Kapitän einerseits und vom 1. und 2. Offizier andererseits gegangen wird. Die Einhaltung der vorgeschriebenen Ruhezeiten ist heute eine der schwersten Aufgaben, die ein Kapitän zu bewältigen hat. Es ist dabei wenig hilfreich, die Nachweise für Ruhezeiten zu „manipulieren", weil Seeunfalluntersuchungsbehörden häufig durchaus in der Lage sind, die tatsächlichen Gegebenheiten an Bord zu ermitteln, für die der Kapitän dann die Verantwortung trägt.

Die Arbeit des Brückenteams ist im Übrigen vom Kapitän regelmäßig auszuwerten und ggf. zu verbessern.

1.1.9 Struktur und Aufgaben des BRM

(1) Struktur des BRM

Die Stärke des Brückenteams und damit die Anzahl der Besatzungsmitglieder, die zur Verfügung stehen müssen, hängt vom Schiffstyp, vom Fahrtgebiet, den zu erwartenden meteorologischen Bedingungen und von den zu leistenden Aufgaben ab. Auf Feeder- und anderen Schiffen, die nur mit dem Kapitän und einem nautischen Offizier besetzt sind, können die genannten Zielstellungen, wie erwähnt, nicht in vollem Umfang realisiert werden. Dessen ungeachtet muss der Kapitän alle ihm zur Verfügung stehenden Mittel (Reiseplan, Bahnkontrolle usw.) nutzen. Klar ist, dass auf schwierigen Reiseabschnitten nicht auf die Mitwirkung des Kapitäns oder 1. Offiziers verzichtet werden kann. Gegebenenfalls muss der Kapitän über die Mindestanforderungen des *Safety Management Systems (SMS)* [1.1.5] hinausgehen, wenn er dieses für erforderlich hält.

Das Brückenteam besteht im Normalfall aus dem OOW, einem Ausguck und eventuell einem Rudergänger, d. h., alle Besatzungsmitglieder, die mit Wachaufgaben betraut werden, gehören zum Brückenteam. Dabei ist es wichtig, dass die Mitglieder des Teams eng und vertrauensvoll zusammenarbeiten. Diese Zusammenarbeit gilt auch für die Kommunikation mit Besatzungsmitgliedern im Maschinenraum und gegebenenfalls in anderen Bereichen an Bord. Die Zusammensetzung des Teams kann sich bei besonderen Anlässen ändern. So wird der Kapitän bei einem noch unerfahrenen wachhabenden Offizier in schwierigen Gewässern auf der Brücke häufig zusätzlich anwesend sein. Der wachhabende Offizier hat die Funktion des OOW, der

1 Schiffsführung und Organisation des Brückenteams

Kapitän beobachtet aus dem Hintergrund. Und wie in Kapitel 1.1.8 dargestellt, können besondere Situationen wie Nebel, Eis usw. „Doppelwachen" der Offiziere oder einen zusätzlichen Ausguck „erzwingen".

(2) Aufgabenverteilung im Rahmen des BRM

Hat das Unternehmen keine für alle seine Schiffe gültige Verteilung der Aufgaben im Rahmen der Brückenorganisation festgelegt, muss der Kapitän auf seinem Schiff selbst eine eindeutige, allen Teammitgliedern bekannte und von ihnen verstandene Aufgabenverteilung vornehmen. Zu den zu verteilenden Aufgaben gehören unter anderem:

- Erarbeitung des Reiseplans einschließlich der Beschaffung der nötigen Informationen und Unterlagen (siehe Kapitel 1.2), Erörterung des Reiseplans mit dem Lotsen und Einweisung der Wachmitglieder,
- Vorbereitung erforderlicher Manöver,
- Vorbereitung der Navigation zur Bahnkontrolle, einschließlich der Festlegung der Navigationsverfahren,
- Organisation der externen und internen Kommunikation,
- Überwachung des Seeraums zur Kollisionsverhütung,
- Überwachung des Seeraumes im schweren Wetter,
- regelmäßige navigatorische Soll-Ist-Kontrolle zur Einhaltung des Reiseplans sowie die Nutzung und Überprüfung der Navigationsgeräte, einschließlich der Radargeräte,
- Manövrieren des Schiffes entsprechend den Erfordernissen der jeweiligen Situation,
- Überwachung der korrekten Ausführung der Empfehlungen des Lotsen durch ein Teammitglied,
- Führung des Brückenteams mit den dazu gehörenden Einweisungen und Kontrollen der Teammitglieder, das Anfordern und Auswerten von Statusmeldungen sowie die Information des Teams über das Ergebnis der Auswertungen,
- Organisation der Nachweisführung.

Eine besonders schwierige Aufgabe ist die Integration des Lotsen in das auf dem Schiff bereits bestehende Brückenteam (siehe Kapitel 1.3).

Die Aufgabenverteilung im Team muss klar sein und sich bei den verschiedenen Mitgliedern auf ihr fachliches Können beschränken. Von den Teammitgliedern ist dem Teamleiter zu bestätigen, dass sie ihren Aufgabenauftrag verstanden haben.

Vor Aufnahme der Aufgaben im Brückenteam ist vom OOW zu prüfen, ob die Vorschriften des *STCW Codes* über die vorgeschriebenen Ruhezeiten eingehalten werden können. Das Gleiche gilt für die Einhaltung der Vorschriften über Alkoholgenuss. Dabei geht es um die Einhaltung der national vorgegebenen Alkoholgrenzen, aber auch die Grenzen, die von der Reederei vorgegeben wurden. So gilt z. B. auf Tankern häufig die 0-Promillegrenze, in Deutschland zusätzlich grundsätzlich auch auf Fahrgastschiffen, während auf Frachtschiffen in der Regel eine 0,5-Promillegrenze gilt. Auch ausländische/lokale Alkoholgrenzen sind zu beachten.

(3) Sprachkompetenz des OOW

Der eingesetzte OOW muss nach *STCW Code* der englischen Sprache mächtig sein. Er muss die Seekarten, nautischen Publikationen, Wetterinformationen und Nachrichten bezüglich der Sicherheit des Schiffes verstehen können. Außerdem muss er in der Lage sein, mit anderen Schiffen und Küstenfunkstellen in englischer Sprache kommunizieren zu können. Das Brückenteam kann in nationaler Sprache kommunizieren, wenn diese von allen Mitgliedern beherrscht wird, andernfalls gilt Englisch als Arbeitssprache. Es ist vom OOW zu berücksichtigen, dass Teammitglieder in Stresssituationen mit dem Verständnis der englischen Sprache überfordert sein können. Deshalb muss über Rückmeldungen unbedingt festgestellt werden, ob eine Anweisung richtig verstanden wurde.

(4) Eingreifen des Kapitäns

In keinem Fall wird die Weisungsbefugnis des Kapitäns gegenüber dem OOW beschränkt, unabhängig davon, ob er zu dem Zeitpunkt Leiter des Teams ist oder nicht. Er muss sich allerdings auch der sich aus dem Eingreifen ergebenden Konsequenzen bewusst sein. Er übernimmt mit dem Eingreifen ebenfalls die Verantwortung über ein bereits eingeleitetes Manöver.

Beispiel: Die **Kollision** des MS Heinz Kapelle [1.1.6] dokumentiert dies. Am 6.12.1978 lief das Schiff in Santos ein. Auf dem Fluss musste der Kapitän dringend zur Toilette. Er übergab die Wache an den unerfahrenen Dritten Offizier, obwohl der 1. Offizier in der Nock stand. Die Übergabe wurde nicht im Tagebuch festgehalten. Ein Schleppzug von zwei Fahrzeugen versuchte den Steven des Schiffes von Steuerbord nach Backbord zu kreuzen. Der Lotse empfahl dem 3. Offizier „Hart Steuerbord" und „Voll Voraus". Die Manöver wurden ausgeführt. Daraufhin eilte der 1. Offizier in die Brücke und forderte den Lotsen auf, dieses Manöver abzubrechen. Als das nicht geschah, griff er ein, stoppte die Maschine und befahl das Ruder auf „Hart Backbord". Gleichzeitig forderte der 1. Offizier den Kapitän mit der Bordsprechanlage auf, auf die Brücke zu kommen. Dieser Eingriff wurde von der Seekammer gebilligt, denn der Lotse hatte den Überblick verloren. Eine antriebslose Schute kollidierte mit dem Schiff. Der Kapitän kehrte auf die Brücke zurück und befahl, ohne sich umfassend zu informieren, „3 x Voll Zurück" und „Fall Stb.-Anker". Der Anker durchschlug die Schute und brachte sie zum Sinken.

Wenn der Kapitän auf die Brücke kommt oder sich bereits dort befindet und die Führung des Schiffes vom wachhabenden Offizier übernehmen möchte, muss er dieses klar und unmissverständlich kundtun: „Ich übernehme" oder besser: *„I take the conn" (Responsibility for the steering of the ship)*. Und er darf nicht vergessen, dem OOW die Wache nach dem Eingreifen ausdrücklich wieder zu übergeben, wenn er anschließend nicht selbst als OOW weiterfahren möchte. Der OOW muss die Übernahme bestätigen.

(5) *Standing Order* des Kapitäns

An Bord ist es üblich, dass der Kapitän seine *standing orders* für den wachhabenden Offizier in schriftlicher Form dokumentiert. Dabei kann es sich um Anweisungen handeln, die für die gesamte Reise gelten (Beispiel: Mindestsichtweite, bei deren Unterschreitung er informiert werden möchte). Diese Anweisungen dürfen nicht in Konkurrenz zum SMS stehen. Sie sind von den wachhabenden Offizieren abzuzeichnen. Häufig sind die *standing orders* vorn im *Bridge Order Book* eingeklebt und werden zu Beginn einer Reise abgezeichnet.

(6) *Bridge Order Book* des Kapitäns

Hierin sind die „täglichen" Anweisungen festgehalten, die für einen bestimmten Reiseabschnitt gelten (z. B. Kurs oder Anzahl von Seemeilen zu einem wichtigen Punkt, an dem der Kapitän informiert werden möchte). Die täglichen Anweisungen sind vom OOW jeweils bei Wachantritt abzuzeichnen.

(7) Die Aufgaben des wachhabenden Offiziers (OOW)

Nach den Vorgaben des *STCW Codes* gehört zu den Hauptaufgaben des OOW (ggf. als Vertreter des Kapitäns) die sichere Navigation des Schiffes unter Berücksichtigung der *Kollisionsverhütungsregeln (COLREG's)*, also das Wachegehen, die Bahnkontrolle des Schiffes

1 Schiffsführung und Organisation des Brückenteams

entsprechend Reiseplanung (siehe auch Kap. 1.2) und die Überwachung von *GMDSS* (siehe Kapitel 9).

Dabei umfasst das Wachegehen die Aufgaben des Ausgucks und das Überwachen des Schiffszustandes, die Anwendung der Kollisionsverhütungsregeln (siehe Kapitel 8), das regelmäßige Überprüfen der nautischen Geräte auf der Brücke sowie weitere Aufgaben im Zusammenhang mit der Ladungsbeförderung, soweit diese auf der Brücke angezeigt werden (Überwachung), aber auch Überwachen von Daten aus dem Maschinenraum, vor allem, wenn dieser ganz oder zeitweise unbesetzt ist.

Vor Beginn der Wache muss sich der OOW gründlich mit dem vertraut machen, was ihn während seiner Wache erwarten wird. Dies benötigt an einer Küste natürlich mehr Zeit und Aufwand als mitten im Atlantik. Das Wachegehen wird mit einer umfassenden Übergabe an den nächsten wachhabenden Offizier abgeschlossen. Dazu gehören u. a.:

- Information über Position, Kurs und Geschwindigkeit des Schiffes,
- Angaben über die aktuellen Wetter- und Stromverhältnisse einschließlich Sichtweite,
- Hinweise über die Situation im Maschinenraum (wachfrei oder besetzt),
- Angaben über andere Fahrzeuge und eventuell vorhandene Kollisionsgefahren,
- Angaben über bereits eingeleitete Ausweichmanöver,
- Angaben über das einwandfreie Arbeiten aller Navigationsgeräte bzw. ggf. Information über Ausfälle,
- Angaben über den „Zustand" des Schiffes bezüglich Sicherheit, Ladung, ggf. Stabilität und Trimm.

Die Wache gilt vom nachfolgende OOW als verantwortlich übernommen, wenn dieser sagt: „Ich übernehme".

Der OOW darf die Brücke während seiner Wache nicht verlassen. Gegebenenfalls ist ein anderer nautischer Schiffsoffizier oder der Kapitän für eine kurze Ablösung auf die Brücke zu rufen.

Der OOW sollte nicht zögern, in unklaren Situationen rechtzeitig den Kapitän zu informieren und diesen auf die Brücke zu bitten. Unter „rechtzeitig" ist zu verstehen, dass dem Kapitän noch die Möglichkeit bleibt, geeignete Maßnahmen zu ergreifen, um eine kritische Situation klären zu können. Es nützt wenig, den Kapitän über eine unklare Situation zu informieren, wenn mit dem Erscheinen des Kapitäns auf der Brücke das Schiff gleichzeitig auf eine Sandbank läuft, wie auf einem großen Containerschiff mit voller Fahrt in der Nordsee geschehen.

Darüber hinaus hat der OOW als momentaner Teamleiter die Pflicht, den Kapitän über Entwicklungen zu informieren, die die Sicherheit von Schiff, Ladung und Besatzung gefährden (z. B. Wetterverschlechterung). Reagiert der Kapitän nicht auf diese Hinweise, muss der WO als Teamleiter selbständig entscheiden.

Zur Wahrnehmung seiner Aufgaben als OOW gemäß

- *STCW Code*,
- Anweisungen des Kapitäns oder
- eventuellen Reedereianweisungen

muss der OOW das ihm zur Verfügung stehende Team informieren und entsprechend einsetzen.

1.2 Reiseplanung
Werner Huth, Gert Weißflog

1.2.1 Rechtliche Vorgaben

(1) Die navigatorische Reiseplanung als Grundlage einer effektiven Schiffsführung

Die navigatorische Reiseplanung bildet das wesentliche Fundament für eine funktionierende Arbeit des Brückenteams und damit für eine sichere und zügige Reise des Schiffes zwischen zwei Häfen. Die Reiseplanung umfasst den Weg über Ozeane, durch Küstengewässer und auf Revieren bzw. in Hafenzufahrten, Letztere mit und ohne Lotsenberatung, und zwar von Liegeplatz zu Liegeplatz *(berth to berth)*. Dabei sind Änderungen in der Hafenfolge genauso zu berücksichtigen wie Änderungen der Reiseroute, z. B. verursacht durch tropische Wirbelstürme.

Aufgrund von diversen Schiffsunfällen, teilweise mit erheblichen Umweltverschmutzungen, hat die *International Maritime Organization (IMO)* zum 1. Juli 2002 bei der Neufassung von *SOLAS, Kapitel V Sicherung der Seefahrt* eine internationale Regel *(Regel 34)* [1.2.1] für die sichere Schiffsführung und das Vermeiden gefährlicher Situationen beschlossen, die von den Schifffahrtsnationen in nationales Recht übernommen wurde. Gleichzeitig wurden unter Bezug auf diese Regel *Richtlinien für die Reiseplanung* empfohlen, die z. B. für sämtliche deutschen Schiffe auf allen Reisen weltweit Anwendung finden. Ähnliches gilt durch Übernahme in die Vorschriften nichtdeutscher Schifffahrtsnationen.

Aktuell verweist z. B. die britische *Seekarte 5500 Mariners' Routeing Guide English Channel and Southern North Sea Edition 15* [1.2.2], also eine Seekarte, die bei der Durchfahrt durch den Englischen Kanal (bei Benutzung britischer Seekarten) zwingend benutzt werden muss, ausdrücklich auf die Anwendung der *Regel 34* und der *Richtlinien für die Reiseplanung*. In der erläuternden *Ziffer 1* wird in dieser Seekarte unter der Überschrift *Passage Planning Using this Guide* [1.2.3] die Anwendung der *Richtlinien für die Reiseplanung* bezüglich der Durchfahrt durch den Englischen Kanal für verschiedene Schiffstypen mit den Überschriften *Principles of Passage Planning, Appraisal, Planning, Execution und Monitoring Progress* dargestellt (siehe nachfolgende Ziffer (3)). Ausschnitte aus der britischen *Seekarte 5500* sind in den Abb. 1.2.1 und 1.2.2 dargestellt. Abb. 1.2.1 gibt die Verkehrstrennungsgebiete im Englischen Kanal wieder. Blau sind die ostwärts gerichteten Verkehrsströme dargestellt, grau die westwärts gerichteten Verkehre. Die Abb. 1.2.2 zeigt das küstennahe Verkehrstrennungsgebiet von der Straße von Dover in Richtung Deutsche Bucht mit dem Passieren der Scheldemündung (Häfen Zeebrugge und Antwerpen) und der Maasmündung (Hafen Rotterdam), außerdem das nach Norden abzweigende Verkehrstrennungsgebiet für tiefgehende Schiffe („DW") in die Deutsche Bucht bzw. Nordsee und das Verkehrstrennungsgebiet, das unter der englischen Küste nordwärts führt. Die Farben der Verkehrsströme/Pfeile haben die gleiche Bedeutung wie in Abb. 1.1.1. Die Breite der farbigen Pfeile spiegelt die Anzahl der Schiffe wider, die dort verkehren.

Deutschland hat die *Richtlinien für die Reiseplanung* über eine Mitteilung in den *Nachrichten für Seefahrer* [1.2.5] und über das *Handbuch für Brücke und Kartenhaus, Kapitel 5 Schiffsführung* [1.2.4] für alle deutschen Schiffe verbindlich gemacht. Sie sind im Übrigen im deutschen *Schiffssicherheitsgesetz* [1.2.6] verankert. Die *Richtlinien für die Reiseplanung* sind an Bord mitzuführen.

Diese Rechtslage wird im Folgenden erläutert.

1 Schiffsführung und Organisation des Brückenteams

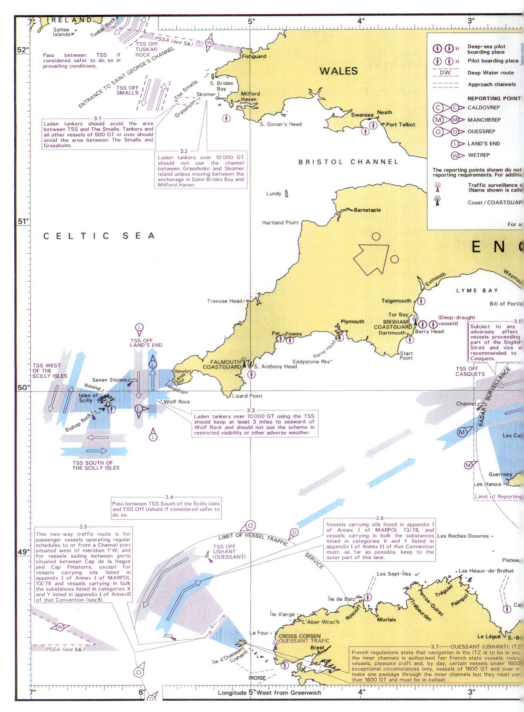

Abb. 1.2.1: Auszug aus der britischen *Seekarte 5500*.
Reiseplanung im Englischen Kanal unter Anwendung der entsprechenden Seekarten

1.2 Reiseplanung

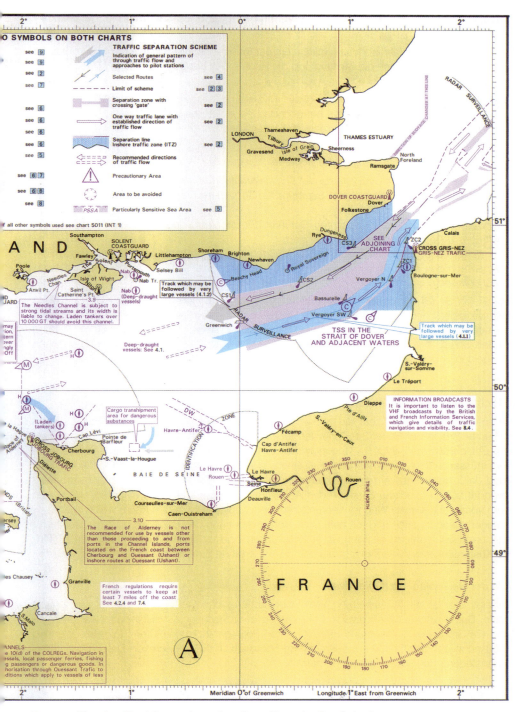

Passage Planning Chart for use in conjunction with navigational charts

1 Schiffsführung und Organisation des Brückenteams

(2) *SOLAS* Vorgabe für eine sichere Schiffsführung und das Vermeiden gefährlicher Situationen

SOLAS Kapitel V Regel 34 ist das rechtliche Gerüst für eine sichere Schiffsführung. Gleichzeitig stärkt diese Regel erheblich die Stellung und die Rechte des Kapitäns.

Nach *Regel 34 (1)* muss der Kapitän vor dem Auslaufen sicherstellen, dass die beabsichtigte Reise unter Berücksichtigung der von der IMO erarbeiteten Richtlinien und Empfehlungen sowie unter Verwendung der für das betreffende Seegebiet geeigneten Seekarten und nautischen Veröffentlichungen geplant worden ist. Dieser Absatz stellt die zwingende Verbindung zu den Richtlinien für die Reiseplanung dar.

Nach *Regel 34 (2)* ist *im Reiseplan eine Route festzulegen,*
– die in Betracht kommende Systeme der Schiffswegeführung berücksichtigt;
– bei deren Benutzung ausreichend Seeraum für die sichere Fahrt des Schiffes während der gesamten Reise gewährleistet ist;
– bei deren Festlegung alle bekannten Gefahren für die Navigation sowie widrige Wetterverhältnisse in Betracht gezogen worden sind;
– bei deren Festlegung die einschlägigen Maßnahmen des Meeresumweltschutzes berücksichtigt worden sind sowie Handlungen und Tätigkeiten, die Schäden an der Umwelt verursachen könnten, so weit wie möglich vermieden werden.

Nach *Regel 34 (3)* dürfen alle Personen/Unternehmen (u. a. Reeder, Charterer usw.), die ein Schiff betreiben, den Kapitän des Schiffes nicht daran hindern, eine Entscheidung zu treffen oder auszuführen, die nach dem fachlichen Urteil des Kapitäns für eine sichere Schiffsführung und den Schutz der Meeresumwelt erforderlich ist. Der Kapitän darf in seiner diesbezüglichen Entscheidung auch nicht eingeschränkt werden.

(3) Richtlinien für die Reiseplanung

Wie im Vorspann erwähnt, hat die IMO in Verbindung mit der Neufassung von *SOLAS Kapitel V* unter Bezug auf *Regel 34* Richtlinien für die Reiseplanung (*Guidelines for Voyage Planning, Entschließung A 893(21)*, angenommen am 25.11.1999) herausgegeben. Diese Richtlinien müssen angewendet werden. Bei einem Abweichen davon muss gegebenenfalls der Grund dafür dargelegt werden und was man an Stelle der Empfehlungen als gleichwertig angewendet hat. Eine solche Situation des Abweichens könnte z. B. dann eintreten, wenn man einem vorgeschriebenen Weg im Verkehrstrennungsgebiet nicht folgen kann, weil wegen „ungünstiger" Seegangsrichtung mit heftigsten Rollbewegungen des Schiffes und einer Gefahr für Schiff und Besatzung zu rechnen ist. Natürlich ist in einer solchen Situation auch die zuständige Küstenfunkstelle/Verkehrszentrale und die umliegende Schifffahrt zu informieren.

Ziele der Reiseplanung (Objectives)

Zentrales Ziel ist die Ausarbeitung und Überwachung des Reiseplans. Dieses gilt für alle Schiffe. Dabei sind natürlich diverse Faktoren zu berücksichtigen, beispielhaft seien hier genannt die Größe des Schiffes und die Beförderung von gefährlichen Gütern. Zur Reiseplanung gehört auch das schiffs- oder reedereiseitige Sammeln und Bewerten von Daten über Häfen und Ansteuerungen sowie Lotsenübernahmen.

Bewertung (Appraisal)

Hier nennen die *Richtlinien für die Reiseplanung* eine ganze Reihe von Informationen, die bei einer Reiseplanung in Betracht zu ziehen sind. Zentrale Punkte sind u. a.:

1.2 Reiseplanung

- Beschaffenheit und aktueller Reisezustand (Stabilität, Ausrüstung usw.) des Schiffes einschließlich der erforderlichen Dokumente,
- Art und Verteilung der Ladung im Schiff,
- befähigte und ausgeruhte Besatzung,
- auf dem neuesten Stand befindliche Seekarten, Handbücher, Gezeitenunterlagen, Nachrichten für Seefahrer usw.,
- Zusatzinformationen wie Verfügbarkeit meteorologischer Routenberatungen und weiterer meteorologischer oder ozeanographischer Daten sowie Auskünfte von Lotsen, Hafeninformationen usw.

Planung (Planning)

Auf der Grundlage der möglichst umfassenden Bewertung ist ein detaillierter Reiseplan zu erstellen. Hierzu gehört insbesondere das qualifizierte Einzeichnen von Kursen in die entsprechenden und geeigneten Seekarten unter Beachtung der einschlägigen Vorschriften und möglichen Gefahren. Dabei sind u. a. zu berücksichtigen:

- die sichere Geschwindigkeit in verschiedenen Situationen/Reiseabschnitten,
- erforderliche Geschwindigkeitsänderungen wegen Gezeiten, Squat bzw. einer erforderlichen Kielfreiheit,
- Eintragung von Positionen, an denen eine Fahrtstufenänderung notwendig ist,
- Eintragung von Kursänderungspunkten (sogenannter WOP = *Wheel Over Point*) in die Seekarte unter Berücksichtigung des Drehkreises und der zu erwartenden Auswirkungen von Gezeitenströmen,
- Art und Häufigkeit von Positionsbestimmungen, insbesondere bei Positionen, deren genaue Bestimmung kritisch ist oder wo es auf ausgesprochen zuverlässige Bestimmungen ankommt,
- Schutz der Meeresumwelt und
- Einsatzpläne für besondere Situationen.

Der Reiseplan ist vor Reisebeginn vom Kapitän zu genehmigen.

Durchführung (Execution)

Die Reise sollte dann entsprechend dem aufgestellten Reiseplan durchgeführt werden. Bei der Durchführung oder bei Abweichungen davon sind diverse Faktoren zu berücksichtigen, u. a.:

- die Zuverlässigkeit und der Zustand der Navigationsausrüstung des Schiffes,
- ETA *(Estimated Time of Arrival)* an Positionen mit kritischen Gezeitenhöhen und -strömen,
- meteorologische Bedingungen, insbesondere auch Gebiete mit zu erwartender schlechter Sicht,
- mögliche Schwierigkeiten einer exakten Positionsbestimmung bei Nacht gegenüber einer Situation am Tage,
- Verkehrsbedingungen an navigatorischen Brennpunkten.

Der Kapitän muss prüfen, ob Streckenabschnitte bei bestimmten vorherrschenden Bedingungen, wie z. B. schlechte Sicht, sicher befahren werden können. Außerdem sollte er prüfen, an welchen Punkten der Reise zusätzliches Deck- oder Maschinenpersonal erforderlich sein könnte.

Überwachung (Monitoring)

Der Reiseplan sollte jederzeit für die wachhabenden Offiziere auf der Brücke verfügbar sein. Die Fahrt des Schiffes sollte danach genau und ständig überwacht werden. Änderungen/Abweichungen vom Reiseplan sollten nur in Übereinstimmung mit den *Richtlinien für die Reiseplanung* erfolgen und sind zu dokumentieren.

1 Schiffsführung und Organisation des Brückenteams

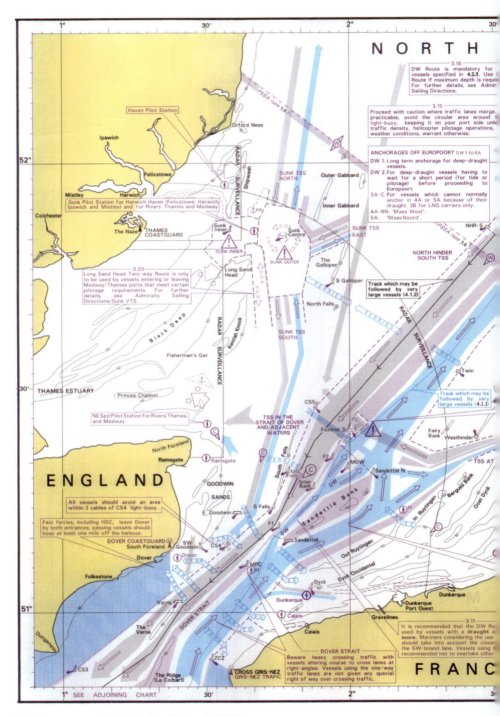

Abb. 1.2.2: Auszug aus der britischen *Seekarte 5500*.
Reiseplanung in der südwestlichen Nordsee unter Anwendung der entsprechenden Seekarten

1.2 Reiseplanung

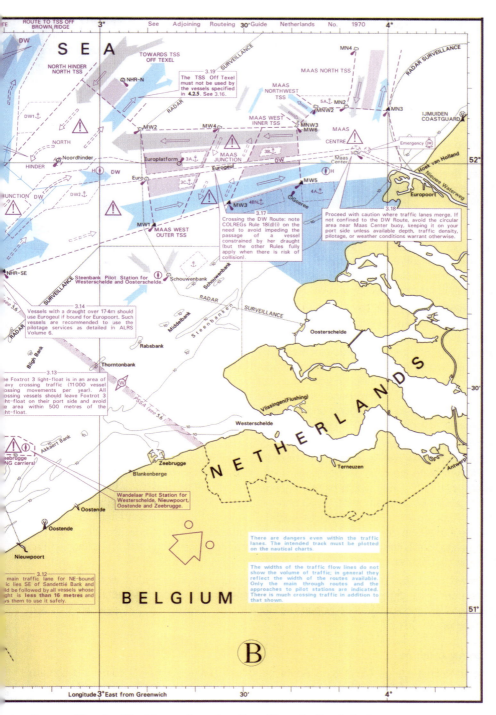

Passage Planning Chart for use in conjunction with navigational charts

1.2.2 Typische Unfallsituationen

In Kapitel 1.2.1 wurde auf die Notwendigkeit der Einführung von *Richtlinien für die Reiseplanung* aufgrund diverser Unfälle hingewiesen. Dazu drei Beispiele, die auch belegen, dass eine Ursache allein häufig noch nicht zum Unfall, z.B. zu einer Strandung, führt, sondern erst die Häufung von Unfallursachen, die nicht beachtet werden.

(1) Bahnkontrolle

Ein deutsches Containerschiff (Länge ca. 168 m, Breite 27 m, Tiefgang 7,30 m) steuerte abends gegen 22:00 Uhr einen Hafen in Brasilien an. Der Kapitän, der den Hafen zum ersten Mal anlief, übernahm gegen 22:10 Uhr die Führung des Schiffes vom 3. nautischen wachhabenden Offizier und war damit auch der *Officer Of the Watch* (OOW), der für die Bahnführung und Bahnkontrolle zuständig und verantwortlich ist. Der 1. Offizier, der den Hafen schon viele Male angelaufen hatte und somit kannte, wurde nicht auf die Brücke geordert, obwohl er kurze Zeit später ohnehin zum Festmachen auf die Brücke kommen musste. Der 3. Offizier übernahm die Handsteuerung des Schiffes (will der Kapitän nicht bemerkt haben) und schickte den Rudergänger aufs Hauptdeck zum Klarmachen der Lotsentreppe. Ein Ausguck war nicht vorhanden. Das Echolot war nicht eingeschaltet! Das Schiff verfügte über zwei hochmoderne Radargeräte, auf denen zusätzlich auch die GPS-Position angezeigt wurde.

Zur Lotsenübernahme war die Geschwindigkeit auf ca. 6 kn verringert worden; das Schiff stand bei WNW-lichem Kurs seit 22:10 Uhr nördlich der Kurslinie, die Nordversetzung vergrößerte sich. Eine Kursänderung nach Backbord, um wieder auf die Kurslinie zu kommen, brachte keinen Erfolg. Stattdessen wurde eine Peilung um 22:24 Uhr, die das Schiff wieder näher an der Kurslinie zeigte, vom Kapitän mit einem Fragezeichen versehen. Die Peilung um 22:30 Uhr zeigte das Schiff wieder deutlich nördlich der Kurslinie und um 22:40 Uhr kam es zur Strandung am Fuß einer ca. 240 m hohen Insel und zum Totalverlust des Schiffes. Die Behörden verlangten ein Löschen der Ladung und ein Abwracken des Schiffes, es war also eine teure Angelegenheit.

Der Kapitän gab vor dem *Seeamt Emden* und dem *Bundesoberseeamt Hamburg* [1.2.7] an, er habe wegen schwerer Regengüsse nicht ordentlich peilen können (obwohl er ständig eine grüne Fahrwassertonne sah, die allerdings noch nicht in der Seekarte verzeichnet war). Das Eintragen eines GPS-Ortes wurde nicht vorgenommen, eine Erklärung dafür konnte der Kapitän nicht geben. Ein Schrammen über Grund wurde als „Flachwasserschwingung" gedeutet, eine Überprüfung mittels Echolot fand nicht statt. Zum Abschluss soll noch angeführt werden, dass lt. Seehandbuch zur Zeit des Anlaufens der Lotsenstation ein nördlicher Strom mit 2,5 bis 3 kn setzte, der aufgrund der geringen Schiffsgeschwindigkeit von ca. 6 kn auf keinen Fall unberücksichtigt bleiben durfte.

Fazit: Es war zwar eine grobe Reiseplanung bis zum Lotsen durchgeführt worden, die aber zum einen unvollständig war (Strom) und zum anderen nicht ausreichend überwacht wurde. Die diversen Fehler bzw. Verstöße gegen die Regeln guter Seemannschaft ergeben sich aus dem vorstehenden Text.

(2) Lotsenübernahme

Ein Containerschiff (Länge ca. 208 m, Breite ca. 30 m, Tiefgang vorne 9,40 m und achtern 10,5 m) steuerte die Elbmündung frühmorgens bei Dunkelheit an, die Reiseplanung erfolgte bis zu der in der Seekarte eingetragenen Lotsversetzposition. Der Lotsversetzer lag nicht auf dieser Position, sondern ca. 3 sm weiter flussaufwärts zwischen den Tonnen 1 und 3. Dort machte der Kapitän Lee für die Lotsenversetzung, indem er das Schiff auf Wunsch des Lotsversetzers mit dem Steven in Richtung Südtonnenstrich drehte. Bei Windstärke 5 bis 6 Bft klappte die Lotsenübernahme erst im zweiten Anlauf. Als der Lotse auf der Brücke ankam, durchfuhr das Schiff gerade den Südtonnenstrich und strandete kurze Zeit später an der Nordkante von Scharhörn Riff. In der von der Wasserschutzpolizei sichergestellten Seekarte fanden sich eine Positionseintragung um 05:10 Uhr und eine Eintragung um 05:24 Uhr nach der Strandung, d. h., das Schiff fuhr 14 Minuten in der Elbmündung, ohne eine eindeutige Positionsfeststellung in der Seekarte zu haben. Zum Zeitpunkt der Lotsenübernahme befanden sich der Rudergänger und der Kapitän auf der Brücke, der 1. Offizier stand die ganze Zeit auf dem Hauptdeck zur Lotsenübernahme. Da der Kapitän eine gewisse Zeit lang die zweifachen Versuche der Lotsenübernahme beobachtete, hatte er keine Gelegenheit, die ihm jetzt obliegende Aufgabe des OOW wahrzunehmen und ständig die Position des Schiffes festzustellen. Somit entging ihm, dass sich das Schiff gefährlich dem Südtonnenstrich näherte. Außerdem hatte er versäumt, die erforderliche Reiseplanung zum Lotsversetzer kritisch fortzuführen und zu beurteilen. Dann wäre man mit dem Schiff besser nahe am Südtonnenstrich eingelaufen und hätte bei westlichen Winden das Schiff nach Norden aufgedreht, also weg vom Tonnenstrich. Es wäre dort genügend Zeit und Platz für die Lotsenübernahme vorhanden gewesen. Der Kapitän hätte unbedingt den Vorschlag des Lotsversetzers prüfen, bewerten und in diesem Falle davon abweichen müssen, zumal ihm auch noch eine Geschwindigkeit von 8 bis 10 kn zur gefahrlosen Lotsenübernahme empfohlen wurde. Außerdem hätte der 1. (oder ein anderer Offizier) auf der Brücke die laufende Positionsbestimmung bzw. Bahnkontrolle übernehmen müssen.

Es sei an dieser Stelle auch darauf hingewiesen, dass der Kapitän rechtlich nicht verpflichtet war, über die in der Seekarte eingezeichnete Lotsenversetzposition elbaufwärts weiterzufahren. Die am Unfalltag elbaufwärts liegende Versetzposition war nicht wetterbedingt. Dagegen war der Lotsversetzer verpflichtet, die Versetzung an der vorgeschriebenen Position vorzunehmen. Indem der Kapitän weiterfuhr, musste von ihm zügig eine neue Reiseplanung (neuer Kurs, Lotsenübernahmestrategie, ggf. mit dem Lotsversetzer abgesprochen) vorgenommen werden, was offensichtlich misslang. Ziffer 2.1.7 der *Richtlinien für die Reiseplanung* sieht einen Informationsaustausch bei einer Lotsenübernahme zwingend vor [1.2.8].

(3) *Wheel-Over-Point*

Als besonders schwierig erweist sich die Reiseplanung auf einem Revier, wenn in Absprache mit dem Lotsen die Einleitung von Kursänderungen in die Seekarte eingezeichnet werden müssen (sogenannter WOP = *Wheel Over Point*) bzw. auch die Einleitung von Maschinenmanövern zur Reduzierung der Geschwindigkeit. Beides ist in den *Ziffern 3.2.4* und *3.2.5* der *Richtlinien für die Reiseplanung* als Sollbestimmung vorgeschrieben, d. h. der Kapitän muss gegebenenfalls nachweisen, warum er davon abgewichen ist und welche andere gleichwertige Planung er vorgenommen hat.

Ein Containerschiff (Länge ca. 277 m , Breite ca. 40 m, Tiefgang achtern 13,4 m) fuhr elbaufwärts nach Hamburg. Eine größere Gesamt-Kursänderung (38°) war in der Seekarte in zwei kleinere Kursänderungen aufgeteilt worden: 15° und nach ca. 2.400 m weitere 23°, verbunden durch eine sog. Zwischenradarlinie, um die Bahnführung tiefgehender Schiffe an dieser Stelle besser kontrollieren zu können. Da die erste Backbord-Kursänderung zu spät eingeleitet wurde, sackte das Schiff bei relativ hoher Geschwindigkeit (ca. 16 kn Fahrt über Grund, ca. 14 kn Fahrt durchs Wasser) lt. Aufzeichnungen der Revierzentrale kräftig nach Steuerbord durch, außerdem verursachte das zusätzlich weiter nach Steuerbord zum Ufer hin ausschlagende Heck eine ca. 2 m hohe Welle, die einen Anleger überspülte und hohen Sachschaden verursachte. In der Seekarte fand sich weder ein Eintrag darüber, wann das Ruder nach Backbord zu legen war, noch darüber, wann die Geschwindigkeit des Schiffes verringert werden

1 Schiffsführung und Organisation des Brückenteams

musste. Bei dieser Gelegenheit sei auch darauf hingewiesen, dass niemand nach achtern schaute und somit niemand die sich bildende Hecksee beobachtete. (Zur Windrichtung und -stärke gab es folgende Angaben: Lotse WSW zunehmend Bft 9, achterlicher Weststurm; Schiffstagebuch W Bft 4, abnehmend Bft 3; Deutscher Wetterdienst gutachterlich W-lich Bft 5, einzelne Böen Bft 6 [1.2.9].)

Das Festlegen von *Wheel-Over-Points* bzw. von Punkten zur Geschwindigkeitsreduzierung gehört sicher zu den schwierigsten Aufgaben eines Kapitäns, da ihm für diese Aufgaben keine Aufzeichnungen zur Verfügung stehen. Im *Brückenposter* angegebene Werte für Drehkreise und Stoppstrecken stammen in der Regel von der Werftprobefahrt über tiefem Wasser und in Ballast- bzw. halbbeladenem Zustand. Fährt das Schiff auf flachem Wasser, was auf einem Revier in aller Regel zutrifft, sind bekanntermaßen Drehkreis und Stoppstrecke erheblich größer; hinzukommt häufig noch ein vollbeladener Zustand des Schiffes. Hier sind also Phantasie und Erfahrung des Teams Kapitän/Lotse gefragt. Zwar könnten Drehkreise und Stoppstrecken in vollbeladenem Zustand vom Kapitän im Betrieb des Schiffes festgestellt werden, das ist vorgeschrieben, wird aber kaum ausgeführt. Das betrifft aber nicht Situationen, in denen sich die Wassertiefe unter dem Schiff häufiger ändern kann. Auf Letzteres wird an späterer Stelle noch einmal eingegangen.

1.2.3 Die praktische Umsetzung der *Richtlinien für die Reiseplanung* an Bord

Die wesentlichen Grundsätze der praktischen Umsetzung der Reiseplanung werden im Folgenden erläutert. Auf die Aspekte der meteorologischen Reiseplanung wird im Kapitel 7.8 Meteorologie ausführlich eingegangen.

(1) Funktion und Ziele der Reiseplanung

Die nautisch-navigatorische Vorplanung der Bahn des Schiffes für die beabsichtigte Reise *(Passage Planning)* gehört – in der Verantwortung des Kapitäns – unverzichtbar zu einer gründlichen und umfassenden Reisevorbereitung. Mit der qualifizierten Reiseplanung erfüllt der Kapitän seine seemännische Sorgfaltspflicht gegenüber Schiff, Ladung, Besatzung und Umwelt; er entspricht damit auch den Vorschriften zur Sicherung der Seefahrt und zum Schutz des menschlichen Lebens auf See. In aller Regel wird die Reiseplanung durch den für die Navigation zuständigen Schiffsoffizier vorbereitet. Gemäß den in Kapitel 1.2.1 dargestellten Richtlinien soll der Reiseplan die Funktion eines zuverlässigen Sollmodells für die sichere Fahrt des Schiffes vom Abfahrts- zum Bestimmungsort übernehmen. Das geschieht vordringlich durch eine vorausschauende Abschätzung, welche Risiken im Zeitschema der Reise mit welchem Gefährdungsgrad für Schiff mit Besatzung und Ladung, sowie für die Umwelt auf dem beabsichtigten Reiseweg zu erwarten sein werden. Die Notwendigkeit der Planung von Reisen und Fahrten ist für alle Schiffe unerlässlich, weil die Ausarbeitung eines Reiseplans und dessen genaue und kontrollierte Umsetzung eine wesentliche Bedeutung für die Sicherheit des menschlichen Lebens auf See, für die Sicherheit und Leistungsfähigkeit der Schiffsführung und für den Schutz der Meeresumwelt hat.

Außerdem werden für den Kapitän und die Besatzung eines im internationalen Einsatz befindlichen Schiffes speziell geltende Anforderungen an die Reiseplanung im jeweils gültigen *Safety Management System* des Schiffes festgeschrieben [1.2.10], die entsprechend zu beachten sind. Es gibt aber durchaus eine Reihe von sogenannten „Nicht-*SOLAS*-Schiffen", bei denen der *ISM Code* keine Anwendung findet und die sich ausschließlich nach den *Richtlinien für die Reiseplanung* richten müssen (in Deutschland z. B. Fähren zwischen den Nordseeinseln und Fischereifahrzeuge).

(2) Bewertung/Planung

Im Kapitel 1.2(3) „Bewertung *(Appraisal)*" gehen die Richtlinien ausführlich auf die Risikobewertung und die damit verbundenen Probleme ein, danach (im Absatz „Planung *(Planning)*" werden die wesentlichsten Planungselemente aufgelistet, die in einer dementsprechenden Reiseplanung zu berücksichtigen sind.

In der Reiseplanung muss der Kapitän eine befahrbare Reiseroute *(Intended Track)* finden und diese mit einem System aus Zeitpunkten und auszuführenden nautisch-navigatorischen Maßnahmen so verknüpfen, dass während der Reise des Schiffes nach diesem Plan die in Kapitel 1.2.2 auszugsweise aufgeführten Kriterien erfüllt werden. Dabei ist naturgemäß der Arbeitsaufwand für die Reiseplanung in Küstengewässern erheblich höher, da hier vor allem neben Verkehrstrennungsgebieten mit ihrem Meldesystem und gesperrten Seegebieten auch allgemeine Schiffsmeldesysteme, nautische Warnnachrichten und diverse Wetterberichte verschiedener Küstenstationen zu berücksichtigen sind. Außerdem ist in küstennahen Gebieten die Planung der Kielfreiheit *(under-keel-clearance)* bzw. das ggf. langsame Überfahren von Flachwasserstellen bzw. Barren wie in der Zufahrt nach Antwerpen durch das Oostgatt bei der Steenbank zu berücksichtigen. Ein großes Containerschiff hat hier tiefgangsbedingt die Fahrt richtigerweise auf ca. 6 kn beim Überfahren reduziert, um die Squatauswirkung zu minimieren. Der OOW hatte aber in der Reiseplanung den quersetzenden Strom mit 2,5 kn nicht berücksichtigt. Das Schiff wurde plötzlich so stark seitlich versetzt, dass man sich nicht mehr von einer Leuchttonne freimanövrieren konnte, die zwischen Propeller und Ruderhacke eingeklemmt wurde.

Die wachhabenden Offiziere müssen bei der Arbeit mit dem Reiseplan sowohl in der Wachvorbereitung als auch während der Wache jederzeit Klarheit darüber haben, was sie bei festgestellten Fehlern oder Mängeln des Planes zu unternehmen haben und wie sie sich bei einer festgestellten oder unumgänglichen Abweichung des Schiffes von der geplanten Bahn zu verhalten haben. Sie müssen im Plan erkennen, welche navigatorischen oder sonstigen Anforderungen zu beachten sind.

Ergänzend dazu wird der Reiseplan auch für die Aufrechterhaltung der Seetüchtigkeit während der Reise benötigt, so z. B. für die Kalkulationen des zulässigen Freibords und der erforderlichen Mindeststabilität oder für die Planung von notwendigen Ver- und Entsorgungsleistungen, wie z. B. die Frischwassergewinnung, Ballast- und Schmutzwasseroperationen und Ähnliches.

Nicht zuletzt soll der Reiseplan auch der Klärung oder der Bewertung rechtlich relevanter Sachverhalte, wie z. B. einer Bahndeviation – gerechtfertigt oder nicht (z. B. bei schlechtem Wetter) – oder für eine plausible Rekonstruktion des tatsächlichen oder wahrscheinlichsten Bahnverlaufs dienen. Er wird auch als Stütz- und Steuerelement für bestimmte Prozesse des elektronischen Datenhandling und Datenrecording benötigt.

Ausgehend von dieser überaus komplexen Funktionalität des Reiseplans hat sich für ihn praktisch eine dreigliedrige Struktur durchgesetzt, bestehend aus

– dem beabsichtigten Reiseweg des Schiffes, dargestellt in speziell ausgewählten Seekarten (Papierseekarten oder Elektronische Seekarten) als *Planned Route/Intended Track* (dt.: „Kurs nach Karte"), gegebenenfalls ergänzt durch beigefügte Erläuterungen *(Passage Planning Note Book)*,
– dem auf der Route beabsichtigten oder einzuhaltenden Reise-Zeitplan *(Voyage Schedule)*,
– schriftlichen und mündlichen Anweisungen und Erläuterungen zur Ausführung des Reiseplans *(Instructions, Master's Standing Orders* und *Bridge Order Book)*.

(3) Die Route im Reiseplan

Das Kernelement des Reiseplans bildet die lückenlose Planung der Reiseroute vom Abfahrtsort *(point of departure)* hin zum Ziel- oder Ankunftsort *(point of destination)*, und zwar von Pier zu Pier *(berth to berth)*. Das gilt auch für ein Verholen im Hafen! Geführt wird die Reiseroute über eine unterschiedlich große Anzahl von Zwischenpunkten *(way points* oder *points of interests)*, mit denen Ereignisse unterschiedlichster Art (Kursänderungen, Einleitung von Manövern mit dem Schiff (z. B. Festlegen von Kursänderungspunkten und einzuleitenden Rudermanövern unter Berücksichtigung der Fahrtgeschwindigkeit) oder von bestimmten Vorsichtsmaßnahmen bezüglich zu erwarteter Risiken an der Route, Ausführung von speziellen Kommunikationsanforderungen u. a. m.) verbunden sind.

Bei der Routenplanung auf den Ozeanen sind die entsprechenden Wetter-, Strom- und Routenkartenkarten zu berücksichtigen wie z.B. *Atlas of Pilot Charts North Atlantic Ocean* oder *Atlas of Pilot Charts North Pacific Ocean* [1.2.11]. In diesen Unterlagen findet man monatsweise alle meteorologisch wichtigen Hinweise bis zur Häufigkeit von Stürmen bzw. tropischen Wirbelstürmen einschließlich Wahrscheinlichkeit bzw. Häufigkeit ihres Auftretens (siehe Abb. 1.2.3). Die Abbildung zeigt einen kleinen Teil des Nordatlantiks östlich Neufundlands im Monat September u. a. mit eingezeichneten

- Großkreisen (schwarz) und der entsprechenden Distanz,
- Windrosen (blau), die die Häufigkeit und Stärke der verschiedenen Windrichtungen angeben,
- Oberflächenströmen (grün) mit Angabe der mittleren Stromstärke,
- Eisberggrenzen (schwach rot) unter der Küste,
- Wellenhöhen (dicke rote Linien) von 12 Fuß und mehr, angegeben in verschiedenen Prozenten.

Weitere Einzelheiten, u. a. Häufigkeit von tropischen Wirbelstürmen, sind direkt dem Monatsblatt der *Pilot Charts* zu entnehmen. Ein weiteres Beispiel ist in Kapitel 7.6 dargestellt.

Bei der Planung einer Reise in Küstengewässern und Revieren sind Seekarten mit großem Maßstab zu benutzen. Analog zu den Routenkarten auf den Ozeanen sind auch hier Wegeführungskarten für die Reiseplanung zu benutzen, wie z. B. die bereits erwähnte *Chart 5500 Mariners' Routeing Guide English Channel and Southern North Sea* [1.2.2].

Die Route ist grafisch in offizielle und aktuelle, d. h. auf dem neuesten Stand befindliche, Seekarten (Papierseekarte oder elektronische Seekarte) einzutragen. Dabei sind die aktuellen Seehandbücher, Leuchtfeuerverzeichnisse und sonstige Informationsquellen, auch reedereieigene Berichte von anderen Kapitänen, sorgfältig zu berücksichtigen. Es ist absolut unzulässig, in Seekarten zu planen und danach zu navigieren, die einen Stempelaufdruck tragen: „*Not for navigational use*", wie dieses bei einer Bodenbeschädigung eines Passagierschiffes festgestellt wurde. Das Gleiche gilt für Seekarten, die aus Zeitgründen noch nicht berichtigt werden konnten.

In alle benutzten Seekarten müssen die letzten verfügbaren nautischen Warnnachrichten eingearbeitet sein, die entweder über die *Notices to Mariners* oder über Funk empfangen wurden. Einzelheiten zum praktischen Vorgehen beim Entwerfen einer Route werden im Kapitel 2.1 „Terrestrische Navigation" und 4.1 „Arbeiten mit der elektronischen Seekarte" in diesem Buch näher behandelt.

Des Weiteren steht mit den *Route Planning*-Funktionen der ECDIS-Anlagen, einschließlich ihrer „Routencheck"-Funktionen (siehe Kapitel 4, speziell 4.1.6 „(ECDIS)-Funktionen zur Reiseplanung"), ein gut nutzbares Instrumentarium für die sichere Routenplanung zur Verfügung. Diese Anlagen müssen allerdings von den entsprechend ausgebildeten Nautikern, zudem mit kriti-

1.2 Reiseplanung

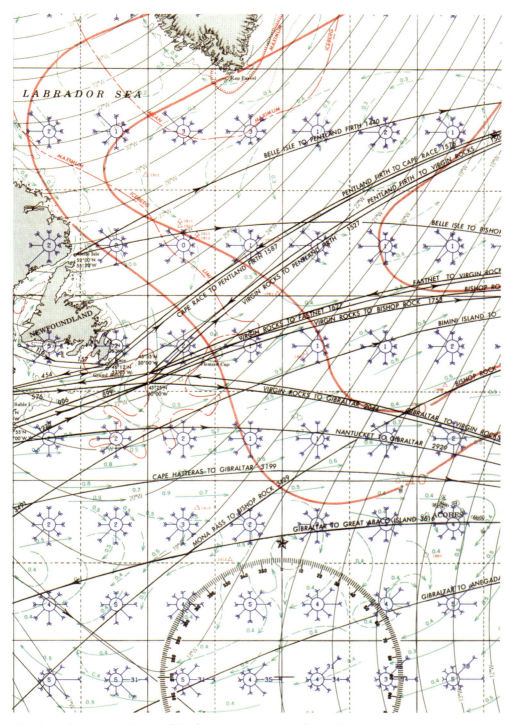

Abb. 1.2.3: Auszug aus *Atlas of Pilot Charts North Atlantic Ocean* September

schem Sachverstand und der Kenntnis der Leistungsgrenzen verschiedener Anlagen, bedient werden. Die Beschreibungen und Hinweise zu den Planungsfunktionen in den Betriebsanleitungen sind dabei sorgfältig zu beachten. Zweckmäßigerweise sollten durch den Kapitän die Befugnisse zum Ändern und Speichern, sowie zum Aufrufen und Anwenden der navigatorischen Routen als *Intended Track* als Teil der Reiseplanung verbindlich geregelt sein. Im Übrigen wird auf die Ausführungen in Kapitel 4 zur Benutzung von ECDIS verwiesen.

Größte Vorsicht bzw. Aufmerksamkeit ist geboten beim Wechsel von der Papierseekarte zur ECDIS oder umgekehrt, um Übertragungsfehler und daraus resultierende falsche Schlüsse zu vermeiden.

(4) Zeitangaben im Reiseplan

Der geplanten Route mit ihren einzelnen räumlichen Abschnitten liegt in der Regel ein mehr oder weniger tabellierter Zeitplan *(Voyage Schedule)* zugrunde. Die Zeitangaben bzw. Zeitpunkte des Zeitplanes sind mit Bahnpunkten verknüpft, so z.B. dem Abfahrtsort mit einer beabsichtigten Abfahrtszeit *(Planned Time of Departure)* und dem Zielort mit einer geplanten Ankunftszeit *(Planned Time of Destination)*, außerdem mit allen oder einigen Zwischenpunkten mit jeweils einer geplanten Ankunftszeit *(Planned Time of Arrival)* oder Ereigniszeit *(Planned Time of Event)*. Sofern diese Zeitpunkte nicht als Zeitpunktvorgaben festgelegt sind, müssen sie in der Planung über den Zusammenhang zwischen den Distanzen auf der geplanten Bahn (Gesamtdistanz oder Einzeldistanzen der Bahnabschnitte) und der Geschwindigkeit ermittelt („gekoppelt") werden. Daraus ergibt sich die Distanz, die vom Schiff gefahren werden kann oder die während der Reise eingehalten werden soll bzw. muss. Da die praktisch fahrbaren Geschwindigkeiten in einem Seegebiet sehr erheblich von den dort angetroffenen Bedingungen (Wassertiefe, Seegang, Wind und Wetter, Verkehrsdichte, Verkehrslenkungssysteme u.a.) abhängen, können praktisch die beiden Planteile „Route" und „Zeitplan" nur in gegenseitiger Abhängigkeit und Anpassung entworfen und gestaltet werden. Verdeutlicht wird dieser Zusammenhang nicht nur im Aufbau und in der Anwendung der traditionellen Koppeltabellen, sondern auch durch die Vorgehensweise beim Erstellen des Reise-Zeitplans in einem ECDIS, der in der Regel ohne die vorherige Zuweisung einer Route nicht bearbeitet werden kann.

(5) Anweisungen im Reiseplan

Generell liegt mit dem grafischen Eintrag der geplanten Reiseroute in die Reisekarten (Papier-Seekarten oder ECDIS-Systemkarten) und mit dem dazugehörigen Zeitplan die erste und grundsätzliche Kapitänsanweisung an das Brückenteam zur sicheren und effektiven navigatorischen Führung des Schiffes zwischen Abgangs- und Zielort der Reise vor. In diesem Sinne ist die Pflicht zur Einhaltung einer vom Kapitän genehmigten Bahn in allen einschlägigen Wachdienstvorschriften für Nautiker verankert. Mit einem Reiseplan jedoch, der nur auf die beiden Strukturelemente „Route" und „Zeitangaben" reduziert ist, lässt sich diese Pflicht durch das Brückenteam praktisch nicht erfüllen. In der Regel muss der Reiseplan durch nautische Anweisungen ergänzt werden, insbesondere dann, wenn mehrere Nautiker als wachhabende Offiziere zu unterschiedlichen Zeiten für die Umsetzung des Reiseplanes verantwortlich sind, wenn sehr vielfältige und nautisch komplizierte Reiseanforderungen zu erwarten sind oder beispielsweise, wenn die wachhabenden Offiziere auf bestimmten Bahnabschnitten oder an bestimmten Bahnpunkten während der Wache

- besonders aufmerksam gegenüber bestimmten Risikoerscheinungen sein müssen (hierzu gehört auch das Durchfahren von Krisengebieten),
- bestimmte Maßnahmen durchzuführen haben, wie z.B. Fahrt- oder Kursänderungen, externe oder interne Kommunikationsleistungen, Kontroll- oder Steueraktivitäten auf den ver-

schiedenen Ebenen des Schiffsbetriebes oder an den benutzten technischen Systemen im Brückenbetrieb, aber auch spezielle Vorbereitungen zu treffen sind, wie z. B. für Lotsenübernahmen, für den Einsatz des Ankergeschirrs, Umstellungen im Schiffsbetrieb u. a. m.,

oder der Gebrauch der verfügbaren nautischen Brückensysteme besondere Anweisungen erfordert, wie z. B. die Methodik der Positionskontrolle, der geordnete Einsatz der ECDIS-Anlagen, der Radaranlagen, von AIS usw..

Solche Anweisungen können als Einträge oder Kommentare sowohl im Routenplan (in der Papierseekarte oder zur ECDIS-Route) oder im Zeitplan erscheinen. Ergänzend dazu können sie separat schriftlich als ständige oder abschnitts- oder zeitbezogene Wachanweisungen festgelegt werden, zum Teil unter Verwendung von dafür entworfenen Formaten, z. B. in Form von Checklisten, wie sie in den Safety Management Systemen der Schiffe üblich und verbreitet sind. Möglich und in besonderen Fällen auch praktisch notwendig ist zudem die Form mündlicher Anweisungen, z. B. im Zuge der Einweisung des Brückenteams in den Reiseplan vor Beginn der Reise oder vor der Passage bestimmter Reiseabschnitte bzw. in Situationen, in denen eine sofortige Planänderung notwendig wird. Es sollte dann aber auf eine geeignete Form der Dokumentation geachtet werden.

Des Weiteren werden Anweisungen benötigt, um die Teamarbeit in der Reiseplanung sowie die Autorisierung des Reiseplans vor seiner Freigabe und Benutzung zu regeln, oder Anweisungen, welche die Aktualisierung und Ablage des erarbeiteten Reiseplans betreffen, sowie Anweisungen zur Anpassung bereits vorhandener, gegebenenfalls schon erfolgreich abgefahrener Routen- und Zeitpläne an die aktuellen reisezeitlichen Bedingungen, um so mit einem verhältnismäßig geringen Aufwand einen aktuell nutzbaren Reiseplan zu gewinnen, wobei auch in diesen Teilbereichen Checklisten hilfreich sein können, wenn ihr Abarbeiten als Routine verhindert werden kann. Reisepläne können nicht das Verhalten eines Brückenteams bis in das letzte Detail regeln. Die Anweisungen zum Reiseplan müssen in jedem Falle die Unterschrift des Kapitäns tragen.

(6) Hinweise zum Erstellen eines Reiseplans

Ziel ist es, mit einem sachgerechten Aufwand einen einfachen und klaren Reiseplan zu erstellen, der den Zielen der *Richtlinien für die Reiseplanung* gerecht wird. Wie und mit welchem Aufwand eine Reiseplanung erarbeitet wird, hängt letztlich von den konkreten Reisebedingungen im Verlauf jeder einzelnen Reise ab. Zu berücksichtigen sind u. a.

- der Betriebszustand eines Schiffes während der Reise, Besonderheiten in seiner Handhabung, sowie die Art seiner Beladung und der Grad der Beherrschung der unvermeidbaren Risiken in der Stauung, Sicherung und im Gefahrgutbereich,
- Art der Reise nach ihrer Strecke, Dauer und den in der Reisezeit zu erwartenden Fahrtgebietsbedingungen, auch klimatologischer Art (z. B. Sturm, unsichtiges Wetter, Eis, Vereisungsgefahr),
- das für die Reise verfügbare Schiffsführungspersonal, dessen Leistungsvoraussetzungen und dessen Ausgeruhtheit und Belastbarkeit (Stichwort: Übermüdung bei dichter Hafenfolge),
- Verfügbarkeit von navigatorischen Dienstleistungen längs der Route während der Reise und Möglichkeiten oder Bedingungen, unter denen sie in Anspruch genommen werden können oder müssen,
- spezielle Reedereianweisungen wie generelles Fahren mit reduzierter Geschwindigkeit (sogenanntes *slow steaming*) oder Fahren mit absoluter Höchstgeschwindigkeit in Seegebieten, in denen z. B. mit Piratenüberfällen gerechnet werden muss.

Diese und alle anderen Reisebedingungen können sich ständig sowohl von Reise zu Reise oder auch während ein und derselben Reise ändern und sie stehen sowohl untereinander als auch zu den zu erwartenden Risiken und Gefahrenlagen in ständigen Wechselbeziehungen. Auch deshalb wird in den bereits erwähnten *Richtlinien für die Reiseplanung* der IMO nachdrücklich das Augenmerk der Nautiker auf eine eigene planerische Vorbewertung der in der Reisezeit am Reiseweg zu erwartenden Risiken der Seefahrt gelenkt.

Zu beachten sind bestimmte Werteangaben, insbesondere zu Wasserständen, Strömungen, Wetter, Wind und Wellen, deren statistische Aufbereitung und die dazugehörigen Aussagen zu den Eintrittswahrscheinlichkeiten. Letzteres gilt auch für alle lang- und mittelfristigen Bedingungsprognosen, z. B. Wetter- und Seegangsprognosen. Selbst in einer Linienfahrt auf sich wiederholenden Routen wird es im Hinblick auf die tatsächliche Entwicklung der Reisebedingungen und Risikolagen weder einen „ewig anwendbaren" noch den idealen Reiseplan geben können. Insbesondere die aktuellen Wasserstände auf einem Revier hängen neben einem eventuellen Tidenstand von den vorherrschenden Windrichtungen und Windstärken ab, die natürlich zu Reisebeginn nicht vorhersehbar sind. Außerdem kann jeder noch so sorgfältig erarbeitete Reiseplan in seinen Strukturelementen Fehler enthalten.

Reedereien, die immer wieder bestimmte Häfen anlaufen, haben in ihren Unterlagen zusätzlich zu den Seehandbüchern diverse Kapitänsberichte über bestimmte Besonderheiten wie z. B. das Anlaufen von Häfen, Lotsenübernahmen, Möglichkeiten des An- und Ablegens mit und ohne Schlepper an bestimmten Anlegestellen. Es ist selbstverständlich, dass diese Unterlagen allen Reedereischiffen zur Verfügung gestellt werden, wobei diese natürlich auf jeder Reise unter den gegebenen Umständen neu bewertet werden müssen.

(7) Reiseplanung zur Lotsenübernahme

Schwerpunktmäßig soll bei der Reiseplanung und Bewertung die Lotsenübernahme berücksichtigt werden. In den *Richtlinien für die Reiseplanung* wird in den in Betracht zu ziehenden Punkten ausdrücklich auf die Lotsenübernahme und -abgabe und den Informationsaustausch zwischen Kapitän und Lotse verwiesen. Es hat sich weltweit eingebürgert, einem auf einer Lotsenstation ankommenden Schiff externe Empfehlungen seitens des Lotsversetzers für die Übernahme des Lotsens bzw. eine Lotsenabgabe zu geben. Wie aus dem in Kapitel 1.2.2(2) dargestellten Unfall hervorgeht, ist zunächst eine Reiseplanung und Bewertung für das Anlaufen der in der Seekarte eingezeichneten Lotsenversetzposition vorzunehmen. Dabei muss sich der Kapitän ausführlich über die örtlichen Gegebenheiten wie Wassertiefe, zur Verfügung stehender Seeraum, Wind- und Stromrichtung, Schiffsverkehr, Möglichkeiten für ein „Lee machen" usw. informieren. Besonders der zur Verfügung stehende Seeraum spielt dabei eine große Rolle. Dieser darf, je nach Schiffsgröße, nicht zu knapp bemessen sein. Zum einen können Lotsenübernahme- bzw. -abgabemanöver wesentlich länger dauern, als ursprünglich angenommen, weil z. B. das Lotsenversetzboot mehrere Anläufe fahren muss (Seegang, Wellenhöhe), um den Lotsen gefahrlos absetzen zu können. Zum anderen ist es häufig erforderlich, dass das Seeschiff eine Geschwindigkeit z. B. von 8 bis 10 kn (oder auch mehr) durch das Wasser laufen muss, damit sich moderne Lotsenversetzboote an der Bordwand genügend lange halten können. Auch hierfür wird ausreichender Seeraum benötigt, um diese Manöver gefahrlos durchführen zu können und um anschließend noch Platz zu haben, das Schiff wieder auf Kurs zu bringen.

Alle Empfehlungen des Lotsversetzers (das sind keine Anweisungen!) sind vom Kapitän sorgfältig zu prüfen und zu bewerten und gegebenenfalls zu korrigieren, wenn er sie für sein Schiff in einem bestimmten Beladungszustand oder aufgrund anderer Erkenntnisse für nicht zweckmäßig hält. Dies ergibt sich schon zwangsläufig aus der Erkenntnis heraus, dass ein Lotsversetzer das Seeschiff mit seinen Manövriereigenschaften usw. nicht so gut kennen und beurteilen kann wie dessen Kapitän. Bei einem Lotsenübernahmemanöver muss die Position des eigenen Schiffes jederzeit festgestellt werden, um rechtzeitig einem Verlassen der vorgesehnen Route entgegenwirken zu können. Die Brücke muss deshalb entsprechend besetzt sein, d.h. neben dem Kapitän muss ggf. ein zweiter Nautiker auf der Brücke anwesend sein, um diese Bahnkontrolle durchführen zu können, wenn der Kapitän diese Aufgabe nicht allein wahrnehmen kann. Bei Dunkelheit ist entsprechend *KVR* zusätzlich noch ein Ausguck auf der Brücke erforderlich.

Liegt der Lotsversetzer auf einer Position weiter flussaufwärts (auf einer „Innenposition", z. B. bei schlechtem Wetter, ist die Reiseplanung besonders sorgfältig weiterzuführen. Dabei sollte der über UKW eingeholte Rat des späteren Bordlotsens durchaus mit in Anspruch genommen werden, um Gefahren zu minimieren. Aber auch hier gilt die Pflicht zu einer sorgfältigen Bewertung der Vorschläge (siehe auch Kapitel 1.3 „Navigieren mit einem Lotsen an Bord"). Weiterhin sollte der Kapitän für sich einen sogenannten *Point of no Return* in der Seekarte festlegen, also einen Punkt, an dem das Schiff noch gefahrlos nach See gedreht werden kann, falls eine Lotsenübernahme nicht mehr möglich ist. In schwierigen Fällen sollte der Kapitän über UKW frühzeitig Kontakt mit dem späteren Bordlotsen aufnehmen, der auf besondere Aufforderung den Kapitän auch schon vor dem Anbordkommen beraten kann, z. B. unter Benutzung des Radargerätes auf dem Lotsversetzer.

Bei schwierigen Wetterbedingungen erfolgt z. B. in Deutschland, aber auch in anderen Ländern, eine Lotsenberatung von Land aus mittels Radargerät. Ein Landradarberater gibt dem Schiff ständig seine Position durch, z. B. entfernungsmäßig bezogen auf eine vorausliegende Fahrwassertonne und eine in die Seekarte eingezeichnete Radarlinie (zur Genauigkeit dieser Angaben wird auf Ziffer 9 des Kapitels 1.4 verwiesen). Da der Lotse nicht an Bord ist, sind seine Empfehlungen vom Kapitän besonders sorgfältig zu prüfen.

1.3 Navigieren mit einem Lotsen an Bord
Werner Huth

Wenn der Lotse an Bord gekommen ist und die Brücke erreicht hat, wird er in das BRM einbezogen. Die Anwesenheit eines Lotsen ändert die Struktur des Brückenteams nicht grundsätzlich. In die existierende Struktur des Teams (Kapitän, OOW, Rudergänger, Ausguck usw.) muss der Lotse als Berater integriert werden. Dieses ist ein ausgesprochen sensibler Bereich und muss, manchmal je nach Fahrtgebiet und Hafen, mit dem notwendigen Fingerspitzengefühl umgesetzt werden. Die Einbindung des Lotsens in das Brückenteam ist mittlerweile international üblich (siehe *Bridge Procedure Guide, Abschnitt 6*) [1.1.1].

Die Verantwortung des Kapitäns bzw. des wachhabenden Offiziers ändert sich durch die Anwesenheit eines Lotsen nicht. Auch die Verpflichtung des Kapitäns bzw. des OOW, das Schiff sicher zu führen, bleibt unverändert. Abhängig von verschiedenen Faktoren (Wissen und Erfahrung des Kapitäns, Qualität seiner Reisevorbereitung, seemännische Anforderungen des Reviers, lokale Besonderheiten usw.) ist er mehr oder weniger stark auf die Beratung des Lotsen angewiesen.

Diese Verfahrensweise basiert auf dem *STCW Code* [1.3.1] und ist verbindliches Recht. So heißt es in *Abschnitt A-VIII/2, Teil 3-1 (1.5.1.1.1) Anordnungen und zu beachtende Grundsätze für den Wachdienst*:

> *„Fahren mit einem Lotsen an Bord*
> *Ungeachtet der Pflichten und Aufgaben der Lotsen befreit deren Anwesenheit an Bord den Kapitän oder den nautischen Wachoffizier nicht von deren Pflichten und Aufgaben in Bezug auf die Sicherheit des Schiffes. Der Kapitän und der Lotse unterrichten sich gegenseitig über die Manöver, die örtlichen Verhältnisse und die Eigenschaften des Schiffes. Der Kapitän*

1 Schiffsführung und Organisation des Brückenteams

und/oder der nautische Wachoffizier arbeiten eng mit dem Lotsen zusammen und behalten die Position und die Bewegungen des Schiffes genau unter Kontrolle.

Bestehen Zweifel hinsichtlich der Maßnahmen oder Absichten des Lotsen, so muss der nautische Wachoffizier beim Lotsen um Klärung nachsuchen, und falls die Zweifel nicht ausgeräumt sind, muss er den Kapitän unverzüglich unterrichten und bis zu dessen Eintreffen alle erforderlichen Maßnahmen einleiten."

In Deutschland ist im *Gesetz über das Seelotswesen* vom 13.9.1984, zuletzt geändert 28.7.2008, im *Paragraphen 23* [1.3.2] festgelegt:

"(1) Der Seelotse hat den Kapitän bei der Führung des Schiffes zu beraten. Die Beratung kann auch von einem anderen Schiff oder von Land aus erfolgen.

(2) Für die Führung des Schiffes bleibt der Kapitän auch dann verantwortlich, wenn er selbständige Anordnungen des Seelotsen hinsichtlich der Führung des Schiffes zulässt."

Damit ist die Rollenverteilung eindeutig. Der wachhabende Offizier ist der Teamleiter und der Lotse sein Berater.

Zu einer gut funktionierenden Struktur gehört natürlich auch, dass die Teammitglieder den Teamleiter unaufgefordert kontinuierlich informieren, zum Beispiel den OOW über die Ergebnisse seiner Navigation.

Damit ein Team während der Lotsenberatung ohne Missverständnisse arbeiten kann, muss der Kapitän dem wachhabenden Offizier und Rudergänger erläutern, wie er den Lotsen integriert.

- Erlaubt er ihm, direkte Kursanweisungen an den Rudergänger zu geben (jeweils ohne eigene Wiederholung bzw. Wiederholung durch den OOW)?
- Wiederholen er bzw. der OOW diese Anweisungen grundsätzlich vor der Ausführung durch den Rudergänger?
- Wiederholen er bzw. der OOW sie in schwierigen Situationen, um dem Rudergänger eine Veränderung der Situation auf diese Weise mitzuteilen?
- Gibt er nur dann Anweisungen, wenn er die Empfehlungen des Lotsen nicht bzw. nicht mehr akzeptiert?

Dies muss der Kapitän seinem Team mitteilen, damit es zu keiner Zeit eine unklare Situation mit dem Rudergänger gibt.

Unter den gegenwärtig in der Schifffahrt üblichen Bedingungen übernimmt der Lotse die Kommunikation mit den Schlepperführern und anderen beteiligten Landstellen. Es würde dem Kapitän die Kontrolle und Beurteilung der angewiesenen Schleppermanöver erheblich erleichtert werden, wenn auf den Revieren ausschließlich Englisch gesprochen würde. Da dies aber vielfach nicht der Fall ist, sollte der Kapitän seinen Reiseplan, einschließlich der Anzahl und der erforderlichen Manöver der Schlepper, mit dem Lotsen intensiv besprechen, um auf die Manöver vorbereitet zu sein und notfalls eingreifen zu können. Der OOW ist auch auf einem Revier nach den *Richtlinien für die Reiseplanung* verpflichtet, die Bahnkontrolle des Schiffes vorzunehmen, d. h. durch Peilungen oder andere Maßnahmen die Position des Schiffes festzustellen. Für viele Tankerreedereien ist dies schon seit vielen Jahren vom Charterer vorgeschrieben. Gemeinsam mit dem Lotsen müssen, vor allem auf tiefgehenden Schiffen, die Kursänderungspunkte bzw. die *Wheel-Over-Points* festgelegt werden, des Weiteren Punkte, an denen die Geschwindigkeit reduziert werden muss. Häufig besteht nicht genügend Zeit für diese wichtige Aufgabe oder aber die Lotsenposition lässt dies nicht zu (z. B. Lotse kommt zeitgleich mit den Schleppern, die sofort festgemacht werden müssen).

Die Integration des Lotsens in das auf dem Schiff bereits bestehende Brückenteam ist häufig eine besonders schwierige Aufgabe. Das Vorhandensein formaler Voraussetzungen allein

1.3 Navigieren mit einem Lotsen an Bord

gewährleistet nicht, dass der Lotse in das Brückenteam integriert wird. Um diesen Prozess erfolgreich zu bewältigen, muss der OOW dem Lotsen alle für eine erfolgreiche Beratung erforderlichen Informationen übergeben. Neben der Aushändigung einer sorgfältig ausgefüllten Lotsenkarte *(Pilot Card)* gehören dazu zwingend Informationen zu festgestellten oder möglichen Funktionsbeeinträchtigungen von Geräten und Anlagen auf der Brücke sowie eventuelle Probleme in der Maschine, aber auch die Drehrichtung eines eventuell vorhandenen Verstellpropellers (vor allem, wenn er „rechtsdrehend" ist). Sehr wichtig ist die Information des Lotsen über die Mindestgeschwindigkeit des Schiffes *(minimum steering speed)* im aktuellen Beladungszustand bei bestimmten Wetter- und Windverhältnissen, um ein Schiff steuerfähig zu halten und um ein Aus-dem-Ruderlaufen zu vermeiden. Das kann bei starken achterlichen Winden (Bft 8 bis 10) und achterlichem Strom durchaus eine Geschwindigkeit durchs Wasser von 8 bis 10 kn sein. Ggf. muss man das gemeinsam, je nach Windeinfallrichtung, austesten.

Es sind weiterhin eindeutige Absprachen zur Nutzung der vorhandenen Geräte und Anlagen (vor allem des möglichst optimal eingestellten Radargerätes) sowie zur erforderlichen Kommunikation vorzunehmen. Andererseits hat der Lotse den OOW über eventuelle Besonderheiten auf der zu befahrenden Schifffahrtsstraße zu informieren, wie neue Untiefen, Fahrwassersperrungen, Begegnungen mit tiefgangsbehinderten Schiffen, aktueller Tidenverlauf, zu erwartendes Wetter, Verfügbarkeit von Schleppern usw..

Zur erfolgreichen Bewältigung aller genannten Aufgaben müssen sich der Teamleiter und Lotse gut ergänzen. Keiner von beiden kann sich ein „Abschalten" leisten. Diese Gefahr ist erfahrungsgemäß beim wachhabenden Offizier am größten. Unabhängig voneinander haben sie ihre Aufgaben und Verantwortung wahrzunehmen. Es gilt das Motto: Der Lotse kennt das Revier, der Kapitän das Schiff.

Bei zahlreichen Versegelungen in den Revieren, z. B. im Nord-Ostsee-Kanal, ist zu beobachten, dass der Kapitän nach der Ankunft des Lotsen die Brücke verlässt und seinen wachhabenden Offizier zurücklässt. Diese Offiziere nehmen häufig die Aufgaben des Teamleiters nicht wahr, sondern verhalten sich völlig passiv. Die Lotsen übernehmen dann freiwillig oder unfreiwillig die Rolle des Teamleiters, bedienen die Selbststeueranlage oder steuern selbst mit dem Handruder usw.. Die rechtlichen Bestimmungen sehen diese Aufgaben und diese Verantwortung für den Lotsen nicht vor, sie bleiben in der ausschließlichen Verantwortung des Kapitäns bzw. OOW.

Im Allgemeinen muss der Kapitän unter den gegebenen Umständen die folgenden seemännischen Bedingungen erkunden, um über die Möglichkeit des Einlaufens entscheiden zu können:
- Einlauforder, zugewiesener Liegeplatz (schon frei?), Verfügbarkeit und Qualität der Lotsen sowie der Schlepper, die Lage der Lotsenposition,
- Art des Reviers (Barre, Fluss, Kanal) sowie seine Beschaffenheit (Wassertiefe, Fahrwasserbreite, Krümmungsradius usw.),
- Tiefgang des Schiffes (Lotsen beklagen oft, dass ihnen ein falscher Tiefgang mitgeteilt wird), seine Manövriereigenschaften einschließlich der Stärke und Verlässlichkeit des Bugstrahlruders,
- Wind, Seegang, Stand der Tide, Strömung, Kielfreiheit, Squat und die sich daraus ergebende sichere Geschwindigkeit.

Diese Faktoren erfordern eine gründliche Abwägung der von ihnen ausgehenden Anforderungen, der nötigen Sicherheitslimits und der Voraussetzungen des Schiffes und seiner Besatzung, sie zu bewältigen. In anderen Situationen führt eine unzureichende Reisevorbereitung z. B. durch fehlende Kalkulationen dazu, dass der Kapitän die Anweisungen von Behörden nicht beurteilen kann und ihnen kritiklos folgt. Er kann dann auch die Empfehlungen des Lotsen nicht kritisch werten.

1 Schiffsführung und Organisation des Brückenteams

Eine Besonderheit kann das Fahren mit tiefgehenden Schiffen in einem Revier bedeuten, wenn sich innerhalb des betonnten Reviers eine Tiefwasserrinne befindet, die selbst nicht betonnt ist. Hier erfolgt die Wegeführung des Schiffes zusätzlich durch einen Landradarberater (in der Regel ein Lotse), der dem Schiff ständig seine Position in der tiefen Rinne nach dem Landradar wiedergibt, bezüglich der Querposition im Fahrwasser meist bezogen auf eine in die Seekarte eingezeichnete Radarlinie (in der Regel in der Mitte der Tiefwassertrasse). Eine Ungenauigkeit in der Entfernungsangabe von etwa ± 25 m ist einzuplanen (ist radarmäßig bedingt).

Hier wirkt zusätzlich zum Bordlotsen ein Lotse von Land aus mit, der sich insbesondere um die Bahnkontrolle des Schiffes kümmert. Das befreit den Kapitän bzw. OOW aber nicht von seiner Verpflichtung, sich ein eigens Bild von der aktuellen Position des Schiffes zu machen. Denn er muss mit dem Bordlotsen feststellen, wann z. B. in die Seekarte eingezeichnete Kursänderungspunkte erreicht sind, um die erforderlichen Maßnahmen einzuleiten.

1.4 Maßnahmen entsprechend den *Regeln guter Seemannschaft*
Werner Huth

In diesem Kapitel werden unter besonderer Berücksichtigung von Ergebnissen bei Unfalluntersuchungen zusätzliche Empfehlungen ausgesprochen.

1. **Einschalten des Echolots**
   Bei Ansteuerungen von Küsten, flachen Gewässern, Hafeneinfahrten, Lotsenübernahmepositionen und dem Fahren in Revieren ist stets das Echolot einzuschalten und angemessen zu beobachten.
2. **Bahnkontrolle mit verschiedenen Navigationsverfahren**
   In navigatorisch schwierigen Gewässern sind, wenn möglich, stets mindestens zwei Verfahren zur Bahnkontrolle bzw. Feststellung der Schiffsposition einzusetzen (z. B. GPS und Radar, ggf. mit einer Plausibilitätskontrolle durch die Echolotung).
3. **Erfahrener Offizier beim Anlaufen eines Hafens auf der Brücke**
   Wenn ein Kapitän zum ersten Mal einen Hafen ansteuert, ein anderer Schiffsoffizier diesen Hafen aber bereits kennt, empfiehlt es sich, diesen Schiffsoffizier mit auf die Schiffsbrücke zu holen, zumindest bis der Lotse an Bord ist. Dies gilt insbesondere bei Dunkelheit.
4. **Bahnkontrolle bei Lotsenübernahmen**
   Bei Lotsenübernahmen, die die Aufmerksamkeit des Kapitäns besonders beanspruchen, z. B. beim Beobachten des Lotsenbootes nahe der Bordwand bei Seegang, muss dafür Sorge getragen werden, dass ein Schiffsoffizier die Bahnkontrolle bzw. Position des Schiffes überwacht.
5. **Eingeschränkt verfügbare Manövrierunterlagen auf flachem Wasser**
   Es ist allgemein bekannt, dass die Manövrierdaten im *Brückenposter (Wheelhouseposter)* [1.4.1, 1.4.2] auf Werftprobefahrten aus diversen Gründen möglichst bei ruhigem Wetter über tiefem Wasser erstellt werden. Diese Situation ist beim Ansteuern von Lotsenpositionen/Häfen häufig nicht gegeben (flaches Wasser, Windeinfluss auf große Containerflächen, beeinträchtigte Steuerfähigkeit bei starkem achterlichen Wind und Seegang usw.). Somit sind die Angaben zu Geschwindigkeiten, Drehkreisen und Stoppstrecken nur sehr bedingt anwendbar, zumal z. B. die Stoppstrecke bei einem Rückwärtsmanöver auch entscheidend von der tatsächlichen Wassertiefe unter dem Kiel abhängt. Beim Einlaufen in ein „flaches" Hafenbecken muss die Maschine ggf. rechtzeitig auf ein geeignetes Rückwärtsmanöver geordert werden.

1.4 Maßnahmen entsprechend den Regeln guter Seemannschaft

6. **Sorgfältiges Ausfüllen der *Lotsenkarte (Pilot Card)***
   Der Kapitän hat beim Ausfüllen der *Lotsenkarte* [1.4.1, 1.4.2] bei bestimmten Wetter- und Windverhältnissen für einen bestimmten Tag und damit bestimmten Schiffszustand darauf zu achten, dass die Angaben in der *Lotsenkarte (Pilot Card)* den aktuellen Verhältnissen möglichst nahe kommen. Im Falle eines Unfalls werden diese Angaben von Behörden gerne für eine Unfalluntersuchung herangezogen, weil sie als „aktueller" angesehen werden als die Daten im *Brückenposter* (was zumindest zeitlich stimmt!).

7. **Qualifizierte Bedienung der Radargeräte auf dem Revier**
   Radargeräte sind nach wie vor eines der am meisten bedienten Geräte auf der Brücke, sei es zur Kollisionsverhütung, sei es zur Navigation. Bei der Vielfalt der verschiedenen Radargeräte kommt es durchaus zu Bedienfehlern. Deshalb soll hier auf einige Grundprobleme aufmerksam gemacht werden. Im Übrigen wird auf die Ausführungen zu „Radar" in Kapitel 4.2 verwiesen.

7.1 Nach deutscher Rechtsprechung *(OLG Hamburg)* gilt es bei Frachtschiffen wegen der damit verbundenen Nachteile als Verstoß gegen die *Regeln guter Seemannschaft*, wenn das Radargerät in der Betriebsstellung „relativ vorausorientiert" betrieben wird, obwohl das Radargerät in den Betriebsstellungen „relativ-nordstabilisiert" oder *„True Motion"* betrieben werden könnte (ist in der Regel der Fall!). Ausnahmen mag es beim Befahren ganz enger Kanäle wie dem Nord-Ostee-Kanal geben. Die Wasserschutzpolizei gibt z.B. in ihren Unfallberichten regelmäßig an, welche Betriebstellung vorlag (soweit das noch zu ermitteln war).

7.2 Radargeräte haben generell eine erhebliche „Bandbreite" in der Darstellung der Radarziele. Sie bieten aber die Möglichkeit, sie durch geeignete Bedienung an die jeweiligen Situationen und Erfordernisse anzupassen. Aufgrund der sich ständig ändernden Situation beim Befahren der Hohen See, Einlaufen in Mündungsgebiete von Flüssen, Einlaufen in enge Gewässer müssen die Anlagen durch die sie bedienenden Personen (wachhabender Offizier und/oder Lotse) den Erfordernissen angepasst werden. Dazu gehören Bereichsumschaltungen, ggf. Dezentrierung der Anlagen, um auf kleinen Bereichen dennoch ausreichende Voraussicht zu haben, und Wahl der geeigneten Darstellungsart.
   Weiter gehören dazu ggf. „Nachjustieren" der Abstimmung, der Verstärkung, der Seegangsenttrübung und der Helligkeitseinstellung, wobei häufig die Umschaltung des Bereiches und die sinnvolle „Justierung" der Verstärkung ausreichen. Die Optimierung hängt davon ab, welche Informationen Vorrang haben. So ist z.B. im Falle einer Brückendurchfahrt die Erkennbarkeit der Fundamente und der Leitwerke der Brückenpylone wichtiger als die Erkennbarkeit der Brückenkonstruktion.
   Auf einem Revier müssen der OOW und der Lotse gemeinsam auf die beste Darstellung hinwirken. Der OOW kennt „sein" Radargerät, der Lotse weiß, welche „Ecken" unbedingt zu sehen sein müssen.

8. **Aktuelle Tiefen- und Tidenverhältnisse auf dem Revier**
   Im Allgemeinen verfügt häufig nur der Lotse über die aktuellen Tiefenverhältnisse auf einem Revier. So hängen z.B. in Deutschland auf den Lotsenstationen die aktuellen Peilkarten aus, die die tatsächlich vorhandenen Wassertiefen an bestimmten Stellen des Reviers wiedergeben. Diese Informationen sind in der Regel nicht aus der Seekarte zu entnehmen. Da Bankeffekte z.B. auch von flachen Unterwasserstellen ausgehen können, die ein Abdrehen des Schiffes zur anderen Uferseite bewirken, hat sich der Kapitän darüber mit dem Lotsen zu verständigen.
   Kritische Situationen können auch auftreten, wenn mehrere sog. Tidenschiffe mit auflaufendem Wasser hintereinander flussaufwärts fahren, um auf dem Hochwasserscheitel einen Hafen zu erreichen. Hier ist in gemeinsamer Absprache mit allen Beteiligten, also auch

1 Schiffsführung und Organisation des Brückenteams

Landstationen, sicherzustellen, dass auch für das letzte Fahrzeug in der Kette beim Erreichen des Hafens noch genügend Wasser unter dem Kiel vorhanden ist, um sicher den Liegeplatz erreichen zu können.

9. **Planen von Überholmanövern auf einem Revier**
Zu einer Reiseplanung gehört auch das Planen von Überholmanövern. Überholmanöver sind häufig eine Unfallquelle, wenn der Passierabstand bei relativ hohen Geschwindigkeiten zu gering gewählt wurde. Es soll hier nicht der komplette Überholvorgang bei unterschiedlichen Geschwindigkeiten beschrieben werden, aber auf die beiden zentralen Probleme hingewiesen werden. Jedes Überholmanöver muss zwingend zwischen dem Überholer und dem zu Überholenden abgesprochen werden. Da es ohne geeignete Ausrüstung (z.B. Fernglas mit eingebautem Entfernungsmesser) nicht möglich ist, den tatsächlichen Seitenabstand auf Meter genau zu bestimmen, muss der Seitenabstand entsprechend den gefahrenen Geschwindigkeiten unter Zuhilfenahme des Radargerätes (Ungenauigkeit ca. ±25 m) „abgeschätzt" werden. Es ist keine Seltenheit, dass bei einem Unfall der Überholte als Seitenabstand zwischen den Bordwänden 25 m angibt, der Überholer dagegen 150 m, beides sind natürlich subjektive Angaben.

Die Schwierigkeit bei der Planung eines Überholmanövers besteht auch unter anderem darin, dass der Überholer von achtern kommend bei der Bahnplanung schon frühzeitig vorausschauend seinen Mindestabstand festlegen muss, ohne diesen mit absoluter Sicherheit kontrollieren zu können.

10. **Beobachten einer „Hecksee"**
Es ist auf einem tiefgehenden Schiff oder bei höherer Geschwindigkeit auf einem Revier ausgesprochen hilfreich, zusätzlich zur Bahnkontrolle einen Blick nach achteraus zu werfen, vor allem bei größeren Kursänderungen, bei denen das Heck zu einer Uferseite schwenkt, aber auch bei dichtem Abstand zu einem Ufer. Wenn sich dort eine „Hecksee" aufzubauen bzw. auszubilden beginnt, muss sofort drastisch die Geschwindigkeit verringert werden, um Schäden am Ufer zu vermeiden (siehe Kapitel 1.2.2, Fall 3).

Die vorstehenden Ziffern entsprechen den *Regeln guter Seemannschaft*, d.h., sie beschreiben den aktuellen Stand der Technik. Die darin angesprochenen Empfehlungen bzw. Maßnahmen sind von Kapitänen und wachhabenden Offizieren unbedingt zu berücksichtigen, um erneute Unfälle zu vermeiden.

NACOS platinum
Navigation Automation Control System

NACOS Platinum, the new integrated vessel control system, represents a complete series of next-generation navigation, automation and control systems. The series offers unprecedented features in terms of usability, scalability and network by means of one common hardware and software platform.

- One common software platform for navigation and automation systems
- User Centred Design for easy and safe operation across systems
- Scalability and flexibility from stand-alone system to integrated system
  - for all types of vessels
- LAN based network system

Automation Products
- Monitoring Control System
- Power Management
- Propulsion Control
- 2-stroke Engine Governor
- Engine Safety System
- HVAC / Fire Monitoring
- Cargo Monitoring and Control

Navigation Products
- RADARPILOT
- ECDISPILOT
- MULTIPILOT
- TRACKPILOT
- Conning
- VDR, AIS, sensors

SAM Electronics GmbH
Products Automation, Navigation and Communication

Behringstrasse 120
22763 Hamburg · Germany

Phone: +49 - (0)40 - 88 25 - 24 84
Fax: +49 - (0)40 - 88 25 - 41 16
NAVCOM@sam-electronics.de
www.sam-electronics.de

an L3 communications company

2 Konventionelle Navigation

In diesem Kapitel werden im Wesentlichen die aktuell genutzten Systeme und Verfahren beschrieben, darüber hinaus einige konventionelle Verfahren, die im Notfall zur Verfügung stehen.

2.1 Terrestrische Navigation
Ralf Wandelt

2.1.1 Leuchtfeuer und Seezeichen

Seezeichen dienen in küstennahen Gewässern der Seefahrt zur Orientierung und zur Warnung vor Gefahren. Es handelt sich um feste oder schwimmende Körper, deren Bedeutung sich aus Form, Farbe, Beschriftung und Toppzeichen erschließen lässt. Im engeren Sinne meint der Begriff „Seezeichen" das Objekt bei Tage. In der Nacht dient ein Lichtsignal der Erkennung. Dann wird aus dem Seezeichen ein Leuchtfeuer. In diesem Kapitel wird die Systematik der Seezeichen und Leuchtfeuer erläutert. Eine vollständige Beschreibung der Vielfalt des Seezeichenwesens liegt nicht im Rahmen des vorliegenden Handbuches. Für Detailinformation wird auf die einschlägige Literatur verwiesen [2.1.1].

(1) Charakteristika der Leuchtfeuer

Kennung und Wiederkehr: Mit Kennung wird die Charakteristik der Lichterscheinung, einschließlich Farbe, Dauer und zeitlicher Anordnung bezeichnet. Ein Leuchtfeuer ist ein periodischer Vorgang. Wiederkehr ist die Periode, also die Zeit nach der die Lichterscheinung von Neuem beginnt. Tabelle 2.1.1 gibt eine Übersicht über die verschiedenen Kennungen. Mehr Information ist in [2.1.1] zu finden.

Kennungsart	Abkürzung (dt./int.)	Erläuterung
Festfeuer	F./F	andauernd, unveränderlich
Unterbrochenes Feuer	Ubr./Oc	Lichtphasen länger als Pausen
Gleichtaktfeuer	Glt./Iso	Lichtphase gleich Pause
Blitzfeuer	Blz./Fl	Lichtphase kürzer als Pause
Blinkfeuer	Blk./LFl	Lichtphase mindestens 2 s
Funkelfeuer	Fkl./Q	Etwa 1 Blitz pro Sekunde
Schnelles Funkelfeuer	SFkl./VQ	Etwa 2 Blitze pro Sekunde
Ultra Funkelfeuer	UFkl./UQ	Mindestens 3 Blitze pro Sekunde
Morsefeuer	Mo. ( )/Mo ( )	Morsezeichen (Buchstabe)
Mischfeuer	F.Blz./FFl	Beispiel: Festfeuer mit Blz.
Wechselfeuer	Wchs./Al	Beispiel: Farbwechsel weiß/rot

Tabelle 2.1.1: Kennungen von Leuchtfeuern

Die Feuerarten können zu Gruppen zusammengefasst werden. Zum Beispiel bedeutet Q(6)+LFl, dass nach jeweils sechs kurzen Blitzen ein längerer Blink abgegeben wird, bevor die Dunkelphase beginnt.

Tragweite, Nenntragweite und Sichtweite: Zur Kennung gehören ferner die Angaben über die Farbe, die Wiederkehr in Sekunden, die Höhe des Feuers in Metern und die Tragweite in Seemeilen. Ein Beispiel in deutscher Bezeichnung: Blz.(3)r. 15 s 21 m 11 sm und dasselbe Beispiel in internationaler Bezeichnung Fl.(3)R.15 s 21 m 11 sm. Auch in deutschen Seekarten ist inzwischen die internationale Bezeichnung üblich. Das Feuer besteht aus drei roten Blitzen und einer Verdunkelungsphase, die zusammen 15 Sekunden dauern. Die Lichtquelle liegt 21 m über einer Bezugsebene, die in der Seekarte spezifiziert ist (z. B. mittleres Springhochwasser). Die angegebene Tragweite ist eine Nenntragweite. Die Tragweite ist der Abstand, in dem das Feuer gerade noch zu erkennen ist. Sie hängt von der Lichtstärke des Feuers und vom Sichtigkeitsgrad der Luft ab. Für die Nenntragweite ist eine Standardsichtigkeit von 10 sm zu Grunde gelegt. Die Sichtweite hängt zusätzlich noch von der Höhe des Leuchtfeuers und der Augeshöhe des Beobachters an Bord ab (s. Abb. 2.1.29).

(2) Bezeichnung besonderer Abschnitte im Fahrwasser

Richtfeuer: Zur genauen Identifikation der Richtung des Fahrwassers und zum exakten Befahren einer Kurslinie werden Richtfeuer eingesetzt. Ein Richtfeuer besteht aus Ober- und Unterfeuer mit gleicher Kennung. Beide Feuer leuchten in Phase. Das Schiff fährt entweder auf das Feuer zu oder von ihm weg. Befindet es sich genau auf der Kurslinie, erscheinen Ober- und Unterfeuer exakt übereinander. Während des Fahrens ist auf das Auswandern des Unterfeuers zu achten. Verlässt das Schiff die Kurslinie, öffnet sich der Blickwinkel, unter dem die beiden Feuer gesehen werden. Erscheint das Unterfeuer rechts vom Oberfeuer, ist das Schiff nach Backbord versetzt und umgekehrt. Es ist also immer zu der Seite hin Kurs zu ändern, nach der das Unterfeuer auswandert. Auch am Tage können Richtfeuer benutzt werden. Als Seezeichen tragen sie dreieckige Toppzeichen. Das Dreieck des Oberfeuers zeigt mit der Spitze nach unten, das des Unterfeuers mit der Spitze nach oben. Diese Toppzeichen sind in Deckung, wenn sich das Schiff auf der Kurslinie befindet. Um bei Gegenverkehr auf der richtigen Fahrwasserseite zu sein, fährt man häufig „links offen", d. h. man lässt das Unterfeuer etwas nach links auswandern.

Leitfeuer, Sektorenfeuer und Quermarkenfeuer: Leitfeuer dienen zur Ansteuerung von Hafeneinfahrten oder als Navigationshilfe in engen Fahrwassern, zum Beispiel bei der Durchfahrt zwischen Untiefen. Sie strahlen ihr Lichtsignal in einen schmalen Sektor ab. Zu beiden Seiten der Hauptrichtung nimmt die Lichtintensität stark ab. In der Regel ist die Farbe eines Leitfeuers weiß.

Oft sind Leitfeuer zu Sektorenfeuern ergänzt, indem die benachbarten Winkelbereiche mit andersfarbigen Lichtsignalen markiert werden. Befindet sich ein von See kommendes Schiff an der Steuerbordseite des weißen Hauptsektors, wird an Bord ein grünes Feuer gesehen. Die Backbordseite der Kurslinie wird durch ein rotes Feuer markiert.

Sektorenfeuer können auch als Quermarkenfeuer dienen. Diese zeigen eine Richtungsänderung des Fahrwassers an und können zur Überwachung einer Kursänderung genutzt werden. Diese wird durchgeführt, wenn an Bord die Änderung der Farbe des Feuers beobachtet wird.

(3) Bezeichnung des Fahrwassers

Betonnungssysteme: Schifffahrtswege sind nach dem Lateralsystem mit Seezeichen ausgestattet. Die *IALA (International Association of Lighthouse Authorities)* ist verantwortlich für Regeln, nach denen Seezeichen ihrem jeweiligen Zweck entsprechend gestaltet sind. Es gibt zwei verschiedene Betonnungssysteme für die lateralen Seezeichen. In europäischen Gewässern wird das internationale Betonnungssystem A verwendet, in amerikanischen Gewässern das Betonnungssystem B. In Asien gibt es Regionen mit dem System A und andere mit dem System B. Die Seekarte 1 enthält eine geografische Übersicht. Über das im betreffenden Seegebiet verwendete Betonnungssystem geben auch die Seekarten Auskunft. In britischen Karten finden sich Bemerkungen wie: *„Navigational Marks: IALA Buoyage System – Region A (red to port)"*. In deutschen Seekarten ist in den Fahrwassern ein magentafarbener Pfeil mit einem grünen Punkt an Steuerbord und einem roten Punkt an Backbord eingedruckt.

Meist werden beide Seiten eines befahrbaren Weges gekennzeichnet. Im Betonnungssystem A ist von See kommend die Steuerbordseite eines Fahrwassers grün und die Backbordseite rot

2 Konventionelle Navigation

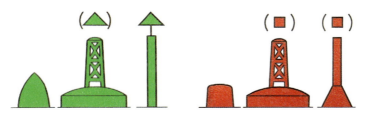

Abb. 2.1.1: Laterale Seezeichen im Betonnungssystem A

markiert. Die Farben der Feuer entsprechen denen der Tonnen. Falls Toppzeichen vorhanden, sind sie an Steuerbord spitz (Kegel) und an Backbord stumpf (Zylinder). In der Kennung unterscheiden sich die beiden Seiten nicht. Abb. 2.1.1 zeigt Gestalt, Farbe und Toppzeichen. Die Nummerierung der Tonnen erfolgt an Steuerbord mit ungeraden und an Backbord mit geraden Zahlen. Wegen der besseren Erkennbarkeit im Radar ist das erste Tonnenpaar eines Fahrwassers manchmal doppelt ausgelegt (je eine Tonne beleuchtet und die andere unbeleuchtet).

Wenn zwei Schifffahrtswege sich vereinigen, gilt eines als durchgehendes und das andere als einmündendes Fahrwasser. Diese Unterscheidung hat eine schifffahrtsrechtliche Bedeutung. Laut *Seeschifffahrtsstraßenordnung* hat ein aus dem einmündenden Fahrwasser kommendes Fahrzeug gegenüber dem Verkehr im durchgehenden Fahrwasser eine Wartepflicht. An der Verzweigung liegt eine rot-grün-rote oder eine grün-rot-grüne Tonne (Abb. 2.1.2). Die zweimal verwendete Farbe zeigt das durchgehende Fahrwasser an. Sie bestimmt auch die Farbe des Feuers. Die Kennung ist auffällig. Es wird eine Gruppe mit der Struktur 2+1 abgestrahlt. Beispiel: An der Steuerbordseite des Hauptfahrwassers mündet ein Nebenfahrwasser. Die hinter der Einmündung liegende Tonne ist dann grün-rot-grün. Sie ist eine Steuerbord-Tonne des durchgehenden Fahrwassers und gleichzeitig die letzte Backbord-Tonne des einmündenden Fahrwassers.

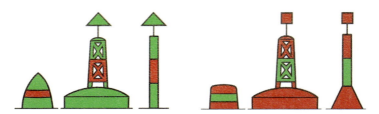

Abb. 2.1.2: Bezeichnung eines einmündenden Fahrwassers im Betonnungssystem A

Im Betonnungssystem B ist – von See kommend – die Backbordseite des Fahrwassers mit grünen Tonnen bezeichnet. Diese sind stumpf geformt und tragen gegebenenfalls stumpfe Toppzeichen. Die Tonnen an Steuerbord sind rot, spitz geformt mit Kegeln als Toppzeichen. An der anderen Kombination aus Farbe und Form lässt sich das verwendete System erkennen, ohne auf die Fahrwasserrichtung zurückzugreifen.

Ansteuerungstonne: Im Lateralsystem kann auch ausschließlich die Mitte eines Schifffahrtsweges bezeichnet sein. Diese Tonnen sind rot-weiß gestreift und tragen als Toppzeichen einen roten Ball (Abb. 2.1.3). Das Feuer ist weiß und hat die Kennung „Gleichtakt" oder „Unterbrochenes Feuer". Selbst wenn die Seiten des Fahrwassers mit roten und grünen Seezeichen markiert sind, findet sich oft eine rot-weiß gestreifte Tonne am Beginn des markierten Fahrwassers. Sie dient dann als Ansteuerungstonne.

2.1 Terrestrische Navigation

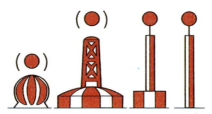

Abb. 2.1.3: Ansteuerungstonne oder Kennzeichnung der Fahrwassermitte

(4) Bezeichnung von Gefahrenstellen

Kardinalzeichen: Lokalisierbare Gefahrengebiete werden mit Kardinalzeichen markiert. Diese Tonnen (Nord-, Süd-, Ost- oder West-Tonne) zeigen – mit der Anordnung ihrer horizontalen schwarz-gelben Streifen, ihren Toppzeichen und in der Nacht mit ihrer Kennung – an, an welcher Seite der Gefahrenstelle sie ausgelegt sind. Aus der Lage der Tonne relativ zur Gefahr ergibt sich eindeutig die Passierseite. Wird zum Beispiel auf westlichem Kurs recht Voraus eine Süd-Tonne identifiziert, muss die Tonne an Steuerbord bleiben.

Im Norden des Schifffahrtshindernisses ist die Kardinaltonne oben schwarz und unten gelb. Das dazugehörige Toppzeichen besteht aus zwei übereinander angebrachten Kegeln, deren Spitzen beide nach oben weisen. Die im Süden ausgelegte Kardinaltonne ist gelb über schwarz und die beiden Kegel zeigen mit den Spitzen nach unten. Im Osten ist die Markierung schwarz-gelb-schwarz, die Kegelspitzen zeigen voneinander weg. Im Westen ist es umgekehrt: Die Farben sind gelb-schwarz-gelb und die Kegelspitzen zeigen aufeinander (Abb. 2.1.4).

Als Kennungen werden Funkelfeuer verwendet. Die Nord-Tonne sendet schnell aufeinander folgende Blitze ohne Unterbrechung aus. Die Kennungen der drei anderen Tonnen bestehen aus schnellen Blitzen, die zu Gruppen zusammengefasst sind. Dabei entspricht

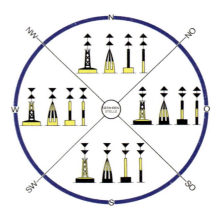

Abb. 2.1.4: Kardinalzeichen

die Anzahl der Blitze der Position der Tonne in Analogie zum Zifferblatt einer Uhr. Die Ost-Tonne hat die Gruppe 3, die West-Tonne die Gruppe 9. Um der Gefahr des Verzählens vorzubeugen, sendet die Süd-Tonne nach ihren 6 Blitzen noch einen Blink, bevor die Dunkelphase beginnt.

Bei neuen Gefahrenstellen werden die Kardinaltonnen zeitweise doppelt ausgelegt (in der Regel je eine Tonne beleuchtet, die andere unbeleuchtet), bis die Schifffahrt über die *Nachrichten für Seefahrer (NfS)*, bzw. die *Notice to Mariners (NTM)* informiert wurde.

Einzel-Gefahrentonne: Für ein räumlich eng begrenztes Gefahrengebiet genügt eine Einzel-Gefahrentonne, die direkt über dem Hindernis schwimmt. Sie ist horizontal schwarz-rot-schwarz gestreift und trägt als Toppzeichen zwei schwarze Bälle (Abb. 2.1.5). Das Feuer hat die Blitzgruppe 2. Eine auf diese Weise markierte Gefahrenstelle kann an allen Seiten passiert werden.

Wracktonne: Vor einem neuen Wrack kann, bevor die schwarz-gelben Kardinaltonnen ausgelegt sind, vorübergehend mit einer Wracktonne gewarnt werden. Diese ist vertikal gelb-blau gestreift und das Feuer besteht aus auffälligen blauen und gelben Blitzen, die einander abwechseln. Sie wurde von der IMO in Abstimmung mit der *IALA* zu Erprobungszwecken eingeführt.

2 Konventionelle Navigation

Abb. 2.1.5: Einzel-Gefahrentonne

(5) Kennzeichnung besonderer Gebiete

Besondere Gebiete, z. B. Reeden, werden mit gelben Tonnen gekennzeichnet. Die konkrete Bedeutung ist der Seekarte zu entnehmen. Sie tragen gegebenenfalls liegende gelbe Kreuze als Toppzeichen. Wenn sie ein Gebiet markieren, dessen Befahren verboten ist, tragen die gelben Tonnen, je nach Form, ein rotes Kreuz oder einen roten Streifen. Das Feuer ist gelb und die verwendeten Kennungen sind Funkelfeuer oder unterbrochene Feuer der Gruppen 2 oder 3.

Zu den besonderen Tonnen zählen auch die Messdaten-Sammeltonnen. Sie können auf Grund ihrer Größe die Schifffahrt behindern. In der Seekarte sind sie durch ein trapezförmiges Symbol und der Abkürzung *ODAS (Ocean Data Aquisition System)* gekennzeichnet.

2.1.2 Karten und Koordinaten

Die reale Form der Erde („Geoid") ist im mathematischen Sinne nicht regelmäßig. Sie wird im Wesentlichen bestimmt durch die Gravitation ihrer ungleichmäßig verteilten Masse und durch die Zentrifugalkraft (hervorgerufen durch die Rotation um ihre eigene Achse). Die komplizierte Form ist als Grundlage für die klassische Navigation unbrauchbar. Selbst einfache Fragen wie die nach der exakten Entfernung zwischen zwei Orten sind schwer (oder kaum) zu beantworten. Daher wird für die terrestrische und für die astronomische Navigation die Gestalt der Erde durch eine Kugel angenähert. Die eingeschränkte Genauigkeit der verwendeten Ortsbestimmungsmethoden rechtfertigt diese Annahme. In der Satellitennavigation ist dieses wegen höherer Genauigkeitsanforderungen nicht möglich.

(1) Geografische Breite und Länge

Meridiane und Breitenparallele: Um Orte auf der Erdoberfläche zu bezeichnen, wird ein Koordinatensystem eingeführt. Dazu wird die Kugeloberfläche mit einem orthogonalen Gitternetz belegt (Abb. 2.1.6). Durch die Schnittpunkte der Erdachse mit der Erdoberfläche sind zunächst die Pole definiert. Nord- und Südpol werden durch Halbkreise miteinander verbunden. Diese Halbkreise heißen Längenkreise oder Meridiane. Rechtwinklig zu den Meridianen verlaufen die Breitenparallele. Das Breitenparallel mit dem größten Umfang in der Mitte zwischen den Polen heißt Äquator. Der Äquator teilt die Erde in eine Nord- und eine Südhalbkugel. Der Äquator bildet einen Kreis, dessen Mittelpunkt mit dem Erdmittelpunkt zusammenfällt. Solche Kreise auf einer Kugeloberfläche haben den größten möglichen Radius, nämlich den der Kugel selbst. Sie heißen

Abb. 2.1.6: Meridiane und Breitenparallele auf der Erdkugel

2.1 Terrestrische Navigation

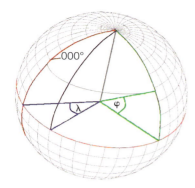

Abb 2.1.7: Geografische Breite und Länge

Großkreise und spielen in der Navigation eine besondere Rolle (s. Kap. 2.1.3). Auch die Meridiane sind – wenn sie mit ihrem Gegenüber zu einem Kreis ergänzt werden – Großkreise. Die Breitenparallele sind (mit Ausnahme des Äquators) keine Großkreise. Ihr Umfang nimmt mit der Annäherung an die Pole ab.

Das Quantifizieren der Längen- und Breitenkreise erfordert einen Koordinatenursprung. Für die Breitenparallele bietet sich der Äquator als Nulllinie an. Bei den Meridianen existiert solch eine natürliche Wahl nicht. Der Nullmeridian muss willkürlich festgelegt werden. Historisch begründet verläuft er durch die Sternwarte des Londoner Vorortes Greenwich (Abb. 2.1.7).

Geografische Breite: Alle Punkte eines Breitenparallels haben dieselbe geografische Breite. Die geografische Breite eines Ortes auf der Erdoberfläche ist der Abstand des Breitenparallels vom Äquator, d.h. der Winkel am Erdmittelpunkt zwischen der Ebene des Äquators und dem zum Ort gerichteten Radiusvektor. Sie wird mit dem Symbol φ bezeichnet und zählt von 0° bis 90° auf jeder Halbkugel. Für Rechnungen wird der geografischen Breite ein Vorzeichen zugeordnet. Es ist positiv auf der Nordhalbkugel und negativ auf der Südhalbkugel.

Geografische Länge: Alle Punkte eines Meridians haben dieselbe geografische Länge. Die geografische Länge eines Ortes auf der Erdoberfläche ist der sphärische Winkel am Pol zwischen dem Nullmeridian und dem Meridian des Ortes. Sie kann auch definiert werden als in der Äquatorebene gemessener Winkel am Erdmittelpunkt zwischen den zum Nullmeridian und zum Ortsmeridian gerichteten Radiusvektoren. Das Symbol der geografischen Länge ist λ. Sie zählt positiv von 0° bis 180° nach Osten und negativ von 0° bis 180° nach Westen.

Durch die Angabe von geografischer Breite und Länge ist ein Ort auf der Erdoberfläche eindeutig bestimmt. Die in der Nautik übliche Angabe erfolgt in Grad, Minuten und Zehntelminuten. Dazu kommt das jeweilige Vorzeichen, welches außerhalb von Rechnungen durch die Himmelsrichtung (N, S, E, W) angegeben wird. Die Koordinaten der Freiheitsstatue vor New York lauten beispielsweise: $\varphi = 40°\ 41{,}3'$ N $\quad \lambda = 074°\ 02{,}7'$ W.

(2) Loxodrome und Orthodrome

Eine der Grundaufgaben der Navigation ist die Bestimmung des Abstands zwischen zwei Orten. In der Ebene ist dieses Problem leicht zu lösen. Der Abstand ist ein Vektor, dessen zwei Komponenten in der Polardarstellung die Entfernung und die Richtung zwischen den beiden Orten angeben. Er kann durch Bildung der Differenz der beiden Ortsvektoren gewonnen werden. Auf der Kugeloberfläche ist diese Frage weniger trivial. Für die Navigation hält sie zwei verschiedene sinnvolle Antworten bereit. So kann die Strecke zwischen den beiden Orten zurückgelegt werden, indem ein gleich bleibender Kurs gesteuert wird. Eine Linie konstanten Kurses, die alle Meridiane unter dem gleichen Winkel schneidet, heißt Kursgleiche oder Loxodrome. Das scheint zwar der direkte Weg zu sein, ist allerdings nicht die kürzeste Verbindung der beiden Orte. Diese wird durch den Teil des Großkreises erzeugt, der die beiden Orte enthält. Die

Abb. 2.1.8: Loxodrome und Orthodrome im Nordatlantik

Linie, die zwei Orte durch einen Großkreis verbindet, heißt Orthodrome. Sie hat den praktischen Nachteil, dass sie nicht alle Meridiane unter dem gleichen Winkel schneidet. Das bedeutet, dass beim Befahren der Orthodrome auf mehreren Teilstrecken unterschiedliche Kurse zu steuern sind (Abb. 2.1.8). In Kap. 2.1.3 wird die Großkreisberechnung ausführlich erläutert.

(3) Kartenentwürfe und Projektionen

Für die Navigation werden Seekarten benötigt. Eine Karte ist eine Abbildung der Kugeloberfläche (oder von Teilen davon) in eine Ebene mit einem bestimmten Maßstab. Die Oberfläche der Kugel ist – im Gegensatz zu der eines Zylinders oder eines Kegels – nicht in eine Ebene abwickelbar. Daher ist die Abbildung nicht ohne Verzerrungen möglich.

Maßstab: Das Verhältnis einer Längeneinheit in der Karte zu den zugehörigen Längeneinheiten in der Natur heißt Maßstab. So bedeutet ein Maßstab von 1:100 000 beispielsweise, dass 1 cm in der Karte 100 000 cm (= 1000 m = 1 km) in der Natur entsprechen. Gute Seemannschaft erfordert, für die Navigation immer die Seekarte mit dem größten Maßstab zu verwenden. Das bedeutet, dass ein bestimmtes Flächenelement der Natur in der Karte möglichst groß erscheint. Das ist der Fall, wenn die Zahl hinter dem Doppelpunkt klein ist. Der Maßstab von 1:20 000 ist (fünf Mal) größer als 1:100 000. Wegen der notwendigen Verzerrungen bei der Abbildung der Kugeloberfläche in die Ebene, gibt es keine Seekarte mit konstantem Maßstab. Der Maßstab ist eine lokale Eigenschaft der Karte. Bei bestimmten Kartenentwürfen hängt der Maßstab sogar von der Richtung ab.

Winkel- und Flächentreue: Eine für die Navigation wichtige Eigenschaft von Seekarten ist die Winkeltreue der Abbildung. Diese Eigenschaft wird gefordert, damit die Loxodrome in der Seekarte als gerade Linie abgebildet wird. Winkeltreue bedeutet, dass ein Winkel, den zwei verschiedene Richtungen auf der Kugeloberfläche bilden, in der Karte dieselbe Größe hat. Notwendig und hinreichend dafür ist, dass die Karte in zwei senkrecht zueinander liegenden Richtungen im gleichen Maß verzerrt wird. Winkeltreue hat zur Folge, dass kleine Flächenelemente in der Abbildung ihre Form beibehalten. Ein kleiner Kreis in der Natur wird auf einen kleinen Kreis in der Karte abgebildet. Große Flächen werden dagegen verzerrt. Winkel- und Flächentreue sind nicht gleichzeitig in einer Karte zu verwirklichen. Im Folgenden wird ein Überblick über die in der Nautik verwendeten Kartenentwürfe gegeben. Man unterscheidet im Wesentlichen zwischen Azimutalprojektionen und Zylinderentwürfen. Weitergehende Information finden sich in [2.1.2].

a) Azimutalprojektion: Die Karte einer Azimutalprojektion ist eine Tangentialebene an einen Punkt der Erdoberfläche, in die hinein Orte der Kugeloberfläche projiziert werden. Zwei Varianten sind für die Nautik wichtig, die stereografische und die gnomonische Projektion.

Stereografische Projektion: Bei der stereografischen Projektion liegen sich Projektionszentrum und Berührungspunkt der Tangentialebene gegenüber (Abb. 2.1.9). Unter der stereografischen Projektion, die zum Beispiel in Wetterkarten Verwendung findet, werden weder Loxodrome noch Orthodrome als gerade Linien abgebildet.

Gnomonische Projektion: Bei der gnomonischen Projektion befindet sich das Projektionszentrum im Erdmittelpunkt und fällt mit dem Mittelpunkt aller Großkreise zusammen (Abb. 2.1.10). Die Projektionsstrahlen aller Orte eines Großkreises liegen in einer Ebene. Deren Schnittmenge mit der Tangentialebene ist (wie der Schnitt zweier Ebenen im Allgemeinen) eine Gerade. Daher bildet die gnomonische Projektion Großkreise als Geraden ab. Darin liegt ihr navigatorischer Nutzen. Großkreiskarten finden für die Reiseplanung Verwendung.

b) Zylinderentwürfe: Eine andere Art von Karten entsteht durch das Ummanteln der abzubildenden Kugel mit einem Zylinder (Zylinderentwurf). Die Berührungslinie ist damit ein Kreis. Beim für die Navigation wichtigen erdachsigen Entwurf (Zylinderachse = Erdachse) ist das der Äquator.

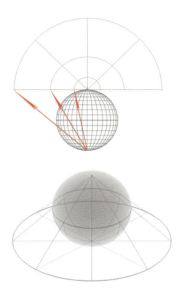 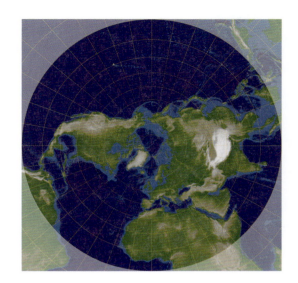

Abb. 2.1.9: Stereografische Projektion

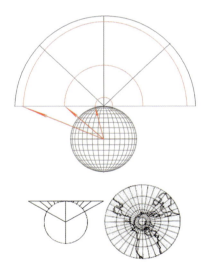 

Abb. 2.1.10: Gnomonische Projektion

Plattkarte: Die einfachste Variante ist eine Plattkarte. Deren Abbildungsprinzip besteht in der längentreuen Abbildung der Meridiane, also des sphärischen Abstands eines Punktes vom Äquator. In Nord-Süd-Richtung findet daher keine Verzerrung statt. Im Maßstab 1:1 wäre die Plattkarte 2π mal Erdradius breit und π mal Erdradius hoch (die Länge der Meridiane entspricht dem halben Erdumfang). In Ost-West-Richtung findet dagegen eine Verzerrung statt, weil alle Breitenparallele auf dieselbe Länge gedehnt werden. In der Realität nimmt deren Umfang aber mit dem Kosinus der Breite ab (Abb. 2.1.11).

Der Maßstabsfaktor für die Nord-Süd-Richtung (= 1) ist ein anderer als der für die Ost-West-Richtung (= 1/cos φ). Da sie verschieden sind, kann die Abbildung nicht winkeltreu sein. Das führt dazu, dass der Kartenmaßstab winkelabhängig ist. Ein in der Realität (auf der Kugel) vorgegebener Abstand von einem Kilometer erscheint in der Plattkarte, je nach Richtung, unterschiedlich lang. Das macht die Plattkarte für die Navigation unbrauchbar. Die Plattkarte ist auch nicht flächentreu. Ein kleiner Kreis auf der Kugeloberfläche wird zu einer Ellipse in der Karte verformt, bei der die horizontale Halbachse um den Faktor 1/cos φ länger ist als die vertikale.

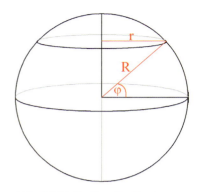

Abb. 2.1.11: Radius der Breitenparallele

Mercator-Karte: Der wichtigste Kartenentwurf für die Navigation ist die Mercator-Karte. Sie ist ein winkeltreuer Zylinderentwurf. Dazu müssen beide Richtungen in gleicher Weise verzerrt werden. Da die E-W-Verzerrung durch die Veränderlichkeit des Umfangs der Breitenparallele vorgegeben ist, muss die N-S-Verzerrung angepasst werden. Sie erfolgt in der Mercator-Karte ebenfalls mit dem Faktor 1/cos φ. Die Karte wird in N-S-Richtung so weit gestreckt, bis aus den Ellipsen der Plattkarte wieder Kreise werden. Das ist nicht bis zu den Polen möglich, da 1/cos φ dort unendlich groß wird. In polnahen Gebieten versagt die Mercatorkarte. Dort muss auf Seekarten mit stereografischer oder gnomonischer Projektion zurückgegriffen werden.

Wegen der Winkeltreue wird die Loxodrome in eine Gerade überführt. Die Großkreise sind in der Mercator-Karte jedoch gekrümmte Linien. Auch die Mercatorkarte hat keinen einheitlichen Maßstab. Dieser variiert vielmehr mit der geografischen Breite. Distanzen müssen daher am rechten oder linken Kartenrand in der geografischen Breite entnommen werden, in der sich das Schiff befindet (s. Kap. 2.1.3).

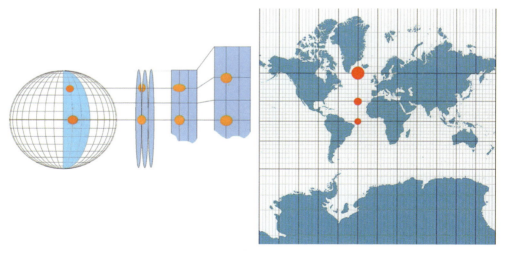

Abb. 2.1.12: Konstruktion einer Mercatorkarte

2.1.3 Besteck- und Großkreisrechnung

Mit der Einführung eines Koordinatensystems für die Kugeloberfläche im vorangegangenen Kapitel können Entfernung und Richtung zwischen zwei Orten quantitativ berechnet werden. Die beiden nautisch sinnvollen Verbindungen zwischen den Orten sind die Loxodrome und der Großkreis.

(1) Begriffe und Definitionen:

Seemeile: Eine Seemeile (sm) ist die Länge des Bogenstücks auf einem Großkreis der Erdkugel, das einer Bogenminute (also 1/60°) entspricht. Damit ist jeder Großkreis exakt $360 \cdot 60 = 21.600$ sm lang. Gleichzeitig beträgt seine Länge bei einem mittleren Erdradius von $R = 6366{,}7$ km $= 2\pi \cdot R = 40\,003{,}2$ km. Daraus folgt:

$$1\,\text{sm} = 1852\,\text{m} \tag{2.1.1}$$

Breitenunterschied: Die Differenz zweier geografischer Breiten heißt Breitenunterschied $\Delta\varphi$:

$$\Delta\varphi = \varphi_B - \varphi_A \tag{2.1.2}$$

Der Breitenunterschied kann als Winkel in Grad und Bogenminuten oder nur in Bogenminuten angegeben werden. Er kann aber auch als Bogenlänge aufgefasst und in sm ausgedrückt werden. Da der Bogen Teil eines Meridians und damit eines Großkreises ist, entsprechen die Bogenminuten des Winkels den sm der Bogenlänge b, die auch Breitendistanz genannt wird:

$$b[\text{sm}] \triangleq \Delta\varphi\,['] \tag{2.1.3}$$

Längenunterschied: Die Differenz zweier geografischer Längen heißt Längenunterschied $\Delta\lambda$:

$$\Delta\lambda = \lambda_B - \lambda_A \tag{2.1.4}$$

Der Längenunterschied kann als Winkel in Grad und Minuten oder nur in Bogenminuten angegeben werden. Als Bogenlänge interpretiert, entspricht der Längenunterschied der Distanz auf dem **Äquator** (Großkreis!) zwischen den beiden Meridianen und heißt daher auch Äquatormeridiandistanz ℓ:

$$\ell[\text{sm}] \triangleq \Delta\lambda\,['] \tag{2.1.5}$$

Abweitung: Die Bogenlänge zwischen zwei Meridianen auf einem **Breitenparallel** heißt Abweitung a. Da der Umfang des Breitenparallels mit dem Kosinus der Breite abnimmt (Abb. 2.1.11), gilt:

$$a = \ell \cos\varphi \tag{2.1.6}$$

Rechtweisender Kurs: Der Winkel zwischen der Richtung des Meridians und der Kielrichtung eines Schiffes heißt rechtweisender Kurs. Er wird mit rwk oder α bezeichnet (vgl. Kap. 2.1.4).

(2) Besteckrechnung nach Mittelbreite

Das loxodromische Dreieck auf der Erdkugel, das aus dem Breitenunterschied b, der Abweitung a und der loxodromischen Distanz d besteht und den Kurswinkel α enthält, ist gekrümmt. Um die einzelnen Stücke mit Mitteln der ebenen Trigonometrie berechenbar zu machen, wird es durch ein ebenes rechtwinkliges Dreieck mit denselben Größen ersetzt.

Die Besteckrechnung ist im Wesentlichen eine Koordinatentransformation von den kartesischen Koordinaten b und a zu den Polarkoordinaten d und α und umgekehrt. Es gelten die folgenden, aus dem ebenen Kursdreieck abgeleiteten trigonometrischen Beziehungen:

$$b = d\cos\alpha,\ a = d\sin\alpha \tag{2.1.7}$$

$$d = \sqrt{a^2 + b^2},\ \tan\alpha = \frac{a}{b} \tag{2.1.8}$$

Moderne Taschenrechner bewältigen diese Koordinatentransformation automatisch. Sie können dabei auch die Vorzeichen verarbeiten und Kurse zwischen 0° und 360° (vollkreisig) bestimmen.

2 Konventionelle Navigation

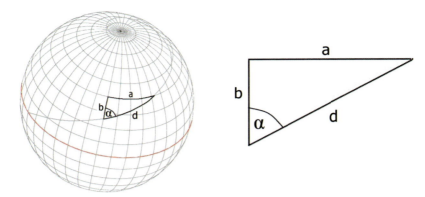

Abb. 2.1.13: Loxodromisches Kugeldreieck und ebenes Kursdreieck

Für die Umrechnung der Abweitung a in den Längenunterschied ℓ stellt sich die Frage, welche Breite in Gl. (2.1.6) eingesetzt wird. Als Näherung wird das arithmetische Mittel aus den Breiten der beiden Orte verwendet:

$$\varphi_m = \frac{1}{2}(\varphi_A + \varphi_B) \qquad (2.1.9)$$

Mit dieser Mittelbreite folgt für den Längenunterschied in sm:

$$\ell = \frac{a}{\cos \varphi_m} \qquad (2.1.10)$$

Im Folgenden wird das Verfahren für die zwei nautischen Fragestellungen exemplarisch durchgeführt.

a) Berechnung des Bestimmungsortes nach Mittelbreite

Gegeben sind Abfahrtsort ($\varphi_A = 45° 21{,}1'$ S, $\lambda_A = 003° 04{,}9'$ W) sowie Kurs (078°) und Distanz (450 sm). Gesucht ist der Bestimmungsort. Verfahren und Lösung sind in Tabelle 2.1.2 wiedergegeben.

	Verfahren	Beispiel
Umwandeln der Minuten in Dezimaldarstellung	$x = \text{Grad} + \frac{\text{Minuten}}{60}$	$\varphi_A = 45{,}3516667°$ S $\lambda_A = 003{,}0816667°$ W
Breitenunterschied	$b = d \cos\alpha$	$b = 450 \text{ sm} \cdot \cos 78° = 93{,}56 \text{ sm}$ $\Delta\varphi = 93{,}56' = 1°33{,}56' = 1{,}56°$
Breite des Ankunftsortes	$\varphi_B = \varphi_A + \Delta\varphi$	$\varphi_B = -45{,}3517° + 1{,}56° = 43{,}7923°$
Mittelbreite	$\varphi_m = (\varphi_A + \varphi_B)/2$	$\varphi_m = -44{,}571998°$
Abweitung	$a = d \sin\alpha$	$b = 450 \text{ sm} \cdot \sin 78° = 440{,}2 \text{ sm}$
Längenunterschied	$\ell = \frac{a}{\cos\varphi_m}$	$\ell = 440{,}2 \text{ sm}/\cos 44{,}57° = 617{,}9 \text{ sm}$ $\Delta\lambda = 617{,}9 = 10{,}2982°$
Länge des Ankunftsortes	$\lambda_B = \lambda_A + \Delta\lambda$	$\lambda_B = -3{,}0817° + 10{,}2982° = +7{,}2165°$
Umwandlung in ° und '	Minuten $= (x - \text{Grad}) \cdot 60$	$\varphi_B = 43° 47{,}5'$ S, $\lambda_B = 007° 13{,}0'$ E

Tabelle 2.1.2: Besteckrechnung nach Mittelbreite – Berechnung des Zielortes

Werden Breite und Länge in der Rechnung konsequent mit Vorzeichen (N und E positiv; S und W negativ) verarbeitet und der Kurs vollkreisig eingesetzt, erhalten die Zwischenresultate für den Breiten- und den Längenunterschied ($\Delta\varphi$ und $\Delta\lambda$) die richtigen Vorzeichen. Sie können

2.1 Terrestrische Navigation

dann mit diesem Vorzeichen zur Breite φ_1 beziehungsweise zur Länge λ_1 des Abfahrtsortes addiert werden, um Breite und Länge des Zielortes zu erhalten.

b) Berechnung von Kurs und Distanz nach Mittelbreite

Gegeben sind die Orte $\varphi_A = 32°\,48{,}1'\,N$, $\lambda_A = 129°\,04{,}9'\,W$, und $\varphi_B = 29°\,11{,}7'\,N$, $\lambda_B = 141°\,55{,}2'\,W$. Gesucht sind Kurs und Distanz. Verfahren und Lösung sind in Tabelle 2.1.3 wiedergegeben.

	Verfahren	Beispiel
Umwandeln der Minuten in Dezimaldarstellung	$x = \text{Grad} + \dfrac{\text{Minuten}}{60}$	$\varphi_A = +32{,}80167°$ $\quad \lambda_A = -129{,}08167°$ $\varphi_B = +29{,}195°$ $\quad \lambda_B = -141{,}92°$
Breiten- und Längenunterschied	$\Delta\varphi = \varphi_B - \varphi_A$ $\Delta\lambda = \lambda_B - \lambda_A$	$\Delta\varphi = -3{,}60667° = 216{,}4'\,S,\ b = 216{,}4\,sm$ $\Delta\lambda = -12{,}83833° = 770{,}3'\,W,\ \ell = 770{,}3\,sm$
Mittelbreite	$\varphi_m = (\varphi_A + \varphi_B)/2$	$\varphi_m = +30{,}99833°$
Abweitung	$a = \ell \cos\varphi_m$	$a = 770{,}3\,sm \cdot \cos 30{,}99833° = 660{,}3\,sm$
Distanz	$d = \sqrt{a^2 + b^2}$	$d = \sqrt{660{,}3^2 + 216{,}4^2}\,sm = 694{,}8\,sm$
Kurs	$\tan\alpha = \dfrac{a}{b}$	$\alpha = \arctan\left(\dfrac{660{,}3}{216{,}4}\right) = S\,72°W = 252°$

Tabelle 2.1.3: Besteckrechnung nach Mittelbreite – Berechnung von Kurs und Distanz

Der Kurs wird durch Anwendung der arctan-Funktion zunächst viertelkreisig ermittelt. Die Umrechnung auf einen vollkreisigen Kurs erfolgt über die Vorzeichen von Breitenunterschied (positiv ≙ Nord, negativ ≙ Süd) und Längenunterschied (positiv ≙ Ost, negativ ≙ West). Die Angabe S 72° W ist dann zu interpretieren als: von Süd (180°) ausgehend, dreht der Kurswinkel um 72° in Richtung West (270°). Der gesuchte vollkreisige Kurs lautet daher 180° + 72° = 252°.

Das Verfahren nach Mittelbreite ist eine Näherung, weil das arithmetische Mittel als lineare Interpolation dem kosinusförmigen Zuwachs der Längenminuten pro Seemeile nicht gerecht wird. Deshalb darf das Verfahren in folgenden Situationen nicht angewandt werden, weil es zu größeren Ungenauigkeiten führen kann:

– bei Distanzen über etwa 500 sm,
– bei größeren Distanzen über den Äquator,
– bei größeren Distanzen in hohen Breiten.

(3) Besteckrechnung nach vergrößerter Breite

Die Besteckrechnung lässt sich auch exakt durchführen. Zu diesem Zweck wird das loxodromische Kugeldreieck mit der Mercator-Projektion in ein ebenes Dreieck abgebildet. Wegen der notwendigen Verzerrung in Nord-Süd-Richtung wird das zugehörige Kursdreieck gegenüber dem ebenen Kursdreieck (s. Besteckrechnung nach Mittelbreite) vergrößert.

Als vergrößerte Breite wird der in der **Mercatorkarte** gemessene und auf deren Maßstab bezogene Abstand eines Breitenparallels vom Äquator bezeichnet. Die vergrößerte Breite trägt das Symbol Φ und wird in Bogenminuten gemessen. Sie lässt sich durch Kumulation (Integration) des Verzerrungsfaktors $1/\cos\varphi$ über alle Breitenparallele berechnen. Die vergrößerte Breite lautet als Funktion der Breite φ [2.1.3]:

$$\Phi(\varphi) = \frac{10800}{\pi} \cdot \ln\left(\tan\left(45° + \frac{\varphi}{2}\right)\right) \qquad (2.1.11)$$

2 Konventionelle Navigation

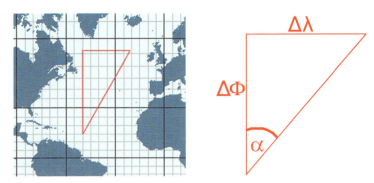

Abb. 2.1.14: Vergrößertes Kursdreieck

Daraus kann der vergrößerte Breitenunterschied gebildet werden, der im vergrößerten Kursdreieck die Seite b des wahren Kursdreiecks ersetzt:

$$\Delta\Phi = \Phi(\varphi_B) - \Phi(\varphi_A) \tag{2.1.12}$$

Im vergrößerten Kursdreieck lässt sich der Tangens des Kurswinkels α als Verhältnis von Längenunterschied[1] $\Delta\lambda$ (in Bogenminuten) zu vergrößertem Breitenunterschied $\Delta\phi$ ausdrücken:

$$\tan\alpha = \frac{\Delta\lambda}{\Delta\Phi} \tag{2.1.13}$$

Zu beachten ist, dass die Hypotenuse im vergrößerten Kursdreieck nicht der Distanz d entspricht. Schließlich ändert sich der Maßstab der Mercatorkarte mit der Breite. Um die Distanz zu berechnen, kann auf das ebene Kursdreieck zurückgegriffen werden. Es gilt exakt (!) (Gl. 2.1.7):

$$d = \left|\frac{b}{\cos\alpha}\right| \tag{2.1.14}$$

Die beiden oben gezeigten Beispiele zur Besteckrechnung nach Mittelbreite werden im Folgenden noch einmal nach vergrößerter Breite durchgeführt.

a) Berechnung des Bestimmungsortes nach vergrößerter Breite

Gegeben sind Abfahrtsort ($\varphi_A = 45°\ 21{,}1'$ S, $\lambda_A = 003°\ 04{,}9'$ W) sowie Kurs (078°) und Distanz (450 sm) (s. Abschnitt (2)). Gesucht ist der Bestimmungsort. Verfahren und Lösung sind in Tabelle 2.1.4 wiedergegeben.

Die Vorzeichen von Breitenunterschied und Längenunterschied werden in sinnvoller Weise aus der Kursangabe abgeleitet. Handelt es sich wie im Beispiel um einen nordöstlichen Kurs, dann werden $\Delta\varphi$ und $\Delta\lambda$ zu Breite und Länge jeweils mit positivem Vorzeichen addiert. Bei einem nordwestlichen Kurs hat dagegen der Breitenunterschied ein positives und der Längenunterschied ein negatives Vorzeichen. Analoges gilt für südöstliche und südwestliche Kurse. Der Vergleich mit den nach Mittelbreite errechneten Resultaten (s. o.) zeigt wegen der geringen Distanz keinen bemerkenswerten Unterschied.

b) Berechnung von Kurs und Distanz nach vergrößerter Breite

Gegeben sind die Orte $\varphi_A = 32°\ 48{,}1'$ N, $\lambda_A = 129°\ 04{,}9'$ W und $\varphi_B = 29°\ 11{,}7'$ N, $\lambda_B = 141°\ 55{,}2'$ W (s. Abschnitt (2)). Gesucht sind Kurs und Distanz. Verfahren und Lösung sind in Tabelle 2.1.5 wiedergegeben.

---

[1] In einigen Publikationen wird für $\Delta\lambda$ formal das Meridianabstandsverhältnis ℓ^* eingeführt.

2.1 Terrestrische Navigation

	Verfahren	Beispiel
Umwandeln in Dezimaldarstellung	$x = \text{Grad} + \dfrac{\text{Minuten}}{60}$	$\varphi_A = 45{,}3516667°$ S $\lambda_A = 003{,}0816667°$ W
Breitenunterschied	$b = d \cos\alpha$	$b = 450 \text{ sm} \cdot \cos 78° = 93{,}56 \text{ sm}$ $\Delta\varphi = 93{,}56' = 1°33{,}56' = 1{,}56°$
Breite Ankunftsort	$\varphi_B = \varphi_A + \Delta\varphi$	$\varphi_B = -45{,}3517° + 1{,}56° = 43{,}7923°$
Vergrößerte Breite	$\Phi(\varphi) = \dfrac{10800}{\pi} \cdot \ln\left(\tan\left(45° + \dfrac{\varphi}{2}\right)\right)$ $\Delta\Phi = \Phi_B - \Phi_A$	$\Phi_A = -3059{,}871$ $\Phi_B = -2928{,}523$ $\Delta\Phi = +131{,}348$
Längenunterschied	$\Delta\lambda = \Delta\Phi \cdot \tan\alpha$	$\Delta\lambda = 131{,}348' \cdot \tan 78° = 618{,}0' = 10{,}2991°$
Länge Ankunftsort	$\lambda_B = \lambda_A + \Delta\lambda$	$\lambda_B = -3{,}0817° + 10{,}2991° = +7{,}2174°$
Umwandlung in °,'	$\text{Minuten} = (x - \text{Grad}) \cdot 60$	$\varphi_B = 43° \ 47{,}5'$ S, $\lambda_B = 007° \ 13{,}0'$ E

Tabelle 2.1.4: Besteckrechnung nach vergrößerter Breite – Berechnung des Zielortes

	Verfahren	Beispiel
Umwandeln in Dezimaldarstellung	$x = \text{Grad} + \dfrac{\text{Minuten}}{60}$	$\varphi_A = +32{,}80167°$ $\lambda_A = -129{,}0816$ $\varphi_B = +29{,}195°$ $\lambda_B = -141{,}92$
Breiten- und Längenunterschied	$\Delta\varphi = \varphi_B - \varphi_A$ $\Delta\lambda = \lambda_B - \lambda_A$	$\Delta\varphi = -3{,}60667° = 216{,}4'$ S, $b = 216{,}4$ sm $\Delta\lambda = -12{,}83833° = 770{,}3'$ W
Vergrößerte Breite	$\Phi(\varphi) = \dfrac{10800}{\pi} \cdot \ln\left(\tan\left(45° + \dfrac{\varphi}{2}\right)\right)$ $\Delta\Phi = \Phi_B - \Phi_A$	$\Phi_A = 2085{,}353'$ $\Phi_B = 1832{,}826$ $\Delta\Phi = -252{,}527$
Kurs	$\tan\alpha = \dfrac{\Delta\lambda}{\Delta\Phi}$	$\alpha = \arctan\left(\dfrac{770{,}3}{252{,}527}\right) = $ S $71{,}8°$ W $= 251{,}8°$
Distanz	$d = b/\cos\alpha$	$d = 216{,}4 \text{ sm}/\cos 71{,}849° = 694{,}7 \text{ sm}$

Tabelle 2.1.5: Besteckrechnung nach vergrößerter Breite – Berechnung von Kurs und Distanz

Der Kurs wird zunächst viertelkreisig ermittelt. Die Umrechnung auf einen vollkreisigen Kurs erfolgt über die Vorzeichen von Breitenunterschied (Nord oder Süd) und Längenunterschied (Ost oder West). Die Angabe S72°W ist dann zu interpretieren als: von Süd (180°) ausgehend dreht der Kurswinkel um 72° in Richtung West (270°). Der gesuchte vollkreisige Kurs lautet daher 180° + 72° = 252°.

Hier zeigt ein Vergleich zwischen den nach Mittelbreite und nach vergrößerter Breite errechneten Ergebnissen wegen der geringen Distanz und der niedrigen Breite nur vernachlässigbar kleine Unterschiede (0,1 sm in der Distanz). Das Verfahren der Besteckrechnung nach vergrößerter Breite ist mathematisch exakt. Es treten allerdings bei näherungsweise östlichen und westlichen Kursen (wegen $\tan\alpha \to \infty$ und $\cos\alpha \to 0$ für $\alpha \to 90°$) Rundungsfehler auf, wenn die Eingaben in die Formeln mit nicht ausreichender Stellenzahl erfolgt. In diesen Fällen ist das Verfahren nach Mittelbreite vorzuziehen, da wegen des geringen Breitenunterschiedes die Mittelbreite eine ausgezeichnete Näherung darstellt.

(4) Großkreisrechnung

Im Rahmen der Besteckrechnung (nach mittlerer oder vergrößerter Breite) bewegt sich das Schiff auf einer Loxodromen. Der im Sinne eines konstanten Kurses direkte Weg ist auf der Kugeloberfläche aber nicht der kürzeste. Umgekehrt führt die kürzeste Verbindung nicht auf einem konstanten Kurs von A nach B. Der folgende Abschnitt analysiert die kürzeste Verbindung zweier Orte auf der Kugeloberfläche im Detail. Es werden zunächst einige Aspekte der Kugelgeometrie vorgestellt, die in diesem Kontext und in der astronomischen Navigation (Kap. 2.2) von Bedeutung sind.

a) Grundlagen der Kugelgeometrie

Großkreis: Die kürzeste Verbindung zwischen zwei Orten auf der Kugeloberfläche ist Teil eines Großkreises. Die einfachste Art, sich davon in anschaulicher Weise zu überzeugen, ist das Spannen eines Fadens zwischen zwei Punkten auf einem Globus. Sind die gewählten Punkte auf nicht zu geringer Breite in Ost-West-Richtung weit genug voneinander entfernt, ist die Abweichung von der Loxodromen gut zu erkennen. Die Meridiane werden vom Faden unter verschiedenen Winkeln geschnitten.

Es sei beispielsweise eine Reise zwischen zwei Orten gleicher geografischer Breite φ geplant. Der Großkreis, auf dem die beiden Orte liegen, hat wie jeder Großkreis (Kap 2.1.2) den Radius R (Erdradius). Die Loxodrome ist in diesem Fall identisch mit dem Bogenstück des Breitenparallels, welches den kleineren Radius $R \cdot \cos\varphi$ (s. Abb. 2.1.11) aufweist. Ein kleinerer Radius bedeutet aber eine größere Krümmung und damit einen längeren Weg. Liegen die beiden Orte auf dem 60. Breitengrad und unterscheiden sich in der Länge um 180°, beträgt die loxodrome Distanz 5.400 sm, während die über den Pol führende Großkreisverbindung nur 3.600 sm lang ist.

Kugeldreieck: Um die Eigenschaften des Großkreises (Distanz, Kurse, Scheitel, Meridianschnitte usw.) zu berechnen, benötigt man trigonometrische Beziehungen zwischen den Seiten und Winkeln im sphärischen Dreieck. Ein sphärisches Dreieck oder Kugeldreieck entsteht durch die Verbindung dreier Punkte auf der Kugeloberfläche durch Großkreisbögen (Abb. 2.1.15). Das in der Besteckrechnung erwähnte loxodromische Dreieck ist in diesem Sinne kein Kugeldreieck.

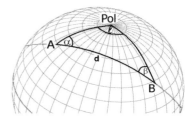

Abb. 2.1.15: Kugeldreieck zur Großkreisrechnung

Ein wichtiger Unterschied zum ebenen Dreieck ist neben der Konvexität der Kugeldreiecksfläche die Angabe der Seiten als Winkel. Die jeweilige Bogenlänge wird auf den Radius der Kugel bezogen. Auf diese Weise werden die drei Seiten eines sphärischen Dreiecks als Winkel am Kugelmittelpunkt interpretiert. Die eigentlichen Winkel sind als Öffnung der Tangenten an zwei benachbarten Seiten an der Ecke des Dreiecks definiert. Ein weiterer Unterschied betrifft die Winkelsumme. Während sie beim ebenen Dreieck immer 180° beträgt, ist sie bei verschiedenen Kugeldreiecken unterschiedlich groß und kann zwischen 180° (sehr kleines fast ebenes Dreieck auf der Kugel) und 540° (drei Punkte auf einem beliebigen Großkreis) liegen. Zum Beispiel hat ein Dreieck, bei dem zwei Ecken um einen Längenunterschied von 90° voneinander entfernt auf dem Äquator liegen und ein Pol die dritte Ecke bildet, drei rechte Winkel. Hier ist die Winkelsumme 270°. In der Navigation spielen nur Kugeldreiecke eine Rolle, bei denen jede Seite und jeder Winkel kleiner als 180° ist.

Im Folgenden werden die für die Großkreisnavigation nützlichen mathematischen Beziehungen lediglich angewendet, aber nicht hergeleitet. Die Beweise sind Gegenstand der sphärischen Trigonometrie [2.1.4].

b) Nautische Großkreisrechnung

Distanz: Sind der Abfahrtsort (φ_A, λ_A) und der Zielort (φ_B, λ_B) gegeben, kann die Länge des Großkreisbogenstückes nach folgender Formel berechnet werden:

$$\cos d = \sin\varphi_A \cdot \sin\varphi_B + \cos\varphi_A \cdot \cos\varphi_B \cdot \cos\ell \qquad (2.1.15)$$

2.1 Terrestrische Navigation

Dabei bedeutet d die Distanz und ℓ den Längenunterschied als Winkel in °. Die geografischen Breiten müssen mit Vorzeichen (also negativ bei südlicher Breite) eingegeben werden. Das ist entscheidend, wenn der Äquator überquert wird. Es macht einen Unterschied, ob bei gleichem Längenunterschied die beiden Orte auf derselben Halbkugel liegen oder nicht. Im zweiten Fall ist die Distanz größer. Beim Bilden des Längenunterschieds ist auf das eventuelle Überqueren des 0. oder des 180. Längengrades zu achten. Das Vorzeichen des Längenunterschiedes selbst ist dagegen unwesentlich. Die Distanz ändert sich nicht, wenn der Großkreis von B nach A gefahren wird. Als Ergebnis liefert Gl. (2.1.15) die Distanz d zunächst als Winkel in Grad (wenn der Taschenrechner auf „Grad" eingestellt ist). Um die Entfernung in sm umzurechnen, braucht das Ergebnis nur mit 60 multipliziert werden, da auf einem Großkreis eine Bogenminute 1 sm entspricht.

> **Beispiel:** Die geplante Reise führt über den südlichen Pazifik von Punta Arenas (westlicher Ausgang der Magellan-Straße; $\varphi_A = 52°\,33'$ S, $\lambda_A = 074°\,57'$ W) nach Auckland (südlicher Eingang der Cook-Straße; $\varphi_B = 41°\,38'$ S, $\lambda_B = 175°\,06'$ E). Wie viele sm werden auf dem Großkreis gegenüber der Loxodromen eingespart?
>
> $$\cos d = \sin(-52{,}55°) \cdot \sin(-41{,}6333°) + \cos(-52{,}55°) \cdot \cos(-41{,}6333°) \cdot \cos(109{,}95°)$$
>
> $$d = 68{,}139° = 4088{,}3' = 4088{,}3 \text{ sm}$$
>
> Zum Vergleich errechnet sich nach vergrößerter Breite eine Distanz von 4516,5 Seemeilen. Der Großkreis ist um 428,2 sm kürzer!

Anfangs- und Endkurs: Der Winkel, unter dem der Großkreis den Meridian des Abfahrtsortes A schneidet, lässt sich mit folgender Formel berechnen:

$$\tan\alpha = \frac{\sin\ell}{\cos\varphi_A \cdot \tan\varphi_B - \sin\varphi_A \cdot \cos\ell} \qquad (2.1.16)$$

Diese Formel hat den Vorteil, dass sie nicht auf die zuvor errechnete Distanz zurückgreift. Ferner ermöglicht sie das Auffinden der vollkreisigen Kursangabe. Dazu muss die Breite mit Vorzeichen (N positiv, S negativ) eingegeben werden, die Länge allerdings ohne Vorzeichen (d. h. positiv). Dann bedeutet ein negativer Wert für α einen südlichen Kurs. Zwischen Ost und West wird anhand des Vorzeichens des Längenunterschieds entschieden.

Werden in Gl. (2.1.16) die Breitenvariablen der beiden Orte vertauscht, entsteht eine Gleichung, deren Lösung den Anfangskurs eines Schiffes angibt, das von B nach A fahren möchte:

$$\tan\beta = \frac{\sin\ell}{\cos\varphi_B \cdot \tan\varphi_A - \sin\varphi_B \cdot \cos\ell} \qquad (2.1.17)$$

Daraus lässt sich als Gegenendkurs der Kurs ableiten, mit dem das in A gestartete Schiff den Ort B erreicht. Dieser Endkurs unterscheidet sich von β um 180°.

> **Beispiel:** Für die Reise von Punta Arenas nach Auckland (s. o.) sind Anfangs- und Endkurs zu berechnen:
>
> $$\tan\alpha = \frac{\sin(109{,}95°)}{\cos(-52{,}55°) \cdot \tan(-41{,}6333°) - \sin(-52{,}55°) \cdot \cos(109{,}95°)} \Rightarrow \alpha = -49°$$
>
> Da der Weg in Richtung Westen führt, lautet der Anfangskurs: S 49° W = 180°+ 49° = 229°.
>
> $$\tan\beta = \frac{\sin(109{,}95°)}{\cos(-41{,}6333°) \cdot \tan(-52{,}55°) - \sin(-41{,}6333°) \cdot \cos(109{,}95°)} \Rightarrow \beta = -38°$$
>
> Wegen des negativen Vorzeichens beträgt der Gegenendkurs β (so müsste ein Schiff von Auckland aus in Richtung Punta Arenas starten) S 38° E = 180° − 38° = 142°. Das bedeutet, dass das Schiff in Auckland mit dem Kurs 180° + 142° = 322° ankommt.

Das Problem, aus dem mit Hilfe trigonometrischer Gleichungen errechneten viertelkreisigen Winkel den zu steuernden Kurs zu bestimmen, wird meist auf anschauliche Weise zu lösen sein. Dabei hilft die Kenntnis der Position des Scheitelpunktes des Großkreises.

Scheitelpunkt: Als Scheitel wird der Punkt des Großkreises mit der höchsten geografischen Breite definiert (Abb. 2.1.16). Jeder Großkreis hat zwei Scheitel. Sie liegen auf verschiedenen Halbkugeln, haben dieselbe Breite und einen Längenunterschied von 180°. Aus Anfangsbreite und Anfangskurs φ_A lassen sich weitere Werte des Scheitelpunktes berechnen.

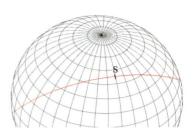

Abb. 2.1.16: Scheitelpunkt eines Großkreises

Die Breite des Scheitelpunktes errechnet sich aus

$$\cos \varphi_S = \cos \varphi_A \cdot \sin \alpha \qquad (2.1.18)$$

Der Längenunterschied zwischen Anfangsort A und Scheitel ergibt sich aus:

$$\tan \ell_S = \frac{1}{\sin \varphi_A \cdot \tan \alpha} \qquad (2.1.19)$$

Die Distanz von A bis zum Scheitel lässt sich berechnen durch:

$$\tan d_S = \frac{\cos \alpha}{\tan \varphi_A} \qquad (2.1.20)$$

In die drei Formeln ist der Kurs viertelkreisig, wie in Gl. 2.1.16 ermittelt, ohne Vorzeichen (also positiv zwischen 0° und 90°) und mit ausreichender Genauigkeit (mindestens drei Stellen nach dem Komma) einzusetzen.

Beispiel: Wo liegt der Scheitelpunkt für die oben beschriebene Reise von Punta Arenas nach Auckland?

$\cos \varphi_S = \cos(52{,}55°) \cdot \sin(49{,}2001°) \Rightarrow \varphi_S = 62° \, 35{,}6 \, S$

$\tan \ell_S = \dfrac{1}{\sin(52{,}55°) \cdot \tan(49{,}2001°)} \Rightarrow \ell_S = 47° \, 23{,}7' \Rightarrow \lambda_S = 122° \, 20{,}7'W$

$\tan d_S = \dfrac{\cos(49{,}2001°)}{\tan(52{,}55°)} \Rightarrow d_S = 26{,}59° = 1595{,}2 \, sm$

Meridianschnittpunkte: Um den Großkreis in die Mercator-Karte zu übertragen, werden seine Schnittpunkte mit den Meridianen, typischerweise alle 10°, berechnet. Das erfolgt zweckmäßigerweise vom Scheitelpunkt aus. Für eine vorgegebene Länge und den daraus resultierenden Längenunterschied zum Scheitel ℓ_M ergibt sich die Breite des Meridianschnittes φ_M aus:

$$\tan \varphi_M = \tan \varphi_S \cdot \cos \ell_M \qquad (2.1.21)$$

Der an diesem Ort zu steuernde Kurs errechnet sich aus folgender Formel:

$$\cos \alpha_M = \sin \varphi_S \cdot \sin \ell_M \qquad (2.1.22)$$

Beispiel: In welcher Breite und unter welchem Kurswinkel wird der 180. Längengrad durch den oben berechneten Großkreis zwischen Punta Arenas und Auckland geschnitten?

$\tan \varphi_M = \tan(62°35{,}6') \cdot \cos(180° - 122°20{,}7') \Rightarrow \varphi_M = 45° \, 53{,}9 \, S$

$\cos \alpha_M = \sin(62°35{,}6') \cdot \sin(180° - 122°20{,}7') \Rightarrow \alpha_M = N41° \, W = 319°$

Mischsegeln: Wenn aus geografischen oder meteorologischen Gründen eine maximale Grenzbreite φ_{max} nicht überschritten werden soll, kann die Reiseroute aus Großkreisen und loxodromen Elementen zusammengesetzt werden. Die kürzeste Distanz ergibt sich dann folgendermaßen: Das Schiff fährt zunächst auf einem Großkreis, der seinen Scheitel auf der Grenzbreite φ_{max} hat. Am Scheitel wird dann auf dem nicht zu überschreitenden Breitenparallel φ_{max} Ost- oder Westkurs – also loxodrom – gesteuert. Das Breitenparallel wird dann wieder auf einem Großkreis verlassen, dessen Scheitel sich ebenfalls auf der maximalen Grenzbreite befindet und der zum Bestimmungsort B führt (Abb. 2.1.17).

Für die beiden Großkreise lassen sich zunächst die Längenunterschiede ℓ_1 und ℓ_3 zwischen Abfahrts- beziehungsweise Bestimmungsort und dem Meridian des jeweiligen Scheitelpunktes in der vorgegebenen Breite (D_1 und D_2) berechnen.

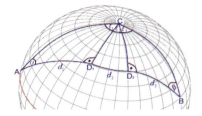

Abb. 2.1.17: Mischsegeln – Kombination von zwei Großkreisen und Loxodrome

Ferner folgen die Teildistanzen d_1 und d_3 sowie Anfangs- und Endkurs α und β aus den folgenden Formeln:

$$\cos \ell_1 = \frac{\tan \varphi_A}{\tan \varphi_{max}} \qquad \cos d_1 = \frac{\sin \varphi_A}{\sin \varphi_{max}} \qquad \sin \alpha = \frac{\cos \varphi_{max}}{\cos \varphi_A} \qquad (2.1.23)$$

$$\cos \ell_3 = \frac{\tan \varphi_B}{\tan \varphi_{max}} \qquad \cos d_3 = \frac{\sin \varphi_B}{\sin \varphi_{max}} \qquad \sin \beta = \frac{\cos \varphi_{max}}{\cos \varphi_B} \qquad (2.1.24)$$

Aus den errechneten Längenunterschieden ergeben sich zusammen mit der maximalen Breite die beiden Orte D1 und D2, an denen die Großkreise in den breitenparallelen Weg übergehen. Zur Gesamtdistanz fehlt nur noch der Anteil auf dem Breitenparallel d_2, der einfach der Abweitung zwischen D1 und D2 entspricht, die sich aus dem Längenunterschied ℓ_2 errechnen lässt:

$$\ell_2 = \ell - (\ell_1 + \ell_3) \quad \Rightarrow \quad d_2 = \ell_2 \cdot \cos \varphi_{max} \qquad (2.1.25)$$

Beispiel: Auf dem Weg von Punta Arenas nach Auckland (s. o.) soll der 60. Breitengrad nicht überschritten werden. Mit welchem Kurs muss Punta Arenas verlassen werden? Auf welchem Meridian wird 60° S erreicht? Wo muss dieses Breitenparallel verlassen werden, um auf dem zweiten Großkreis Auckland anzusteuern? Unter welchem Kurs erreicht man den Ort B? Wie lang ist die Gesamtdistanz?

Kurse und Meridiane:

$$\sin \alpha = \frac{\cos(60°)}{\cos(52,55°)} \Rightarrow \alpha = S\,55°\,W = 235°$$

$$\cos \ell_1 = \frac{\tan(52,55°)}{\tan(60°)} \Rightarrow \ell_1 = 41°04,9 \Rightarrow \lambda_1 = 116°01,9\ W$$

$$\cos \ell_3 = \frac{\tan(41,6333°)}{\tan(60°)} \Rightarrow \ell_3 = 59°07,4 \Rightarrow \lambda_3 = 125°46,6\ W$$

$$\sin \beta = \frac{\cos(60°)}{\cos(41,6333°)} \Rightarrow \beta = S\,42°\,E = 138° \Rightarrow \beta' = 180° + 138° = 318°$$

Distanzen:

$$\cos d_1 = \frac{\sin(52,55°)}{\sin(60°)} \Rightarrow d_1 = 23,55° = 1413,1\ sm$$

$$\cos d_3 = \frac{\sin(41,6333°)}{\sin(60°)} \Rightarrow d_3 = 39,90° = 2394,1\ sm$$

$$\ell_2 = 125°46,6' - 116°01,9' = 9°44,7' = 584,7'$$

$$d_2 = 584,7\ sm \cdot \cos(60°) = 292,35\ sm$$

2 Konventionelle Navigation

> Daraus ergibt sich eine Gesamtdistanz von 4099,6 Seemeilen. Das sind nur 11,3 Seemeilen mehr als auf dem direkten Großkreis. Gegenüber der Loxodromen von Punta Arenas nach Auckland ergibt sich immer noch eine Ersparnis von 416,9 sm (s. o.). Wird die maximale Breite auf 55° S begrenzt, verlängert sich die Distanz gegenüber der reinen Großkreisroute um 104,3 sm auf 4192,6 sm.

c) Praktische Hinweise

Bei der Wahl der Reiseroute sind hydrometeorologische Aspekte und die damit verbundene kompliziertere Navigation gegenüber der Distanzersparnis auf dem Großkreis abzuwägen. Für Routen, auf denen der Großkreis eine bedenkenswerte Alternative zur Loxodromen darstellt, finden sich in den Seehandbüchern der jeweiligen Regionen Hinweise.

Zur Reiseplanung ist eine Großkreiskarte (Abb. 2.1.18) hilfreich. Wegen der gnomonischen Projektion werden alle Großkreise als Geraden abbildet. Daher können in dieser Karte die Orte A und B mit dem Lineal verbunden werden. Daraus lassen sich die Meridianschnitte und die zu steuernden Kurse direkt ablesen und in die Mercator-Karte übertragen.

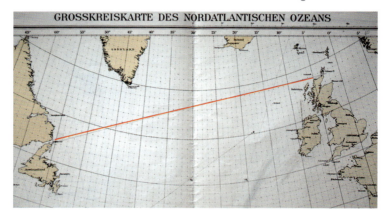

Abb. 2.1.18: Großkreiskarte des Nord-Atlantik mit Großkreis zwischen Pentland Firth und Belle Isle (Kanada)

In der Praxis wird der Großkreis durch eine Folge von Loxodromen mit unterschiedlichen Kursen ersetzt. Es ist unüblich, nach jeder Versetzung durch Strom und Wind zur ursprünglich geplanten Route zurückzusteuern. Stattdessen wird (einmal täglich) auf der Basis einer Positionsbestimmung vom beobachteten Ort aus ein neuer Großkreis zum Zielort berechnet. Die jederzeitige Anzeige des zu fahrenden Großkreiskurses auf Satellitennavigationsempfängern hat die früher übliche Berechnung der Distanz, nach welcher der Kurs um 1° zu ändern ist, überflüssig gemacht.

2.1.4 Kurse und Kursbeschickung

Der Kurs ist allgemein definiert als Winkel zwischen der Nordrichtung und der Kiellinie des Schiffes. Kurse werden in Grad angegeben, wobei der Nordrichtung ein Kurs von 0° (oder 360°) entspricht. Die anderen drei Haupthimmelsrichtungen sind im Uhrzeigersinn um jeweils 90° gedreht: Ost (90°), Süd (180°) und West (270°). Neben der mathematischen Gradeinteilung der Kompassrose existiert noch eine nautische Unterteilung in 32 Striche. Die Striche entstehen durch mehrmaliges Halbieren der Himmelsrichtungen. Abb. 2.1.19 zeigt die Kompassrose mit vollständiger Stricheinteilung im nordöstlichen Quadranten. Jeder Strich entspricht 360°/32 = 11,25°.

2.1 Terrestrische Navigation

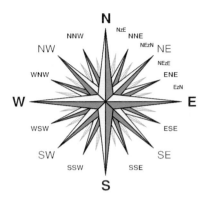

Abb. 2.1.19: Kompassrose mit Stricheinteilung

Es gibt allerdings verschiedene Nordrichtungen. Die Nadel eines Magnetkompasses weist in der Regel nicht in dieselbe Richtung wie der Kreiselkompass, beide Kompasse nicht in die geografische Nordrichtung rwN. Daher existieren unterschiedliche Kursbegriffe.

Rechtweisender Kurs: Unabhängig von jedem Kompass ist der rechtweisende Kurs (rwK) definiert als der Winkel zwischen der geografischen Nordrichtung rwN und der Kiellinie des Schiffes.

Kompasskurs und Fehlweisung: Der Winkel zwischen der Nordrichtung eines Kompasses und der Kiellinie des Schiffes heißt Kompasskurs (KpK). Da sowohl der Magnetkompass als auch der Kreiselkompass systematische Fehler aufweisen, gibt es eine Differenz zwischen dem rwK und dem KpK. Diese Differenz heißt Fehlweisung (Fw). Der KpK kann größer oder kleiner als der rwK sein. Die Fehlweisung hat also ein Vorzeichen, das sich aus folgender Definition ergibt:

$$rwK = KpK + Fw \qquad (2.1.26)$$

Diese Gleichung folgt einer allgemeinen Vorzeichenkonvention. Die Berichtigung des jeweiligen Fehlers wird mit entsprechendem Vorzeichen zur mit dem Kompass beobachteten („fehlerbehafteten") Größe addiert, um diese zu korrigieren (zu „beschicken"). Entsprechend wird die Berichtigung subtrahiert, wenn aus dem vorgegebenen rwK der am Kompass zu steuernde KpK zu bestimmen ist.

(1) Magnetkompass

Die Nadel des Magnetkompasses richtet sich an den Feldlinien des Magnetfeldes am Ort des Kompasses aus. Dieses Magnetfeld hat im Wesentlichen zwei Ursachen: das Magnetfeld der Erde und das vom Schiff selbst erzeugte Magnetfeld. Aufbau und Wirkungsweise werden in Kap. 3.2.2 beschrieben.

Missweisung: Die Feldlinien des Erdmagnetfeldes verlaufen in der Regel nicht parallel zu den Meridianen. Die Positionen der magnetischen Pole sind auch nicht identisch mit denen der geografischen Pole. Daher weist der Magnetkompass – auch ohne Störung durch den schiffseigenen Magnetismus – nicht nach rwN. Der Winkel unter dem die Feldlinien des Erdmagnetfeldes den Meridian schneiden, heißt Missweisung (Mw). Die Missweisung hängt vom geografischen Ort auf der Erdoberfläche ab. Linien gleicher Missweisung heißen Isogonen. Die Missweisung ist ein Winkel zwischen -180° und +180°. Das Vorzeichen ist positiv oder östlich, wenn die missweisende Nordrichtung östlich von der rechtweisenden Nordrichtung liegt (da der gemessene Kurs zu klein ist). Wenn andererseits die missweisende Nordrichtung westlich von der rechtweisenden liegt, ist das Vorzeichen der Missweisung negativ (da der gemessene

2 Konventionelle Navigation

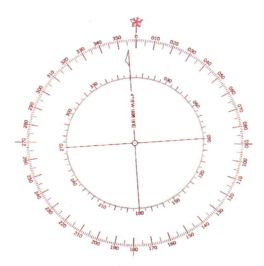

Abb. 2.1.20: Vorzeichen, Betrag und zeitliche Änderung der Missweisung

Kurs zu groß ist). Da sich das Erdmagnetfeld im Laufe der Zeit verändert, unterliegt auch die Missweisung einer zeitlichen Änderung. Für ausgewählte geografische Orte sind ihr Wert und dessen zeitliche Änderung in der Seekarte abgedruckt. In Abb. 2.1.20 hat die Missweisung den Wert 4°15' W (also Mw = -4,25°). Dieser gilt dem Aufdruck entsprechend für das Jahr 1995. Mit der ebenfalls angegebenen zeitlichen Änderung von 8' E pro Jahr resultiert beispielsweise für das Jahr 2010 eine Missweisung von etwa -2,5 W.

Ablenkung: Die Richtung der Magnetnadel wird auch vom schiffseigenen Magnetfeld beeinflusst und zeigt daher im Allgemeinen nicht in die missweisende Nordrichtung. Die Differenz zwischen der missweisenden Nordrichtung und der Nordrichtung des Magnetkompasses heißt Ablenkung (Abl) oder Deviation. Die Ablenkung zählt ebenfalls prinzipiell von -180° bis +180°, auch wenn zu große Werte den Magnetkompass praktisch unbrauchbar machen. Das Vorzeichen der Ablenkung ist positiv, wenn die Nordrichtung des Kompasses östlich von der missweisenden Nordrichtung liegt. Es ist negativ, wenn die Nordrichtung des Kompasses westlich von der missweisenden Nordrichtung liegt. Die Ablenkung hängt im Wesentlichen vom Kurs des Schiffes ab. An Bord gibt es entweder Ablenkungstabellen oder Ablenkungskurven für die Abhängigkeit vom Kurs. Dabei werden als Eingangsgrößen sowohl der Magnetkompasskurs als auch der missweisende Kurs verwendet (Abb. 2.1.21).

Steuertafel

MgK	Abl		mwK	Abl	
°		°	°		°
000	–	4	000	–	3
010	–	1	010	–	1
020	+	2	020	+	2
030	+	5	030	+	4
040	+	7	040	+	6
050	+	9	050	+	7
060	+	10	060	+	9
070	+	11	070	+	10
080	+	12	080	+	11
090	+	11	090	+	11
100	+	10	100	+	11
110	+	9	110	+	10
120	+	8	120	+	9
130	+	8	130	+	8

Abb. 2.1.21: Ausschnitt aus einer Ablenkungstabelle

Kursbeschickung: Missweisung und Ablenkung zusammen bilden die Fehlweisung des Magnetkompasses. Das Umrechnen des rwK in den zu steuernden MgK (oder umgekehrt) heißt Kursbeschickung. Dabei ist auf die Wahl des richtigen Vorzeichens zu achten. Ausgehend vom Magnetkompasskurs werden Ablenkung und Missweisung in dieser Reihenfolge nacheinander mit ihrem oben definierten Vorzeichen addiert, um zunächst den missweisenden Kurs (mwK) und schließlich den rechtweisenden Kurs zu erhalten. Ist dagegen der rechtweisende Kurs vorgegeben, muss das Schema in der umgekehrten Reihenfolge bearbeitet werden. An den – physikalisch bedingten – Vorzeichen von Mw und Abl ändert sich dabei nichts, nur an der Art der Rechnung (Summe oder Differenz).

MgK
+ Abl
mwK
+ Mw
rwK

Kompasskontrolle: Die Ablenkung ist – nicht zuletzt bedingt durch Tiefgang, Krängung und Ladung – zeitlichen Veränderungen unterworfen. Deshalb sind an Bord regelmäßige Kompasskontrollen unerlässlich und vorgeschrieben. Die einfachste Methode, den Magnetkompass zu kontrollieren, ist der Vergleich mit dem Kreiselkompass. Das setzt voraus, dass die Fehler des Kreiselkompasses genau genug bekannt sind und damit der rwK. Dann kann nach einem Blick in die Seekarte zum Auffinden der Mw die Ablenkung bestimmt werden:

$$Fw = rwK - MgK \Rightarrow Abl = Fw - Mw \qquad (2.1.27)$$

Ohne Bezug auf den Kreiselkompass kann die Ablenkung an einem festen, genau bekannten Ort durch Peilen eines geeignetes Objekts und einem Vergleich zwischen Magnetkompasspeilung (MgP) und rechtweisender Peilung (rwP) gemessen werden. Die rwP ergibt sich dabei als Richtung vom Schiffsort zum Peilobjekt aus der Seekarte.

$$Fw = rwP - MgP \Rightarrow Abl = Fw - Mw \qquad (2.1.28)$$

Dieselbe Auswertung ist möglich, wenn zwei hinreichend weit voneinander entfernte Objekte in dem Augenblick gepeilt werden, wenn ihre Peilung gleich ist (Deckpeilung). Die rwP lässt sich dann ebenfalls der Seekarte entnehmen.

Durch langsames Drehen des Schiffes am Ort und Ablesen der Peilung in Abständen von 10° kann auf diese Weise die komplette Ablenkungskurve ermittelt werden. Statt terrestrischer Objekte können auch astronomische Objekte (Sonne, Planeten oder Fixsterne) gepeilt und deren rechtweisende Peilung berechnet werden. Das Verfahren der astronomischen Kompasskontrolle wird in Kapitel 2.2.3 beschrieben.

(2) Kreiselkompass

Physikalische Gesetze, Funktionsprinzip und Aufbau des Kreiselkompasses, die zum Einschwingen der Kreiselachse in die Nordrichtung führen, werden in Kap. 3.2.1 beschrieben. Der Kreiselkompass ist im Normalfall deutlich genauer als der Magnetkompass, aber auch der Kreiselkompass ist mit typischen Fehlern behaftet, die berücksichtigt werden müssen.

a) Fahrtfehler: Wenn das Schiff fährt, überlagern sich die Geschwindigkeitsvektoren des Schiffes und der Erdrotation. Dieses erzeugt ein zusätzliches Drehmoment auf die Kreiselachse, die dann von der Nordrichtung rwN abweicht und nach KrN zeigt. Die Abweichung der Kreiselachse von der rechtweisenden Nordrichtung heißt Fahrtfehler. Die Fahrtfehlerberichtigung (Ff) lässt sich nach folgender Formel berechnen (s. Kap. 3.2.1 und [2.1.3]):

$$\sin Ff = -\frac{v \cdot \cos KrK}{V \cdot \cos \varphi} \qquad (2.1.29)$$

Dabei ist v die Schiffsgeschwindigkeit (Fahrt über Grund), KrK der Kreiselkompasskurs und V = 21.600 sm/24 h = 900 kn die Umlaufgeschwindigkeit eines Ortes auf dem Äquator. Das Produkt $V \cdot \cos\varphi$ entspricht demnach der Umlaufgeschwindigkeit eines Ortes auf dem Breitenparallel der Breite φ. Alternativ kann Ff als Funktion des rwK ausgedrückt werden:

2 Konventionelle Navigation

$$\tan Ff = -\frac{v \cdot \cos rwK}{V \cdot \cos\varphi + v \cdot \sin rwK} \qquad (2.1.30)$$

Der Betrag des Fahrtfehlers wächst mit zunehmender Breite und mit der Geschwindigkeit des Schiffes. Da die Umlaufgeschwindigkeit eines Ortes auf der Erdoberfläche groß im Vergleich zur Geschwindigkeit des Schiffes ist, fällt die Abweichung von der Nordrichtung im Allgemeinen gering aus. In hohen Breiten wird der Fehler größer. Das Vorzeichen der Berichtigung des Fahrtfehlers[2] folgt der gleichen Konvention, die bereits bei der Definition von Missweisung und Ablenkung Anwendung fand. Der Fahrtfehler ist positiv, wenn die Nordrichtung des Kompasses östlich von der rechtweisenden Nordrichtung liegt. Umgekehrt ist er negativ, wenn, wie in Abb. 3.2.4 (s. Kreiselkompass), die Nordrichtung des Kompasses westlich von der rechtweisenden Nordrichtung liegt. Allgemein gilt, dass die Kreiselachse bei Vorausfahrt nach Backbord ausweicht, so dass der Fahrtfehler auf nördlichen Kursen negativ und auf südlichen Kursen positiv ist. Diese Vorzeichenregel ist durch das Minuszeichen in den Formeln berücksichtigt. Die beiden Fahrtfehler-Formeln liefern bei vollkreisiger Eingabe des Kurses das Ergebnis mit dem richtigen Vorzeichen. Beispiel: Ein Schiff fährt auf 50° Breite mit 18 kn den Krk 328°. Der nach Gl. 2.1.29 errechnete Fahrtfehler beträgt dann -1,5°. Steuert das Schiff Ost- oder West-Kurs, ist der Fahrtfehler Null.

b) Aufstellungsfehler (Kreisel-A): Der Kreiselkompass kann durch eine nicht einwandfreie Aufstellung an Bord bzw. durch einen ungenauen Steuerstrich einen konstanten Aufstellungsfehler – auch Kreisel-A (KrA) genannt – aufweisen. Dieser hängt weder vom Ort noch von Kurs oder Geschwindigkeit des Schiffes ab. Das Vorzeichen des Aufstellungsfehlers wird analog zu dem des Fahrtfehlers festgelegt. Liegt bei ruhendem Schiff (also ohne Fahrtfehler) die Nordrichtung des Kompasses östlich von der rechtweisenden Nordrichtung, ist das Kreisel-A positiv. KrA ist der statische Anteil des allgemeinen Kreiselkompassfehlers Kreisel-R. Näheres findet sich in Kapitel 3.2.1.

Der Kreiselkompasskurs lässt sich leicht überprüfen, wenn das Schiff fest an der Pier liegt. Dann ist der Fahrtfehler Null. Wenn sichergestellt ist, dass das Schiff genau parallel zur Pier liegt, ist die Differenz aus abgelesenem Kreiselkurs und dem der Seekarte entnommenen rechtweisenden Kurs gleich dem Aufstellungsfehler:

$$KrA = rwK - KrK \quad \text{(falls } Ff = 0\text{)} \qquad (2.1.31)$$

Die Kursbeschickung des Kreiselkompasses erfolgt nach folgendem Schema:

KrK
+ KrA
+ Ff
rwK

(3) Bewegung durch das Wasser: KdW und FdW

Umwelteinflüsse wie Wind und Strom versetzen das Schiff und sorgen für eine Differenz zwischen dem rechtweisenden Kurs und der Richtung, in der sich das Schiff bewegt. Sie müssen bei der Bestimmung der resultierenden Schiffsbewegung über Grund und bei der Wahl eines zu steuernden Kurses berücksichtigt werden.

Beschickung für Wind: Unter seitlichem Windeinfluss fährt das Schiff, bezogen auf die (zunächst als ruhend angenommene) Wasseroberfläche, in eine von der Kiellinie abweichenden

---

[2] Auf die das Vorzeichen betreffende strenge Unterscheidung zwischen dem Fahrtfehler FF und dessen Berichtigung Ff wird hier zugunsten der Übersichtlichkeit verzichtet.

2.1 Terrestrische Navigation

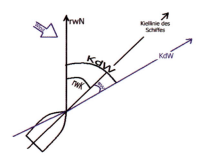

Abb. 2.1.22: Kurs durchs Wasser (KdW) und die Beschickung für Wind (BW)

Richtung (Abb. 2.1.22). Dieser Kurs durchs Wasser (KdW) muss daher vom rwK unterschieden werden. Die Differenz zwischen beiden Richtungen heißt Beschickung für Wind (BW). Es gilt:

$$KdW = rwK + BW \qquad (2.1.32)$$

Das Vorzeichen der Beschickung für Wind folgt aus dieser Definition. Es ist positiv, wenn der Kurs durchs Wasser größer ist als der rechtweisende Kurs. Das ist aber stets dann der Fall, wenn das Schiff durch den Wind nach Steuerbord – also zu größeren Kurszahlen hin – versetzt wird. Allgemein gilt die Regel: Kommt der Wind von Backbord, ist die Beschickung für Wind positiv. Kommt der Wind von Steuerbord, ist die Beschickung für Wind negativ.

Wegen der Veränderlichkeit des Windes muss die Beschickung für Wind in der Regel geschätzt werden. Dazu kann die Differenz zwischen der Kiellinie des Schiffes und der Richtung des Kielwassers genutzt werden. Häufig beruht die Schätzung auf der Beobachtung des in der Vergangenheit zurückgelegten Weges. Es wird ein Kurs gesteuert und mittels zweier Ortsbestimmungen zu verschiedenen Zeiten der tatsächlich zurückgelegte Weg festgestellt. Mit der Differenz in der Richtung wird dann der Kurs korrigiert (Vorhalten). Die Schemata für die Kursbeschickung werden entsprechend ergänzt:

MgK	KrK
+ Abl	+ KrA
mwK	+ Ff
+ Mw	rwK
rwK	+ BW
+ BW	KdW
KdW	

(4) Bewegung über Grund: KüG und FüG

Beschickung für Strom: Wenn sich der Wasserkörper, in dem das Schiff schwimmt, relativ zum Meeresboden bewegt, müssen der Kurs durchs Wasser (KdW) und der Kurs über Grund (KüG) voneinander unterschieden werden. Die Differenz zwischen diesen beiden Kursen heißt Beschickung für Strom (BS). Es gilt:

$$KüG = KdW + BS \qquad (2.1.33)$$

Auch diese Definition legt das Vorzeichen der Beschickung fest. Es ist positiv, wenn der Kurs über Grund größer ist als der Kurs durchs Wasser.

Wegen der größeren Stetigkeit und der besseren Vorhersagbarkeit des Stromes wird in der nautischen Praxis die Beschickung für Strom nicht wie diejenige für den Wind einfach

2 Konventionelle Navigation

geschätzt. Sie lässt sich vielmehr auf geometrische Weise quantitativ bestimmen. Dazu werden die Winkelbeziehungen in Gl. 2.1.33 zu Geschwindigkeitsvektoren erweitert:

$$\vec{v}_G = \vec{v}_W + \vec{v}_S \tag{2.1.34}$$

Nach dieser Definition des Stromvektors ist die Richtung des Stromes als diejenige festgelegt, in die das Wasser fließt. Das ist bei der Windrichtung anders. Es heißt: Der **Strom setzt nach** Osten, aber der **Wind kommt aus** Nordwest.

Stromdreieck: Die Addition (oder Subtraktion) der Vektoren wird grafisch durchgeführt. Dabei bilden die drei Geschwindigkeitsvektoren ein Dreieck – das so genannte Stromdreieck (Abb. 2.1.23).

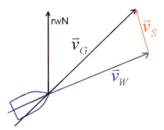

Abb. 2.1.23: Das Stromdreieck

Es gibt unterschiedliche nautische Fragestellungen, bei denen sich auch die Konstruktion des Stromdreiecks unterscheidet. Im Folgenden werden drei typische Probleme und ihre Lösung gezeigt.

> **Bestimmung des Stromvektors:** Das Schiff steuert rwK = 136° mit FdW = 15,5 kn. Es wird – bei Windstille – nach einer Positionsbestimmung festgestellt, dass das Schiff über Grund gelaufen ist. Es ist der Stromvektor zu ermitteln, um die Beschickung für Strom an den für die nächste Stunde zu steuernden Kurs anzubringen.

Die Geschwindigkeitsvektoren über Grund und durch das Wasser werden von einem gemeinsamen Koordinatenursprung aus mit den angegebenen Beträgen (z. B. im Maßstab 1 cm ≙ 1 kn) und den Richtungen gezeichnet (Abb. 2.1.24). Durch Verbinden der Endpunkte der Vektoren wird der Differenzvektor gebildet. Laut Gl. 2.1.34 ist das der gesuchte Stromvektor. Er zeigt vom Vektor $\vec{v}_W$ zum Vektor $\vec{v}_G$. Seine Richtung lässt sich mit einem Kursdreieck ablesen. In diesem Beispiel ergibt sich 271°. Der Strom setzt also in Richtung Westen. Der Betrag des Stromvektors wird mit dem Lineal abgemessen. Nach Umrechnen mit dem gewählten Maßstab ergeben sich 2,7 kn.

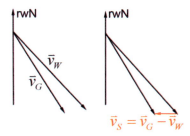

Abb. 2.1.24: Bestimmung des Stromvektors als Differenzvektor

> **Bestimmung des Kurses und der Fahrt über Grund:** Das Schiff steuert rechtweisend 246° und macht 12,8 kn Fahrt durchs Wasser. Dem Stromatlas (s. Kap. 2.1.6) wird ein Stromvektor mit 197° und 4,3 kn entnommen. Zu bestimmen ist die Bewegung des Schiffes über Grund.

2.1 Terrestrische Navigation

Zunächst wird der Vektor $\vec{v}_W$ gezeichnet (Abb. 2.1.25). An dessen Ende wird dann der Stromvektor $\vec{v}_S$ nach Richtung und Betrag angetragen. Schließlich bildet man die vektorielle Summe durch Verbinden des Ursprungs von $\vec{v}_W$ mit dem Ende des Stromvektors $\vec{v}_S$. Sie ergibt gemäß Gl. 2.1.34 den Vektor für die Bewegung über Grund $\vec{v}_G$. Für dieses Beispiel ergibt sich: KüG = 234° und FüG = 16,0 kn.

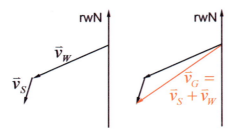

Abb. 2.1.25: Bestimmung des Kurses und der Fahrt über Grund durch Vektorsumme

Bestimmung von Kurs durchs Wasser und Fahrt über Grund: Das Schiff soll bei einer Fahrt von FdW = 11 kn unter Berücksichtigung des südwestlich mit 3 kn setzenden Stromes nach Karte einen Kurs von KüG = 324° steuern. Zu bestimmen sind der zu steuernde Kurs durchs Wasser, die Fahrt über Grund und die Beschickung für Strom.

Bei dieser typischen nautischen Fragestellung ist die Lösung etwas komplizierter, weil von den beiden Geschwindigkeitsvektoren des Schiffes jeweils nur eine Komponente gegeben ist: Von der Fahrt über Grund ist die Richtung vorgegeben und der Betrag gesucht. Von der Fahrt durchs Wasser ist dagegen der Betrag bekannt und die Richtung gefragt. Daher wird zunächst im Ursprung eine unbegrenzte Gerade mit der gewünschten Richtung des KüG (hier 324°) gezeichnet (Abb. 2.1.26). An den Ursprung wird auch der Stromvektor (225°; 3 kn) angetragen. Um zu ermitteln, wo und mit welchem KdW das Schiff bei der vorgegebenen FdW (hier 11 kn) auf dem KüG-Strahl ankommt, wird ein Kreisbogen mit dem Radius FdW (hier 11 kn) um den Endpunkt des Stromvektors geschlagen. Der Schnittpunkt des Kreisbogens mit der KüG-Geraden (hier in Richtung 324°) vervollständigt das Stromdreieck. Er ist der Endpunkt sowohl des KdW-Vektors als auch des KüG-Vektors. Damit legt er sowohl die Richtung des zu fahrenden KdW-Vektors (hier 340°) als auch die Länge des KüG-Vektors (hier 10,1 kn) fest.

Berechnungen für eine Beschickung für Strom werden in der Praxis auf schnellen Schiffen häufig vernachlässigt. Sie sind aber von großer Bedeutung, wenn in Küstennähe wegen flachen Wassers oder bei der Lotsenübernahme mit geringer Geschwindigkeit gefahren wird. Weitere Hinweise zu Gezeitenströmen sind in Kapitel 2.1.6 zu finden.

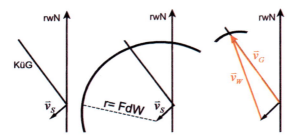

Abb. 2.1.26: Bestimmung von Kurs durchs Wasser und Fahrt über Grund

2 Konventionelle Navigation

Zusammenfassung der Kursbeschickungen: Im Allgemeinen unterliegt der Weg des Schiffes gleichzeitig den Einflüssen des Windes und der Meeresströmung. Dann muss die Kursbeschickung um die Beschickungen sowohl für Wind als auch für Strom ergänzt werden:

MgK	KrK
+ Abl	+ KrA
mwK	+ Ff
+ Mw	
rwK	rwK
+ BW	+ BW
KdW	KdW
+ BS	+ BS
KüG	KüG

2.1.5 Terrestrische Ortsbestimmung

Koppelort und beobachteter Ort: Die in Kap. 2.1.3 formulierte Besteckrechnung dient der Berechnung des für einen bestimmten Zeitpunkt erwarteten Schiffsortes auf der Grundlage einer früheren Position, der unter der Annahme von Kurs und Geschwindigkeit in die Zukunft projiziert wird. Diese auch als Koppeln bezeichnete Art der Ortsbestimmung ist wegen der äußeren Einflüsse auf den tatsächlichen Weg des Schiffes eine Schätzung. Eine durch Besteckrechnung gefundene Position heißt Koppelort. Das Koppeln bedarf der regelmäßigen Kontrolle durch Messungen des Schiffsortes. Das Resultat einer Messung heißt „Beobachteter Ort". Die in diesem Kapitel behandelten terrestrischen Methoden der Ortsbestimmung können zur Kontrolle der ebenfalls an Bord genutzten technischen und astronomischen Verfahren und insbesondere bei deren Ausfall zum Einsatz kommen.

(1) Standlinien

Schiffe bewegen sich auf der zweidimensionalen Erdoberfläche. Ein Ort wird daher durch die Angabe zweier Koordinaten (Breite und Länge) eindeutig bestimmt. Durch die Messung einer geometrischen Größe wird die Menge der möglichen Schiffsorte auf die Standlinie reduziert. Eine Standlinie ist also die Menge aller Punkte, für die eine zur Ortsbestimmung gemessene Größe gleich ist. Alle Schiffe, die z. B. die Sonne in einer bestimmten Höhe sehen, befinden sich auf einer Standlinie. Je nach Art der Messung haben Standlinien eine unterschiedliche geometrische Form. Sie können Geraden, Kreise oder – bei technischen Verfahren – auch Hyperbeln sein.

a) Peilung

Die Standlinie einer Peilung ist eine Gerade: Alle Schiffe, die ein Leuchtfeuer in der gleichen rechtweisenden Peilung sehen, befinden sich auf einem Strahl, der am Leuchtfeuer seinen Ursprung hat und in der zur Peilung entgegengesetzten Richtung von diesem wegführt (Abb. 2.1.27). Die Kielrichtung des Schiffes ist dabei unerheblich.

Wird die Peilung mit einem Kompass durchgeführt, müssen die Kompassfehler berücksichtigt werden. Das Verfahren ist analog zur Kursbeschickung, wobei beim

Abb. 2.1.27: Peilstrahl als Standlinie einer Peilung

2.1 Terrestrische Navigation

Magnetkompass unbedingt darauf zu achten ist, dass die Ablenkung vom Kurs (MgK) und nicht von der Peilung (MgP) abhängt:

MgP	KrP
+ Abl (MgK)	+ KrA
mwP	+ Ff
+ Mw	rwP
rwP	

Wie jede Standlinie ist auch die einer Peilung mit Fehlern behaftet. Der Winkel lässt sich nur mit einer endlichen Genauigkeit messen. Zur Unsicherheit in der Beobachtung auf einem rollenden Schiff kommen Grenzen der Kenntnis von Kompassfehlern. Ein Peilfehler σ_P bewirkt eine zum Peilstrahl senkrechte Verschiebung des Schiffsortes σ_d. Es gilt:

$$\sigma_d = \frac{\pi}{180°} \, d \cdot \sigma_P \tag{2.1.35}$$

Dabei bedeutet d die Distanz des Schiffes zum gepeilten Objekt. Die Peilungsungenauigkeit wird in Grad und die Distanz in sm eingegeben. (Der Umrechnungsfaktor $\pi/180°$ sorgt dafür, dass die Ungenauigkeit in sm berechnet wird.) Liegt beispielsweise ein Peilfehler von 2° vor und ist das gepeilte Leuchtfeuer 15 sm entfernt, resultiert aus Gl. 2.1.35 eine Verschiebung von etwa 0,5 sm.

b) Abstandsmessung

Durch Messung des Abstandes von einem Objekt entsteht eine kreisförmige Standlinie. Alle Schiffe, die zum Beispiel mit dem Radar den gleichen Abstand von einer Landmarke beobachten, befinden sich auf einem Kreis mit der Landmarke als Mittelpunkt. Der Radius des Kreises ist der Abstand.

Höhenwinkelmessung: Der Abstand von einem Leuchtturm wird durch den Höhenwinkel, unter dem er gesehen wird, eindeutig bestimmt. Dieser Höhenwinkel wird mit dem Sextanten gemessen. Wegen der im Vergleich zum Abstand geringen Höhe des Turmes ist der Winkel sehr klein und wird in Bogenminuten angegeben. Nach Berücksichtigung der Umrechnungsfaktoren für den gemessenen Winkel n in Bogenminuten ergibt sich für die zu berechnende Distanz des Schiffes vom Leuchtturm folgende Näherungsformel:

$$d[sm] = \frac{13}{7} \cdot \frac{H[m]}{n[']} \tag{2.1.36}$$

Dabei ist H die Höhe des Leuchtturms – vom Sockel bis First – in Metern.

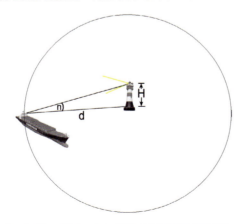

Abb. 2.1.28: Abstandskreis als Standlinie einer Höhenwinkelmessung

2 Konventionelle Navigation

Die Genauigkeit einer mittels Höhenwinkelmessung erzeugten Standlinie hängt in erster Linie vom Abstand zwischen Schiff und Objekt ab. Je größer der Abstand und je kleiner der gemessene Vertikalwinkel ist, umso größer ist der Fehler in der Standlinie. Wenn von einer exakt bekannten Höhe des Objekts ausgegangen werden kann, gilt:

$$\sigma_d = \frac{d}{n} \cdot \sigma_n \qquad (2.1.37)$$

Die Formel enthält die Distanz d in Seemeilen, den Höhenwinkel n in Bogenminuten und die Unsicherheiten in der Winkelmessung σ_n und in der ermittelten Distanz σ_d. Wird beispielsweise ein 24 m hoher Leuchtturm unter einem Höhenwinkel von 9' beobachtet, dann beträgt die Entfernung des Schiffes etwa 5 sm. Wird dabei der Höhenwinkel auf 1' genau gemessen, muss entsprechend Gl. 2.1.37 mit einer Ungenauigkeit der Abstandbestimmung von mehr als 0,5 sm, also mehr als 10 %, gerechnet werden. Es kommt daher bei der Höhenwinkelmessung auf möglichst hohe Objekte (also große Winkel) und auf präzise Messwerte (Indexberichtigung des Sextanten; s. Kap. 2.2) an.

Feuer in der Kimm: Als weitere Variante der Abstandsbestimmung kann die nächtliche Beobachtung eines Leuchtfeuers in der Kimm eingesetzt werden. Erscheint bei Annäherung des Schiffes ein Feuer zum ersten Mal im Horizont oder verschwindet es gerade bei Entfernung, entspricht die Sichtweite des Feuers dem Abstand des Schiffes von der Lichtquelle. Diese lässt sich in geometrischer Weise bestimmen. Dabei spielen die Höhe des Leuchtfeuers H und die Augeshöhe des Beobachters h eine Rolle. Zusätzlich zu diesen in Abbildung 2.1.29 skizzierten Einflussfaktoren ist für eine genaue Auswertung die Berücksichtigung der Lichtstrahlenbrechung in der Atmosphäre von Bedeutung [2.1.2]. Mit Hilfe des Faktors 2,075 für mittlere atmosphärische Bedingungen wird die Distanz d in sm errechnet.

$$d[sm] = 2{,}075 \cdot \left(\sqrt{H[m]} + \sqrt{h[m]}\right) \qquad (2.1.38)$$

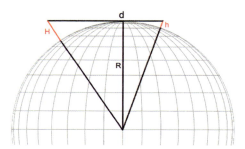

Abb. 2.1.29: (Geometrischer) Abstand von einem Feuer in der Kimm

Die Zuverlässigkeit der Abstandsmessung durch Beobachtung eines Feuers in der Kimm ist bei klarer Sicht relativ hoch. Lediglich die Unkenntnis über den Wasserstand (der die Höhe des Leuchtfeuers beeinflusst) und der Seegang beeinträchtigen die Genauigkeit. Wird beispielsweise die Höhe eines in der Seekarte mit 36 m angegebenen Leuchtfeuers wegen der Tide um 2 m zu gering erfasst, folgt aus Gl. 2.1.38 eine Entfernung, die um etwa 0,4 sm überschätzt wird [2.1.2]. Bei schlechteren Sichtverhältnissen ist die Ortsbestimmung mit dieser Methode mit Vorsicht zu beurteilen. Sie bedarf in diesem Fall einer baldigen Überprüfung.

Horizontalwinkelmessung: Durch Messen des horizontalen Winkels zwischen zwei in der Seekarte verzeichneten Objekten kann ebenfalls eine kreisförmige Standlinie erzeugt werden. Die Horizontalwinkelmessung kann mit dem Peilkompass oder – wenn kein Peilkompass zur Verfügung steht – direkt mit dem Sextanten ausgeführt werden. In jedem Fall ist die Auswertung von den Fehlern des Kompasses unabhängig. Auch bei Verwendung eines Kompasses

2.1 Terrestrische Navigation

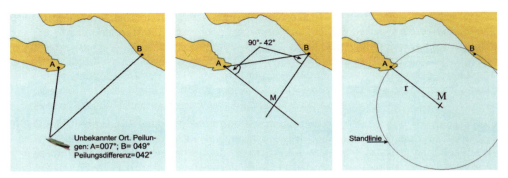

Abb. 2.1.30: Konstruktion der Standlinie einer Horizontalwinkelmessung mittels Peilkompass

werden dessen Fehler durch das Bilden der Differenz zweier Peilungen eliminiert. Das macht die Horizontalwinkelmessung zu einer sehr genauen Methode terrestrischer Ortsbestimmung.

Die Standlinie einer Horizontalwinkelmessung ist ein Kreis, in welchem die Verbindungsstrecke der beiden beobachteten Objekte eine Sehne bildet. Zur Konstruktion des Kreises muss zunächst dessen Mittelpunkt gefunden werden. Dazu wird die Differenz des Horizontalwinkels zu 90° jeweils an die Verbindungsstrecke beider Orte angetragen. Das gilt unabhängig davon, ob der Horizontalwinkel kleiner oder größer als 90° ist. Der Schnittpunkt der so gefundenen von den Objekten ausgehenden Strahlen ist der Mittelpunkt des Standlinienkreises (Abb. 2.1.30) [2.1.2].

Gerade wenn sie mit dem Sextanten durchgeführt wird, gehört die Horizontalwinkelmessung zu den genauesten terrestrischen Ortsbestimmungsmethoden. Die Genauigkeit wird vor allem durch die Auswertung in der Seekarte begrenzt. Während der Winkel auf wenige Bogenminuten genau gemessen werden kann, beträgt die Ungenauigkeit beim Zeichnen mit dem Kursdreieck mindestens 0,5°. Der geometrische Fehler in der Standlinie wächst proportional zu den Entfernungen des Schiffes von den gepeilten Objekten und nimmt mit wachsendem Abstand der Objekte voneinander ab [2.1.2]. Bilden das Schiff und die beiden Objekte z. B. ein gleichseitiges Dreieck von 10 sm Kantenlänge, ist der geometrische Fehler der Standlinie nicht größer als eine Kabellänge.

Lotung: Wenn der Meeresboden einen genügend starken Gradienten aufweist, kann die gelotete Wassertiefe zur Ortsbestimmung verwendet werden. Nähert sich das Schiff beispielsweise dem europäischen Kontinentalschelf, bildet die 200-m-Linie beim Passieren eine Standlinie. Die Ablesung des Echolots muss beschickt werden. Zeigt es den Abstand des Meeresbodens vom Schiffsboden (Position des Sensors) an, gilt: Wassertiefe gleich Lotung plus Tiefgang. Besonders in Gezeitengewässern kann die Wassertiefe erheblich von der Kartentiefe abweichen. Es gilt: Kartentiefe gleich Wassertiefe plus Höhe der Gezeit (s. Kap. 2.1.6). Auch die durch meteorologische Einflüsse veränderte Wassertiefe muss gegebenenfalls berücksichtigt werden. Unabhängig von der hier diskutierten Funktion der Lotung bei der Ortsbestimmung ist in Küstennähe die kontinuierliche Beobachtung der Wassertiefe aus Sicherheitsgründen unerlässlich.

(2) Ortsbestimmung

Zwei voneinander unabhängige Standlinien liefern mit ihrem Schnittpunkt einen Schiffsort. Die unter (1) beschriebenen Methoden der Standlinienbestimmung müssen dazu sinnvoll miteinander kombiniert werden. Insbesondere ist auf geeignete Schnittwinkel zu achten.

Peilung und Abstand: Eine einfach zu realisierende Möglichkeit ist die gleichzeitige Messung von Peilung und Abstand zu einem Objekt. Das kann beispielsweise mit dem Radar geschehen. Aber auch das Peilen eines Feuers in der Kimm führt zu einem Ort aus Peilung und Abstand, ebenso eine Kombination aus Peilung und Höhenwinkel. Werden Peilung und Abstand vom selben

2 Konventionelle Navigation

Objekt bestimmt, schneiden sich die Standlinien (Gerade und Kreis) im rechten Winkel.

Peilung und Lotung: Verlaufen bei ausreichendem Gefälle des Meeresbodens die Linien gleicher Wassertiefe etwa küstenparallel, kann die Lotung als Abstandsmessung verwendet werden. Im Zusammenhang mit einer Peilung ergibt sich auf diese Weise ein Schiffsort.

Kreuzpeilung: Eine praktisch gleichzeitige Peilung zweier Objekte in unterschiedlichen Richtungen heißt Kreuzpeilung (Abb. 2.1.31). Die absolute Gleichzeitigkeit zweier Peilungen ist nicht zu realisieren. Um die durch die Zeitdifferenz zwischen beiden Peilungen entstehende Ungenauigkeit gering zu halten, wird zuerst das Ob-

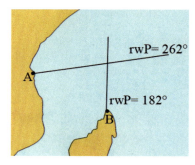

Abb. 2.1.31: Ortsbestimmung durch Kreuzpeilung

jekt gepeilt, das langsamer auswandert (voraus oder achteraus). Das schneller auswandernde Objekt (querab) ist das zeitkritische. Bei seiner Peilung wird die Uhrzeit notiert und in die Seekarte an den Ort geschrieben.

Doppelpeilung oder Versegelungspeilung: Steht nur ein geeignetes Objekt zur Verfügung, kann dieses zwei Mal – in geeignetem Zeitabstand – nacheinander gepeilt werden. Um einen Ort für einen definierten Zeitpunkt zu erhalten, wird die erste Standlinie versegelt (Abb. 2.1.32). Damit ist das Verschieben der Standlinie entlang der Kurslinie gemeint. Die Versegelungsstrecke ergibt sich als Produkt aus Schiffsgeschwindigkeit und der zwischen den beiden Peilungen verstrichenen Zeitspanne. Die Doppelpeilung setzt sich also im Prinzip aus Peilen und Koppeln zusammen. Dennoch kann das Ergebnis als beobachteter Schiffsort gelten, wenn auch – wegen der stets etwas unsicheren Koppeldistanz – mit geringerer Genauigkeit. Der Zeitabstand ist so zu wählen, dass ein geeigneter Schnittwinkel der beiden Standlinien entsteht.

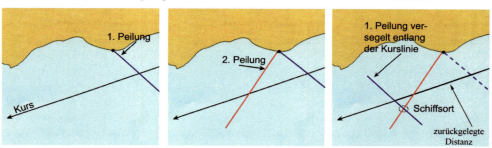

Abb. 2.1.32: Ortsbestimmung durch Doppel- oder Versegelungspeilung

Die Versegelung einer Standlinie kann auch angewendet werden, wenn zwei verschiedene Objekte nacheinander gepeilt werden, z. B. weil sie nicht gleichzeitig sichtbar sind (abgestumpfte Doppelpeilung).

Zwei Abstände: Auch das Messen zweier Abstände von Objekten in geeigneter unterschiedlicher Peilung führt zu einem Schiffsort. Die beiden Standlinien sind in diesem Fall Kreise, die sich in zwei Punkten schneiden. Meist ist es unmittelbar entscheidbar, welcher der beiden Schnittpunkte der Schiffsort sein muss. Die Abstandmessung kann mit Radar oder Höhenwinkel erfolgen. Auch bei diesem Verfahren ist auf geeignete Schnittwinkel zu achten.

Doppel-Horizontalwinkelmessung: Zwei kreisförmige Standlinien entstehen durch Doppel-Horizontalwinkelmessung. Dazu werden drei Objekte benötigt. Zwischen je zwei von ihnen wird der Horizontalwinkel entweder mit dem Sextanten oder als Peilungsdifferenz gemessen. Die Auswertung der Standlinien erfolgt wie oben beschrieben: Es werden die Komplemente der

Horizontalwinkel an die Verbindungslinien der jeweiligen Objekte angetragen. Deren Schnittpunkt liefert dann jeweils den Mittelpunkt eines Kreises, auf dem sich zwei Objekte und der Schiffsort befinden. Die beiden Kreise schneiden sich dann in der Position des Schiffes (Abb. 2.1.33).

(3) Besteckversetzung

Ist durch eines der oben beschriebenen Verfahren ein beobachteter Schiffsort O_b gefunden, wird dieser mit dem Koppelort O_k verglichen. Das ist als Plausibilitätsprüfung wichtig. In der Regel stimmen beobachteter und durch Koppeln errechneter Ort nicht überein. Die vektorielle Differenz heißt Besteckversetzung. Der Vektorpfeil zeigt vom Koppelort zum beobachteten Ort (Abb. 2.1.34). Die Besteckversetzung wird in Polarkoordinaten, also mit Richtung und Abstand, angegeben. Sie enthält Informationen über die hydrometeorologischen Einflüsse auf Kurs und Fahrt des Schiffes und erlaubt daher Rückschlüsse auf die Beschickungen für Wind und Strom.

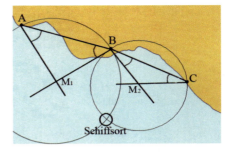

Abb. 2.1.33: Ortsbestimmung durch Doppel-Horizontalwinkelmessung mit Peilkompass

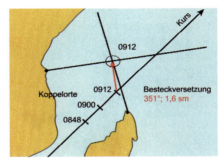

Abb. 2.1.34: Besteckversetzung als Vektor von Ok zu Ob

(4) Genauigkeit terrestrischer Ortsbestimmungsverfahren

Alle durch Messungen bestimmten Schiffspositionen sind mit Unsicherheiten behaftet. Standlinien müssen beobachtet (gemessen), aufbereitet (beschickt) und in der Seekarte konstruiert werden. Jede dieser Operationen beeinflusst die Genauigkeit der gefundenen Position. Die Beobachtung selbst ist ein subjektiver Prozess. Schwankungen zwischen verschiedenen Personen können auch unter optimalen Bedingungen 1° bis 2° beim Peilen oder 0,2 sm bei der Abstandsmessung betragen. Dazu kommen objektive Ungenauigkeiten. Auf einem gierenden Schiff kann allein die Unsicherheit einer Peilung 5° betragen. Aus diesen Gründen müssen alle Standlinien und alle Positionen hinsichtlich ihrer Zuverlässigkeit beurteilt werden.

Um die Genauigkeit eines durch terrestrische Beobachtungen gewonnenen Schiffsortes beurteilen zu können, muss auf die Kenntnisse über die Genauigkeit der zu Grunde liegenden Standlinien zurückgegriffen werden (s. oben). Die Ungenauigkeiten der einzelnen Standlinien überlagern sich im Allgemeinen in komplizierter Weise zu einer Gesamt-Ungenauigkeit des Schiffsortes. Es ist im Prinzip möglich, für jeden einzelnen Fall der Ortbestimmung eine mathematisch-geometrische Analyse mit dem Ziel durchzuführen, die Unsicherheit im Schiffsort quantitativ abzuschätzen [2.1.2]. Für die nautische Praxis ist das zu aufwendig. Wichtiger ist es, einige allgemeine Grundsätze zu kennen und sich der potenziellen Unzuverlässigkeit jedes beobachteten Schiffsortes bewusst zu sein.

Schnittwinkel = 90°: Die Überlagerung der Einzelungenauigkeiten von Standlinien zu einer Ungenauigkeit im Schiffsort erfolgt nicht einfach additiv. Ein wesentlicher Faktor ist der Winkel, unter dem sich die Standlinien schneiden. Die Ungenauigkeit des Schiffsortes ist am kleinsten, wenn die Standlinien senkrecht zueinander liegen (Abb. 2.1.33). Das ist bei der Bestimmung von Peilung und Abstand vom selben Objekt der Fall (Radarpeilung, Höhenwinkelmessung,

Peilung eines Feuers in der Kimm). Dann überlagern sich die Standlinienungenauigkeiten dem Satz von Pythagoras entsprechend zur resultierenden Positionsungenauigkeit:

$$\sigma_{Ob} = \sqrt{\sigma_1^2 + \sigma_2^2} \qquad (2.1.39)$$

Beispiel: Die Unsicherheit in der Abstandsbestimmung eines Feuers in der Kimm betrage $\sigma_d = \sigma_1 = 0{,}5$ sm. Das etwa 21 sm entfernte Feuer wird mit einer Unsicherheit von 1° gepeilt. Um die Ungenauigkeit des Schiffsortes abzuschätzen, muss zunächst mit Gl. 2.1.35 die Peilunsicherheit in sm umgerechnet werden: 1° Winkeldifferenz entspricht danach in 21 sm Entfernung einer Verschiebung des Peilstrahls von $\sigma_P = \sigma_2 = 0{,}37$ sm. Mit den Werten von σ_1 und σ_2 ergibt sich nach Gl. 2.1.39 eine Ortunsicherheit von 0,6 sm.

Beliebiger Schnittwinkel: Bilden die beiden Standlinien einen von 90° verschiedenen Winkel (Kreuzpeilung, zwei Abstände) wächst die Ungenauigkeit des Schiffsortes. Abb. 2.1.35 zeigt die Situation für Kreuzpeilungen. Die Ungenauigkeit jeder Standlinie wird durch einen Sektor illustriert. Die beiden Sektoren bilden eine Schnittfläche, innerhalb der sich der Schiffsort mit großer Wahrscheinlichkeit befindet. Die Größe und Ausdehnung der Fläche (etwa ein Parallelogramm) ist vom Schnittwinkel abhängig und wird bei einem rechten Winkel minimal. Es lässt sich begründen [2.1.2], dass die Ungenauigkeit umgekehrt proportional zum Sinus des Schnittwinkels α wächst:

$$\sigma_{Ob} = \frac{\sqrt{\sigma_1^2 + \sigma_2^2}}{\sin \alpha} \qquad (2.1.40)$$

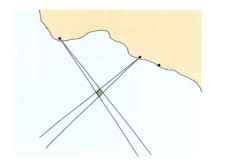 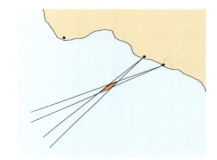

Abb. 2.1.35: Ortsungenauigkeit bei Kreuzpeilungen mit unterschiedlichen Schnittwinkeln

Für einen Schnittwinkel von 90° ist hat der Sinus den Wert 1 und Gl. 2.1.40 wird auf Gl. 2.1.39 zurückgeführt. Ein Schnittwinkel von 30° (sin 30° = 0,5) verdoppelt die Ungenauigkeit bereits. Daher sind Standlinien mit einem Schnittwinkel von weniger als 30° zur Standortbestimmung nicht empfehlenswert.

Doppel-Horizontalwinkelmessung: Bei diesem Verfahren sind zunächst die Ungenauigkeiten in jeder der beiden kreisförmigen Standlinien in sm abzuschätzen. Diese wachsen mit dem Abstand des Schiffes von den beobachteten Objekten und verringern sich bei wachsendem Abstand der Objekte voneinander (s.o.). Die Einzelungenauigkeiten σ_1 und σ_2 betragen in der Regel höchstens wenige Kabellängen. Sie werden gemäß obiger Formel in quadratischer Weise addiert. Dann ist aber noch der ungünstige Einfluss eines von 90° abweichenden Schnittwinkels der Standlinien zu erfassen. Da die Standlinien Kreise sind, wird der Winkel gemessen, unter dem sich die Tangenten an die Kreise im ermittelten Schiffsort schneiden. Der Sinus dieses Winkels muss dann im Nenner von Gl. 2.1.40 eingesetzt werden, um die Gesamtungenauigkeit des Schiffsortes zu ermitteln.

Fehlerdreieck: Während theoretisch zwei (unabhängige) Standlinien für einen eindeutigen Schiffsort ausreichen, ist es in der nautischen Praxis ratsam, mehr als zwei Standlinien zur Ortsbestimmung auszuwerten. Durch das Verarbeiten dreier Standlinien wird nicht nur die Zuverlässigkeit erhöht, sondern auch nützliche Information über die Genauigkeit gewonnen. Gerade wegen der in jeder Standlinie enthaltenen Ungenauigkeit ist nicht zu erwarten, dass die drei Standlinien sich in einem Punkt schneiden (Abb. 2.1.36). Sie liefern vielmehr drei Schnittpunkte, die für einen Schiffsort guter Qualität nahe beieinander liegen. Die Größe des so entstandenen Fehlerdreiecks ist ein Maß für

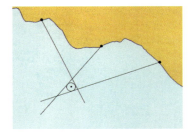

Abb. 2.1.36: Ortsungenauigkeit bei drei Standlinien mit Fehlerdreieck

die Ungenauigkeit des Schiffsortes. Der beobachtete Schiffsort Ob liegt (mit großer Wahrscheinlichkeit) innerhalb des Fehlerdreiecks. Sind alle Standlinien gleich zuverlässig, dann ist der Mittelpunkt der Dreiecksfläche die beste Schätzung. Durch unterschiedliches Gewichten der beteiligten Standlinien kann der Schiffsort aber auch vom Mittelpunkt abweichend festgelegt werden.

Genauigkeitsstaffelung: Wenn auch die konkrete quantitative Schätzung der Genauigkeit eines terrestrischen Schiffsortes schwierig sein kann, ist es doch möglich, die verschiedenen Methoden hinsichtlich ihrer Genauigkeit zu klassifizieren. Zu den genauesten Methoden zählen die Doppel-Horizontalwinkelmessung und die Kreuzpeilung dreier ortsfester Objekte mit günstigen Schnittwinkeln, deren Fehlerdreieck klein ist. Dabei lässt sich die Genauigkeit des Ortes aus drei Peilungen durch die Auswertung von zwei der drei möglichen Horizontalwinkel (Differenz je zweier Peilungen) erhöhen. Weniger genau sind Kreuzpeilungen, die Kombination aus Peilung und Abstand und die Ortsbestimmung aus zwei Abständen. Am wenigsten genau sind Orte, die auf versegelten Standlinien beruhen.

Da keine Methode der Ortsbestimmung fehlerfrei Positionen liefern kann, ist der Einsatz verschiedener Methoden zur gegenseitigen Überprüfung nicht nur sinnvoll, sondern zwingend notwendig. Das gilt auch vor dem Hintergrund von Fehlern, die auf den nautischen Offizier zurückzuführen sind.

2.1.6 Gezeiten und Gezeitenströme

Das Steigen und Fallen der Meeresoberfläche und die damit verbundenen Meeresströmungen haben große Bedeutung für die küstennahe Navigation. Die augenblickliche Höhe der Gezeit bestimmt wesentlich die Wassertiefe und damit die Bodenfreiheit des Schiffes. Ihre möglichst genaue Kenntnis ist in flachen Gewässern zur Vermeidung von Grundberührungen unabdingbar. Gezeitenströme sind in Richtung und Stärke sehr variabel. Die Strömungsgeschwindigkeit kann mehrere Knoten betragen. Damit üben sie einen großen Einfluss auf die Bewegung des Schiffes über Grund aus und müssen bei der Bemessung des zu steuernden Kurses berücksichtigt werden. Insbesondere das Wissen über die Periodizität und die wichtigsten Unregelmäßigkeiten ist wichtig für das Verständnis der Gezeitenvorhersage.

(1) Ursachen und Wirkungen

Gezeitenerzeugende Kräfte: Gezeiten werden durch periodisch veränderliche Kräfte auf die Wassermassen an der Erdoberfläche verursacht. Die wichtigsten Kräfte sind:
- Gravitation des Monds,
- Zentrifugalkraft der Drehung von Mond und Erde um den gemeinsamen Schwerpunkt,
- Gravitation der Sonne,
- Zentrifugalkraft der Drehung von Sonne und Erde um den gemeinsamen Schwerpunkt.

2 Konventionelle Navigation

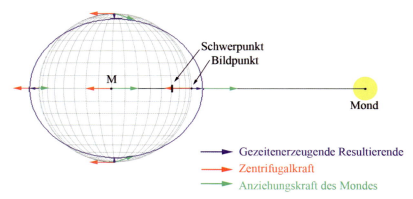

Abb. 2.1.37: Gezeitenerzeugende Kräfte (Beispiel des Mondes)

Der Einfluss des Mondes ist etwa doppelt so groß wie der Einfluss der Sonne. Zur Veranschaulichung folgt zunächst die Betrachtung des Systems aus Erde und Mond allein.

Erde und Mond bewegen sich um ihren gemeinsamen Schwerpunkt, der sich etwa 3/4 Erdradien vom Erdmittelpunkt entfernt (also in der Erde) auf der Verbindungslinie beider Himmelskörper befindet (Abb. 2.1.37). Auf jeden Punkt der Erde wirken Gravitation und Zentrifugalkraft. Im Erdmittelpunkt sind beide Kräfte gleich groß und entgegengerichtet. Dort heben sie sich auf (sonst würde eine Nettokraft die Erde beschleunigen. Auf der Erdoberfläche unterscheiden sich die beiden Kräfte jedoch i. A. in Betrag und Richtung.

Die Erde vollführt auf ihrer Bahn um das gemeinsame Zentrum eine Revolution ohne Rotation (Parallelverschiebung entlang einer Kreisbahn). Daher bewegen sich alle Massenpunkte auf Kreisen mit dem gleichen Radius (3/4 des Erdradius). Folglich ist die Umlaufgeschwindigkeit, und damit die Zentrifugalkraft für alle Massenpunkte gleich groß. Der Betrag der Gravitationskraft variiert dagegen mit der Entfernung eines Ortes vom Mondmittelpunkt.

Auch im Bildpunkt des Mondes sind Gravitation und Zentrifugalkraft entgegengerichtet. Die beiden Kräfte unterscheiden sich aber im Betrag. Die Gravitation ist stärker, weil der Abstand des Bildpunktes vom Mittelpunkt des Mondes um einen Erdradius geringer ist. Daher existiert eine zum Mond gerichtete resultierende Kraft nach „oben". Im Gegenpunkt auf der dem Mond abgewandten Seite überwiegt dagegen die Zentrifugalkraft, weil die Gravitation wegen des größeren Abstandes vom Mond kleiner ist. Die (vektorielle) Summe zeigt vom Mond weg, also wieder nach „oben".

An allen anderen Orten auf der Erdoberfläche liegen Gravitation und Zentrifugalkraft nicht in derselben Wirkungslinie. Sie addieren sich vektoriell zur Resultierenden R. Deren vertikale Komponente ist verglichen mit der Erdanziehung um sieben Zehnerpotenzen kleiner. Sie kann vernachlässigt werden, weil sie in der gleichen Linie wirkt wie die Erdanziehung. Die Horizontalkomponente hat dagegen keine entsprechende kompensierende Kraft und entfaltet daher ihre Wirkung auf das Wasser der Ozeane. Sie setzt als gezeitenerzeugende Kraft das Wasser in Bewegung. Daher sind die Gezeitenströme die primäre Erscheinung, die Gezeiten als veränderliche Wasserstände sind sekundär.

Als Folge der gezeitenerzeugenden Kraft fließt das Wasser in Richtung Bildpunkt auf der dem Mond zugewandten Seite der Erde und in Richtung Gegenpunkt auf der dem Mond abgewandten Seite. Es bilden sich Hochwasserstände. Jeweils 90° in der geografischen Länge entfernt sinkt der Wasserstand wegen des abfließenden Wassers. Es bilden sich Niedrigwasserstände aus.

Periodizität von Hoch- und Niedrigwasser: Wegen der Erddrehung wandern Hoch- und Niedrigwasserstände um die Erde herum. Die dominierende Periode der Gezeiten entspricht der Hälfte der Umlaufzeit des Mondes, weil innerhalb eines Mondumlaufes zwei Hochwasser (im

Bildpunkt und im Gegenpunkt) auftreten. Während sich die Erde in 24 Stunden einmal um sich selbst dreht, wandert der Mond in seiner Bewegung um die Erde um 360°/27,2 Tage = 13°/Tag weiter. Das entspricht einem Zeitunterschied von 13°/360° × 24 h = 0.88 h, also etwa 50 min. Die Umlaufzeit des Mond-Bildpunktes von 24 h 50 min heißt ein Mondtag. Die Zeit zwischen zwei aufeinander folgenden Hochwassern (oder Niedrigwassern) beträgt daher etwa 12 h 25 min.

Neben dieser halbtägigen Gezeitenform, die in Europa vorherrschend ist, kommen auch eintägige Gezeiten mit nur je einem Hoch- und einem Niedrigwasser am Tag (vorwiegend in Südostasien) und Mischformen vor.

Tidenhub: Der Tidenhub ist die Höhendifferenz zwischen Hoch- und Niedrigwasser. In einer einfachen Theorie der Gezeiten kann er für eine vollständig mit Wasser bedeckte Erde berechnet werden [2.1.5]. Auf dieser Basis erzeugt der Mond einen Tidenhub von 55 cm und die Sonne von 24 cm. Diese Zahlen können als Mittelwerte für die gesamte Erde interpretiert werden. Wegen der konkreten Verteilung von Land und Meer weicht der tatsächliche Tidenhub mehr oder weniger deutlich von diesen Werten ab. Er variiert erheblich von Ort zu Ort. Allein im Englischen Kanal beträgt der Tidenhub 2 m (Hoek van Holland) bzw. 12 m (St. Malo).

Auch die Zeitabhängigkeit der Gezeiten ist komplexer als oben im Beispiel des allein aus Erde und Mond bestehenden Systems. Die dort begründete Schwingung mit der Periodendauer von 12 h 25 min ist lediglich eine Komponente von mehreren (z. B. Einfluss der Sonne s. u.), die sich mit verschiedenen Frequenzen, Phasen und Amplituden überlagern. Sie dominiert allerdings an den meisten Küsten der Erde die Gezeitenerscheinung. Dennoch sind Abweichungen von dieser Grundtide von nautischer Bedeutung. Solche Abweichungen in der Zeit und in der Höhe werden Ungleichheiten genannt. Sie können so groß werden, dass aus dem halbtägigen Rhythmus ein ganztägiger wird. Das ist zum Beispiel an den Küsten Südostasiens der Fall.

(2) Ungleichheiten

Halbmonatliche Ungleichheit: Die wichtigste Abweichung von der halbtägigen Mond-Hauptide ist die halbmonatliche Ungleichheit. Sie wird durch die Überlagerung der Einflüsse von Mond und Sonne auf die Erde verursacht. Je nach Stellung der drei Himmelskörper zueinander ist die Auswirkung verschieden: Bei Vollmond und Neumond wirken Mond und Sonne in dieselbe Richtung und die Gezeiten sind besonders stark (Abb. 2.1.38). Diese Phase wird Springzeit genannt. Sie geht mit hohen Hochwasserständen und niedrigen Niedrigwasserständen sowie starken Gezeitenströmen einher. Steht der Mond im Ersten oder Letzten Viertel, dann kompensieren sich

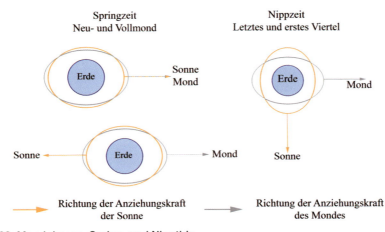

Abb. 2.1.38: Mondphasen, Spring- und Nipptide

2 Konventionelle Navigation

die Gravitationskräfte teilweise und die Gezeiten werden abgemildert. Die Phase relativ niedriger Hochwasser und relativ hoher Niedrigwasser mit geringen Gezeitenströmen heißt Nippzeit.

Periode von Spring- und Nippzeit: Die Periode der halbmonatlichen Ungleichheit entspricht der Zeitdauer von Vollmond zu Neumond bzw. von Neumond zu Vollmond. Sie ist nicht identisch mit der Hälfte der Umlaufzeit des Mondes auf seiner Bahn um die Erde. Diese beträgt 27,2 Tage und heißt siderischer Monat. Während der Mond einmal seine Bahn durchlaufen hat, ist auch die Erde auf ihrer Bahn um die Sonne vorangekommen, und zwar um etwa 1/12 von 360°, also etwa 30°. Um diesen Winkel muss der Mond noch weiterdrehen, um in Bezug auf die Sonne wieder in der gleichen Stellung anzukommen wie vor einem Monat. Der so genannte synodische Monat ist daher um etwa 30°/360° x 27,2 Tage = 2,3 Tage länger als der siderische. Seine genaue Dauer hängt von der Position der beteiligten Himmelskörper ab, weil die Umlaufgeschwindigkeiten variieren *(2. Kepler'sches Gesetz)*. Der Mittelwert des synodischen Monats beträgt etwa 29,5 Tage. Daher dauert es von einer Springzeit zur nächsten etwa 14,75 Tage.

Springverspätung: Die Gezeiten sind – physikalisch betrachtet – eine von außen angeregte Schwingung der Wassermassen auf der Erde. Durch Dämpfungseffekte tritt im Allgemeinen eine Phasenverschiebung zwischen den anregenden Kräften und der Bewegung des schwingenden Systems auf. Bei den Gezeiten verursacht der Einfluss der Landmassen/Einengung auf die Strömung als Phasenverschiebung die Springverspätung. Damit wird die zeitliche Differenz zwischen Vollmond bzw. Neumond und dem Eintreten des höchsten Hochwassers an einem Ort bezeichnet. Sie beträgt typischerweise ein bis drei Tage. Die Nippverspätung ist etwa gleich lang und wird in der Nautik nicht gesondert betrachtet.

Alter der Gezeit: Die Phase der Gezeiten innerhalb der halbmonatlichen Ungleichheit heißt Alter der Gezeit. Neben der Spring- und der Nippzeit gibt es die Übergänge – die Mittzeit. Eine Periode der halbmonatlichen Ungleichheit wird praktischerweise in vier Tage Springzeit (Mitte Springzeit ±2 Tage), etwa drei Tage Mittzeit, vier Tage Nippzeit (Mitte Nippzeit ±2 Tage) und noch einmal etwa drei Tage Mittzeit eingeteilt (Abb. 2.1.39).

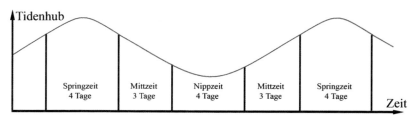

Abb. 2.1.39: Alter der Gezeit

Tägliche Ungleichheit: Die Bahn des Mondes ist um etwa 28° gegenüber der Äquatorebene der Erde geneigt. Daher wandert der Bildpunkt des Mondes innerhalb eines Monats zwischen 28° südlicher Breite und 28° nördlicher Breite (Abb. 2.1.40). Das hat zur Folge, dass die beiden im Laufe eines Tages aufeinander folgenden Hochwasserstände sich deutlich voneinander unterscheiden können (tägliche Ungleichheit). Befindet sich der Mondbildpunkt beispielsweise auf der Nordhalbkugel (nördliche Deklination; Kap. 2.2), ist dort ein relativ hohes Hochwasser zu erwarten. Einen halben Tag später befindet sich der betrachtete Ort auf der dem Mond abgewandten Seite, aber nicht in der Nähe des Gegenpunktes, weil der auf der Südhalbkugel liegt. Das Hochwasser fällt entsprechend niedriger aus.

(3) Meteorologische Einflüsse

Die mit Hilfe von Gezeitentafeln durchgeführten Prognosen beruhen allein auf astronomischen Bedingungen und der lokalen Springverspätung. Daneben wirken sich insbesondere meteorologische

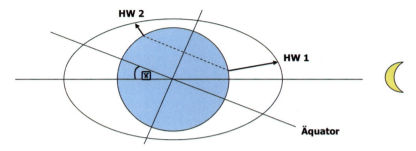

Abb. 2.1.40: Tägliche Ungleichheit wegen der Deklination des Mondes

Effekte auf den tatsächlichen Wasserstand und die Gezeitenströme aus. Diese lassen sich wegen ihrer Variabilität nicht in den Gezeitentafeln erfassen. Sie müssen dennoch eingeschätzt und bei der Reiseplanung berücksichtigt werden. Niederschläge, Wind und Luftdruck haben einen unmittelbaren Einfluss auf die Gezeiten. Küstenfunkstellen und Revierzentralen geben häufig in ihren Lageberichten an, um wie viel Dezimeter der erwartete Wasserstand vom vorausberechneten abweicht.

Bei tieferem Luftdruck lastet ein geringeres Gewicht auf der Meeresoberfläche und sie wird angehoben. Eine Abweichung von 30 hPa vom mittleren Luftdruck bedeutet nach einer einfachen Abschätzung mit Hilfe des hydrostatischen Drucks eine Änderung im Wasserstand von etwa 30 cm. Der Einfluss des Windes auf die Gezeiten kann sogar deutlich größer werden. Auflandige Winde erzeugen höhere und ablandige Winde niedrigere Wasserstände. In der Deutschen Bucht und in den angrenzenden Seeschifffahrtsstraßen der Weser und der Elbe sind bei westlichem und nordwestlichem Wind um 2 bis 3 m höhere Wasserstände möglich.

Das Wetter beeinflusst sowohl die Höhen als auch die Eintrittszeiten von Hoch- und Niedrigwasser. Es gehört zur notwendigen navigatorischen Sorgfalt, im Zusammenhang mit der vorgeschriebenen Reiseplanung die grundsätzlich begrenzte Zuverlässigkeit von Gezeitenvorhersagen in die Entscheidungen einfließen zu lassen. Gegebenenfalls ist beim Befahren von Revieren der Lotse zu befragen.

(4) Zur Gezeitenvorhersage benutzte Begriffe

Im Rahmen der Gezeitenrechnung mit Hilfe der deutschen oder der britischen Gezeitentafeln *(Admiralty Tide Tables)* werden die im Folgenden definierten und in Abb. 2.1.41 und Tabelle 2.1.6 illustrierten Begriffe verwendet.

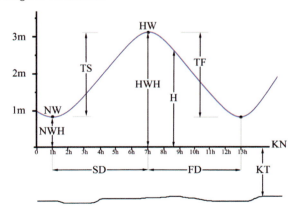

Abb. 2.1.41: Verlauf und Begriffe der Tidenkurve

2 Konventionelle Navigation

See-Kartennull (KN) *chart datum (CD)*	Bezugsniveau, auf das sich die Tiefenangaben in den Seekarten und den Gezeitentafeln beziehen
Wassertiefe (WT) *water depth (d)*	Vertikaler Abstand zwischen Meeresboden und Wasseroberfläche
Kartentiefe (KT) *charted depth (d)*	Vertikaler Abstand zwischen Meeresboden und Seekarten-Null
Höhe der Gezeit (H) *height of tide (H)*	Wasserstand, bezogen auf Seekartennull
Flut *rising tide*	Steigen des Wassers von Niedrigwasser bis zum folgenden Hochwasser
Ebbe *falling tide*	Fallen des Wassers von Hochwasser bis zum folgenden Niedrigwasser
Tide *tide*	Zusammenfassung einer Periode von Ebbe und Flut
Steigdauer (SD) *duration of rise*	Zeitraum vom Niedrigwasser zum folgenden Hochwasser
Falldauer (FD) *duration of fall*	Zeitraum vom Hochwasser zum folgenden Niedrigwasser
Hochwasserzeit (HWZ) *high water time (HWT)*	Zeitpunkt des höchsten Wasserstands beim Übergang vom Steigen zum Fallen
Niedrigwasserzeit (NWZ) *low water time (LWT)*	Zeitpunkt des niedrigsten Wasserstands beim Übergang vom Fallen zum Steigen
Zeitunterschied der Gezeit (ZUG) *time difference (td)*	Unterschied zwischen den Hoch- bzw. Niedrigwasserzeiten des Bezugsortes und des Anschlussortes
Hochwasserhöhe (HWH) *high water height (HWH)*	Höhe der Gezeit bei Hochwasser
Niedrigwasserhöhe (NWH) *low water height (LWH)*	Höhe der Gezeit bei Niedrigwasser
Höhenunterschied der Gezeit (HUG) *height difference (hd)*	Unterschied zwischen den Hoch-, bzw. Niedrigwasserhöhen des Bezugsortes und des Anschlussortes
Tidenstieg (TS) *range of rise (engl.)*	Differenz zwischen Hochwasserhöhe und Höhe des vorangegangenen Niedrigwassers
Tidenfall (TF) *range of fall*	Differenz zwischen Hochwasserhöhe und Höhe des nachfolgenden Niedrigwassers
Tidenhub (TH) *range of tide*	Arithmetisches Mittel aus Tidenstieg und Tidenfall einer Tide
Bezugsort *standard port*	Ort, für den absolute Werte für Eintrittszeitpunkte und Höhen von Hoch- und Niedrigwasser in den Gezeitentafeln angegeben sind
Anschlussort *secondary port*	Einem Bezugsort zugeordneter Ort, für den in den Gezeitentafeln Differenzen in Zeit und Höhe zu den entsprechenden Werten des Bezugsortes zu finden sind

Tabelle 2.1.6: In der Gezeitenrechnung verwendete Begriffe

(5) Gezeitenrechnung mit den *Admiralty Tide Tables (ATT)*

Typische nautische Fragestellungen in Bezug auf die Gezeiten lauten:
- Wie hoch ist die Wassertiefe an einem bestimmten Ort zu einem vorgegebenen Zeitpunkt?
- Wann wird an einem bestimmten Ort eine vorgegebene Wassertiefe erreicht?
- Von wann bis wann kann ein kritischer Fahrwasserabschnitt passiert werden (Tidefenster)?

Die dritte Fragestellung erweitert lediglich die zweite um einen weiteren zu bestimmenden Zeitpunkt und enthält nichts grundsätzlich Neues. Wegen der Unsicherheiten der Gezeitenrechnung (meteorologische Einflüsse) ist eine Angabe mit höherer Genauigkeit als Dezimeter nicht sinnvoll.

Im Folgenden wird die Gezeitenrechnung mit den britischen *Admiralty Tide Tables (ATT)* beschrieben. Die deutschen Gezeitentafeln sind den britischen ähnlich, die Berechnungsverfahren unterscheiden sich jedoch in den Details. Näheres zum Gebrauch der deutschen Gezeitentafeln findet sich in [2.1.6]. Das Vorgehen wird zunächst allgemein beschrieben (Tabelle 2.1.7). Daran soll der Aufbau der *ATT* verdeutlicht werden. Dann folgt ein Beispiel vom ersten Typ mit einer rechnerischen und einer grafischen Lösung (Tabelle 2.1.8). Ein weiteres Beispiel zeigt die Lösung eines Problems vom zweiten Typ (Tabelle 2.1.9).

1	Feststellen der Nummer des Anschlussortes (*secondary port*) im Index am Ende der ATT
2	Aufsuchen des Anschlussortes in Teil 2 (*time and height differences for predicting the tide at secondary ports*) und Entnahme des zugehörigen Bezugsortes (*standard port*)
3	Aufsuchen des Bezugsortes in Teil 1 (*tidal predictions for standard ports*) und des Tages Notieren der Zeiten und Höhen für die in Frage kommenden Hoch- und Niedrigwasser
4	Feststellen des Alters der Gezeit: Aufsuchen des Tages mit dem größte Tidenhub (Zentrum der Springzeit), bzw. des Tages mit dem geringsten Tidenhub (Zentrum der Nippzeit) Einordnen des betreffenden Tages in den in Abb. 2.1.39 gezeigten Zyklus
5	Ablesen der jahreszeitlichen Schwankungen in der Höhe der Gezeit (*seasonal changes in mean level*) am unteren Rand der Seite von Teil 2, die Anschluss- und Bezugsort enthält (Falls für Bezugs- und Anschlussort unterschiedliche Werte angegeben sind, muss zunächst die Höhendifferenz aus HWH und NWH des Bezugsortes herausgerechnet werden. Die *seasonal changes* sind in den aus Teil 1 entnommenen Daten enthalten und müssen daher mit umgekehrtem Vorzeichen berücksichtigt werden.)
6	Bestimmung der Zeiten und Höhen der relevanten HW und NW für den Anschlussort: – Addition der Zeitunterschiede und der Höhenunterschiede für den Anschlussort – Gegebenenfalls Anbringen der seasonal changes für den Anschlussort
7	Bestimmung der Zeitdifferenz zum nächstgelegenen HW am Anschlussort: Dabei ist auf Unterschiede zwischen der Zeitangabe in den ATT und der Bordzeit zu achten. Erstere beziehen sich grundsätzlich auf die Winterzeit des jeweiligen Landes, in dem der Bezugsort liegt. Die Zeitzone kann am oberen Rand der Tabellen in Teil 1 abgelesen werden
8	Tidenkurve: – Auswahl der Tidenkurve des Bezugsortes (Spring- oder Nippzeit; bei Mittzeit ist zwischen beiden Kurven grafisch zu mitteln) – Abtragen der Zeitdifferenz zum nächstgelegenen HW auf der horizontalen Achse von der Nullmarke aus (für Zeitpunkte vor dem HW nach links, nach dem HW nach rechts) – Errichten einer Senkrechte vom gefundenen Zeitpunkt auf der horizontalen Achse und Finden des Schnittpunktes mit der Tidenkurve – Konstruktion einer waagerechten Linie vom Schnittpunkt zur Mittelachse – Ablesen des Faktors f
9	Berechnung der Höhe der Gezeit: **H = NWH + f (HWH – NWH)** Dabei sind der Faktor f und die für den Anschlussort ermittelten Werte von HWH und NWH einzusetzen

Tabelle 2.1.7: Gezeitenrechnung: Schema zur Berechnung der Höhe der Gezeit

2 Konventionelle Navigation

Beispiel 1:	Wie hoch ist die Höhe der Gezeit in Barfleur am 18. April 2005 um 16:00 Uhr MESZ?
1	Barfleur ist ein Anschlussort mit der Nummer **1599**
2	Der zu Barfleur gehörende Bezugsort ist gemäß Teil 2 **Cherbourg (Nr. 1600)**
3	Der nebenstehende Ausschnitt zeigt die Hoch- und Niedrigwasserzeiten und -höhen für Cherbourg am Montag, dem 18. April 2005. **18** 0355 4.5 / 1053 2.9 / M 1709 4.5 / 2334 3.0
4	Im Kalendarischen Teil 1 auf der Seite von Cherbourg wird in zeitlicher Nähe zum fraglichen 18. April der geringste Tidenhub am Abend des 17. April identifiziert. Der 18. April gehört daher zur Nippzeit.
5	SEASONAL CHANGES IN MEAN LEVEL No · Jan 1 · Feb 1 · Mar 1 · Apr 1 · May 1 · June 1 · July 1 · Aug 1 1540 – 1571 · 0.0 · 0.0 · -0.1 · -0.1 · -0.1 · -0.1 · 0.0 · 0.0 1572 – 1581a · 0.0 · -0.1 · -0.1 · -0.1 · 0.0 · 0.0 · 0.0 · 0.0 1581b – 1602 · 0.0 · 0.0 · -0.1 · -0.1 · -0.1 · 0.0 · 0.0 · 0.0 1609 – 1638 · Negligible Seasonal changes für Barfleur (1599) und Cherbourg (1600) im Monat April: -0,1 Meter
6	*(siehe Tabelle unten)*
7	Die Zeitangaben beziehen sich auf die Zeitzone -0100 (Tabelle für Cherbourg, Teil 1). Das entspricht MEZ (= UTC + 1 h). Die Uhren an Bord zeigen MESZ (= UTC + 2 h). Daher liegt der gefragte Zeitpunkt 16.00 MESZ **03:14 Stunden vor dem HW in Barfleur.**
8	*(Gezeitenkurve, f = 0,39, 03:14 vor HW)*
9	H = NWH + f (HWH – NWH) = 2,9 m + 0,39 (4,8 m – 2,9 m) = 3,6 m Die Höhe der Gezeit in Barfleur am 18. April 2005 um 16:00 Uhr MESZ beträgt **3,6 m**.

Zeile 6:

	NWZ	NWH	HWZ	HWH
Cherbourg	10:53	2,9	17:09	4,5
-SC		-(-0,1)		-(-0,1)
Cherbourg	10:53	3,0	17:09	4,6
ZUG/HUG*	+00:52	0,0	+01:05	+0,3
+SC		-0,1		-0,1
Barfleur	11:45	2,9	18:14	4,8

* Die Zeitunterschiede der Gezeit (ZUG) werden durch lineare Interpolation gefunden. Bei der Entnahme der Höhenunterschiede (HUG) ist – abhängig vom Alter der Gezeit – der Wert für Spring-, Nipp- oder ggf. Mittzeit zu nehmen.

Tabelle 2.1.8: Gezeitenrechnung: Berechnung der Höhe der Gezeit (Beispiel 1)

Grafische Lösung: Die im 9. und letzten Schritt der Lösung gezeigte Rechnung kann durch eine grafische Lösung ersetzt werden. Dazu braucht nach dem Errichten der Senkrechten bei 03:14 h vor HW und dem Auffinden des Schnittpunktes mit der (hier: Nipp-)Tidenkurve nicht der Faktor f abgelesen zu werden. Stattdessen wird die waagerechte Linie durch diesen Schnittpunkt nach links gezogen. In das Gitter links neben der Tidenkurve wird eine Gerade von der NWH (2,9 m) unten zur HWH (4,8 m) oben gezogen. Am Schnittpunkt dieser Geraden mit der waagerechten Linie wird wieder eine Senkrechte errichtet, bis sich an der oberen oder unteren Skala die Höhe der Gezeit (3,6 m) ablesen lässt (Abb. 2.1.42).

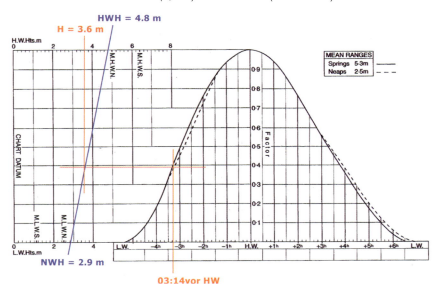

Abb. 2.1.42: Grafische Bestimmung der Höhe der Gezeit (Beispiel 1)

Die Gezeitenberechnungen werden, wie das Beispiel zeigt, wegen der immanenten Unsicherheiten nur mit einer Genauigkeit von 0,1 m durchgeführt. Dabei wird zur nautisch ungünstigen Seite gerundet. Wird also beispielsweise eine Höhe der Gezeit von 1,95 m errechnet, so lautet das Ergebnis H = 1,9 m.

Beispiel 2: Ein Schiff mit 7,8 m Tiefgang sitzt am Nachmittag des 18. April 2005 vor der französischen Küste bei Barfleur auf Grund. Nach einer Positionsbestimmung wird in der Seekarte die Kartentiefe KT = 3,3 m abgelesen. Wann wird das Schiff voraussichtlich wieder aufschwimmen?

Um Fragen dieser Art zu beantworten, muss die Beziehung zwischen der Kartentiefe KT, der Wassertiefe WT, der Höhe der Gezeit H und dem Tiefgang des Schiffes benutzt werden. Es gilt (Abb. 2.1.43):

$$WT = KT + H \qquad (2.1.41)$$
$$WT = \text{Bodenfreiheit (Echolotung)} + \text{Tiefgang} \qquad (2.1.42)$$

Zur Lösung des gestellten Problems (und ähnlicher Fälle) ist der Zeitpunkt zu bestimmen, zu dem bei Flut eine vorgegebene Wassertiefe, d. h. eine vorgegebene Höhe der Gezeit, erreicht wird. Damit das Schiff vom Grund frei kommt, muss die Wassertiefe mindestens dem Tiefgang von 7,80 m entsprechen (hier: Unterkielfreiheit = 0). Daraus ergibt sich nach Gl. 2.1.41 eine erforderliche Höhe der Gezeit von 7,8 m – 3,3 m = 4,5 m.

2 Konventionelle Navigation

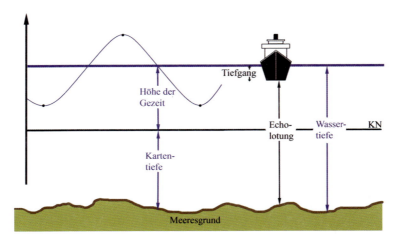

Abb. 2.1.43: Wassertiefe, Kartentiefe und Höhe der Gezeit

Die Schritte 1 bis 6 müssen wie oben beschrieben und im Beispiel 1 gezeigt durchgeführt werden. Die Werte von dort werden übernommen. Die Schritte 7 bis 9 werden nun in ihrer Reihenfolge umgekehrt. Zunächst wird die Formel H = NWH + f (HWH − NWH) nach dem unbekannten Faktor f aufgelöst:

$$f = \frac{H - NWH}{HWH - NWH} \qquad (2.1.43)$$

Mit den Zahlenwerten von Beispiel 1 folgt:

$$f = \frac{4.5 - 2.9}{4.8 - 2.9} = 0.84$$

Dann wird in der Höhe des Faktors 0,84 eine waagerechte Linie in das entsprechende Tidenkurvendiagramm von Cherbourg gezeichnet und deren Schnittpunkt mit der Tiden-Kurve

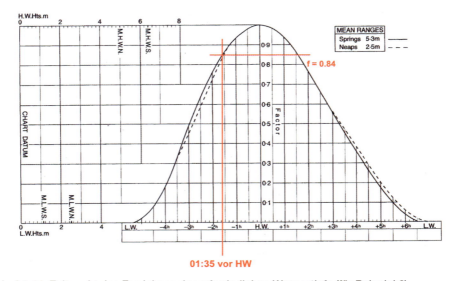

Abb. 2.1.44: Zeitpunkt des Erreichens der erforderlichen Wassertiefe (für Beispiel 2)

gefunden. Dort wird eine Senkrechte nach unten gezeichnet, deren Schnittpunkt mit der horizontalen Achse den Zeitunterschied zum nachfolgenden Hochwasser zeigt. Laut Abb. 2.1.44 wird die erforderliche Höhe der Gezeit 01:35 h vor HW (19:14 Uhr MESZ) erreicht. Das Schiff wird also gegen 17:40 Uhr MESZ wieder aufschwimmen. Wenn Spring- und Nipp-Tidenkurve sich signifikant unterscheiden, ist eine gemittelte Kurve zu zeichnen.

(6) Gezeitenströme

Das allgemein unter dem Begriff Gezeiten verstandene periodische Heben und Senken der Meeresoberfläche ist im Wesentlichen eine Folge der Gezeitenströme. Die gezeitenerzeugenden Kräfte setzen zunächst das Wasser in Bewegung, bevor sich der Wasserstand ändert. Während die Höhe des Wassers als Funktion des Ortes auf der Erdoberfläche ein zweidimensionales Phänomen ist, sind Gezeitenströme im Wesentlichen dreidimensional. Das macht sie komplexer und noch schwieriger vorhersagbar als die Gezeiten.

Während der Gezeitenstrom im offenen Meer wegen der geringen Strömungsgeschwindigkeit von wenigen Zehntel Knoten meist vernachlässigt werden kann, hat er in Rand- und Nebenmeeren eine erhebliche navigatorische Bedeutung. Dort variieren die typischen Strömungsgeschwindigkeiten zwischen 2 und 4 kn. Sie können lokal (zum Beispiel im Pentland Firth) auch 8 kn und mehr erreichen.

Die den Gezeitenstromatlanten entnommenen Werte beruhen auf astronomischen Daten und Messwerten. Sie unterliegen ebenfalls meteorologischen Einflüssen und müssen mit Vorsicht interpretiert werden.

Mit Hilfe von britischen *Admiralty Tidal Stream Atlases* oder deutschen Gezeitenstromatlanten sind Vorhersagen über Richtung und Stärke des an einem Ort zu einem bestimmten Zeitpunkt zu erwartenden Stromes möglich. Hier wird exemplarisch das Arbeiten mit dem *Tidal Stream Atlas „The English Channel (NP 250)"* erläutert. Dieser enthält 13 Karten mit Stromangaben über das Vorhersagegebiet. Jede Karte gilt für einen bestimmten Zeitpunkt bezogen auf das Hochwasser in Dover, und zwar in stündlichen Abständen von 6 h vor Hochwasser in Dover bis 6 h danach. Die Hochwasserzeit muss für den fraglichen Tag den Gezeitentafeln (*ATT*) entnommen werden. Die für den gegebenen Zeitpunkt auszuwählende Karte zeigt für das Seegebiet mit Vektorpfeilen qualitativ das Gezeitenstromfeld an. Die Richtung lässt sich unmittelbar ablesen. Dabei sollte kein übertriebener Anspruch an die Genauigkeit gestellt werden. Besser als ±10° sind die Vorhersagen nicht. Die Stärke des Gezeitenstromes wird mittels Vektorpfeillänge und Strichdicke visualisiert. Längere Pfeile mit größerer Strichdicke entsprechen höheren Stromstärken. Für ausgewählte geografische Positionen sind quantitative Angaben über die Stromstärke im Format „*xx,yy*" zu finden. Die beiden Ziffern vor dem Komma (*xx*) geben die Stromstärke in Zehntel Knoten bei Nippzeit, die beiden Ziffern nach dem Komma (*yy*) diejenigen für Springverhältnisse an. Das trennende Komma bezeichnet die Position, auf die sich die Stromangabe bezieht.

> **Beispiel:** Das Schiff befindet sich am 5. Oktober 2005 um 14:00 Uhr UTC etwa 15 sm südsüdwestlich von *Bill of Portland* auf der Position 50° 18′ N, 002° 38′ W. Laut *ATT* tritt das Hochwasser in Dover an diesem Tag um 11:53 Uhr UTC ein. Der gefragte Zeitpunkt liegt also etwa 2 h nach dem Hochwasser in Dover. Das Alter der Gezeit ist eindeutig Springzeit, weil am 3. Oktober Neumond war und die Springverspätung zwei Tage beträgt. In der abgebildeten Karte des Gezeitenstromatlasses (Abb. 2.1.45) findet sich in der Nähe der angegebenen Position die Angabe „11,23". Wegen der Springverhältnisse ist die Zahl hinter dem Komma maßgeblich. Es ist also mit einem westsüdwestlich setzenden Strom von 2,3 kn Stärke zu rechnen.

Auch den Seekarten kann Information über die Gezeitenströme entnommen werden. Zum Beispiel enthält die Karte für den Englischen Kanal eine Gezeitenstromtabelle. Diese gibt für

2 Konventionelle Navigation

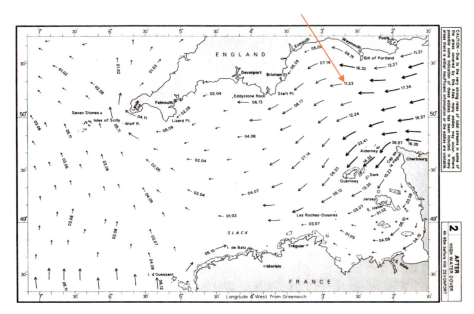

Abb. 2.1.45: Gezeitenströme im Englischen Kanal 2 h nach dem Hochwasser in Dover

ausgewählte Orte, die in der Karte mit Rauten markiert und einem Buchstaben bezeichnet sind, Richtung und Stärke des Gezeitenstromes an. Die Tabelle enthält 13 Zeilen, je eine für den Zeitraum von 6 h vor Hochwasser in Dover bis 6 h danach.

Die im obigen Beispiel gewählte Position befindet sich in unmittelbarer Nähe einer mit „G" bezeichneten Stromraute. Für den Zeitpunkt 2 h nach Hochwasser in Dover weist die Tabelle die Werte 259°, 2.3 und 1.1 aus. Die erste Zahl gibt die Richtung des Stromes an, die beiden anderen die Stromgeschwindigkeiten in kn für Spring- und für Nippzeit. Die der Karte entnommene Information deckt sich also mit der aus dem Gezeitenstromatlas.

Während sich das Arbeiten mit Stromatlanten vor allem für die Reiseplanung (z. B. Durchfahren des Englischen Kanals mit wechselnden Stromverhältnissen) anbietet, wird der Gezeitenstrom beim Eintragen von Positionen oder bei der Kursbestimmung eher der Seekarte entnommen.

2.1.7 Nautische Publikationen

In der internationalen Seeschifffahrt werden überwiegend Seekarten und nautische Publikationen britischen Ursprungs verwendet. Das gilt auch für Schiffe unter deutscher Flagge, weil deutsche nautische Veröffentlichungen auf bestimmte Seegebiete beschränkt sind oder nicht mehr aufgelegt werden. Dieses Kapitel gibt einen Überblick über die wichtigsten Veröffentlichungen. Dazu gehören:

Admiralty Charts	Deutsche Seekarten
Chart 5011 – Symbols and Abbreviations used on Admiralty Charts	Karte 1 (INT 1)
Admiralty Sailing Directions	Seehandbücher
The Mariner's Handbook (NP 100)	Handbuch für Brücke und Kartenhaus
Admiralty Tide Tables	Gezeitentafeln

Admiralty Tidal Stream Atlases	Atlas der Gezeitenströme
Admiralty List of Lights and Fog Signals	Leuchtfeuerverzeichnisse
Notice to Mariners	Nachrichten für Seefahrer

Mehr Informationen sind in [2.1.6] beschrieben. Im Folgenden werden Hinweise zum Gebrauch von britischen Seekarten, Leuchtfeuerverzeichnissen und Seehandbüchern gegeben. Der Umgang mit den entsprechenden deutschen Veröffentlichungen erfolgt analog. Eine ausführliche Anleitung zum Gebrauch der britischen Gezeitentafeln und der Gezeitenstrom-Atlanten ist bereits in Kapitel 2.1.6 enthalten.

(1) Seekarten

Jedes Schiff muss, den Bestimmungen des internationalen *SOLAS*-Übereinkommens entsprechend, die für die bevorstehende Reise notwendigen Seekarten mitführen. Diese müssen aktuell sein. Um die Aktualität zu gewährleisten, muss die jeweils neueste Auflage an Bord sein, und die letzten Berichtigungen müssen eingearbeitet sein. Existieren für ein Seegebiet mehrere Karten unterschiedlichen Maßstabs, muss immer die Karte mit dem größten Maßstab verwendet werden. Diese enthält Details, die in den Karten kleineren Maßstabs aus Gründen der Übersichtlichkeit weggelassen werden. Zur Reiseplanung werden spezielle Seekarten verwendet *(Passage Planning Charts for Use in conjunction with navigational charts, z. B. chart 5500 für den Englischen Kanal)*.

Es gibt einen Katalog der britischen Seekarten (NP 131), der die verfügbaren Seekarten mit ihren Begrenzungen und den Zeitpunkten der Herausgabe enthält. Dem Katalog können auch Adressen von Bezugsstellen entnommen werden.

Symbole: Die in britischen Seekarten verwendeten Symbole und Abkürzungen entsprechen den international üblichen und können mit Hilfe der Karte INT 1 entschlüsselt werden. Es gibt innerhalb des Systems britischer Publikationen auch die Karte 5011 mit dem Titel *Symbols and Abbreviations used on Admiralty Charts*, die dem gleichen Zweck dient. Sie wird wie eine Seekarte behandelt und unterliegt daher dem Berichtigungssystem.

Maßeinheiten: Früher wurden in britischen Seekarten die Wassertiefen in Faden (6 Fuß = 1,83 m) und Fuß (0,3048 m) angegeben. Die Umstellung auf das metrische System erfolgt sukzessive mit der Neuherausgabe der Seekarte. Da noch ältere Karten existieren, muss vor Gebrauch einer britischen Seekarte auf das Maßsystem geachtet werden.

Bezugssysteme: Jede Seekarte enthält die Information über das verwendete geografische Bezugssystem. Das horizontale Bezugssystem für die Koordinaten Breite und Länge (*horizontal chart datum*) ist in der Regel ein lokales, das sich vom *World Geodetic System* (WGS) mehr oder weniger unterscheidet. Die mittels Satellitennavigation (GPS) ermittelten Positionen beruhen auf WGS (s. Kap. 2.3). Die am GPS-Empfänger abgelesenen Werte für Breite und Länge müssen daher um die in der Seekarte angegebenen Verschiebungen $\Delta\varphi$ und $\Delta\lambda$ korrigiert werden. Die Verschiebungen betragen im Englischen Kanal etwa 140 m (in Bezug auf ED50). Im freien Seeraum spielen die Differenzen keine Rolle.

Die Wassertiefe ist auf ein bestimmtes Niveau, das Seekarten-Null (*chart datum*), bezogen. Diese Information ist insbesondere in Gezeitengewässern von Bedeutung, weil sich die verwendeten Gezeitentafeln möglicherweise auf eine andere Kartennull-Ebene beziehen. In der Regel beziehen sich Seekarten in Gezeitengewässern auf *LAT (Lowest Astronomical Tide)*. Damit soll erreicht werden, dass im Regelfall die in der Seekarte ausgewiesenen Wassertiefen auch als Mindestwassertiefen vorhanden sind und eventuelle Abweichungen nach unten nur wetterbedingt sind. Bis zum Jahr 2012 gilt in der östlichen Nordsee und in der Deutschen

Bucht in allen Seekarten (auch in den britischen!) als Bezugsebene noch das mittlere Spring-Niedrigwasser *(MLWS = Mean Low Water Spring)*. Die entsprechenden Seekarten werden im Zuge der Neuvermessung des Seegebiets sukzessive umgestellt. Die Gezeitentafeln für die Deutsche Bucht und die deutschen Nordseehäfen beziehen sich allerdings bereits auf *LAT*. Eine auf *LAT* bezogene Wassertiefe ist etwa 0.5 Meter kleiner als die auf *MLWS* bezogene Zahl. Andere Seegebiete (z. B. die Ostsee) beziehen sich dagegen auf den mittleren Wasserstand.

(2) Leuchtfeuerverzeichnisse

Leuchtfeuerverzeichnisse (*Admiralty List of Lights and Fog Signals*) sind im Vergleich mit den Seekarten genauere und zuverlässigere Informationsquellen. Sie beziehen sich auf eine geografische Region und werden jährlich neu herausgegeben. Während des Jahres ihrer Gültigkeit müssen sie laufend berichtigt werden. In ihnen sind alle Leuchtfeuer und -tonnen mit einer Höhe von über 8 m erfasst. Deutsche Leuchtfeuerverzeichnisse enthalten dagegen auch alle Leuchttonnen. Für jedes Leuchtfeuer sind angegeben:

- Name des Feuers,
- geografische Position nach Breite und Länge,
- Kennung und Wiederkehr (s. Kap. 2.1.1),
- Feuerhöhe in m (über Wasseroberfläche),
- Nenntragweite in sm,
- Beschreibung der Struktur des Turmes und dessen Höhe in m (über Sockel),
- Sektoren, in denen das Feuer sichtbar ist (mit zugehörigen Farben),
- Nebelsignale und andere Informationen.

Bei der Distanz, über die das Feuer zu sehen ist, muss zwischen der geometrisch bedingten Sichtweite, der von atmosphärischen Bedingungen abhängigen Tragweite und der angegebenen Nenntragweite unterschieden werden (s. Kap. 2.1.1). Die für die einzelnen Leuchtfeuer angegebene Nenntragweite bezieht sich auf eine Standard-Sichtigkeit der Atmosphäre von 10 sm. Sie kann mit Hilfe von Tabellen und Diagrammen, die in den Leuchtfeuerverzeichnissen enthalten sind, in die aktuelle Tragweite und Sichtweite umgewandelt werden.

(3) Seehandbücher

Seehandbücher (*Admiralty Sailing Directions*) enthalten Informationen über das betreffende Seegebiet, die über die in den Seekarten zu findende Information hinausgehen. Das betrifft zum Beispiel Daten über klimatische und hydrometeorologische Verhältnisse. Die Darstellung geht davon aus, dass aktuelle Seekarten und andere nautische Publikationen vorliegen und gemeinsam mit dem Handbuch genutzt werden.

Seehandbücher werden in größeren Zeitabständen herausgegeben. Im Abstand von ein bis drei Jahren werden Nachträge (*Supplements*) veröffentlicht. Bis zum Erscheinen der nächsten Ausgabe müssen die Handbücher berichtigt werden. Englische Seehandbücher tragen den Namen des Seegebiets – gefolgt vom Wort *Pilot*. Das Handbuch für den Englischen Kanal heißt z. B. *Channel Pilot*.

Mittelbar zu den Seehandbüchern gehört das *Mariner's Handbook* (NP100), eine Anleitung für den Gebrauch verschiedener nautischer Publikationen. Die dort ebenfalls zu findenden allgemeinen Angaben zur Meteorologie, zu den Meeresströmungen oder zum Meereis werden in den regionalen Seehandbüchern nicht wiederholt. Das NP100 entspricht weitgehend dem deutschen *Handbuch für Brücke und Kartenhaus* und unterstützt als wichtige Informationsquelle die Schiffsführung bei der Durchführung des nautischen Wachdienstes.

(4) Berichtigungen

Jede für die Navigation wichtige Information kann zeitlichen Änderungen unterliegen. Für das sichere Führen eines Schiffes kommt es auf aktuelle und zuverlässige Informationen an. Daher müssen alle nautischen Veröffentlichungen laufend berichtigt werden. *SOLAS Kap. V* verlangt in Regel 34 in Verbindung mit den *Guidelines for Voyage Planning* zwingend die Verwendung genauer und auf den neuesten Stand berichtigten Seekarten im geeigneten Maßstab für die beabsichtigte Reise, alle relevanten ständigen und zeitweiligen Nachrichten und Bekanntmachungen für Seefahrer sowie vorliegende nautische Warnnachrichten für die Schifffahrt. Außerdem sind genaue und auf den neuesten Stand berichtigte Seehandbücher, Leuchtfeuerverzeichnisse und Handbücher Nautischer Funkdienst vorzuhalten.

Um die nautischen Publikationen an Bord aktuell zu halten und um deren Aktualität kontrollieren und gegebenenfalls nachweisen zu können, ist ein gewisses Managementsystem notwendig. Die Berichtigung ist eine zeitaufwendige Tätigkeit, die auch an geeignete Unternehmen (Vertriebsstellen des *Hydrographic Office*) delegiert werden kann. Wenn Sie an Bord geliefert werden, sind die berichtigten nautischen Publikationen aktuell. Von diesem Zeitpunkt an ist die Schiffsführung für die fortlaufende Berichtigung aller für die bevorstehende Reise benötigten Seekarten und anderer Publikationen verantwortlich.

Die amtlichen Medien für Berichtigungen nautischer Veröffentlichungen sind die deutschen *Nachrichten für Seefahrer (NfS)* und die britischen *Notices to Mariners (NTM)*. Diese erscheinen wöchentlich und umfassen sechs Teile:

I Erläuterungen
II Berichtigung von Seekarten
III Abdruck der über Funk verbreiteten Navigationswarnmeldungen
IV Berichtigung von Seehandbüchern
V Berichtigung von Leuchtfeuerverzeichnissen
VI Berichtigung des nautischen Funknachrichtendienstes

Seekarten: Am Anfang von Teil II werden neue Seekarten und neue Ausgaben vorhandener Seekarten aufgelistet. Diese enthalten in der Regel Änderungen, die nicht in den NTM veröffentlicht werden. Die älteren Ausgaben der betroffenen Seekarten werden damit für die Navigation unbrauchbar.

Die einzelnen Berichtigungen sind fortlaufend nummeriert und mit einer zweistelligen Jahreszahl versehen (1136/08 bedeutet beispielsweise: Korrektur Nr. 1136 des Jahres 2008). Bevor eine Berichtigung vorgenommen wird, ist zu prüfen, ob die vorangegangene Berichtigung durchgeführt wurde. Beim Kauf neuer Seekarten gibt ein Stempelaufdruck Auskunft über den Berichtigungsstand (z. B. *corrected up to 1136/08*).

Grundsätzlich werden Änderungen so vorgenommen, dass die ursprüngliche (durch die Berichtigung überholte) Information sichtbar bleibt. Wird zum Beispiel eine Tonne (um eine kleine Distanz) verlegt, wird diese Tonne eingekreist und vom Kreis ein geschwungener Pfeil zur neuen Position gezeichnet (geschwungener Pfeil, damit keine Verwechslung mit einem Peilstrahl erfolgt). Ähnlich kann mit neuen Eintragungen an solchen Stellen verfahren werden, wo nicht genügend Platz für eine Eintragung ist. Auch hier wird die Position mit einem kleinen Kreis markiert. An einer naheliegenden „freien" Stelle wird die Berichtigung eingetragen. Von dort aus weist dann der geschwungene Pfeil in Richtung des kleinen Kreises (siehe Beispiele in NP 294). Bei Streichungen dürfen ungültige Informationen niemals pauschal weggestrichen werden. Es wird jede Information, bzw. jede Zeile einzeln gestrichen. Dabei muss die frühere Aussage erkennbar bleiben. So wird z. B. eine Leuchttonne neben einem Wrack weggestrichen, nicht aber das Wrack unmittelbar daneben, das sie gekennzeichnet hat.

2 Konventionelle Navigation

Nach dem Ausführen der Berichtigung wird deren Nummer am unteren linken Rand der Seekarte vermerkt. Eine ausführliche Anleitung zur Durchführung der Berichtigungen ist die *Veröffentlichung NP 294* mit dem Titel *How to correct Your Charts the Admiralty Way*.

Die Berichtigung selbst muss so sorgfältig vorgenommen werden, dass auch andere Nutzer der Seekarte die Änderung erkennen, die neue Information verwerten und sich auf die Richtigkeit der geänderten Angaben verlassen können. Missverständliche Berichtigungen können weitreichende Folgen haben. Daher ist eine sorgfältige Überprüfung seiner eigenen Korrektur durch den Berichtigenden selbst sinnvoll und wichtig. Permanente Änderungen werden mit Tinte, vorzugsweise in violetter Farbe, eingetragen.

Es gibt auch Änderungen, die nur zeitweilig gültig sind und solche, die erst in Zukunft wirksam werden. Diese Meldungen werden mit den Buchstaben T (für *temporary*) und P (für *preliminary*) gekennzeichnet. Sie enthalten Angaben über den Zeitraum, für den diese Änderung gilt. Solche Berichtigungen werden mit Bleistift vorgenommen, um sie später wieder beseitigen zu können. Sie werden wegen der begrenzten Gültigkeit weder von den hydrografischen Diensten noch von den berichtigenden Vertriebsstellen eingearbeitet und müssen daher auch in neu gekauften Seekarten eingetragen werden. Dazu müssen die letzten zwei kompletten Jahrgänge der *NTM* an Bord sein. Zur Erleichterung bei der Berichtigung werden alle vier Wochen Listen der noch gültigen Berichtigungen den *NTM* beigefügt.

Umfangreiche Änderungen werden bisweilen durch die Reproduktion eines Ausschnitts der betroffenen Seekarte bekannt gegeben. Dieser Ausschnitt (*patch*, *block*) kann an die entsprechende Stelle der Seekarte eingeklebt werden.

Seehandbücher: Änderungen in den Seehandbüchern werden als Teil IV der *NTM* veröffentlicht. Die Seehandbücher enthalten ein Korrekturblatt, in dem die erfolgten Berichtigungen dokumentiert werden. Anders als bei den Seekarten werden die Berichtigungen den wöchentlichen Ausgaben der *NTM* entsprechend nummeriert. *Corrected up to* 29/08 bedeutet also, dass die letzte vorgenommene Berichtigung diejenige der 29. Woche des Jahres 2008 ist.

Es wird empfohlen, nur kleinere Berichtigungen im Handbuch selbst vorzunehmen. Auch hier ist auf die weitere Lesbarkeit der ungültig gewordenen Information zu achten. Im Allgemeinen werden die Änderungen in einem Ordner gesammelt. Dabei soll die jüngste Änderung zuerst lesbar sein. Beim Gebrauch der Seehandbücher muss parallel der Ordner mit den Änderungen eingesehen werden.

Leuchtfeuerverzeichnisse: Änderungen in den Leuchtfeuerverzeichnissen werden als Teil V der *NTM* veröffentlicht. Leuchtfeuer betreffende Änderungen erscheinen in der Regel zuerst in Teil V und erst später in Teil II (Seekarten). Da die Einarbeitung der Korrektur in die Seekarte aufwendiger ist, werden manche Änderungen überhaupt nicht in Teil II veröffentlicht. Eine Berichtigung hat dieselbe Form wie der Eintrag im Leuchtfeuerverzeichnis selbst. Sie wird ausgeschnitten und in das Buch so eingeklebt, dass die ursprüngliche Information lesbar bleibt. Das gelingt durch Befestigen des Randes der ausgeschnittenen Berichtigung. Dieses Verfahren erspart das Streichen oder manuelle Ändern, führt aber zu Einschränkungen in der Handhabung des Buches. Wegen der regelmäßigen (etwa jährlichen) Neuauflage bleibt der störende Einfluss der teilbefestigten Korrekturen begrenzt.

Neue Ausgaben von Seekarten und Handbüchern enthalten zahlreiche nautisch relevante Änderungen, die nicht mehr durch die *NTM* veröffentlicht wurden. Deshalb werden mit dem Erscheinen einer Neuausgabe die vorhergebenden Ausgaben für die Navigation unbrauchbar und lassen sich nicht mehr einwandfrei berichtigen. Ihre weitere Benutzung birgt erhebliche Gefahren für die Schiffssicherheit. Deshalb müssen neue Ausgaben unverzüglich beschafft werden.

2.2 Astronomische Navigation
Christoph Wand

Die astronomische Navigation ist heute nur noch ein Not-Navigationsverfahren. Ihre Darstellung beschränkt sich daher ausschließlich auf die für die Anwendung notwendigen Aspekte. Vor der Erläuterung der eigentlichen Verfahren werden im Folgenden einige Grundlagen und Begriffe bereitgestellt. Weitergehende Literatur und Tafelwerke: [2.2.1] [2.2.2] [2.2.3] [2.2.4] [2.2.5] [2.2.6]. Die Fotos dieses Kapitels sind mit freundlicher Genehmigung der Diplomarbeit von *Ute Gottinger (Erstellen von E-Learning-Modulen zur Astronomischen Navigation*, Elsfleth 2007) entnommen.

2.2.1 Grundlagen

(1) Koordinatensysteme und Begriffe

Im Folgenden werden an Hand einer Darstellung der Koordinatensysteme (Abb. 2.2.1) die entscheidenden Begriffe (Tabelle 2.2.1) kurz beschrieben.

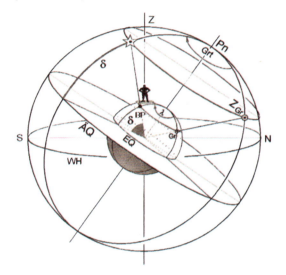

Abb. 2.2.1: Koordinatensysteme und astronomische Grundbegriffe

Zeichen	Bedeutung	Erläuterung
Pn	Nördlicher Himmelspol	Schnittpunkt von Himmelskugel und Verlängerung der Erdachse über den Nordpol hinaus
ÄQ	Himmelsäquator	Schnittkreis der Ebene des Erdäquators (EQ) mit der Himmelskugel
WH	„wahrer" Horizont	virtueller, in den Erdmittelpunkt verschobener Horizont
φ	Geografische Breite des Beobachters	entscheidend für die Darstellung: Polhöhe über WH = geografische Breite
N	Nordpunkt	Definition der Nordrichtung auf dem wahren Horizont
Z	Zenit	Punkt auf der Himmelssphäre senkrecht über dem Beobachter
δ	Deklination (auch DECL)	Winkel zwischen Verbindungslinie Erdmittelpunkt – Gestirn und Äquatorebene

Tabelle 2.2.1: Astronomische Grundbegriffe

2 Konventionelle Navigation

Zeichen	Bedeutung	Erläuterung
BP	Bildpunkt	Schnittpunkt von Erdoberfläche und Verbindungslinie Erdmittelpunkt – Gestirn; der Punkt, an dem das Gestirn im Zenit steht
Gr	Greenwich	Meridian durch Greenwich
Grt	Greenwicher Stundenwinkel	Winkel zwischen der Meridianebene des Gestirns und der Meridianebene des Nullmeridians (auch: GHA = *Greenwich hour angle*)
t	Ortsstundenwinkel	Winkel zwischen der Meridianebene des Gestirns und der Meridianebene des Beobachters (auch: LHA = *local hour angle*)
γ	Frühlingspunkt (Aries)	Punkt auf dem Himmelsäquator, an dem die Sonne ihre Deklination von S auf N wechselt (dieser Punkt liegt im Sternbild Widder (Aries))
Grt γ	Grt von Aries	Winkel zwischen der Meridianebene des Frühlingspunktes und der Meridianebene des Nullmeridians
β	Sternwinkel	Winkel zwischen der Meridianebene des Frühlingspunktes und der Meridianebene eines Fixsterns

Tabelle 2.2.1: Astronomische Grundbegriffe (Fortsetzung)

a) Koordinatensystem des Beobachters: „Horizontalsystem"

Der Horizont des Beobachters bildet eine Tangentialebene an die Erdoberfläche. Für die astronomische Ortsbestimmung erfolgt die Umrechnung über einen virtuellen, in den Erdmittelpunkt verschobenen Horizont (in Abb. 2.2.1: WH, „wahrer" Horizont). Die Koordinaten eines Gestirns in diesem System sind:

h   Höhe   Höhenwinkel des Gestirns über dem wahren Horizont,
Az   Azimut   rechtweisende Peilung zum Gestirn.

Die Berechnung von Höhe und Azimut erfolgt auf Basis der im *Nautischen Jahrbuch* zu findenden Angaben im Koordinatensystem des Himmelsäquators:

b) Koordinatensystem des Himmelsäquators

Die Koordinaten im System des Himmelsäquators sind:

Grt   Ortsstundenwinkel des Gestirns,
δ Deklination,
φ Geografische Breite des Beobachters.

Die Werte Grt und δ von Sonne, Mond und Planeten sind für die volle Stunde dem *Nautischen Jahrbuch (Ephemeriden, Nautical Almanach)* zu entnehmen und für den genauen Beobachtungszeitpunkt (mm:ss) mit dem dort angegebenen Zuwachs zu berichtigen. Alternativ kann entsprechende Software genutzt werden.

Da sich die Position der Sterne im Koordinatensystem des Himmels nur sehr langsam ändert, werden im Jahrbuch nur Grt γ (hh:mm:ss) sowie für die wichtigsten Sterne die für den Tag als konstant anzunehmende Deklination δ und der Sternwinkel β angegeben. Der Greenwicher Stundenwinkel eines Sterns kann dann als Summe aus dem Greenwicher Stundenwinkel des Frühlingspunktes und dem Sternwinkel bestimmt werden:

$$\text{Grt}_{\text{Stern}} = \text{Grt}_\gamma + \beta_{\text{Stern}} \tag{2.2.1}$$

Praktisch ist das Identifizieren der Sterne den meisten Nautikern heute nur mit der *Tafel HO 249 Selected Stars* oder entsprechender Software möglich (vgl. Kap. 2.2.2 (2)). Das Arbeiten mit *HO-Tafeln* [2.2.6] ist dabei die einfachste Variante. Das Verfahren beruht darauf, dass an

2.2 Astronomische Navigation

Stelle des Koppelortes ein in der Nähe liegender Rechenort für jeden Stern so gewählt wird, dass die Werte für Breite und Ortsstundenwinkel des Frühlingspunktes ganzzahlig werden. Das genaue Verfahren wird in den Tafeln an Beispielen erläutert.

(2) Der Sextant

Der Sextant dient zur Messung der Höhe eines Gestirns, d. h. des Winkels zwischen Horizont und Strahl zum Gestirn. Das Funktionsprinzip wird anhand des Strahlengangs (Abb. 2.2.2) erläutert. Der so genannte „große Spiegel" (in der Abbildung der obere Spiegel) ist beweglich und wird so eingestellt, dass das an ihm und ein zweites Mal am unbeweglichen „kleinen Spiegel" gespiegelte Bild des Gestirns sich mit dem direkten Bild der Kimm deckt. Der Winkel zwischen den Spiegeln (α) ist die Hälfte der gemessen Höhe (in Abb. 2.2.2: β). Auf der Gradskala kann der Höhenwinkel direkt abgelesen werden. Stehen die Spiegel bei der Nullstellung nicht parallel, muss zur Korrektur dieses konstanten Fehlers die so genannte Indexbeschickung (Ib) an die abgelesene Höhe angebracht werden. Dieser und andere Fehler des Sextanten müssen vor der Beobachtung geprüft und ggf. eliminiert werden. Dies gilt vor allem, wenn das Gerät selten benutzt wird.

Abb. 2.2.2: Funktionsprinzip des Sextanten

a) Konstanter Fehler und Indexbeschickung Ib

Die Bestimmung des konstanten Höhenfehlers erfolgt in der Praxis meist über die Beobachtung der Kimm. Das Verfahren ist für die zu erwartende Beobachtungsgenauigkeit vollkommen hinreichend. Es gibt andere Verfahren, die aber in der Praxis auch früher nur selten angewandt wurden.

Das gespiegelte Bild der Kimm (Abb. 2.2.3; rechte Bildhälfte) deckt sich bei Nullstellung des Sextanten in der Regel nicht exakt mit dem ungespiegelten Bereich des Beobachtungsfensters (linke Bildhälfte). Das gespiegelte Bild wird nun bei der Messung im Beobachtungsfeld auf gleiche Höhe wie das nicht gespiegelte gestellt. Da die gemessene Höhe der Kimm 0 sein muss, ist die am Sextanten abgelesene Höhe (z. B. $h_S = +2'$) der Fehler. Die Indexbeschickung entspricht betragsmäßig diesem Fehler, hat aber als Korrekturwert das umgekehrte Vorzeichen (hier: Ib = -2'). Bei einem Betrag der Indexbeschickung von etwa | Ib | > 3' sollte der Spiegel justiert werden (s. u.).

Abb. 2.2.3: Indexfehler

b) Kippfehler

Neben dem konstanten Höhenfehler können Fehler dadurch auftreten, dass ein oder beide Spiegel nicht senkrecht auf der Instrumentenebene stehen.

2 Konventionelle Navigation

Der **Kippfehler des "großen Spiegels"** wird kontrolliert, indem man den Sextanten auf eine Höhe von etwa 40° einstellt und dann in der Sextantenebene am Spiegel vorbei auf die Gradskala sieht. Man sieht dann rechts die Gradskala und links im Spiegel das gespiegelte Bild derselben (Abb. 2.2.4). Wenn ein Kippfehler des großen Spiegels vorliegt, ist – wie in der Abbildung – ein "Sprung" zwischen der realen Gradskala und ihrem gespiegelten Bild zu erkennen.

Abb. 2.2.4: Kippfehler des großen Spiegels: Der Sprung zwischen Gradskala (rechts) und ihrem gespiegelten Bild (links) ist weiß hervorgehoben

Abb. 2.2.5: Kippfehler des kleinen Spiegels

Der **Kippfehler des "kleinen Spiegels"** (des unbeweglichen Spiegels) ist wieder über die Beobachtung der Kimm zu bestimmen. Man stellt dazu den Sextanten unter Berücksichtigung der Indexbeschickung so ein, dass die Kimm als durchgehendes Bild erscheint. Kippt man den Sextanten nun leicht zu beiden Seiten, wird sich das Bild verschieben, wenn ein Kippfehler des kleinen Spiegels vorliegt (Abb. 2.2.5).

c) Justierung des Sextanten

Wenn Kippfehler beobachtet werden, müssen die Spiegel in folgender Reihenfolge justiert werden:
– der Kippfehler des großen Spiegels durch Drehen der Schraube am Spiegel,
– der Kippfehler des kleinen Spiegels durch Drehen der Schraube am kleinen Spiegel, die der Instrumentenebene gegenüber liegt,
– der Indexfehler durch Drehen der Schraube am kleinen Spiegel, die auf der Seite der Instrumentenebene liegt.

Die Korrektur erfordert etwas Übung. Da der kleine Spiegel an drei Punkten gelagert ist, stehen die Kippachsen beim Verdrehen der Korrekturschrauben nicht senkrecht zueinander. Daher wird eine Korrektur des einen Fehlers auch die anderen beeinflussen. Man muss daher nach jeder Korrekturdrehung an einer Schraube auch die anderen Fehler kontrollieren und kann so in mehreren Durchgängen den Sextanten justieren.

2.2.2 Astronomische Ortsbestimmung

(1) Überblick über das Verfahren

Das gebräuchliche Verfahren der astronomischen Navigation (Methode nach *St. Hilaire*) beruht auf der Korrektur eines angenommenen Schiffsortes. Das Verfahren wird nun an einem Beispiel erläutert. Die Daten, die sich auf das Beispiel beziehen, sind im folgenden Text grau unterlegt. Die einzelnen Schritte sind folgende:

2.2 Astronomische Navigation

a) Die Höhe eines Gestirns über dem Horizont wird gemessen und der genaue Zeitpunkt der Messung notiert.
b) Die gemessenen Werte werden berichtigt, u. a. für die Augeshöhe des Beobachters und die Strahlenbrechung in der Atmosphäre.
c) Für den Koppelort und den Beobachtungszeitpunkt wird die Position des beobachteten Gestirns (Höhe und Azimut) berechnet.
d) Durch den Vergleich von beobachteter und gemessener Höhe wird unter Berücksichtigung des Azimuts eine Standlinie ermittelt.
e) Mehrfache Beobachtungen – zeitgleiche Beobachtungen mehrerer Gestirne oder zeitversetzte Beobachtungen eines Gestirns – liefern mehrere Standlinien und damit einen Schiffsort.

Die Beobachtung des Gestirns liefert Messwerte im Koordinatensystem des Beobachters, die Berechnung der Position des Gestirns erfolgt zunächst im Koordinatensystem des Himmels. Der Vergleich der Position des Gestirns erfordert daher die Umrechnung vom Koordinatensystem des Himmels in das Koordinatensystem des Beobachters. Die Umrechnung erfolgt auf einer Sphäre. Die Positionen unterscheiden sich damit von Positionen im *WGS 84*. Die einzelnen Schritte des Verfahrens werden an folgenden Beispielen erklärt. Die Daten des *Nautischen Jahrbuchs 2005* sind zu finden im *Begleitheft für die Ausbildung und Prüfung von Sportseeschiffern* des *DSV-Verlags* [2.2.3].

(2) Methode 1: Ort aus zwei Höhen ohne Versegelung

Werden zwei Gestirne ungefähr zum selben Zeitpunkt beobachtet (für ein langsames Schiff z. B. in einem Zeitabstand von 6 min, für ein schnelles in einem Abstand von ca. 3 min), lassen sich zwei Standlinien und damit ein Ort bestimmen. Ungefähr zum selben Zeitpunkt können beobachtet werden:

– Fixsterne,
– Sonne und Planet,
– Sonne und Mond,
– Mond und Planet.

> **Beispiel:** Am 15.06.2005 werden nahezu gleichzeitig Sonne und Mond (jeweils Unterrand) beobachtet:
>
> Koppelort um 16:00 ZZ: 48°05,0' N   028°11,0' W
> Sonne: 18:01:31 UT1   am Sextanten abgelesene Höhe: 35° 40,5'
> Mond: 18:03:28 UT1   am Sextanten abgelesene Höhe: 32° 00,5'
> Die Indexbeschickung des Sextanten ist: Ib = -3,0'. Augenhöhe: 26 m

Auf Besonderheiten bei einzelnen Gestirnen wird unabhängig vom Beispiel hingewiesen. Es folgen dann Bemerkungen zur Genauigkeit und zu Sonderverfahren.

Schritt a) Messung der Gestirnshöhe mit dem Sextanten

Sonne, Mond und Planeten: Zunächst wird der Sextant unter Berücksichtigung der Indexbeschickung in die Nullstellung gebracht. Zur Beobachtung von Mond oder Sonne werden die notwendigen Blenden in den Strahlengang geklappt. Dann wird das Gestirn durch den Sextanten anvisiert. Den beweglichen Arm des Sextanten (Alhidade) festhaltend wird nun der Sextant langsam nach unten gedreht, so dass stets das gespiegelte Bild des Gestirns im Blickfeld (in der rechten Bildhälfte) bleibt. Wenn im ungespiegelten Teil des Blickfeldes die Kimm in Sicht kommt, wird mit der Stellschraube das Gestirn präzise auf die Kimm gesetzt. Bei Sonne oder Mond wird der Unter- oder Oberrand so eingestellt, dass die Kimm tangential verläuft.

Wird der Sextant nicht exakt senkrecht gehalten, ergibt sich ein ungenauer Messwert (Abb. 2.2.6). Daher muss der Sextant während der Beobachtung leicht hin- und hergedreht werden. Das Gestirn bewegt sich dann im Bildfeld auf einem Kreisbogen. Der unterste Teil des Kreisbogens ist die Position des Bildes, bei der der Messwert abgelesen und die exakte Zeit gestoppt wird. Beobachtungen bei Höhen unter 15° und über 75° sind wenig aussagekräftig.

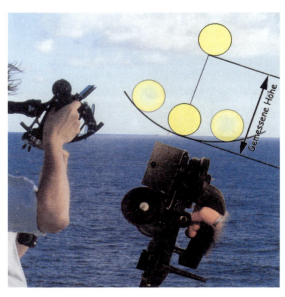

Abb. 2.2.6: Höhenmessung – Das Gestirn wird auf die Kimm gesetzt

Fixsterne: Sterne werden nur zur Zeit der Dämmerung beobachtet, da nur dann Sterne und Kimm gut sichtbar sind. Messungen bei Mondschein sind nicht genau, da die Kimm gegenüber dem bei Sonnenlicht angenommenen Horizont verschoben und oft auch verspiegelt ist. Mit Sextanten mit künstlichem Horizont können Messungen auch zu anderen Zeiten durchgeführt werden. Da in der Dämmerung die Sternbilder meist noch nicht oder nicht mehr zu erkennen sind, ist es in der Praxis den meisten Beobachtern heute unmöglich, einen Stern ad hoc eindeutig zu identifizieren. Die Auswahl geeigneter Sterne wird in der Praxis meist nur bei Verwendung eines entsprechenden Programms oder der *HO-Tafeln Selected Stars* des *Hydrographic Office* der USA (s. o.) gelingen. Beispielrechnungen finden sich in den Tafeln [2.2.6].

Die Beobachtung von Sternen erfordert einige Übung. Das Beobachtungsverfahren weicht von dem bei der Beobachtung der Sonne ab: Zunächst werden für den Zeitpunkt des Sonnenauf- oder Sonnenuntergangs die Höhe und das Azimut eines geeigneten Sterns bestimmt. Dazu wird nur der Ortsstundenwinkel des Frühlingspunktes gebraucht. Der Zeitaufwand für diese Rechnung mit Hilfe der Tafeln ist so klein, dass die Vorausberechnung des Sonnenuntergangs nicht mehr notwendig ist. Es genügt, den ungefähren Zeitpunkt der Beobachtung an Hand des Sonnenstandes kurz vorher abzuschätzen.

Für die Messung wird der Sextant auf den Wert der vorher an Hand der Tafeln bestimmten Höhe eingestellt und über dem Peildiopter mit dem Sextanten die Kimm in Richtung des berechneten Azimuts anvisiert. Der Stern ist dann bereits im Blickfeld. Die genaue Messung der Höhe erfolgt wie bei den anderen Gestirnen. Auf diese Weise kann der Stern auch beobachtet werden, wenn er bei heller Kimm mit bloßem Auge kaum (noch nicht oder nicht mehr) sichtbar ist. Eine Verwechslung mit anderen Sternen ist ausgeschlossen, da die Sterne in den Tafeln so ausgewählt sind, dass in näherer Umgebung keine entsprechend hellen Sterne zu sehen sind.

Bestimmung des genauen Beobachtungszeitpunktes: Die Bestimmung des Beobachtungszeitpunktes erfolgt mit Hilfe einer Stoppuhr. Bei Messung der genauen Höhe wird die Stoppuhr gestartet. Die Zeit bis zum Ablesen des Chronometers wird gestoppt. Die Differenz liefert den exakten Beobachtungszeitpunkt. Er ist ggf. um den Stand (Fehler) des Chronometers zu berichtigen.

Schritt b) Gesamtbeschickung: Korrektur der am Sextanten gemessenen Höhe

Bei der Auswertung der Beobachtung sind die Brechung des Lichtes in der Atmosphäre, Parallaxe-Effekte, die Höhe des Beobachters über der Wasseroberfläche (Augeshöhe) und ggf. der Gestirnsradius zu berücksichtigen. Die Fehler hängen im Wesentlichen von dem Winkel ab, in dem die Lichtstrahlen des Objektes durch die Atmosphäre laufen, also der Gestirnshöhe, und von der Augeshöhe des Beobachters (Abb. 2.2.7).

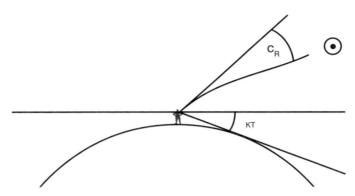

Abb. 2.2.7: Beschickung für Kimmtiefe KT und Refraktion c_R

Die Summe der Fehler wird als Gesamtbeschickung in den *Ephemeriden* oder *Nautischen Tafeln* in Abhängigkeit von der Augeshöhe des Beobachters und der gemessenen Höhe des Gestirns (Kimmabstand) angegeben. Die Korrektur für Refraktion beruht dabei auf Standardwerten für die Atmosphäre: Je nach Herausgeber der Tafeln variiert die Gesamtbeschickung daher etwas, ohne dass dies einen für die Praxis bedeutenden Einfluss auf den Standort hätte.

Die korrigierte Höhe wird als „beobachtete Höhe" h_b bezeichnet. Sie berechnet sich zu

$$h_b = h_s + Ib + G_b \qquad (2.2.2)$$

Besonderheiten bei der Sonne: Bei der Sonne wird der Ober- oder Unterrand beobachtet, gemessen werden müsste eigentlich die Höhe des Mittelpunktes. Der Wert der Gesamtbeschickung für den Unterrand berücksichtigt daher bereits die Korrektur um den mittleren Sonnenradius. Für die jahreszeitliche Veränderung des Sonnendurchmessers aufgrund der ellipsenförmigen Bahn der Erde ist eine kleine Korrektur für den jeweiligen Monat anzubringen. Diese ist für die Beobachtung des Unterrandes und des Oberrandes – hier mit der umgekehrten Korrektur für den Radius – getrennt aufgeführt.

Besonderheiten bei Fixsternen und Planeten: Die entsprechende Beschickungstabelle im *Nautischen Jahrbuch* gilt für Fixsterne. Bei Planeten ist eine Zusatzbeschickung für die veränderliche Entfernung zur Erde anzubringen. Ein Maß für diese Entfernung ist die so genannte Horizontalparallaxe HP. Die HP ist der Winkel, unter dem vom Gestirn aus gesehen der Radius der Erde erscheint. Die Horizontalparallaxe eines Planeten ist im Jahrbuch für den jeweiligen Tag angegeben. Bei der Gesamtbeschickung für Planeten ist daher die Zusatzbeschickung in Abhängigkeit von der jeweiligen Horizontalparallaxe und der beobachteten Höhe aufgeführt.

Besonderheiten beim Mond: Auch beim Mond ist die Horizontalparallaxe zu berücksichtigen. Diese ändert sich wegen der Nähe des Mondes zur Erde schnell und wird daher für den jeweiligen Tag für drei Zeitpunkte angegeben (UT1 = 4:00h, 12:00h, 20:00h). Die Gesamtbeschickung für die Mondbeobachtung ist im Jahrbuch in Abhängigkeit von Augeshöhe, Kimmabstand und Horizontalparallaxe angegeben. Bei Beobachtung des Mondoberrandes muss die gemessene

2 Konventionelle Navigation

Höhe zusätzlich um den Wert des Monddurchmessers verringert werden. Der Monddurchmesser ist in der Tafel für die Gesamtbeschickung in Abhängigkeit von der HP angegeben.

Tabelle 2.2.2 zeigt die Bestimmung der beobachteten Höhen aus der Sextantablesung.

	Sonne	Mond
h_S (Sextantablesung)	35°40,5'	32°00,5'
Ib	-3,0'	-3,0'
(HP; nur Notiz; für Mond)		(55,6)
Gb (Gesamtbeschickung)	5,7'	51,8'
Korrektur für den Monat	-0,2'	
h_b (beobachtete Höhe)	35°43,0'	32°49,3'

Tabelle 2.2.2: Von der Sextantablesung h_s zur „beobachteten Höhe" h_b

Schritt c) Berechnung von Azimut und Höhe des Gestirns am Koppelort

Zunächst werden Deklination δ und Ortsstundenwinkel t des Gestirns an Hand der Ephemeriden (nautische Jahrbücher, Almanach) bestimmt. Dazu wird man sich am Schema in Tabelle 2.2.3 orientieren. Für das obige Beispiel gilt:

15.06.2005	Sonne	Mond
Grt (Greenw. Stundenwinkel für 18:00)	089°52,0'	351°06,9'
(Unt. Der Unterschied wird hier nur – bei Mond und Planeten – zur Bestimmung von Vb notiert; bei Planeten kann das Vorzeichen negativ sein.		(Unt = + 16,0')
Vb (Verbesserung für den Unterschied)		+0,9'
Zw (Zuwachs)	0°22,8'	0°49,6'
Grt (für Beobachungszeitpunkt)	090°14,8'	351°57,4'
γ (Länge des Koppelortes; Ost: positiv; West: negativ)	-028°11,0'	-028°11,0'
t (Ortsstundenwinkel)	**062°03,8'**	**323°46,4'**
δ (Deklination für volle Stunde)	N 23°20,1'	N 0°24,5'
(Unt; nur als Notiz zur Bestimmung von Vb; Vorzeichen der Änderung von δ beachten!)	(N 0,1')	(S 14,8')
Vb (Verbesserung)	0'	S 0,9'
δ Deklination	**N 23°20,1'**	**N 0°23,6'**

Tabelle 2.2.3: Bestimmung von Ortsstundenwinkel und Deklination

Besonderheiten für das Rechenverfahren bei Planeten und Mond: Wegen der Nähe und Eigenbewegung dieser Gestirne sind Verbesserungen (Vb) für die im Jahrbuch stündlich angegebenen Unterschiede (Unt) für Stundenwinkel und Deklination anzubringen. Beispiele finden sich in den nautischen Jahrbüchern.

Mit diesen Ergebnissen für den Ortsstundenwinkel t und die Deklination δ sowie der geografischen Breite φ des Koppelortes können die Höhe h_r und das Azimut berechnet werden. Mit den aus der Großkreisrechnung (Kap. 2.1.3) bekannten Formeln für sphärische Dreiecke (hier für das Dreieck Zenit-Pol-Gestirn) ergibt sich zunächst

2.2 Astronomische Navigation

Höhe hr : $\qquad h_r = \arcsin \cdot (\sin\varphi \cdot \sin\delta + \cos\varphi \cdot \cos\delta \cdot \cos t)$ (2.2.3)

Halbkreisiges Azimut Z : $\qquad Z = \arctan \dfrac{-\sin t}{\cos\varphi \cdot \cos\delta - \sin\varphi \cdot \sin t}$ (2.2.4)

und mit der folgenden Vorzeichenregel das vollkreisige Azimut Az:

Wenn t < 180°:	Wenn t > 180°:
Wenn Z < 0, dann Az = Z + 360°, sonst Az = Z + 180°.	Wenn Z < 0, dann Az = Z +180°, sonst Az = Z.

Mit den gewonnenen astronomischen Daten folgen für das oben gegebene Beispiel die gesuchten Werte:

| Sonne: | berechnete Höhe | $h_r = 35°36{,}0'$ | Azimut | Az = 266° |
| Mond: | berechnete Höhe | $h_r = 32°57{,}4'$ | Azimut | Az = 135° |

Schritt d) Konstruktion einer Standlinie

Alle Positionen, von denen aus ein Gestirn in derselben Höhe gemessen wird, liegen auf einem Kreis um den Bildpunkt des Gestirns, der „Höhengleiche" (Abb. 2.2.8). Bei den gemessenen Höhen unter 75° ist der Radius der Höhengleiche so groß, dass diese durch die Tangente hinreichend genau ersetzt werden kann. Jeder Beobachter, der eine niedrigere Höhe gemessen hat, steht weiter weg vom Bildpunkt, wer eine größere Höhe gemessen hat, ist näher am Bildpunkt. Die Entfernung von der Höhengleiche in sm ist dabei gleich dem Höhenunterschied in Bogenminuten. Wird für den Koppelort die Höhe h_r des Gestirns berechnet und mit der beobachteten Höhe h_b verglichen, weiß der Beobachter, wie viele sm er näher zum Bildpunkt hin oder weiter vom Bildpunkt entfernt steht:

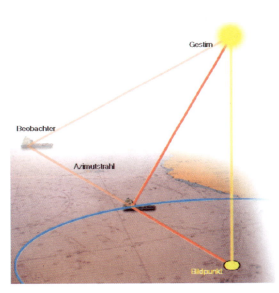

Abb. 2.2.8: Linie gleicher Höhen als Standlinie

$\Delta h = h_b - h_r$ (2.2.5)

Damit kann eine Standlinie in der Karte eingetragen werden (Abb. 2.2.9). Vom Koppelort O_g aus wird das Azimut (Richtung zum Bildpunkt) angetragen und im Abstand Δh die Standlinie (LOP) als Senkrechte darauf eingezeichnet. Die Genauigkeit des Koppelortes hat dabei keinen Einfluss auf die Genauigkeit der Standlinie, denn das Verfahren korrigiert gerade den Koppelort: Ein anderer Koppelort würde mit einer anderen Korrektur Δh dieselbe Standlinie liefern. In Abb. 2.2.9 ist $\Delta h > 0$.

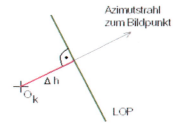

Abb. 2.2.9: Konstruktion einer Standlinie (LOP, line of position)

2 Konventionelle Navigation

Im obigen Beispiel ergibt sich:

Sonne:	$\Delta h = h_b - h_r = +7'$
Mond:	$\Delta h = h_b - h_r = -8{,}1'$

Schritt e) Positionsbestimmung durch Auswertung mehrerer Standlinien

Bei Beobachtung zweier oder mehrerer Gestirne ungefähr zum selben Zeitpunkt ergibt sich der Standort des Schiffes als Schnittpunkt zweier oder mehrerer Standlinien. Die Azimutstrahlen sind in Abb. 2.2.10 nur zur Verdeutlichung eingezeichnet. In der Praxis werden diese nicht eingezeichnet, um sie bei mehreren Standlinien nicht mit diesen zu verwechseln.

Auswertung im Beispiel: Ort aus zwei Höhen[1]

Erfolgt die Auswertung in einer Mercatorkarte (*plotting sheet* oder Seekarte), kann die astronomische Position direkt nach Breite und Länge abgelesen werden. Wird die Skizze auf einem leeren Blatt gezeichnet (Abb. 2.2.10), kann der Breitenunterschied $\Delta\varphi$ mit dem gewählten Maßstab direkt abgelesen werden. Für die Bestimmung der Länge ist die Abweitung a zwischen Koppelort und astronomischem Ort in den Längenunterschied $\Delta\lambda$ umzurechnen. Im obigen Beispiel ergibt sich:

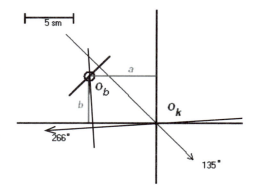

Abb. 2.2.10: Ort aus zwei Höhen

Breite:		$\Delta\varphi = 5{,}1$ (N)	$\varphi_{astr} = \varphi_k + \Delta\varphi$	=	48°10,1'N
Länge:	a = 7,1'(W)	$\Delta\lambda = a/\cos\varphi = 1°\,10{,}6'$ W	$\lambda_{astr} = \lambda_k + \Delta\lambda$	=	028°21,6'W

Der beobachtete Ort ist also: 48°10,1'N 028°21,6'W. Die Angabe der Zehntelminuten ist im Hinblick auf die Beobachtungsgenauigkeit von 0,5' unangemessen. Angegeben wird die Position also als:

$$O_b = O_{astr}: 48°10'\,N\quad 028°22'\,W$$

(3) Methode 2: Ort aus zwei Höhen mit Versegelung

Bei diesem Verfahren wird dasselbe Gestirn – im Allgemeinen die Sonne – mehrmals zu verschiedenen Zeitpunkten beobachtet – üblicherweise zu vollen Stunden. Das Verfahren zur Bestimmung der Standlinien ist dasselbe wie bei der Ortsbestimmung ohne Versegelung (s. o.). Die jeweils gewonnenen Standlinien werden auf den letzten Zeitpunkt versegelt. Dieses Verfahren der astronomischen Positionskontrolle ist heute das gängigste.

Beispiel: Um 09:00 und um 12:00 Bordzeit ist die Sonne beobachtet worden.
In der Zwischenzeit ist das Schiff mit 12 kn auf einem KüG = 078° gefahren.

Die Rechnungen für die einzelnen Standlinien um 09:00 und 12:00 werden für den jeweiligen Koppelort wie oben durchgeführt. Die Auswertung liefert zunächst für die Standlinien LOP1 und LOP2 die jeweiligen Werte Δh und Az, die von den jeweils dazugehörigen Koppelorten aus anzutragen sind.

---

[1] Die Auswertung und die Erstellung der Skizze erfolgte mit der Shareware von www.nautic-tools.de.

2.2 Astronomische Navigation

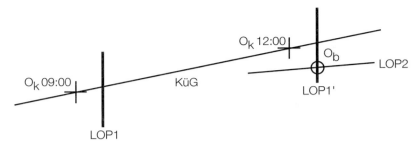

Abb. 2.2.11: Ort aus zwei Höhen mit Versegelung

Die Standlinie LOP1 wird anschließend – wie in der terrestrischen Navigation (Kap. 2.1.4) – um die in der Zwischenzeit zurückgelegte Strecke (hier: 36 sm) versegelt (Abb. 2.2.11). Der Schnittpunkt der versegelten Linie LOP1' mit der Linie LOP2 ist der beobachtete Standort. Bei mehr als zwei Beobachtungen werden alle Standlinien auf den Zeitpunkt der letzten versegelt. Bei der praktischen Auswertung wird oft die erste Standlinie direkt vom zweiten Koppelort aus gezeichnet. Dies entspricht gewissermaßen einer Versegelung des Koppelortes als Aufpunkt der Konstruktion der Standlinie. Allerdings ist meistens ein Eintragen der Standlinien schon zu den Beobachtungszeitpunkten sinnvoll, da – je nach Lage der Standlinie zur Kurslinie – schon zu erkennen sein kann, ob man stark seitlich versetzt ist oder ob man weiter voraus bzw. zurück steht und daher eine andere Koppelgeschwindigkeit annehmen sollte. Im Beispiel ist an Hand der ersten Standlinie schon zu erkennen, dass man weiter voraus steht.

Im Falle der Auswertung mit Hilfe von HO-Tafeln müssen die Standlinien immer am jeweils zu wählenden Rechenort angetragen und anschließend versegelt werden.

(4) Genauigkeit

Generell ist festzuhalten, dass die Genauigkeit der Positionsbestimmung wesentlich von der Genauigkeit der Zeitmessung abhängt. Orte aus der Beobachtung von Fixsternen sind die genauesten, da die Messungen (punktförmiges Gestirn, klare Kimm) sehr exakt sind und mehrere Standlinien ohne Versegelung zur Verfügung stehen. Bei Fixstern-Orten ist bei guten Bedingungen mit etwas Erfahrung eine Genauigkeit von etwa ± 1 sm zu erreichen. Bei der Beobachtung der Sonne hängt die Beobachtungsgenauigkeit von der Schärfe des Sonnenbildes und der Kimm ab. Bei astronomischen Orten mit Versegelung treten zusätzlich Versegelungsfehler auf. Diese Orte sind daher abhängig von einer möglichen starken Versetzung und gelten deshalb als recht ungenau. Zu beachten ist, dass die Orte Kugelkoordinaten und nicht WGS-84-Koordinaten darstellen.

(5) Sonderverfahren

Sonderverfahren (Mittagsbreite, Nordsternbreite) spielen schon seit langem in der Praxis keine Rolle mehr. Am Beispiel der Mittagsbreite sei dies kurz erläutert: Die Beobachtung zum Zeitpunkt der Kulmination ermöglichte zum Einen eine von einer genauen Uhr unabhängige Bestimmung der Breite, die zudem sehr genau war, da die Sonne zum Zeitpunkt der Kulmination ihre Höhe nicht ändert. Zum zweiten war die Bestimmung der Breite nur mit einer einfachen Rechnung möglich. Der erste Grund ist hinfällig, da die Höhenänderung kurz vor oder nach der Kulmination ebenfalls sehr klein ist. Durch die Verwendung von Uhren und Taschenrechnern sind daneben heute alle Standlinien schnell zu gewinnen. In der Praxis wurde daher schon seit Jahrzehnten die Sonne um 12:00 Bordzeit beobachtet und die Mittagsposition für diesen Zeitpunkt bestimmt.

2 Konventionelle Navigation

2.2.3 Astronomische Kompasskontrolle

(1) Allgemeines Verfahren

Die astronomische Kompasskontrolle beruht – wie jede Kompasskontrolle – auf dem Vergleich einer bekannten rechtweisenden Peilung rwP eines Objekts mit der am Kompass beobachteten Peilung KrP oder MgP des Objekts. Es gelten die bekannten Beziehungen (Kap. 2.1.4):

KrP	MgP
+ FF	+ Abl
+ KrR	+ MW
= rwP	= rwP

Damit können die zu bestimmenden Werte KrR und Abl direkt berechnet werden. In der Praxis wird meist – wie bei anderen Kompasskontrollen auch – an der Kreiseltochter gepeilt und gleichzeitig Kreiselkurs und Magnetkurs abgelesen. Dann wird

– das KrR über den Vergleich der Peilungen und
– die Abl über den Vergleich der Kurse

bestimmt. **Astronomisch** heißt die Kompasskontrolle nur, weil das gepeilte Objekt ein Gestirn ist. Die rwP, hier also das Azimut, wird wie bei der astronomischen Ortsbestimmung berechnet.

Beispiel: Zum Zeitpunkt der Beobachtung des Mondes (Beispiel aus Kap. 2.2.2) wurde dieser an der Kreiseltochter mit KrP = 134° gepeilt. Das Schiff fuhr zu diesem Zeitpunkt auf einem Kurs von KrK = 045° mit einer Geschwindigkeit von v = 16 kn. Die Breite war etwa 48°. Der Fahrtfehler ist daher FF = -1°. Der anliegende Magnetkurs war 055°, die MW lt. Seekarte Mw = -15°.

Damit gilt für das KrR: KrR = rwP − KrP − FF, also

rwP	135°
- KrP	- 134°
- FF	- (- 1°)
KrR	+ 2°

Zur Bestimmung der Ablenkung berechnet man zunächst den rechtweisenden Kurs (rwK = KrK + KrR + FF = 046°) und weiter die Ablenkung (Abl = rwK − MgK − Mw), also:

rwK	046°
- MgK	- 055°
- MW	- (-15°)
Abl	+ 6°

(2) Sonderfall: Azimut beim wahren Auf- oder Untergang

Ein Sonderfall ist die Kompasskontrolle beim „wahren" Auf- oder Untergang eines Gestirns. In diesem Falle ist die Peilung besonders einfach, weil das Gestirn im Horizont steht und das Azimut sich nur sehr langsam ändert. Außerdem vereinfacht sich beim Durchgang des Gestirns durch den „wahren" Horizont (h = 0) die Formel für das halbkreisige Azimut zu

$$\cos Z = \frac{\sin \delta}{\cos \varphi} \tag{2.2.5}$$

2.2 Astronomische Navigation

mit der Vorzeichenregelung

$Az = Z$ beim Aufgang und
$Az = 360° - Z$ beim Untergang des Gestirns.

Der Zeitpunkt des wahren Auf- oder Untergangs kann vorausberechnet werden. Dies ist jedoch in der Praxis nicht notwendig, da beim wahren Auf- oder Untergang der Sonne deren Unterrand etwa 2/3 ihres Durchmessers über dem Horizont steht. Dieser ungefähre Zeitpunkt ist für die Beobachtung und die Rechnung hinreichend.

Wird mit Tafelwerken gearbeitet, ist darauf zu achten, dass die viertelkreisig bestimmten Werte (Z) in einigen Tafelwerken (z. B. *Fulst Nautische Tafeln*) jeweils von N oder S nach E oder W, in anderen (z. B. *Norie's Tables*) von E oder W nach N oder S bestimmt werden. Die entsprechenden Vorzeichenregeln sind jeweils bei den Tafeln angegeben.

3 Navigationssensoren

3.1 Elektronische Positionssensoren
Bernhard Berking

Mit den Satellitennavigationsverfahren stehen leistungsstarke Systeme für die Bestimmung der Schiffsposition zur Verfügung, doch die Anforderungen an die Qualität der Positionsbestimmung sind wegen der zunehmenden Automatisierung und Integration in der Navigation gestiegen. So wird die Schiffsposition nicht nur am Satellitennavigationsempfänger angezeigt, sondern auch zu automatischer Bahnführung, Radar- und ECDIS-Überlagerung, Identifizierung von Zielen, Kollisionsverhütung, Manövrieren und Seenotrettung eingesetzt. Aus diesen Gründen sind nicht nur die Genauigkeit, sondern auch die Integrität, Verfügbarkeit und Kontinuität des Systems von Bedeutung und seine Grenzen müssen dem Nutzer bekannt sein.

3.1.1 GPS – Prinzip und charakteristische Parameter

(1) GPS – Prinzip

Das *Global Positioning System* NAVSTAR GPS ist ein Satellitennavigationsverfahren, mit dem Positionen auf der Erdoberfläche oder im Luftraum aus Entfernungsbestimmungen ermittelt werden. Die Entfernungen vom Empfänger zu den Satelliten werden durch Laufzeitmessungen festgestellt. Das Verfahren beruht auf kontinuierlicher und präziser Kenntnis (und Vorhersage) der Positionen der Satelliten und einer einheitlichen, präzisen Zeitreferenz. Dazu senden (im Normalfall) 24 Satelliten kontinuierlich ihre Identität, hochgenaue Zeitmarken (Atomuhren), ihre stets genauen Navigationsdaten (Bahndaten) zur Sendezeit, ein reproduzierbares Datenmuster (Pseudo-Zufalls-Code; für die Schifffahrt: C/A-Code) zur eigentlichen Laufzeitmessung und einen Almanach aller Satelliten. Im Empfänger werden aus den berechneten Satellitenpositionen, der Sendezeit, der Ausbreitungsgeschwindigkeit der Signale (etwa: c = 300 000 km/s im Vakuum) und den gemessenen Eintreffzeiten der Signale die Laufzeiten berechnet und damit die Entfernungen zu den Satelliten bestimmt. Da die Quarzuhr im GPS-Bordempfänger relativ ungenau und mit einem unbekannten Uhrenfehler gegenüber der GPS-Systemzeit behaftet ist, spricht man präziser von „Pseudo-Laufzeitmessung" und „Pseudo-Entfernungsmessung". Da im Normalfall vier Unbekannte (die Koordianten x, y, z und die Zeitkorrektur Δt_u des Empfängers)

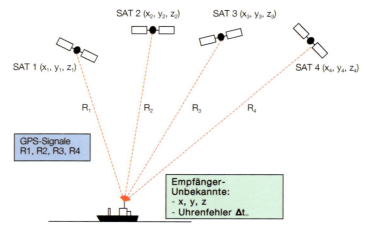

Abb. 3.1.1: Prinzip der Ortsbestimmung beim GPS-Verfahren

3.1 Elektronische Positionssensoren

zu bestimmen sind, benötigt man in der Praxis für eine dreidimensionale Positionsbestimmung die Signale von vier (!) Satelliten gleichzeitig. In Abb. 3.1.1 ist eine solche Konstellation dargestellt. Der rechnerische Ansatz ist im Prinzip einfach [3.1.1]. Nach dem Satz des dreidimensionalen Pythagoras gelten für die vier zu bestimmenden Unbekannten x, y, z und Δt_u die vier Gleichungen für die Entfernungsmessungen zu vier Satelliten

$$(x - x_1)^2 + (y - y_1)^2 + (z - z_1)^2 = (R_1 - \Delta t_u \cdot c)^2 \qquad (3.1.1)$$
$$(x - x_2)^2 + (y - y_2)^2 + (z - z_2)^2 = (R_2 - \Delta t_u \cdot c)^2$$
$$(x - x_3)^2 + (y - y_3)^2 + (z - z_3)^2 = (R_3 - \Delta t_u \cdot c)^2$$
$$(x - x_4)^2 + (y - y_4)^2 + (z - z_4)^2 = (R_4 - \Delta t_u \cdot c)^2.$$

Dabei sind die vier Satellitenpositionen (x_i, y_i, z_i) und Entfernungen Ri sowie die Signalausbreitungsgeschwindigkeit c bekannt und die Empfängerposition (x, y, z) sowie der Zeitfehler Δt_u unbekannt. Aus den kartesischen Koordinaten x, y, z des Empfängers können leicht die geografischen Koordinaten Breite φ, Länge λ und Höhe h berechnet werden. Als Standflächen kann man sich virtuelle Kugeloberflächen mit dem Satelliten im Mittelpunkt vorstellen. Da im Normalfall von den 24 verfügbaren Satelliten weltweit und jederzeit 8 bis 10 über dem Horizont zur Nutzung zur Verfügung stehen, ist GPS im Normalfall weltweit und jederzeit verfügbar. Für eine zweidimensionale Ortsbestimmung – bei genau bekannter Höhe – sind im Prinzip nur drei Satelliten notwendig. Die wesentlichen GPS-Eigenschaften sind in Tabelle 3.1.1 wiedergegeben, die wesentlichen Daten der Satelliten in Tabelle 3.1.2.

Offizieller Systemname	NAVSTAR GPS – **NAV**igation **S**ystem with **T**iming **A**nd **R**anging – **G**lobal **P**ositioning **S**ystem
Verbesserung und Überwachung	DGPS (Differential GPS)
Bedeckung/Reichweite	– GPS: weltweit – DGPS: regional bis etwa 150 - 300 sm
Zeitliche Verfügbarkeit	Jederzeit
Genauigkeit in der Schifffahrt	– Ohne DGPS-Korrekturen : 10 – 20 m (95 %) – Mit DGPS-Korrekturen : 3 – 10 m (95 %) – Mit Selective Availability : 100 m (95 %)
Aufdatierung der Position	Quasi-kontinuierlich: mindestens 1 mal pro Sekunde
Bezugssystem für die Position	WGS-84 (Transformation in andere Systeme möglich)
Dimensionen	– Normalfall: 3D – Sonderfall: 2D (Antennenhöhe muss genau bekannt sein)
GPS-Signale für private Nutzer	Standard Positioning Service (SPS) mit C/A-Code
Eignung der momentanen Satellitenkonstellation	HDOP („Horizontal Dilution of Precision") Normalfall: HDOP = 1 bis 2
Systemzugriff für Nutzer	SA ("Selective Availability"; s. 2.3.3): Vorbehalt der absichtlichen Genauigkeitsverschlechterung
Verantwortlicher Betreiber	US: Depart of Defence, nicht (!) Department of Transport

Tabelle 3.1.1: Wesentliche Eigenschaften und Betriebsdaten von GPS

(2) Differenzial-GPS (DGPS)

Zur Verbesserung der Ortungsgenauigkeit – und gleichzeitig zur Überwachung der GPS-Integrität – steht der Differenzial-GPS-Dienst (DGPS) zur Verfügung. Dabei werden auf einer Referenzstation (Monitorstation), deren geodätische Position (φ, λ, Höhe) exakt bekannt ist, GPS-Signale empfangen, mit den exakten, berechneten Werten der Satellitenentfernungen für

3 Navigationssensoren

Satelliten und Signale	Elemente/Eigenschaften
Anzahl	24
Höhe	20 183 km
Geschwindigkeit	13 943 km/h
Umlaufzeit	12 Stunden (exakt: 11-57-58,3 h)
Inklination	55°
Anzahl über dem Horizont	8 bis 10
Für die Ortung benutzt	Normalfall: min 4; max alle
Technik	Atomuhren; Code-Generator; Phasenmodulation; Solarzellen
Band	L1-Band
Trägersignalfrequenz	1575,42 MHz (λ = 19 cm)
Code	C/A-Code
Sequenzlänge	1023 Bit (1 ms)
Codefrequenz	1,023 Mbps (1 Bit = 300 m)

Tabelle 3.1.2: Satelliteneigenschaften und Satellitensignale bei GPS

die Station verglichen und dadurch einige der Fehlereinflüsse auf die GPS-Laufzeitmessung ermittelt und eliminiert. Die Differenzen werden dann als DGPS-Korrekturwerte über Funk (für die Handelsschifffahrt mit den Frequenzen der ehemaligen Seefunkfeuer von 285 bis 315 kHz) an alle Schiffe in der Umgebung der Referenzstation übertragen. In den Bordempfängern werden die Korrekturwerte an die gemessenen Satellitenentfernungen angebracht und damit die Positionsgenauigkeit verbessert. Abb. 3.1.2 zeigt das Prinzip.

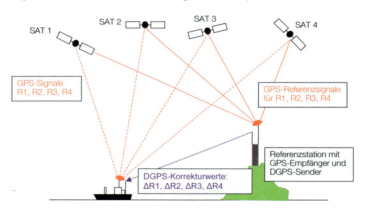

Abb. 3.1.2: DGPS-Prinzip zur regionalen Verbesserung der Genauigkeit und Systemüberwachung

Mit DGPS können die Fehlereinflüsse, die die Satelliten, die Ausbreitungswege der Signale und die absichtliche Verschlechterung der Genauigkeit *(Selective Availability)* betreffen, zum großen Teil korrigiert werden. Die bordspezifischen Fehlereinflüsse (Kap. 3.1.3) können mit DGPS nicht verbessert werden. Im Prinzip könnte man die in der Referenzstation ermittelten Koordinatenverschiebungen $\Delta\varphi$ und $\Delta\lambda$ an die Schiffe übertragen. Da jedoch – insbesondere bei zunehmendem Abstand des Schiffes von der Referenzstation – Schiff und Referenzstation verschiedene Satelliten benutzen könnten, werden statt der Koordinatenverschiebung Korrekturwerte Δt für die gemessenen Laufzeiten übertragen. Der bordseitige GPS/DGPS-Empfänger nimmt dann die Zuordnung der Satelliten und die Positionsberichtigung vor.

Für DGPS-Dienste sind bzw. werden weltweit Referenzstationen *(IALA Beacon System)* eingerichtet. Für die deutschen Fahrtgebiete gibt es zwei Stationen: Wustrow für die westliche

3.1 Elektronische Positionssensoren

Ostsee (314,5 kHz) und Helgoland für die Deutsche Bucht und angrenzende Schifffahrtsstraßen (313,0 kHz). Die wirksame Bedeckung reicht im Allgemeinen bis zu etwa 150 sm von der Station, in den USA sogar bis etwa 350 sm. Die erzielbare Genauigkeit hängt dabei wesentlich vom Abstand des Schiffes von der Referenzstation ab und kann in der Nähe je nach Qualität des Empfängers etwa 3 bis 5 m erreichen. In großem Abstand gilt dann wieder die normale GPS-Genauigkeit. Von Bedeutung ist das Alter der Korrekturwerte. Weltweit werden etwa 200 Referenzstationen nach dem IALA-Standard eingerichtet, in Europa etwa 50. Die Verfügbarkeit beträgt mindestens 99,8 %. Für andere Anwendungen (militärische Nutzung, Baggern, Container-Lokalisierung, Baumaßnamen u.a.) stehen zahlreiche andere – öffentliche und private – GPS-Differenzial-Dienste mit anderen Techniken zur Verfügung. Mit diesen wird eine deutlich höhere Genauigkeit im m-Bereich und sogar im cm-Bereich erreicht (Stichworte: SBAS, EGNOS, WAAS, Eurofix, SAPOS, Echtzeit-Positionierungs-Service EPS, *Real-Time Kinematics*).

3.1.2 GPS – Empfänger und Empfängerbedienung

GPS-Bordanlagen enthalten die GPS-Antenne, den Empfänger, den Prozessor, die Anzeige- und Bedieneinheit sowie mindestens einen Datenausgang für den Anschluss an andere Navigationsgeräte wie z.B. ECDIS und Radar. Die Antenne sollte so aufgestellt sein, dass GPS-Signale nicht abgeschattet werden können. In Abb. 3.1.3 ist ein typischer GPS-Empfänger dargestellt.

Abb. 3.1.3: GPS-Empfänger mit Anzeige von Navigations- und Statusdaten (Quelle: *SAAB*)

(1) Funktionsablauf

Der Empfänger hat die Aufgabe, die verschiedenen Satellitensignale (gleichzeitig) zu empfangen, auszuwerten und daraus die Laufzeiten und die Position zu ermitteln [3.1.2]. Da GPS-Signale sehr schwach, kompliziert codiert und moduliert und da die Empfangsfrequenzen nicht konstant sind, sondern den Effekten der Relativitätstheorie und der Doppler-Verschiebung unterliegen, ist der Verarbeitungsaufwand beträchtlich. Bei einer Positionsbestimmung im Empfänger werden typischerweise folgende Phasen durchlaufen:

- **Initialisierung:** Einstellung der Empfängerkonfiguration durch den Beobachter mit einer Initialisierungszeit von bis zu einigen Minuten beim Kaltstart, jedoch von deutlich kürzerer Zeit beim Warmstart,
- **Tracken:** Aufspüren (Akquirieren) und Verfolgen (Tracken) der Satellitensignale, d.h. u.a. Identifizieren der Trägerfrequenz, Akquirieren des C/A-Codes und Tracken des C/A-Signals,

3 Navigationssensoren

- **Messung:** Signalauswertung für mindestens vier Satelliten, d. h. jeweils Extraktion der Navigationsdaten des Satelliten, und Messen der Pseudo-Laufzeit durch Korrelationstechniken,
- **Berechnung:** Berechnung der Schiffsposition, Filterung (z. B. Kalman-Filter) der Daten, Auswahl der günstigsten Satelliten durch ein selbstprüfendes Verfahren *(Receiver Autonomous Interity Monitoring;* RAIM) und Berechnung von Kurs und Fahrt über Grund (COG und SOG),
- **Display:** Anzeige der Navigationsdaten des Schiffes (Position und daraus abgeleitete Werte), Statusanzeigen für eingestellten Parameter und Gütekriterien (HDOP, RAIM),
- **Ausgabe:** Weitergabe von Empfängerposition sowie COG, SOG, Datum und Zeit – einschließlich eines *Quality indicator* für einwandfreie Funktion – an mindestens eine Schnittstelle für andere Navigationsgeräte.

(2) Konfiguration und Parametereingabe

Die folgenden GPS-Bedienschritte sind GPS-typisch und bei den meisten GPS-Empfängern – wenn auch auf verschiedene Weise – wiederzufinden. GPS-Empfänger müssen nach dem Einschalten oder bei Bedarf konfiguriert werden. Da einige Parameter (z. B. das Kartenbezugssystem *(chart datum))* die Genauigkeit der Position sehr stark beeinflussen und Fehleinstellungen unbedingt vermieden werden müssen, sollten sie bei Wachwechsel, Seekartenwechsel u. a. überprüft werden. Zu den Konfigurationseinstellungen (Parametrierung) gehören im Wesentlichen

- die ungefähre Position, um ggf. die Initialisierungsphase abzukürzen,
- die Auswahl des Kartenbezugssystems (WGS-84, ED50, ...) der benutzten Seekarte,
- die Entscheidung über zwei- oder dreidimensionale Ortsbestimmung,
- die genaue Antennenhöhe (nur bei zweidimensionaler Positionsbestimmung),
- die Art der Satellitenauswahl *(All in view, Best 4, Exclude worst* o. a.),
- der maximale HDOP für die Akzeptanz der GPS-Ortsbestimmung (z. B. 3),
- die minimale Höhe *(Elevation)* der zu nutzenden Satelliten (z. B. 10°),
- die Filterfaktoren in Abhängigkeit von der Schiffsdynamik (z. B. *Slow, Medium, Fast),*
- die Maskierung unerwünschter (als fehlerhaft gemeldeter) Satelliten,
- OFFSET zur Verschiebung der gemessenen GPS-Position (nur bei Kenntnis der Ursache!),
- Zeitgrenzen (Alter) für die DGPS-Korrektursignale,
- manuelle oder automatische Auswahl von DGPS-Referenzstationen,
- diverse Daten zur Wegpunkteingabe und geplanten Bahn: Koordinaten, Wegpunktalarm, Querablagealarm, Drehkreisradien u. v. a..

(3) Informationsabfrage und Anzeige

Für die Anzeige der gewünschten Navigations- und Status-Informationen sowie von Datum und Zeit stehen mehrere Funktionsaufrufe und Informationsmasken zur Verfügung, z. B.

- Navigationsdaten des Schiffes: Seekartendatum, Position, Kurs und Fahrt über Grund,
- Gütekriterien: HDOP, erfolgreiche Anwendung der DGPS-Korrektursignale, RAIM-Status,
- Satelliten-Status: Anzahl, Signalqualität, Höhe, Azimut der sichtbaren, der getrackten und der genutzten Satelliten,
- Empfänger-Status: Einstellung von Filter und Alarmen, Qualität des Trackvorgangs,
- Track-Status: Anzeige der Frequenz- und Code-Verfügbarkeit (z. B. Symbole „F" bzw. „C"),
- Daten zur Wegpunktnavigation: Bahnabweichung, Distanz zum nächsten Wegpunkt u. v. a..

(4) IMO Leistungsanforderungen an GPS-Empfänger

Die Mindestleistungsnormen für GPS-Bordgeräte in der Berufsschifffahrt sind durch die IMO geregelt [3.1.3]. Danach gilt für alle zugelassenen GPS-Bordempfänger: Die Geräte können die Signale des *Standard Positioning Service (SPS;* C/A-Code; L1-Band) gemäß *Selective*

3.1 Elektronische Positionssensoren

Availability (SA)-Modifizierung empfangen und DGPS-Korrektursignale verarbeiten. Sie können in der Regel (müssen aber nicht) die WGS-84-basierten Daten in das Bezugssystem der benutzten Seekarte umrechnen, wobei das gewählte Bezugssystem stets angegeben wird. Die wesentlichen Anforderungen sind in Tabelle 3.1.3 wiedergegeben. In der Regel ist das Verhalten baumustergeprüfter Bordanlagen besser als die Mindestanforderungen der IMO, insbesondere die Genauigkeit und die Zeit bis zur ersten Positionsbestimmung nach dem Einschalten.

Kriterium/Funktion	Mindestleistung nach IMO
Positionsanzeige (Breite, Länge)	Grad und Minuten (mit tausendstel Minuten)
Aufdatierung von Anzeige und Ausgabe	Mindestens einmal pro Sekunde
Statische und dynamische Genauigkeit (95 %) bei HDOP = 4	100 m (ohne DGPS-Korrektur) 10 m (wenn DGPS-Empfänger vorhanden)
Erste Positionsangabe nach dem Einschalten	30 min (ohne Almanach-Daten; Kaltstart) 5 min (Almanach-Daten bekannt; Warmstart)
Positionsangabe nach einer Störung	5 min nach Signalausfall von 24 h 2 min nach Stromausfall von 60 s
GPS-Genauigkeits (95 %)- und Statusanzeigen	Genauigkeit wahrscheinlich schlechter als 100 m 5 s nach Überschreitung des eingestellten HDOP 5 s nach 1 s-Ausfall der Positionsermittlung
DGPS-Genauigkeits (95 %)-Statusanzeigen	Empfang von DGPS-Korrektursignalen Anwendung von DGPS-Korrekturwerten Genauigkeit wahrscheinlich schlechter als 10 m
Alarme	Keine Positionsbestimmung möglich Keine gesicherte Integrität
Ausgabe von Position, SOG und COG mit „Quality indicator" an andere Navigationsgeräte	Mindestens ein Ausgang

Tabelle 3.1.3: IMO-Mindest-Leistungsanforderungen an GPS-Bordempfänger [3.1.3]

3.1.3 GPS – Genauigkeit, Grenzen und Fehler

In der Satellitennavigation treten sowohl systematische Fehler (z. B. ein fehlerhaftes Kartendatum, Nicht-Berücksichtigung des Antennenstandortes, falsch eingegebene Antennenhöhe) als auch zeit- und ortsabhängige Fehler auf, die einem gewissen Streuverhalten unterliegen.

(1) Genauigkeit und statistische Unsicherheit

In Abb. 3.1.4 sind beispielhaft sekündliche Messwerte über 24 Stunden an einem festen Ort an zwei verschiedenen Tagen aufgezeichnet, in denen man Schwerpunkte und Ausreißer erkennt. Einer dieser Tage (22.10.1999) liegt vor, der andere (24.5.2000) nach dem Tag, an dem die USA durch Abschalten der künstlichen Verschlechterung (SA) zivilen Nutzern die GPS-Ortsbestimmungen mit besserer Genauigkeit ermöglicht haben (1.5.2000). Wegen des Streuverhaltens gehorchen Genauigkeitsangaben zur Positionsbestimmung den Gesetzen der Statistik. Man betrachtet daher die ermittelte Position nicht als Punkt, sondern berücksichtigt einen Positionsfehler praktischerweise als „Fehlerkreis" (präziser in einer „Fehlerellipse") (Radius r; „CEP"; *Circular error probability*). Im Beispiel (Abb. 3.1.4) betragen die jeweiligen Fehlerkreisradien r = 69,3 m und r = 11,8 m. Zur vollständigen Genauigkeitsangabe gehört nicht nur der Fehlerkreisradius r, sondern auch die Wahrscheinlichkeit (in %), mit der sich das Schiff in diesem Fehlerkreis befindet. Eine Genauigkeitsangabe von lediglich „10 m" oder „100 m" ist unvollständig.

3 Navigationssensoren

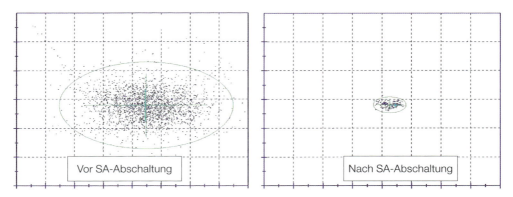

Abb. 3.1.4: Streuverhalten von GPS-Positionen an einem festen Ort (*BSH*; 24 h; Intervall 1 s)

In der Praxis wird der Fehlerkreisradius so gewählt, dass er einer 95-%igen Wahrscheinlichkeit entspricht. Die Genauigkeitsangabe „18 m (95 %)" bedeutet vollständig: Die wahre Schiffsposition befindet sich mit einer Wahrscheinlichkeit von etwa 95 % in einem Fehlerkreis mit dem Radius r = 18 m um den angezeigten (d. h. gemessenen) Ort. Im Umkehrschluss gilt: Die Wahrscheinlichkeit dafür, dass das Schiff sich außerhalb des Fehlerkreises befindet, beträgt immerhin noch 5 %, d. h. im Durchschnitt ist bei einer von zwanzig Ortsbestimmungen der Fehler größer als 18 m. Je größer der Fehlerkreis gewählt wird, desto größer ist die Wahrscheinlichkeit, dass sich das Schiff in ihm befindet. Für die Praxis kann man bei einem doppelten Fehlerkreisradius (hier r = 36 m) eine Wahrscheinlichkeit von 99 %, beim dreifachen (hier 54 m) eine solche von 99,7 % annehmen (Abb. 3.1.5). Ein anderes Genauigkeitsmaß ist der „mittlere Punktfehler" (*drms; distance root mean square*). Dem 95 %-Fehlerkreisradius entspricht je nach Situation eine *2drms*-Wahrscheinlichkeit von 93-98 %.

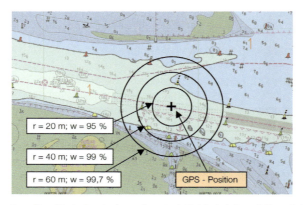

Abb. 3.1.5: Fehlerkreisradius (r), Aufenthaltswahrscheinlichkeit (w) und Restrisiko: Das Schiff kann sich auch außerhalb des Fehlerkreises befinden

(2) Positionsgenauigkeit

In der Schifffahrt wird die GPS-Positionsgenauigkeit praktischerweise durch die Genauigkeit der einzelnen Entfernungsmessungen und einen Faktor für die geometrische Konstellation der zur Verfügung stehenden Satelliten bestimmt. Es gilt:

$$\text{Positionsgenauigkeit} = \text{Entfernungsmessgenauigkeit} \cdot \text{HDOP} \tag{3.1.2}$$

3.1 Elektronische Positionssensoren

Genauigkeit der Entfernungsmessung: GPS-Messfehler resultieren aus Satellitendaten, Einflüssen auf den Signalwegen und Eigenschaften des Empfängers. Tabelle 3.1.4 zeigt ein typisches, sich ständig änderndes Fehler-Budget für eine GPS-Entfernungsmessung im *Standard Positioning Service*. Der resultierende statistische Gesamtfehler von 11,2 m wird berechnet mit der Quadratwurzel aus der Summe der einzelnen Fehlerquadrate und ist naturgemäß geringer als die Summe der Einzelfehler, da alle Fehler unabhängig voneinander sind und sich nicht in einer Richtung aufaddieren.

Fehlerursache	Fehlerbetrag
Ungenauigkeit der Satellitenuhr (in m umgerechnet)	5 m
Ungenauigkeit der Satellitenposition (Ephemeriden)	7 m
Refraktion in Ionosphäre	4,5 m
Refraktion in Troposphäre	3 m
Mehrweg-Empfang an der Antenne	2,5 m
Auflösungsvermögen im Empfänger	3 m
Ungenauigkeit und Rauschen des Empfängers	3 m
Wahrscheinlichster Gesamtfehler der Entfernungsmessung	**11,2 m**

Tabelle 3.1.4: Typisches (veränderliches) Fehler-Budget einer GPS-Entfernungsmessung (95 %)

HDOP: Die bei der Entfernungsmessung vorherrschende Konstellation der Satelliten spielt eine wesentliche Rolle für die Positionsgenauigkeit. Wie in der terrestrischen und astronomischen Navigation führen „gute Schnittwinkel" auch bei GPS zu einer kleineren Fehlerfigur. Als Maß für die Konstellation der Satelliten dienen bei GPS die *Positional Dilution of Precision* (PDOP) für die dreidimensionale Position und die *Horizontal Dilution of Precision* (HDOP) für die zweidimensionale Position. Beide drücken aus, um wie viel die Genauigkeit der Entfernungsmessung nach Tabelle 3.1.4 durch eine nicht ideale Satellitenkonstellation verschlechtert wird. Der HDOP sollte möglichst klein sein (Idealfall HDOP = 1). Hohe HDOP-Werte bewirken, dass auch kleine Messfehler zu großen Positionsfehlern führen können. Dabei

- schwanken die HDOP-Werte je nach Satellitenkonstellation etwa zwischen 1 und 3,
- wird der aktuelle HDOP als Gütekriterium vom Empfänger angezeigt,
- wird für einen einstellbaren oberen Grenzwert, z. B. 3, ein HDOP-Alarm ausgelöst, der auf eine Verschlechterung der GPS-Position aufmerksam macht und die Position mit einer entsprechenden Qualitätsmarke versieht.

Beispielrechnung: Bei dem in Tabelle 3.1.2 angegebenen Wert für die momentane Genauigkeit der Laufzeitmessung und einem (guten) HDOP von 1,2 ergibt sich eine Positionsgenauigkeit von 11,2 m · 1,2 = 13,4 m (95 %). Verschlechtert sich der HDOP im Laufe der Zeit oder durch Einflüsse wie Abschattung oder Satellitenausfall auf z. B. 1,8, so verschlechtert sich die Genauigkeit auf 20,2 m (95 %). Aus dem beispielhaften Fehler-Budget ist auch Folgendes leicht zu entnehmen: DGPS-Korrekturen machen die Fehler der Satellitenposition, der Satellitenzeit und der Refraktion weitgehend unwirksam. Dadurch werden eine Messgenauigkeit von 5,0 m statt 11,2 m und eine Positionsgenauigkeit von 6,0 m statt 13,4 m erreicht. Wenn die Empfänger eine gewisse Widerstandsfähigkeit gegen Mehrweg-Empfang haben, kann die Genauigkeit noch weiter verbessert werden.

Neuere Entwicklung: Durch die gleichzeitige Verwendung von bis zu 24 Satelliten und internes *„Integrity monotoring"* (RAIM) kann die Positionsgenauigkeit auf etwa 5 m ohne und auf

2 bis 3 m mit DGPS-Korrekturen (jeweils 95 %) verbessert werden. Der HDOP kann dann Werte unter 1 annehmen.

Selective Availability: Bei der *Selective Availability* wird zur absichtlichen Verschlechterung der Genauigkeit ein zufälliger Fehler an den Daten der Satellitenuhr angebracht, was z. B. die Entfernungsmessung mit einem Fehler von etwa 70 m versieht, so dass – ohne DGPS-Korrekturen – eine Messgenauigkeit von etwas mehr als 70 m und bei einem HDOP von 1,4 eine Positionsungenauigkeit von etwa 100 m (95 %) erzielt wird.

(3) GPS und das Bezugssystem von Seekarten *(Chart datum)*

Die GPS-Position muss in der benutzten Seekarte (Elektronische Seekarte oder Papierseekarte) an der „richtigen" Position (n der realen Topografie des Schiffes) angezeigt werden. Dazu müssen nicht nur die numerischen Koordinatenwerte für Breite und Länge von Seekarte und GPS-Position übereinstimmen, sondern auch das zugrunde liegende geodätische Bezugssystem (Engl.: *datum*). Die Erde ist ein unregelmäßiger Körper („Geoid"). Ihre horizontale Abbildung mit numerischen Koordinaten muss auf einem regelmäßigen Körper erfolgen, der der Erdform möglichst nahe kommt. Das führt zu folgendem Problem: Bei der traditionellen Herstellung von Seekarten verwendet man etwa 170 verschiedene regionale Bezugssysteme, mit denen die dargestellten Seegebiete möglichst genau abgebildet werden, aber eben nur diese und nicht die gesamte Erde. Beispiele: Europäisches Datum „ED 50", britisches Datum „OSGB 1936", *„North American Datum (NAD83)"*, das „Tokyo Datum". Diese Systeme weichen erheblich voneinander ab. Dem globalen GPS liegt dagegen ein globales Bezugssystem zugrunde: das *„World Geodetic System 1984" (WGS-84)*. Mit diesem Referenzellipsoid wird eine weltweit optimale Anpassung an die reale Form der Erde erreicht. Für die unterschiedlichen Seegebiete werden dabei größere Abweichungen in Kauf genommen. Die Positionsdifferenzen zwischen WGS-84 und den traditionellen Bezugssystemen liegen im Allgemeinen zwischen 0,1' und 1' (etwa zwischen 20 und 200 m), im Englischen Kanal etwa 140 m zu ED50, in der Tokyo Bay sogar 700 m zum Tokyo Datum. Wegen der Größe dieses Effektes – diese Fehlerquelle ist weit größer als die oben beschriebene GPS-Ungenauigkeit von z. B. 13 m (95 %) – müssen die Bezugssysteme von GPS und Seekarten unbedingt angepasst werden. Dazu werden folgende Wege beschritten:

- **Transformation im GPS-Empfänger:** Der Benutzer gibt das Bezugssystem seiner Seekarte in den GPS-Empfänger ein (z. B. Menü: „Datum"). Der Empfänger transformiert die WGS-84-Koordinaten in das Seekarten-Bezugssystem und zeigt die seekartengerechten Werte zusammen mit dem gewählten Bezugssystem an.
- **Transformation in der Seekarte:** Die Seekarten enthalten Korrekturvermerke für den Wachoffizier: *„Durch Satellitennavigation erhaltene Positionen im WGS-84 sind um 0,xx Minuten nordwärts/südwärts und 0,xx Minuten ostwärts/westwärts zu verschieben, um mit dieser Karte übereinzustimmen."* oder *„Korrekturwerte für durch Satellitennavigation erhaltene Positionen im WGS-84 können für diese Karte nicht genannt werden. Es sollte aber nicht angenommen werden, dass sie unbedeutend sind."*
- **Änderungen bei Seekarten:** Offizielle Vektorkarten (ENCs) basieren auf dem Bezugssystem WGS-84 (vgl. Kap. 4.1.3). Offizielle Rasterkarten (RNCs) tragen als Meta-Daten die in der ECDIS vorzunehmenden Transformationen nach WGS-84 mit sich. Bei privaten digitalen Kartendaten ist Vorsicht geboten. Der Nutzer muss stets sicherstellen, dass die Positionskoordinaten aus dem GPS-Empfänger im ursprünglichen WGS-84-Format sind und nicht in ein anderes Format geändert wurden. Papierseekarten sind bereits bzw. werden zunehmend auf WGS-84 umgestellt.

(4) Weitere systematische GPS-Fehlereinflüsse und mögliche Abhilfen

Im störungsfreien Normalbetrieb von GPS müssen die folgenden Fehler und ihre Ursachen berücksichtigt werden:

- **Mehrweg-Empfang:** GPS-Strahlen werden an Metallteilen des Schiffes und an Land reflektiert, gelangen dann auf längerem Wege zur Antenne und verursachen einen Positionsfehler – insbesondere unter Containerbrücken und bei nahe passierenden Schiffen: So wird ein an der Pier liegendes Schiff z. B. 30 m weit auf dem Ufer angezeigt. Geeignete Gegenmaßnahmen können nur bei der Installation der GPS-Antenne getroffen werden (Aufstellungsort; Schutzplatte). In keinem Falle darf der vermeintlich beobachtete Fehler als *OFFSET* in das GPS-Gerät eingegeben werden, da der Effekt nach dem Verlassen des Liegeplatzes entfällt und damit die Anzeige um den eingestellten Wert zusätzlich verfälscht ist.
- **Antennenhöhe:** Bei der zweidimensionalen Ortsbestimmung muss die Antennenhöhe eingegeben werden, und zwar als Wert über WGS-84 an der Schiffsposition, wobei die ungefähre Geoid-Höhe (im Englischen Kanal etwa 50 m) im GPS-Empfänger bekannt ist. Ist der eingegebene Wert inkorrekt, wird dieser Fehler auf die horizontale Position abgewälzt. Die zweidimensionale Ortsbestimmung ist nur sinnvoll, wenn die Antennenhöhe über WGS-84 sehr genau bekannt und die Anzahl der verfügbaren Satelliten merklich reduziert ist. Im Allgemeinen ist die dreidimensionale Ortsbestimmung vorzuziehen, um auch von Tiefgangsänderung und Gezeitenhöhe unabhängig zu sein.
- **Schiffsseitige Antennenposition und Bezugssystem:** Für die Verwendung der GPS-Position in ECDIS, Radar, INS u. a. ist die Antennenposition auf ein einheitliches schiffsinternes Bezugssystem *(Consistent Common Reference System*; CCRS) umzurechnen. Dies ist in der Regel die Position des Fahrstandes *(Conning Station)* auf der Brücke. Die Umrechnung geschieht im Normalfall bei der Installation. Bei Navigationsgeräten, die wie GPS-Empfänger und ECDIS die *OFFSET*-Funktion anbieten, muss sichergestellt sein, dass das *OFFSET* der Antennenposition nicht noch einmal eingegeben wird.
- **Aktualität der GPS-Werte:** Um das statistische Streuen der Positions-, SOG- und COG-Werte zu unterdrücken, werden die GPS-Rohdaten gefiltert, d. h. geglättet und von „Ausreißern" befreit. Da dieser Vorgang eine gewisse Zeit benötigt, sind die angezeigten Werte geringfügig „verspätet". Der Grad der Filterung kann vom Nautiker in gewissen Grenzen eingestellt werden. Bei einer hohen Schiffsdynamik sollte eine schwache Filterung *(Fast)* gewählt werden, bei einer geringen Schiffsdynamik sollte die Filterung stärker sein *(Slow)*.
- **Satellitenauswahl:** Der Nutzer kann die Satellitenauswahl beeinflussen, insbesondere wenn – bei einer reduzierten Anzahl verfügbarer Satelliten – auch solche genutzt werden, die einen hohen HDOP ergeben oder deren Signale stärker durch die Refraktion betroffen sind. Dazu kann er eine bessere Satellitenkonstellation auswählen *(All, Best 4, Best of ...; Exclude worst* mit Hilfe eines *Receiver Autonomous Integrity Monitoring*/RAIM) oder die Mindest-Elevation der Satelliten herauf- oder heruntersetzen (z. B. 5 oder 10°).
- **Begrenzte Gültigkeit der DGPS-Korrekturen:** Der Genauigkeitsgewinn durch DGPS-Korrekturen wird geringer, wenn die Entfernung des Schiffes zur Referenzstation zunimmt oder auch das Alter der Korrekturdaten. Im letzteren Fall kann der Nutzer am GPS-Gerät ggf. das tolerierte „Alter der DGPS-Korrekturen" verändern.
- **Begrenzte Genauigkeit der Seekarte:** Ungereimtheiten zwischen GPS-Position und Seekarte können möglicherweise dadurch erklärt werden, dass die – lange zurückliegende – Seekartenvermessung ungenauer ist als die GPS-Position (10 bis 20 m/95 %).

3 Navigationssensoren

(5) Störungen des GPS-Normalbetriebs

Zahlreiche zufällige und gezielte Störungen des GPS-Normalbetriebs an Bord werden berichtet. Sie sind zum Teil systematisch untersucht und dokumentiert [3.1.4]. Mit solchen Störungen muss jederzeit gerechnet werden.

- **Zufällige Störungen:** Beispiele sind z. B. verstärkte Sonnenaktivitäten, die ortsabhängig und deren Verlauf, Dauer und Auswirkungen nicht vorhersagbar sind.
- **Störung durch Funkinterferenzen:** Die GPS-Signale des L1-Bandes verwenden eine Trägerfrequenz von f = 1575,42 MHz, die zugehörige Wellenlänge beträgt λ = 19 cm. Insbesondere im Resonanzfall können Fremdstrahler den GPS-Empfang stören oder gar unmöglich machen. Beispiele: Beabsichtigte Störstrahlung auf der GPS-Frequenz konnten GPS-Bordgeräte auf 30 sm hin unbrauchbar machen. Die Oberwellen (Vielfache der UKW-Frequenz) von UKW-Geräten können den GPS-Empfang beeinträchtigen. Beim Senden der INMARSAT-Anlage (f = 1625,5 bis 1645 MHz; λ = 18 cm) sind Störungen festgestellt worden, wenn die GPS-Antenne im Bereich der SATCOM-Antenne liegt (BSH). Gleiches gilt möglicherweise auch für Schiffsradaranlagen. Berichtet wird von Störungen durch Flughafenradar.
- **Unerwünschter Signalausfall durch Abschattungen:** Neben dem möglichen technischen Ausfall einzelner Satelliten können situationsbedingt Abschattungen durch Böschungen, Brücken und Gebäude, durch eigene Schiffsaufbauten während einer Kursänderung sowie durch nahe passierende Schiffe auftreten und zu einer merklichen Verschlechterung der Positionsbestimmung führen – meist verbunden mit einem plötzlichen Sprung der Position.
- **Absichtliche Störung durch Manipulation der GPS-Signale:** Die – im Mai 2000 abgeschaltete – *Selective Availability* (SA) erlaubt nur bestimmten Nutzern die vollwertige Qualität von GPS. Im Krisenfall muss man damit rechnen, dass für die zivile Schifffahrt die Genauigkeit von 10 bis 20 m (95 %) auf 100 m (95 %) verschlechtert wird. Gelegentlich werden auch Wartungsarbeiten und militärisch bedingte Versuche an GPS durchgeführt, wodurch für einen bestimmten Zeitraum in einem bestimmten Seegebiet GPS nicht einwandfrei arbeitet. Derartige Versuche werden im Allgemeinen im Voraus angekündigt (z. B. NfS). Auch ungeplante Ereignisse werden möglichst schnell nach ihrem Auftreten veröffentlicht.

GPS – Resumee

Im ungestörten Fall, d. h. bei optimaler Einstellung des Empfangsgerätes, bei korrekter Anwendung des Bezugssystems WGS-84 und ohne absichtliche Verschlechterung der Systemgenauigkeit, kann für die zivile Schifffahrt beim GPS-Verfahren mit einer Genauigkeit von 10 m (in günstigen Fällen von 5 m) ohne DGPS-Korrektur und von 3 bis 6 m (in güstigen Fällen von 2 bis 3 m) mit DGPS-Korrektur gerechnet werden. Aufgrund der statistischen Behandlung besteht jedoch immer ein Restrisiko von 5 % (also für jeden 20. Fall), dass die aktuelle Genauigkeit schlechter ist als der „offiziell" geltende Wert. Zudem gibt es zahlreiche Fehlereinflüsse, deren Auftreten an Bord nicht immer erkannt wird. Daher ist der ausschließliche Verlass auf GPS keine gute nautische Praxis: Es wird empfohlen, stets andere verfügbare Navigationsmittel (Radar-ECDIS-Überlagerung, terrestrische Verfahren) zur Ortsbestimmung hinzuzuziehen. GPS wird zu GPS III mit verbesserten Eigenschaften ausgebaut und modernisiert.

3.1.4   Weitere Navigationsverfahren: GALILEO, GLONASS, LORAN-C

(1) GALILEO

Das zukünftige weltweite Satellitennavigationssystem GALILEO ist das europäische Gegenstück zu GPS. Es wird als unabhängiges System aufgebaut, jedoch wird eine enge Zusam-

3.1 Elektronische Positionssensoren

menarbeit mit anderen Systemen wie GPS und GLONASS bei der Planung berücksichtigt (Interoperabilität). GALILEO dient ausschließlich zivilen Zwecken und steht unter ziviler Kontrolle. Der allgemeine *Open Service* mit Positions-, Navigations- und Zeitdaten ist für die Nutzer frei von direkten Kosten. Satelliten, Signale und Prozeduren sind weitgehend analog zu GPS, allerdings beruht GALILEO auf einem breiteren Frequenzspektrum, wodurch das System robuster und weniger störanfällig ist. GALILEO bietet für die Schifffahrt – neben dem *Open Service* – insbesondere den *Safety-of-Life Service* (Dienst für sicherheitskritische Anwendungen; SoL). Der SoL-Dienst erfüllt alle Anforderungen der IMO. GALILEO überträgt sowohl Navigationssignale (mit Integritätsinformationen) als auch ein SAR-Signal für Notfälle (auf reservierten Frequenzen). Neben dem Vorteil der rein zivilen Kontrolle und dem der größeren Robustheit sieht GALILEO im SoL-Dienst zwei weitere wesentliche Verbesserungen vor:

- **Systemgenauigkeit:** Die u.a. durch Korrektur von Ionosphärenfehlern erreichbare horizontale Positionsgenauigkeit (95 %) beträgt für den *Time critical level* 4 m (vertikal 8 m) bei einem Alarmgrenzwert von 12 m (vertikal 20 m) und für den „*Non-Time critical level*" 220 m bei einem Alarmgrenzwert von 556 m.
- **Integrity monitoring:** Das GALILEO *Integrity monitoring* basiert auf GALILEO-Integritätsmeldungen und empfängerautonomer Integritätsprüfung *(RAIM)*. Es bietet u.a. ein *Time-to-alarm*-Limit von 6 s für den *Time critical level* und von 10 s für den *Non-Time critical level*. Es werden eine Systemverfügbarkeit von mindestens 99,5 % und eine Kontinuität (als Maß für einen ungeplanten Ausfall) von 99,999 % für 15 s garantiert.

Kriterium/Funktion	Mindestleistung nach IMO
Positionsanzeige (Breite, Länge)	° und min (mit tausendstel min)
Aufdatierung der Position	Mindestens einmal pro s (HSC: 2mal pro s)
Statische und dynamische Genauigkeit (95 %) bei HDOP = 4	15 m horizontal/35 m vertikal (bei 1 Frequenz) 10 m horizontal/10 m vertikal (bei 2 Frequenzen)
Erste Positions- und Fahrtangabe (95 %) nach dem Einschalten	5 min (keine Almanach-Daten bekannt; Kaltstart) 1 min (Almanach-Daten bekannt; Warmstart)
Positionsangabe nach einer Störung	1 min nach Betriebsunterbrechung von 60 s
Integrity Monitoring Alarme nach	5 s nach einem Positionsverlust 5 s, wenn 1 s lang keine neue Ortsbestimmung erfolgt 10 s, wenn der horizontale Alarmgrenzwert von 25 m 3 s lang überschritten wird
Alarme	Ausfall des Empfangsgerätes
Übertragung von Position, COG, SOG und Alarmmeldungen an andere Geräte	Mindestens 2 Ausgänge für Navigationsdaten und Gültigkeitskennzeichnungen („validity marks")
Alarmmanagement	Bi-direktionale Schnittstelle für die externe Bestätigung eines akustischen Alarms des Galileo-Empfangsgeräts

Tabelle 3.1.5: Wesentliche Leistungsanforderungen an Galileo-Bordempfänger nach IMO

Die wesentlichen Anforderungen der *IMO Performance Standards* für GALILEO-Bordempfänger [3.1.5] sind in Tabelle 3.1.5 dargestellt. Sie gehen über die Anforderungen an GPS-Empfänger (Tabelle 3.1.3) hinaus, bleiben als Mindeststandard jedoch unter den tatsächlichen Systemmöglichkeiten. Man kann auch hier davon ausgehen, dass die Leistung der Bordgeräte besser ist als die Anforderungen des Standards.

(2) GLONASS

GLONASS ist das russische Gegenstück zu GPS. Auch GLONASS ist ein weltweit verfügbares und von der IMO anerkanntes Navigationssystem, dessen Satelliten- und Signaleigenschaften und dessen Funktionsweise der des GPS weitgehend entsprechen (Ausnahme: Frequenz-Multiplex für die verschiedenen Satelliten bei GLONASS statt Code-Multiplex bei GPS). Entsprechend besitzt GLONASS die wesentlichen und praktischen Eigenschaften wie GPS. Die Anzahl der Satelliten soll wieder auf 18–24 aufgestockt werden. Die kostenlose zivile Nutzung ist zunächst bis 2015 offiziell angeboten. Die horizontale Genauigkeit für zivile Nutzer wird bei vollständiger Konstellation ohne Nutzung von Differential-Korrekturen mit 60 m (99,7 %) angegeben, was etwa 20 m (95 %) entspricht. Die *IMO Performance Standards* fordern für die Bordempfänger 45 m (95 %) bei einem HDOP von 4. In der Praxis wurden noch bessere Werte angegeben [3.1.6]. Pläne für eine gezielte Verschlechterung der Signale wie die *Selective Availability* (SA) bei GPS sind derzeit nicht bekannt. Analog zu GPS existiert ein Differenzial-Korrektursystem (D-GLONASS). GLONASS unterliegt, wie GPS, letztlich militärischer Kontrolle. Es gibt weniger zivile Anwendungen als mit GPS. Auch in der internationalen Schifffahrt werden weitaus weniger GLONASS-Empfänger als GPS-Empfänger genutzt.

(3) LORAN-C

LORAN-C *(Longe Range Navigation)* ist ein landgestütztes Navigationssystem mit regionaler Bedeckung. Es nutzt den Frequenzbereich von 100 ± 10 kHz (λ = 3000 m; Langwellenbereich). Die klassische Positionsbestimmung basiert auf der Messung von Laufzeitdifferenzen zu jeweils zwei Sendern einer LORAN-C-Kette, die Standlinien sind dann Hyperbeln, zu deren Auswertung ursprünglich spezielle LORAN-C-Karten benötigt wurden. Inzwischen wurde das Verfahren erheblich modernisiert, u. a. durch Einsatz von Atomuhren, Synchronisation der Sender, automatische Einstellung der jeweiligen LORAN-C-Ketten und Berechnung der Positionskoordinaten (φ, λ) im Empfänger. (Stichworte: *Range-Range*-Messung; Northwest European LORAN-C System *NELS*; *Eurofix*). Die absolute Genauigkeit wird mit 0,25 sm (etwa 500 m; 95 %) angegeben, die Wiederholgenauigkeit mit etwa 100 m, im Zentrum der Bedeckung sogar mit 10 bis 20 m (95 %) [3.1.6]. Die Reichweite beträgt mehrere 100 sm, abhängig u. a. vom Untergrund (See, Land). Die Sendeleistung eines Senders beträgt etwa 300 bis 400 kW. Die Ausbreitung der LORAN-C-Langwellen wird durch topografische Hindernisse nicht wesentlich behindert, jedoch entstehen durch Änderung der Bodenleitfähigkeit (See, Land) Ausbreitungsanomalien *(Additional Secondary Factors*; ASF). Diese sind für die jeweiligen Seegebiete vorhersagbar und können bei der Signalauswertung im Empfänger berücksichtigt werden. Die Zukunft von LORAN-C ist unsicher. Nachteilig ist die auf Küstenregionen begrenzte Reichweite. Andererseits wird die Abhängigkeit von Satellitennavigationssystemen als Risiko gesehen, und LORAN-C gilt als terrestrische Alternative. Das russische Gegenstück zu LORAN-C ist CHAIKA. Mit dem Eurofix-System können DGPS-Korrektursignale (Kap. 3.1.1) übertragen werden. In der Schifffahrt sind kaum LORAN-C-Empfänger installiert.

(4) Integrierte Positionsempfänger

Zur Verbesserung von Genauigkeit, Integrität und Verfügbarkeit der Positionsbestimmung sind bzw. werden integrierte Empfänger *(Combined receiver equipment)*, z. B. für (D)GPS/GLONASS und (D)GPS/LORAN-C und zukünftig (D)GPS/GALILEO u. a. entwickelt. Die Kombination von GALILEO und z. B. GPS wird zukünftig Möglichkeiten eröffnen, die über die der Einzelsysteme hinausgehen. Integrierte Positionsempfänger werden z. B. im Bereich der dynamischen Off-Shore-Positionierung eingesetzt. Es bleibt abzuwarten, inwieweit entsprechende Bordempfänger auch in der maritimen Navigation eingesetzt werden.

3.2 Kursmessung
Jürgen Majohr

Eine kontinuierliche und genaue Bestimmung des Schiffskurses mit Kursmessanlagen (Kompassen) ist bedeutsam für die sichere Steuerung und Navigation des Schiffes. Darüber hinaus wird der Kurswert von Kompassen für andere Navigationsgeräte und -systeme bereitgestellt, wie Kursregler, ECDIS, Radar, AIS und INS, damit diese ihre Funktion ausführen können. Die Ausrüstung von Seeschiffen mit Kompassen erfolgt nach entsprechenden *SOLAS*-Vorschriften [3.2.1, 3.2.2]. So sind alle Schiffe, gleich welcher Größe, mit einem Magnetkompass, alle Schiffe $\geq$ 500 GT zusätzlich mit einem Kreiselkompass auszurüsten.

3.2.1 Kreiselkompassanlagen

Kreiselkompassanlagen werden seit Jahrzehnten in der Seeschifffahrt zur kontinuierlichen Messung des Schiffskurses wegen ihrer hohen Messempfindlichkeit und -genauigkeit, geringen Ausfallwahrscheinlichkeit und einfachen Bedienbarkeit als Hauptkompass eingesetzt.

(1) Physikalisch-technisches Wirkungsprinzip des Kreiselkompasses

Durch den resultierenden Drehimpulsvektor der Kreiselanordnung des Kreiselkompasses wird die Bezugsrichtung Kreiselkompass-Nord (KrN) festgelegt. Als Kursgröße wird der Kreiselkompasskurs (KrK) gemessen, der als Winkel von KrN bis zur Rechtvorausrichtung des Schiffes definiert ist. Sind alle systematischen Fehlweisungen des Kreiselkompasses korrigiert, entspricht der KrK dem rechtweisenden Kurs (rwK).

a) Umwandlung des kräftefreien Kreisels in ein meridiansuchendes Kreiselsystem

Die Drehimpulsachse eines kräftefreien, symmetrischen Kreisels mit drei rotatorischen Freiheitsgraden (Kreisel in kardanischer Aufhängung) behält eine einmal eingestellte Lage (Richtung) im Raum – bezüglich des Fixsternhimmels – unverändert bei [3.2.3]. Daher führt seine Drehimpulsachse eine relative (scheinbare) Bewegung im Koordinatensystem des Schiffsortes auf der Erde (Meridian und Horizontalebene) aus, für die die Eigenrotation der Erde mit der Winkelgeschwindigkeit $\omega_E = 15°/h = 0{,}725 \cdot 10^{-4}/s$ ursächlich ist. Der kräftefreie Kreisel ist deshalb nur als richtunghaltender, nicht als nordsuchender Kreisel für eine Kursmessung geeignet. Er muss durch technische Zusatzeinrichtungen gezwungen werden, seine Richtung im Koordinatensystem der Erde beizubehalten. Für die Umwandlung des kräftefreien Kreisels mit drei Freiheitsgraden in einen nordsuchenden Kreisel (Kreiselkompass) mit zwei Freiheitsgraden und einem beschränkten Freiheitsgrad (Horizontfesselung) werden – je nach Typ der Kreiselkompassanlage – die folgenden konstruktiven Prinzipien verwendet: schwerer Kreisel, Kreisel mit Quecksilbergefäßen und elektronischer Kreiselkompass. Bei den ersten beiden Prinzipien handelt es sich um seit längerem verwendete, bewährte Lösungen. Hier soll das Prinzip des schweren Kreisels behandelt werden, der in den meisten Kreiselkompassanlagen verwendet wird.

b) Einschwingen beim schweren Kreisel

Beim schweren Kreisel (Abb. 3.2.1) wird der Gewichtsschwerpunkt S unterhalb des Stützpunktes 0 der Aufhängung gelegt (symbolisch durch Masse m). Bei der durch die Erdrotation verursachten Auswanderung der Drehimpulsachse des Kreisels mit dem Höhenwinkel Θ aus

3 Navigationssensoren

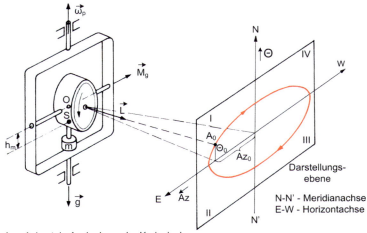

Az = Azimutale Auslenkung der Kreiselachse
Θ = Höhenwinkel der Kreiselachse

Abb. 3.2.1: Ungedämpfte (elliptische) Schwingung des schweren Kreisels um den Meridian

der Horizontebene entsteht unter dem Einfluss der Schwerebeschleunigung der Erde g ein äußeres Drehmoment um die Kreiselquerachse der Größe

$$M_g = F_g h_m \sin\Theta = mgh_m \sin\Theta \qquad (3.2.1)$$

mit der Gewichtskraft $F_g = mg$, der Masse m des Kreisels, g = 9,81 ms^{-2} und dem Abstand zwischen Form- und Gewichtsschwerpunkt h_m (metazentrische Höhe) des Kreisels. Das äußere Drehmoment ruft auf Grund des Präzessionsgesetzes ausgehend vom Startpunkt A_0 (Az_0, Θ_0) die Auswanderung der Kreiselachse nach Kreisel-Nord mit der Winkelgeschwindigkeit

$$\omega_p = \frac{M_g}{L} = \frac{mgh_m \sin\Theta}{J_p \omega_K} \qquad (3.2.2)$$

hervor. Dabei ist L der Kreiseldrehimpuls, J_p das polare Trägheitsmoment um die Kreiselrotationsachse und ω_K die Winkelgeschwindigkeit des Kreisels [3.2.3].

Dies setzt sich in ungedämpften Schwingungen sowohl der azimutalen Richtung Az(t) der Kreiselachse um KrN als auch der Höhenbewegung Θ(t) um die Horizontebene am Kompassort fort, so dass durch die Überlagerung beider Bewegungskomponenten die ungedämpfte elliptische Schwingung entsteht (Abb. 3.2.1; Θ stark vergrößert dargestellt, da nur einige Winkelminuten groß). Die Eigenschwingungsperiode T_0 des schweren Kreisels für den einmaligen Umlauf um den Meridian wird konstruktiv – für eine für die Schifffahrt sinnvolle (Konstruktions-) Breite, meist $\varphi_{Konst} = 60°$ – gleich der Schwingungsperiode T_{OS} eines mathematischen Pendels mit der Länge des Erdradius R_E gewählt (*Schuler*-Periode):

$$T_0 = 2\Pi \sqrt{\frac{J_p \omega_K}{mgh_m \omega_E \cos\varphi}} = T_{OS} = 2\Pi \sqrt{\frac{R_E}{g}} = 84,4 \text{ min} \qquad (3.2.3)$$

mit $R_E = 6\,370\,300$ m und $\omega_E = 15°/h = 0,725 \cdot 10^{-4}$/s.

Zu beachten: Die Kippung des Kreisels gegenüber der Horizontebene ist am Äquator groß, in den Polgebieten gering. Daher ist die Richtwirkung des Kreisels breitenabhängig. An den Polen tritt keine Kippung des Kreisels gegenüber der Horizontebene ein und es gilt $M_g = 0$ sowie $\omega_p = 0$ (Gl. 3.2.1 und 3.2.2). Damit ist die Kursmessung mit einem Kreiselkompass an den Polen und in den Polgebieten nicht möglich.

3.2 Kursmessung

c) Kreisel mit Dämpfungseinrichtung

Um das Kreiselelement als Bezugselement für den Meridian verwenden zu können, ist eine Dämpfung der Schwingungen mittels einer Kreisel-Dämpfungseinrichtung erforderlich. In Verbindung mit dem schweren Kreisel wird meist eine Flüssigkeitsdämpfung in Form einer Öltankdämpfung eingesetzt, wodurch die ungedämpfte elliptische Schwingung der Kreiselachse in eine gedämpfte und letztlich in eine stabile Lage umgewandelt wird. Für den Kurs ergibt sich das typische Einschwingverhalten nach Abb. 3.2.2. Die Periode der gedämpften Schwingung T_g ist größer als die Periode der ungedämpften Schwingung von 84,4 min (Gl. 3.2.3).

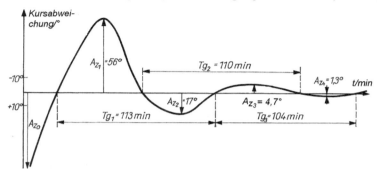

Abb. 3.2.2: Einschwingvorgang des Kurses des gedämpften Kreisels

Zu beachten: Erst nach einem maximal 6 h dauernden Einschwingvorgang ist die Kreiselachse in KrN-Richtung eingeschwungen. Dann kann der Kompass für die genaue Kursmessung verwendet werden (Tabelle 3.2.1). Das jeweilige Amplitudenverhältnis A_{Zi}/A_{Zi+1} (z. B. 56°/17° = 3,3 in Abb. 3.2.2) und die Periode der gedämpften Schwingung T_{gi} (z. B. T_{g1} = 113 min) geben Auskunft darüber, ob das Einschwingverhalten des Kompasses in Ordnung ist. Die Parameter sollten in den Bereichen A_{Zi}/A_{Zi+1} = 3 bis 5 bzw. T_{gi} = 90 bis 130 min liegen.

(2) Wesentliche Baugruppen von Kreiselkompassen

Es wird der Grundaufbau von Kreiselkompassen und einiger typischer Baugruppen dargestellt. Entsprechend der Anzahl der verwendeten Kreiselmesselemente können Zweikreiselkompasse (Fabrikate: *Raytheon-Anschütz, Plath, Microtecnica, Kurs, Amur*) und Einkreiselkompasse (Fabrikate: *Sperry, Arma-Brown, Robertson, Tokimec, Vega*) unterschieden werden.

a) Blockbild einer Kreiselkompassanlage

Der Mutterkompass enthält das Kreiselmesselement. An ihm kann der Kompasskurs abgelesen werden sowie weitere Daten wie Betriebsstatus, Warnungen und Fehleranzeigen. Der Mutterkompass stellt die Kursinformation für die Tochterkompasse (*repeater compasses*) (analog auf Kursrose oder digital) an verschiedenen Orten des Schiffes sowie für andere Navigationseinrichtungen zur Verfügung. Häufig erfolgt zusätzlich die Bereitstellung und Anzeige der Drehrate (*rate of turn, RoT*). Eingangs- und Ausgangsschnittstellen sind in Abb. 3.2.3 ersichtlich.

b) Wesentliche Funktionen und Baugruppen eines Kreiselkompasses

Die Kreiselkugel – das eigentliche richtungsempfindliche Element der Kreiselkompassanlage – ist im Mutterkompass angeordnet. Im Inneren der Kreiselkugel ist – in diesem Beispiel – ein Zwei-

3 Navigationssensoren

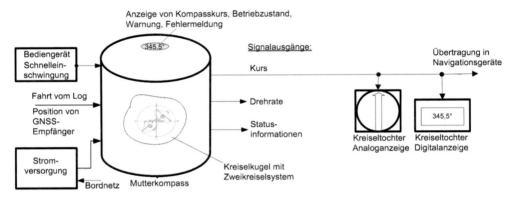

Abb. 3.2.3: Blockbild einer Kreiselkompassanlage

kreiselverband angebracht (Abb. 3.2.3), der die Entstehung eines Schlingerfehlers des Kreiselkompasses bei Bewegungen des Schiffes im Seegang weitgehend vermeidet. Die Kreiselkugel schwebt nahezu reibungsfrei in der Tragflüssigkeit, die von der die Kreiselkugel umgebenden Hüllkugel bzw. dem Kompasskessel aufgenommen wird. Mittels der elektrisch leitenden Tragflüssigkeit (Elektrolyt) erfolgt die Stromzuführung von der Hüllkugel über entsprechende Elektrodenbelegungen an die Kreiselmotoren und weiteren elektrischen Elemente der Kreiselkugel.

Zur Zentrierung der Kreiselkugel in der Hüllkugel werden traditionell elektromagnetische „Blasspulen" angewandt, die parallel zur Äquatorebene der Kugel angebracht sind. Bei anderen Lösungen erfolgt die Zentrierung der Kreiselkugel mit einem „hydrodynamischen Flüssigkeitslager" oder einem „Trichterschwimmer" mit Zentrierstift und Spitzenlager. Die Hüllkugel ist wesentliches Element der Nachlaufregelung für die Übertragung des Kurses an Kreiseltöchter. Der Kompasskessel dient zur Aufnahme des Systems Kreiselkugel – Hüllkugel – Tragflüssigkeit. Eine kardanische Aufhängung des Kompasskessels im Kompassgehäuse sorgt für seine beständige Horizontallage. Die Kardanachsen sind federnd gelagert, um Vibrationen vom Messsystem fernzuhalten. Anstelle dieser Lösung wird auch eine federnde Aufhängung des Messsystems mit Vibrationsdämpfung angewandt. Bei einigen Anlagentypen sind Hüllkugel und Kompasskessel zu einer Hülle zusammengefasst. Zur Gewährleistung des Schwebezustandes der Kreiselkugel ist die Einhaltung einer konstanten Temperatur der Tragflüssigkeit mittels Temperaturregelung erforderlich. Die Abführung der durch die elektrische Energie umgewandelten erheblichen Wärmeenergie erfolgt durch einen Ventilator als Kühleinrichtung.

c) Alternative „Elektronische Kreiselkompasse": Durch einen mit der Kreisel-Drehimpulsachse einer Einkreiselanordnung gekoppelten „Horizontindikator" (Winkel-Spannungs-Wandler) erfolgt die Erfassung des Höhenwinkels Θ. Das elektrische Ausgangssignal des Horizontindikators steuert einen elektromechanischen Drehmomentengeber an, der ein Drehmoment erzeugt, das – wie beim schweren Kreisel – zur Präzession der Kreiselachse zum Meridian führt. Auf Grund der elektrischen Steuerung liegt ein flexibles Kreiselkonzept vor. So kann vom Kreiselkompassbetrieb auf die Betriebsart eines Richtungskreisels (freier Kreisel; Kursdrift <0,1°/h; geringer Beschleunigungsfehler bei schnellen Manövern und schwerer See) umgeschaltet werden.

(3) Wesentliche Bedienungshinweise:
- **Einschalten:** Der Kreiselkompass ist mehrere Stunden vor seiner Nutzung einzuschalten.
- **Aufheizvorgang:** Nach dem Einschalten wird bei den meisten Kreiselkompassen zunächst die Tragflüssigkeit auf die Betriebstemperatur (z. B. +45°C) aufgeheizt. Die Heizzeit kann

je nach der Ausgangstemperatur der Tragflüssigkeit unterschiedlich lang sein, z. B. 30 Minuten. Während der Heizzeit ist die Nachlaufregelung abgeschaltet, d. h. es findet keine Kursübertragung zu den Kreiseltöchtern statt. Diese wird automatisch eingeschaltet, wenn die Tragflüssigkeit ihre Betriebstemperatur erreicht hat.
- **Normaleinschwingung:** Die normale Einschwingzeit erfordert einen Zeitaufwand von vier bis sechs Stunden, wenn das Schiff keine Kursänderung (auch kein Verholen) ausführt.
- **Schnelleinschwingung:** Die normale Einschwingzeit wird wesentlich reduziert, z. B. auf 1 h. Die Schnelleinschwingung wirkt nur, wenn das Schiff während dieses Vorgangs keine Kursänderung durchführt.
- **Kursablesung:** Ein verlässlicher Kurs (Ablesegenauigkeit 0,7°) kann erst abgelesen werden, wenn die Kreiselkompassanlage eingeschwungen ist (Tabelle 3.2.1).
- **Korrektur von Kreisel-A:** Für die Korrektur des Kreisel-A (KrA) wird der rwK an der Pier aus der Karte entnommen. Dazu muss das Schiff festgemacht und der Kreiselkompass eingeschwungen sein. Wird nach Ablesen des Kurses am Mutterkompass festgestellt, dass der Betrag von KrA >0,5° ist, muss der Fehler durch entsprechende Einstellungen am Mutterkompass so weit wie möglich beseitigt werden. Das ermittelte KrA sollte im Kreiselkompasstagebuch festgehalten werden.
- **Automatische Fahrtfehlerberichtigung:** Die automatische Fahrtfehlerberichtigung erfordert die automatische Eingabe der FüG und der geografischen Breite über Datenschnittstellen von entsprechenden Sensoren. Ist dies nicht gegeben, ist die manuelle Eingabe von Fahrt und Breite vorzunehmen.
- **Synchronisierung:** Bei älteren Kreiselkompassen mit Kursübertragung vom Mutterkompass zu den Tochterkompassen mittels Drehmelderübertragung (Synchros), Schrittmotoren o. ä. sind die Tochteranzeigen nach dem Einschwingvorgang manuell zu synchronisieren. Bei modernen Kreiselkompassen mit Ansteuerung der Tochterkompasse, z. B über Kursbus, erfolgt automatische Synchronisierung.
- **Typische Warnungen:** Automatische Alarme werden bei Ausfall der Stromversorgung, Kühlventilatorfehler, Heizungsfehler, Überschreitung der zulässigen Tragflüssigkeitstemperatur und zu niedrigem Tragflüssigkeitsniveau in der Hüllkugel ausgelöst.
- **Ausschalten:** Ein Kreiselkompass sollte generell nicht auf See ausgeschaltet werden, da die Kreiselkugel zerstört werden könnte. Auch bei Hafenliegezeiten bis zu etwa einer Woche sollte der Kreiselkompass eingeschaltet bleiben.
- **Beschleunigungsfehlerberichtigung:** Falls keine automatische Korrektur des Beschleunigungsfehlers erfolgt, kann im Bedarfsfall mit ausreichender Näherung die Beschleunigungsfehlerberichtigung nach Gl. 3.2.6 ermittelt werden.

Zu Details der Bedienung von Kreiselkompassen sei auf die technischen Dokumentationen der Hersteller verwiesen.

(4) Systematische Fehlweisungen

Systematische Fehlweisungen des Kreiselkompasses sind: Kreisel-R, Kreisel-A, Fahrtfehler- und Beschleunigungsfehlerberichtigungen.

a) Kreisel-R und Kreisel-A

Kreisel-R (KrR) ist die beobachtete (!) Kreiselkompassfehlweisung (KrFw) abzüglich der Fahrtfehlerberichtigung (Ff). Kreisel-A (KrA) ist der konstante Anteil von KrR, zugleich dessen Mittelwert. Er kann durch Kollimationsfehler des Kreiselsystems (resultierender Drehimpulsvektor des Kreisels fällt nicht in die 0°-Richtung der Kreiselkugelmarkierung) oder durch unexakte Ausrichtung des Kreiselkompasses (Steuerstrich nicht parallel zur Mittschiffslinie) hervorgerufen werden. In KrR geht zusätzlich insbesondere der nicht kompensierte, zeitlich veränderliche Beschleunigungsfehler ein. Der KrA-Wert dient zur Berichtigung des Kreiselkompasskurses.

b) Fahrtfehlerberichtigung

Während sich bei ruhendem Schiff die Kreiselachse in Richtung des Vektors der Horizontalkomponente $\vec{\omega}_H$ der Erdrotation (rwN) einstellt, entsteht bei der Fahrt des Schiffes mit der Geschwindigkeit über Grund $\vec{v}_G$ auf der gekrümmten Erdoberfläche eine zusätzliche Winkelgeschwindigkeit $\vec{\omega}_S = \vec{v}_G/R_E$, die stets nach der Backbordseite gerichtet ist. Beide Winkelgeschwindigkeiten überlagern sich zu einer Resultierenden $\vec{\omega}_R = \vec{\omega}_H + \vec{\omega}_S$, in die sich die Kreiselachse einstellt (Abb. 3.2.4). Die Richtung von $\vec{\omega}_R$ wird daher als Kreiselkompass-Nord (KrN) bezeichnet. Der Differenzwinkel zwischen KrN und rwN stellt definitionsgemäß die Fahrtfehlerberichtigung (Ff) – als Formelzeichen δ_{Kr} [3.2.4] – dar. Aus der Konstruktion nach Abb. 3.2.4 kann die folgende Gleichung zur direkten Berechnung der Fahrtfehlerberichtigung als Funktion des KrK abgeleitet werden:

$$Ff/° = -57{,}3 \frac{v_G/kn \cdot \cos KrK/°}{900/kn \cdot \cos\varphi/°} \quad (3.2.4)$$

Auf genau nördlichen und südlichen Kursen ist der Ff maximal, wobei das Vorzeichen auf nördlichen Kursen negativ und auf südlichen Kursen positiv ist. Für KrK = 90° und KrK = 270° ist der Ff gleich Null. Mit zunehmender geografischer Breite φ vergrößert sich der Ff.

Beispiel für die Berechnung von Ff: Wenn ein Schiff mit Nordkurs (KrK = 0°) und einer Geschwindigkeit v_G von 20 kn fährt, beträgt bei der geografischen Breite von 60° N die Fahrtfehlerberichtigung etwa -2,5°.

Für die in der Seeschifffahrt üblichen (geringen) Geschwindigkeiten kann in Gl. (3.2.4) anstelle des KrK auch der rwK eingesetzt werden. Bei Windabdrift und Stromdrift sollte man in Gl. (3.2.4) den KüG einsetzen. Zur Beschickung des KrK mit der Fahrtfehlerberichtigung Ff sei auf Kap. 2.1.4 verwiesen. In modernen Kreiselkompass-

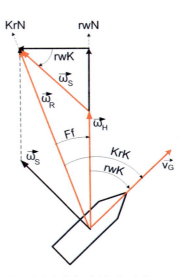

Abb. 3.2.4: Fahrtfehlerberichtigung ($\vec{\omega}_S$ und Ff vergrößert dargestellt)

anlagen wird – ausgehend von der Einspeisung der Fahrt von einem Log und der geografischen Breite von einem Satellitenortungs-Empfänger – eine automatische Fahrtfehlerberichtigung vorgenommen.

c) Beschleunigungsfehlerberichtigung

Beschleunigungsfehler entstehen durch Beschleunigungen bei Kurs- und Fahrtänderungen des Schiffes am beschleunigungsempfindlichen Kreiselelement und an der Dämpfungseinrichtung. Die Beschleunigungsausschläge des Kreisels α_v infolge Fahrtänderung und α_K infolge Kursänderung sind während des Manövers den jeweiligen Änderungen der Fahrtfehlerberichtigung ΔFf gleichgerichtet und unterstützen somit das Einlaufen der Kreiselachse in den neuen Kreiselmeridian. Das Auftreten eines Beschleunigungsfehlers zum Ende eines Schiffsmanövers und damit ein neuer Einschwingvorgang werden vermieden, wenn ein aperiodischer Übergang in den neuen Kreiselmeridian durch die folgenden Bedingungen realisiert wird:

$$\Delta Ff_v = \alpha_v; \ \Delta Ff_K = \alpha_K \quad (3.2.5)$$

Eine nähere Analyse (Gl. 3.2.3; *Schuler*-Periode) zeigt, dass die Einhaltung dieser Beziehungen von den Konstruktionsdaten des Kreiselkompasses und von der geografischen Breite φ und nicht von den Manövrierparametern des Schiffes abhängt. Da die *Schuler*-Bedingung aber nur bei der Konstruktionsbreite des Kreiselkompasses $φ_{Konst}$ eingehalten werden kann, entsteht bei abweichenden Breiten $φ ≠ φ_{Konst}$ ein Beschleunigungsfehler. Die exakte Berechnung und automatische Korrektur der Beschleunigungsfehlerberichtigung (Bf) stellt eine sehr anspruchsvolle Aufgabe dar. Für eine annähernde Bestimmung der Bf kann die folgende Beziehung verwendet werden [3.2.3]:

$$Bf = ΔFf (2\cosφ - 1) = (Ff_2 - Ff_1)(2\cosφ - 1) \qquad (3.2.6)$$

Dabei bedeuten Ff_1 und Ff_2 die Fahrtfehlerberichtigungen bei Beginn und Beendigung des Manövers. Damit kann die Beschleunigungsfehlerberichtigung maximal die Größe der Änderung der Fahrtfehlerberichtigung annehmen.

Beispiel: Bei einer Kursänderung von $KrK_1 = 0°$ auf $KrK_2 = 180°$ auf der Breite $φ = 15°N$ mit einer Fahrt $v_G = 20$ kn ergibt sich über die Bestimmung von $Ff_1 = -1,3°$ und $Ff_2 = +1,3°$ eine Änderung der Fahrtfehlerberichtigung von $ΔFf = Ff_2 - Ff_1 = +1,3°-(-1,3°) = +2,6°$ und eine Beschleunigungsfehlerberichtigung $Bf = +2,6°(1,93 - 1) = +2,4°$.

Zu beachten: Bei Kurs- und Fahrtänderungen ist stets mit Beschleunigungsfehlern zu rechnen. Insbesondere bei speziellen periodischen Manövern wie mehrfachen Drehkreisen (für Kompassbeschickungen) und Profilfahrten (SAR) können Beschleunigungsfehler bis zu 5° (auch durch die Dämpfungseinrichtung) auftreten, die noch lange Zeit nach (!) dem Manöver vorhanden sind und einen neuen Einschwingvorgang erfordern.

(5) Leistungsanforderungen und -grenzen für Kreiselkompasse

Die in den *IMO Resolutionen A.424(XI)* [3.2.5] und *A.821(19)* [3.2.6] für *HSC* festgelegten Leistungsparameter für geografische Breiten bis 60° und Geschwindigkeiten bis 30 kn sind in Tabelle 3.2.1 zusammengestellt. Die Ruhekursanzeige ist der Mittelwert von zehn Kursablesungen in Abständen von je 20 min nach Erreichen des Einschwingzustandes. Für *HSCs* gelten im Prinzip die gleichen Genauigkeitsanforderungen, allerdings für eine höhere Geschwindigkeit (70 kn) und bis zu einer Breite von 70°.

Parameter	Definition/Methode	Fehlertoleranz
(1) Einschwingzustand	Drei beliebige Kursablesungen in Zeitabständen von je 30 min	0,7°
(2) Einschwingzeit	Zeit vom Einschalten bis zur 3. Anzeige des Einschwingzustandes	6 h
(3) Ruhekursanzeige-fehler	Standardabweichung zwischen Ruhekursanzeige und rwK, max. Fehlerwert = ± 0,25°/cosφ	± 0,5 (95%)
(4) Restausschlag nach Fahrfehlerkorrektur	Unterschied zwischen abgelesenem Wert und Ruhekursanzeige bei v = 20 kn, max. Fehlerwert = ± 0,25°/cosφ	± 0,5 (95%)
(5) Beschleunigungs-fehler	Schnelle Änderung der Fahrt um 20 kn (*HSC*: 70 kn) Schnelle Änderung des Kurses um 180°, v = 20 kn (*HSC*: 70 kn)	± 2° (95%) ± 3° (95%)
(6) Schlingerfehler	Rollen, Stampfen, Gieren: Periode = 6...15 s, Winkel = 5, 10, 20°, max. horiz. Beschleunigung: 1 m/s², max. Fehlerwert = ± 1°/cosφ	± 2° (95%)

Tabelle 3.2.1: Leistungsanforderungen an Kreiselkompasse für eine Breite bis zu 60° [3.2.5]

Zusammenfassende Einschätzung: Bei Kreiselkompassen kann davon ausgegangen werden, dass nach dem Einschwingvorgang und erfolgter Fahrtfehlerkorrektur der Fehler bei Geradeausfahrt den Wert ±1° (95%) nicht überschreitet. Während schneller und größerer Manöver, bei ihrer Beendigung und auch danach ist dagegen mit nicht vernachlässigbaren Beschleunigungsfehlern der Kursanzeige zu rechnen. Die Einspeisung des Kurswertes des Kreiselkompasses in andere Navigationsgeräte wie AIS, Radar und Kursregler kann deshalb zu einer nicht akzeptablen Fehlerfortpflanzung führen.

3.2.2 Magnetkompasse

(1) Messprinzip des Magnetkompasses

Der Magnetkompass wird zur Kursanzeige und zur Peilung von terrestrischen Objekten und Gestirnen verwendet. Magnetkompasse nutzen das Magnetfeld der Erde.

- **Intensität des magnetischen Erdfeldes, Inklination:** Die Intensität des magnetischen Erdfeldes wird durch den Vektor der magnetischen Flussdichte (Induktion) $\vec{T}$ erfasst (Maßeinheit: Tesla, $1T = Vs/m^2$), der in Richtung der Tangente an die magnetische Feldlinie des Kompassortes orientiert ist. Die Flussdichte zerlegt man in eine Horizontalkomponente $\vec{H}$ und eine senkrecht dazu orientierte Vertikalkomponente $\vec{V}$. Der Winkel zwischen der Horizontalebene und dem Vektor der magnetischen Flussdichte wird als Inklination I bezeichnet.
- **Missweisend Nord:** Die Magnetnadel (Nordrichtung der Kompassrose) des Magnetkompasses stellt sich an einem eisenfreien Kompassort und ohne andere magnetische Störfelder in die Richtung der Horizontalkomponente des magnetischen Erdfeldes ein. Diese Richtung wird als missweisend Nord (mwN) bezeichnet und stellt die Bezugsrichtung für die Messung des missweisenden Kurses dar (Abb. 3.2.5). Missweisend Nord unterscheidet sich von der rechtweisenden Nordrichtung (rwN) durch die Missweisung (Mw), bedingt durch die unterschiedliche Lage der magnetischen Pole der Erde gegenüber den geografischen. Die Missweisung für ein Seegebiet ist in der Seekarte angegeben.
- **Missweisender Kurs (mwK):** Der mwK ist der Winkel von mwN bis zur Rechtvorausrichtung des Schiffes (Abb. 3.2.5).

(2) Ablenkung der Kompassnadel auf einem eisernen Schiff

- **Magnetkompassablenkung, Magnetkompass-Nord:** Auf einem eisernen Schiff wirkt auf die Magnetnadel außer der Horizontalkomponente $\vec{H}$ des erdmagnetischen Feldes die Horizontalkomponente $\vec{S}$ des den Kompass am Aufstellungsort umgebenden Schiffsmagnetfeldes. Die Magnetnadel stellt sich in Richtung der Resultierenden $\vec{H}'$ am Kompassort ein und erfährt somit die Magnetkompassablenkung (Abl; als Formelzeichen δ_{Mg} [3.2.7]) (Abb. 3.2.5). Damit wird Magnetkompass-Nord (MgN) festgelegt, das als Bezugsrichtung für die Messung des Magnetkompasskurses (MgK) dient.
- **Magnetkompasskurs:** Der gemessene Magnetkompasskurs (MgK) stellt bei Vorhandensein von Mw und Abl den Winkel von MgN bis zur Rechtvorausrichtung des Fahrzeugs dar.
- **Kompassregulierung:** Die Größe der Magnetkompassablenkung hängt vom Schiff selbst (Bau, Ladung,

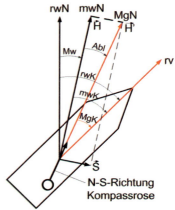

Abb. 3.2.5: Einstellung der Kompassrose infolge Missweisung und Ablenkung

Tiefgang, Krängung), von seinem Kurs, seiner Position sowie der Zeit ab [3.2.3]. Man unterscheidet bezüglich der zeitlichen Veränderung und der Beschaffenheit des Schiffseisens zwischen festem Magnetismus (Pole im harten Schiffseisen), flüchtigem Magnetismus (im weichen Schiffseisen) und halbfestem Magnetismus, die in der Summe zu einem resultierenden Schiffsmagnetfeld am Kompassort führen. Bei der Kompassregulierung werden mittels Kompensationsmagneten die Horizontalkomponenten der Schiffsmagnetfelder durch Felder gleicher Stärke und entgegengesetzter Richtung so weit wie möglich kompensiert, um die Magnetkompassablenkung klein zu halten. Auf Schiffen unter Bundesflagge neu installierte Magnet-Regelkompasse und Magnet-Steuerkompasse müssen vor ihrer Inbetriebnahme sowie danach alle zwei Jahre durch vom *Bundesamt für Seeschifffahrt und Hydrografie (BSH)* anerkannte Kompassregulierer kompensiert werden. Im Ergebnis der Kompassregulierung verbleibt meist eine Restablenkung, die in einer Ablenkungstabelle oder Ablenkungskurve angegeben wird, die an Bord jederzeit verfügbar sein muss (s. Kap. 2.1.4). Eine Kontrolle der Magnetkompassablenkung und eine neue Aufstellung der Ablenkungstabelle sollte nach größeren Umbauten und Reparaturen am Schiff und bei nicht erklärbaren, beständigen Abweichungen (>1 °) zwischen den Kursanzeigen des Magnetkompasses und des Kreiselkompasses erfolgen. Die notwendigen Berichtigungen für die Mw und die Abl werden in Kap. 2.1.4 beschrieben.

(3) Arten und Aufbau von Magnetkompassen

- **Flüssigkeits-(Fluid-)kompasse:** In der Seefahrt werden – als Steuerkompasse oder Peil- bzw. Regelkompasse – ausschließlich Flüssigkeitskompasse mit einer Füllung aus einem Wasser-Alkohol-Gemisch genutzt. Lässt sich auf der Brücke kein Steuerkompass aufstellen, kann von einem Reflexionskompass mittels einer Reflexionsoptik der Kurs zum Ruderstand auf der Brücke übertragen werden. Durch kardanische Aufhängung des Magnetkompasses wird die für eine genaue Messung erforderliche horizontale Lage bei Schiffsbewegungen erreicht. Nicht erforderlich ist die kardanische Aufhängung bei Kugelkompassen, da durch die spezielle Lagerung der Kursrose diese auch bei starker Neigung des Schiffes noch frei schwingen kann. Durch die halbkugelförmige Glas- oder Plexiglaskuppel des Kugelkompasses ist eine vergrößerte Ablesung der Kursrose möglich.
- ***Fluxgate*-Kompasse:** Im Gegensatz zum Magnetkompass mit beweglichem Richtsystem werden beim *Fluxgate*-Kompass oder elektromagnetischen Kompass schiffsfeste Spulensonden eingesetzt, die die Horizontalkomponente des Erdmagnetfelds abtasten. Diese können an einem magnetisch günstigen Ort (z. B. Mast), weitgehend frei vom magnetischen Störfeld des Schiffes, montiert werden. Die Übertragung des Kurses an Anzeigetöchter erfolgt mittels elektrischer Fernübertragung (s. a. *TMDH*, Kap. 3.2.3).

(4) Genauigkeit und Einsatzgrenzen

Der Magnetkompass bleibt auch bei Ausfall der elektrischen Bordenergie funktionsfähig (außer ggf. bei elektrischer Kursübertragung). Die wesentlichen Leistungsparameter (Fehlertoleranzen) sind in Tabelle 3.2.2 dargestellt [3.2.7]. Das Richtsystem eines Magnetkompasses verhält sich bei äußerer Anregung wie ein schwingungsfähiges System 2. Ordnung mit abklingender Schwingungsamplitude. Gelangt die Eigenfrequenz des Richtsystems in die Nähe der Frequenz der erregenden Schlingerbewegung des Schiffes im Seegang oder tritt sogar der Resonanzfall ein, kann es zu unerwünschten Anzeigeschwingungen der Kursrose kommen. Bei der Kursregelung mit einem Magnetkompass ist wegen seiner Schwingneigung und seines Schleppfehlers nicht die gleiche Kurshaltegenauigkeit wie bei Verwendung eines Kreiselkompasses zu erwarten. Bei *Fluxgate*-Kompassen treten Schleppfehler und Schwingverhalten nicht auf.

3 Navigationssensoren

Fehlerart	Definition/Beschreibung	Fehlertoleranz
Richtungsfehler	Gültig für alle Kurse	± 0,5°
Reibungsfehler	(3/H)°, magnetische Flussdichte H in µT	± 0,5°
Schleppfehler	Bei Drehung des Kompasses mit 1,5°/s – (36/H)° bei Rosendurchmesser < 200 mm – (54/H)° bei Rosendurchmesser > 200 mm	± 2...3°
Schwingungs- periode	Die nach einer Anfangsauslenkung von 40° sich ergebende Zeitperiode der Schwingung (bei H = 18 µT)	≥ 24 s

Tabelle 3.2.2: Fehler- und Leistungstoleranzen des Magnetkompasses [3.2.7]

3.2.3 Weitere Kursmessanlagen

(1) Kursübertragseinrichtungen – *Transmitting heading devices (THDs)*

Ein *THD* empfängt ein Kurssignal von einem Kurssensor und generiert ein geeignetes Kurssignal, das an andere Navigationseinrichtungen übertragen wird. Alternative: Ein Kurssensor kann auch in das *THD* integriert sein. Laut *SOLAS* besteht Ausrüstungspflicht mit *THDs* für Schiffe im Bereich von 300 GT bis 500 GT, welche nicht mit einem Kreiselkompass ausgerüstet sind [3.2.1]. Alle Anzeigen und Ausgangsgrößen des *THD* stellen den rwK dar. Zu diesem Zweck findet bei *transmitting magnetic heading devices (TMDH's)* [3.2.8], die auf einem Standard-Magnetkompass, *Fluxgate* o. ä. beruhen, eine automatische Fehlerkompensation der Magnetkompassablenkung mittels elektronischer Mittel statt. Bei *Fluxgate*-Kompassen wird z. B. nach manueller Einstellung der Mw die Magnetkompassablenkung bei Fahrten auf achterförmigen Bahnen ermittelt und korrigiert. *THDs* müssen die Fehlertoleranzen nach Tabelle 3.2.3 einhalten [3.2.9].

Fehlerart	Fehlertoleranz
Übertragungs- und Auflösefehler (z. B. Schrittmotor mit 1/6° Auflösung)	±0,2°
Statischer Fehler	±1° (95 %)
Dynamischer Fehler (durch Vibration, Rollen, Stampfen, Beschleunigung)	±1,5° (95 %)
Verzögerungsfehler bei Sensorwertübertragung auf den *THD*-Ausgang – bei Übertragungsraten von 10°/s – bei Übertragungsraten von 10°/s bis 20°/s	±0,5° (95 %) ±1,5° (95 %)

Tabelle 3.2.3: Fehlertoleranzen für *„Transmitting heading devices"* (THDs)

(2) Satellitenkompasse

Das Messprinzip beruht auf der Anbringung von zwei Antennen von Satelliten-Ortungsempfängern bzw. -prozessoren in einem bestimmten Abstand voneinander auf einer Antennenhalterung (duale Antennen-Einheit), die parallel zur Schiffslängsachse ausgerichtet ist (Abb. 3.2.6). Mittels der durch die GPS-Prozessoren bestimmten geografischen Antennenpositionen wird der rechtvoraus orientierte Lagevektor des Schiffes relativ zu rwN, d. h. der rwK, berechnet und angezeigt.

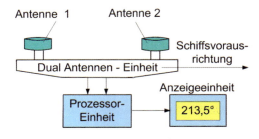

Abb. 3.2.6: Prinzipaufbau des Satellitenkompasses

3.2 Kursmessung

Bei einigen Satellitenkompassen wird ein Aufbau mit drei Satellitenantennen (zwei in Richtung der Schiffslängsachse, eine seitwärts) verwendet, wodurch der Einfluss von Schiffsbewegungen auf die Kursmessung reduziert werden kann. Bei der für diesen Zweck notwendigen Auswertung der Trägerphasen der Satellitensignale im *real time kinematic*-Betrieb wird eine statische Messgenauigkeit im Bereich von 0,5° bis 1° (95%) erreicht. Damit kann die Einstufung als *THD* erfolgen. Nach dem Einschalten sind Satellitenkompasse nach kurzer Zeit betriebsbereit (*start up time:* 4 bis 5 min). Das generelle Problem möglicher Empfangsstörungen von Satellitensignalen tritt wie bei Satelliten-Ortungsempfängern auch bei Satellitenkompassen auf (s. Kap. 3.1.3). Wegen ihres rein elektronischen Aufbaus sind sie praktisch wartungsfrei.

(3) Faseroptik-Kreisel

Faseroptische Kreisel sind primär Drehratensensoren. Das Prinzip der Messung beruht auf dem *Sagnac*-Effekt: Ein kohärenter Lichtstrahl wird durch einen Strahlteiler in zwei Wellenzüge aufgeteilt und an einem Einkopplungspunkt P in einen geschlossenen kreisförmigen Lichtwellenleiter (Lichtleiterspule) eingespeist (Abb. 3.2.7). Anschließend durchlaufen die beiden Wellenzüge den geschlossenen Lichtleiterweg in entgegengesetzten Richtungen. Wird der Lichtleiterweg um eine Achse in Drehung gesetzt, so entsteht eine Phasendifferenz $\Delta\varphi$ beider Wellenzüge, die durch einen Photodetektor am Austrittspunkt P ausgewertet wird und die ein proportionales Maß für die Drehgeschwindigkeit Ω des Faseroptik-Kreisels und damit des Schiffes ist. Für ausreichende Empfindlichkeit der Messung müssen große Faserlängen

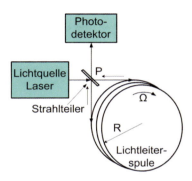

Abb. 3.2.7: Prinzipaufbau des Faseroptik-Kreisels

eingesetzt werden, z.B. eine Faserlänge von 500 m bei einem Radius der Lichtleiterspule von R = 8 cm. Als Fehler wird für die Kursmessung der Wert 0,7°/$\cos\varphi$, für die Drehrate der Wert 0,4°/min angegeben. Auch Faseroptik-Kreisel sind rein elektronische Kursmessanlagen, so dass sie nahezu verschleiß- und wartungsfrei sind.

(4) Mehr-Kompasssysteme

Im Rahmen integrierter Navigationssysteme (INS, Kap. 2.1.12) können zwei oder mehrere Kursmessanlagen mit unterschiedlichen Funktionsprinzipien und Fehlereinflüssen, z.B. zwei Kreiselkompassanlagen, ein Magnetkompass bzw. eine Fluxgate-Sonde und/oder ein Satellitenkompass, zu einem Mehr-Kompasssystem kombiniert werden, um die Redundanz und Zuverlässigkeit der Kursmessung gegenüber einer Einzelanlage wesentlich zu erhöhen. In diesem Fall können die Kursanzeigen der verschiedenen Kompasse verglichen (Kursmonitoring), ein optimierter eindeutiger Schiffskurs ermittelt und – beim Überschreiten eines durch den Nutzer vorgegebenen Toleranzgrenzwertes – ein „Kurs-Differenz"-Alarm gegeben werden. Mehrkompasssysteme sind deshalb als Kurs-Referenzsysteme für sicherheitsrelevante Bord-Automatisierungssysteme (Kursregelung, Bahnregelung) besonders geeignet.

3.3 Tiefen- und Fahrtmessung
Jürgen Majohr

3.3.1 Hydroakustische Grundlagen

Als Voraussetzung für das Verständnis der Funktion hydroakustischer Navigationsanlagen und ihre optimale Nutzung werden im Folgenden einige physikalisch-technische Grundlagen zur Hydroakustik dargestellt [3.2.3].

Schallwelle: Schallwellen stellen mechanische Wellen in elastischen Medien dar, die von einem Erregungszentrum (Schallquelle) ausgehen und sich in Stoffen (hier Wasser) fortpflanzen. Sinusförmige Schallschwingungen (Schallfeld) werden durch die Größe Schallausschlag u dargestellt:

$$u = \hat{u} \sin\omega\, t = \hat{u} \sin 2\pi\, f\, t \tag{3.3.1}$$

Dabei ist $\hat{u}$ der Maximalwert, f die Frequenz und $\omega = 2\pi f$ die Kreisfrequenz.

Schallfrequenzen f: Die Schallbereiche werden unterschieden in: Infraschall (f < 16 Hz), Hörschall (16 Hz bis 20 KHz), Ultraschall (20 kHz bis 10 GHz), Hyperschall (f > 10 GHz). Frequenzbereich für hydroakustische Navigationsanlagen: 20 kHz bis zu einigen MHz (Echolot: 20 bis 200 kHz, Dopplerlog: 100 kHz bis 2,5 MHz).

Wellenlänge λ und Schallgeschwindigkeit c_W im Seewasser: Die Wellenlänge λ ist bei der räumlichen Ausdehnung des Schalls gleich dem Abstand zweier Wellenfronten mit der Phasendifferenz 2π. Daraus ergibt sich die Schallgeschwindigkeit c_W, mit der sich die Welle in Fortpflanzungsrichtung bewegt:

$$c_W = f \cdot \lambda = \frac{\lambda}{T} \quad \text{bzw.} \quad \lambda = \frac{c_W}{f} \tag{3.3.2}$$

mit der Periode T der Schallschwingung. So hat z. B. die Schallwelle eines Doppler-Logs mit der Sendefrequenz von f = 1 MHz eine Wellenlänge von λ = 1,5 mm bei einer für die Eichung der Anzeige hydroakustischer Navigationsanlagen meist zu Grunde gelegten mittleren Schallgeschwindigkeit c_{w0} von 1500 ms^{-1}. In der Praxis kann man mit Schallgeschwindigkeiten zwischen 1420 ms^{-1} und 1585 ms^{-1} rechnen. Die Schallgeschwindigkeit im Seewasser c_W verändert sich mit der Temperatur T_W, dem Salzgehalt S und dem hydrostatischen Druck p des Seewassers, der mit der Wassertiefe zunimmt (10^5 Pa = 1 atm entspricht etwa einer Änderung des statischen Drucks um 10 m Wassersäule):

$$\frac{\Delta c_W (T_W)}{\Delta T_W} \approx 3{,}6 \;\frac{\text{ms}^{-1}}{°C}\;;\; \frac{\Delta c_W (S)}{\Delta S} \approx 1{,}2 \;\frac{\text{ms}^{-1}}{‰}\;;\; \frac{\Delta c_W (p)}{\Delta p} \approx 0{,}2 \cdot 10^{-5} \;\frac{\text{ms}^{-1}}{\text{Pa}} = 0{,}2 \cdot 10^{-5} \;\frac{\text{ms}^{-1}}{\text{Nm}^{-2}} \tag{3.3.3}$$

Schallabsorption: Im Seewasser gilt die frequenzabhängige Dämpfung

$$\alpha = 0{,}018 \; f^{3/2} \text{ dB/km} \tag{3.3.4}$$

Reichweite von Ultraschallwellen: Die maximale Ortungsreichweite d_{max} hängt – bei Vernachlässigung der Dämpfung – von der Sendeleistung P_s [W], dem Antennengewinn G, der wirksamen Reflexionsfläche A_r [m²], dem Reflexionsfaktor R sowie von der Ansprechempfindlichkeit des Signalempfängers J_{Emin} [W/m²] ab. Es gilt:

$$d_{max}/m = \sqrt[4]{\frac{P_S G A_r R}{(4\pi)^2 \, J_{Emin}}} \tag{3.3.5}$$

Richtwirkung von Ultraschallwandlern: In hydroakustischen Navigationssystemen eingesetzte Schallwandler (Sender und Empfänger) sind piezoelektrische oder magnetostriktive Schallwandler, die auf den entsprechenden reversiblen physikalischen Effekten beruhen.

3.3 Tiefen- und Fahrtmessung

Geometrische Formen von Schallwandlern sind: Rechteckige Schwinger (Kantenlängen a > b oder a = b) oder kreisförmige Schwinger (Durchmesser D). Eine gerichtete Schallabstrahlung (Schallkeule) wird bei a (bzw. D) > λ erreicht (Abb. 3.3.1). Die Halbwertsbreite α_H der Schallkeule für rechteckige Strahler beträgt

$$\alpha_H = \frac{1}{\sqrt{2}}\alpha = \sqrt{2}\arcsin\frac{\lambda}{a} = \sqrt{2}\arcsin\frac{c_w}{f \cdot a} \quad (3.3.6)$$

α = Öffnungswinkel
α_H = Halbwertsbreite

Bei der Halbwertsbreite α_H ist die Schallenergiedichte W auf die Hälfte der maximalen Energie W_{max} reduziert. Je größer die Schwingerabmessungen, desto gebündelter der Strahl.

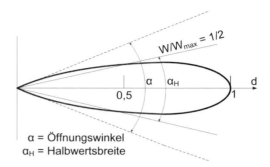

Abb. 3.3.1: Richtcharakteristik (Schallkeule)

Dopplereffekt: Bewegt sich ein Schallsender auf einen ruhenden Schallempfänger zu oder von diesem weg bzw. bewegt sich ein Schallempfänger auf einen ruhenden Schallsender zu (Abb. 3.3.2) kommt es zu einer Veränderung der Empfangsfrequenz f_E gegenüber der Sendefrequenz f_S (Doppler-Frequenzverschiebung). Für die im Schiffsbetrieb gültige Bedingung $v_S \ll c_w$ (z. B. 30 kn ≈ 15 m/s ≪ 1500 m/s) gelten näherungsweise die folgenden Beziehungen für die Empfangsfrequenz f_e und die Doppler-Frequenzverschiebung Δf [3.3.1]:

$$f_e = f_S \left(1 \pm \frac{v\cos\delta}{c_w}\right); \quad \Delta f = f_e - f_S = \pm f_S \cdot \frac{v\cos\delta}{c_w} \quad (3.3.7)$$

Dabei ist +v die Annäherungsgeschwindigkeit zwischen Sender und Empfänger und δ der Abstrahlwinkel gegenüber der Bewegungsrichtung von Sender bzw. Empfänger.

Abb. 3.3.2: Annäherungsbewegung von Schallquelle S und Schallempfänger E
links: Bewegter Sender, ruhender Empfänger; rechts: Ruhender Sender, bewegter Empfänger

3.3.2 Tiefenmessanlagen (Navigations-Echolote)

Navigations-Echolote stellen ein unentbehrliches Hilfsmittel für die sichere Navigation von Seeschiffen dar, insbesondere bei Flachwasserbedingungen, um Grundberührungen und Kollisionen mit Unterwasserhindernissen zu vermeiden. *SOLAS* legt für alle Schiffe >300 GT, Passagierschiffe aller Größen und *HSCs* die Ausrüstungspflicht mit einem Echolot fest [3.2.1].

(1) Wirkungsprinzip von Navigations-Echoloten

Mit Navigations-Echoloten wird der Schall vertikal abgestrahlt, um den Wassertiefenwert EL (unter Schwinger am Kiel) zu einem Unterwasserobjekt (Meeresboden, Riff, Wrack, etc.) zu messen (Abb. 3.3.3). Der hydroakustische Schwinger arbeitet üblicherweise sowohl als Sende- als auch als Empfangsschwinger. Der Tiefenwert EL ergibt sich aus der gemessenen

3 Navigationssensoren

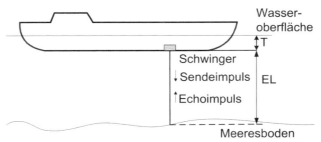

T = Tiefgang des Schiffes, EL = Echolotung = Wassertiefe unter dem Kiel

Abb. 3.3.3: Prinzip der Vertikal-Echolotung

Laufzeit t eines Ultraschallimpulses vom Schwinger zum Meeresgrund (Reflexionsobjekt) und von diesem zurück und aus der Schallgeschwindigkeit im Seewasser c_W durch die Beziehung

$$EL = \frac{c_W \, t}{2} \qquad (3.3.8)$$

(2) Parameter von Navigations-Echoloten

Beim Impulsbetrieb eines Echolotes wird während eines Messzyklusses ein Ultraschallimpuls abgestrahlt und ausgewertet, der durch die folgenden Parameter charakterisiert ist (Abb. 3.3.4):

Impulsform: Die Impulsform stellt die Hüllkurve des Impulses dar, z. B. Rechteckimpuls.

Schallfrequenz f_s: Die Schallfrequenz f_s ist die Frequenz der Ultraschallschwingungen innerhalb der Impulse, die bei Echoloten im Bereich f_s = 20 bis 200 kHz liegt.

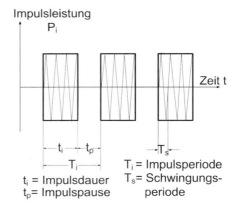

t_i = Impulsdauer
t_p = Impulspause
T_i = Impulsperiode
T_s = Schwingungsperiode

Abb. 3.3.4: Rechteck-Sendeimpulsfolge eines Echolots

Richtwirkung: Die Schallfrequenz bestimmt die Richtwirkung des abgestrahlten Schallfeldes (s. Gl. (3.3.6)), wobei Halbwertsbreiten im Bereich von 5° bis 30° bei Echolotschwingern üblich sind. Durch die Schallbündelung registriert das Echolot jeweils die höchsten Erhebungen des Meeresgrundes.

Reichweite: Die Reichweite wird durch die Größen der Gl. (3.3.5) und die frequenzabhängige Dämpfung bestimmt. Bei Echoloten werden Tiefenreichweiten bis zu 2000 m erreicht.

Impulsdauer t_i: Die Impulsdauer ist die Zeit, in der Schallenergie abgestrahlt wird. Sie legt die Impulslänge $l_i = c_{w0} t_i$ fest, die wiederum die Nahauflösung eines Ziels unter dem Schwinger ($EL_{min} > l_i$) und die getrennte Anzeige von zwei Zielen ($\Delta EL > l_i/2$) bestimmt. Wählt man z. B. einen kleinen Tiefenmessbereich von 20 m mit einer kurzen Impulsdauer t_i von 0,25 ms, ergibt sich eine Nahauflösung von 0,38 m und eine Tiefenauflösung von 0,19 m. Bei einem großen Messbereich von 800 m und einer langen Impulsdauer von 3,60 ms erhält man eine Nahauflösung von 5,4 m und eine Tiefenauflösung von 2,7 m.

3.3 Tiefen- und Fahrtmessung

Impulsfolgefrequenz f_i: Die Impulsfolgefrequenz $f_i = 1/T_i$ (T_i = Impulsperiode) entspricht der Zahl der Impulse je Minute. Sie wird durch den gewählten Tiefenmessbereich festgelegt.

(3) Bedienung von Navigations-Echoloten

Die folgenden Anzeige- und Bedienmöglichkeiten sind typisch für moderne Echolote und – wenn auch auf unterschiedliche Weise – bei den meisten Typen von Navigations-Echoloten zu finden.

Anzeigen: Der aktuelle Tiefenwert (*depth*) wird digital, der Trend grafisch angezeigt (Abb. 3.3.5). Der Plot enthält

- ein Echogramm für mindestens 15 zurückliegende Minuten,
- die Einblendung von Zeit- und Tiefen-Marken,
- eine Farb-Kodierung (z.B. von 8 RGB-Farben für die Stärke des Echosignals).

Einstellungen: Die folgenden Einstellungen können bzw. müssen vorgenommen werden:

- Tiefenmessbereich, z.B. 20 oder 200 m (*range setting*),
- Bezugsfläche (*mode indication*): Tiefe unter Schwinger oder Tiefe unter Wasseroberfläche,

Abb. 3.3.5: Anzeigen eines Echolots (*Furuno*)

- Verstärkung (*gain setting*),
- Frequenz (*selected transducer; frequency*), z.B. 50 kHz für große und 200 kHz für kleine Tiefenmessbereiche und starke Schallbündelung,
- Einzel- und Doppelfrequenzanzeige auf dem Bildschirm,
- Filterstufe für Störunterdrückung, Zoom, etc.,
- Speicherung von Tiefen- und Zeitdaten (mindestens der letzten 12 h, Einblendung als *playback on screen*).

Pflege des Schwingers: In warmen und flachen Gewässern (Wassertiefe < 100 m) kann an den Schwingern organischer mariner Bewuchs (*biofouling*) entstehen. Zu deren Verhinderung kann an Stelle der toxischen TBT (Tributylzinn)-Antifoulinganstriche – seit 2008 durch die IMO verboten – eine dünne Schicht ($\approx$ 4 mm) einer 50:50-Mischung von Chilli-Pulver und Silikonfett auf die abstrahlende Schwingerfläche aufgebracht werden.

Zu beachten: Die Einstellung eines Tiefengrenzwerts – bei Überschreitung erfolgt optischer und akustischer Tiefenalarm (*depth alarm*) – sollte als wichtige Navigationshilfe genutzt werden, um drohende Grundberührungen zu vermeiden. Außerdem dürfen die Wassertiefe unter Kiel (EL) und die Wassertiefe unter der Wasseroberfläche (El + T) nicht verwechselt werden.

(4) Messfehler, Leistungsmerkmale und -grenzen von Navigations-Echoloten

Von Echoloten sind bei einem maximalen Rollwinkel von ±10° und/oder einem maximalen Stampfwinkel von ±5° folgende Genauigkeitsanforderungen einzuhalten [3.3.1]:
- im 20 m-Tiefenmessbereich ±0,5 m,
- im 200 m-Tiefenmessbereich ±5 m oder ±2,5 % der angezeigten Tiefe (je nachdem welche Größe überwiegt).

Messfehler des Echolots können durch Veränderungen der folgenden Einflussgrößen entstehen:

Schallgeschwindigkeit: Der dominierende Fehleranteil entsteht durch Änderungen der Schallgeschwindigkeit im Seewasser, hervorgerufen durch Veränderungen der Temperatur und des Salzgehaltes. So tritt bei einer Temperaturänderung von 5°C eine Änderung der Schallgeschwindigkeit von etwa 18 m/s (1,2 % der Eichgröße c_{w0} = 1500 m/s) ein (Gl. 3.3.3), wodurch der Tiefenmesswert sich ebenfalls um 1,2 % ändert. Ein Sensor zur Erfassung der Wassertemperatur am Schallschwinger dient häufig zur Kompensation dieses Fehlereinflusses.

Geneigter Meeresgrund: Bei geneigtem Meeresgrund wird infolge des Öffnungswinkels der Schallkeule eine kleinere Entfernung als die Lot-Tiefe unter Kiel gemessen. Bei Neigungen ≤ 10° bleibt der Messfehler im Toleranzbereich von 1,5 % der angezeigten Tiefe, so dass er für Navigationszwecke vernachlässigt werden kann. Ein ähnlicher Effekt kann bei Roll- und Stampfbewegungen des Schiffes auftreten, so dass wegen der wechselnden Schrägmessungen mehr oder weniger periodisch schwankende Tiefenanzeigen zu beobachten sind. Durch Einstellung einer Filterstufe kann die Schwankungsbreite der Tiefenanzeige reduziert werden.

Fehler durch Blasenbildung: Die Tiefenangaben können
- infolge von Schlingerbewegungen des Schiffes im Seegang und
- bei Rückwärtsfahrt (also im Wesentlichen im Hafen)

verfälscht werden, wenn die schwingernahen Wasserschichten im Bereich des Vorschiffs mit Luftblasen durchsetzt werden.

3.3.3 Doppler-Fahrtmessanlagen (Doppler-Logge)

Bordautonome Fahrtmessanlagen, wie das Doppler-Log oder das Elektromagnetische Log, sind zur Gewährleistung einer ausreichenden Kontrolle des Navigationsprozesses von Bedeutung. *SOLAS* legt für alle Schiffe von ≥ 300 GT und Passagierschiffe aller Größen die Ausrüstung mit einer Fahrt- und Distanz-Mess-Einrichtung (*speed and distance measuring device – SDMD*) für die Messung von Fahrt und Distanz durchs Wasser fest [3.2.1]. Für alle Schiffe von ≥ 50000 GT wird die Ausrüstung mit einem Log gefordert, das die Fahrt und Distanz über Grund in Voraus- und Querrichtung anzeigt. Hierfür kommen Doppler-Logge zum Einsatz. *HSCs* sind generell mit Loggen auszurüsten.

(1) Wirkungsprinzip von Doppler-Fahrtmessanlagen

Doppler-Logge nutzen zur Messung der Fahrt des Schiffes den Dopplereffekt bei der Ausbreitung hydroakustischer Wellen im Seewasser (Kap. 3.3.1). Die Bestimmung der Fahrt wird auf die Messung der Doppler-Verschiebung zurückgeführt. Das Abstrahlprinzip zur Messung der FüG erfolgt meist in Form des Zweistrahlverfahrens (Abb. 3.3.6). Von zwei am Schiffsboden angebrachten Ultraschall-Sendern S1 und S2 werden scharf gebündelte Schallstrahlen bug- und heckwärts (Janusprinzip) unter dem vertikalen Abstrahlwinkel δ zur Schiffslängsachse (z.B. δ = 60°) zum Meeresboden hin abgestrahlt und dort an den Reflexionsorten O_1 und O_2 diffus reflektiert, so dass ein Teil der reflektierten Ultraschall-Energie als Echos in den Schallschwingern empfangen wird. Beim Schallhinlauf (Schiff – Meeresboden) entsteht eine

3.3 Tiefen- und Fahrtmessung

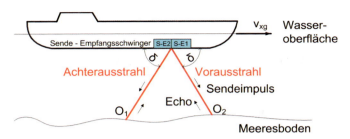

Abb. 3.3.6: Schallabstrahlung und Schallempfang beim Zweistrahlverfahren (Janusprinzip)

erste Doppler-Frequenzverschiebung, beim Schallrücklauf (Meeresboden – Schiff) eine zweite (Gl. 3.3.7). Aufgrund des Janusprinzips ergibt sich die vierfache Dopplerverschiebung. Ist v_{xg} die Vorauskomponente der Geschwindigkeit und c_w die Schallgeschwindigkeit, gilt

$$\Delta f = 4 f_S \frac{\cos\delta}{c_w} v_{xg} \qquad (3.3.9)$$

Gl. (3.3.9) gilt analog für die Messung der Quergeschwindigkeit. Sie wird mit einem gesonderten Schwingersystem für die Schallabstrahlung in Querschiffsrichtung ermittelt. Würde man nur mit dem Vorausstrahl arbeiten (Einstrahlverfahren), müsste man größere Messfehler infolge von Veränderungen des Abstrahlwinkels δ durch Vertrimmung, Stampf- und Tauchbewegungen des Schiffes in Kauf nehmen.

(2) Parameter von Doppler-Fahrtmessanlagen

Sendefrequenz: Bei Doppler-Loggen werden gegenüber Echoloten wesentlich höhere Ultraschall-Frequenzen (100 kHz bis 2,5 MHz) verwendet, um die Messempfindlichkeit nach Gl. (3.3.9) zu erhöhen und kleine Halbwertsbreiten α_H der Schallkeule (3° bis 6°) nach Gl. (3.3.6) für eine genaue Auswertung des Dopplereffekts zu realisieren.

Reichweite: Die Tiefen-Reichweite hängt nach Gl. (3.3.5) von der Sendeleistung, der Dämpfung im Seewasser, der Bündelung des Schallstrahls, der Ansprechempfindlichkeit des Empfängers und den Reflexionseigenschaften des Meeresbodens ab. Wegen der notwendigen hohen Sendefrequenzen und der dadurch bedingten großen Dämpfung sind die erreichbaren Tiefen-Reichweiten zur Messung der FüG auf etwa 600 m begrenzt.

Fahrt durchs Wasser: Kann auf Grund zu großer Wassertiefen im Fahrtgebiet oder anderer Ursachen (z. B. zu starke Brechung der Schallstrahlen) kein auswertbares Bodenecho empfangen werden, besteht bei den meisten Doppler-Loggen die Möglichkeit der Messung der FdW und der zugehörigen Distanz durchs Wasser. Dazu wird die Doppler-Frequenzverschiebung der Volumennachhallechos ausgewertet, die nach diffuser Reflexion des Sendestrahls an den im Seewasser vorhandenen Beimengungen (Schwebestoffe, Plankton, Gasbläschen) auftritt. Mittels laufzeitabhängiger Öffnung des Empfangskanals des Doppler-Logs wird eine weitgehend ungestörte Wasserschicht zur Messung der FdW ausgewählt (3 bis 30 m unter Kiel je nach Anlagentyp). Die Schiffsumströmung hat somit auf die Fahrtmessung keinen Einfluss!

(3) Anzeigegrößen von Systemvarianten und Bedienung

Anzeigen: Die gemessenen und abzulesenden Fahrt- und Distanzgrößen hängen wesentlich von der verwendeten Anlagenkonfiguration des Doppler-Logs ab:
- Einkomponenten-Doppler-Log: Anzeige der Längsfahrtkomponenten Voraus/Rückwärts (v_{xg}, v_{xw}) und ggf. der Wassertiefe unter Schwinger (Laufzeitmessung des Schallsignals bei vorhandenem Bodenecho),

3 Navigationssensoren

- Zweikomponenten-Doppler-Log: Anzeige der Längsfahrtkomponenten Voraus/Rückwärts und Querfahrtkomponenten Backbord/Steuerbord (v_{yg}, v_{yw}) und des Driftwinkels,
- Doppler-Sonar-Dockingsystem: Anzeige der Längsfahrtkomponente v_n sowie der Querfahrtkomponenten vorn und achtern.

Bei einem Doppler-Sonar-Navigationssystem werden die von einem Zweikomponenten-Doppler-Log bereitgestellten Distanzdaten und die von einem Kreiselkompass gelieferten Kursdaten zum Koppelort des Schiffes verarbeitet (automatische Koppelortung).

Einstellungen: Die Betriebsart „Fahrt über Grund" (*bottom track*) oder „Fahrt durchs Wasser" (*water track*) wird manuell eingestellt. Automatische Einstellung – mit entsprechender Anzeige – ist häufig möglich. Bei gleichzeitiger Auswertung von Bodenecho und Nachhallecho, erfolgt meist die simultane Anzeige der Fahrt und Distanz für beide Betriebsarten.

(4) Messfehler und ihre Korrektur, Leistungsmerkmale und -grenzen

Von Fahrtmessanlagen sind Fehlertoleranzen von ±2 % der Fahrt des Schiffes oder ±0,2 kn (bei Digitalanzeige, ohne Einflüsse von Flachwasser, Wind, Meeresbodentyp, Strömungen und Gezeiten) einzuhalten [3.3.2]. Diese Genauigkeitsanforderungen werden in der Praxis bei den meisten Doppler-Loggen in der Betriebsart „*bottom track*" übertroffen: Es wird ein Geschwindigkeitsfehler von ±0,5 bis ±1 % der Fahrt oder ±0,1 kn (je nach Anlage) angegeben. Durch die hohe Anfangsauflösung und Messempfindlichkeit des Doppler-Messverfahrens von 0,01 bis 0,1 kn (= 0,5 bis 5 cm/s) sind Doppler-Logge in der Zweikomponenten- oder Doppler-Docking-Konfiguration als Hilfsmittel für das empfindliche Manövrieren von Schiffen großer Abmessungen und Tonnage beim An- und Ablegen besonders gut geeignet. Entsprechend der Doppler-Messgleichung (3.3.9) können Messfehler durch Veränderungen der folgenden Einflussgrößen entstehen:

Schallgeschwindigkeit: Der dominierende Fehleranteil entsteht durch Änderungen der Schallgeschwindigkeit im Seewasser bei Veränderungen von Temperatur und Salzgehalt. So tritt (Kap. 3.3.1) bereits bei einer Temperaturänderung von 5 °C eine Änderung der Schallgeschwindigkeit von etwa 18 m/s ein (1,2 % der Eichgröße c_{w0} = 1500 m/s), wodurch die gemessene Geschwindigkeit sich ebenfalls um 1,2 % verändert. Die Schwinger werden deshalb meist mit einem Temperatursensor versehen, so dass dieser Einfluss auf die Schallgeschwindigkeit automatisch korrigiert wird. Beim Alpha-Doppler-Prinzip wird der Einfluss der Schallgeschwindigkeit auf die Geschwindigkeitsmessung durch die Verwendung einer Schwingergruppe eliminiert.

Abstrahlwinkel: Der Fehleranteil infolge von Änderungen des Abstrahlwinkels – bedingt durch Vertrimmung und Bewegungen des Schiffes im Seegang – bleibt infolge des Janus-Abstrahlprinzips in der Regel vernachlässigbar gering. Er wird nicht größer als 1 % der gemessenen Fahrt, solange die Abweichung des Abstrahlwinkels gegenüber einem Eichwert (z. B. δ_0 = 60°) kleiner als 8° bleibt [3.2.3].

***Blocking*-Effekt:** Durch Turbulenzen, Luft- und Gasbläschen im Wasser kann die Abstrahlung und der Empfang der Schallstrahlen empfindlich gestört werden. Beim Auftreten des „*Blocking*"-Effekts wird je nach Anlage – in Verbindung mit einer entsprechenden Meldung („ungewisse Anzeige") – entweder der letzte akzeptable Geschwindigkeitswert in der Fahrtanzeige solange gehalten, bis wieder störungsfreie Messung erfolgt, oder der angezeigte Geschwindigkeitswert ist einer Mittelwertbildung unterzogen worden.

3.3.4 Elektromagnetische Fahrtmessanlagen (EM-Logge)

(1) Prinzip und Funktionsweise

Das Prinzip der Messung der Fahrt durchs Wasser mit einem EM-Log basiert auf der elektromagnetischen Induktion. Abb. 3.3.7 zeigt den Prinzipaufbau: Die stromlinienförmige Fahrt-

3.3 Tiefen- und Fahrtmessung

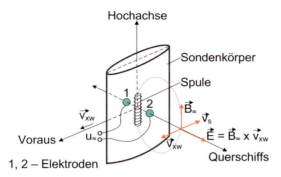

Abb. 3.3.7: Prinzipaufbau einer EM-Auslegersonde

mess-Sonde eines EM-Logs ist an einem aus dem Schiffsboden ausfahrbaren Auslegerrohr befestigt (Auslegersonde). Die Sonde ist aus elektrisch isolierendem und magnetisch inaktivem Material (Kunstharz) aufgebaut. Im Innern ist eine Magnetspule fest eingeschlossen, in die ein niederfrequenter Wechselstrom eingespeist wird (Frequenz f = 40...75 Hz je nach Anlage), der ein magnetisches Wechselfeld mit der magnetischen Flussdichte $B_\approx$ um sich herum ausbildet. Die x-Achse der Sonde ist parallel zur Schiffslängsachse (Vorausrichtung) orientiert. An der Messsonde fließt die Fahrtströmung mit einer Strömungsgeschwindigkeit v_S vorbei, die – bei Vernachlässigung von Grenzschichteinflüssen – betragsmäßig der Größe der Vorausfahrt-Komponente durchs Wasser v_{xw} entspricht. Die Fahrtströmung stellt einen bewegten elektrischen Leiter dar, in dem das magnetische Wechselfeld ein elektrisches Feld E induziert. Mit dem in Querschiffsrichtung orientierten Elektrodenpaar (Elektroden 1 und 2) wird die sinusförmige Induktionsspannung

$$u_\approx = kv_{xw} \sin(\omega t + \Phi) = \hat{U} \sin(\omega t + \Phi) \qquad (3.3.10)$$

als Maß für die Geschwindigkeit abgenommen, wobei k eine Gerätekonstante darstellt. Der Scheitelwert $\hat{U}$ der Spannung stellt die Information für die Fahrtgröße v_{xw}, die Phasenlage ($\Phi = 0°$ oder $180°$) die Information für die Fahrtrichtung (voraus, rückwärts) bereit. Außer der Auslegersonde gibt es die Bauform der mit dem Schiffsboden bündig abschließenden Flachsonde, wodurch das Herausfahren aus dem Schiffsboden nicht erforderlich ist. Eine Zweikomponentenmessung der Fahrt durchs Wasser (Längs- und Querkomponenten) kann durch Hinzufügen eines zweiten, in Schiffslängsrichtung orientierten oder eines diagonal angeordneten Elektrodenpaars an der Messsonde realisiert werden [3.2.3].

(2) Leistungsmerkmale und -grenzen

EM-Logge stellen bei sorgfältiger Kalibrierung und Wartung der Fahrtmess-Sonde in größeren Zeitabständen eine genaue und zuverlässige Fahrtmessanlage dar. Sie halten die vorgegebenen Fehlertoleranzen von 2 % der Fahrt oder 0,2 kn [3.3.2] im gesamten Fahrtbereich, d. h. auch bei kleinen Geschwindigkeiten ein (im Gegensatz zum Staudrucklog). Messfehler entstehen vor allem durch die nicht näher bekannten Strömungsverhältnisse unter dem Schiffskörper am Ort der Messsonde. Die Korrektur der strömungsbedingten Messfehler erfolgt während einer Messmeilenfahrt. Langzeitfehler können bei längeren Reisen in südlichen Gewässern insbesondere bei Flachsonden infolge des Bewuchses der Sonde und ihrer Umgebung am Unterwasserschiff auftreten. Durch Sichtung und Reinigung der Messsonde und ihrer Elektroden im etwa vierteljährlichen Zyklus kann dieser Effekt weitgehend abgestellt werden. Bei einem EM-Log mit Auslegersonde ist dieses bei geringen Wassertiefen einzufahren, um seine Beschädigung zu vermeiden.

3.3.5 Weitere Fahrtmessanlagen

(1) Satelliten-Logge

Zur Bestimmung der Geschwindigkeit und Distanz über Grund können Satellitennavigationsverfahren genutzt werden. Es dürfen jedoch nur Fahrt- und Distanzdaten von Satellitennavigationsanlagen in andere Navigationsgeräte eingespeist werden, die den Genauigkeitsanforderungen für Fahrtmessanlagen (2 % der Fahrt oder 0,2 kn bei Digitalanzeige ohne Einflüsse von Flachwasser, Wind, Meeresbodentyp, Strömungen und Gezeiten) entsprechen [3.3.2]. Es können die folgenden zwei Lösungswege beschritten werden:

Bestimmung der Geschwindigkeit aus Positionswerten: Dieses relativ einfache Verfahren wird bei der Mehrzahl von Satelliten-Ortungsempfängern angewandt. Es führt jedoch nur zu akzeptablen Ergebnissen, wenn Positionsfehler und Geschwindigkeitsänderungen des Nutzers im Messzeitintervall klein sind. In der Regel bedarf es der Anwendung genauerer Auswerteverfahren der Satellitensignale (Phasenauswertung des Trägersignals, RTK–Betrieb, höhere Abtastraten).

Bestimmung der Geschwindigkeit aus der Doppler-Frequenzverschiebung: Die Doppler-Frequenzverschiebung (Kap. 3.3.1) der Trägerfrequenz eines empfangenen Satellitensignals ist der Annäherungsgeschwindigkeit zwischen dem Satellitenempfänger und dem Satelliten proportional. Die FüG des Fahrzeugs wird aus der Differenz der im System bekannten Satellitenbahngeschwindigkeit und der gemessenen Annäherungsgeschwindigkeit berechnet [3.3.3].

(2) Hydromechanische Logge (Propeller-Logge)

Der Drehwinkel bzw. die Zahl der Umdrehungen eines Messpropellers (Turbinenrad), der vom Schiff nachgeschleppt oder unter dem Schiffsboden an einem Ausleger ausgefahren wird, ist proportional der zurückgelegten Distanz durchs Wasser. Die Ermittlung der Fahrt durchs Wasser – in der Regel die Längskomponente – erfolgt durch Ableitung der Distanz nach der Zeit. Wegen der möglichen Verschmutzung des Messpropellers durch Schwebeteilchen, Wasserpflanzen u. ä. sind Propeller-Logge wartungsaufwendig und werden in der kommerziellen Schifffahrt kaum noch verwendet, wohl aber häufig in der Sportschifffahrt.

(3) Hydrodynamische Logge (Staudruck-Logge)

Der dynamische Druck (oder Staudruck) in der das Schiff umgebenden Fahrtströmung ist ein (quadratisches) Maß für die herrschende Strömungsgeschwindigkeit und damit für die Längskomponente der Fahrt durchs Wasser. Der Staudruck kann nicht direkt gemessen werden. Er wird in einer bestimmten Tiefe (mittels Bodenlog oder Stevenlog) als Differenz des gemessenen Gesamtdrucks (statischer Druck + dynamischer Druck) in der Fahrtströmung und des statischen Drucks (gemessen in einer dem Staudruck nicht ausgesetzten Druckmessdüse) in einem Druckdifferenzelement ermittelt. Staudruck-Logge sind durch eine Reihe von Nachteilen für den praktischen Bordbetrieb gekennzeichnet: Verschmutzen der Messdüsen und Lufteinschlüsse im hydraulischen System machen häufige Wartungsarbeiten zum Spülen und Entlüften der Düsen und Rohrleitungen erforderlich. Empfindlichkeit und Messgenauigkeit bei kleinen Geschwindigkeiten sind wegen der quadratischen Messcharakteristik gering. Messungen der Rückwärtsfahrt und Zweikomponentenmessung sind nicht möglich. Staudruck-Logge sind deshalb durch die elektronischen Fahrtmessanlagen weitgehend abgelöst worden. Sie finden sich nur noch auf Alttonnageschiffen.

4 Systeme mit grafischen Displays: ECDIS, Radar und AIS

4.1 ECDIS
Bernhard Berking

Seit 2008 ist eine wachsende Anzahl von Schiffen ausrüstungspflichtig mit einem *Electronic Chart Display and Information System* (ECDIS). Auch auf Schiffen, die nicht ausrüstungspflichtig sind, kann ein ECDIS unter bestimmten Bedingungen an Stelle einer Papierseekarte die Ausrüstungsvorschriften mit Seekarteninformationen erfüllen. Bei dem Begriff „Elektronische Seekarte" ist zu beachten, dass nicht jede elektronische Seekarte ein ECDIS darstellt und dass eine „Elektronische Seekarte" noch lange kein ECDIS ist. Eine geschlossene Darstellung befindet sich in [4.1.1] und [4.1.2].

4.1.1 Prinzip, Komponenten und Funktionsweise

Ein elektronisches Seekartensystem enthält im Wesentlichen die folgenden Komponenten: Die Hardware, die Software, die elektronischen Kartendaten („Daten"), Anschlüsse an Navigationssensoren, manuelle Ein-/Ausgabegeräte und Kommunikationsmöglichkeiten sowie ein Ersatzsystem (*BACK-UP*) (Abb. 4.1.1). Kartendaten und ECDIS-Software sind zunächst getrennt.

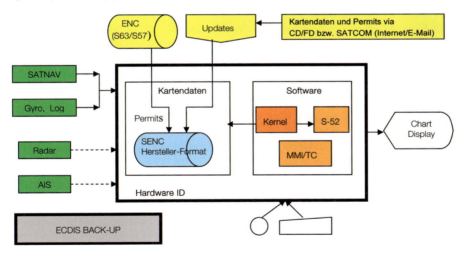

Abb. 4.1.1: ECDIS – Blockschaltbild mit ENC und SENC, Sensoren und Kommunikationswegen

Die elektronischen Kartendaten (Vektordaten mit Objekten und deren Attributen für das jeweilige Seegebiet; alternativ ggf. Rasterdaten) kommen im Normalfall verschlüsselt als „ENCs" oder „RNCs" auf CDs an Bord. Mit Freischaltcodes (*Permits*) werden die Daten beim Einlesen in das jeweilige ECDIS („*Hardware ID*") entschlüsselt und – zusammen mit anfallenden Berichtigungen (Updates) – gebrauchsfertig auf der Festplatte des Rechners abgelegt. Die ECDIS-Software enthält als Module die Kartenanzeigesoftware („Kernel"; Funktionsbibliothek), die Darstellungsbibliothek für alle Symbole (*Presentation Library*) und die Bedienoberfläche („HMI"; *Human-Machine-Interface*). Der Kernel ermittelt aus der SENC für jedes in dem dargestellten Seegebiet anzuzeigende Objekt das entsprechende Symbol und erstellt – je nach Nutzereinstellungen (Maßstab, relevante Objekte, Lichtverhältnisse) – aus den Objektdaten eine kontinuierliche grafische Seekarte. (Alternativ wird das geografisch passende gescannte Ras-

4 Systeme mit grafischen Displays: ECDIS, Radar und AIS

terbild geladen.) Alle Objekte und ihre Darstellung sind genormt. Zudem leistet die Software die verschiedenen ECDIS-Funktionen (Positionsanzeige, Reiseplanung, Alarme u. v. a.) wie sie in den *IMO Performance Standards for ECDIS* [4.1.3] festgelegt sind. Die Modularität von ENCs/SENC, Darstellungsbibliothek, Sensoren und anderen Schiffsdaten ermöglicht die hohe Flexibilität von ECDIS für eine situationsgerechte Anzeige. Übergreifend ist für die Zulassung eines ECDIS gemäß *SOLAS* und für die praktische Anwendung wie folgt zu differenzieren:

- bei dem „Gerät" (Hardware und Software) zwischen ECDIS und ECS,
- bei den Daten zwischen Vektor- und Rasterdaten sowie offiziellen und privaten Daten,
- bei den Betriebsmodi eines ECDIS zwischen ECDIS-Modus und RCDS-Modus.

Im Einzelnen bedeutet:

- **ECDIS:** Ein ECDIS *(Electronic Chart Display and Information System)* erfüllt alle IMO-Anforderungen hinsichtlich Bauweise und Funktionalität. Es ist der Papierseekarte gleichgestellt und kann sie im Bordbetrieb vollständig ersetzen. Eine offiziell zugelassene Bordanlage ist z. B. mit dem *Wheel mark* als solche gekennzeichnet und mit entsprechender Dokumentation ausgestattet.
- **ECS:** Ein ECS *(Electronic Chart System)* ist ein elektronisches Seekartensystem, das die IMO-Anforderungen nicht erfüllt. Es darf nur als Zusatzsystem zur Papierseekarte genutzt werden. Manche ECS können ENCs nutzen. Der Bezeichnung ECS für diese Geräteklasse ist irreführend, da ein ECDIS eigentlich auch ein „elektronisches Seekartensystem" ist, wenn auch mit höheren Anforderungen.
- **ENC:** Eine ENC *(Electronic Navigational Chart)* ist ein regional begrenzter Auszug aus einer offiziellen Datenbank digitaler Seekartendaten. Sie enthält Vektordaten, ist nach dem gültigen Standard der IHO (S-57) erstellt und wird i. A. zum Schutz gegen Veränderung und Raubkopieren verschlüsselt. ENCs werden auf CD und über das Internet ausgeliefert.
- **SENC:** Eine SENC *(System Electronic Navigational Chart)* ist die Transformation der ENC-Inhalte auf der Festplatte eines ECDIS. Sie beinhaltet die entschlüsselten und anhand der integrierten *Updates* aktuellen Kartendaten. Das interne herstellerspezifische („proprietäre") SENC-Format erlaubt einen schnellen Aufbau der Seekarte auf dem Bildschirm.
- **RNC:** Eine RNC *(Raster Navigational Chart)* ist ein offizieller Datensatz für eine Rasterkarte, d. h. eine digitale Kopie einer Papierseekarte. RNCs haben eine geringere Funktionalität als ENCs, dürfen aber unter bestimmten Bedingungen im „RCDS-Modus" offiziell für die Navigation genutzt werden.
- **S-57:** „S-57" ist der zurzeit (2009) gültige Kartendatenstandard der IHO für ENCs. „S-57" umfasst Objekte und Attribute in einem Objektkatalog, mit dem alle kartierten nautischen Informationen beschrieben werden. „S-57-Daten" sind nicht notwendigerweise immer amtliche ENCs, da auch private Datenhersteller dieses Format benutzen.
- **S-52:** „S-52" ist der Standard für die einheitliche grafische Darstellung der Objekte *(Colours and Symbols*, Texte) und beinhaltet die Darstellungsbibliothek *(Presentation Library)*.
- **S-63:** „S-63" ist der Standard für die Verschlüsselungstechnik für ENCs auf dem Weg vom Vertreiber zum ECDIS-Nutzer.
- **RCDS:** Ein ECDIS im RCDS-Modus *(Raster Chart Display System)* nutzt keine Vektorkarten (ENCs), sondern Rasterkarten (RNCs).
- **„Offizielle Daten"** werden von einer offiziellen Stelle (staatliche Behörde oder durch sie beauftragte Einrichtung, in der Regel ein Hydrografischer Dienst) herausgegeben.
- **„Private Daten"** stammen nicht aus einer offiziellen Quelle. Auch wenn sie vom Hersteller als S-57-Daten bezeichnet werden und gleichartig sein können (aber nicht immer sind), sind sie ohne Autorisierung der entsprechenden Behörde. Die technische Nutzung eines offiziellen Formates macht die Daten nicht offiziell.

4.1.2 Zulassung und Vorschriften, Papierseekartenersatz

(1) International (IMO)

Die IMO *(SOLAS V, Reg. 19)* [3.2.1] hatte zunächst den Flaggenstaaten die Anerkennung von ECDIS als Seekarte unter bestimmten Bedingungen erlaubt. Inzwischen (2009) hat die IMO stufenweise Ausrüstungsvorschriften erlassen. Ab 2010 müssen alle HSCs mit ECDIS ausgerüstet sein. Außerdem gelten folgende Änderungen zu *SOLAS V Reg. 19*:

ECDIS-Anerkennung

„2.1.4 All ships irrespective of size shall have nautical charts and nautical publications to plan and display the ship's route for the intended voyage and to plot and monitor positions throughout the voyage. An electronic chart display and information system (ECDIS) is also accepted as meeting the chart carriage requirements of this subparagraph. Ships to which paragraph 2.10 applies shall comply with the carriage requirements for ECDIS detailed therein".

ECDIS-Ausrüstungsvorschriften

„2.10 Ships engaged on international voyages shall be fitted with an Electronic Chart Display and Information System (ECDIS) as follows:" (Inhalt siehe Tabelle 4.1.1)

All HSC	2008; 2010
Passenger ships of 500 GT and upwards constructed on or after 1 July 2012	1 July 2012
Tankers of 3,000 GT and upwards constructed on or after 1 July 2012	1 July 2010
Cargo ships, other than tankers, of 10,000 GT and upwards constructed on or after 1 July 2013	1 July 2013
Cargo ships, other than tankers, of 3,000 GT and upwards but less than 10,000 GT constructed on or after 1 July 2014	1 July 2014
Passenger ships of 500 GT and upwards constructed before 1 July 2012	not later than the first survey* on or after 1 July 2014
Tankers of 3,000 GT and upwards constructed before 1 July 2012	not later than the first survey* on or after 1 July 2015
Cargo ships, other than tankers, of 50,000 GT and upwards constructed before 1 July 2013	not later than the first survey* on or after 1 July 2016
Cargo ships, other than tankers, of 20,000 GT and upwards but less than 50,000 GT constructed before 1 July 2013	not later than the first survey* on or after 1 July 2017
Cargo ships, other than tankers, of 10,000 GT and upwards but less than 20,000 GT constructed before 1 July 2013	not later than the first survey* on or after 1 July 2018
Exemptions: Ships which will be taken permanently out of service within two years after the implementation date specified	

* MSC.1/Circ.1290

Tabelle 4.1.1: Die Ausrüstungsvorschiften für ECDIS

Für die Nutzung von ECDIS gelten im Wesentlichen folgende Bedingungen:
- Das ECDIS muss offiziell zugelassen sein. Bei der Baumusterprüfung werden Bauweise, technische und operationelle Funktionen der IMO-Leistungsnormen [4.1.3] sowie die korrekte Umsetzung der digitalen Daten (S-57; S-52) in der Seekartenanzeige geprüft.
- Für das betreffende Seegebiet müssen die neuesten Ausgaben offizieller ENCs mit aktuellen Updates benutzt werden.

4 Systeme mit grafischen Displays: ECDIS, Radar und AIS

- Es muss ein Ersatzsystem *(Back-up)* zur Verfügung stehen. Dieses muss ebenfalls die neuesten Kartenausgaben mit aktuellen Updates nutzen, die geplante Route enthalten und eine einfache Übernahme der Funktionen und Daten vom Primärsystem ermöglichen. In Frage kommen im Wesentlichen ein zweites ECDIS, Papierseekarten und ein *Chart Radar*.
- ECDIS darf RNCs nur dann benutzen, wenn von dem jeweiligen Seegebiet noch keine ENCs existieren (nicht: wenn sie nicht an Bord sind) und wenn zusätzlich ein „geeigneter" Satz von Papierseekarten benutzt wird.
- ECDIS muss an eine Notstromversorgung angeschlossen sein und einen Stromausfall von bis zu 45 Sekunden ohne Neustart verkraften.

Ist eine dieser Bedingungen nicht erfüllt, müssen offizielle berichtigte Papierseekarten als Primärsystem benutzt werden. In Gebieten ohne ENC-Bedeckung (ENC-Lücken) werden in der Praxis folgende Lösungen benutzt:

- RNCs (offiziell; mit *appropriate portfolio* berichtigter Papierseekarten) oder
- private Daten (nicht-offiziell; zwingend mit vollständigem Satz berichtigter Papierseekarten).

In Tabelle 4.1.2 sind für die verschiedenen Kombinationsmöglichkeiten von Seekartensystem und Datentypen, die Erfüllung des *SOLAS*-Status und die ggf. zu nutzenden Papierseekarten dargestellt.

System	Up-to-date Kartendaten	SOLAS-Status?	Zusätzlich erforderliche Papierseekarten
ECDIS	ENC (Vektor)	ja	keine
ECDIS	RNC (keine existierende ENC)	ggf.	„appropriate Portefolio"
ECDIS	RNC (jedoch existierende ENC)	nein	Vollständiger Satz
ECDIS	Private Daten (Vekor oder Raster)	nein	Vollständiger Satz
ECS	ENC, RNC oder private Daten	nein	Vollständiger Satz

Tabelle 4.1.2: Anerkennung elektronischer Seekarten nach IMO

Zu beachten: Wenn ein Schiff nur mit einem elektronischen System navigiert, das keinen vollen *SOLAS*-Status erfüllt, fährt es rechtlich ohne (!) jede Seekarte.

(2) Nationale Umsetzung – Deutschland als Flaggenstaat

In dem von der IMO gesteckten Rahmen haben einige Flaggenstaaten ECDIS bereits vor der Verabschiedung von Ausrüstungspflichten als offizielle Seekarte anerkannt. Die nationalen Auflagen unterscheiden sich im Wesentlichen in den Bedingungen für das Back-up und die Anzahl der zusätzlich benötigten Papierseekarten (*„appropriate portfolio"*) bei Nutzung von RNCs. Deutschland erkennt ECDIS unter folgenden Bedingungen an:

- Baumustergeprüftes ECDIS,
- Offizielle aufdatierte ENCs für das Fahrtgebiet,
- RNC-Nutzung nur, wenn keine ENCs für das Seegebiet existieren und mit einem reduzierten (!) Satz von Papierseekarten (letztlich Entscheidung des Kapitäns),
- Back-up: typgleiches ECDIS oder vollständiger (!) Satz aufdatierter Papierseekarten.

Sind die Bedingungen erfüllt, ist für das einzelne Schiff keine weitere Erlaubnis durch die Verwaltung notwendig. Wenn ein vollständiger Satz von Papierseekarten als Ersatzsystem mitgeführt wird, entfällt der reduzierte Satz bei der Nutzung von RNCs. Der ausführliche Text wird jeweils in der *Ausgabe 1* der *NfS* veröffentlicht. Andere Flaggenstaaten stellen andere Bedingungen, z. B. erlauben die Niederlande die Nutzung von RNCs ohne zusätzliche Papier-

4.1 ECDIS

seekarten und Norwegen ein *Chart Radar* als Ersatzsystem. Ein vollständiges Kompendium der Flaggenstaaten (Stand 2008) wird in *Facts about ECDIS* [4.1.4] wiedergegeben.

(3) *Port State Control*

Die Ausrüstung mit Seekarten wird von der Hafenstaatkontrolle *(Port State Control)* überprüft. Die Kontrolle betrifft die Einhaltung von Verordnungen des Flaggenstaates, (des Hafenstaates) und von internationalen Übereinkommen. In Europa gibt es gemeinsame Richtlinien: *Guidelines for PSCOs on Electronic Charts* [4.1.5]. Die wesentlichen Schritte der Überprüfung elektronischer Seekarten sind in Tabelle 4.1.3 zusammengefasst.

1. Dient die elektronische Seekarte als primäres Navigationssystem oder als Zusatzsystem?
2. Ist die Bordanlage ein ECDIS oder ein ECS?
Wenn Primärsystem und ECDIS:
3. Ist ECDIS vom Flaggenstaat anerkannt?
4. Arbeitet ECDIS im ENCs oder RNCs?
5. Ist eine ECDIS-Bedienungsanleitung vorhanden?
6. Können Kapitän und Offiziere Dokumente über ECDIS-Training vorzeigen?
7. Sind die ENCs die neueste Ausgabe für die geplante Reise?
8. Sind die ENCs aufdatiert für die geplante Reise?
9. Ist ein vom Flaggenstaat zugelassenes Ersatzsystem vorhanden?
10. Stimmen ECDIS- und Sensordaten überein?
11. Ggf.: Stimmen die Anzeigen von ECDIS und Radarbild überein?
12. Ist ECDIS an die Notstrom-Versorgung angeschlossen?
13. Bei Nutzung von RNCs: Wird ein *„appropriate portefolio"* von Papierseekarten benutzt?

Tabelle 4.1.3: Richtlinien für die Überprüfung elektronischer Seekarten durch *Port State Control*

Wenn die elektronische Seekarte nur als Zusatzgerät zur Papierseekarte dient (Frage 1), das System ein ECS ist (Frage 2) oder keine offiziellen Daten (ENCs bzw. RNCs) (Frage 6) benutzt werden, entfallen die weiteren Schritte, da das Schiff mit Papierseekarten ausgerüstet sein und mit diesen fahren muss. Für diese gelten eigene Vorschriften.

(4) ECDIS – Training

Der Einsatz von ECDIS verändert das Navigieren und die Arbeitsweise auf der Brücke grundsätzlich. Dafür muss der Nutzer ausgebildet werden und dafür müssen *Bridge Procedures* erstellt werden (Kap. 1 und Kap. 4.1.9). Ein ECDIS-Nutzer muss mit ECDIS ebenso vertraut sein wie ein Papierseekartennutzer mit der Papierseekarte. Die normale Bedienung als „Knöpfchenkunde" (Crash-Kurs durch den Hersteller für die Erstbesatzung) ist nicht ausreichend. Der Nutzer muss vielmehr auch *„generic"* Hintergrundwissen besitzen. Dazu gehört Wissen über den legalen Status des genutzten Systems (ECDIS oder ECS), der genutzten Kartendaten (ENCs, RNCs oder private Daten), wesentliche Dateneigenschaften, Nicht-Anzeige von Objekten, Grenzen von ECDIS, sichere Bedienung bei Reiseplanung und Reiseüberwachung, Ursachen für das Auftreten von Alarmen (und deren bewusste Unterdrückung), mögliche Probleme bei Sensoren und weitere Gefahren.

Die neue STCW Convention 2010 [4.1.6] schreibt die geforderten ECDIS bezogenen Kompetenzen für den *Operating level* und den *Management level* explizit vor. Außerdem hat die IMO den *Model Course: The Operational Use of ECDIS* [4.1.7] herausgegeben. Mehrtätige zertifizierte (!) Kurse an maritimen Ausbildungsinstituten oder durch den Hersteller sind notwendig. Der Reeder ist dafür verantwortlich, dass die Wachoffiziere kompetent für die ECDIS-Nutzung sind und die entsprechende Ausbildung erhalten *(ISM Code)*.

4.1.3 Elektronische Kartendaten

(1) *Electronic Navigational Charts* (ENCs)

ENCs basieren auf offiziellen hydrografischen Daten. Sie unterliegen hinsichtlich Inhalt und Format dem internationalen Standard „S-57", sind bezogen auf das Bezugssystem WGS84 und werden mit offiziellen *Up-dates* (ebenfalls nach S-57) berichtigt. ENCs sind regionale Auszüge einer Datenbank mit geo-referenzierten Objekten, d.h. dieser Datensatz enthält alle navigatorisch relevanten Informationen in Form von Objekten und Attributen. Alle Objekte der Datenbank können individualisiert, identifiziert, analysiert und in den Navigationsprozess einbezogen werden. Sie sind dem System (semantisch) „bekannt". ENC-Daten sind in gewisser Weise „intelligent" – sie enthalten die Anwort auf die Frage „Was ist wo?" in digitaler Form. Alle zu nutzenden ENC-Inhalte sind Geoinformationen mit explizitem Raumbezug, d.h. ihre geografische Position ist als Teil des Datensatzes gespeichert. ECDIS kann die ENC-Inhalte lesen und für bestimmte Anwendungen relevante Werte vergleichen. Die wesentlichen Prinzipien der ENC-Struktur sind im Folgenden aufgeführt. Die Struktur der ENC-Daten ermöglicht die hohe Flexibilität von ECDIS. Beispiele: Selektive Anzeige von Informationen (Objekte, Seegebiete, Tag/Nacht-Darstellung, ...), Anzeige von Hintergrundinformationen (Tiefen, Namen, Eigenschaften, ...), automatische Überwachungsfunktionen (Routencheck, Untiefenwarnung, ...), automatische Anpassung der Karteninhalte an den eingestellten Anzeigebereich, einfache automatische Aufdatierung.

a) Vektordaten

Ein Vektor wird durch Anfangspunkt, Länge und Richtung (oder gleichwertig durch Anfangspunkt und Endpunkt) eindeutig definiert. Alle Zwischenpunkte sind damit festgelegt (anders als bei Rasterkarten). Die geometrischen Grundelemente einer Karte (Punkte, Linien, Flächen) können durch Vektoren beschrieben werden: Ein Punkt als Vektor der Länge 0, eine Gerade als einfacher Vektor, eine gekrümmte Linie als Kette vieler aneinandergereihter Vektoren und eine Fläche als geschlossenes Polygon aus verketteten Vektoren. Diesen Geometrieelementen werden dann Punktobjekte, Linienobjekte oder Flächenobjekte zugeordnet. Abb. 4.1.2 zeigt u.a. zwei Linienobjekte (Tiefenlinie, VTS-Grenze) und ein Flächenobjekt (Tiefenfläche).

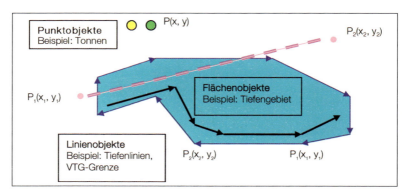

Abb. 4.1.2: Vektoren als geometrisches Grundelement für Punkt-, Linien- und Flächenobjekte

b) Objekt-Attribut-Struktur

Der ENC-Datensatz ist aus Objekten und deren Attributen aufgebaut. Der Standard S-57 (Version 3.1) enthält z.B. 159 Objektklassen und 187 Attributklassen. Objektklassen umfassen

4.1 ECDIS

Punktobjekte (Leuchttürme, Tonnen, Einzellotungen, ...), Linienobjekte (Tiefenlinien, Radarlinien, Gebietsgrenzen, ...) und Flächenobjekte (Fahrwasser, VTG, Tiefenflächen, Gebiete mit garantierten Tiefen, Reeden, ...). Attributklassen sind für die einzelnen Objekte unterschiedlich. Es wird unterschieden zwischen

- Attributen, die das reale Objekt beschreiben (Beispiele: Turmhöhen, Kennungen, Tiefen),
- Attributen für die Anzeige der Objekte in der Karte (z.B.: Mindestmaßstab „SCAMIN") und
- Attributen für administrative Informationen (Vermessungsdatum).

Aus informationspraktischen (nicht navigationspraktischen) Gründen sind Toppzeichen und Lichter der Tonnen als eigene Objekte erfasst. Bei Kartentiefen unterscheidet man zwischen den Objektklassen Einzellotung (Beispiel: Tiefe = 8,9 m) und Tiefenfläche (Beispiel: Tiefenbereich = 10 - 20 m).

Beispiel: Eine Lateraltonne besitzt die Attribute Form (Spitztonne), Farbe (grün), Name (Tonne 27), Radarauffälligkeit (ja; Reflektor) und das Attribut SCAMIN (6000). Folglich wird die Tonne mit den genannten Eigenschaften angezeigt, jedoch nur dann, wenn der Kompilationsmaßstab der dargestellten Karte größer oder gleich 1:6000 ist, das angezeigte Gebiet also klein ist. Wird der Anzeigebereich vergrößert, d.h. der Maßstab auf z.B. 1:8000 verkleinert, verschwindet die Tonne aus der Karte.

Zu beachten: Objekte werden also nicht jederzeit angezeigt, sondern nur wenn der Wachoffizier im geeigneten Maßstab fährt.

c) Objekt-Geometrie-Bezug

Alle ENC-Objekte und ihre Informationen sind geo-referenziert, d.h. sie enthalten einen inhaltlichen Teil (Objekt, Attribute, Hintergrundinformationen) und einen raumbezogenen Teil (Position, Richtung, Ausdehnung). Die Objekte sind quasi an der Geometrie „aufgehängt" und über die Position „ansprechbar". Wählt der Wachoffizier eine Position an (Pick Report; Kap. 4.1.5), durchsucht die ECDIS-Software die ENC-Datenbank nach allen relevanten Objekten, die dieser Position zugeordnet sind, und zeigt diese an. Dabei kommt es naturgemäß zur Überlagerung von Objekten (Objek-

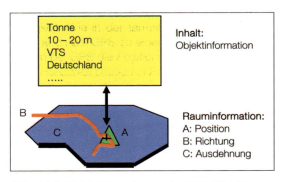

Abb. 4.1.3: Objekt-Raumbezug der ENC-Objekte: d Objekte A, B und C an der Position „+"

te A, B, C in Abb. 4.1.3). Ebenso kann ECDIS über die Geometrie (Position, Ausdehnung) der Objekte einen Tiefenalarm für alle Einzellotungen, Tiefenlinien und Tiefenfläche erzeugen, die auf der Route des Schiffes liegen und deren Tiefenattribut den eingestellten Grenzwert unterschreitet *(Attention: Approaching Wreck at Position LAT, LON)*.

d) ENC-*Usages* und Bezeichnung

Alle ENCs sind einem bestimmten Anwendungszweck *(Usage)* zugeordnet, der dem dargestellten Seegebiet von offener See bis zum Anlegen und dem Kompilationsmaßstab der Zelle entspricht. Es sind sechs *Usages* definiert (Tabelle 4.1.4). Beispiele: Revierkarte *(Approach)*, Küstenkarte *(Coastal)*. ENCs gleicher *Usage* überlappen sich nicht, sondern schließen lückenlos aneinander an. Intern sind Karten verschiedener „*Usages*" übereinander gestapelt (Abb. 4.1.4). Je nach gewähltem Maßstab *(Range)* werden ENCs geeigneter **Usage** (Zweck) angezeigt

4 Systeme mit grafischen Displays: ECDIS, Radar und AIS

Usage	Maßstabsbereich (etwa)	Anzeigebereich	Code
Overview	< 1:1 500 000	1000–200 nm	1
General	1:350 000–1:1 499 999	100–60 nm	2
Coastal	1:90 000–1:349 999	48–24 nm	3
Approach	1:22 000–89 999	18–8 nm	4
Harbour	1:4000–1:21 999	6–2 nm	5
Berthing	> 1:4000	1,5–0,1 nm	6

Tabelle 4.1.4: ENC-*Usages* (Zweck) nach Maßstab bzw. Anzeigebereich

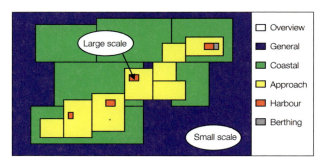

Abb. 4.1.4: Aktivierung der geeigneten *Usage* in Abhängigkeit vom eingestellten *Range*

(vgl. Kap. 4.1.5), d.h. die aktivierte ENC hängt vom eingestellten Anzeigebereich ab. Die jeweiligen ENC-Grenzen sind in der Karte markiert. Jede ENC wird mit einem Code aus acht Zeichen bezeichnet. Die ersten zwei Zeichen kennzeichnen das Herkunftsland, das dritte Zeichen den *Usage*, die letzten fünf die ENC-Bezeichnung des jeweiligen hydrografischen Dienstes. Beispiele: Die Zellbezeichnung „DE3xxxxx" kennzeichnet eine deutsche Küstenkarte, „GB5xxxxx" eine britische Hafenkarte. Sind für ein entsprechendes Seegebiet nicht ausreichend ENCs mit entsprechendem *Usage* verfügbar, jedoch Papierkarten bzw. RNCs in entsprechendem Maßstab, sind diese zu verwenden.

ECDIS-Grenze: Die Struktur der ENC-Daten ermöglicht eine flexible Nutzung. ECDIS kann jedoch nur geplante und aktuelle Navigationsinformationen (Schiffsort, Kartentiefe, …) mit den Eigenschaften der Objekte der Datenbank vergleichen. ECDIS zieht keine Schlüsse, wie ein Mensch dies tun könnte.

(2) *Raster Navigational Charts* (RNCs)

Rasterkarten werden durch Scannen von Papierseekarten produziert. Beim Scan-Vorgang wird für jeden einzelnen Punkt die Position (x, y) mit der jeweiligen Farbe erfasst und digital für eine optimierte Bildschirmdarstellung nachbearbeitet (*Anti-aliasing*). Rasterkarten sind digitale, passive Kopien von Papierseekarten auf dem Bildschirm. „RNCs" sind offizielle Rasterkarten (Standard „IHO S-61"). Die wesentlichen Herstellerdienste für RNCs sind:

- ARCS (*Admirality Raster Chart Service*; U.K. HO; weltweit; HCRF-Format) und
- NOAA (US; *US waters*; BSB-Format; *Maptech ® official distributor*).

4.1 ECDIS

a) Wesentliche Eigenschaften

Bei Rasterkarten erscheint die Karte in vertrauter Papierseekartendarstellung (Abb. 4.1.5). Die ECDIS-Software kann bei RNCs allerdings nur auf Pixelinformation zugreifen, nicht auf Informationen über Objekte. Konsequenz: Die Objekte können nicht identifiziert werden, Rasterkarten sind weniger „intelligent". Das führt zu begrenzter Funktionalität im Vergleich zu Vektorkarten: Kein „Pick Report", kein „Routencheck", kein automatisches *Anti-grounding*. Fehlende Funktionen wie *Anti-grounding* können nur sehr beschränkt durch manuelle Eingabe von einzelnen Objekten kompensiert werden. Im Gegensatz zu ENCs werden RNCs wie Einzelkarten (nicht als randloses Kontinuum) behandelt und durch eine Kartennummer geladen. Manche ECDIS-Anlagen sind in der Lage, die Nachbarkarte automatisch zu laden. Eine Vergrößerung des Maßstabs durch den Nutzer erbringt keine neuen Detailinformationen. Vielmehr muss eine RNC anderen Maßstabs geladen werden. Die Schiffsposition wird wie bei ENCs automatisch und kontinuierlich angezeigt. Für eine korrekte Positionsanzeige enthalten RNCs als Meta-Daten Informationen über das Bezugssystem der zugrunde liegenden Papierseekarte (wenn dieses bekannt ist). ECDIS passt das Bezugssystem der Rasterkarte automatisch an WGS-84 an. Der Nutzer muss sicherstellen, dass es keine Positionsfehler durch Diskrepanzen der Bezugssysteme (WGS-84, GPS-Empfängerausgang und Rasterkarte) gibt. Ein RCDS erlaubt die Anpassung an die Lichtverhältnisse durch entsprechende Farbpaletten. RNCs können regelmäßig und automatisch berichtigt werden.

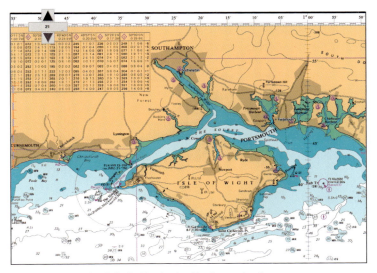

Abb. 4.1.5: Die Rasterkarte als digitale Kopie der Papierseekarte

b) Vergleich Vektor Raster

Die navigatorischen Unterschiede zwischen ENCs, RNCs und Papierseekarte sind in Tabelle 4.1.5 vergleichend zusammengestellt, die kartografischen Eigenschaften in Tabelle 4.1.6. Dabei sind die jeweiligen Vorteile in grüner, die Nachteile in roter Farbe markiert.

4 Systeme mit grafischen Displays: ECDIS, Radar und AIS

Function	Paper chart	RCDS	ECDIS
Position Display	Manual only	Autom., real-time	Autom., real-time
Automatic Route check	Manual only	-	+
Automatic Anti-grounding alarm	Manual only	-	+
Automatic Off-track alarm	Manual only	+	+
Add. object data	- (List of Lights)	-	Pick Report
Orientation	North-up	North-up	North+Course-up
Automatic Overlay Radar, AIS	-	+	+
Range change/Zoom	-	Limited zooming	Detailed Info
Up-dating	Manual	Automatic	Automatic

Tabelle 4.1.5: Vergleich der navigatorischen Funktionen von Papier-, Vektor- und Rasterkarten

Function	Paper chart	RCDS	ECDIS
Size	Large	Small	Small
Legibilty by resolution	Excellent	Limit by monitor	Limit by monitor
Legibility by overload	+	Limited	Info selection
Overview for planning	Chart limits	Chart limits	No chart limits
Geodetic datum	60 different	Transf. to WGS84	WGS84
Uniformity of display	Often no Standard	2 nat. standards	Standard
Uniformtity of units	Often no Standard	Often not metric	Standard (m)
Night use	Passive light	Active light	Colour schemes

Tabelle 4.1.6: Vergleich der kartografischen Eigenschaften von Papier-, Vektor- und Rasterkarten

(3) Private Kartendaten

Neben offiziellen ENCs und RNCs gibt es in der Berufsschifffahrt und insbesondere in der Sportschifffahrt Vektor- und Rasterdaten privater Firmen. Mit privaten Daten werden häufig ENC-Lücken gefüllt. Private Daten haben teils S-57 Format, teils eigene inkompatible Formate. Sie sind sehr unterschiedlich hinsichtlich Art, Herstellungssorgfalt und Qualität. Da sie erst nach Ausgabe des zugrunde liegenden offiziellen Kartenmaterials erstellt werden können, sind sie von verminderter Aktualität. Einige private Daten erscheinen den ENCs durchaus ähnlich. Inhalt, Vollständigkeit und Berichtigung werden jedoch nicht offiziell überwacht. Während die Verantwortung und Produkthaftung von offiziellen Daten bei dem jeweiligen Staat liegt, liegen diese bei privaten Karten beim Kartenhersteller. Beispiele:

- Private Vektorkarten: C-MAP (NT+), TRANSAS (TX-97), NAVIONICS (Gold, Platin),
- Private Rasterkarten: MAPTECH, MAPMEDIA, NDI, SOFTCHART.

Zu beachten: Die Nutzung von privaten Kartendaten als primäres Navigationssystem ist nicht erlaubt. Sie dürfen nur zusätzlich zu offiziellen Seekarten genutzt werden. Wegen des unterschiedlichen Status von ENCs, RNCs und privaten Daten weist ECDIS den Nutzer durch eine kontinuierliche Anzeige darauf hin, wenn offizielle Papierseekarten zu nutzen sind.

4.1 ECDIS

(4) Versorgung und Berichtigung von elektronischen Kartendaten
Alle Kartendaten der SENC müssen die neueste autorisierte Ausgabe sein und für die beabsichtigte Reise die offiziellen Updates enthalten. Vor der erstmaligen Datenlizensierung müssen die notwendigen Parameter (ECDIS-PIN; Hardware ID) zwischen ECDIS-Hersteller und Datenbezugsquelle ausgetauscht werden. Für die Nutzung benötigt man sowohl die Kartendaten als auch die zugehörigen Kartenschlüssel *(Permits)* für die ECDIS-Bordanlage.

ENC-Versorgung: Bezugsquellen von digitalen Daten sind Kartenhändler *(Providers, Distributors)*, in seltenen Fällen die Datenerzeuger (hydrografische Dienste) selbst. Die hydrografischen Dienste übergeben die Daten offiziellen Datenzentren *(Regional Electronic Chart Co-ordinating Centres*/RENCs). Diese stellen die Daten für ihre Region zusammen und tauschen sie mit anderen RENCs aus, so dass alle RENCs weltweite Daten anbieten können. Beispiele für RENCs sind IC-ENC (Großbritannien) und Primar (Norwegen). RENCs liefern die Daten an Vertriebsstellen, welche die Daten nach den spezifischen Wünschen der Reederei oder des Schiffes zusammenstellen und ausliefern. Einige Nationen verteilen ihre ENCs allerdings auf anderen individuellen Wegen (z. B. NOAA/USA und JHA/Japan). Für Nutzer und Vertriebsstellen stellt die IHO einen interaktiven Internet-Katalog zur Verfügung (www.iho.int; Rubrik „ENC"), der den aktuellen Status der weltweiten ENC-Verfügbarkeit enthält (Seegebiete; Vertriebsstellen) und eine gewisse Funktionalität besitzt. Die Kartenliste wird nach den Datenformaten, die das ECDIS/ECS lesen kann und den für das entsprechende Seegebiet verfügbaren Kartentypen nach Katalog erstellt. Die ENCs werden derzeit auf CDs postalisch an Reederei oder Schiff zugestellt, die Permits ggf. über Internet/E-Mail an Bord übertragen.

ENC-*Updating*: Die ENC-Bestellung beinhaltet meist einen einjährigen Berichtigungsservice. Die Versorgung mit regelmäßigen Updates erfolgt im Wesentlichen wie die Versorgung mit ENCs. Sie kommen etwa mit der Häufigkeit der Ausgabe von *Notice to Mariners* (z. B. wöchentlich) auf einem Datenträger (CD) oder zunehmend über SATCOM (E-Mail; Web; Broadcast) an Bord. Die Updates beinhalten sowohl Neuausgaben von ENCs als auch Berichtigungen für die anderen ENCs. Die Updates zwischen zwei Neuausgaben einer ENC sind sequenziell und kumulativ. Sind die zugehörigen ENC-Permits nicht an Bord oder abgelaufen, können sie bestellt und z. B. als Anhänge zu E-Mails empfangen werden. Es sind – wenn nötig – zuerst die Permits einzulesen, anschließend die Updates. ECDIS überprüft dabei, ob alle Updates lückenlos und nicht doppelt eingespielt werden und fügt sie automatisch in die SENC ein. Es gibt Systeme, die während des Einspielens von Kartendaten einsatzbereit sind. Dieser Vorgang kann eine beträchtliche Zeit dauern.

Update-Liste: ECDIS dokumentiert die Updates jeder einzelnen ENC. Mit Hilfe der Update-Liste können sowohl Navigationsoffiziere als auch die Hafenstaatkontrolle den Berichtigungsstand der ENCs an Bord einsehen. Ein einheitliches Berichtigungsdatum aller (!) ENCs kann u. a. auf fehlendes Berichtigen hinweisen. Im Einzelfall können Daten für einzelne Objekte vom Nutzer auch manuell – und als solche gekennzeichnet – berichtigt werden.

ENC-Verschlüsselung: Jede ENC ist (im Normalfall) mit einem eigenen Schlüssel verschlüsselt *(IHO Standard „S-63")*. Damit wird sichergestellt, dass es sich um offizielle, authentische und „nicht-korrupte" Vektordaten handelt und dass die Daten nicht illegal kopiert werden können. Der Nutzer erhält den *decryption key* jeder Zelle als „Permit". Die ECDIS-Software enthält Entschlüsselungsprozeduren, die beim Einlesen die ENCs in das interne herstellerspezifische SENC-Format umwandeln. Dieser Vorgang kann viele Stunden in Anspruch nehmen.

SENC-Verteilung: Zusätzlich zum ENC-Vertrieb existiert ein SENC-Vertrieb, bei dem zertifizierte Karten-Vertreiber die ENC-SENC-Umwandlung in das ECDIS-Herstellerformat an Land

4 Systeme mit grafischen Displays: ECDIS, Radar und AIS

vornehmen und die SENC-Daten an den Nutzer liefern (SENC *distribution*). Dazu bedarf es der Erlaubnis der ENC-Hersteller. Durch die Vorkonvertierung wird der langwierige Konvertierungsprozess beim Import von Kartendaten in das ECDIS vermieden. ECDIS erkennt, wenn die gelieferte SENC auch Daten aus „nicht-offiziellen" ENCs enthält und gibt in diesem Fall einen entsprechenden Hinweis, dass Papierseekarten benutzt werden müssen. Beispiele: C-Map CM93/3, TX97, directENC.

RNC-*Updating*: RNC-Berichtigungen kommen im Allgemeinen ebenfalls als CD, zunehmend als *Download* an Bord. Sie enthalten vollständige RNC-Ausgaben oder Flicken *(patches)* für bestimmte Gebiete. Für ARCS gibt es zwei Dienste: Der *Navigator service* für die Berufsschifffahrt erlaubt die Nutzung der RNC einschließlich aller Berichtigungen für eine begrenzte Zeit (Normalfall: ein Jahr). Der *Skipper service* für die Sportschifffahrt erlaubt die Nutzung der neuesten Edition einer RNC ohne Berichtigungen.

4.1.4 ECDIS-Funktionen (Übersicht)

Ein ECDIS enthält eine Vielzahl von Funktionen. Eine gewisse Systematik besteht darin, zwischen kartenbezogenen Funktionen *(Chart work)*, Planungsfunktionen *(Voyage Planning)* und Reiseüberwachung *(Voyage Monitoring)* zu unterscheiden (Tabelle 4.1.7). Die verschiedenen ECDIS-Systeme besitzen mehr oder weniger verschiedene Bedienoberflächen. Es wird die in Tabelle 4.1.8 wiedergegebene Grundeinstellung empfohlen, die für ein ECDIS als Teil eines INS (Kap. 6.1) sogar vorgeschrieben ist. Einzelheiten über eine sichere und optimale Bedienung

Chart				Planning		Monitoring	
Chart Handling	Chart Work	Colours, Symbols	Chart Settings	Construction	Route	Voyage	Reset/ Prediction
S 57	Line of Position	Traditional Symbols	Display Category	Create Leg	Select Route	Next WPs	Frame Size
ARCS	VRM/ EBL	Day Bright	Lights	Create WP	Check Route	Activate WP	Frame Position
Select Area	Reference Point	Day Whiteback	2 Depth Shades	Insert WP	Release Leg	Safety Values	Frame Auto
View Updates	Position Fix	Day Blackback	North-up	Move WP	Clear Route	Pasttrack	Prediction ON
Apply Updates	Dividers	Dusk	Course-up	Edit legs and WPs	Clear Highlights	Alert Settings	Prediction Time
Read Permits	Manual Update	Night	Position Sensors	Show all Legs	WP List	Alert Messages	
Import Charts	Notes	Chart 1	Dead Reckoning	Show XTD Limits	Load Route	Ship Symbol	
Read CDROM	Erase			Radar Overlay	Remove Leg or WP	Route Manager	Position Offset
Delete charts	Hardcopy Printer			AIS Tragets	Remove All		Pasttrack Clear
	Hardcopy Disk				Defaults		Pasttrack List	Quit ECDIS

Tabelle 4.1.7: Übersicht über ECDIS-Funktionen und typische Menue-Struktur (WP = *Way point*)

4.1 ECDIS

Funktion	Einstellung
Informationsmenge *(Display category)*	Standard Display
Angezeigtes Seegebiet *(Selected sea area)*	Um Eigenschiff mit geeigneter Voraussicht
Anzeigebereich *(Range)*	3 sm
Darstellungsart / Orientierung *(Orientation)*	True motion/Nord-stabilisiert
Manuelle Berichtigungen *(Manual updates)*	Wenn vorhanden
Nutzernotizen *(Operator's notes)*	Wenn vorhanden
Positionssensor *(position sensor)*	GNSS (Satellitennavigationsempfänger)
Vergangenheitsspur *(Past track)*	„Ein"
Aktive Route *(selected route)*	Zuletzt aktive Route mit Routenparametern
Vorauswarnzeit *(look-ahead time)*	6 Minuten

Tabelle 4.1.8: Empfohlene Standard-Voreinstellungen

sind den jeweiligen Bedienungsanleitungen der Hersteller zu entnehmen. Im Folgenden werden nicht alle Funktionen, sondern die wesentlichen Grundprinzipien der ECDIS-Bedienung und ECDIS-spezifische Möglichkeiten und Grenzen erläutert. Zahlreiche Funktionen und Alarme von ECDIS können nur mit Struktur und Eigenschaften der ENC-Daten erklärt werden.

4.1.5 Funktionen zur Kartendarstellung

(1) Anzeige von Objekten

Der Wachoffizier kann die Anzeige bzw. Nicht-Anzeige von Objekten beeinflussen:

a) durch Auswahl einer *Display Category* (Abb. 4.1.6)
   – *„Display Base"* („Nicht-abwählbares" Minimum an Informationen; für die Navigation i. A. nicht geeignet),
   – *Standard Display* (Mittlere Informationsdichte, z. B. Fahrwassergrenzen; einstellbar durch *Single Operator Action*) oder
   – *All Information* (z. B. Einzellotungen, Kabel; führt häufig zu Informationsüberflutung),
b) durch Verkleinern des Anzeigebereichs (Vergrößern des Maßstabs; s. u.) und
c) durch gezielte Anwahl einzelner Objektklassen und Namen.

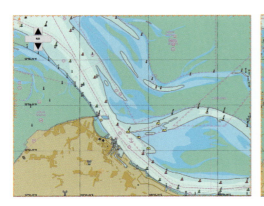 

Abb. 4.1.6: Display-Kategorien *Standard Display* und *All Other Information*

(2) Anzeigebereich und Maßstab

Der Anzeigebereich (Range) und damit der Maßstab können in angemessenen Schritten verändert werden. Der Anzeigebereich entscheidet einerseits über den Überblick, den die Karte bietet, andererseits über den Detailreichtum. Bei kleineren Anzeigebereichen werden automatisch mehr Detailinformationen angezeigt. Eine Tonne wird z. B. in kleineren Bereichen angezeigt, in größeren nicht (Abb. 4.1.7). Das wird sowohl über die aktuell angezeigte *Usage* der ENC als auch durch das Attribut SCAMIN der Tonne geregelt (Kap. 4.1.3).

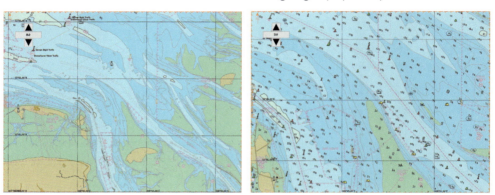

Abb. 4.1.7: Karten verschiedener *Usages* (Maßstäbe): Überblick oder Detailreichtum

Zu beachten: Um Fehlinterpretationen durch ungeeignete Anzeigebereiche zu vermeiden, erscheinen entsprechende Hinweise:

- Im *Underscale-Modus* zeigt ein magenta Rahmen, dass für das entsprechende Seegebiet eine ENC in besserem Maßstab vorhanden ist (Abb. 4.1.8). Der Wachoffizier kann diese durch Verkleinerung des Anzeigebereiches anzeigen lassen.
- Im *Overscale-Modus* zeigt eine Schraffierung, dass die ENC in größerem Maßstab genutzt wird als vorgesehen. Auch bei weiterer Verkleinerung des Anzeigebereiches werden keine weiteren Details erscheinen. Außerdem darf die Genauigkeit der Karte nicht überbewertet werden (Abb. 4.1.9).

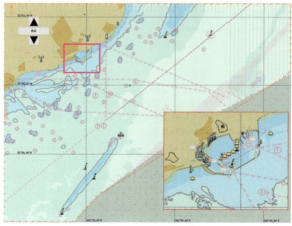

Abb. 4.1.8: *Underscale-Modus*: Karte im besseren Maßstab (kleines Bild) verfügbar

- Gebiete, für welche **keine ENCs** mit geeignetem Maßstab verfügbar sind, sondern nur RNCs oder private Daten, sind als solche in der Karte markiert (Abb. 4.1.10).

(3) Tiefeninformationen

Tiefeninformationen werden als Einzellotung (Anzeige: schwarz, wenn flacher als die wählbare *Safety depth*; sonst grau), als Tiefenlinie (wie in der Datenbank abgelegt) und als Tiefenfläche *(Shallow,*

4.1 ECDIS

Abb. 4.1.9: *Overscale-Modus*: Keine weiteren Details, Genauigkeit nicht vertrauenswürdig

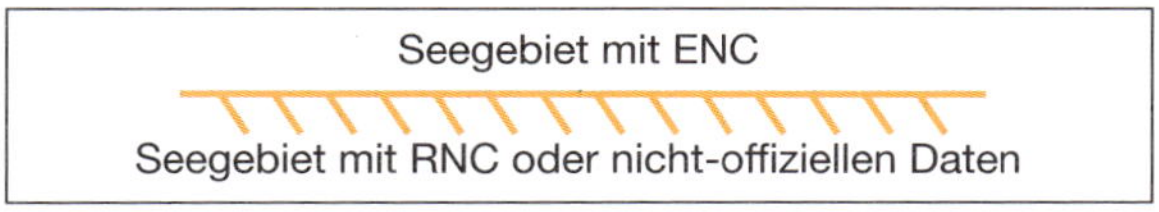

Seegebiet mit ENC

Seegebiet mit RNC oder nicht-offiziellen Daten

Abb. 4.1.10: Kennzeichnung von ENCs und anderen Daten

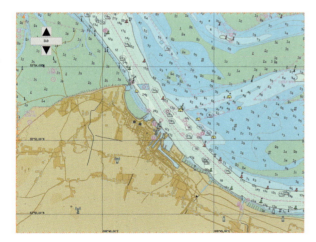

Abb. 4.1.11: Tiefeninformationen: Flächen, Linien, Lotungen, *Safety Contour* (dunkle Tiefenlinie) und garantierte Fahrwassertiefen (Punktschraffur)

non-navigable, *navigable*, *deep*; Abb. 4.1.11) angezeigt. Die entsprechenden Liniengrenzwerte können vom Wachoffizier verändert und eingestellt werden, soweit sie in der ENC verfügbar sind. Bei Bedarf können anstelle von vier verschiedenen Tiefenflächenbereichen auch nur zwei (sicheres Wasser, unsicheres Wasser) eingestellt werden. Eine besondere Rolle nimmt die *Safety contour* ein, die der Nutzer wählen kann. Sie dient als Warnkriterium, wenn ein Schiff innerhalb einer voreingestellten Warnzeit diese überfahren sollte.

Grenze von ECDIS-Daten: ECDIS kann nur auf solche Objekte zugreifen, die explizit im Datensatz der ENC enthalten sind. Beispiel: Als *Safety contour* kann nur eine Tiefenlinie gewählt werden, die in der jeweiligen ENC vorhanden ist (5, 10, 20 m o. a.). Es ist nicht möglich, die für ein Schiff wünschenswerte *Safety contour* von z. B. 13,5 m einzustellen, da ECDIS nicht zwischen den 10 und 20 m-Tiefenlinien interpolieren kann (Abb. 4.1.12). Versucht der Wachoffizier es trotzdem, erscheint ein Hinweis „*The selected safety contour of 13.7 m is not available in this chart*" o. Ä. und die sicherere (nächst tiefere!) Tiefenlinie wird als *Safety contour* genommen. Nur in der ENC vorhandene Tiefenlinien können als *Safety contour* und Tiefengrenzwerte gewählt und angezeigt werden.

(4) Gebiete, für die besondere Bedingungen gelten

ECDIS erkennt die in Tabelle 4.1.9 aufgeführten Gebiete, für die besondere Bedingungen gelten. Beispiel: Verkehrstrennungsgebiet (VTG). ECDIS weist auf deren Existenz durch einen entsprechenden Alarm oder Hinweis hin, wenn das Schiff sich nähert oder darin befindet.

4 Systeme mit grafischen Displays: ECDIS, Radar und AIS

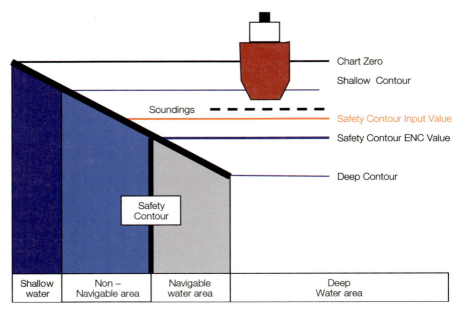

Abb. 4.1.12: Tiefenflächen, Tiefenlinien und Einzeltiefen

Grenze von ECDIS: ECDIS gibt weder eine Warnung, wenn sich das Schiff in diesem Gebiet falsch verhält, noch aktuelle situationsbezogene Verhaltensregeln. Beispiel: ECDIS könnte aufgrund seiner Sensorwerte erkennen, wenn ein Schiff ein „Geisterfahrer" in einem VTG ist oder ein Fahrwasser regelwidrig kreuzt. Da aber das Verhalten des Wachoffiziers situationsabhängig sein muss (Überholen; Stromabtrift) und Grenzwerte für Regelabweichungen nicht a-priory festgelegt werden können, gibt ECDIS keine Verhaltensregeln in Form von Erfahrenswissen und Daumenregeln.

– Traffic separation zone
– Inshore traffic zone
– Restricted area
– Caution area
– Off-shore production area
– Areas to be avoided
– User defined areas to be avoided
– Military practice area
– Sea plane landing area
– Submarine transit lane
– Anchorage area
– Marine farm/agriculture
– PSSA (Particularly Sensitive Sea Area)

Tabelle 4.1.9: ECDIS-Gebiete mit besonderen Bedingungen

(5) Hintergrundinformationen (*Pick Report*)

Um die Karte von im Normalfall nicht benötigten, im Sonderfall aber notwendigen Informationen zu befreien, werden viele Informationen der Datenbank nicht grafisch angezeigt, sondern bei Bedarf durch den *Pick Report* abgefragt. Wählt der Nutzer mit dem Cursor eine Position an (*Pick*), werden die betroffenen Karten-Objekte über die Position identifiziert. ECDIS zeigt dann für diese Position die relevanten Informationen über die Objekte und ihre Attribute an (Kap. 4.1.3). Wählt man beispielsweise die Position einer Tonne, so werden die an diese Position geknüpften relevanten Objekte mit ihren Attributen im *Pick Report* angezeigt: Attribute der Tonne, des Toppzeichens, des Feuers sowie alle anderen Objekte wie Einzeltiefe oder Tiefenbereich, besondere Gebiete, Radarbereich u. a. (Abb. 4.1.13). Ein *Pick Report* zeigt nicht nur die realen Eigenschaften von realen Objekten, sondern in Form von zusätzlichen Texten und Bildern auch Gültigkeitsbereiche, Vorschriften und Meldepflichten, Gezeiten- und Stromwerte sowie Kommunikationskanäle.

4.1 ECDIS

Abb. 4.1.13: ECDIS-Hintergrundinformation durch den *Pick Report*

(6) Konventionelle Kartenfunktionen *(Chart work)*

Da die Nutzung von ECDIS mit seinen automatischen Anzeigen, Warnungen und Funktionen den Wachoffizier zu alleinigem Verlass auf ECDIS verführen kann, ermöglicht ECDIS – als Äquivalent zur Papierseekarte – die aus der Papierseekarte bekannten manuellen Arbeitsvorgänge. Der sichere Umgang mit ECDIS erfordert vom Wachoffizier, dass er diese im Bedarfsfall, z. B. bei einem GPS-Ausfall, anwenden kann. Beispiele: Konstruktion einer Standlinie, Eintragen einer Schiffsposition, Zeichnen von Sicherheitsgrenzen, Anbringen von Notizen („Lotse 16:45 Uhr"). Tabelle 4.1.10 enthält die zum System gehörigen navigatorischen Funktionen, Elemente und Parameter [4.1.3].

- Past track with time marks
- Vector for course and speed made good
- Variable range marker and electronic bearing line
- Cursor, Events
- Dead reckoning position and time (DR)
- Estimated position and time (EP)
- Fix and time, Position line and time
- Transferred position line arid time
- Predicted tidal stream or current vector
- Measured tidal stream or current vector
- Danger highlight, Clearing line
- Planned course and speed to make good
- Waypoints, Distance to run
- Planned position with date and time
- Visual limits of lights arc (rising/dipping range)
- Position and time of „Wheel over"

Tabelle 4.1.10: ECDIS: Navigatorische Funktionen, Elemente und Parameter

4.1.6 Funktionen zur Reiseplanung

(1) Routenkonstruktion

Die Reiseplanung beginnt mit der Informationsbeschaffung und Vorbereitung (Kap. 1). Die praktische Durchführung mit einer elektronischen Karte ist sehr einfach: durch Markieren *(Click-and-drop)* von Wegpunkten in der Karte. Das ECDIS verbindet die Wegpunkte zu *Legs* (Bahnabschnitten) mit geradlinigen und gekrümmten Elementen, wobei in den Kurven die Manövriereigenschaften des Schiffes berücksichtigt werden. Eine geplante Route kann grafisch (mit dem Cursor) und alpha-numerisch (Editieren der Wegpunkte) durch Hinzufügen, Löschen und Verschieben von Wegpunkten verändert werden. Es können stets mehrere Routen geplant werden. Die zu fahrende Route muss aktiviert werden. Sie wird als solche gekennzeichnet dargestellt. Für die Reiseplanung sind jeweils die Karten mit dem am besten geeigneten Maßstab (z. B. dem größten) zu nutzen.

4 Systeme mit grafischen Displays: ECDIS, Radar und AIS

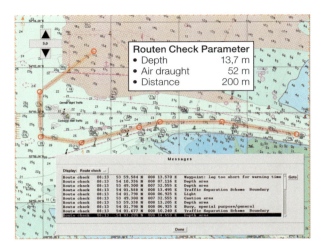

Abb. 4.1.14: Parametrierung und Gefahrenhinweise beim Routencheck

(2) Routencheck

Vor dem Abfahren der Route sollte diese in verschiedenen (insbesondere großen) Maßstäben visuell überprüft werden. Anschließend wird der automatische Routencheck (Abb. 4.1.14) aktiviert. Dabei sind folgende Parameter situationsgerecht einzustellen:

– Tiefgang des Schiffes und Wert der *Safety contour*,
– erlaubter Passierabstand von Einzelgefahrenstelle, Seezeichen oder kritischem Gebiet,
– minimale Radien für das radius-konstante Fahren (abhängig von der Geschwindigkeit).

Waypoint	Latitude	Longitude	DTG [nm]	Track [°]	TTG [h]	Radius [nm]	Warn [min]	Type	Speed [kts]
WP_001	54 03.1 N	008 08.7 E	-	-	-	-	-	-	-
WP_002	54 02.0 N	008 04.6 E	2.6	246.0	0:15	0.5	5.0	RL	10.0
WP_003	53 59.4 N	008 04.8 E	2.6	177.8	0:15	0.5	5.0	RL	10.0
WP_004	53 59.2 N	008 08.1 E	2.0	95.6	0:11	0.5	5.0	RL	10.0
WP_005	53 59.6 N	008 13.4 E	3.1	83.6	0:18	0.5	5.0	RL	10.0
WP_006	53 59.6 N	008 18.0 E	2.7	90.5	0:16	0.5	5.0	RL	10.0
WP_007	53 57.8 N	008 34.8 E	10.1	99.9	1:00	0.5	5.0	RL	10.0
WP_008	53 57.1 N	008 38.1 E	2.0	112.4	0:12	0.5	5.0	RL	10.0
WP_009	53 56.2 N	008 39.5 E	1.2	134.9	0:07	0.5	5.0	RL	10.0
WP_010	53 52.6 N	008 42.8 E	4.1	152.0	0:24	0.5	5.0	RL	10.0
WP_011	53 50.6 N	008 46.6 E	3.0	131.7	0:18	0.5	5.0	RL	10.0
WP_012	53 50.4 N	008 47.6 E	0.6	106.9	0:03	0.5	5.0	RL	10.0
WP_013	53 50.3 N	008 50.7 E	1.9	92.3	0:11	0.5	5.0	RL	10.0
				36.0			3:35		

Tabelle 4.1.11: Wegpunktliste zum Editieren und Archivieren

Es erfolgt ein warnender Hinweis, wenn die geplante Route über die *Safety contour* und durch ein Gebiet mit besonderen Eigenschaften (Tiefenfläche, VTG, …) führt und zu dicht an einem kritischen Objekt (Einzelgefahr, …) vorbeiführt. Alle kritischen Objekte werden in einem *Message Window* und/oder direkt im ECDIS-Display – im entsprechenden Anzeigebereich – angezeigt. Zur Vervollständigung der Reiseplanung sind noch einzustellen bzw. in der Karte zu erzeugen:

- der Grenzwert für die erlaubte Querablage *(Off-track alarm)*,
- die Zeit für die Ankündigung des nächsten *Wheel-over* vor einem Wegpunkt sowie
- Textnotizen (z. B. „bis 16:00 Uhr passieren") und grafische Objekte (z. B. „Gebiet meiden").

Gewisse Probleme bzw. unerwünschte Effekte können bei Flächenobjekten (z. B. Tiefenflächen) und multiplen Objekten an der gleichen Position auftreten (z. B. Tonne und Topzeichen).

(3) Wegpunktliste und Routenmanagement

Ist eine Route als sicher akzeptiert, wird die Wegpunktliste *(Waypoint list)* mit den geplanten Streckenabschnitten und Reisezeiten als Dokument über die durchgeführte Reiseplanung (ISM Code) erstellt, ggf. noch editiert und im Normalfall ausgedruckt und archiviert (Tabelle 4.1.11). Die Route bleibt auch beim Löschen auf dem Bildschirm in der Routenbibliothek vorhanden. Sie kann bei Bedarf auf ein anderes ECDIS übertragen werden.

4.1.7 Funktionen zur Reiseüberwachung *(Route Monitoring)*

(1) Notwendige Einstellungen

Bei der Reiseüberwachung wird normalerweise das Seegebiet um das Schiff angezeigt. Die Karte wird automatisch mitgeführt. Der Wachoffizier muss im Wesentlichen folgende Einstellungen vornehmen:

- Anzeigebereich/Maßstab (geeignete Übersicht, situationsgerechte notwendige Details),
- Schiffssymbol (Doppelkreis als Fehlerkreis oder skaliertes Schiffssymbol),
- Position und Größe des Rückstellfensters *(Frame)* für optimale Voraussicht,
- Nordstabilisierte *True motion*-Darstellung (Bei Bedarf: Kursstabilisierte Darstellung),
- Grenzwerte für Tiefenanzeigen (*Shallow contour*, *Safety contour*, *deep contour*, Lotungen),
- Anpassung der Bildschirmfarben an die Lichtverhältnisse: Tag, Nacht, Dämmerung,
- Ggf. Grenzwerte für die ECDIS-Alarme und der Bahnregelungsalarme (s. u.).

(2) Visuelle Reiseüberwachung

Die geplante Bahn, die aktuelle Schiffsposition (mit geringer Verzögerung durch die Filterung) und die Schiffsbewegung über Grund (Vektor COG/SOG) werden kontinuierlich und automatisch angezeigt. Der Wachoffizier muss nur überwachen, ob das Schiffssymbol sich auf der Sollbahn oder mindestens in dem ebenfalls angezeigten Toleranzbereich bewegt (Grenzwert *Cross track limit*). Die Positionsbestimmung muss allerdings stets kritisch hinterfragt werden. Besteht Unsicherheit über die Position, sollte – mindestens kurzfristig – das Radarbild zur Positionskontrolle überlagert werden (Kap. 4.1.8). Die Anzeige von Vergangenheitspositionen *(Past tracks)* erlaubt eine einfache Überwachung des Schiffsweges, insbesondere wird ein Positionssprung des Systems sofort erkennbar. Die nächste anstehende Kursänderung wird durch die Ruderlegelinie *(Wheel-over)* und die Wegpunktdaten *(TO WAYPOINT)* mittels *Distance to Go* und *Time to Go* angezeigt. Der Anzeigebereich sollte den aktuellen Bedürfnissen (Hafen, Revier, Küste, See) angepasst werden. Ist der Anzeigebereich zu groß, erscheint die *Underscale*-Markierung (magenta Rahmen) und der Anzeigebereich ist zu verkleinern. Ist der Anzeigebereich zu klein, erscheint die *Overscale*-Markierung. Der Anzeigebereich kann dann ohne Infomationsverlust wieder vergrößert werden.

Zu beachten: Die Anzeige der Schiffsposition in der ECDIS kann nur so genau sein wie die Genauigkeit des verwendeten Positionssensors (Kap. 3.1.3).

(3) Zusätzliche aktive Bahnkontrolle

Im Bedarfsfall stehen folgende Hilfsmittel/Prozeduren zur Reiseüberwachung zur Verfügung:

- Anzeige alternativer Routen und Modifizierung der Route,

4 Systeme mit grafischen Displays: ECDIS, Radar und AIS

- Kontrolle der Schiffsposition durch Standlinienkonstruktion *(Line of Position*, EBL, VRM),
- manuelle Verschiebung der Schiffsposition (OFFSET; große Vorsicht!),
- Eintragen einer extern ermittelten Schiffsposition (z. B. durch astronomische Navigation),
- Ereignismarkierungen.

Die Nutzung dieser Funktionen erfordert eine gewisse Übung.

(4) Automatische Reiseüberwachung (ECDIS-Alarme)

Während der Reise können – bei entsprechender Einstellung der Grenzwerte – Alarme (akustisch und visuell) oder Hinweise (nur visuell) auftreten. Beide sind in Tabelle 4.1.12 zusammengefasst. Als Beispiel zeigt Abb. 4.1.15 die Parametrierung des *Look-ahead*-Alarms und eine ECDIS-Alarmliste. Die Alarme/Hinweise treten auch auf, wenn die Seekarte nicht das eigene Schiff enthält oder der Maßstab so eingestellt ist, dass die verursachenden Objekte nicht angezeigt werden. Vielmehr erfolgen die Alarme stets auf der Basis der ENC (für das jeweilige Gebiet) mit dem größten Maßstab. Der *Off-track*-Alarm ist auch bei Rastersystemen möglich, da die Querabweichung von der Sollbahn nicht auf ENC-Objekte bezogen ist.

Abb. 4.1.15: Reiseüberwachung mit Sollbahn, Schiffsposition, *Past tracks*, Querablagentoleranz, Parametrierung von Alarmen und Alarmanzeige

Unerwünschte ECDIS-Alarme:
Unerwünschte Alarme und Hin-

Look-ahead-Alarme bzw. warnende Hinweise
ECDIS gibt einen Alarm/Hinweis, wenn das Schiff in einer vom Wachoffizier eingestellten Zeit – die *„Safety contour"* überfährt, – die Grenze einer *„Prohibited area"* überfährt, – die Grenze eines Gebietes, für das besondere Bedingungen gelten (Kap. 4.1.5), überfährt, – dichter als der Grenzwert an einer Gefahr (Wrack, Untiefe, Tonne) vorbeifährt, – einen kritischen Punkt auf der Route erreicht *(„Wheel-over")*.
Querablage und Fehlverhaltenalarme
ECDIS gibt einen Alarm bzw. warnenden Hinweis, wenn – das Schiff den voreingestellten Grenzwert für die Querablage *(„Cross track")* überschreitet, – die Positionen vom Primär- und Sekundärsystem signifikant voneinander abweichen, – die Sensorwerte für Position, Kurs- und Fahrtmessung ausfallen, – eine Fehlfunktion von ECDIS auftritt, – ein automatischer oder manueller Systemtest einen Fehler ergibt.
Karten-/Maßstabshinweise
ECDIS zeigt an, wenn – das geodätisches Datum von Positionssensor und SENC nicht übereinstimmt, – der Anzeigebereich im *„Overscale"*- und *„Underscale"*-Modus ist, – keine ENCs für das Seegebiet verfügbar sind.

Tabelle 4.1.12: Alarme und Hinweise bei der Reiseüberwachung

weise treten z. B. als Tiefenflächenalarm auf. Beispiel: Ein Schiff (Tiefgang = 9,2 m; UCC = 1,3 m; also: notwendige Tiefe = 10,5 m) passiert auf der skizzierten Bahn die 20 m-Linie, ein Gebiet mit Untiefen zwischen 17 und 19 m und wiederum die 20 m-Tiefenlinie (Abb. 4.1.16). ECDIS wird – logischerweise – einen Tiefenalarm geben, da das Schiff mit 10,5 m erforderlicher Tiefe in einem Tiefenflächenbereich von 10-20 m navigiert. Ein Wachoffizier würde die Tiefe nicht als kritisch betrachten, da er die Passage zwischen den 17 und 19 m-Untiefen als sicher annehmen würde.

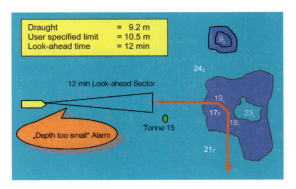

Abb. 4.1.16: Unerwünschter ECDIS-Alarm: Schiff (erforderliche Wassertiefe = 10,5 m) dringt in 10-20 m-Tiefenfläche ein

Zu beachten: Nur wenn der Wachoffizier aufgrund seiner Erfahrung und seiner Hintergrundkenntnisse über die ECDIS-Eigenschaften die Ursache für die Entstehung derartiger Alarme verstanden hat, darf er sie ignorieren.

(5) *Prediction*

Die *Path Prediction* ermöglicht für einen bestimmten, aber begrenzten Zeitraum (ein bis vier Minuten) eine Vorhersage von Position und Lage des eigenen Schiffes mit skaliertem Schiffssymbol. Die *Prediction* wird aus den aktuellen Bewegungsgrößen Position, Fahrt, Kurs und Drehgeschwindigkeit berechnet, bei einigen Anlagen zusätzlich aus deren Änderungen und weiteren Informationen. Die Werte werden für einen bestimmten Zeitraum konstant gehalten. Ruder- und Maschinenmanöver werden erst dann erkennbar, wenn sich durch sie die Bewegung des Schiffes verändert hat. Werden Ruder und Maschine dann nicht mehr verändert, gibt die Prediction für den gegebenen Zeitraum brauchbare Vorhersagen. In Abb. 4.1.17 wird deutlich, wie das Eigenschiff (schwarzes Symbol) sich während der Kurvenfahrt voraussichtlich verhalten und den Entgegenkommer sicher passieren wird.

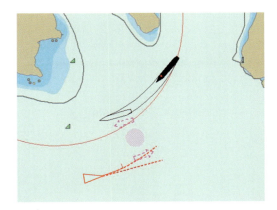

Abb. 4.1.17: *Path prediction* (schematisch): Auf dem Eigenschiff (schwarz) wird das eigene Manöver und der AIS-Entgegenkommer (rot) beobachtet

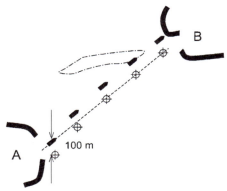

Abb. 4.1.18: ECDIS bei automatischer Bahnregelung: Die Schiffsposition wird immer (!) auf der Sollbahn angezeigt (unabhängig vom vorhandenen Positionsfehler)

4 Systeme mit grafischen Displays: ECDIS, Radar und AIS

(6) Automatische Bahnregelung

Bei der automatischen Bahnregelung *(Track control*, Kap. 5.2) wird das Schiff auf der geplanten Bahn automatisch geführt. Dabei wird die Schiffsposition durch den Positionssensor (z. B. D/GPS) kontinuierlich bestimmt und bei Abweichungen von der geplanten Bahn durch Kurs- und Fahrtänderung automatisch geregelt. Einstellbare Parameter:
- Erlaubte Querablage *(Cross-track limit)*
- Erlaubte Abweichung zwischen Sollbahnrichtung und Kompasskurs *(Off-course limit)*,
- Erlaubte Abweichung von Primär- und Sekundär-Position *(Position difference limit)*,
- Kursänderung: *Early Course change*-Hinweis und *Actual Course Change*-Aufforderung.

Zu beachten: Bei automatischer Bahnregelung kann der Wachoffizier das Einhalten der Bahn nicht ausschließlich durch Verfolgen des Schiffssymbols in der Seekarte überwachen, da hier die Schiffsposition immer (!) auf der Sollbahn angezeigt wird – unabhängig vom aktuellen Positionsfehler (1 m oder 100 m oder mehr). Eine Abweichung von der Sollbahn *(Cross track error)* wird nicht angezeigt: Ein Sprung in der Position kann nur zufällig bemerkt werden, eine langsame Verdriftung der Position überhaupt nicht. Begründung: Der Regler regelt die gemessene D/GPS-Position, nicht das reale Schiff auf der Sollbahn (Abb. 4.1.18). Es ist also dringend vor alleiniger und unkritischer Nutzung von ECDIS mit Bahnregler zu warnen. Andere Navigationsmittel wie Radar sind hinzuzuziehen.

(7) ECDIS *Voyage recording (Black Box)*

Um den navigatorischen Ablauf der Schiffsreise – für Wiederbenutzung und Unfalluntersuchungen – rekonstruieren zu können, speichert ECDIS in 1 min-Intervallen mindestens 12 Stunden lang
- die Schiffsbewegungsdaten: Zeit, Position, Kurs und Fahrt sowie
- die benutzten (!) ENCs: Zelle, Quelle, Ausgabe, Status und Geschichte der Berichtigung

sowie nicht seltener als alle 4 Stunden den vollständigen Track der gesamten Reise. Damit kann nicht nur festgestellt werden, welche ENCs sich an Bord befanden, sondern auch welche ENCs tatsächlich angezeigt und benutzt wurden, z. B. ENCs mit großem Maßstab in anspruchsvollen Gewässern. Abb. 4.1.19 zeigt den Ablauf für jede Minute und für die markierte Minute (10:33 Uhr) in dem Fenster *LOADED CELLS*, welche Kartendaten (hier keine (!) ENCs) auf dem Bildschirm angezeigt wurden und ob der Wachoffizier die notwendigen Details anzeigen ließ. Die gespeicherten Werte können mit der ECDIS wohl wieder angezeigt, nicht aber verändert und manipuliert werden. Bei Bedarf können die zurückliegenden 12-Stunden-Aufzeichnungen und der Reisetrack aufbewahrt werden *(Hardcopy disk)*. Einige ECDIS-Geräte ermöglichen längere Aufzeichnungszeiten. Nicht nur für eine sichere Schiffsführung, sondern auch bei der Auswertung von Unfällen mit Hilfe dieser Dokumentation ist es wichtig, dass das System

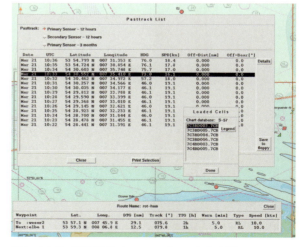

Abb. 4.1.19: ECDIS-Dokumentation mit Schiffsdaten und benutzen Kartendaten (hier kleine (!) ENCs)

4.1 ECDIS

durch den Service richtig für das Schiff eingerichtet wurde. Falscheingaben (z. B. Position der GPS-Antenne und Radarantenne) können gravierende Auswirkungen auf Fehldarstellungen der Schiffsposition haben. Die ECDIS *Black Box* unterscheidet sich hinsichtlich aufgezeichneter Daten und Funktionalität deutlich vom Schiffsdatenschreiber (VDR; Kap. 6.2).

4.1.8 Überlagerung von Radar und AIS-Daten

Die Überlagerung von ECDIS-Anzeige (hydrografische, navigatorisch relevante Objekte) und Radarbild (Schiffe, andere Navigationsobjekte) ergibt die Darstellung aller für die Navigation und die Kollisionsverhütung notwendigen Informationen und ermöglicht den schnellen Positionsvergleich einzelner Objekte. Solange die Anzeigen ortsfester Referenzziele sich decken, arbeiten sowohl Radar und ECDIS als auch der Positionssensor (z. B. D/GPS) einwandfrei. Bei einer translatorischen Verschiebung der Anzeigen ortsfester Objekte wird ein sonst unbemerkter (GPS-)Positionsfehler sofort offenkundig. Die Überlagerung bietet also eine kontinuierliche Positionskontrolle durch einen Radar-Fix – ohne Arbeitsaufwand für den Wachoffizier. Abb. 4.1.20 zeigt, dass das Radarbild gegenüber der ECDIS-Anzeige signifikant nach Südosten verschoben ist. Dieses deutet eindeutig auf einen Positionsfehler (z. B. durch ein falsches geodätisches Datum) hin. Entsprechend verrät eine Verdrehung der beiden Bilder gegeneinander einen Fehler in der Kursbestimmung. Zudem erleichtert die Überlagerung der Bilder die Identifizierung von Zielen, z. B. die Unterscheidung von Tonnen, Einzelhindernissen und Ankerliegern. Die Vorteile des *Radar-Overlays* auf ECDIS sind in Tabelle 4.1.13 zusammengefasst. Die überlagerte Radarinformation kann schnell *(single operator action)* entfernt werden. Zusätzlich oder alternativ können AIS-Ziele (Kap. 4.3) in der ECDIS-Anzeige dargestellt werden.

Abb. 4.1.20: Entdeckung eines Positionsfehlers durch die Diskrepanz von ECDIS und Radarbild (*OSL*)

Anwendung	Vorteile
Zielidentifizierung	– Unterscheidung von Tonnen und Schiffen – Erkennen von Schiffen im falschen Fahrwasser – Anzeige naher und abgeschatteter Ziele
Navigation	– Positionsüberwachung durch kontinuierlichen Radar-Fix – Schiffe und verfügbarer Manövrierraum in einem Bild
Problemerkennung durch Unterschiede	– Translationsabweichung von Radar und ECDIS verrät Positionsfehler – Rotationsabweichung von Radar und ECDIS verrät Kursfehler
Redundanz	– Radar („Chartradar") als mögliches ECDIS-Ersatzsystem
Allgemeines	– Gegenseitige Systemüberwachung – Nur ein (1) Arbeitsplatz für Navigation und Kollisionsverhütung – Höhere Sicherheit und Reduzierung der Arbeitslast

Tabelle 4.1.13: Vorteile der Radarüberlagerung

4 Systeme mit grafischen Displays: ECDIS, Radar und AIS

Zu beachten: Der Wachoffizier sollte in regelmäßigen Abständen das Radarbild kurzfristig überlagern, um die Position zu kontrollieren. Bei der Überlagerung von lediglich getrackten (d. h. akquirierten) Radarzielen (nicht des gesamten Radarbildes) besteht die Gefahr, dass nicht alle vorhandenen Ziele in der ECDIS angezeigt werden und diese nicht angezeigten Ziele eine reale Gefahr hervorrufen. Zudem kann die Radarüberlagerung Teile des ECDIS-Bildes verdecken.

4.1.9 ECDIS: Kompetenz, Kommunikation, Brückenprozeduren

ECDIS erfordert neue Prozeduren auf der Brücke. Zahlreiche Vorgänge sind voreingestellt und laufen automatisch als Anzeige oder im Hintergrund ab. Der Wachoffizier muss aus passivem Verfolgen auf schnelles Eingreifen und Entscheiden umschalten können. Er muss navigatorische Erfahrung und Grundkenntnisse über Prinzipien, Eigenschaften und Grenzen von ECDIS und elektronischen Karten haben. Er muss die aktuellen Einstellungen kennen. Er darf sich nicht nur auf ECDIS verlassen und muss alle Informationen durch andere Mittel überprüfen.

Kommunikation im Brückenteam: Alle Wachoffiziere müssen auf die geplante Reise vorbereitet sein. Es muss transparent sein, welche Prozeduren und Einstellungen durch *Bridge Procedures*, Reederei-/Kapitänsvorgaben oder individuelle Vorlieben angewandt werden. Insbesondere:

- Bei einem Wachwechsel muss der übernehmende Wachoffizier die jeweiligen Einstellungen (Abweichungen von *„Default settings"*; Alarmgrenzwerte), den Status der Kartendaten (ggf. *No ENC, use paper chart!*) und Geschehnisse auf der letzten Wache erfahren und die gesamte geplante Route studieren.
- Bei Besatzungswechsel muss der neue Wachoffizier in den Status der elektronischen Seekarte, Verfügbarkeit und Status der Kartendaten und das Ersatzsystem eingewiesen werden.

Reiseplanung: Die Prinzipien und die Durchführung der Reiseplanung sind in Kap. 1, die ECDIS-Funktionen in Kap. 4.1.6 beschrieben. Auch bei Nutzung von ECDIS ist zu beachten:

- Der Reiseplan muss für jeden Wachoffizier einsehbar sein.
- Der gebilligte Reiseplan ist zu dokumentieren/archivieren, ggf. auch für das Ersatzsystem.
- Wiederbenutzte oder importierte Reisepläne (Bibliotheken; von Land oder anderen Schiffen) müssen auf ihre Korrektheit in Bezug auf das eigene Schiff (Tiefgang, UKK, Manövriereigenschaften) überprüft werden.

Reiseausführung: Die ECDIS-Funktionen zur Reiseüberwachung sind in Kap. 4.1.7 beschrieben. Darüber hinaus ist zu beachten:

- ECDIS-typische Alarme dürfen nur bei Kenntnis der Ursache ignoriert werden.
- Bei GPS-Ausfall ist die Schiffsposition extern zu ermitteln und in die ECDIS einzutragen.
- Bei Routenänderung und ECDIS-Ausfall ist der Reiseplan zügig zu aktualisieren.
- Die 12-stündige ECDIS-Reise-Dokumentation ist im Bedarfsfall auf Datenträger zu sichern.

Bei gleichzeitiger Nutzung von elektronischer und Papierseekarte muss transparent sein, welche Karte als primäres Navigationssystem dient (oder sogar dienen muss) und für Entscheidungen genutzt wird.

Anmerkungen:

ECDIS ist ein ausbaufähiges System und kann bzw. wird in Zukunft zahlreiche Neuerungen erfahren. Hier seien nur zusätzliche Informationsschichten (wie Wetterinformationen, Eisbedeckung, Gezeiteninformationen, NAVTEX-Einbindung und militärische Overlays), eine Weiterentwicklung der Kartendaten (3D-ECDIS; Inland-ECDIS; Standard S-100), die Weiterentwicklung der Benutzeroberfläche und der Alarmbehandlung sowie die Nutzung von ECDIS-ähnlichen Systemen im Rahmen von VTS, SAR, Umweltschutz u. a. erwähnt.

4.2 Radar
Stefan Wessels

4.2.1 Grundlagen und Aufgabe des Radars

Die *IMO Performance Standards für Radaranlagen* [4.2.1] definieren die Aufgaben des Radars folgendermaßen:

„The radar equipment should assist in safe navigation and in avoiding collision by providing an indication, in relation to own ship, of the position of other surface craft, obstructions and hazards, navigation objects and shorelines (...). The radar, combined with other sensor or reported information (e. g. AIS), should improve the safety of navigation by assisting in the efficient navigation of ships and protection of the environment by satisfying the following functional requirements:

– in coastal navigation and harbour approaches, by giving a clear indication of land and other fixed hazards;
– as a means to provide an enhanced traffic image and improved situation awareness;
– in ship-to-ship mode for aiding collision avoidance of both detected and reported hazards;
– in the detection of small floating and fixed hazards, for collision avoidance and the safety of own ship; and
– in the detection of floating and fixed aids to navigation".

(1) Prinzip der Radarortung

Der Begriff „Radar" steht für die Bezeichnung *Radio Detection and Ranging* (Funkortung und Abstandsbestimmung). Zum Zwecke der Radarortung werden gebündelte elektromagnetische Impulse von einer rotierenden Antenne gerichtet abgestrahlt, und – sofern sie auf reflektierende Ziele treffen – ihre Echos empfangen. Aus der Laufzeit kann die Entfernung, aus dem Antennenwinkel die Peilung zum Objekt ermittelt werden. Da sich elektromagnetische Wellen in der Atmosphäre nahezu mit Lichtgeschwindigkeit (c ≈ 300 000 km/s ≈ 300 m/µs) ausbreiten, lässt sich die Entfernung eines Radarziels d aus der Impulslaufzeit t nach der Beziehung ermitteln:

$$d = \frac{t \cdot c}{2} \qquad (4.2.1)$$

Beispiel: Ein Echoimpuls kehrt von einem Ziel in 1 sm Abstand nach 12,36 µs zurück, von einem 6 sm entfernten Ziel nach 74,13 µs. Entsprechend kann man aus einer Laufzeit t = 74,13 µs den zugehörigen Abstand d = 6 sm berechnen.

(2) Sende- und Empfangstechnik, Signalverarbeitung

a) Sender

Die Radarwellen werden in einem Hochfrequenz-Oszillator (Magnetron) erzeugt. Dabei handelt es sich um eine Vakuumröhre, die aus einem ringförmigen Anodenblock mit eingefrästen Hohlraumresonatoren und einer walzenförmigen Glühkathode im Zentrum besteht. Ein axiales Magnetfeld, welches von einem Dauermagneten erzeugt wird, steht senkrecht auf dem zwischen Kathode und Anode anliegenden elektrischen Feld. Die von der Kathode emittierten Elektronen werden durch das Magnetfeld von ihrer radialen Bahn spiralförmig abgelenkt. In den Hohlraumresonatoren der Anode bilden sich elektromagnetische Schwingungen, die über den zentralen Hohlraum in gegenseitige Wechselwirkung treten. Es bilden sich Elektronenpakete, die ihre Energie an das Hochfrequenz-Wechselfeld abgeben und dieses verstärken. Die entstehende HF-Energie wird über einen Hohl- oder Koaxialleiter ausgekoppelt und zur Antenne geleitet. Eine Steuerelektronik sorgt für die zeitliche Taktung des Magnetrons.

b) Empfänger

Da ausgesendete und empfangene Radarimpulse denselben Weg durch Antenne und Hohlleiter zurücklegen, muss der Empfänger vor der hohen Sendeenergie der ausgehenden Impulse durch eine dem Empfänger vorgeschaltete Sende-/Empfangsweiche *(Transmit/Receive cell)* geschützt werden. Statt der früher üblichen Gasentladungsröhren kommen hierzu heute Ferritzirkulatoren zum Einsatz.

Da die hochfrequenten Echoimpulse zur Weiterverarbeitung im Empfänger (Abb. 4.2.1) ungeeignet sind, wird ihre Frequenz zunächst durch Überlagerung einer in einem Oszillator erzeugten Schwingung geringfügig höherer Frequenz heruntergemischt. Die resultierende Zwischenfrequenz ergibt sich durch Subtraktion der beiden Frequenzen. Da sich die Magnetronfrequenz durch Temperatureinflüsse und Alterung im Betrieb ändert, ist stets von neuem eine manuelle oder automatische Abstimmung *(TUNE)* der Oszillatorfrequenz an die Variation der Sendefrequenz notwendig. Das so veränderte Signal wird im Zwischenfrequenzverstärker in seiner Amplitude verstärkt und im Demodulator in einen Gleichspannungsimpuls umgesetzt. Über das Bedienelement *GAIN* kann der Verstärkungsgrad des Zwischenfrequenzverstärkers variiert werden. Bei Radargeräten klassischer Bauart sind auch die Techniken zur Unterdrückung von Seegangs- und Regenechos im analogen Teil des Empfängers realisiert: Mit dem *STC*-Regler (auch: *Anti Clutter Sea*) kann das Zeitverhalten des ZF-Verstärkers manipuliert werden, während der *FTC*-Regler (auch: *Anti Clutter Rain*) der Filterung von Regenechos dient und am Demodulator ansetzt (Kap. 4.2.3(2)).

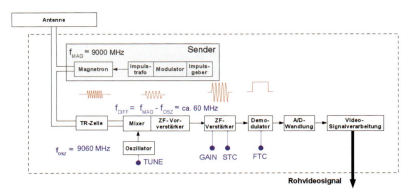

Abb. 4.2.1: Schematischer Aufbau einer herkömmlichen Sende-/Empfangseinheit

c) Radarantenne

In der zivilen Schifffahrt sind heute fast ausnahmslos Schlitzantennen im Einsatz. Sie bestehen aus einem waagerechten Hohlleiter, zu dem das HF-Signal zentral über eine Drehkupplung übertragen und seitlich eingekoppelt wird. Um rücklaufende Wellen durch Reflexion am anderen Ende des Hohlleiters zu vermeiden, ist dieses durch einen *Ohmschen* Widerstand („Sumpf") abgeschlossen. An der Vorderseite der Antenne sind Schlitze angeordnet, aus denen die im Hohlleiter entlanglaufende Energie sukzessiv ausgekoppelt wird. Der Abstand der Schlitze ist so angeordnet, dass sich die austretenden Elementarwellen durch Interferenz in Richtung der Mittelsenkrechten verstärken und zu den Seiten hin auslöschen. Je größer die Spannweite der Antenne im Verhältnis zur Wellenlänge ist, desto besser ist die horizontale Bündelung der

4.2 Radar

Radarkeule. Für eine gleiche Bündelung muss die Spannweite einer S-Band-Antenne deshalb etwa dreimal so groß sein wie die einer X-Band-Antenne. Während die horizontale Bündelung der Radarkeule zur Erzielung einer hohen Peilgenauigkeit und guten azimutalen Auflösung möglichst hoch ist (typische Werte liegen zwischen 0,6° und 2°), ist die vertikale Bündelung wesentlich geringer (15°–30°). Dies ist erforderlich, um auch bei gekrängtem oder vertrimmtem Schiff eine ausreichende Zielerfassung zu gewährleisten. Die Keulenbreite bezeichnet den Sektor beiderseits der Hauptstrahlungsrichtung, in dem die Signalstärke bis auf 50 % abfällt.

d) Videosignalverarbeitung

Die analogen Gleichspannungssignale eines Sendezyklus werden zur Weiterverarbeitung digitalisiert. Dies geschieht, indem für jeden einkommenden Echoimpuls die dem Zeitpunkt seines Eintreffens entsprechende Speicherzelle eines RAM-Speichers beschrieben wird (Abb. 4.2.2). Dazu stellt man sich einen Zeiger vor, der nach Aussendung des Impulses die Abstandszellen von der ersten bis zur letzten Abstandszelle genau in der Zeit überstreicht, die der ausgesandte Impuls für seinen Lauf zum Ende des Messbereichs und zurück benötigt. Beim Eintreffen eines Echoimpulses wird die Zelle an der momentanen Zeigerposition auf den entsprechenden Intensitätswert gesetzt. Im gezeigten Beispiel stehen für jede Abstandszelle 3 bit zur Verfügung, was eine Auflösung der Signalstärke in $2^3 = 8$ Intensitätsstufen ermöglicht. Alle Abstandszellen bilden zusammen ein Speicherregister, in dem alle Echos eines Impulses abgelegt werden. Neben der Abstands- und Intensitätsinformation wird auch die – während eines Antennenumlaufs zunehmende – Peilung für jeden gesendeten Impuls digitalisiert. Dadurch entsteht eine zweidimensionale Erfassung des Umfeldes.

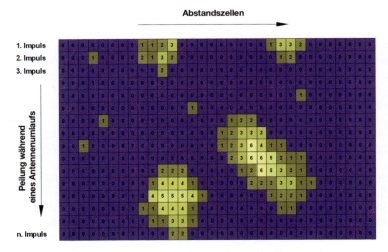

Abb. 4.2.2: Aufbau der Radar-Videomatrix mit Abstands- und Peilungszellen

Zur Darstellung auf dem Radarmonitor wird diese Matrix von Polarkoordinaten (Peilung, Abstand) in rechtwinklige Koordinaten übertragen. Somit entsteht die eigentliche „Bildschirmmap" (Videospeicher). Der Bildschirm besteht aus einer Anzahl von Bildpunkten (Pixel, d. h. *picture element* oder auch *picture cell*). Diese sind in horizontalen Zeilen und vertikalen Spalten angeordnet. Jedes Pixel hat eine x-Koordinate (Spalte) und eine y-Koordinate (Zeile) und ist dadurch eindeutig adressierbar. Für jedes Pixel existieren im Videospeicher je nach Farbauflösung mehrere Speicherbits, deren Inhalt die Farbe des Pixels auf dem Schirm angeben. Das Beschreiben und Auslesen des Speichers geschieht getrennt. Während die Schreibgeschwin-

4 Systeme mit grafischen Displays: ECDIS, Radar und AIS

digkeit durch die Impulsfolge (s. u.) vorgegeben wird, ist die Auslesegeschwindigkeit an die Bildwiederholfrequenz des Monitors gebunden.

e) Bildreinigung durch Echokorrelation

Die beschriebene „Rohradarmatrix" kann durch Korrelationstechniken von Störinformationen bereinigt werden (Filtern für Regen, Seegang und Fremdradar). Diese beruhen auf dem Prinzip der Auslöschung all jener Echos, die der Regel nicht entsprechen. Das kann der Fall sein, wenn ein Echo bei zwei aufeinanderfolgenden Antennenumläufen (*scan-to-scan*-Korrelation) oder bei zwei aufeinanderfolgenden Impulsläufen (*sweep-to-sweep*-Korrelation) nicht wiederholt geortet wird. Die *scan-to-scan*-Korrelation eignet sich insbesondere zur Auslöschung von Seegangsechos, da sich das Seegangsbild innerhalb eines Antennenumlaufs (etwa 2 s) signifikant ändert. Die *sweep-to-sweep*-Korrelation ist dagegen zur Bereinigung von Fremdradarstörungen geeignet, da diese im Allgemeinen auf zwei benachbarten Spuren unterschiedliche Abstände aufweisen.

(3) Charakteristische Radarkenngrößen

a) Frequenzen, Wellenlängen

Für zivile Radargeräte sind zwei Frequenzbereiche freigegeben: Der Bereich zwischen 9,3 und 9,5 GHz mit Wellenlängen von 3,24 bis 3,16 cm im X-Band („3 cm Radar") und der Frequenzbereich von 2,9 bis 3,1 GHz mit Wellenlängen von 10,34 bis 9,68 cm im S-Band („10 cm Radar"). Die Auswahl dieser Frequenzbereiche erfüllt weitgehend die spezifischen Anforderungen der Radarortung auf See, vor dem Hintergrund der physikalischen Eigenschaften elektromagnetischer Wellen.

Das elektromagnetische Wellenspektrum reicht vom hochfrequenten Bereich mit Frequenzen im Bereich von 1023 Hz und Wellenlängen von 10–15 m bis zum niederfrequenten Bereich mit Frequenzen von etwa 50 Hz (Wechselstromleiter) und Wellenlängen von 6000 km. Das sichtbare Licht mit Wellenlängen im nm-Bereich stellt insofern eine Ausnahme dar, als es vom Menschen ohne technische Hilfsmittel wahrgenommen werden kann. Lichtwellen unterliegen einer starken Dämpfung in der Atmosphäre (insbesondere durch Luftfeuchtigkeit), wodurch die optische Sicht bei Regen und Nebel stark eingeschränkt ist. Langwelligere Funkwellen breiten sich unter solchen Bedingungen dagegen relativ ungehindert aus. Da das Schiffsradar gerade bei unsichtigem Wetter einsatzfähig sein soll, spricht dies für die Wahl einer größeren Wellenlänge. Dagegen ermöglichen kurzwellige Funkwellen eine gute Bündelung und damit eine hohe Peilgenauigkeit – bei vertretbarer Antennenspannweite. Insofern stellen die Radarfrequenzen im X- und S-Band Kompromisslösungen dar, die bei möglichst guter Bündelung eine ausreichend gute Durchdringung von Nebel und Niederschlag gewährleisten sollen. Allerdings gelingt dieser Kompromiss bei den beiden Frequenzbändern in unterschiedlicher Ausprägung. Die wesentlichen Vor- und Nachteile von X- und S-Band-Anlagen sind in Tabelle 4.2.1 zusammengestellt.

b) Impulsdauer – Impulslänge

Radarimpulse besitzen eine definierte Impulsdauer τ. Kurze Impulse bieten den Vorteil einer guten Zielauflösung, da die Gefahr des Verschmelzens der Echos dicht benachbarter Ziele gering ist (Kap. 4.2.2(2)b)). Lange Impulse verbessern die Zielerfassung, weil sie eine höhere Energie besitzen und die Signalverarbeitung im Empfänger erleichtern. Übliche Werte für die Impulsdauer reichen von 0,05 bis 1,5 µs. Da sich die Radarimpulse annähernd mit Lichtgeschwindigkeit ausbreiten, lässt sich die Impulslänge l (räumliche Ausdehnung der Impulse) nach der Formel berechnen:

$$l = c \cdot \tau \qquad (4.2.2)$$

4.2 Radar

Merkmal	Physikalische Unterschiede	Praktische Konsequenzen
Peilgenauigkeit und Zielauflösung	3 cm-Wellen lassen sich etwa 3 mal besser bündeln (azimutal) als 10 cm-Wellen (Kap. 4.2.1(2)c)).	X-Band-Anlagen eignen sich wegen des höher aufgelösten Radarbildes besser für die Küstennavigation und Revierfahrt (Kap. 4.2.2(2)).
Dämpfung in Niederschlagsgebieten	3 cm-Wellen werden von Regentropfen stärker gedämpft und reflektiert als 10 cm-Wellen.	S-Band-Geräte eignen sich besser zum Navigieren bei Regen, da sie weniger Regenechos abbilden und Ziele in Regengebieten besser erfassen.
Reflexion von Seegang	3 cm-Wellen werden durch Seegang stärker zur Antenne zurück reflektiert als 10 cm-Wellen.	S-Band-Anlagen bilden weniger Seegangsreflexe ab, ermöglichen eine bessere Zielerfassung im Seegang und ein sichereres Target Tracking (Kap. 4.2.6).
Reichweite	10 cm-Wellen werden in der Atmosphäre geringfügig stärker gebrochen als 3 cm-Wellen. Deshalb liegt die Radarkimm etwas weiter entfernt als bei 3 cm-Wellen (Kap. 4.2.2(3)).	Aufgrund der leicht erhöhten Reichweite eignen sich S-Band-Anlagen besser für die Navigation im freien Seeraum.

Tabelle 4.2.1: Anwendungsbezogene Gegenüberstellung von X- und S-Band Radar

Zu beachten: Die Impulsdauer beeinflusst das radiale Auflösungsvermögen des Radars (Kap. 4.2.2(2)b)).

c) Impulsperiode, Impulsfolgefrequenz

Radarimpulse besitzen eine definierte Impulsperiode (früher Wiederkehr T_w). Diese bezeichnet den zeitlichen Abstand von zwei Impulsaussendungen. Sie wird automatisch in Abhängigkeit vom Messbereich variiert. Typische Werte liegen im Bereich zwischen 500 und 2000 µs. Die Impulsfolgefrequenz (*Pulse Repetition Frequency*; PRF) ist der Kehrwert der Impulsperiode und gibt die Anzahl der gesendeten Impulse pro Sekunde an. Übliche Werte liegen zwischen 500 und 2000 s^{-1}. Je höher die Impulsfolgefrequenz, desto mehr Impulse treffen auf ein Ziel und desto besser ist die Zielerfassung. Je niedriger die Impulsfolgefrequenz, desto weniger können Echos vorhergehender Impulse die Anzeigen aktuell eintreffender Echos stören.

Zu beachten: Die Impulsfolgefrequenz beeinflusst das unerwünschte Auftreten von Zweitauslenkungsechos (Kap. 4.2.2(5)e)).

4.2.2 Radarziele und ihre Darstellung

(1) Rückstrahleigenschaften

Ob und wie stark ein Radarziel angezeigt wird, hängt in hohem Maße von den Eigenschaften des Objekts ab. Maßgeblich ist, ob ein genügend großer Anteil der Impulsenergie in Richtung der Radarantenne zurückreflektiert wird. Hierfür verantwortlich sind Material, Oberflächenstruktur, Form und Größe des Objekts.

a) Material

Eine elektromagnetische Welle, die auf ein Hindernis trifft, kann von diesem absorbiert werden, reflektiert werden oder dieses durchdringen. In der Praxis tritt selten eine dieser Wirkungen in reiner Form auf, vielmehr kommt es, in Abhängigkeit von den physikalischen Eigenschaften des Objekts, zu einer Mischung mit unterschiedlicher Ausprägung der drei Effekte.

Gute elektrische Leiter (Metalle, Seewasser) werfen in der Regel einen hohen Anteil der Strahlung zurück, schlechte Leiter (Kunststoffe, trockenes Holz, Sand) verhalten sich eher absorbierend oder durchlässig.

b) Oberflächenstruktur

Man unterscheidet analog zur Optik (entsprechend der Gesetzmäßigkeit Einfallswinkel = Ausfallswinkel) zwei Arten der Reflexion:

- Bei einer im Verhältnis zur Wellenlänge geringen Oberflächenrauheit (glatte Oberfäche) kommt es zur „regulären" Reflexion, d. h. dass ein Radarimpuls mit hoher Intensität (Vorteil) zur Antenne zurückgeworfen wird – allerdings nur bei rechtwinkligem Einfall (Nachteil). Da Radarstrahlen im Verhältnis zum Licht eine sehr viel größere Wellenlänge haben (Faktor 10^5), liegt „reguläre" Reflektion auch bei optisch rauen Strukturen vor (lackierter Stahl, Hauswände).
- Bei deutlich raueren Strukturen (z. B. felsige Küste) kommt es zur „diffusen" Reflexion, d. h. dass ein einfallender Radarstrahl am Objekt punktuell in viele Richtungen reflektiert und damit gestreut wird, so dass der Einfallswinkel kaum eine Rolle spielt (Vorteil) – allerdings mit geringer Intensität, da nur ein Bruchteil der ursprünglichen Energie den Rückweg zur Antenne findet (Nachteil).

c) Form

Da die meisten technischen Bauwerke im Sinne der Radartechnik aus reflektierenden Flächen zusammengesetzt sind, kommt der Form eines Radarzieles für die Rückstrahleigenschaften eine entscheidende Rolle zu. Ein kugelförmiges Objekt bietet den Radarstrahlen garantiert immer einen (aber auch nur einen) Punkt, der zur Antenne zurückreflektiert. Ein waagerecht liegender zylindrischer Körper (z. B. eine Hochspannungs-Überlandleitung) wirft den Radarstrahl ebenfalls in einem Punkt zur Antenne zurück. Ein senkrecht stehender Zylinder reflektiert in einer Linie. Auch die Bordwand eines Schiffes reflektiert nur an den Stellen zur Antenne zurück, an denen sie senkrecht zur Einfallsrichtung des Radarstrahls steht und bietet somit, trotz großer Fläche, nur ein schlechtes Radarziel.

Ein Schiff stellt insofern nur als Summe kleiner und kleinster Einzelreflektoren (Aufbauten, Relingstützen, Gittermasten, Lukenkümmings) ein gutes Radarziel dar. Da die Radarkeule weiterhin eine größere vertikale als horizontale Ausdehnung hat, wird ein hohes Objekt (Turm) intensiver bestrahlt als ein niedriges Ziel gleicher Projektionsfläche.

d) Größe

Mit der Größe eines Objekts steigt die aufgenommene und zurückgestrahlte Energie. Bei ähnlichen Voraussetzungen hinsichtlich Material, Oberflächenstruktur und Form besitzt ein größeres Objekt also bessere Rückstrahleigenschaften. Die Intensität eines Radarechos steht jedoch nicht in direktem Zusammenhang mit den tatsächlichen Dimensionen eines Radarziels. Große Objekte können bei schlechten Reflexionseigenschaften schwach dargestellt werden. Auch das Fehlen der dritten Dimension im Radarbild kann zu Fehlinterpretationen hinsichtlich der wahren Ausdehnung eines Objekts führen.

(2) Abbildung von Radarzielen, Auflösung, Genauigkeit

Objekte werden im Radar nur bedingt maßstäblich wiedergegeben. Dies wird insbesondere bei Punktzielen bzw. Zielen geringer Größe deutlich. Eine Tonne von etwa 2 m Durchmesser würde in Messbereichen von mehreren sm, bei maßstäblicher Darstellung, nicht einmal die Größe eines Bildschirmpixels erreichen. Trotzdem wird sie bei entsprechenden Reflexionseigenschaften als gut sichtbares Radarecho wiedergegeben, weil Ziele auf dem Radarschirm in radialer und azimutaler Richtung gestreckt dargestellt werden (Abb. 4.2.4).

4.2 Radar

a) Radiale Zielgröße

Für die radiale Ausdehnung der Echoanzeige ist die Impulslänge verantwortlich. Ein Echo kann in radialer Richtung nicht kürzer wiedergegeben werden, als es der halben Impulslänge entspricht. Der Grund dafür ist, dass die Abstandszellen solange mit „Zielinformation" beschrieben werden, wie der rückkehrende Echoimpuls im Empfänger registriert wird. Bei einer Impulsdauer von $\tau = 0{,}5$ µs, d.h. einer Impulslänge von $l \approx 150$ m, erscheint die Tonne (Punktziel) also maßstäblich wie ein Ziel, das sich ausgehend von der realen Tonnenposition um 75 m zur dem Beobachter abgewandten Seite erstreckt. Damit ergäbe sich im 3 sm-Messbereich auf einem 32 cm-Bildschirm eine radiale Ausdehnung von 2 mm. Würde man bei unveränderter Impulslänge in den 24 sm-Messbereich umschalten, ergäbe sich ein Echopunkt von nur 0,27 mm radialer Ausdehnung, und die Tonne wäre kaum mehr sichtbar. Auch aus diesem Grund arbeiten Radargeräte in größeren Messbereichen mit längeren Impulsen als in kleineren Bereichen. Der Bediener kann auf die Impulslänge durch die Auswahloptionen *Short pulse* (SP), *Medium pulse* (MP) und *Long pulse* (LP) in gewissen Grenzen Einfluss nehmen. Je nach Messbereich stehen diese Optionen aber nur eingeschränkt zur Verfügung oder sie sind mit unterschiedlichen Impulszeiten verknüpft. Näheres ist den Bedienungsanleitungen zu entnehmen.

Zu beachten:

- **Kurze Impulse** bieten eine gute radiale Zielauflösung, aber infolge der geringeren Sendeleistung eine vergleichsweise schlechtere Zielerfassung. Sie sind vorzugsweise bei hoher Verkehrsdichte und in kleineren Messbereichen anzuwenden.
- **Lange Impulse** beinhalten mehr Sendeenergie und gewährleisten damit auch auf größere Distanzen eine gute Zielerfassung, die radiale Zielauflösung ist aber schlechter. Sie sind vorzugsweise bei Navigation im freien Seeraum und geringer Verkehrsdichte anzuwenden.

b) Radiale Auflösung

Bildlich gesprochen wirft jedes Radarecho einen „Schatten" der halben Impulslänge hinter sich, der die Echoanzeige in radialer Richtung unrealistisch verlängert und dahinterliegende Ziele verdeckt (Abb. 4.2.3). Daraus folgt, dass jedes dahinter befindliche Ziel mindestens um eine halbe Impulslänge (l/2) entfernt sein muss, um getrennt dargestellt zu werden (Abb. 4.2.4). Das radiale Auflösungsvermögen (Definition: Mindestabstand für getrennte Darstellung zweier Ziele in gleicher Peilung vom Eigenschiff) ist also:

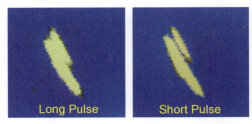

Abb. 4.2.3: Grenzen der radialen Auflösung am Beispiel eines Schleppzuges

$$d_{min} \text{(rad)} = l/2 \qquad (4.2.3)$$

Die *IMO Performance Standards* [4.2.1] fordern, dass im 1,5 sm-Messbereich Objekte noch getrennt wiedergegeben werden müssen, wenn sie radial nur 40 m voneinander entfernt liegen.

c) Azimutale Zielgröße

Auch in azimutaler Richtung werden Radarziele gestreckt wiedergegeben. Verantwortlich dafür ist der Bündelungswinkel der Radarkeule α. Die Detektion eines Objekts beginnt nämlich nicht erst in dem Moment, in dem die Mittelsenkrechte der Radarantenne auf ein Objekt weist, sondern bereits, wenn der äußere Rand der Radarkeule das Ziel trifft. Zwischen diesen bei-

4 Systeme mit grafischen Displays: ECDIS, Radar und AIS

den Antennenpositionen liegt die halbe Keulenbreite α/2. Entsprechend endet die Reflexion des Ziels erst, wenn die gesamte Keule das Ziel überlaufen hat. Die scheinbare Breite des Ziels entspricht also der Keulenbreite α im jeweiligen Zielabstand. Dabei ist zu beachten, dass die Detektion an den Rändern der Radarkeule durch die Einstellung der Verstärkung *(GAIN)* beeinflusst wird. Bei höherem Verstärkungsgrad beginnt diese früher, somit werden Ziele in azimutaler Richtung etwas breiter dargestellt.

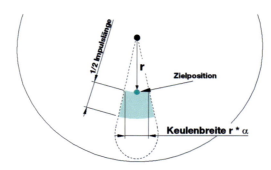

Abb. 4.2.4: Azimutale und radiale Ausdehnung eines Punktziels

d) Azimutale Auflösung

Wegen der azimutalen Echoanzeigenvergrößerung können auch nebeneinanderliegende Echoanzeigen von Punktzielen überlappen. Die azimutale Auflösung (Definition: Mindestabstand zweier Ziele in gleichem Abstand vom Eigenschiff für getrennte Darstellung) hängt von der Keulenbreite α und vom Abstand r der Ziele zur Radarantenne ab:

$$d_{min}(az) = r \cdot \alpha \cdot \frac{\pi}{180} \qquad (4.2.4)$$

> **Beispiel:** Befinden sich zwei Ziele im Abstand r = 5 sm vom eigenen Schiff und beträgt die Bündelung der Radarkeule α = 1°, ergibt sich ihr Mindestabstand für eine getrennte Anzeige zu
> $$d_{min} = 5 \text{ sm} \cdot 1° \cdot \pi/180 = 0{,}09 \text{ sm } (162 \text{ m}).$$

Die *IMO Performance Standards* [4.2.1] fordern im 1,5 sm-Messbereich eine azimutale Auflösung von höchstens 2,5°, d.h. zwei Ziele im gleichen Abstand müssen noch getrennt dargestellt werden, wenn sie 2,5° voneinander entfernt peilen.

(3) Radarreichweite

Radarreichweite und optische Sicht unterliegen ähnlichen Einschränkungen. Ob ein Objekt sichtbar ist, hängt davon ab, ob es unter den gegebenen geometrischen Bedingungen im direkten Ausbreitungsweg der elektromagnetischen Wellen liegt und davon, ob die Energie der Wellen ausreicht, um die Entfernung zum Ziel zu überbrücken. Da Radarwellen durch Wechselwirkungen mit den Wasserteilchen der Atmosphäre an Energie verlieren, kann ein zurückkehrender Echoimpuls zu stark abgeschwächt sein, um eine Echoanzeige zu bewirken. Folgende Faktoren beeinflussen die Radarreichweite:

- Radarantennenhöhe und Zielhöhe,
- Krümmung der Erdoberfläche,
- Krümmung des Ausbreitungswegs der elektromagnetischen Wellen durch Refraktion,
- Energieverlust der Wellen durch Streckendämpfung (Luftfeuchtigkeit, Niederschläge, Sand).

4.2 Radar

Radarwellen werden aufgrund ihrer niedrigeren Frequenz etwas stärker gebrochen als Lichtwellen. Die theoretische „Sichtweite" eines Radargerätes berechnet sich aus der Antennenhöhe (H) und der Zielhöhe (h) zu:

$$d/sm = 2{,}2 \cdot (\sqrt{H / m} + \sqrt{h / m}) \qquad (4.2.5)$$

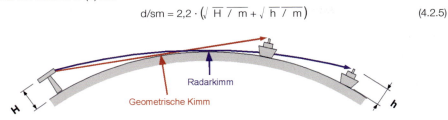

Abb. 4.2.5: Geometrische Reichweite und Radarreichweite

Der Faktor 2,2 berücksichtigt die Brechung der Radarwellen in der Normalatmosphäre, d. h. bei einem Brechungsindex von n = 1,00325 (n = c_0/c = Relation der Ausbreitungsgeschwindigkeit c_0 einer elektromagnetischen Welle im Vakuum zur Ausbreitungsgeschwindigkeit c in einem gegebenen Medium) am Boden und einer Abnahme des Brechungsindex mit der Höhe h um dn/dh = -0,0004 km^{-1} (Höhengradient des Brechungsindex).

Wäre der Brechungsindex n mit der Höhe konstant, würde sich ein Radarstrahl geradlinig ausbreiten und der Faktor in obiger Formel aus geometrischen Gründen 1,927 betragen. Die Dichte der Atmosphäre nimmt jedoch normalerweise mit der Höhe ab. Dadurch nimmt die Ausbreitungsgeschwindigkeit einer elektromagnetischen Welle mit der Höhe zu und der Brechungsindex ab. Jede Radarwelle wird daher zum Boden hin gebrochen, und eine „zu hohe" Welle kommt hinter der „geometrischen Kimm" zur Erde bzw. Wasseroberfläche (Abb. 4.2.5).

Abb. 4.2.6: Normal-, Unter- und Überreichweite durch unterschiedliche Refraktion

Die Schichtung der Atmosphäre entspricht in der Realität aber nur selten diesen Normalbedingungen. Weicht der Höhengradient des Brechungsindex von den Normalbedingungen ab, kann der Brechungsindex größer oder kleiner werden. Es kommt zu abweichenden Ausbreitungsbedingungen (Abb. 4.2.6). Der Faktor in der Reichweitenformel (Abb. 4.2.5) kann dadurch in einem Bereich von 1,98 bis 2,85 variieren.

Unterreichweite (Subrefraktion): Unterreichweite tritt auf, wenn der Brechungsindex mit der Höhe weniger stark abnimmt als unter Normalbedingungen. Dies ist der Fall, wenn mit steigender Höhe die Temperatur außergewöhnlich stark abnimmt und die Luftfeuchtigkeit außergewöhnlich hoch ist (kalte, feuchte Luftmassen über relativ warmer, trockener Luft). Beispiele:
- regnerisches, trübes Wetter, mehr noch bei Schneefall;
- im Winter in Seegebieten, in denen bei mäßigen Seewassertemperaturen feuchtkalte Winde von Land her die verhältnismäßig warme See überstreichen;
- warme Meeresströmungen, die die unterste Luftschicht erwärmen.

Leider treten Unterreichweiten oftmals unter Wetterbedingungen auf, die nicht nur die Radarreichweite herabsetzen, sondern auch die optische Sicht vermindern.

Überreichweite (Superrefraktion): Überreichweite tritt auf, wenn der Brechungsindex mit der Höhe stärker abnimmt als unter Normalbedingungen. Dies ist der Fall, wenn die Temperatur mit der Höhe weniger stark abnimmt als unter Normalbedingungen oder sogar zunimmt (Temperaturinversion) und die Luftfeuchtigkeit eher gering ist. Beispiele:

- bei ruhigen Hochdruckwetterlagen, wenn warme, trockene Luftschichten über kaltfeuchter Luft lagern;
- in klaren Nächten, wenn sich die Luft in Bodennähe durch Abstrahlung stärker abkühlt als die darüber liegenden Luftschichten (Bodeninversion);
- in tropischen Gebieten, wenn trocken-warme Luftmassen von Land her auf kalte Luftmassen über See gleiten (Temperaturinversion). Dies kann durch das Vorhandensein kälterer Meeresströmungen begünstigt werden.

Ducting: Eine extreme Ausprägung der Super-Refraktion stellt das sogenannte *„Ducting"* dar. Bei diesem Effekt werden die Radarstrahlen durch Totalreflexion an einer „Inversionsschicht" in geringer Höhe zur Ausbreitung in Bodennähe gezwungen. Die Ausbreitung erfolgt ähnlich verlustfrei wie in einem Hohlleiter und der Erdkrümmung folgend, was erhebliche Überreichweiten zur Folge hat. In besonderen Fällen kann sich dieser Vorgang auch in einer Leiterschicht abspielen, die nicht bis zum Meeresspiegel hinabreicht. Das kann zur Folge haben, dass Ziele, die sich unterhalb dieser Leiterschicht befinden, nicht erfasst werden. Voraussetzung für das Auftreten des *Ducting*-Effekts ist ein starker (nahezu sprunghafter) Abfall des Brechungsindex (etwa viermal höher als unter Normalbedingungen), hervorgerufen etwa durch eine extreme Temperaturinversion und/oder einen starken Abfall der Luftfeuchtigkeit mit der Höhe – also bei kalter, feuchter Luft in Bodennähe, die von warmer, trockener Luft überlagert wird.

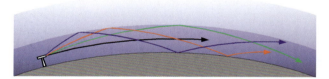

Abb. 4.2.7: Überreichweite durch *Ducting*-Effekt (Reflexion an Inversionsschicht)

(4) Interpretation des Radarbildes und Probleme der Identifizierung

Da die Erfassung und Darstellung von Radarzielen von verschiedenen Faktoren beeinflusst wird, können, selbst bei optimaler Einstellung der Radaranlage, Objekte, die der Beobachter auf dem Radarschirm zu sehen erwartet, unsichtbar bleiben oder verfremdet erscheinen, weil sie

- ganz oder teilweise durch andere Objekte abgeschattet werden,
- schlechte, unregelmäßige oder inhomogene Rückstrahleigenschaften besitzen,
- sich außerhalb der Radarreichweite befinden,
- durch die Grenzen der azimutalen und radialen Auflösung verzerrt werden oder verschmelzen,
- tidenbedingten Änderungen unterliegen,
- durch Regen-, Seegangs- oder andere Störechos verdeckt werden oder
- bei Änderung des Anstrahlwinkels ihren Reflexionsschwerpunkt verändern.

Als schwierig erweist sich oftmals die Identifizierung von Küstenlinien im Rahmen der Radarnavigation. Je nach Beschaffenheit der Küste können die Darstellungen in Radar und Seekarte erheblich voneinander abweichen, so dass markante Küstenlinien, die sich in der Seekarte scheinbar als Orientierungshilfe anbieten, im Radar nur schwer auffindbar sind. Diese mehr oder weniger großen Differenzen werden hauptsächlich durch Abschattungseffekte, inhomogene Rückstrahleigenschaften der küstennahen Topografie, tidenbedingte Änderungen der

4.2 Radar

Uferlinie oder das später auftauchende flache Küstengebiet vor Gebirgen verursacht. Erschwerend kommt hinzu, dass die Darstellung einer Küste während der Vorbeifahrt laufend variiert. Abb. 4.2.8 zeigt einen Ausschnitt des Hamburger Hafens. Man erkennt in der Gegenüberstellung von Radarbild und Kartendarstellung gut, wie die Umrisse von Fahrwassern und Hafenbecken durch Abschattungseffekte und mangelndes Auflösungsvermögen weitgehend unkenntlich gemacht werden. Nur wenige markante Konturen lassen sich eindeutig identifizieren.

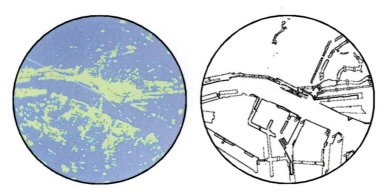

Abb. 4.2.8: Gegenüberstellung Radarbild – Karte

(5) Schattensektoren, Fehlanzeigen im Radarbild

a) Schattensektoren, Blindsektoren

Hindernisse, insbesondere solche, die sich in geringem Abstand im Ausbreitungsweg der Radarwellen befinden, produzieren Schatten- oder Blindsektoren auf dem Radarbild. Solche Hindernisse können beispielsweise Masten oder Schornsteine sein. Schattensektoren bezeichnen den Bereich des Halbschattens hinter einem solchen Objekt, Blindsektoren den des Kernschattens. Während im Schattensektor teilweise noch gut reflektierende Objekte geortet werden können, herrscht im Blindsektor vollkommene Abschattung. Schatten- und Blindsektoren sollen möglichst nicht im Bereich zwischen recht voraus und 22,5° achterlicher als querab auftreten [4.2.1] und darüber hinaus auf ein Minimum reduziert bleiben. Werden in einem Schatten- oder Blindsektor Radarechos angezeigt, handelt es sich zumeist um indirekte Echoanzeigen (s. u.).

b) Indirekte Echoanzeigen

Indirekte Echoanzeigen entstehen durch Reflexion an Bauteilen des eigenen Schiffes (Schornstein, Masten etc.) oder an anderen Objekten im Nahbereich (großes Schiff, Kaimauer). Bei diesen „Geisterechos" werden der ausgehende Sende- und der rückkehrende Echoimpuls jeweils reflektiert, wenn die Antenne in die Richtung dieses nahen Objektes weist. Die Darstellung des indirekten Echos auf dem Radarbild erfolgt dann in dieser – falschen – Richtung und im nahezu richtigen Abstand, da die Entfernung von der Sendeantenne zum Reflexionsobjekt meist nur sehr klein ist und nicht ins Gewicht fällt. Sehr häufig ist dieser Effekt zu beobachten, wenn Signalmasten in unmittelbarer Nähe der Radarantennen angeordnet sind (Abb. 4.2.9). Diese sind zwar zu schmal um eine merkliche Abschattung hervorzurufen, da sie sich aber über einen größeren Antennenwinkel im Ausbreitungsweg der Radarstrahlen befinden, bewirken die Reflexionen der Zielechos an diesen Masten ein „Verschmieren" der Echoanzeige über diesen Sektor.

4 Systeme mit grafischen Displays: ECDIS, Radar und AIS

Abb. 4.2.9: Indirekte Anzeigen eines Fahrzeugs (AIS-Ziel) im Bereich des Signalmasts

c) Mehrfachechos

Mehrfachechos entstehen durch mehrfache Hin- und Her-Reflexion zwischen Ziel und Eigenschiff. Hinter dem „wahren" Echo des Ziels erscheinen in gleicher Peilung (auf der gleichen Ablenkspur) und in Abständen, die ein ganzzahliges Vielfaches des Zielabstands betragen, schwächer werdende „Geisterechos". Dieses Phänomen tritt bei stark reflektierenden Zielen in geringem Abstand auf.

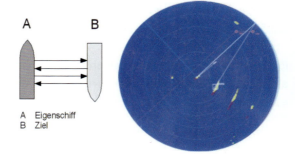

A Eigenschiff
B Ziel

Abb. 4.2.10: Mehrfachreflexion: Entstehung und Anzeige

d) Nebenzipfelechos

Die stets vorhandenen Nebenkeulen haben gegenüber der Hauptkeule zwar nur eine sehr geringe Sendeleistung, können aber dennoch zu Echoanzeigen führen, wenn ein gut reflektierendes Ziel in unmittelbarer Nähe vorhanden ist. Die Anzeigen der Nebenzipfelechos sind infolge der geringen Bündelung der Nebenkeulen diffus, manchmal kreisbogenförmig. Die Abstände entsprechen dem wahren Zielabstand, die Peilungen sind jedoch falsch, da die Anzeige in Richtung der Hauptkeule erfolgt.

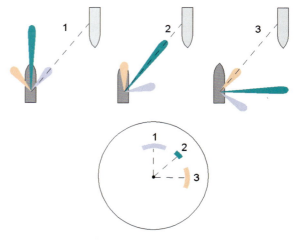

Abb. 4.2.11: Nebenzipfelechos (Abstand richtig, Peilung falsch)

e) Zweitauslenkungsechos

Zweitauslenkungsechos entstehen, wenn infolge von Überreichweiten Echos weit entfernter Ziele – statt auf der zum Impuls gehörenden Ablenkspur – erst auf der nächsten (oder sogar einer weiteren) Spur zur Anzeige kommen. Beispiel: In Abb. 4.2.12 werden die Ziele 1 und 2 regulär im 12 sm-Bereich angezeigt, weil deren Echos innerhalb des Empfangsfensters von 148 µs (dem Messbereich von 12 sm entsprechend) nach Aussendung des Sendeimpulses 1 eintreffen. Die Ziele 3 und 4 werden nicht angezeigt, denn ihre Echos treffen erst im Empfänger ein, nachdem das Empfangsfenster geschlossen wurde. Das Empfangsfenster öffnet sich jedoch wieder für weitere 148 µs, wenn nach der Wiederkehr von 1000 µs Sendeimpuls 2 die Antenne verlassen hat. Da ein Impuls während der Wiederkehr von 1000 µs eine Strecke von 81 sm hin- und zurückläuft (Formel 4.2.1), liegt der Mindestabstand für Ziele, deren Echoimpulse während der zweiten Empfangsphase empfangen werden können, bei 81 sm, der Maximalabstand bei 81 sm + 12 sm = 93 sm. Das 87 sm entfernte Ziel 5 erscheint folglich – sofern es die Ausbreitungsbedingungen der Radarwellen und die Reflexionseigenschaften des Zieles zulassen – innerhalb dieser zweiten Empfangsphase wie ein Objekt in 6 sm Abstand auf dem Radarschirm.

Zu beachten: Unter meteorologischen Bedingungen, die zu Überreichweiten führen (Kap. 4.2.2(3)), ist immer mit der Möglichkeit von Zweitauslenkungsechoanzeigen zu rechnen. Diese können nicht nur durch andere Fahrzeuge hervorgerufen werden, sondern insbesondere auch durch gut reflektierende Landobjekte in großer Entfernung (z.B. eine Gebirgskette; Abb. 4.2.13). Durch die verzerrte Geometrie kann sogar eine stehende Peilung vorgetäuscht werden.

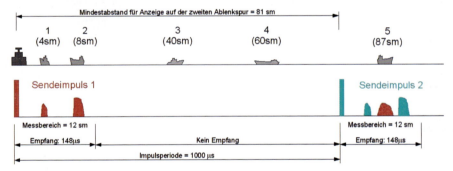

Abb. 4.2.12: Entstehung von Geisterechos als Zweitauslenkungsechos (Prinzip)

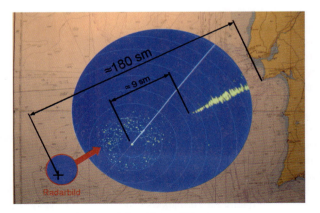

Abb. 4.2.13: Gut reflektierende Küste auf der dritten Ablenkspur

4 Systeme mit grafischen Displays: ECDIS, Radar und AIS

f) Impulse fremder Radargeräte

Impulse fremder Radargeräte erscheinen als Punkte oder kurze Striche, die in Abhängigkeit von der Impulsfolgefrequenz des Fremdradars und des eigenen Radargerätes meist spiralförmige, bei nahezu gleicher Impulsfolgefrequenz kreisförmige Form annehmen (Abb. 4.2.14). Voraussetzung für das Auftreten ist, dass sich andere Sender in nicht zu großer Entfernung von der eigenen Antenne befinden (da Empfang durch schwache Nebenzipfelstrahlung), dass sie innerhalb der Bandbreite des eigenen Empfängers arbeiten und dass die Fremdradarimpulse während der Helltastung (Empfangsbereitschaft) des eigenen Empfängers eintreffen.

Abhilfe: Der Wachoffizier kann die Anzeige von Fremdradarimpulsen in vielen Fällen durch Umschalten auf einen anderen Messbereich (ggf. auch wieder zurück) verhindern. Technisch lassen sich die Störungen durch den Korrelationsfilter *Interference Rejection (IR)* unterdrücken (Kap. 4.2.3(2)j)).

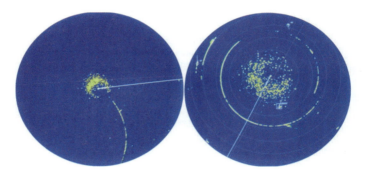

Abb. 4.2.14: Anzeige von Fremdradarimpulsen bei ähnlicher (links) und nahezu identischer (rechts) Impulsfolgefrequenz

g) Kreuzende Überwasserleitungen

Überlandleitungen reflektieren Radarstrahlen nur an dem Punkt zur Antenne zurück, an dem diese senkrecht auftreffen (Kap. 4.2.2(1)). Nähert sich ein Fahrzeug einer solchen Leitung, die eine Wasserstraße diagonal überspannt, wandert dieser Reflexionsschwerpunkt bei konstanter Peilung zur Fahrwassermitte hin ein. Die Leitung wird also als Punktziel abgebildet, das sich bei gleichbleibender Peilung dem Schiff nähert. Durch diese „Stehende Peilung" (Kap. 4.2.5(2)b)) entsteht der Eindruck, dass ein Fahrzeug auf Kollisionskurs ist, was bereits zu falschen Ausweichmanövern und Unfällen geführt hat. Kreuzt ein Kabel die Was-

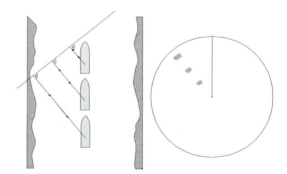

Abb. 4.2.15: Kreuzende Überwasserleitungen werden als wandernder Punkt in stehender Peilung angezeigt

serstraße im rechten Winkel, erscheint diese Punktzielanzeige konstant recht voraus. Um den Gefahren zu begegnen, sind häufig Radarreflektoren auf der Leitung angebracht, wodurch eine – als solche erkennbare – Kette von Punkzielechos angezeigt wird.

4.2 Radar

4.2.3 Bedienelemente und optimale Bildeinstellung

(1) Allgemeine Grundsätze

a) Einschalten

Wird ein Radargerät eingeschaltet bzw. aus dem *Standby*-Modus aktiviert, sollte sich der Bediener bewusst sein, dass er nicht nur einen Computermonitor einschaltet, sondern die gesamte Sende- und Empfangstechnik. Damit wird auch eine Antenne von mehreren Metern Spannweite in Rotation versetzt. Es muss daher sichergestellt sein, dass sich niemand im Gefahrenbereich aufhält.

b) Grundeinstellung

Nach dem Einschalten des Radars ist zunächst die Grundeinstellung vorzunehmen. Diese umfasst die Wahl von Darstellungsart und Messbereich, die optimale Einstellung des Empfängers, die Anpassung der *Anti-Clutter*-Filter (Seegangs- und Regenfilter; Störechoanzeigenbeseitigung) an die vorherrschenden Wetterbedingungen sowie gegebenenfalls die Aktivierung anderer Funktionen zur Verbesserung der Radarbilddarstellung.

c) Dauernde Überprüfung

Während des Betriebes ist laufend zu überprüfen, ob alle Einstellungen den aktuellen Erfordernissen entsprechen. Eine Nachjustierung kann z. B. bei Änderungen der Wetterverhältnisse (Niederschläge, Seegang) oder beim Umschalten der Entfernungsbereiche notwendig sein. Auch sollte eine bestehende Radareinstellung bei Wachübernahme nicht kritiklos übernommen, sondern stets von neuem vollständig überprüft werden.

(2) Wichtige Bedienelemente

Die wichtigsten Bedienelemente von Radargeräten sollen im Folgenden dargestellt werden. Die Reihenfolge ist so gewählt, wie sie bei der Grundeinstellung zu empfehlen ist.

a) „STANDBY/X-BAND/S-BAND"

Mit dem Einschalten des Radargerätes ist oftmals (herstellerabhängig) bereits die Auswahl des Frequenzbandes (X- oder S-Band) verbunden. Voraussetzung für die Verfügbarkeit dieser Option ist, dass

– eine X-Band- und eine S-Band Sende-/Empfangseinheit vorhanden sind,
– auf die beiden Sende-/Empfangseinheiten über einen Verteilerschalter *Interswitch* oder bei modernen Anlagen über ein Daten-Netzwerk von den verschiedenen Sichtgeräten aus zugegriffen werden kann.

Bei manchen Konfigurationen sind X-Band- und S-Band-Empfänger fest einem Anzeigegerät zugeordnet und können nicht über Kreuz betrieben werden.

b) *Master-/Slave*-Konfiguration

Sollen zwei Sichtgeräte gemeinsam auf einen X- oder S-Band-Empfänger zugreifen, fungiert eines der Geräte als *Master*, das zweite als *Slave*. Dabei hat in der Regel nur das *Master*-Gerät vollen Zugriff auf die Bedienelemente des Empfängers (Impulslänge, *TUNE* u. a. je nach Hersteller). Das *Slave*-Gerät hat nur eingeschränkte Zugriffsmöglichkeiten, die ebenfalls hersteller- und modellbedingt variieren.

Zu beachten: Auch wenn am *Slave*-Gerät verschiedene Messbereiche zur Auswahl stehen, wird die Impulslänge stets durch den Messbereich des *Master*-Gerätes bestimmt. So kann es

4 Systeme mit grafischen Displays: ECDIS, Radar und AIS

beim *Slave*-Gerät in großen Messbereichen zu sehr schwachen Echoanzeigen kommen, wenn das *Master*-Gerät im kleinen Bereich mit kurzen Impulsen betrieben wird. Umgekehrt kann die Zielauflösung am *Slave*-Gerät mangelhaft sein, wenn dieses im kleinen Messbereich betrieben wird, das *Master*-Gerät aber im großen Bereich mit langen Impulsen.

c) PRESENTATION (Darstellungsart) – Bildorientierung und Bewegungsmodus

Head Up-Modus: Im *Head Up*-Modus zeigt der Vorausstrich *(Heading line)* der Kielrichtung immer nach oben. Das Bild entspricht dem Blick aus dem Brückenfenster, was beim Manövrieren auf Flüssen und Kanälen von gewissem Vorteil sein kann, in den meisten Situationen dagegen die Orientierung erschwert, da das Radarbild gegenüber der Seekarte verdreht ist. Dadurch gestaltet sich insbesondere die Identifizierung von Küstenkonturen schwierig. Der *Head Up*-Modus ist nicht kompassstabilisiert. Er funktioniert dementsprechend auch bei Ausfall oder Fehlen einer Kompass-Schnittstelle. Bei Kursänderungen oder Kursschwankungen verschmiert infolge der fehlenden Stabilisierung das Radarbild, da es sich bei feststehender Kielrichtung (oben) unter dem Vorausstrich wegdreht (Abb. 4.2.16 links). Jede Kursänderung verändert die Anzeige der tatsächlichen Zielbewegungen, was zu unregelmäßigen Nachleuchtschleppen führt und deren Aussagekraft vermindert. Dabei wird auch die Feststellung einer stehenden Peilung mittels elektronischer Peillinie bei Gierbewegungen des Eigenschiffs erschwert.

Auf der festen Gradskala am Bildrand ist zunächst nur die Seitenpeilung abzulesen. Zu dieser muss der anliegende Kompasskurs addiert werden, um zur Kompasspeilung zu gelangen (Kap. 2.1.5). Einige Hersteller bieten auch eine stabilisierte *Head Up*-Darstellung an. Hierbei wird im Hintergrund mit stabilisierten Kursdaten gerechnet und der aktuelle Kompasskurs am nach oben zeigenden Vorausstrich angezeigt.

Zu beachten: Wenn kein Kompass-Signal zur Verfügung steht, kann es bei Kursänderungen und den damit verbundenen Peilungsänderungen der Echopunkte auf dem Bildschirm zu folgenschweren Fehlern kommen. Beispiele:

– Bei automatischer Unterdrückung von Störechos durch Korrelation (s. u.) können ungewollt Nutzechos eliminiert und damit nicht angezeigt werden.
– Bei der automatischen Zielverfolgung (*Target Tracking*; s. u.) können Zielverluste auftreten.

Course Up-Modus: Die *Course Up*-Darstellung hat Ähnlichkeit mit der *Head Up*-Darstellung, ist aber im Gegensatz zu dieser kompassstabilisiert. Das Radarbild ist bezüglich der festen Gradskala so gedreht, dass der zum Zeitpunkt der Aktivierung anliegende Kompasskurs nach oben zeigt. In dieser Ausrichtung bleibt das Bild fixiert, selbst wenn sich der eigene Kurs ändert. Eine Kursänderung führt dazu, dass der anfänglich nach oben weisende Vorausstrich auswandert oder – beim Gieren des Schiffes – um den Ausgangskurs pendelt (Abb. 4.2.16 Mitte). Die bei der *Head Up*-Darstellung beschriebenen Nachteile, die sich aus dem unstabilisierten Radarbild ergeben, werden bei *Course Up* vermieden.

Ein Nachteil besteht allerdings darin, dass das Radarbild nach jeder ausgeführten Kursänderung manuell zurückgesetzt werden muss. Solange dies unterbleibt, befindet sich das Bild in einem irritierenden Zustand, da weder der anliegende Kurs noch die Nordrichtung oben anliegen (Abb. 4.2.16 Mitte).

North Up-Modus: Im *North Up*-Modus wird das Radarbild mit der Nordrichtung nach oben stabilisiert. Das Bild entspricht damit in seiner Orientierung der Seekarte. Auf der festen Gradskala befindet sich die Nordrichtung oben, der Vorausstrich weist auf den anliegenden Kompasskurs. Nur dieser ändert sich bei einer Kursänderung, das Radarbild bleibt stabilisiert (Abb. 4.2.16 rechts).

4.2 Radar

In den meisten Anwendungsfällen ist die nordstabilisierte Darstellung allen anderen vorzuziehen, weil die einheitliche Orientierung aller navigatorischen Systeme (Radar, Elektronische Seekarte, Papierseekarte) die Gefahr von Fehlinterpretationen mindert. In einigen Ausnahmefällen, z. B. bei einer südgehenden Kanalpassage, kann eine Benutzung des *Course Up*-Modus sinnvoll sein, da hier im *North Up*-Modus ein gewisses Risiko der „Rechts-Links-Vertauschung" besteht. Eine Übersicht der drei Darstellungsarten und ihr dynamisches Verhalten bei einer Kursänderung bietet Abbildung 4.2.16.

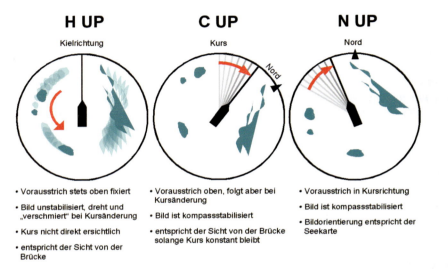

- Vorausstrich stets oben fixiert
- Bild unstabilisiert, dreht und „verschmiert" bei Kursänderung
- Kurs nicht direkt ersichtlich
- entspricht der Sicht von der Brücke

- Vorausstrich oben, folgt aber bei Kursänderung
- Bild ist kompassstabilisiert
- entspricht der Sicht von der Brücke solange Kurs konstant bleibt

- Vorausstrich in Kursrichtung
- Bild ist kompassstabilisiert
- Bildorientierung entspricht der Seekarte

Abb. 4.2.16: Auswirkung einer Kursänderung nach Steuerbord in verschiedenen Darstellungsarten

Relative Bewegung (*Relative Motion*; RM): In diesem Anzeigemodus bleibt die Eigenschiffsposition stets ortsfest in der Bildschirmmitte oder so versetzt *(Off Centre)*, dass ein größerer Überwachungsbereich – in der Regel nach voraus – entsteht. Alle Zielbewegungen werden relativ bezogen auf das Eigenschiff wiedergegeben.

Absolute Bewegung (*True Motion*; TM): Sowohl das Eigenschiff als auch alle Radarziele bewegen sich mit ihren (maßstäblich) absoluten Geschwindigkeiten über den Bildschirm. Nähert sich die Eigenschiffsposition dem Bildschirmrand, erfolgt ein automatischer oder vom Bediener initiierter *Reset* (Kap. 4.2.5(1)a)).

Kombinationsmöglichkeiten von Bildorientierungen, Bewegungsmodi und *Trails*: Die verschiedenen Radarbildorientierungen können in unterschiedlichen Bewegungsmodi und mit verschiedenen Nachleuchtschleppen *(Trails)* betrieben werden (Abb. 4.2.17):

- *Head Up* ist immer ein relatives Radarbild (*Relative Motion*; RM), bei dem auch die Nachleuchtschleppen ausschließlich relativ generiert werden.
- *Course Up* ist ebenfalls ein relatives Radarbild, kann jedoch mit absoluten oder relativen Nachleuchtschleppen betrieben werden.
- *North Up* kann
  - im relativen Bewegungsmodus (*Relative North* RM) oder
  - im absoluten Bewegungsmodus (*True Motion;* TM)

angezeigt werden, in beiden Fällen wahlweise mit relativen (Bezeichnung: *RM(R)*) oder absoluten Nachleuchtschleppen (Bezeichnung: RM(T)).

4 Systeme mit grafischen Displays: ECDIS, Radar und AIS

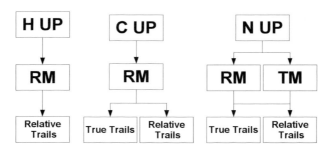

Abb. 4.2.17: Radardarstellungsarten; Möglichkeiten der Kombination von Bildorientierung, Bewegungsmodus und Vergangenheitsinformation *(trails)*

d) *Short Pulse, Medium Pulse, Long Pulse* (Impulslänge)

Es stehen (herstellerabhängig) mehrere vordefinierte Möglichkeiten zur Auswahl, beispielsweise *Short Pulse (SP)*, *Medium Pulse* (*MP* – manchmal sogar in mehreren Abstufungen wie *MP1*, *MP2*, *MP3*) und *Long Pulse (LP)*. Welche Impulsdauern diesen Kategorien zugeordnet sind, ist den Herstellerhandbüchern zu entnehmen. Da die erforderliche Impulslänge weitgehend vom Messbereich abhängig ist (Kap. 4.2.2(2)a)), stehen nicht alle Auswahlmöglichkeiten in allen Messbereichen zur Verfügung.

Empfehlung:
- Im freien Seeraum längere Impulse, weil die höhere Impulsenergie eine bessere Zielerfassung gewährleistet,
- in Küstennähe, bei hohem Verkehrsaufkommen und auf Revierfahrt kurze Impulse wegen der besseren radialen Zielauflösung.

e) *Tune* (Abstimmung)

Die Abstimmung des Empfängers auf die Sendefrequenz des Magnetrons kann entweder manuell vorgenommen oder der automatischen Frequenzkontrolle *(AFC; Automatic Frequency Control)* überlassen werden. Bei manueller Einstellung ist die Oszillatorfrequenz (Kap. 4.2.1(2)b)) solange zu verändern, bis die Echoanzeigen auf dem Bildschirm die augenscheinlich größte Intensität erreichen. Eine Balkenanzeige erleichtert diesen Vorgang.

Empfehlung: Diese Einstellung sollte in einem möglichst großen Messbereich durchgeführt werden, da die größeren Impulslängen in diesen Bereichen eine kleinere Bandbreite belegen und deshalb die Abstimmung präziser erfolgen kann. Für die Beurteilung der Bildintensität muss im gewählten Messbereich mindestens ein auffälliges Radarziel auf dem Schirm zu sehen sein.

f) *Gain* (Verstärkung)

Die Verstärkung der Echosignale (Kap. 4.2.1(2)b)) sollte aus der Nullstellung soweit erhöht werden, bis auf dem Bildschirm das erste Rauschen (thermisches Rauschen; Schrotrauschen) sichtbar wird. Das Rauschen entsteht durch die Elektronenbewegungen im Empfänger und macht sich auf dem Radarschirm durch kleine, zufällig gestreute Punkte bemerkbar. Man kann davon ausgehen, dass beim Erreichen der Rauschgrenze die Verstärkung so hoch ist, dass alle Echos realer Ziele – soweit technisch möglich – angezeigt werden.

Warnungen und Empfehlungen:
- Zur optischen Bestätigung, dass die Anlage an der Rauschgrenze betrieben wird, sollte man stets ein wenig Bildrauschen zulassen.

- Keinesfalls darf die Verstärkung dazu benutzt werden unerwünschte Störechos (Regen, Seegang, Interferenzen) zu unterdrücken, da dabei auch Nutzechos verloren gehen können. Hierzu sind nur die dafür vorgesehenen Filter *(STC, FTC)* zu verwenden.
- Bei modernen Radaranlagen kann die Anzeige des Rauschens u. U. durch Korrelationstechniken unterdrückt werden. Während der Grundeinstellung sollten alle Korrelationsfilter (z. B. *clean sweep*) deaktiviert werden (Kap. 4.2.1(2)e)).
- Das Handbuch des Herstellers sollte konsultiert werden, wenn kein Bildrauschen beobachtet werden kann.

g) *Range* (Messbereich)

Nach dem Einstellen der Verstärkung kann der Messbereich ausgewählt werden, in dem das Radar betrieben werden soll. Die *IMO Performance Standards* [4.2.1] sehen mindestens die Messbereiche 0,25, 0,5, 0,75, 1,5, 3, 6, 12 und 24 sm vor. Bei manchen Anlagen ist die Bereichsauswahl noch größer, etwa von 0,125 bis 96 sm. Für *Docking*-Manöver stehen auch metrische Maße (250 m, 500 m) zur Verfügung.

h) *STC/Anti Clutter Sea* (Nahechodämpfung)

Die Nahechodämpfung *(STC = Sensitivity Time Control)* dämpft Echos in der Nähe liegender Ziele. Da Seegangsechos hauptsächlich im Nahbereich (bis etwa 6 sm) auftreten, werden im Wesentlichen diese, aber auch andere Echos, geschwächt. Die Wirkungsweise besteht darin, dass der Verstärkungsgrad des Empfängers von Null (zum Sendezeitpunkt) linear auf seinen Maximalwert *(GAIN)* ansteigt. Dadurch werden nahe Ziele weniger, entfernte Ziele im vollen Maße verstärkt. Wie schnell der Grenzwert *GAIN* erreicht wird, hängt vom Grad der eingestellten Nahechodämpfung *(STC)* ab. Die Bezeichnung der Bedienelemente zur Seegangsdämpfung ist nicht bei allen Herstellern einheitlich. Oftmals ist ein mit *SEA* oder *Anti Clutter Sea* beschrifteter Regler vorhanden. Bei vielen modernen Geräten (herstellerspezifisch) werden Seegangsechos zusätzlich durch Bearbeiten des digitalen Videosignals (Kap. 4.2.1(2)e) unterdrückt.

Warnungen und Empfehlungen:
- Die Nahechodämpfung ist kein seegangsspezifischer Filter, da sich ihre Wirkung auf alle (!) Echos im Nahbereich erstreckt. Daher ist sie mit großer Vorsicht einzusetzen.
- Insbesondere schwach reflektierende Ziele (z. B. Holz- oder Kunststoffboote), deren Echo-Signalstärke sich gar nicht oder nur geringfügig aus den umgebenden Seegangsechos heraushebt, werden durch zu hohe *STC*-Einstellung leicht unterdrückt.
- Zur optischen Bestätigung, dass keine Nutzziele unterdrückt werden, sollte man stets eine gewisse Anzeige von Seegangsreflexen zulassen.

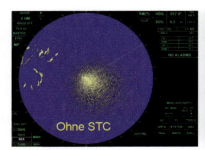 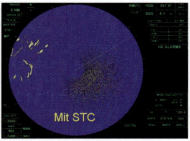

Abb. 4.2.18: Nahechodämpfung – Nahe Echos werden weniger verstärkt als entfernte

i) *FTC/Anti-Clutter Rain* (Filterung von Regenechos)

Großflächige, durch Wolken oder Niederschläge hervorgerufene Echoanzeigen können im gesamten Anzeigebereich des Radarbildschirms störend auftreten. Zur „Regenenttrübung" wird als Filter ein Differenzierglied *(FTC; Fast Time Constant)* im Demodulator (Kap. 4.2.1(2)b)) verwandt. Dieses löscht alle Bereiche aus, bei denen die Signalstärke konstant bleibt oder abfällt, so dass nur die Bereiche mit ansteigender Signalstärke sichtbar bleiben. Dadurch werden alle Echoanzeigen auf dem Bildschirm radial verkürzt, die Vorderkanten betont und große, gleichmäßige Flächen in Einzelechoanzeigen aufgelöst. Auch diese Funktion wird bei modernen Radargeräten zusätzlich in der nachgeschalteten Signalverarbeitung realisiert. Hierbei wird lokal die Verstärkung durch Manipulation der Speicherzelleninhalte (*CFAR*-Prinzip; *constant failure alarm rate*) reduziert, bis ein definiertes Maß an Fehlzielen unterdrückt wird.

Beispiel: Die Flächenechoanzeige eines idealisierten (homogenen) Regenschauers würde mit diesem Verfahren auf die Vorderkante reduziert, und ein Schiff, dessen Echosignalstärke die des umgebenden Schauers übersteigt, würde radial dahinter sichtbar. In der Realität ist das Verfahren aber weniger wirksam, da die Radarechos innerhalb von Niederschlagsgebieten inhomogen sind und die schwankenden Signalstärken auch bei aktivierter *FTC* zu Anzeigen führen (Abb. 4.2.19).

Warnungen und Empfehlungen:

- Durch *FTC* erscheinen Radarziele radial unrealistisch verkürzt. Vorderkanten werden bevorzugt angezeigt.
- Racon-Signale (im Allgemeinen langer radialer Strich) werden gar nicht mehr angezeigt.
- Regenechos sollten nicht durch Herunterregeln der Gesamtverstärkung *(GAIN)* reduziert werden, da damit der Verlust von Nutzechos einhergeht.

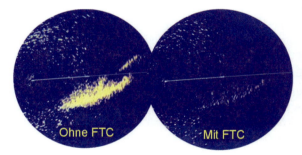

Abb. 4.2.19: „*FTC*" Große gleichmäßige Flächen werden in Einzelechos aufgelöst

j) Weitere Bildreinigungsfunktionen

Moderne Radaranlagen liefern verschiedene weitere Bildreinigungsfunktionen:

- **Interference Rejection:** Die Funktion dient der Unterdrückung von Impulsen fremder Radargeräte (Kap. 4.2.2(5)f)). Sie wird im Wesentlichen durch *Sweep-to-sweep*-Korrelation (Kap. 4.2.1(2)e)) realisiert.
- **Clean sweep, Clear scan, Echo averaging etc.:** Hinter diesen herstellerspezifischen Bezeichnungen verbergen sich *Scan-to-scan*-Korrelationsverfahren zur Bildbereinigung (Kap. 4.2.1(2)e)).
- **Echo Stretching, Echo Enhancement, Echo Expansion:** Alle Radarechos werden radial und azimutal künstlich gestreckt und damit vergrößert. Dadurch werden kleine Radarziele zum Zwecke der besseren Erkennung hervorgehoben. Die Bezeichnung variiert je nach Hersteller.

4.2.4 Radarnavigation

(1) Ortsbestimmung

Positionsbestimmungen mittels Radar werden in der Regel durch Kombinationen von Radarabstandsmessungen und/oder Radarpeilungen ausgeführt.

a) Radarabstand

Methode: Die Radarabstandsmessung kann entweder durch Anlegen eines variablen Abstandsrings *(Variable Range Marker; VRM)* erfolgen oder einfacher – wenn verfügbar – indem der Cursor auf ein Objekt platziert und sein Abstand vom Schiff abgelesen wird. Wichtig ist in beiden Fällen, dass die Bezugskante für den Abstand stets die dem Beobachter zugewandte Vorderkante der Echoanzeige ist, da die Rückseite radial verlängert dargestellt wird (Abb. 4.2.20). Als Standlinie ergibt sich ein Kreis um das Objekt mit dem Radius des gemessenen Abstands.

Objekte: Gut eignen sich Kaimauern, Felsküsten oder ortsfeste Punktziele im Wasser wie Baken, Leuchttürme oder Plattformen. Problematisch sind demgegenüber flach ansteigende Küsten, Steilküsten mit vorgelagerten Stränden oder Küsten in Tidengewässern mit variabler Uferlinie. In diesen Fällen ist insbesondere bei größeren Messabständen ungewiss, welche Teile der Küstenlinie vom Radar erfasst werden und welche unsichtbar bleiben. Tonnen bieten aus radartechnischer Sicht zwar gut identifizierbare Ziele, wegen der Gefahr des Vertreibens ist allerdings Vorsicht geboten.

Genauigkeit: Eine Radar-Abstandsmessung kann sehr genau sein, wenn das gemessene Objekt gute Reflexionseigenschaften und eine klar definierte Struktur besitzt. Die Abstandsungenauigkeit soll laut *IMO Performance Standards* [4.2.1] maximal 30 m oder 1 % des eingestellten Messbereichs betragen, wobei der größere der beiden Wert gilt.

b) Radarpeilung

Methode: Eine Radarpeilung erfolgt durch das Positionieren einer elektronischen Peillinie *(Electronic Bearing Line; EBL)* auf ein Radarecho. Alternativ kann auch der Cursor auf das zu peilende Objekt gelegt werden. Bei einem kompassstabilisierten Radarbild wird direkt die Kompasspeilung abgelesen, bei einem nicht stabilisierten Radarbild *(Head up)* muss zur abgelesenen Radarseitenpeilung noch der Kompasskurs addiert werden, um die Kompasspeilung zu erhalten. Als Standlinie der Radarpeilung ergibt sich – nach Korrektur der Kompassfehlweisung (Kap. 2.1.4) – der Peilstrahl durch das gepeilte Objekt.

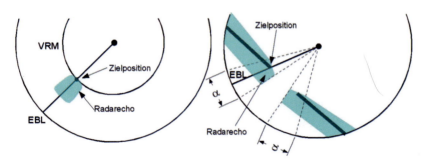

Abb. 4.2.20: Radarmessungen zur Ortsbestimmung
Links: Messung von Abstand und Peilung eines Punktzieles mit *VRM* und *EBL*
Rechts: Exakte Peilung einer Objektkante mit dem *EBL*

Objekte: Bei Punktzielen (z. B. eine Bake) wird die *EBL* auf die Mitte der Echoanzeige platziert (Abb. 4.2.20). Beim Peilen der Kante eines ausgedehnten Zieles (Kap, Landzunge, Hafeneinfahrt) muss ggf. die azimutale Verzerrung der Radarechos um die halbe Keulenbreite $\alpha/2$ beiderseits der Zielposition berücksichtigt werden.

Genauigkeit: Die Ungenauigkeit von Peilungen soll maximal 1° betragen [4.2.1]. Zur genauen Peilung von Objektkanten muss der Beobachter die *EBL* um $\alpha/2$ von der Kante des Radarechos entfernt platzieren (Abb. 4.2.19). Dabei kann er sich an den Echoanzeigen nahebei liegender Punktziele (azimutale Ausdehnung = α) orientieren.

c) Kombination von Standlinien

Zur Bestimmung der Schiffsposition sind mindestens zwei Standlinien erforderlich. Im Schnittpunkt der Standlinien befindet sich die aktuelle Position. Grundsätzlich können Radarpeilungen und -abstände beliebig kombiniert werden:

– Als praktikabelste Methode hat sich die Kombination aus Radarpeilung und Radarabstand eines Zieles erwiesen, da sie leicht durchzuführen ist, nur ein einziges gut identifizierbares Ziel erfordert und die Standlinien (Peilstrahl und Abstandskreis) einen rechten Winkel bilden. Der Einfluss des Schnittwinkels der Standlinien wird in Kap. 2.1.4 beschrieben.
– Positionen aus Kreuzpeilungen oder aus zwei Radarabständen sind in der Praxis eher unüblich, da gleichzeitig zwei geeignete Objekte im Radar sichtbar sein müssen, deren Peilungen bzw. Abstandsmessungen Standlinien ergeben, die sich etwa im rechten Winkel schneiden. Zwei Abstandsmessungen erfordern die – etwas aufwendigere – Konstruktion von Abstandskreisen in der Seekarte.
– Bieten sich mehrere Radarziele an, kann die Position durch weitere Standlinien abgesichert werden.

(2) *Parallel Indexing*

a) Zweck

Die Bahnführung von Schiffen wird durch die Verwendung des *GPS* (Kap. 3.1) stark vereinfacht. Insbesondere in Verbindung mit elektronischen Seekartensystemen (Kap. 4.1) ist die fortlaufende Bahnkontrolle sehr komfortabel, da die Schiffsposition permanent angezeigt wird und Abweichungen von der Route leicht erkennbar sind. Bei Verwendung von Papierseekarten muss die *GPS*-Position regelmäßig von Hand eingetragen werden, und zwar umso öfter, je präziser das Schiff auf Kurs gehalten werden soll. In beiden Fällen ist es wichtig, die *GPS*-Daten laufend mit alternativen Mitteln zu überprüfen. Dieses kann – unabhängig von externen Positionssensoren – durch das *Parallel Indexing*-Verfahren geschehen. Eine ausführliche Beschreibung des *Parallel Indexing*-Verfahrens findet sich unter [4.2.5].

b) Prinzip

In einem relativ-nordstabilisierten Radarbild bewegen sich die Echoanzeigen feststehender Referenzobjekte auf parallel zum eigenen Kurs verlaufenden Bahnen (*Parallel Index Lines*; PI-Linien) in entgegengesetzter Richtung. Der Abstand dieser Linien vom Eigenschiff entspricht dem Passierabstand zu den Objekten *(Cross Index Range)*. Die Bahnkontrolle erfolgt durch Verfolgen der Echoanzeigen des Referenzobjektes auf seiner geplanten Bahn (Abb. 4.2.21):

– Bewegt sich die Echoanzeige auf der PI-Linie, wird der geplante *Track* eingehalten (Situation 1).
– Verlässt ein Referenzobjektecho die Bahn zu der dem Beobachter zugewandten Seite, kommt das Schiff dem Objekt zu nahe (Situation 2). Hier: Kursänderung nach Backbord erforderlich.

4.2 Radar

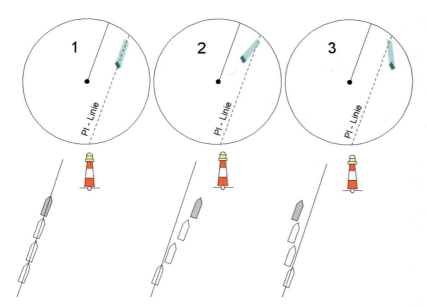

Abb. 4.2.21: *Parallel Indexing* – Eigenschiff und Anzeige des ortsfesten Referenzobjektes
Das Eigenschiff befindet sich (1) „*On Track*", (2) „*Off Track*" zum Objekt hin, (3) „*Off Track*" vom Objekt weg

– Verlässt es seine Bahn nach außen, liegt eine Kursabweichung vom Objekt weg vor (Situation 3). Hier: Kursänderung nach Steuerbord erforderlich.

Soll das *Parallel Indexing* auf einem Routenabschnitt mit mehreren Kursänderungen angewandt werden, ist für jeden Bahnabschnitt eine eigene *PI*-Linie zu erstellen. Der zu zeichnende *PI-Track* bildet ein punksymmetrisch gespiegeltes Abbild der eigenen Route (Abb. 4.2.22). Die Schnittpunkte der *PI*-Linien entsprechen dabei den Kursänderungspunkten (Wegpunkten). Wenn das Referenzobjekt einen Schnittpunkt erreicht hat, ist der neue Kurs zu fahren. Der Übergang von einem Kurs zum nächsten erfolgt in der Realität allerdings nicht im Wegpunkt,

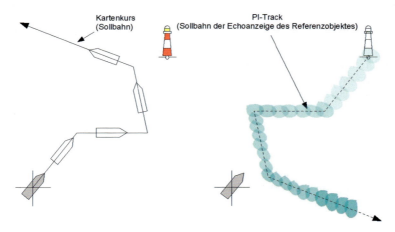

Abb. 4.2.22: Parallel Indexing auf komplexen Bahnen
Links: Geplante Bahn; Rechts: *PI*-Linie des Referenzzieles

sondern – beginnend am Ruderlegepunkt – auf einer Kurve. Letzteres kann mit dem *PI*-Verfahren praktisch nicht dargestellt werden kann, da nur gerade *PI*-Linien verfügbar sind.

Im Prinzip können außer den *PI*-Linien des Referenzechos auch *PI*-Linien für Ruderlegelinien/Ruderlegepunkte *("Wheel-over")* und Sicherheitsgrenzen *("Cross track error limits"; XTE)* gesetzt werden. Praktisch ist dies nur eingeschränkt möglich, da die Anzahl der verfügbaren *PI*-Linien in den meisten Radargeräten auf vier begrenzt ist.

c) Vorbereitung

Das *"Parallel Indexing"*-Verfahren ist im Rahmen der Reiseplanung vorzubereiten. Dazu werden entlang des Reisewegs markante Referenzobjekte ausgewählt und deren Passierseite und gewünschte Passierabstände notiert. Bei der Erzeugung der Linien müssen ihre Richtung (Gegenkurs) und ihr Parallelabstand sowie die Passierseite eingegeben werden. Alternativ können die Linien auch mit dem Cursor nach Lage und Richtung positioniert werden.

d) Ausführung

Bei der Anwendung des Verfahrens sind einige Grundsätze zu beachten:

- Das Radarbild muss kompassstabilisiert sein (üblicherweise relativ-nordstabilisiert), da die *PI*-Linien auf die Gegenrichtung des Kartenkurses ausgerichtet werden.
- Es ist laufend zu kontrollieren, ob das Radarecho des Referenzziels auf seiner *PI*-Line fortschreitet.
- Verlässt es diese in Richtung der eigenen Backbordseite, muss eine Kurskorrektur nach Backbord erfolgen (Abb. 4.2.21 Fall 2).
- Verlässt das Ziel seinen Track in Richtung der eigenen Steuerbordseite, muss eine Kurskorrektur nach Steuerbord erfolgen (Abb. 4.2.21 Fall 3).
- Der spiegelbildliche Verlauf der PI-Tracks zur Bahn des eigenen Schiffs macht das Verfahren für Anfänger schwierig. Um es im Ernstfall (z. B. bei Ausfall der Positionssensoren) sicher anwenden zu können, sollte es zuvor im Routinebetrieb trainiert werden.

e) Vorteile des *„Parallel Indexing"*-Verfahrens

- Die Bahnkontrolle erfolgt kontinuierlich.
- Die Radarbeobachtung muss nicht unterbrochen werden.
- Das Verfahren ist unabhängig von externen Positions- und Geschwindigkeitssensoren.

f) Nachteile des Verfahrens

- Die Verfolgung von Objekten auf PI-Spuren, die dem eigenen Track spiegelbildlich sind, erfordert Übung.
- Gekrümmte Bahnabschnitte (Bahnradien) sind nicht darstellbar.
- Es besteht die Gefahr der Ablenkung von anderen Radarinformationen.

Zu beachten: Auch das *Parallel Indexing* darf nicht als alleiniges Mittel der Bahnkontrolle genutzt werden. Die Notwendigkeit regelmäßiger Ortsbestimmungen mit alternativen Methoden bleibt bestehen.

4.2.5 Radarbildauswertung zur Kollisionsverhütung

(1) Relevante Radarinformationen und ihre Darstellungsart

Es wird im Folgenden nur die Anzeige von Einzelzielen, die für die Kollisionsverhütung wesentlich sind (Schiffe, Tonnen usw.) betrachtet, nicht das gesamt Radarbild mit Küstenkonturen.

a) Das Radarvideo

Das Radarbild zeigt Eigenschiff und Zielschiff jederzeit in einer zueinander richtigen relativen Position. Für die Analyse der Schiffbewegungen (zeitlicher Ablauf) ist zu unterscheiden:

- **Relatives Bild *(RM)*:** Das Eigenschiff wird stets ortsfest an einem Punkt des Radarbildschirms angezeigt, entweder in der Bildschirmmitte oder dezentriert aus dieser versetzt *(Off Centre)*. Richtung und Geschwindigkeit aller Zielbewegungen erscheinen relativ zum Eigenschiff.
- **Absolutes Bild *(TM)*:** Sowohl das Eigenschiff als auch die übrigen Ziele bewegen sich entsprechend ihren wahren Kursen und Geschwindigkeiten über den Radarschirm. Sobald sich das Eigenschiff dem Bildschirmrand nähert, wird das Bild (manuell oder automatisch) zurückgesetzt.

b) Nachleuchtschleppen *(Trails)*

Diese Funktion entspricht dem Nachleuchten der phosphoreszierenden Beschichtung früherer Elektronenstrahl-Sichtgeräte und wird bei modernen Geräten künstlich generiert. Sie kann vom Bediener wahlweise zugeschaltet und in ihrer Nachleuchtdauer variiert werden. Nachleuchtschleppen zeigen kontinuierlich den zurückgelegten Weg der Radarziele – wahlweise relativ oder absolut.

Bei modernen Radargeräten ist ihre Darstellungsart technisch und geometrisch nicht an die *TM-* oder *RM*-Einstellung des Radarbildes gebunden. So können in einem *RM*-Bild auch absolute Nachleuchtschleppen dargestellt werden, so dass dem momentanen Aussehen nach ein *True motion*-Bild entsteht, obwohl das Eigenschiff auf dem Schirm nicht in Bewegung ist. Bei einigen Herstellern ist diese Darstellungsart unter dem Namen <u>R</u>elative <u>M</u>otion-<u>T</u>rue trails *(RM-T)* implementiert.

c) Vergangenheitspositionen *(Past Positions)*

Der absolut oder relativ zurückgelegte Weg von Radarzielen kann auch durch Vergangenheitspositionen *(Past positions* (Abb. 4.2.29)) dargestellt werden. Dazu muss das Ziel akquiriert sein (Kap. 4.2.6; *Target Tracking*). Der Wachoffizier kann Zeitmarken für die Vergangenheitspositionen einstellen (z. B. 1,5 oder 3 min).

d) Vektoren

Wird ein Radarziel in definierten Zeitabständen *(Plott-Interval)* mehrfach geortet (Feststellung von Peilung und Abstand vom Eigenschiff), lassen sich sein Kurs und seine Geschwindigkeit aus diesen Positionen berechnen *(Plotten)*. In der Annahme, dass das Objekt Kurs und Geschwindigkeit beibehält, kann aus den gewonnenen Informationen eine Prognose der zukünftigen Bewegung des Ziels erstellt und diese als Vektor auf dem Radarschirm visualisiert werden. Die Richtung des Vektors gibt den Kurs, die Länge gibt die Geschwindigkeit des Zieles an. Die Vektorspitze zeigt die Position an, die ein Ziel nach Ablauf der eingestellten Vektorzeit T *(Vector time)* erreicht haben wird. Für „getrackte" Ziele werden Vektoren automatisch berechnet und angezeigt (Kap. 4.2.6).

Relative Vektoren *(Relative vectors)*: Sie zeigen die Bewegung des Radarziels auf das Eigenschiff bezogen. Das Eigenschiff hat keinen relativen Vektor, da es sich relativ zu sich selbst in Ruhe befindet ($v_r = 0$) bzw. es hat einen relativen Vektor der Länge 0. Der relative Vektor eines Fremdziels zeigt dessen relativen Kurs und dessen relative Geschwindigkeit an.

Absolute Vektoren *(True Vectors)*: Absolute Bewegungsvektoren beruhen auf den absoluten Geschwindigkeiten der Fahrzeuge/Objekte über Grund oder durch das Wasser (Abb. 4.2.23). Der absolute Vektor des Eigenschiffs zeigt von der momentanen Eigenschiffsposition zu dem

4 Systeme mit grafischen Displays: ECDIS, Radar und AIS

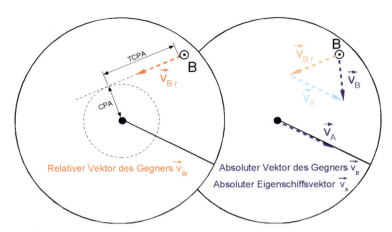

Abb. 4.2.23: Relative (links) und absolute Vektoren (rechts)

Punkt, an dem sich das Eigenschiff – unter Zugrundelegung der eigenen Geschwindigkeit und des gefahrenen Kurses – nach Ablauf der Vektorzeit T befindet.

Die absoluten Vektoren anderer Radarziele ergeben sich durch Vektoraddition (Abb. 4.2.24): Zum relativen Vektor des jeweiligen Ziels (durch Ortungen ermittelt) wird der absolute Vektor des Eigenschiffs addiert.

$$\vec{v}_B = \vec{v}_{Br} + \vec{v}_A \qquad (4.2.6)$$

Zur Berechnung der absoluten Vektoren ist es somit erforderlich, dass dem Radargerät Kurs und Geschwindigkeit des Eigenschiffs über externe Sensoren (Kompass, Log) eingespeist werden. Dabei kommt der Art (EM-Log, Doppler-Log, Satelliten-Log, *Reference Target*) und dem Betriebsverfahren (Bewegung über Grund oder durchs Wasser; 1-achsig oder 2-achsig) der Sensoren besondere Bedeutung zu. Über die Art und Herkunft der Geschwin-

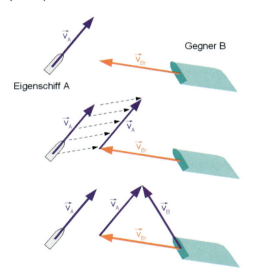

Abb. 4.2.24: Das Dreieck der Geschwindigkeitsvektoren: $\vec{v}_B = \vec{v}_{Br} + \vec{v}_A$

digkeitsdaten muss sich der Radarbeobachter jederzeit im Klaren sein, da er ansonsten zu Fehleinschätzungen bei der Interpretation absoluter Vektoren kommen kann. Daher sind alle ausgewählten Datenquellen kenntlich gemacht [4.2.1].

Beispiel: Man steuert – bei 2 kn Strom gegenan – direkt auf eine Tonne zu und plottet diese mit einer Relativgeschwindigkeit von $\vec{v}_{Br}$ = 10 kn (Abb. 2.6.25). Die Logge liefert FdW = 12 kn. Damit ist FüG = 10 kn.

Es ergibt sich kein relativer Vektor für das Eigenschiff und ein relativer Vektor der Tonne von 10 kn Länge, der auf das Eigenschiff zuweist. Bei Umschaltung auf absolute Vektoren erhält das Eigenschiff einen Vektor von 12 kn, der auf die Tonne zuweist. Die Tonne erhält ihrerseits einen Vektor der Länge 2 kn, der vom Eigenschiff wegweist. Dies ist die Folge der Vektoraddition, bei der zum relativen Vektor der Tonne (10 kn) der absolute Vektor des Eigenschiffs (12 kn) addiert wird.

4.2 Radar

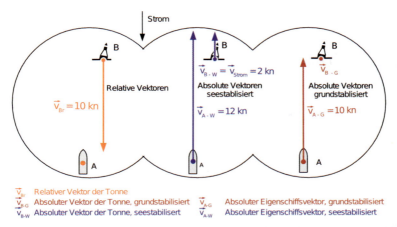

$\vec{v}_{Br}$ Relativer Vektor der Tonne
$\vec{v}_{B-G}$ Absoluter Vektor der Tonne, grundstabilisiert
$\vec{v}_{B-W}$ Absoluter Vektor der Tonne, seestabilisert
$\vec{v}_{A-G}$ Absoluter Eigenschiffsvektor, grundstabilisiert
$\vec{v}_{A-W}$ Absoluter Eigenschiffsvektor, seestabilisiert

Abb. 4.2.25: Relative sowie grund- und seestabilisierte absolute Vektoren eines ortsfesten Zieles (B)

> Würde dem Radargerät dagegen die FüG = 10 kn geliefert, erhielte das Eigenschiff einen Vektor der Länge 10 kn und die Tonne keinen Vektor (Länge = 0). Das Arbeiten mit seestabilisierten Vektoren kann also zu Verwechslungen zwischen beweglichen und ortsfesten Zielen führen.

Auch auf die Darstellung beweglicher Ziele hat die Wahl „grund- oder seestabilisierter" absoluter Vektoren Auswirkungen. Grundstabilisierte Vektoren zeigen in Richtung der Bewegungen über Grund, seestabilisierte Vektoren in Richtung der Bewegungen durchs Wasser. Für die Bewertung der Handlungspflichten nach *Abschnitt II* der *KVR* ist in vielen Fällen die Kenntnis der Kielrichtungen der Fahrzeuge bzw. deren Lage (Aspekt) zueinander maßgeblich. Die grundstabilisierten Vektoren können unter Stromeinfluss jedoch erheblich von den Kielrichtungen der Fahrzeuge abweichen, was zu Fehlinterpretationen führen kann, wenn die Vektoren irrtümlich mit den Kielrichtungen gleichgesetzt werden. Gleiches gilt unter Windeinfluss für seestabilisierte Vektoren, allerdings in geringerem Maße, da die Kursversetzungen durch Wind in der Regel geringer sind als die durch Strom verursachten.

In Abb. 4.2.26 ist links eine Begegnungssituation zwischen Eigenschiff A und Gegner B gezeigt. Deutlich ist zu sehen, wie sich die grundstabilisierten Vektoren bei herrschendem Strom von den seestabilisierten Vektoren unterscheiden. Beim Vergleich der Radarbilder (seestabilisiert und grundstabilisiert) ist zu erkennen, dass

- die drohende Kollision in beiden Fällen zum gleichen Zeitpunkt angezeigt wird,
- der Kollisionsort unterschiedlich ist,
- im grundstabilisierten Bild die Abweichung des Eigenschiffsvektors vom Vorausstrich auf die Stromversetzung hindeutet.

Zu beachten: Die ernst zu nehmende Problematik relativiert sich vor dem Hintergrund, dass der Aspekt der Fahrzeuge nur bei Ausweichsituationen nach *Abschnitt II KVR* (Fahrzeuge haben einander in Sicht) maßgeblich ist und unter diesen Bedingungen die optische Sicht zur Lagebeurteilung herangezogen wird. Fehleinschätzungen sind somit nur im Grenzbereich zu *Regel 19 KVR* denkbar, wenn bei Insichtkommen des Gegners die Abweichung im Aspekt zu der Annahme verleitet, der Gegner habe bereits eine Kursänderung vollzogen. Bei AIS-Zielen werden die Kielrichtungen der Fahrzeuge durch die Symbole eindeutig angezeigt (Tabelle 4.2.2).

4 Systeme mit grafischen Displays: ECDIS, Radar und AIS

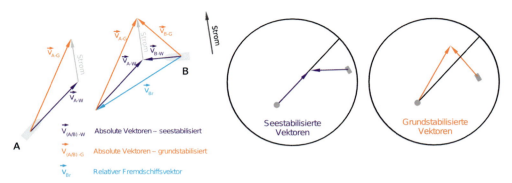

Abb. 4.2.26: See- und grundstabilisierte Vektoren zweier Fahrzeuge auf Kollisionskurs

(2) Erkennung von Kollisionsrisiken
a) Grundsätzliches

Die Verpflichtung zur frühzeitigen Erkennung von Kollisionsrisiken, insbesondere unter Zuhilfenahme des Radargerätes, ergibt sich aus der *Regel 7* der *Internationalen Regeln von 1972 zur Verhütung von Zusammenstößen auf See (KVR)* [4.2.6]:

„*a) Jedes Fahrzeug muss mit allen verfügbaren Mitteln entsprechend den gegebenen Umständen und Bedingungen feststellen, ob die Möglichkeit der Gefahr eines Zusammenstoßes besteht. Im Zweifelsfall ist diese Möglichkeit anzunehmen.*

b) Um eine frühzeitige Warnung vor der Möglichkeit der Gefahr eines Zusammenstoßes zu erhalten, muss eine vorhandene und betriebsfähige Radaranlage gehörig gebraucht werden, und zwar einschließlich der Anwendung der großen Entfernungsbereiche, des Plottens oder eines gleichwertig systematischen Verfahrens zur Überwachung georteter Objekte."

Ein Kollisionsrisiko besteht immer dann, wenn sich ein Fahrzeug unmittelbar auf Kollisionskurs nähert oder auf einem Kurs, der zu einem unsicheren Passierabstand führt. Wirksame Kollisionsverhütung ist nicht auf die sequenzielle Bewältigung von Gefahrensituationen zu beschränken, vielmehr bedarf es präventiver Strategien mit dem Ziel, potenziell gefährliche Verkehrskonstellationen vorausschauend zu identifizieren und gegebenenfalls zu vermeiden. Solche Konstellationen entstehen bei konkurrierenden Handlungspflichten gegenüber mehreren Fahrzeugen sowie verkehrbedingt oder geografisch eingeschränktem Manöverraum. Man kann also zwei Ebenen der Kollisionsverhütung definieren:

Unmittelbare Kollisionsverhütung: Unmittelbare Kollisionsrisiken und Schiffsbewegungen, die bei Beibehaltung der anliegenden Kurse und Geschwindigkeiten zu gefährlichen Annäherungen führen, müssen als solche identifiziert werden. Die Verpflichtung hierzu ergibt sich aus den *Regeln 5* und *7* der *KVR*. Die Erkennung solcher unmittelbaren Risiken ist Voraussetzung für die Festlegung und Ausführung von Manövern zur Vermeidung von Zusammenstößen.

Mittelbare Kollisionsverhütung: Mittelbare Kollisionsrisiken liegen vor, wenn sich Fahrzeuge zwar nicht auf direkten Kollisionskursen befinden, trotzdem aber in Zukunft eine Bedrohung darstellen könnten. Zur Identifikation solcher Risiken bedarf es der Beobachtung der Fahrzeugbewegungen im Umfeld und der Einschätzung der sich aus den Gegebenheiten des Seegebiets ergebenden Absichten anderer Fahrzeuge. Diese Analyse kann als Grundlage einer präventiven Strategie zur Vermeidung von Kollisionsrisiken dienen.

Nicht alle Radartechniken zur Visualisierung von Zielbewegungen eignen sich für beide Aufgaben gleichermaßen gut:

- Relative Darstellungen sind besser zur Erkennung unmittelbarer Kollisionsrisiken geeignet, da sie die direkten Auswirkungen fremder Schiffsbewegungen auf das Eigenschiff zeigen.
- Absolute Darstellungen eignen sich zur Identifikation mittelbarer Kollisionsrisiken besser, da sie die Bewegungen der Fahrzeuge bezogen auf das Seegebiet darstellen und damit Rückschlüsse auf deren Absichten zulassen.

Die verschiedenen Verfahren sollen im Folgenden hinsichtlich ihrer Eignung zur Erkennung mittelbarer und unmittelbarer Gefahren erörtert werden.

b) Erkennung eines Kollisionsrisikos durch „Stehende Peilung"

Eine Kollisionsgefahr liegt vor, *"wenn die Kompasspeilung eines sich nähernden Fahrzeugs sich nicht merklich ändert"* (KVR; Regel 7d i) [4.2.6]. Überprüfbar ist die „Stehende Peilung" sowohl optisch mittels Peildiopter oder im Radarbild.

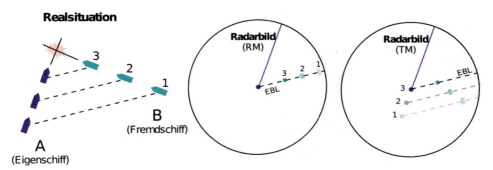

Abb. 4.2.27: Kollisionsanzeige durch stehende Peilung mit EBL im *RM*-Bild und mitgeführte EBL im *TM*-Bild

Für die Praxis gilt:
- Im Radar erfolgt die Feststellung einer stehenden Peilung, indem eine EBL auf das Ziel gelegt wird. Bewegt sich das Ziel entlang der EBL auf das Eigenschiff zu, droht eine Kollision. Abb. 4.2.27 zeigt die geometrischen Zusammenhänge. Im TM-Radarbild muss eine relative (mitgeführte) EBL benutzt werden. Da Radargeräte in der Regel über maximal zwei EBLs verfügen, ist das Verfahren nur für zwei Ziele anwendbar.
- Die Kontrolle mittels EBL muss im Verdachtsfall aktiv vom Benutzer durchgeführt werden. Mit bloßem Auge ist eine Annäherung in stehender Peilung im Radar nur schwer zu erkennen.
- Inwieweit eine gegebenenfalls leicht auswandernde Peilung zu einem sicheren Passierabstand führen wird, ist ohne weitere Hilfsmittel nur schwer zu beurteilen.
- *Regel 7d ii)* der KVR schränkt sogar ein, dass eine Kollisionsgefahr u. U. auch dann bestehen kann, *"wenn die Peilung sich merklich ändert, insbesondere bei der Annäherung an ein sehr großes Fahrzeug, an einen Schleppzug oder an ein Fahrzeug nahebei."*

c) Erkennung von Kollisionsrisiken mit Hilfe von Nachleuchtschleppen *(Trails)*

Die Kollisionsverhütung erfordert Vorhersagen der zukünftigen Bewegungen von Fahrzeugen im Umfeld, Nachleuchtschleppen zeigen den in der Vergangenheit zurückgelegten Weg an (Abb. 4.2.28). Auf dieser Grundlage kann der Radarbeobachter abschätzen, wie sich die Ziele weiterhin verhalten werden.

Relative Nachleuchtschleppen lassen auf eine unmittelbare Kollisionsgefahr schließen, wenn die gedachte Verlängerung der Nachleuchtschleppe auf das Eigenschiff weist (Abb. 4.2.28, Fahrzeug oben rechts).

Absolute Nachleuchtschleppen liefern ein umfassendes Bild der Bewegungen aller Fahrzeuge im Seeraum und eignen sich deshalb besser zur mittelbaren Kollisionsverhütung. Sie erlauben eine schnelle Unterscheidung zwischen beweglichen und festliegenden Zielen, Mitläufern und Entgegenkommern.

Vorteile:
- Nachleuchtschleppen bieten einen schnellen Überblick über alle Zielbewegungen, insbesondere Kursänderungen, und einen vollständiger Überblick über die Verkehrslage.
- Auch nicht aktiv getrackte Ziele erhalten *Trails*.
- Nachleuchtschleppen können der Vorauswahl potenziell gefährlicher Ziele dienen, die dann mit anderen Verfahren genauer analysiert werden.
- Nachleuchtschleppen bilden die Vergangenheit ab und beinhalten deshalb keine Interpretationsfehler.

Nachteile:
- Nachleuchtschleppen bilden nur die Vergangenheit ab.
- Es ist nur eine qualitative Risikobewertung möglich. Genaue Passierabstände und Passierzeiten lassen sich nicht ablesen.
- Das Radarbild wird – neben Seegangs- und Regenechos – in Folge des Nachleuchteffekts beeinträchtigt.
- Relative Nachleuchtschleppen festliegender Objekte (Land, Seezeichen) wirken oft irritierend.

Abb. 4.2.28: Verkehrssituation und Kollisionserkennung mit *Trails*

d) Vergangenheitspositionen *(Past Positions)*

Im Gegensatz zu den Nachleuchtschleppen werden Vergangenheitspositionen (Kap. 4.2.5(1)c)) nur für getrackte Ziele berechnet und in der Regel nicht eigenständig sondern als Ergänzung der Vektoren (s. u.) angezeigt.

Im Vergleich zu *Trails* haben *Past Positions* den

- Vorteil, dass aus den Abständen der Zeitmarken Fahrtänderungen abgelesen werden können, und den
- Nachteil, dass ihre Anzeige nur von „getrackten" Radarzielen möglich ist, nicht von allen.

e) Erkennung von Kollisionsrisiken mit Hilfe von Vektoren

Vektoren bieten die beste Grundlage zur Einschätzung unmittelbarer Kollisionsgefahren, da sie im Gegensatz zu *Trails* zukunftsorientiert sind.

Relative Vektoren: Besonders geeignet zur Erkennung unmittelbarer Kollisionsgefahren sind relative Vektoren.

- Eine Kollisionsgefahr wird direkt dadurch ersichtlich, dass der Vektor auf das Eigenschiff weist (Abb. 4.2.29, Fahrzeug oben rechts).
- Zeigt der Vektor am Eigenschiff vorbei, ist auf einfache Weise der voraussichtliche kleinste Passierabstand *(CPA; Closest Point of Approach)* messbar, indem ein VRM so an den verlängerten Vektor angelegt wird, dass dieser den VRM tangiert (Abb. 4.2.23 links).
- Die Entwicklung einer Nahbereichslage nach *Regel 19 KVR* kann bei Einblendung eines Nahbereichs mittels VRM unmittelbar daran erkannt werden, dass der relative Vektor in den Nahbereich weist.
- Die verbleibende Zeit bis zur dichtesten Annäherung *(TCPA, Time to Closest Point of Approach*; Abb. 4.2.23, links) kann anhand der Vektorlänge abgeschätzt werden.

Abb. 4.2.29: Vektoren und Vergangenheitspositionen *(Past Positions)*

Absolute Vektoren: Absolute Vektoren sind nur bedingt zur Erkennung unmittelbarer Kollisionsgefahren geeignet.

- Eine unmittelbare Kollisionsgefahr kann daran erkannt werden, dass sich – durch geeignete Veränderung der Vektorzeit – die Vektorspitzen berühren oder fast berühren. In Abb. 4.2.30 (absolute Vektoren links) liegen die Vektorspitzen der beiden nördlichen Fahrzeuge nahe bei der Spitze des Eigenschiffsvektors und signalisieren damit eine gefährliche Annäherung. Gegenüber dem südlichen Fahrzeug ist die Vektorzeit zu lang eingestellt, so dass eine Beurteilung des voraussichtlichen Passierabstands schwerer möglich ist.
- Andererseits zeigen absolute Vektoren die wahren Bewegungen der Fahrzeuge im Seegebiet an und sind damit aussagekräftiger, wenn es um die Beurteilung der Verkehrslage und damit um die mittelbare Kollisionsverhütung geht.

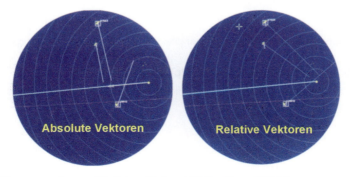

Abb. 4.2.30: Erkennung einer gefährlichen Mehrschiffsituation mit Vektoren

4 Systeme mit grafischen Displays: ECDIS, Radar und AIS

Zwei Beispiele sollen dies verdeutlichen:

Beispiel 1: Das Eigenschiff folgt dem Einbahnweg eines Verkehrstrennungsgebietes, der einige sm voraus abknickt (Abb. 4.2.31). Ein zweites Fahrzeug nähert sich dem vorausliegenden Bahnabschnitt, vermutlich in der Absicht diesen zu kreuzen. Obwohl dieses Fahrzeug zunächst nicht auf Kollisionskurs liegt, kann dies nach erfolgter Kursänderung der Fall sein, obwohl der momentane relative Vektor nicht auf das Eigenschiff zeigt.

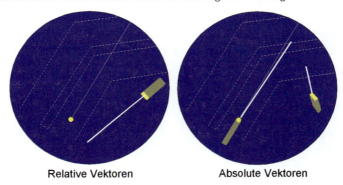

Relative Vektoren Absolute Vektoren

Abb. 4.2.31: Kollisionsrisiko ohne Anzeigen eines aktuellen Kollisionskurses

Beispiel 2: Ein Fahrzeug nähert sich in einem abknickenden Verkehrstrennungsgebiet von Backbord auf Kollisionskurs (Abb. 4.2.32). Da sich der Gegner in der Gegenfahrbahn befindet und vor Erreichen des Kollisionsortes den Kurs ändern muss, um dem Einbahnweg zu folgen, wird voraussichtlich (!) kein Kollisionsrisiko entstehen, obwohl der momentane relative Vektor auf das Eigenschiff zeigt.

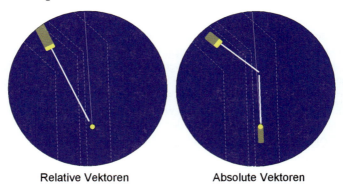

Relative Vektoren Absolute Vektoren

Abb. 4.2.32: Wahrscheinlich (!) kein Kollisionsrisiko trotz Anzeige eines Kollisionskurses

f) Erkennen von Kollisionsrisiken mittels alphanumerischer Werte

Zusätzlich zu den beschriebenen grafischen Hilfen sind für alle getrackten Radarziele folgende alphanumerischen Daten abrufbar [4.2.1]:

- Peilung und Abstand vom Eigenschiff,
- CPA, TCPA des Zieles,
- Absolutwerte für Kurs und Geschwindigkeit des Zieles.

Viele Geräte zeigen auch den Vorausabstand, in dem ein Ziel passieren wird, *(Bow Crossing Range; BCR)* und die Zeit bis zum Passieren recht voraus *(Bow Crossing Time; BCT)* an.

Zusätzlich sind für aktive AIS-Ziele folgende Daten abrufbar:
- Datenquelle,
- Identität (MMSI-Nummer, Rufzeichen, Schiffsname),
- Navigationsstatus, Positionsdaten und deren Qualität,
- Kompasskurs, KüG, FüG,
- Drehgeschwindigkeit (Rate of Turn; ROT – soweit verfügbar).

Die Herkunft der angezeigten Daten (Radar-*Target Tracking* oder *AIS*) muss jeweils ersichtlich sein. Je nach Ausführung der Radaranlage können die relevanten Daten für ein oder mehrere Ziele angezeigt werden – u. U. nicht alle zur gleichen Zeit.

(3) Auswirkungen eigener Manöver auf die Relativbewegung – *Trial Manoeuvre*

Bevor ein Manöver zur Vermeidung eines Zusammenstoßes eingeleitet wird, kann dessen Wirksamkeit überprüft werden. Insbesondere sind der erzielbare Passierabstand CPA und die Passierzeit TCPA von Interesse. Auch muss geprüft werden, ob ein Manöver zur Vermeidung einer Nahbereichslage gegenüber einem Fahrzeug nicht in den Nahbereich anderer Fahrzeuge führt.

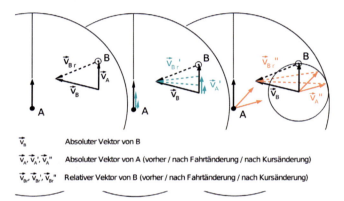

$\vec{V}_B$ — Absoluter Vektor von B

$\vec{V}_A, \vec{V}_A', \vec{V}_A''$ — Absoluter Vektor von A (vorher / nach Fahrtänderung / nach Kursänderung)

$\vec{V}_{Br}, \vec{V}_{Br}', \vec{V}_{Br}''$ — Relativer Vektor von B (vorher / nach Fahrtänderung / nach Kursänderung)

Abb. 4.2.33: Veränderung des relativen Vektors von B durch eigene Manöver (Prinzip)
Links: Ausgangssituation
Mitte: Veränderung des relativen Vektors von B infolge von zwei verschiedenen Fahrtänderungen von A
Rechts: Veränderung des relativen Vektors von B infolge von zwei verschiedenen Kursänderungen von A

Prinzip: Konstruktiv lässt sich die Wirkung eines geplanten Manövers am Vektordreieck der Schiffsgeschwindigkeiten ($\vec{V}_A$, $\vec{V}_B$, $\vec{V}_{Br}$) überprüfen. Die beiden absoluten Vektoren $\vec{V}_A$ und $\vec{V}_B$ besitzen den gleichen Ausgangspunkt und spannen zwischen ihren Vektorspitzen den relativen Vektor des Gegners $\vec{V}_{Br}$ auf (Abb. 4.2.33). In diesem Dreieck stellen die absolute Geschwindigkeit und der Kurs des Gegners ($\vec{V}_B$) die aus Sicht des Radarbeobachters A unveränderlichen Größen dar, während die absolute Eigenbewegung $\vec{V}_A$ nach Kurs und Geschwindigkeit variabel ist. Somit kann A durch eine Geschwindigkeitsänderung oder durch eine Kursänderung Richtung und Länge des gegnerischen relativen Vektors beeinflussen.

Praxis: In einer Begegnungssituation (Abb. 4.2.34) wird – wie in den obigen Beispielen – jeweils die gleiche CPA-Vergrößerung erzielt, einmal durch Kursänderung nach Steuerbord, einmal durch Fahrtreduzierung. Unterschiedliche Auswirkungen haben beide Manövervarianten jedoch hinsichtlich der Passierzeit: Der relative Vektor wird bei einer Kursänderung ($\vec{V}_{Br}'$) länger als bei einer Fahrtreduzierung ($\vec{V}_{Br}''$). Das bedeutet, dass Fahrzeug B wegen der größeren Relativgeschwindigkeit früher den eigenen Bug passieren wird.

Zur schnellen Prüfung dieser Auswirkungen verfügen moderne Radargeräte (vorgeschrieben bei Schiffen >10 000 BRZ) über eine *Trial manoeuvre*-Funktion (Probemanöver). Das Radargerät wird bei Aktivierung dieser Funktion in den Simulationsmodus versetzt, erkennbar an einem gut sichtbaren „T" im unteren Bildschirmbereich. Während des aktivierten *Trial*-Manövers können Kurs- und/oder Geschwindigkeitsänderungen des Eigenschiffs simuliert und deren Auswirkungen auf die relativen Bewegungen der getrackten Radarziele überprüft werden.

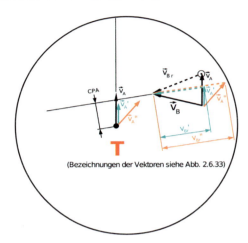

Abb. 4.2.34: Auswirkung von Fahrt- oder Kursänderung beim *Trial*-Manöver (gleiches CPA, aber ungleiches TCPA)

Vorgeschriebene Mindestfunktionen des *Trial-Manoeuvres* [4.2.1] sind:
- Kurs und Geschwindigkeit des Eigenschiffs müssen veränderbar sein.
- Ein Countdown zählt die Zeit bis zum notwendigen Beginn des ermittelten Manövers.
- Die Zielverfolgung muss während des Manövers unverändert weiterlaufen.
- Manöverauswirkungen werden für alle getrackten Radarziele und aktivierten AIS-Ziele gezeigt.
- Das dynamische Eigenschiffsverhalten (Kursänderungen auf einem realistischen Drehkreis; Geschwindigkeitsänderungen mit Zeitverzögerung) soll nachgebildet werden.

Bei manchen Geräten können auch zwei aufeinanderfolgende Manöver simuliert werden, wodurch geprüft werden kann, wie lange auf einem Ausweichkurs gefahren werden muss, bevor die alten Manöverwerte wieder eingesteuert werden können.

(4) Kritische Kursänderungen, zweiter Kollisionskurs

Unter bestimmten Umständen können selbst durchgreifende Kursänderungen zu keiner CPA-Vergrößerung führen. Als „kritisch" bezeichnet man genau diejenige Kursänderung, die zu einem unveränderten CPA führt. Im schlimmsten Fall führt ein Kurswechsel (2. Kollisionskurs) nur von einem Kollisionsort zu einem anderen. Für das schnellere Fahrzeug gibt es gegenüber einem gegnerischen Fahrzeug immer zwei Kurse, die einen gleichgroßen CPA bedingen, bzw. zwei Kollisionskurse.

Beispiel: In Abb. 4.2.35 ist eine Begegnungssituation bei verminderter Sicht dargestellt. Das Fahrzeug B droht von Backbord voraus in den Nahbereich des Eigenschiffs A einzudringen. A beabsichtigt ein Manöver zur Vermeidung des Nahbereichs einzuleiten. Bei einem Ausgangskurs von 000° läge die kritische Kursänderung hier bei 060°, also genau in dem Sektor, in den eine zulässige (!) Kursänderung gemäß *Regel 19 d) KVR* führen würde. Zudem besteht die Gefahr, dass sich der Gegner nach erfolgter Kursänderung im (weniger beachteten) Achterausbereich befindet.

Warnung: Eine zulässige (!) Kursänderung nach Steuerbord (gemäß *Regel 19 d) KVR*) kann gegenüber einem Gegner an Backbord voraus zu einem zweiten Kollisionsort bzw. zu einem unverändert unsicheren CPA führen. Aus diesem Grund muss jedes Manöver zur Vermeidung des Nahbereichs kontinuierlich sorgfältig auf seine Wirksamkeit überprüft werden, bis der Gegner klargefahren ist.

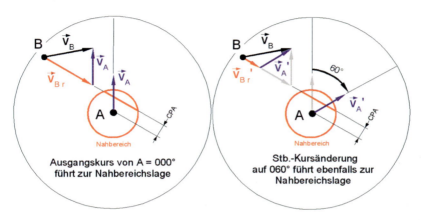

Abb. 4.2.35: Kritische Kursänderung gegenüber Fahrzeug von Backbord nach *KVR-Regel 19 d)*

Zu beachten: Die Manövereinschränkungen der *Regel 19 d) KVR* bieten einen gewissen Schutz vor anderen kritischen Situationen. Beispiele:

– Besonders gefährlich sind kritische Stb.-Kursänderungen gegenüber Überholern, da diese nicht nur einen unveränderten Passierabstand, sondern stets auch eine Erhöhung der relativen Geschwindigkeit hervorrufen. Gemäß *Regel 19 d) KVR* ist es deswegen verboten, auf Fahrzeuge zuzudrehen, welche sich querab oder achterlicher als querab befinden.
– Ebenfalls verboten ist eine Kursänderung nach Backbord gegenüber Fahrzeugen vorlicher als querab (außer beim Überholen). Damit sind kritische Kursänderungen gegenüber Fahrzeugen an Steuerbord voraus (spiegelbildliche Situation zu Abb. 4.2.35) im Normalfall ausgeschlossen.

4.2.6 Automatische Zielverfolgung *(Target Tracking)*

(1) Funktionen und operationelle Alarme

Ausrüstungspflicht und Leistungsumfang von Radar-Plotthilfen ergeben sich aus *SOLAS V – Reg. 19* [3.2.1] und den *IMO-Leistungsanforderungen für Radaranlagen* [4.2.1].

Anmerkung: *SOLAS* fordert auf Schiffen ab 300 BRZ eine elektronische Plotthilfe *(Electronic Plotting Aid)*, ab 500 BRZ eine automatische Plotthilfe *(Automatic Tracking Aid)*. Unter elektronischer Plotthilfe sind halbautomatische Verfahren zu verstehen, bei denen die Bewegung eines Ziels nach zweimaliger Akquisition im Abstand einiger Minuten berechnet und vektoriell dargestellt wird. Bei Schiffen ab 10 000 BRZ ist eine „automatische Radarbildauswerthilfe" *(Automatic Radar Plotting Aid; ARPA)* vorzusehen, die im Gegensatz zur automatischen Plotthilfe auch die Möglichkeit eines *Trial*-Manövers (Kap. 4.2.5(3)) umfasst. Zudem müssen alle Schiffe

4 Systeme mit grafischen Displays: ECDIS, Radar und AIS

mit einem AIS (Kap. 4.3) ausgerüstet sein. Während die bisher gebräuchlichen Systeme „elektronische Plotthilfe", „automatische Plotthilfe" und „automatische Radarbildauswerthilfe" in *SOLAS V* noch zu finden sind, kommen sie in den seit Juli 2008 geltenden *Performance Standards für Radargeräte* [4.2.1] nicht mehr vor. Die Begriffe wurden unter dem Ausdruck *TT; Target Tracking* zusammengefasst.

Die wesentlichen Funktionen und Alarme des *Target Tracking* sind – abhängig von den Schiffsgrößenklassen <500 BRZ (1), >500 BRZ (2) und >10 000 BRZ (3) [4.2.1] im Folgenden beschrieben.

a) Funktionen der automatischen Zielverfolgung *(Target Tracking)*

Das *Target Tracking* umfasst mindestens die folgenden Funktionen:

- manuelle Zielerfassung,
- automatische Zielerfassung mit einstellbaren Überwachungsgebieten (3),
- Verarbeitung und Anzeige von 20 (1), 30 (2) oder 40 (3) akquirierten Radar- und aktivierten AIS-Zielen,
- Verarbeitung und Anzeige von 100 (1), 150 (2) oder 200 (3) inaktiven AIS-Zielen,
- automatische Verfolgung und Aktualisierung aller Zieldaten,
- vektorielle Darstellung der zukünftigen Zielbewegungen,
- Vergangenheitspositionen und/oder Nachleuchtschleppen,
- alphanumerische Zieldaten: Quelle, Peilung, Abstand, CPA, TCPA, absoluter Kurs, absolute Geschwindigkeit,
- Trendanzeige der Zielbewegung: 1 min nach Zielakquisition, 3 min für stabile Bewegung,
- Filterung (Glättung) der Zielbewegungen, um stabile Anzeigen zu gewährleisten,
- frühzeitige Erkennbarkeit von Zielmanövern,
- Minimierung von Zielverfolgungsfehlern und Zielvertauschungen,
- Möglichkeiten zur Deaktivierung einzelner oder aller Ziele,
- Probemanöver *(Trial Manoeuvre)* (3),
- für AIS-Ziele: Anzeige der *Ship Report*-Daten aktivierter AIS-Ziele.

b) Operationelle Alarme der automatischen Zielverfolgung *(Target Tracking)*

Das *Target Tracking* beinhaltet außerdem mindestens die folgenden Alarme und Hinweise:

- automatische Akquisition eines Zieles,
- Unterschreitung einstellbarer Minimumwerte für CPA und TCPA durch aktivierte Radar- oder AIS-Ziele,
- bevorstehende Überschreitung der Zielverfolgungskapazität (AIS oder *Target Tracking*),
- Zielverlust,
- Ausfall von System und Komponenten.

(2) Grundlagen der Zielerfassung und -verfolgung
a) Zielextraktion

Durch das (manuelle) Akquirieren eines Ziels wird ein Verfolgungsfenster *(Tracking Window)* an der Cursorposition geöffnet, das dazu dient, den Echoschwerpunkt des zu verfolgenden Ziels zu ermitteln. Dazu bewegt sich ein Suchfenster (Abb. 4.2.36) der Länge n zyklisch durch das festgelegte Verfolgungsfenster und extrahiert darin mithilfe des *„m-o-o-n-Prinzips"* („m-out-of-n"; m = Zahl der Treffer aus einer Stichprobe von n) das Echo mit der größten Fläche (oder Intensität). In dessen Flächenschwerpunkt wird die Position des zu akquirierenden Zieles angenommen. Misslingt die Zielextraktion, weil der Benutzer beispielsweise ins Leere geklickt hat oder zu viele Störechos (Seegang, Regen, ein weiteres Ziel) im Suchfenster vorhanden sind, wird nach einigen Antennenumläufen ein *Target lost*-Alarm ausgelöst und das Verfolgungsfenster gelöscht. Das Verfolgungsfenster ist in seiner Größe variabel. Zum Zeitpunkt der Akquisition hat es seine maximale Größe. Aus den Veränderungen des Reflexionsschwerpunktes berechnet der Prozessor Kurs und Geschwindigkeit des Zieles. Sind diese bekannt, wird das Verfolgungsfenster verkleinert und dem Ziel nachgeführt, d. h. dass das Verfolgungsfenster beim nächsten Antennenumlauf an die Position gesetzt wird, an der das Ziel aufgrund der vorausberechneten Bewegungsrichtung und Geschwindigkeit vermutet wird.

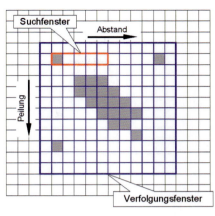

Abb. 4.2.36: Zielextraktion in der internen Speichermatrix

Die Zielextraktion und -verfolgung wird erschwert, wenn Radarechoanzeigen

- flächenmäßig ausgedehnt, schwankend, unsymmetrisch und diffus sind,
- veränderliche Reflexionszentren besitzen (z. B. durch Rollbewegungen),
- innerhalb von störenden Seegangs- oder Regenechos auftreten,
- gelegentlich durch Abschattung, Interferenzen und Wellentäler ausfallen,
- zweier Ziele sich sehr nahe kommen und verschmelzen können (Kap. 4.2.2(2)), was eine Zielvertauschung zur Folge haben kann (*Target Swop*; Kap. 4.2.6(4)).

b) Filterung von Zielbewegungen

Störeinflüsse bei der Zielextraktion haben zur Folge, dass die beobachteten Bahnen der Radarziele ungleichmäßig verlaufen. Mit schwankenden Messwerten berechnete Vektoren würden sich in Richtung und Länge bei jedem Antennenumlauf sprunghaft ändern. Um solche Unregelmäßigkeiten auszugleichen und trotzdem Manöver von Fahrzeugen als solche zu erkennen, werden die gemessenen Zielpositionen und -geschwindigkeiten gefiltert. Der dabei verwendete Filter arbeitet mit einer α-Komponente für die Zielpositionen und einer β-Komponente für die Geschwindigkeiten (α-β-Filter). Das Prinzip der Positionsfilterung (α-Filter) ist in Abb. 4.2.37 beispielhaft dargestellt. Die Filterung der Geschwindigkeiten (β-Filter) ist analog zu verstehen.

Die Punkte P_1 und P_2 sind zwei vergangene Positionen eines Radarziels. Auf der Basis der daraus ermittelten Bewegungsrichtung und -geschwindigkeit wird die Position P_V für den nächsten Antennenumlauf vorausberechnet. Wird das Ziel statt in der erwarteten Position P_V in Position P_B beobachtet, ergibt sich ein Differenzvektor $\vec{E}$ *(Plot Error)*. Ein Filterwert α bestimmt nun, welcher Anteil des *Plot Errors* zur Berechnung der angenommenen Position des Ziels P_A herangezogen wird *(best estimated position)*. Für $\alpha = 0$ wird der *Plot Error* nicht berücksichtigt und der Vorhersagewert (P_V) als neue Zielposition genommen. Für $\alpha = 1$ wird der *Plot Error* in vollem Umfang berücksichtigt und die beobachtete Zielposition (P_B) übernommen. Bei einem Wert von $\alpha = 0{,}5$ läge die angenommene Position genau auf der Mitte zwischen P_V und P_B. Der Wert α ist also ein Gewichtungsfaktor für das Vertrauen in den Messwert (P_B).

Die Filterung arbeitet adaptiv: Zum Zeitpunkt der Akquisition werden α und β zunächst auf 1 gesetzt, da noch keine zuverlässigen Daten für die Bewegungsvorhersage vorliegen. Das bedeutet, dass die beobachteten Zielpositionen ungefiltert zur Berechnung der Zielspur herangezogen werden. Der Vektor wird anfangs mehr oder weniger stark schwanken. Je länger ein Ziel vom Zielrechner ungestört getrackt wird, desto zuverlässiger werden die berechneten

4 Systeme mit grafischen Displays: ECDIS, Radar und AIS

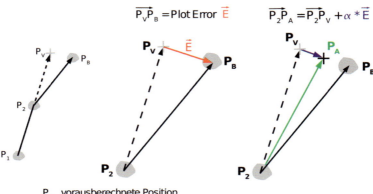

P_V vorausberechnete Position
P_B beobachtete Position
P_A angenommene Position (best estimated Position)
Glättungsfaktor

Abb. 4.2.37: Prinzip der Glättung von Zielbewegungen durch die α-Komponente des α-β-Filters

Kurs- und Geschwindigkeitsdaten und umso kleiner wird der Wert für α. Wird ein Zielmanöver oder eine Störung registriert, beginnt die Filterung von Neuem mit $\alpha = 1$.

Zu beachten:
- Filtern bringt Stabilität in die Anzeige der Zielbewegungen, kostet aber Zeit bei der Erkennung von Manövern. Alle Zieldaten werden verzögert, insbesondere wenn der Filter langsam arbeitet (α und $\beta = 0$).
- Die Filterung ist adaptiv, d.h. die Anpassung der Parameter α und β geschieht in Abhängigkeit von der Zeit, während der ein Ziel auf konstanter Bahn beobachtet wurde, automatisch.
- Große α- und β-Werte (schneller Filter) bewirken geringe Glättung, aber schnelle Manövererkennung.
- Kleine α- und β-Werte (langsamer Filter) bewirken starke Glättung, aber verzögerte Manövererkennung.

c) Automatische Zielerfassung

Neben der manuellen Akquisition von Radarzielen bieten viele Radargeräte die Möglichkeit, Erfassungsgebiete für die automatische Zielerfassung zu definieren *(Acquisition Zones)*. Diese können in Form von Ringen, Sektoren oder frei definierbaren Polygonen festgelegt werden. Ziele, die in die Erfassungsgebiete eindringen, werden automatisch akquiriert. Ein Alarm weist den Benutzer auf jede Neuerfassung hin.

Bei Anwendung dieses Verfahrens bieten viele Geräte die Möglichkeit, bestimmte Ausschlussgebiete *(Exclusion Zones)* festzulegen, um unerwünschte Zielerfassungen zu verhindern. Diese können entweder relativ zum Eigenschiff eingestellt sein, um beispielsweise Seegangsechos auszuschließen, oder absolut (grund-/seestabilisiert) zum Ausschluss von Küstenechos oder Ähnlichem.

d) Radar- und AIS-*Tracking*, Datenkorrelation

Die gleichzeitige Verwendung der Radar-Zieldaten und der AIS-Zieldaten erlaubt eine gegenseitige Vertrauenskontrolle. Die überlagerte Visualisierung beider Zielbewegungen würde die Anzeige im Radarbild jedoch überfrachten. Deshalb ist eine automatische Zielverknüpfungsfunktion vorgesehen [4.2.1]. Nach bestimmten Algorithmen werden AIS-Zieldaten und Radar-

4.2 Radar

Zieldaten auf Übereinstimmung (Datenkorrelation) geprüft. Standardmäßig werden AIS-Symbole und AIS-Zieldaten angezeigt, wenn über bestimmte Verknüpfungskriterien (z. B. Peilung, Abstand, Kurs, Geschwindigkeit) die Übereinstimmung eines verfolgten Radarziels mit einem AIS-Ziel bestätigt ist. Dem Bediener wird alternativ die Möglichkeit gegeben, der Radarzieldarstellung Priorität einzuräumen. Die Verknüpfung von verfolgten Radarzielen mit AIS-Zielen wird kontinuierlich auf Gültigkeit geprüft und wieder gelöst, wenn es zu definierten Abweichungen kommt. In diesem Fall erfolgen die Anzeigen des aktivierten AIS-Zieles und des verfolgten Radarzieles separat. Die Symbole für verfolgte Radarziele und AIS-Ziele sind in Tabelle 4.2.2 gegenübergestellt, die detaillierte Symbolik für AIS-Ziele ist in Kap. 4.3.4 wiedergegeben.

Objekt	Radarziel	AIS-Ziel	Erläuterungen
Inaktives AIS-Ziel *(Sleeping target)*			Kleines Dreieck Kielrichtung: Dreiecksspitze
Ziel im Akquisitionsstadium			Bei automatischer Akquisition blinken die Kreissegmente bis zur Bestätigung des Alarms.
Aktiviertes Ziel *(Activated target)*			AIS-Symbol: – Kielrichtung: Dreiecksspitze – Vorausrichtung: durchgezogene Linie – Bewegungsvektor: gestrichelte Linie – Kursänderung: Häkchen an Vorausrichtungsanzeige oder gekrümmter Bahnvektor Radar-Target: – Zielposition: Kreis – Zielbewegung: Vektor
Vergangenheitspositionen *(Past positions)*			Punkte in gleichmäßigen Zeitabständen.
Gefährliches Ziel *(Dangerous target)*			– Darstellung fett oder rot – Symbole blinken bis zur Bestätigung des Alarms.
Ausgewähltes Ziel *(Selected target)*			
Verlorenes Ziel *(Lost target)*			– Symbole blinken bis zur Bestätigung des Alarms. – AIS-Symbol behält die letzte registrierte Kielrichtung bei.

Tabelle 4.2.2: Symbole für Radarziele und AIS-Ziele [4.2.2] [4.2.3] [4.2.4]
(Detaillierte AIS-Symbolik in Tab. 4.3.2)

(4) Systemimmanente *Tracking*-Fehler

a) Fehler durch angeschlossene Sensoren oder falsche Eingabewerte

Relative Zieldaten: Relative Vektoren, CPA und TCPA werden durch fortlaufende Ortungen von Radarechos berechnet. Die Richtung von einer Ortung zur nächsten ergibt den relativen Kurs, die Distanz die relative Geschwindigkeit des Zieles. Externe Sensoren sind nicht beteiligt, so dass auch keine Fehlereinflüsse solcher Sensoren einfließen können. Fehler können nur aus den Unsicherheiten der Radarmessung und der Zielextraktion resultieren.

4 Systeme mit grafischen Displays: ECDIS, Radar und AIS

Absolute Zieldaten: Die absoluten Vektoren getrackter Ziele werden durch Vektoraddition (Abb. 4.2.24 und Formel 4.2.6) aus relativem Zielvektor und absolutem Eigenschiffsvektor generiert. Die Eigenschiffsbewegung kann
- aus Sensordaten ermittelt werden (z. B. Dolog – liefert je nach Betriebsart die Bewegung über Grund oder durch das Wasser),
- aus GPS-Positionen abgeleitet werden (Bewegung über Grund),
- aus der Relativbewegung eines ortsfesten Radar-Referenzzieles *(reference target)* berechnet werden (Bewegung über Grund),
- manuell vom Benutzer eingegeben werden (Geschwindigkeit; *Set* und *Drift*).

Sensor	Störung	Mögliche Auswirkungen
Logge	Fehlerhafte Geschwindigkeit $\vec{V}_x$, $\vec{V}_y$	Fehlerhafte Richtung und Länge der absoluten Vektoren
Kompass	Fehlerhafter Kreiselkurs α_{Kr}	Fehlerhafte Richtung und Länge der absoluten Vektoren
GPS	Kurs- und Geschwindigkeitsfehler über Grund $\vec{V}_G$, α_G	Fehlerhafte Richtung und Länge der absoluten Vektoren
Radar	Grenzen der Radarauflösung	Zielvertauschung (Target Swop)
	Wandern des Echoschwerpunktes auf dem Ziel (z. B. durch Bewegungen im Seegang)	Ungenaue Zielpositionen, Schwankungen der relativen Zielbewegungen
	Echoausfall durch Abschattung	Abriss der Zielverfolgung
	Roll- und Gierbewegungen des Eigenschiffs	Ungenaue Zielpositionen, Schwankungen der relativen Zielbewegungen
	Regen- und Seegangsreflexionen	Zielvertauschung, Abriss der Zielverfolgung

Tabelle 4.2.3: Auswirkungen von Sensorfehlern auf die Radarzielverfolgung

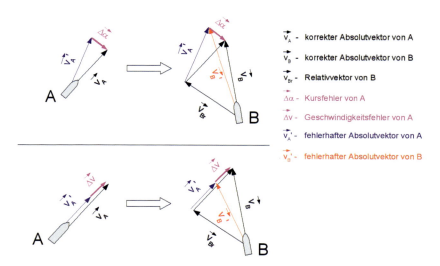

Abb. 4.2.38: Auswirkungen von Sensorfehlern des Eigenschiffs auf die absoluten Vektoren des Zielschiffes
Oben: Kursfehler des Eigenschiffs A führt zu Kurs- und Geschwindigkeitsfehler von B
Unten: Geschwindigkeitsfehler des Eigenschiffs A führt zu Kurs- und Geschwindigkeitsfehler von B

4.2 Radar

Alle genannten Verfahren können Fehler aufweisen, was zu Fehlern bei der Berechnung der absoluten Bewegungsdaten aller getrackten Ziele führen kann. Einen Überblick über typische Sensorfehler mit deren Auswirkungen gibt Tabelle 4.2.3. Die Vektoradditionen bei fehlerhafter Kurs- und Fahrteingabe des Eigenschiffs sind in Abb. 4.2.38 dargestellt.

Warnung: Eine fehlerhafte Kurseingabe des Eigenschiffs bewirkt einen Fehler im absoluten Kurs und (!) in der absoluten Geschwindigkeit des getrackten Zieles. Ebenso bewirkt eine fehlerhafte Geschwindigkeitseingabe des Eigenschiffs einen Fehler im absoluten Kurs und (!) in der absoluten Geschwindigkeit des getrackten Zieles.

Warnung: Während eines *Trial*-Manövers (Kap. 4.2.5(3)) können auch die angezeigten relativen Daten (relative Vektoren, CPA, TCPA) falsch werden, da diese nicht durch direkte Radarortung, sondern mit Hilfe der Eigenschiffsdaten generiert werden.

b) Zielvertauschung *(Target Swop)*

Zielvertauschung bedeutet, dass der Vektor eines getrackten Ziels auf ein nahebei passierendes zweites Ziel überspringt. Dies kann geschehen, wenn in das Verfolgungsfenster eines getrackten Radarziels ein zweites Objekt eindringt. Folgende Situationen können auftreten:

- Sind beide Ziele getrackt, können Ziele und zugehörige Vektoren wechselseitig vertauscht werden, allerdings ist der *Track*-Algorithmus in diesem Falle ziemlich stabil.
- Wenn das eindringende nicht akquirierte Ziel das stärkere Echo besitzt, springt die Zielverfolgung vom schwächeren getrackten Ziel auf das eindringende Ziel über.
- Unterschreitet der Passierabstand das Auflösungsvermögen des Radargerätes und verschmelzen die Echos, wird der gemeinsame Echoschwerpunkt beider Ziele zur Berechnung der Bewegung herangezogen, was einer scheinbaren Kursänderung zum zweiten Objekt hin gleichkommt (Abb. 4.2.39).

Im Beispiel (Abb. 4.2.39) berühren sich die Echos eines akquirierten und eines nicht akquirierten Ziels (Position 2), wodurch sich der bisherige Echoschwerpunkt auf den gemeinsamen Echoschwerpunkt der beiden Ziele verschiebt. Der Zielverfolgungsrechner missdeutet dies als Kursänderung (Position 3). Beim Lösen der Zielverschmelzung folgt der Zielrechner dem „falschen" Objekt. Infolgedessen wird die Filterung verringert (α und β vergrößert), das Verfolgungsfenster vergrößert und in Richtung der scheinbaren Kursänderung weitergeführt (Kap. 4.2.6(2)).

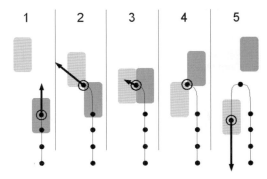

Abb. 4.2.39: *Target Swop* bei sich nahe kommenden Zielen

Typischerweise tritt die Zielvertauschung gehäuft in verkehrsreichen Gebieten auf, da hier die Zahl der Annäherungen höher ist und die Verfolgungsfenster der Radarziele infolge häufiger Kursänderungen größer sind. Systembedingt wird beim X-Band-Radar wegen der besseren azimutalen Auflösung und bei kurzen Impulslängen (in kleinen Messbereichen) wegen der besseren radialen Auflösung die Gefahr der Zielvertauschung vermindert.

c) Störungen durch Seegang oder Regen

Regen- und Seegangsechos in der Nähe des Zieles können sowohl die Neuerfassung von Zielen behindern als auch zum Verlust bereits getrackter Objekte führen, weil zwischen Nutzecho

4 Systeme mit grafischen Displays: ECDIS, Radar und AIS

und Störechos nicht unterschieden werden kann. So kann der Zielvektor zunächst auf ein Regen- oder Seegangsecho überspringen *(Target Swop)*, was wegen der Instabilität in der Regel zu einem vollständigen Zielverlust führt. Diese Gefahr besteht insbesondere bei neu akquirierten Zielen. Läuft ein bereits stabilisiertes Ziel in ein Seegangs- oder Regengebiet ein, kann die Verfolgung oftmals durch spezielle Filtertechniken aufrechterhalten werden. Zur Verminderung von Zielverlusten verfügt der Zielrechner über eigene digitale Regen- und Seegangsfilter, die unabhängig von STC und FTC (Kap. 4.2.3(2)) arbeiten.

d) Zielverlust bei Manövern des Zielschiffes

Ändert ein Fahrzeug sehr schnell seinen Kurs, kann es bei der Zielextraktion aus dem Verfolgungsfenster ausbrechen, da dieses zunächst mit den alten Bewegungsdaten weiterläuft (Kap. 4.2.6(2)a)). In diesem Fall wird das Verfolgungsfenster wieder vergrößert, um das Ziel wieder einzufangen. Gelingt dies nicht, kann es zum Zielverlust unter Auslösung eines Alarms (*„Lost Target"*) kommen. Auch bei einem nicht kompassstabilisierten Radargerät im *„Head Up"*-Modus (Kap. 4.2.3(2)) würde jede Kursänderung des Eigenschiffs dazu führen, dass getrackte Ziele ihre Verfolgungsfenster verlassen und den beschriebenen Vorgang auslösen.

e) Manöver des Eigenschiffs

Auch ein Manöver des eigenen Schiffes kann kurzzeitig zu fehlerhaften absoluten Vektoren getrackter Ziele führen. Während der eigenen Kursänderung von $\vec{V}_A$ auf $\vec{V}_A'$ (Abb. 4.2.40) wird die Berechnung des neuen relativen Zielvektors $\vec{V}_{Br}'$ durch den Prozess der Zielextraktion und insbesondere den Einsatz der *Tracking*-Filter verzögert. Demgegenüber wird der neue Eigenschiffsvektor $\vec{V}_A'$ durch Kompass- und Logeingaben in Echtzeit generiert. Kurzzeitig wird also mit dem alten relativen Vektor des Gegners $\vec{V}_{Br}$ und dem neuen absoluten Vektor des Eigenschiffes $\vec{V}_A'$ weitergerechnet. Dies führt zu einer fehlerhaften Darstellung des gegnerischen absoluten Vektors $\vec{V}_B'$. Der Gegner unternimmt scheinbar ebenfalls eine Kursänderung, die der eigenen entgegenwirkt (Abb. 4.2.40; Situation 2). Dies kann zu gefährlichen Fehleinschätzungen hinsichtlich der Absichten des Gegners führen. Erst nach mehreren Antennenumläufen entwickelt sich der neue relative Vektor von B, der absolute Vektor erhält wieder seine ursprüngliche Richtung (Situation 3).

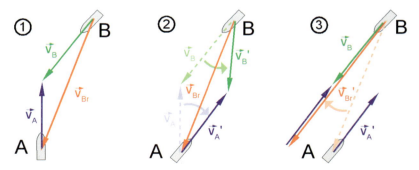

Abb. 4.2.40: Kurzzeitige Falschanzeige der absoluten Vektoren bei Kursänderung des Eigenschiffs (1) Vektordreieck vor, (2) unmittelbar nach und (3) längere Zeit nach der Kursänderung

f) Nachlauffehler

Alle Bewegungsdaten von Fremdschiffen weisen wegen des Filterprozesses einen Nachlauffehler von z. B. 20–30 s, manchmal auch von mehreren Minuten auf. Dadurch werden Manöver dieser Schiffe zeitverzögert angezeigt. Die *IMO Performance Standards* [4.2.1] fordern, dass für getrackte Radar-Zieldaten nach der Erfassung, nach einem Manöver und nach jeder anderen Störung

- nach 1 min eine Trendangabe,
- nach 3 min eine genaue Angabe

innerhalb vorgeschriebener Genauigkeitsgrenzen zur Verfügung steht.

(5) Genauigkeit der Zieldaten

Für die Zielverfolgung sind in den *Performance Standards* [4.2.1] verbindliche Genauigkeitsanforderungen – mit jeweils 95 % Wahrscheinlichkeit – festgelegt. Die in Tabelle 4.2.4 gelisteten Werte sind typische Werte – es kann nicht ausgeschlossen werden, dass unter speziellen Bedingungen u. U. nur schlechtere Genauigkeiten vorliegen.

Dauer des stabilen Zustands	Relativer Kurs	Relative Geschwindigkeit	CPA	TCPA	Absoluter Kurs	Absolute Geschwindigkeit
1 Minute: Trend	11°	1,5 kn oder 10 % (der jeweils größere Wert)	1,0 sm	–	–	–
3 Minuten: „Steady state"-Bewegung	3°	0,8 kn oder 1 % (der jeweils größere Wert)	0,3 sm	0,5 min	5°	0,5 kn oder 1 % (der jeweils größere Wert)

Tabelle 4.2.4: Genauigkeitsanforderungen für Bewegungsdaten nach IMO [4.2.1]

Abstands- und Peilgenauigkeit: Numerische Werte für Abstand und Peilung eines getrackten Radarziels sollen auf 50 m (oder ±1 % seiner Entfernung) und 2° genau sein [4.2.1].

Zu beachten:

- Mit der Anzeige von genauen und stabilen Radarzieldaten kann erst 3 min nach der Zielakquisition, einem Manöver oder einer Störung gerechnet werden.
- Relative Daten sind im Allgemeinen genauer als absolute Daten.

4.2.7 Weitere Anzeigen im Radarbild

(1) Navigationslinien, Symbole, Routen

Zur Erleichterung der Radarnavigation können Navigationshilfslinien, Symbole und Routen entsprechend den *IMO*-Vorgaben [4.2.2] dargestellt werden. Diese zusätzlichen Informationen sollen die Darstellung der Radarinformationen nicht beeinträchtigen und jederzeit einfach zu entfernen sein.

Navigationshilfslinien und Symbole können zur Anfertigung rudimentärer Kartendarstellungen *(Radar maps)* oder Routen dienen. In diesem Falle müssen sie grundstabilisiert auf dem Radarbild fixiert werden. Einige Radaranlagen bieten auch die Möglichkeit, Linien und Symbole relativ zum Eigenschiff zu fixieren. Gruppen von Linien und Symbolen können permanent in der Radaranlage oder auf Wechseldatenträgern abgelegt werden (Bibliothek). Die manuelle Eingabe von *Radar maps* oder Routen erübrigt sich zunehmend durch den Einsatz modernerer Verfahren, z. B. durch Datenimport über angeschlossene Navigationsempfänger oder Überlagerung von Radarbild und elektronischer Seekarte (Kap. 4.1.8) bzw. *Chart radar* (s. u.).

(2) Chart Radar

In Abb. 4.2.41 ist eine Radaranlage mit integrierter Seekartenfunktionalität zu sehen (Chart Radar). Der offensichtliche Vorteil dieser Kombination liegt darin, dass dem Beobachter die Zuordnung aller Radarechos im Seegebiet auf einen Blick ermöglicht wird. Dies erleichtert insbesondere die Identifikation von Seezeichen oder Küstenkonturen. Das Radarvideo wird mit der unterlagerten Seekarte nach Position, Orientierung und Maßstab synchronisiert, so dass Fehlfunktionen von Positions- oder Kurssensoren schnell an mangelnder Übereinstimmung zu erkennen sind (Kap. 4.1.8).

Nachteilig ist, dass Radarechos vor dem farbig gemusterten Seekartenhintergrund nicht mehr klar genug hervortreten und das Bild überladen ist. IMO-Anforderungen [4.2.1] an die Überlagerung Elektronischen Karten sind:

- Es dürfen nur ENCs oder andere Vektorkarten, keine Rasterkarten angezeigt werden.
- Werden keine ENCs verwendet, ist dies dem Benutzer permanent anzuzeigen.
- Seekarten und Radarbild müssen im gleichen Bezugssystem maßstabsgerecht aufeinander abgestimmt sein.
- Radarinformationen müssen Vorrang vor Seekarteninformationen haben.
- Karteninformationen sollen deutlich von Radarinformationen unterscheidbar sein.
- Bei Ausfall der Seekartendarstellung darf die Funktion des Radars nicht beeinträchtigt werden.

Zu beachten: Eine Radaranlage, die diesen Anforderungen entspricht, kann als Back-up für ein ECDIS zugelassen werden, wenn sie eine eigene Datenquelle hat und ihr Bildschirmdurchmesser mindestens 250 mm beträgt.

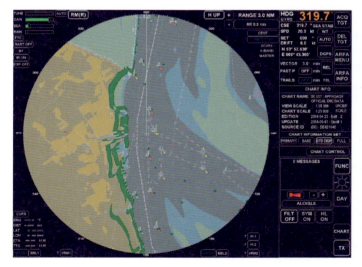

Abb. 4.2.41: Chart-Radar (Quelle: Anschütz-Raytheon; Simulation)

(3) Racons

Der Begriff Racon ist eine Wortzusammensetzung aus den englischen Begriffen Radar und Beacon. Ein Racon ist eine Radarantwortbake, mit deren Hilfe die Identifizierung wichtiger Objekte (Seezeichen, z.B. Ansteuerungstonnen und Leuchttürme) im Radarbild erleichtert wird und die damit zur Verbesserung der Radarortung beiträgt. Es besteht aus einer Sende-/Empfangseinheit, die bei Empfang eines Radarimpulses mit der aktiven Aussendung eines Signals im gleichen Frequenzband antwortet. Dadurch wird auf dem Schirm der auslösenden Radaranlage – radial hinter der Echoanzeige des *Racon*-Trägers – das *Racon*-Signal angezeigt, in der Regel ein über die Echoanzeige hinausgehender dicker Strich. Durch die Länge des ausgesendeten Antwortsignals kann die Länge der *Racon*-Anzeige beeinflusst werden, durch eine charakteristische Impulsfolge kann auch eine Darstellung als Morsecode erfolgen. Dieses dient der eindeutigen Identifizierung des zugeordneten Seezeichens. Das Echo des Bakenträgers liegt, infolge der Verzögerung zwischen einkommendem und gesendetem Signal, etwas vom *Racon*-Signal entfernt.

Zu beachten:
- Ab 2008 müssen Radaranlagen nur noch X-Band-*Racon* [4.2.1] anzeigen.
- Bei Einschaltung der FTC („Regenentrübung") wird die *Racon*-Anzeige unterdrückt.

(4) *SARTs*

Ein *SART* (Search And Rescue Radar Transponder) ist eine tragbare Radarantwortbake, die das Auffinden von Havaristen mittels Radar bei Suche- und Rettungsmanövern erleichtern soll. Wird ein *SART* von Impulsen eines X-Band-Radarsenders getroffen, antwortet dieser aktiv mit zwölf aufeinanderfolgenden Radarsignalen, die mit ansteigender Frequenz über das gesamte Frequenzband gesendet werden. Dadurch wird sichergestellt, dass das *SART*-Signal auf allen X-Band-Radargeräten in der Umgebung empfangen und im Radarbild angezeigt wird. Für jedes der empfangenen Signale erscheint in gleichmäßigen Abständen von 0,64 sm in gleicher Peilung ein Punkt auf dem Radarschirm, von denen der nächstgelegene die Position des *SART*, also des Havaristen, kennzeichnet. Nähert sich das Suchfahrzeug dem *SART* bis auf etwa 1 sm, erweitern sich die Punkte zu konzentrischen Kreissegmenten und bilden schließlich bei Abständen unter 1 sm geschlossene Kreise. Die Reichweite von *SARTs* beträgt gegenüber Wasserfahrzeugen etwa 5 sm, gegenüber Luftfahrzeugen je nach Flughöhe bis zu 30 sm. Durch zirkulare Polarisation (circular polarization) kann die Detektionsfähigkeit bei Regen und Seegang verbessert werden.

Zu beachten: Ab 2009 müssen Radaranlagen nur noch X-Band-SART anzeigen können [4.2.1].

4.2.8 Zukünftige Entwicklung der Radartechnik: *New Technology Radar*

Herkömmliche Schiffsradaranlagen mit Magnetron-Technik stoßen an ihre Grenzen (*ITU*-Anforderungen an die Schmalbandigkeit von Radarsendern; Zielerfassung in Regen- und Seegangsstörungen u. a.). Eine Alternative bietet das so genannte *Solid State Radar* oder *New Technology (NT-) Radar*.

Sender: Zur Erzeugung der Impulse wird kein Magnetron, sondern ein Oszillator mit nachgeschaltetem Halbleiterverstärker eingesetzt. Während die in einem Magnetron erzeugten Impulse in Frequenz und Phasenlage relativ stark schwanken (nicht-kohärentes Radar; *TUNE* erforderlich), hat dieses System den Vorteil hoher Frequenzstabilität bei definierter Phasenlage (kohärentes Radar). Dies ermöglicht es, den Doppler-Effekt zur Messung der radialen Geschwindigkeitskomponente von Radarzielen zu nutzen. Anhand ihrer charakteristischen Geschwindigkeitsmuster können damit Nutzechos (Schiffe, Küsten, Seezeichen) von Störechos effektiver unterschieden und ausgefiltert werden. Die Spitzenleistung der Halbleiterverstärker (etwa 100–200 W) erreicht infolge der begrenzten thermischen Belastbarkeit der Bauteile nicht die eines Magnetrons (etwa 30 kW). Zur Erreichung der erforderlichen Dauerleistung ist es beim *New Technology* Radar notwendig, mit längeren Impulsen zu arbeiten.

Empfänger: Die Handhabung langer Echoimpulse mit verhältnismäßig geringer Signalstärke ist aber mit einigen technischen Schwierigkeiten behaftet:
- Die geringe Impulsenergie erschwert die Detektion schwacher Echoimpulse im Umgebungsrauschen.
- Die großen Impulslängen verschlechtern die radiale Zielauflösung.

Daher werden spezielle Techniken der Signalverarbeitung eingesetzt, die zusammenfassend als Impulskompression bezeichnet werden.

Um einzelne Echoimpulse von Radarzielen aus zufälligem Rauschen herauszufiltern, wird die gesamte Signalspur in kleine Zeitintervalle unterteilt und schrittweise mit einer im Empfänger hinterlegten Kopie des Sendeimpulses verglichen *(Matched-Filter-Korrelation)*. Für jede Übereinstimmung eines Zeitintervalls der Impulskopie mit einem Zeitintervall der Empfangsspur wird ein Zähler von „0" auf „1" gesetzt. In Bereichen, in denen nur Hintergrundrauschen vorhanden ist, werden dabei nur wenige Treffer erzielt, bei einem Echoimpuls wird die Anzahl der Treffer steigen und ihr Maximum erreichen, wenn beide Impulse in Deckung sind. Mit Hilfe dieser Korrelation werden auch schwache Nutzechos als solche erkannt.

Zusammenfassend lassen sich folgende Vorteile der *Solid State*-Technik festhalten:
- höhere Lebensdauer der Halbleiter-Sendeeinheit gegenüber Magnetron-Sendern,
- bessere Zielerfassung und Rauschunterdrückung infolge höherer Frequenz- und Phasenstabiltät,
- Möglichkeit der Auswertung von Doppler-Messungen zur Unterdrückung von Störechos,
- Umsetzbarkeit der *ITU*-Forderungen nach geringerer Bandbreite von Radarsendern.

Nachteile sind:
- vermehrte Fremdradarstörungen durch die verhältnismäßig lange Sende- und Empfangszeit,
- Unterdrückung von *Racon*- und *SART*-Anzeigen durch die Signalverarbeitung des NT-Radars.

Weiterführende Literatur: [4.2.7] [4.2.8]

4.3 Automatic Identification System (AIS)
Ralf-Dieter Preuß

4.3.1 Prinzip und technische Realisierung

(1) Zweck und Ausrüstung

Bei dem Automatischen Schiffsidentifizierungssystem *(Automatic Identification System, AIS)* [4.3.1] [4.3.2] handelt es sich um ein UKW-Datenfunksystem zur Unterstützung der Schiffssicherheit im See- und Binnenbereich. *AIS* ermöglicht es, von allen anderen ausgerüsteten Schiffen und von Verkehrsüberwachungsstellen Informationen über andere Fahrzeuge innerhalb der UKW-Reichweite zu empfangen und diese für eigene Zwecke zu verwenden. Die Informationen über Schiffe und ihre aktuellen Fahrdaten werden automatisch und kontinuierlich gesendet und empfangen. Das System unterstützt die bordseitige Navigation und Kollisionsverhütung, die landseitige Verkehrsüberwachung sowie Sonderaufgaben wie z. B. die Seenotrettung. Seit 2004 besteht nach *SOLAS Kapitel V* für die Berufsschifffahrt eine Ausrüstungspflicht mit *AIS*-Anlagen der *Klasse A (Class A AIS)*.

(2) Übertragungsweg

AIS arbeitet normalerweise auf den beiden eigens für diesen Zweck vorgesehenen UKW-Funkkanälen *AIS1* (87B; 161,975 MHz) und *AIS2* (88B; 162,025 MHz). Die *AIS*-Signale werden auf diesen Kanälen mit einem HDLC-Datenprotokoll *(High Level Data Link Control)* in einem festen Zeitrahmen gesendet.

Stehen diese Funkkanäle in einem bestimmten Gebiet nicht zur Verfügung, ist das System in der Lage, ausgelöst z. B. durch eine von einer landseitigen Einrichtung auf den *AIS*-Kanälen oder Kanal 70 mittels DSC ausgesandten Meldung, selbsttätig auf vorausbestimmte Ausweich-Funkkanäle umzuschalten. Ist keine landseitige *AIS*-Station oder *GMDSS*-Station, die diese Aufgabe wahrnimmt, vorhanden, kann das *AIS*-Gerät bezogen auf definierte Seegebiete auch von Hand umgeschaltet werden.

(3) AIS-Zugriffsverfahren und Synchronisierung

Da alle beteiligten Geräte auf denselben Funkkanälen arbeiten, müssen die Aussendungen zeitlich koordiniert werden. Dies erfolgt durch Festlegung von 4500 Zeitfenstern je Minute (2250 je Kanal; Abb. 4.3.1). Die Art der Datenübermittlung beruht auf dem *SOTDMA-Prinzip (Self-*

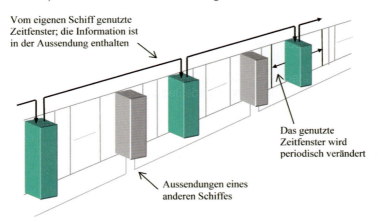

Abb. 4.3.1: Das *SOTDMA-Prinzip*

4 Systeme mit grafischen Displays: ECDIS, Radar und AIS

organized Time Division Multiple Access) und bezeichnet ein System, das einen gleichzeitigen Zugriff durch mehrere Nutzer in den vorgesehenen Zeitfenstern erlaubt und sich dem jeweiligen Nutzerverhalten selbsttätig anpasst. Die Geräte tauschen zugleich mit der Aussendung der Positionsmeldungen Informationen über ihre geplante Nutzung der Zeitfenster aus. Die Lage der Zeitfenster muss sehr genau bestimmt (synchronisiert) sein, da andernfalls ein störungsfreier Betrieb verschiedener *AIS*-Geräte nicht gewährleistet ist. Würden sich z. B. die Aussendungen zweier Geräte nur etwas überlappen, wären beide Aussendungen unbrauchbar.

Die Zeitfenster aller Geräte werden unter Verwendung des Sekunden-Impulses vom internen Satellitennavigations-Empfänger (GNSS; z. B. GPS) synchronisiert. Dies gilt auch, wenn ein externer Sensor die ausgesendete Position liefert. Alternativ können sich die Geräte auch gegenseitig aufgrund ihrer Aussendungen synchronisieren, wenn auch mit geringerer Präzision. Dies gewährleistet einen Betrieb auch bei Ausfall des internen GPS-Gerätes.

(4) *AIS*-Komponenten

Im Allgemeinen besteht ein an Bord eingebautes *Class A-AIS* (Abb. 4.3.2) aus
- einem Mehrkanal-UKW-Sender *(SOTDMA* und *DSC),*
- zwei Mehrkanal-UKW-Empfängern für *SOTDMA,*
- einem UKW-Empfänger (Kanal 70) zur Verwaltung der Funkkanäle mittels DSC,
- einem *AIS-controller* (CPU) mit integrierter Selbsttest-Funktion (BIIT),
- einem internen GNSS-Empfänger zur Synchronisierung und als Reservesensor für die Position,
- Schnittstellen zu den Sensoren (Position, Kurs, Fahrt) und Anzeigesystemen (Radar, ECDIS, INS) und
- einem Bedienpanel (MKD).

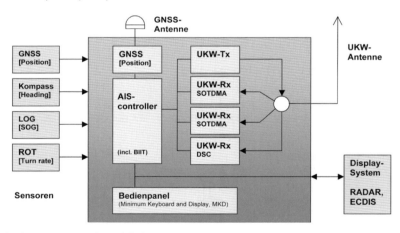

Abb. 4.3.2: Komponenten einer *AIS*-Anlage

4.3.2 Installation und Inbetriebnahme

(1) Einbau/Ersteinbau

Die Installation eines *AIS* [4.3.3] benötigt den Anschluss einer UKW-Antenne und einer Empfangsantenne für den internen GNSS-Empfänger. Die Wahl des Standorts der *AIS*-UKW-Antenne erfordert besondere Sorgfalt. Die Übermittlung digitaler Daten ist störungsanfälliger

4.3 Automatic Identification System (AIS)

für Reflexionen an Hindernissen wie Masten und Bäumen oder Übersprechen als analoge Sprechfunkverbindungen. Umgekehrt können *AIS*-Anlagen in ungünstigen Fällen den Sprechfunkverkehr an Bord stören, wenn die Antennen zu nah beieinanderliegen und Kanäle in direkter Nachbarschaft der *AIS*-Frequenzen verwendet werden. Dies macht sich dann in Form eines regelmäßigen leisen Klickens im Rhythmus der *AIS*-Sendeintervalle bemerkbar.

(2) Externe Sensoren

An ein *AIS* werden normalerweise über Standardschnittstellen (nach *IEC 61162*) die folgenden Sensoren angeschlossen:
- GNSS-Empfänger als Sensor für Position, Kurs und Geschwindigkeit über Grund,
- Kreiselkompass als Sensor für die Schiffsvorausrichtung (*AIS* verwendet keine Magnetinformation),
- Wendezeiger (sofern verfügbar).

Die vom *AIS* ausgesendeten Sensorinformationen sollen den für die Schiffsnavigation verwendeten Informationen entsprechen.

(3) Integration in die Brücke

a) Bedienterminal

Das *AIS*-eigene Bedienterminal (Abb. 4.3.3) ist zur Dateneingabe und Betriebsüberwachung vorgesehen *(MKD, Minimum Keyboard and Display)*. Die MKD-Minimal-Anzeige bietet mindestens drei Zeilen mit der Angabe von Peilung, Abstand und Namen eines ausgewählten Schiffes. Weitere Zielinformationen werden durch Blättern angezeigt. Die Funktionen des Bedienterminals können durch ein integriertes *MKD* oder durch die entsprechende Funktionalität eines separaten Anzeigegeräts (Grafisches *AIS* Display, Radar, ECDIS/ECS) ausgeführt werden.

Abb. 4.3.3: *AIS*-Bedienterminal *(MKD)*

Die Funktionen des *MKD* allein können jedoch die Möglichkeiten des *AIS* zur Unterstützung der Navigation nicht ausreichend umsetzen.

b) Grafische Anzeige

Es wird empfohlen, dass die vom *AIS* gelieferten Daten in die bordeigenen Navigationssysteme – insbesondere RADAR und ECDIS – integriert und so dem Bordpersonal in grafischer Form zugänglich gemacht werden. Die neuesten IMO Leistungsanforderungen für Radar sehen diese Darstellung verpflichtend vor.

c) Lotsenanschluss *(Pilot plug)*

AIS-Geräte der Klasse A verfügen über einen Lotsenanschluss (Eingang/Ausgang), an den Lotsen ihre eigene tragbare Navigationsausrüstung *(Personal Pilot Unit; PPU)*, die sie an Bord mitbringen, anschließen können. Dafür ist ein Steckkontakt auf der Brücke in der Nähe des Lotsenplatzes vorgesehen. Damit kann die *PPU* dann sowohl die empfangenen *AIS*-Daten anderer Ziele als auch die dynamischen Daten des eigenen Schiffes anzeigen.

4.3.3 Inhalt der *AIS*-Aussendungen

(1) Übertragung der Schiffsdaten *(AIS Ship Report)*

Die von einem Schiff übermittelten Angaben (Abb. 4.3.4) lassen sich in drei verschiedene Kategorien einteilen:

- **Dynamische Informationen** werden – abgesehen von der Angabe über den Navigationsstatus – selbsttätig durch die an das *AIS* angeschlossenen Sensoren aktualisiert;
- **Statische Informationen** werden bereits beim Einbau an Bord in das *AIS* eingegeben und nur dann geändert, wenn das Schiff z. B. Flagge oder Namen ändert oder wenn sich durch einen größeren Umbau der Schiffstyp ändert;
- **Reisebezogene Informationen** werden von Hand eingegeben und müssen im Laufe der Reise unter Umständen aktualisiert werden.

Schiffsposition: Die *AIS*-Information beinhaltet Angaben über Genauigkeit und Zuverlässigkeit (besser bzw. schlechter als 10 m/95 %) und den Zeitpunkt der Positionsermittlung (UTC). Das geodätische Bezugssystem für die übermittelten Positionsdaten ist WGS 84. *AIS* kann zwei Bezugspunkte für Antennenpositionen verarbeiten, einen für einen externen und einen für den internen Sensor.

Kurs und Geschwindigkeit: Vom GNSS-Empfänger werden die Werte „über Grund" übernommen, vom Kreiselkompass der Kreiselkurs. *AIS* überträgt keine Daten „durchs Wasser".

Wendegeschwindigkeit: Steht kein Wendezeiger zur Verfügung, kann *AIS* entsprechende Informationen aus Steuerkursdaten vom Kreiselkompass ableiten. In diesem Fall wird eine qualitative Information über die Drehrichtung übertragen.

Navigatorischer Status: Die Angabe des navigatorischen Status kann die folgenden Zustände annehmen:

- in Fahrt unter Motorkraft,
- vor Anker,
- manövrierunfähig,
- manövrierbehindert,
- festgemacht,
- tiefgangsbehindert,
- auf Grund,
- fischend,
- in Fahrt unter Windkraft.

1. **Dynamische Informationen**
   - Position des Schiffes (LAT, LON)
   - Kurs und Fahrt über Grund (COG, SOG)
   - Gesteuerter Kurs (Heading)
   - Wendegeschwindigkeit (ROT)
   - Status

2. **Statische Informationen**
   - IMO-Nummer
   - Name und Rufzeichen
   - Länge und Breite
   - Kategorie des Schiffes

3. **Reisebezogene Informationen**
   - Zielhafen und ETA
   - Tiefgang
   - Kategorie der Ladung

Abb. 4.3.4: Vom *AIS* übertragene Informationen *(Ship Report)*

4.3 Automatic Identification System (AIS)

Ladung: Die Kategorie der Ladung beinhaltet die Information, ob gefährliche Ladung transportiert wird. Diese Angabe hier ersetzt jedoch nicht die entsprechenden Meldepflichten für Gefahrgut.

Zielhafen, Ankunftszeit: Angaben zum Zielhafen sollen im UN/LOCODE [4.3.4], zur Ankunftszeit ETA in UTC gemacht werden.

Identifikation: die Identifikation des Schiffes und die Zuordnung der dynamischen und statischen Daten erfolgt über die MMSI (*Maritime Mobile Service Identity*, Identitätsmerkmal für den mobilen Seefunkdienst), die in allen *AIS*-Meldungen eines Schiffes enthalten ist.

(2) Sendeintervalle

Die beschriebenen Informationen werden automatisch und ohne besonderen Eingriff des Nutzers in den in Tabelle 4.3.1 genannten Intervallen gesendet.

Informationstyp und Fahrzustand des Schiffes	Sendeintervalle
Dynamische Daten	
Schiff vor Anker	3 min
Schiff vor Anker und Geschwindigkeit >3 kn	10 s
Schiff in Fahrt mit 0–14 kn Geschwindigkeit	10 s
Schiff mit 0–14 kn Geschwindigkeit und Kursänderung	3 1/3 s
Schiff mit 14-23 kn Geschwindigkeit	6 s
Schiff mit 14-23 kn Geschwindigkeit und Kursänderung	2 s
Schiff mit >23 kn Geschwindigkeit	2 s
Schiff mit >23 kn Geschwindigkeit und Kursänderung	2 s
Statische und reisebezogene Daten	6 min

Tabelle 4.3.1: Nominelle Übertragungsintervalle der dynamischen und statischen *AIS*-Daten

(3) Sicherheitsbezogene Kurzmeldungen

Schiffe und Verkehrsüberwachungsstellen können mittels *AIS* außerdem „Sicherheitsbezogene Kurzmeldungen" *(Safety-related messages)* übertragen. Dies sind Textmeldungen ohne Formvorgaben, die entweder an einen bestimmten Adressaten (MMSI) oder an alle Schiffe im jeweiligen Seegebiet gerichtet sein können. Ihr Inhalt soll kurz und für die Sicherheit der Seefahrt von Belang sein, also beispielsweise „Eisberg gesichtet" oder „Tonne nicht auf Position". Derzeit bestehen für diese Meldungen keine weiteren Vorschriften, um alle Möglichkeiten offenzuhalten.

4.3.4 Bordbetrieb und Bedienung des *AIS*

(1) Überwachung des Betriebes

Ein *AIS*-Gerät beinhaltet eine Funktion, die kontinuierlich einen Selbsttest *(built-in integrity test, BIIT)* durchführt und im Falle einer Funktionsstörung des *AIS* einen Alarm auslöst. Allerdings wird durch diesen Selbsttest nicht die Qualität oder die Genauigkeit der von den Sensoren in das *AIS* eingegebenen Daten überprüft, bevor diese Angaben an andere Schiffe und an Landstationen weitergesandt werden und auch nicht die Reichweite der eigenen Aussendung. Die korrekte Synchronisation des eigenen *AIS* kann überprüft werden, indem in der Statusanzeige der ordnungsgemäße Zustand des internen GNSS-Moduls festgestellt wird.

Zu beachten: Es ist sinnvoll, das *AIS* bei Verdacht auf eine Fehlfunktion, z.B. durch Aussenden einer adressierten Textmeldung an ein anderes, entferntes Schiff zu testen. Wird die Absendung vom Gerät bestätigt, ist die Kommunikation in Ordnung.

(2) Überprüfung der schiffseigenen Angaben

Der Benutzer ist verantwortlich für die vom eigenen Schiff an andere Schiffe gelieferten Daten. Er soll daher

- die gesendeten dynamischen Daten überwachen, hier insbesondere die Position (diese muss in WGS 84 sein) sowie den Schiffskurs (der mit der Steueranzeige des Kreiselkompasses übereinstimmen muss),
- die reisebezogenen Daten, insbesondere Zielort und Tiefgang, sorgfältig und korrekt eingeben und
- die korrekte Eingabe der statischen Daten wie MMSI, Schiffsname, Rufzeichen, Antennenposition während der Installation überprüfen.

(3) Ein- und Ausschalten von Sende- und Empfangseinheit

Das *AIS*-Gerät soll stets in Betrieb sein, wenn das Schiff in Fahrt ist oder vor Anker liegt. Ist der Kapitän der Auffassung, dass durch den Dauerbetrieb des *AIS* die Sicherheit seines Schiffes gefährdet werden könnte, darf das *AIS* für die Dauer der Gefährdung abgeschaltet werden. Dieser Fall könnte zum Beispiel in Seegebieten eintreten, von denen bekannt ist, dass dort Piraten aktiv sind. Ein Vorgehen dieser Art soll stets (unter Angabe des Grundes) im Schiffstagebuch vermerkt werden. Im *AIS* selbst werden Ausschaltzeiten ebenfalls gespeichert und können später abgerufen werden. Wenn das *AIS* abgeschaltet ist, bleiben die statischen und reisebezogenen Angaben gespeichert. Auch in Häfen soll das *AIS* in Betrieb sein, jedoch in Übereinstimmung mit den hafenspezifischen Vorschriften; z.B. muss in der Regel während Ladeoperationen von Tankern die Ausgangsleistung auf 1W reduziert werden.

(4) Darstellung an Bord

AIS liefert von anderen Schiffen sowohl alphanumerische als auch geografisch orientierte Informationen, deren Darstellung integriert in einem grafischen Displaysystem wie Radar oder ECDIS erfolgen sollte (Kap. 4.3.2(3)), um eine unmittelbare räumliche Zuordnung zu ermöglichen. Die grafische Darstellung lehnt sich an die Darstellung verfolgter Ziele im Radar an (Abb. 4.3.5) [4.2.2].

Werden *AIS*-Informationen in Verbindung mit einer grafischen Anzeige benutzt, werden für die Anzeige die Ziel-Kategorien und Symbole nach Tabelle 4.3.2 unterschieden.

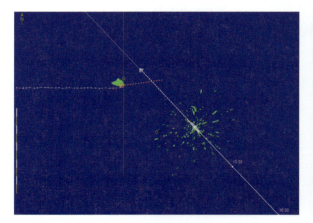

Abb. 4.3.5: Beispiel eines *AIS*-Zieles auf einem Radar-Display

Das Grundsymbol ist dabei ein Dreieck, das in Richtung der Schiffsvorausrichtung oder, bei fehlendem Kompasskurs, in Richtung COG weist (fehlt auch COG, soll es nordorientiert dargestellt werden). Bei kleiner Entfernung eines Zielschiffes bzw. großem Maßstab der Darstellung

4.3 Automatic Identification System (AIS)

kann zusätzlich ein maßstäblicher Umriss des Schiffes verwendet werden (vgl. Tabelle 4.2.2 für Radarsymbole).

Art des Zieles	Information/Anmerkungen	Symbol
Ruhendes Ziel *(Sleeping target)*	Anwesenheit eines Zieles	
Aktiviertes Ziel *(Activated target)*	Manuell oder automatisch aktiviertes Ziel Neben der Identität (z. B. Name oder Rufzeichen) können weitere zusätzliche Informationen dargestellt sein:	
	– Schiffsvorausrichtung *(Heading)*	
	– Drehrate (sofern verfügbar) und damit eventuell eingeleitete Kursänderungen in Form eines Fähnchens an der Schiffsvorausrichtung oder eine Richtungsanzeige in Form eines gebogenen Vektors	
	– Geschwindigkeits-Vektor „über Grund" (COG/SOG); Informationen "durchs Wasser" werden vom AIS nicht übertragen	
	– Vorherige Zielpositionen *(past positions)*	
Gefährliches Ziel *(Dangerous target)*	AIS-Ziel (ruhend oder aktiviert), das vorab eingegebene Grenzwerte für CPA und TCPA unterschreitet (Das akustische Signal wird bis zur Bestätigung des Alarms gegeben.)	rot blinkend; akustisches Signal
Ausgewähltes Ziel *(Selected target)*	Ziel, dessen statische und reisebezogene Daten und Werte für CPA und TCPA in einem alphanumerischen Anzeigefenster erscheinen.	
Verlorenes Ziel *(Lost target)*	Ziel, das in einem geringeren Abstand steht als vorab eingestellt und von dem kein Signal empfangen wird (Symbol erscheint an der zuletzt empfangenen Position.)	akustisches Signal
Schifffahrtszeichen *(Aids to Navigation, AtoN)*	Reale oder virtuelle Schifffahrtzeichen Ein virtuelles, d. h. nicht real existierendes, Schifffahrtzeichen wird gekennzeichnet durch ein zusätzliches „V" in der Raute.	
AIS SART	AIS-SAR-Transponder (SART) kennzeichnen – wie RADAR-SART's – im Rahmen des GMDSS eine Position in Notfällen.	

Tabelle 4.3.2: *AIS*-Zielkategorien und deren Darstellung

4.3.5 Leistungsfähigkeit und Leistungsgrenzen von AIS

(1) Reichweite und Kapazität

AIS ist in der Lage, im Ausbreitungsgebiet von UKW-Funksignalen Schiffe auch hinter Kurven und Inseln aufzuspüren, sofern die dazwischenliegende Landmasse nicht zu hoch ist. Typischerweise beträgt die zu erwartende Reichweite auf See 20 bis 30 sm, abhängig von der Antennenhöhe. Mit Hilfe von Verstärker-Stationen *(AIS-Repeater)* kann der Abdeckungsgrad sowohl für Bordstationen als auch für VTS-Stationen verbessert werden.

Die im *AIS*-Konzept vorgesehene Kapazität von 4500 Zeitfenstern je Minute entspricht bei durchschnittlichen Sendeintervallen einer Kapazität von etwa 400–500 Schiffen in Erfassungsreichweite. Bei einer etwaigen Überlastung des Funkkanals werden solche Ziele ausgesondert, die am weitesten entfernt stehen, um auf diese Weise nahe Ziele zu bevorzugen, die bei der Betriebsart „Schiff zu Schiff" im Vordergrund des Interesses stehen. Das System stellt sich damit in der Praxis auf eine Überlastsituation durch Reduzierung der maximalen Reichweite ein.

(2) Sicherheitsgewinn: Vorteile der Nutzung von AIS

SOLAS Regel V/19 sieht vor, dass *AIS*-Daten von Schiff zu Schiff sowie mit landseitigen Einrichtungen ausgetauscht werden. Deshalb gehört es zum Zweck von *AIS*, bei der Identifizierung von Schiffen zu helfen, die Zielerfassung zu unterstützen, den Informationsaustausch zu erleichtern (zum Beispiel durch die Verringerung der Anzahl abzugebender mündlicher Schiffsmeldungen) und zusätzliche Angaben zu liefern, mit deren Hilfe die Lage besser eingeschätzt werden kann.

AIS unterstützt insbesondere

- die eindeutige und schnelle **Identifizierung** anderer Fahrzeuge mit Schiffsnamen und Rufzeichen, wodurch ggf. eine Kommunikationsaufnahme über Funk erleichtert wird,
- die **Auffassung** von Zielen, die aus verschiedenen Gründen schlecht im Radar erfasst werden können (Radarschatten, Seegangsreflexe, Regenböen) und damit die Vermeidung von Zielverwechslungen (bei geringem Passierabstand von Schiffen) und von Zielverlusten nach einem schnellen Manöver,
- eine schnellere und sichere Erkennung von **Manövern** anderer Fahrzeuge durch direkte Übertragung von Schiffsvorausrichtung und Drehrate, wodurch im Vergleich zur Zielverfolgung durch Radar möglicherweise irreführende Zwischenergebnisse entfallen (z. B. durch Auswandern des Radarechos entgegengesetzt zur Kursänderung beim Andrehen, siehe Abb. 4.3.6).

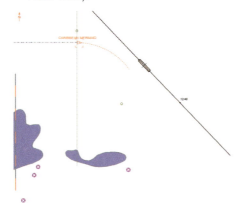 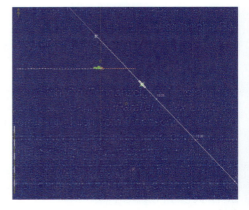

Abb. 4.3.6: Vergleich der Darstellung derselben Verkehrssituation mit *AIS* und Radar bei Manövern

4.3 Automatic Identification System (AIS)

Im Allgemeinen verbessern die über *AIS* empfangenen Daten die Qualität der dem Wachoffizier zur Verfügung stehenden Informationen, so dass *AIS* ein wichtiges zusätzliches „Werkzeug" bei der Verbesserung der Wahrnehmung der Verkehrssituation durch die Benutzer geworden ist.

(3) Systembedingte Begrenzungen von *AIS*

Eine wesentliche Eigenschaft des *AIS* ist die Übertragung von an der Quelle erzeugten Informationen. Dies bedingt aber auch gleichzeitig die entsprechende Ausrüstung und sorgfältige Einrichtung des *AIS* auf allen Schiffen – *AIS* ist ein kooperatives System, es ist nicht autark wie z. B. Radar.

Die vom *AIS* ausgesendeten Daten sind nur so gut wie die von den Sensoren erfassten bzw. von der Besatzung eingegebenen Informationen. Entsprechend lassen sich Mängel in den *AIS*-Daten hauptsächlich auf folgende Ursachen zurückführen:

- nicht korrekt erfasste statische oder reisebezogene Daten wie Schiffsname, MMSI, Schiffsabmessungen, Zielhafen, Status und
- fehlerhafte dynamische Daten z. B. durch falsches geodätisches Datum, Fehlbedienung eines *Interfaces* zum Kreiselkompass, Fehlfunktion des internen GPS-Empfängers.

Zu beachten: Eine fehlerhafte Position bewirkt die Anzeige eines „Geisterschiffes" in der Anzeige aller anderen Schiffe. Ein manuell eingegebener *Offset* zur Position in WGS 84 sollte auf GPS-Empfängern, die Daten an das *AIS* liefern, nicht verwendet werden. Es sind GPS-Empfänger im Einsatz, die diese Einstellung für angeschlossene Systeme nicht erkennen lassen, sodass dann eine nicht korrekte Position ausgesendet würde.

Die integrierte Selbsttestfunktion kann nicht den Inhalt der vom *AIS* verarbeiteten Daten auf ihre Richtigkeit prüfen. Ist kein Sensor eingebaut oder liefert ein Sensor (zum Beispiel der Kreiselkompass) keine Daten, übermittelt das *AIS* automatisch die Information „nicht verfügbar".

Zu beachten: Die Benutzer müssen sich darüber im Klaren sein, dass die Übermittlung von Fehlinformationen ein Risiko für andere Schiffe, aber auch für ihr eigenes Schiff darstellt. Die Benutzer bleiben für alle von ihnen in das System eingegebenen Angaben sowie für die von den Sensoren eingespeisten Informationen verantwortlich und sollten diese regelmäßig kontrollieren.

4.3.6 Nutzung von *AIS*-Informationen zur Navigation

a) Beurteilung der Verkehrssituation

Der Benutzer soll sich mit der Bedienung der Geräte und der richtigen Auslegung der angezeigten Daten vertraut machen. Die folgenden grundsätzlichen Gesichtspunkte sollen bei der Verwendung von *AIS* und der Nutzung von *AIS*-Informationen beachtet werden [4.3.2]:

- Nicht alle Schiffe sind mit einem *AIS* ausgerüstet. Insbesondere Sportboote, Fischerboote und Kriegsschiffe sowie manche landseitigen Küstenverkehrszentralen sind möglicherweise nicht mit *AIS* ausgerüstet.
- Ein *AIS* kann unter Umständen infolge einer fachlich begründeten Weisung des Kapitäns abgeschaltet sein.
- Die von anderen Schiffen empfangenen Angaben sind möglicherweise nicht von vergleichbarer Qualität und Genauigkeit wie die Informationen, die über das eigene Schiff zur Verfügung stehen.

Zu beachten: Die vom *AIS* gelieferten Angaben ergeben möglicherweise kein vollständiges Bild von der Lage rund um das Schiff.

4 Systeme mit grafischen Displays: ECDIS, Radar und AIS

b) Konsequenzen für den Brückenbetrieb

AIS-Informationen können als zusätzliches Hilfsmittel auch bei der Entscheidungsfindung in Nahbereichssituationen benutzt werden. Wird AIS im Schiff-Schiff-Verkehr für Zwecke der Kollisionsverhütung verwendet, sollen nachstehende Punkte bedacht werden:

- AIS ist nur eine **zusätzliche** Quelle für Informationen für die Schiffsführung. Es **ersetzt** keine Navigationshilfsmittel wie zum Beispiel die Zielverfolgung mittels Radar, sondern **unterstützt** sie.
- Die Benutzung von AIS entbindet den Wachoffizier nicht von seiner Verantwortung für die jederzeitige Einhaltung der Kollisionsverhütungsregeln.
- Der Benutzer soll sich nicht auf AIS als alleiniges Informationssystem verlassen, sondern sich aller verfügbaren sicherheitsbezogenen Informationen bedienen.
- Die Benutzung von AIS an Bord hat keine besondere Auswirkung auf die Zusammensetzung der Deckswache; vielmehr soll diese nach wie vor nach Maßgabe des *STCW-Übereinkommens* zusammengestellt werden.

4.3.7 Weitere Anwendungen

AIS als Element für Verkehrssicherungsdienste: AIS ist so konzipiert, dass die Schiffe autonom, d.h. ohne Landstation, in einem dynamischen Netzwerk arbeiten können. Eine Landinfrastruktur wird jedoch aufgebaut, um AIS-Informationen in die VTS-Zentralen zu integrieren (Abb. 4.3.7).

Fiktive AIS-Ziele: Verkehrsleitstellen können an Schiffe, die mit AIS ausgerüstet sind, Angaben über solche Schiffe versenden, die selbst nicht mit AIS ausgerüstet sind und die nur vom VTS-Radar verfolgt werden *(VTS-targets)*.

Textmitteilungen *(Binary messages)*: Verkehrsleitstellen können entweder an ein bestimmtes Schiff, an alle Schiffe oder an Schiffe in einer bestimmten Entfernung oder in einem bestimmten Gebiet Kurzmitteilungen versenden. Beispiele: *„METEOROLOGICAL AND HYDROLOGICAL DATA", „DANGEROUS CARGO INDICATION", „FAIRWAY CLOSED", „TIDAL WINDOW", „EXTENDED SHIP STATIC AND VOYAGE RELATED DATA", „NUMBER OF PERSONS ON BOARD",*

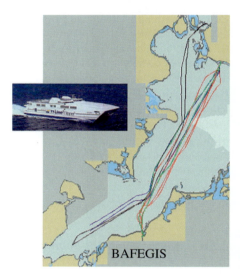

Abb. 4.3.7: *AIS-Tracks* in einer Verkehrszentrale

„VTS TARGETS" (s. o.). So können etwa aktuelle Informationen über Strömungsverhältnisse oder Ort und Zeit von Fahrwassersperrungen auf Schiffe übertragen werden.

AIS bei Such- und Rettungsmaßnahmen (AIS-SART): AIS lässt sich hilfreich bei Such- und Rettungsmaßnahmen einsetzen. Ein *AIS-SART* kann alternativ zu einem *RADAR-SART* verwendet werden. AIS gestattet die unmittelbare Darstellung der Position eines Havaristen auch auf anderen Anzeigemedien wie zum Beispiel auf einem Radarbildschirm oder auf einer elektronischen Seekarte *(ECDIS)*, wodurch die Aufgabe der für die Suche und Rettung eingesetzten Fahrzeuge erleichtert wird.

Schifffahrtzeichen: Wird AIS in bestimmte feste und/oder schwimmende Seezeichen eingebaut, können dem Schiff beispielsweise folgende Angaben übermittelt werden: Position und Zustand des Seezeichens, Angaben zu Gezeiten und Strömungen, Wetterzustand

4.3 Automatic Identification System (AIS)

und Sichtverhältnisse. *AIS* auf Schifffahrtzeichen werden zukünftig Radarbaken (*RACON's*; Kap. 4.2) ersetzen. Die Daten können auch von anderer Stelle, z. B. einer Revierzentrale, gesendet werden, ohne dass ein Schifffahrtzeichen real vorhanden ist *(Virtual targets)*.

AIS Class B für die Sportschifffahrt: Eine zum *Class A AIS* für die Berufsschifffahrt kompatible Variante des *AIS (Class B)* wurde eingeführt, um insbesondere auch der Sportschifffahrt die Nutzung von *AIS* zu ermöglichen. Hauptunterschiede sind

- ein anderes Zugriffsverfahren, das Aussendungen der *Class A AIS* Vorrang gibt,
- die Verwendung hauptsächlich interner Sensoren,
- die Verwendung anderer Meldungstypen und Sendeintervalle (30 s),
- eine geringere Sendeleistung (2W).

4.3.8 Long Range Identification and Tracking (LRIT)

(1) Allgemeines

Als Folge der erhöhten Sicherheitsanforderungen seit dem Jahr 2001 hat die IMO ein System zur weltweiten Identifizierung und Routenverfolgung von Schiffen, das *Long Range Identification and Tracking (LRIT)* in das *SOLAS*-Regelwerk zur Sicherheit der Schifffahrt aufgenommen. *LRIT* dient der Identifizierung von Schiffen außerhalb der *AIS* Reichweite. Jedes Schiff sendet – mittels *Communication Service Provider (CSP)* – in sechsstündigen Intervallen Daten über

- Schiffsidentifikation
- Position
- Zeitpunkt

an ein zugeordnetes Datenzentrum *(LRIT Data Center)* – unter der Zuständigkeit des jeweiligen Flaggenstaates. Die Meldungen der Schiffe unter Europäischen Flaggen werden in einem gemeinsamen, von der *EMSA* betriebenen, EU-Datenzentrum zusammengeführt.

LRIT-Ausrüstung ist grundsätzlich erforderlich für Fahrgastschiffe unabhängig von ihrer Größe sowie Fracht- und sonstige Schiffe >300 BRZ, jeweils in internationaler Fahrt. Die Aufnahme des *LRIT*-Betriebs erfolgt im Jahr 2009. Eine Nichtbeachtung der Ausrüstungsverpflichtung kann zu Anlaufverboten durch Hafenstaaten und Problemen mit Küstenstaaten führen.

(2) *LRIT*-Bordausrüstung

Für *LRIT*-Zwecke kann eigenständige Ausrüstung benutzt oder vorhandene GMDSS-Ausrüstung mitgenutzt werden. Nach momentanem Stand (2009) sind folgende Systeme grundsätzlich hierfür einsetzbar: INMARSAT C (MiniC), INMARSAT D+ und IRIDIUM. Für den Betrieb der *LRIT* Bordkomponente ist kein Eingriff oder Bedienung durch die Besatzung erforderlich.

(3) Nutzung der *LRIT*-Daten

Die ausgesendeten Daten können – anders als beim AIS – nicht von anderen Schiffen oder Landstationen ausgewertet werden. Der Austausch von Daten erfolgt ausschließlich in einem international festgelegten Format zwischen den Datenzentren der jeweiligen Flaggenstaaten nach von der IMO festgelegten Zugriffsrechten. Abfrageberechtigt sind grundsätzlich

- Flaggenstaaten für ihre eigenen Schiffe,
- Küstenstaaten für Schiffe bis zu 1000 nm von ihrer Küste,
- Hafenstaaten für anlaufende Schiffe,
- Seenotrettungsdienste.

Ein berechtigter Nutzer kann auch das Sendeintervall eines Schiffes bis auf 15 Minuten verkürzen. Entstehende Verbindungskosten übernimmt der abfragende Staat.

5 Kurs- und Bahnregelung

5.1 Kursregelung *(Heading control)*
Jürgen Majohr

Die automatische Kursregelung von Schiffen mit Kursregelanlagen – früher auch Selbststeueranlagen oder Autopiloten genannt – gehört zur navigatorischen Standardausrüstung von Seeschiffen. Die Kursregelung *(heading control)* regelt die Vorausrichtung (Kielrichtung) des Schiffes, und zwar

- die Kurshaltung (Festwertkursregelung), d. h. das Einhalten eines (vorgegebenen) Soll-Kurses bei der Einwirkung von Störgrößen infolge von Umgebungseinflüssen (Seegang, Wind und Strömung) und schiffsinternen Einflüssen (Asymmetrie des Schiffskörpers, indirekte Steuerwirkung der Schraube) sowie
- die Ausführung von Kursmanövern (Folgekursregelung), d. h. die Nachführung des Schiffskurses entsprechend vorgegebener Änderungen des Sollkurses, wobei dies durch die Vorgabe und unterlagerte Regelung einer Drehrate *(rate of turn; RoT)* oder eines Drehradius *(radius of turn)* unterstützt werden kann.

Nach *SOLAS* ist für alle Schiffe $\geq 10\,000$ GT und für alle *HSCs* die Ausrüstung mit einem Kurs- oder Bahnregelungssystem vorgeschrieben [3.2.1] [3.2.2].

5.1.1 Wirkungsweise der automatischen Kursregelung und charakteristische Parameter

(1) Wirkungsblockbild der Kursregelung

Der Kursregelkreis setzt sich aus den Teilsystemen Kursregelstrecke (Schiff) und Kursregeleinrichtung zusammen (Abb. 5.1.1).

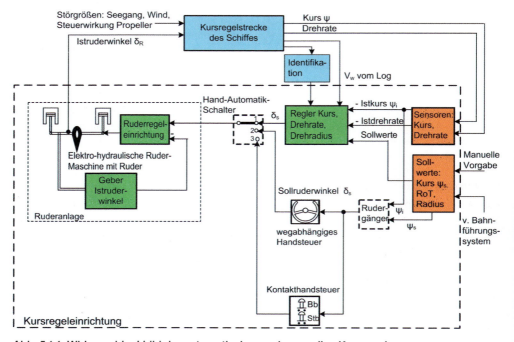

Abb. 5.1.1: Wirkungsblockbild der automatischen und manuellen Kursregelung

5.1 Kursregelung (Heading control)

Kursregelstrecke: Die Kursregelstrecke stellt das geregelte Objekt dar und beinhaltet das Kursverhalten des Schiffes infolge gezielter Ruderauslenkung und unerwünschter Einwirkung äußerer Störgrößen.

Kursregeleinrichtung: Die Kursregeleinrichtung umfasst alle Systemkomponenten (Geräte und Anlagen), die der Regelung des Schiffskurses dienen, d.h. Sensoren für Kurs und Drehrate, Einrichtungen zur Sollwertvorgabe (manuell oder durch ein übergeordnetes Bahnführungssystem; Kap. 5.2), Kursregler und Ruderanlage. Der Kursregler berechnet bei Störeinwirkung oder bei Vorgabe eines neuen Sollkurses die Differenz zwischen dem Sollkurs ψ_S und dem Istkurs ψ_i in Form der Kursabweichung (Regeldifferenz)

$$\psi_d = \psi_S - \psi_i \qquad (5.1.1)$$

Stellgröße Ruder: Zur Ausregelung der Kursabweichung wird über einen Regleralgorithmus, z.B. PID-Regler (s.u.), ein Signal für einen am Ruder einzustellenden Korrekturruderwinkel (Sollruderwinkel δ_S) berechnet. Wenn der Steuerartenwahlschalter (Hand-Automatik-Schalter) in Stellung „Automatik/Kursregler" steht, wird der Sollruderwinkel auf die Ruderanlage geschaltet, die einen entsprechenden Istruderwinkel δ_R einstellt. Die Drehraten- bzw. Drehradiusregelung erfolgt über einen gesonderten, dem Kursregler unterlagerten Reglerblock.

Die Steuerart wird am „Hand-Automatik-Schalter" eingestellt. Für die Handsteuerung sind die folgenden zwei Verfahren üblich:

- **Wegabhängiges Handsteuersystem** *(follow up rudder control; FU)*: Der Sollruderwinkel δ_S wird am Handsteuer vorgegeben und über die Ruderregeleinrichtung (hydraulische Stellventile oder Regelpumpen) und die elektrohydraulische Rudermaschine in Betrag und Seitenlage (Bb, Stb) am Ruderblatt eingestellt. Der Istruderwinkel δ_R wird vom Istruderwinkel-Geber auf den Ruderlageanzeiger (RUZ-Empfänger) übertragen.
- **Zeitabhängiges Handsteuersystem** *(non follow up rudder control; NFU)*: Die Betätigung der Rudermaschine erfolgt direkt durch das Bedienelement (Druckkontakte, Schaltwippen oder Tiller). Die Ruderlage ist von der Dauer der Betätigung des Zeittillers abhängig. Die Nachführung des Istruderwinkels muss am Ruderlageanzeiger verfolgt werden.

Zur Gewährleistung hoher Redundanz der Rudersteuerung sind nach *SOLAS* zwei voneinander unabhängige maschinelle Ruderanlagen und -antriebe vorzusehen, die durch zwei getrennte Rudersteuerungen/Steuerwege (getrennte Kabel und Leitungen) als Haupt- und Reservesteuerweg zu steuern sind, z.B. Weg-Weg-Steuerungen oder Weg-Zeit-Steuerungen, wobei deren Umschaltung mittels eines Steuerwegwahlschalters vorzunehmen ist. Ein automatischer Kursregler kann nur in Verbindung mit einer Wegsteuerung arbeiten.

(2) Modell des Kursverhaltens des Schiffes

a) Mathematisches Modell des Kursverhaltens

Zur Anpassung der Parameter des Kursreglers an die Steuereigenschaften und -parameter des Schiffes ist die Kenntnis eines mathematischen Modells zur Beschreibung des Kursverhaltens des Schiffes in Abhängigkeit von der Ruderauslenkung erforderlich. Das *Nomoto*-Modell beschreibt die Kurshaltung des Schiffes in der Nähe eines geraden Kurses mit konstanter Geschwindigkeit und dynamischer Gierstabilität des Schiffes mit ausreichender Genauigkeit [5.1.1]. Damit wird das Kursverhalten $\psi(t)$ in Abhängigkeit der Ruderauslenkung $\delta_R(t)$ wie folgt dargestellt:

$$T_S \frac{d^2\psi}{dt^2} + \frac{d\psi}{dt} = K_S \delta_R \qquad (5.1.2)$$

5 Kurs- und Bahnregelung

b) Steuerparameter des Schiffes und ihre Identifizierung

Die zwei Steuerparameter K_S und T_S werden am einfachsten mittels eines Kursänderungsmanövers (Anschwenken eines Drehkreises; Abb. 5.1.2) identifiziert. Dabei wird das Handsteuer einer wegabhängig arbeitenden Handsteueranlage *(follow-up-control)* z.B. auf einen Sollruderwinkel $\delta_S = 10°$ Stb ausgelenkt und die als Folge entstehende Kursänderung als Funktion der Zeit $\psi(t)$ registriert. Das Manöver sollte bei der Nominal-(Dienst)geschwindigkeit des Schiffes ausgeführt werden. Eine Ruder-Trimmlage sollte beachtet werden.

Drehfähigkeit K_S: Der Parameter K_S ist ein Maß für die Drehfähigkeit *(turning ability)* des Schiffes. Er gibt an, welche stationäre Drehrate *(rate of turn; RoT)* mit einem definierten Ruderwinkel erreicht wird:

$$K_S = \frac{(\Delta\psi/\Delta t)_{stat}}{\delta_R} = \frac{(RoT)_{stat}}{\delta_R} \quad (5.1.3)$$

K_S wird berechnet, indem an der Kurskurve mit konstanter Steigung (RoT = konst.) der Quotient Kursänderung $\Delta\psi$ zur Zeitänderung Δt ermittelt und auf den auslösenden Ruderwinkel bezogen wird. Im Beispiel ergibt sich: $K_S = 0{,}16/s$.

Schiffszeitkonstante T_S: Der Parameter T_S ist ein Maß für die durch die Schiffsmasse bedingte Trägheit des Schiffes bei einer Kursänderung bis zum Erreichen des stationären Verhaltens der Drehrate. Zur Bestimmung von T_S wird der Teil der Kursfunktion mit konstanter Steigung bis zur Zeitachse verlängert und die Zeit T abgelesen. Die Zeitkonstante T_S bestimmt sich dann – unter Berücksichtigung der Zeitkonstante der Ruderanlage T_δ – zu

$$T_S = T - T_\delta \quad (5.1.4)$$

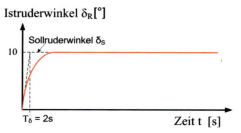

Abb. 5.1.2: Ermittlung der Steuerparameter K_S und T_S des Schiffes

Im Beispiel ergibt sich $T_S = 22$ s. Die Zeitkonstante der Ruderanlage liegt meist in der Größe von $T_\delta = 2$ bis 3 s, sie sollte aber, wenn möglich, messtechnisch an Bord ermittelt werden. Optimal ist, wenn das Kursänderungsmanöver bei geringen äußeren Störungen – bei möglichst ruhiger See und wenig Windeinfluss – ausgeführt wird. Sind Störeinflüsse nicht zu vermeiden, sollten Kursänderungsmanöver nacheinander nach Backbord und Steuerbord erfolgen und der Mittelwert der Steuerparameter gebildet werden.

(3) Veränderung der Steuerparameter und ihre Bestimmung/Identifikation

Einfluss der Schiffsgröße: In Abhängigkeit von der Schiffsgröße (Schiffslänge) variieren die Steuerparameter in einem großen Bereich ($K_S \approx 0{,}02$ bis $0{,}23$ s^{-1}; $T_S \approx 5$ bis 120 s) [3.2.3, 5.1.1].

Beladungseinfluss: Bei der Werftprobefahrt können nur die Steuerparameter für das Schiff im Ballastzustand ermittelt werden. Für andere Beladungsfälle ist die Durchführung von Testmanö-

5.1 Kursregelung (Heading control)

vern meist nicht möglich. Gewisse Abhilfen: Vergleichbare Parameter von Schwesterschiffen, Erfahrungswerte für wenige Beladungsfälle (z. B. mittlere und volle) oder Näherungsrechnung.

Geschwindigkeitseinfluss: Ist die Geschwindigkeit durchs Wasser geringer als die Dienstgeschwindigkeit, ändern sich die Steuerparameter etwa wie folgt [5.1.4]:

$$K_{sr} = K_{sn} \cdot \frac{v_r}{v_n} \qquad T_{sr} = T_{sn} \cdot \frac{v_n}{v_r} \tag{5.1.5}$$

Dabei ist n der Index für Größen bei Nominalgeschwindigkeit, r der Index für Größen bei reduzierter Geschwindigkeit. Mit der Reduzierung der Geschwindigkeit verringert sich also die Drehfähigkeit K_S und vergrößert sich die Schiffszeitkonstante T_S.

Identifikation der Schiffsparameter: Diese Zusammenhänge werden in adaptiven Kursreglern zur automatischen Adaption der Reglerparameter an die Geschwindigkeit genutzt. Die automatische Identifikation der Schiffsparameter – unter Einbeziehung aller Einflussgrößen – erfolgt mit Testsignalen, die den Schiffsbetrieb möglichst wenig stören, z. B. Zick-Zack-Manöver, oder durch Nutzung von Kursänderungsmanövern.

(4) PID-Kursregler

Der PID-Kursregler (mit „Proportional-Integral-Differential"-Übertragungsverhalten) ist eine bewährte Reglerstruktur in Kursregelanlagen, die früher mit analogen Schaltungen, heute in digitalen Kursreglern realisiert wird. Die Anpassung der Reglerparameter an die Steuerparameter des Schiffes ist transparent durchführbar und der PID–Regler ist relativ robust gegenüber den Veränderungen der Steuerparameter. Die Funktionsgleichung des zeitkontinuierlichen PID-Kursreglers lautet

$$\delta_S(t) = K_P \psi_d + K_D \frac{d\psi_d(t)}{dt} + K_I \int \psi_d(t) dt = K_P \left(\psi_d + T_V \frac{d\psi_d(t)}{dt} + \frac{1}{T_N} \int \psi_d(t)\, dt \right) \tag{5.1.6}$$

Danach setzt sich der Sollruderwinkel (Korrekturruderwinkel) δ_S zur Ansteuerung der Ruderanlage summativ aus den folgenden Anteilen zusammen:

Proportional-(P-)Anteil: Der P-Anteil ist der Größe der momentanen Kursabweichung ψ_d (Gl. 5.1.1) proportional. Der Einstellparameter K_P wird in Kursreglern auch mit dem Begriff „Ruder" oder „Rudergröße" bezeichnet.

Differential-(D-)Anteil: Der D-Anteil entspricht dem zeitlichen Differential der Kursabweichung, d. h. der momentanen Drehrate. Der Einstellparameter K_D (bzw. $T_V = K_D/K_P$) wird „Stützruder" oder „Gegenruder" genannt. Durch den D-Anteil wird beim Einlaufen des Istkurses in den Sollkurs ein Überschwingen verhindert und ein aperiodischer (stabiler) Einlauf gewährleistet.

Integral-(I-)Anteil: Der I-Anteil ist dem zeitlichen Integral der Kursabweichung proportional. Der Einstellparameter K_I (bzw. $T_N = K_P/K_I$) wird „Dauerruder" oder „Rudertrimm" genannt. Der I-Anteil kompensiert konstante Stördrehmomente um die Hochachse des Schiffes, z. B. infolge stationären Seitenwinds, rauer See und indirekter Steuerwirkung eines Einschraubenschiffs, indem er einen konstanten Ruderwinkel (Dauerruder) einstellt. Dabei wird eine bleibende Kursabweichung vermieden.

(5) Anpassung der PID-Reglerparameter an die Steuerparameter des Schiffes

An die Schiffsparameter (K_S, T_S) sind die Reglerparameter (Ruder, Stützruder, Dauerruder) so anzupassen, dass Einregelvorgänge (Einschwingen auf den neuen Kurs) aperiodisch oder mit einer nur geringen Überschwingweite erfolgen. Die Veränderung der Parameter wird entweder vom Wachoffizier manuell mit den Einstellgrößen „Ruder", „Stützruder" und „Dauerruder" oder

5 Kurs- und Bahnregelung

automatisch adaptiv vorgenommen. So sollte bei einer Änderung des Sollkurses um 20° der Wert des Überschwingens nicht größer als 2° sein (10%) [5.1.2]. Die folgenden Regeln können zur Anpassung der Reglerparameter an die Schiffsparameter genutzt werden [3.2.3]:

Stützruder, Vorhaltzeit: Zum Verhindern des Überschwingens bei einer Kursänderung wird die Vorhaltzeit T_V des Reglers (Parameter „Stützruder") etwa gleich der Verzögerungszeitkonstante T_S des Schiffes gesetzt.

Ruder, Proportionalfaktor: Eine vorgegebene Überschwingweite Δh steht mit dem Dämpfungsgrad D der Kursregelung durch die Beziehung

$$\Delta h /\% = \exp(-\pi D/\sqrt{1-D^2}) \cdot 100 \tag{5.1.7}$$

in direktem Zusammenhang. Beispiel: Eine Überschwingweite von $\Delta h = 7\%$ entspricht einem Dämpfungsgrad von $D = 0{,}65$. Mit dem D-Wert wird dann der Proportionalfaktor K_P des Reglers (Parameter „Ruder") – in Anpassung an den Schiffsparameter K_S und die Ruderzeitkonstante T_δ – nach der folgenden Beziehung bestimmt

$$K_P = \frac{1}{4 K_S D^2 T_\delta} \tag{5.1.8}$$

Beispiel: Ausgehend von einem Dämpfungsgrad $D = 0{,}65$ ergibt sich bei einer Drehfähigkeit des Schiffes von $K_S = 0{,}1$ s^{-1} und der Ruderzeitkonstante $T_\delta = 2{,}5$ s ein Proportionalfaktor des Reglers von etwa $K_P = 2{,}4$.

Dauerruder, Nachstellzeit: Da sich die Störsituation bei stationärem Windeinfluss – außer bei einer Kursänderung – nur langsam verändert, kann der I-Anteil gegenüber den P- und D-Anteilen sehr klein gehalten werden (T_N groß), sodass er auf Grund seiner phasennacheilenden Wirkung das dynamische Regelverhalten praktisch nicht nachteilig beeinflusst. Häufig wird bei Kursreglern bei Änderung des Sollkurses über eine bestimmte Größe der I-Anteil ab- und erst nach Beendigung der Kursänderung wieder zugeschaltet.

(6) Gierfilter zur Reduzierung der Ruderbewegungen bei Seegangsgieren des Schiffes

Schnelle Kursbewegungen des Schiffes (durch Seegangsgieren und instationären Wind) mit Perioden im Bereich der Wellenperioden von 5 bis 15 s können wegen der Trägheit des Schiffes nicht oder nur teilweise durch Ruderauslenkungen ausgeregelt werden. Das Seegangsgieren führt lediglich zu häufigen und großen Ruderauslenkungen und damit zu unerwünschter Widerstandserhöhung des Schiffes, Treibstoffverlusten und starker Belastung der Rudermaschine.

Gierfilter: Seegangsgiersignale werden deshalb mittels frequenzabhängig arbeitender Tiefpassfilter (Gierfilter) gedämpft bzw. teilweise eliminiert. Wegen der sich häufig ändernden Seegangsbedingungen werden adaptive Filterlösungen angewandt, bei denen sich der Parameter „Wetter" bzw. „Gierlose" selbsttätig an die Seegangsbedingungen anpasst. Als Beispiel einer effektiven Gierfilterlösung zeigt Abb. 5.1.3 ein adaptives, nichtlineares NL-Filter [5.1.3]. Dabei sind ein Tiefpassfilter, das auf die Frequenz des Seegangsgiersignals anspricht, und eine Unempfindlichkeitszone (Gierlose, Totzone), angepasst an die Amplitude des Seegangsgiersignals, kombiniert. Niederfrequente Nutzsignale können das NL-Filter praktisch ungedämpft passieren.

Praxis: Der Vergleich der PID-Kursregelung mit und ohne NL-Filter (Abb. 5.1.4) zeigt, dass sich ohne Gierfilter unerwünschte, große und häufig auftretende Auslenkamplituden des Ruders über 10° nach beiden Seiten einstellen, während durch die Wirkung des adaptiven NL-Filters das Ruderlageverhalten sich sehr stark beruhigt, ohne dass die Kurshaltung verschlechtert wird. Das Ruder bleibt über längere Zeit auf einer konstanten Dauerruderlage von etwa 3°

5.1 Kursregelung (Heading control)

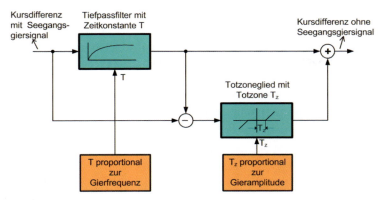

Abb. 5.1.3: Adaptives nichtlineares Tiefpass-Filter [5.1.3]

stehen – eingestellt durch den I-Anteil des Kursreglers – und korrigiert mit kleinen, kurzzeitigen Ruderauslenkungen nur größere Kursabweichungen. Eine Alternative für eine verbesserte Dämpfung des Seegangsgiersignals besteht im Einsatz eines Kalman-Filters.

Zu beachten: Für eine effektive Nutzung des Kursreglers kommen zu den Einstellparametern „Ruder", „Stützruder" und „Dauerruder" ein (oder mehrere) Einstellparameter „Wetter" bzw. „Gierlose" hinzu.

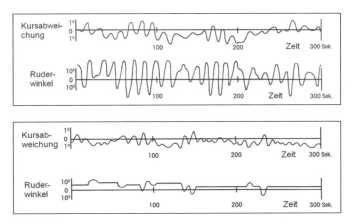

Abb. 5.1.4: Kurs- und Ruderverhalten im automatischen Betrieb ohne (oben) und mit (unten) Seegangsfilter [5.1.3]

5.1.2 Betriebsarten und Bedienung von Kursreglern

Die folgenden Bedienoperationen und -parameter sind typisch für Kursregler und sind – wenn auch in unterschiedlicher Ausführung – bei den meisten Typen wiederzufinden.

(1) Betriebsarten
- **Automatische Kursregelung:** Grundbetriebsart, gewählt mit Hand-Automatik-Schalter,
- **Drehraten- oder Radiusregelung:** Unterstützung von automatischen Kursänderungen,
- **Automatische Bahnführung:** Ggf. Kopplung des Kursreglers an ein Bahnführungssystem,

5 Kurs- und Bahnregelung

- **Override Tiller:** Schneller manueller Zugriff auf die Ruderanlage bei Kursreglerbetrieb in Gefahrensituationen (mit Zeitsteuerung sowie optischer und akustischer Anzeige).

  Zu beachten: Die Rückschaltung auf den Kursregler erfolgt in der Regel nicht selbsttätig, außer wenn die Sollkursvorwahl des Kursreglers nachgeführt wird.

(2) Auswahl der Sensoren und Eingangsgrößen

Kurs: Auswahl und Anzeige des benutzten Kurssensors (Kursmonitoring)

Fahrt durchs Wasser: Manuelle oder automatische Eingabe für die Parameteradaption

Drehkreisradius: Berechnung aus der gemessenen Drehrate und der FdW (bei Drehradiusregelung)

(3) Einstellung der Reglerparameter „Ruder", „Stützruder", „Rudertrimm", „Wetter"

Es gibt – je nach Anlagenkonfiguration – die folgenden Lösungswege, wobei die Grenzen zwischen den Lösungen häufig fließend sind.

„Manuelle Einstellung: Die konventionelle manuelle (empirische) Einstellung ist meist nur noch auf Alttonnage-Schiffen auszuführen. Sie ermöglicht lediglich eine suboptimale Einstellung der Kursregelung.

- **„Ruder" und „Stützruder":** Die Parameter werden so eingestellt, dass eine Kursänderung oder eine Störgrößenausregelung möglichst schnell und ohne wesentliches Überschwingen erfolgt, wozu die Gln. 5.1.7 und 5.1.8 Einstellhinweise geben (ggf. ist das Bedienungshandbuch hinzuzuziehen). Eine zu hohe Einstellung des „Stützruders" führt bei Geradeausfahrt und Seegangsgierung zu einer unerwünschten Anzahl von größeren Ruderauslenkungen, ohne die Kursabweichungen merklich zu vermindern.
- **„Rudertrimm":** Der Parameter, der zur Ausregelung langsam veränderlicher, unsymmetrischer Störeinflüsse (vorwiegend Seitenwind) dient, wird eher klein eingestellt, um die Kurshaltung nicht zu verschlechtern. Bei Kursänderungen und kurvenreichen Fahrtabläufen ist der „Rudertrimm" auszuschalten.
- **„Wetter/Gieren":** Bei periodischen Kursabweichungen durch stärkeres Seegangsgieren ist die Gierfreiheit (Gierlose) heraufzusetzen, um die Ruderanlage zu schonen und eine Erhöhung des Treibstoffverbrauchs zu vermeiden, zumal das Gieren durch die Parametereinstellung ohnehin kaum beeinflusst werden kann. Generell ist der Parameter „Wetter" so zu wählen, dass sich ein Kompromiss zwischen der Häufigkeit und Größe der Ruderauslenkungen und der mittleren Kursabweichung ergibt.

Halbautomatische (programmierte) Adaption: Für wenige, ausgewählte Beladungsfälle wird eine „Look-up"-Tabelle der zugehörigen Steuerparametersätze programmiert. Entsprechend der manuellen Wahl des Beladungsfalles durch den Nutzer nimmt der Regleralgorithmus die Adaption von voreingestellten Reglerparametersätzen vor.

Vollautomatische Adaption: Für die automatische Adaption der Reglerparameter wird die Abhängigkeit der Steuerparameter von der FdW (Gl. 5.1.5) oder die automatische Identifikation der Steuerparameter genutzt. Die Geschwindigkeitsadaption ist beim Einsatz von Kursreglern auf *HSCs* mit einem großen Geschwindigkeitsbereich besonders empfehlenswert.

Wahl der Gütekriterien „Ökonomie" oder „Präzision": Durch das Gütekriterium „Ökonomie" erfolgt die Kursregelung mit kleinen Ruderauslenkungen zur Reduzierung des Treibstoffverbrauchs und noch akzeptabler Kursabweichung, während im Modus „Präzision" eine präzise Kurshaltung – erzielt durch größere Ruderauslenkungen – gewährleistet ist. Das Gütekriterium „Ökonomie" sollte bei der Fahrt in freier See und bei Seegangseinfluss, das Gütekriterium „Präzision" für die Fahrt in küstennahen Revieren und auf Zwangswegen gewählt werden.

(4) Einstellung von Begrenzungen/Alarmen

Ruderwinkelbegrenzung *(rudder limit)*: Einstellung einer Begrenzung des Ruderwinkels für eine ökonomische Fahrweise.

Kursabweichungsalarm *(off heading alarm)*: Einstellung des Grenzwertes für die Abweichung des anliegenden Kurses vom Sollkurs (mindestens im Bereich 5° bis 15° einstellbar).

Kursüberwachungsalarm: Einstellung des Grenzwertes für die Abweichung des gerade benutzten Kurssensors von einem zweiten Kurssensor (mindestens im Bereich 5° bis 15° einstellbar).

Weitere Alarme treten bei einer Störung der Stromversorgung des Kursreglers oder des Kursmonitors und bei Fehlfunktionen des Kursreglers auf.

5.1.3 Leistungsmerkmale und -grenzen der automatischen Kursregelung

(1) Leistungsmerkmale

Bei ruhiger See und Abwesenheit von Störungen soll der Mittelwert der Differenzen zwischen Sollkurs und gesteuertem Kurs innerhalb von ±1° und die maximale Einzelabweichung innerhalb von 1,5° liegen [5.1.4]. Die meisten Kursregelanlagen überbieten diese Genauigkeitsanforderung und halten die genannten Toleranzen auch bei mittleren Seegangsbedingungen ein (Abb. 5.1.4). Durch adaptive Lösungen – insbesondere adaptive Gierfilter – und die Wahl des Gütekriteriums „Ökonomie" kann der Treibstoffverbrauch in der Größenordnung von mehreren Prozenten reduziert werden. Bei der Umschaltung vom Kreiselkompass auf einen Magnetkompass – mit Schleppfehler und Schwingneigung – können sich die Kursabweichungen vergrößern.

(2) Grenzen der automatischen Kursregelung

In die automatische Kursregelung wird häufig zu großes Vertrauen gesetzt. Nach *SOLAS* dürfen Kursregelungs- und Bahnregelungssysteme in Seegebieten mit hoher Verkehrsdichte, bei eingeschränkten Sichtverhältnissen und in allen sonstigen gefährlichen Navigationssituationen nur dann genutzt werden, wenn es möglich ist, sofort auf Handsteuerbetrieb überzugehen und ein befähigter Rudergänger dafür zur Verfügung steht [5.1.5]. Durch die unprofessionelle Nutzung von Kursreglern kam es in der Vergangenheit zu Kollisionen und Strandungen.

Zu beachten:

- Die Nutzung eines Kursreglers befreit nicht von der Besetzung des Ausgucks.
- In begrenzten Gewässern muss jemand für die Handsteuerung zur Verfügung stehen.
- Wachoffiziere müssen die Prozeduren bei der Umschaltung von Kursregler- auf Handsteuerbetrieb sowie der Umschaltung von Steuerständen beherrschen.
- Bei zu geringer Geschwindigkeit und/oder in schwerer See ist zu beachten, dass die automatische Kursregelung prinzipbedingt möglicherweise nicht in der Lage ist, die Kurshaltung mit der erforderlichen Genauigkeit zu gewährleisten, d. h. es ist auf Handsteuerbetrieb umzuschalten.
- Die oben genannten vorteilhaften Aspekte der automatischen Kursregelung (Genauigkeit, Ökonomie) können nur genutzt werden, wenn bei Kursreglern mit manueller Einstellung von Regler- und Filterparametern diese an die Schiffsgeschwindigkeit, die Beladung des Schiffes und die Seegangsbedingungen richtig angepasst werden.

5.2 Bahnregelung *(Track control)*
Jürgen Majohr

Systeme der Bahnregelung dienen zur automatischen Führung des Schiffes auf vorgeplanten Bahnen über Grund *(tracks)*. Nach *SOLAS* ist für alle Schiffe $\geq 10\,000$ GT und für alle *HSCs* die Ausrüstung mit einem Kurs- oder Bahnregelungssystem vorgeschrieben [3.2.1, 3.2.2]. Die Leistungsanforderungen werden in der *IMO-Resolution MSC.74 (69)* formuliert [5.2.1].

5.2.1 Wirkungsweise der automatischen Bahnregelung und charakteristische Parameter

(1) Grundprinzip der automatischen Bahnregelung

Das grundsätzliche Wirkungsprinzip der Bahnregelung geht aus dem Blockbild (Abb. 5.2.1) hervor, wobei die folgenden Hauptkomponenten zu unterscheiden sind:

Bahnplanung: Bei der Vorplanung des vorgesehenen Reiseweges (Sollbahn, Route), der automatisch verfolgt werden soll, wird die Sollbahn über Grund in der Regel durch eine Sequenz von geradlinigen Bahnabschnitten *(legs)* zwischen Wegpunkten *(waypoints, WPTs)* approximiert, die in geografischen Koordinaten angegeben werden. Dabei können Bahnabschnitte sowohl auf der Loxodromen mit konstanten Kursen als auch auf dem Großkreis mit veränderlichen Kursen geplant werden. Für gekrümmte Bahnabschnitte an den Wegpunkten werden Solldrehraten oder Sollradien für die Bahn-/Kursänderungsmanöver vorgegeben. Weiterhin können der Sollkurs für eine unterlagerte Kursregelung und die Sollfahrt für eine optionale Fahrtregelung – zur Einhaltung eines Zeitregimes beim Fahren auf der Sollbahn und das zeitliche Erreichen eines Zielortes – eingestellt werden. Die Vorgabe der Sollwerte für die Bahnplanung kann auch durch Laden von Wegpunkt- oder Sollbahndaten von externen Eingabegeräten *(ECDIS/*Kap. 4.1, Radar/Kap. 4.2) erfolgen.

Sensoren: Zu den Sensorsystemen gehören ein oder mehrere elektronische Positionssensoren *(Differential (D)-GPS)* zur Erfassung der Abweichungen der Schiffsposition von der Sollbahn in Größe und Richtung. Weiterhin sind ein Kreiselkompass und Sensoren zur Messung der Drehrate und der Fahrt vorgesehen.

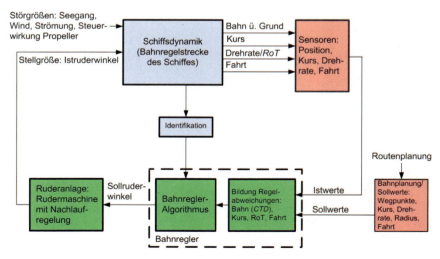

Abb. 5.2.1: Wirkungsblockbild der Bahnregelung

5.2 Bahnregelung (Track control)

Bahnregler: Der Bahnregler berechnet – ausgehend von den Istpositionsdaten – die im Fall einer Störeinwirkung (Seegang, Seitenwind, Strömung) entstehende Querabweichung von der Sollbahn *(cross track distance; CTD)*. Zu deren Ausregelung wird über den Bahnregleralgorithmus ein Sollruderwinkelsignal für einen am Ruder einzustellenden Korrekturruderwinkel ermittelt. Weitere Regelabweichungen werden aus den Soll- und Istwerten von Drehrate, Drehradius, Kurs und Fahrt gebildet, die gesonderte Regleralgorithmen ansteuern.

Ruderanlage: Über die als Folgeregelung *(follow up control)* arbeitende Ruderanlage wird ein dem Sollruderwinkel entsprechender Istruderwinkel am Ruderblatt bzw. eine entsprechende Stellgröße einer Manövriereinrichtung *(AziPod*, Strahlruder, etc.) eingestellt.

(2) Klassen von Bahnregelungssystemen

Die folgenden drei Klassen von Bahnregelungssystemen werden unterschieden:

Kategorie A: Die Bahnregelung erfolgt nur entlang eines oder mehrerer geplanter gerader Bahnabschnitte. Die Bahnwechselmanöver müssen extern ausgeführt werden, z.B. mittels Handsteuerung oder Kursregelung *(heading control*, Kap. 5.1).

Kategorie B: Die Bahnregelung wird entlang der geplanten geraden Bahnabschnitte vorgenommen. Die Bahnwechselmanöver *(assisted turns)* werden mittels Regelung einer vorgegebenen Drehrate oder eines Drehradius auf der Basis der Istwerte dieser Größen – aber nicht ausgehend von den Positionen des Schiffes – ausgeführt.

Kategorie C: Die Bahnregelung erfolgt sowohl auf den geplanten geraden Bahnabschnitten als auch auf gekrümmten Bahnabschnitten auf der Basis der Querablage, d.h. der Istpositionen des Schiffes *(full track control)*.

(3) Bahnregelung mit unterlagerter Kursregelung (Kaskaden-Bahnregelung)

Das Bahnregelungssystem kann in Form einer Regelungskaskade aus dem eigentlichen Bahnregler und einem nachgeschalteten Kursregler – mit unterlagertem Drehratenregler – bestehen. Der Bahnregler wirkt dann nicht direkt auf die Ruderanlage, sondern übergibt an den Kursregler einen zu steuernden Sollkurs, der über die Ruderanlage den Schiffskurs entsprechend einregelt. Es können der Kompasskurs oder – bei Nutzung eines Zweikomponentenlogs zur Ermittlung der Drift – der Kurs über Grund geregelt werden. Kursabweichungen infolge sich schnell ändernder Störeinflüsse (Seegang, instationärer Wind) werden unmittelbar durch den inneren Kursregelkreis ausgeregelt, so dass sich diese kaum als Bahnabweichungen auswirken. Dem Bahnregleralgorithmus – z.B. ein Proportional-Integral-(PI-)Regler – obliegt lediglich die Ausregelung der langsam veränderlichen Driftabweichungen des Schiffes, die z.B. infolge Meeresströmungen entstehen. Der Bahnregelungsprozess ist für den Bediener transparent: Bei einer Störung – z.B. durch Ausfall oder Fehler des Positionssensors (bemerkbar durch Positionsmonitoring, Tabelle 5.2.1) – wird manuell oder automatisch auf Kursregelungsbetrieb umgeschaltet (Rückfallposition, Kap. 5.2.2).

5.2.2 Betriebsarten und Bedienung von Bahnregelungssystemen

(1) Betriebsarten des Bahnregelungssystems

Bei Bahnregelungssystemen mit Kaskadenstruktur können in der Regel die folgenden Betriebsarten (Modi) gewählt werden:

Regelung Kompasskurs *(Heading mode)*: Das Bahnregelungssystem arbeitet als Kursregelsystem (Kap. 5.1). Es erfolgt keine Berücksichtigung des Driftwinkels (Abb. 5.2.2). Wind- und Stromeinflüsse müssen gegebenenfalls manuell durch entsprechende Beschickung des Sollkurses berücksichtigt werden. Kursänderungsmanöver können mittels Dreh-

5 Kurs- und Bahnregelung

raten- oder Drehradiusregelung ausgeführt werden.

Regelung KüG *(CoG mode)*: Ist der Driftwinkel verfügbar, z. B. von einem Zweikomponenten-Dopplerlog in der Betriebsart *bottom track* (Kap. 3.3.3) oder einem Satellitenlog (Kap. 3.3.5), kann der Kurs des Schiffes in Richtung der Sollbahn über Grund geführt werden – inklusive Kompensation von Wind und Strom (Abb. 5.2.2).

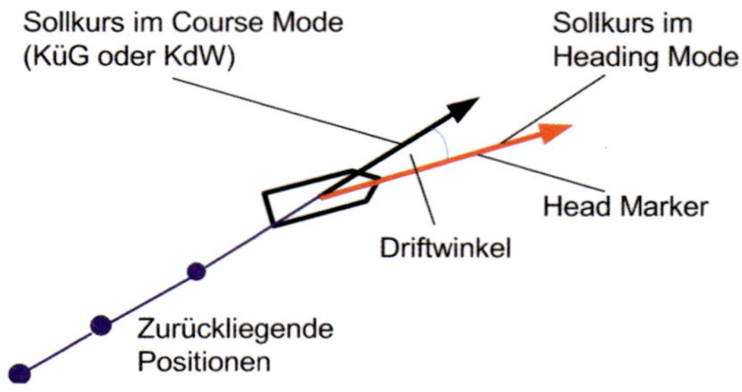

Abb. 5.2.2: Betriebsarten *Heading mode* und *CoG mode*

Regelung Bahn über Grund *(Track control)*: Das Schiff wird automatisch auf einer geplanten Bahn über Grund (Sollbahn) geführt.

(2) Einstellung der Parameter, Alarme und Anzeigen der Bahnregelung

Bevor mit Bahnregelung gefahren werden kann, sind in der Regel die Parameter sowie die Grenzwerte für Alarme und Anzeigen nach Tabelle 5.2.1 einzustellen. Abb. 5.2.3 verdeutlicht Parameter und Grenzwerte für Alarme und Ankündigungen. Man unterscheidet

- den zuletzt passierten WPT *(FROM WAYPOINT)*,
- den vor dem Schiff liegenden WPT *(TO WAYPOINT)* und
- den danach folgenden WPT *(NEXT WAYPOINT)*

Parameter	Erläuterung
Beladung	Anpassung an Beladungsbedingungen (Kap. 5.1)
Ökonomie, Präzision	Steuerverhalten für ökonomische oder präzise Steuerung (Kap. 5.1)
Wetter/Gieren	Anpassung Gierfilter an Wetterbedingungen (Kap. 5.1)
Ruderbegrenzung *(rudder limit)*	Maximale Ruderlage für Bahnregelung
Grenzwert-Alarme	Bei Überschreitung eines eingestellten Grenzwertes *(limit)*
– Positionssensor-Überwachung	– zwischen aktivem (primärem) und sekundärem Positionssensor
– Kurssensor-Überwachung	– zwischen aktivem (primären) und sekundärem Kurssensor
– Bahnabweichung	– zwischen aktueller Position und Sollbahn *(CTD limit)*
– Kursabweichung	– zwischen aktuellem Steuerkurs *(heading)* und Sollbahnkurs *(off course limit)*
– Mindestgeschwindigkeit	– für die minimale Manövriergeschwindigkeit
– Bahn-Ende	Auslösung 1 bis 5 min vor Passieren des letzten Wegpunkts
– Bahnregelung gestoppt	Ausfall des Bahnregelungssystems
Anzeigen/Ankündigungen	
Frühzeitige Ankündigung einer Kursänderung *(early course change indication; ECC)*	Maximal 5 min, minimal 1 min vor einer Kursänderung am Ruderlegepunkt *(wheel over point; WOP)* oder Ruderlegelinie *(wheel over line; WOL)*
Aktuelle Ankündigung einer Kursänderung *(actual course change indication; ACC)*	Unmittelbar vor Beginn (30 s bis 1 min) der Kursänderung am *WOP*

Tabelle 5.2.1: Parameter und Grenzwerte für Alarme und Ankündigungen bei der Bahnregelung

5.2 Bahnregelung (Track control)

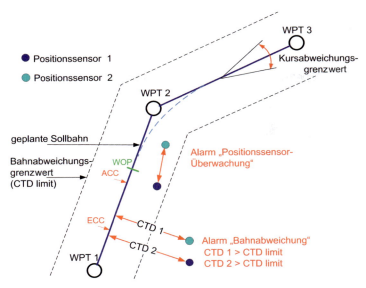

Abb. 5.2.3: Bezeichnungen, Grenzwerte und Alarme: WPT (Wegpunkt), WOP (Ruderlegepunkt), ECC (Frühzeitige Ankündigung einer Kursänderung), ACC (Aktuelle Ankündigung einer Kursänderung); CTD *(Cross track distance)*

(3) Start der Bahnregelung

Die geplante Sollbahn ist manuell an dem für die Bahnplanung verwendeten Eingabegerät (*ECDIS*, Radargerät, INS) als „aktivierte Sollbahn" aufzurufen. Die Aktivierung setzt voraus, dass die Bahn durch den Nutzer auf Plausibilität und Korrektheit der geometrischen und schiffsabhängigen Grenzwerte überprüft wurde. Für ein sicheres Annäherungsmanöver an die aktivierte Sollbahn (Abb. 5.2.4)

- muss die Schiffsposition in einem Kanal – rechts und links von der Sollbahn – mit der Breite einer bestimmten „Bahnabweichungsgrenze" liegen (s. Anlagendokumentation),
- darf eine bestimmte „Kursabweichungsgrenze" zwischen dem Steuerkurs *(heading)* und dem Sollbahnkurs nicht überschritten werden,
- muss das Schiff ausreichend manövrierfähig sein.

Sind diese Startbedingungen erfüllt, kann der eigentliche Start der Bahnregelung erfolgen, wobei der Nautiker die Ansteuerung der Sollbahn initiiert über

- die Auswahl des anzusteuernden *TO WAYPOINT* oder eines Bahnabschnittes auf der aktivierten Sollbahn und
- die Festlegung einer temporären Bahn (a oder b in Abb. 5.2.4).

(4) Bahnregelung auf der aktivierten Sollbahn

Nachdem der Startvorgang erfolgreich abgeschlossen ist, wird das Schiff automatisch auf der „aktivierten Sollbahn" geführt (Abb. 5.2.4). Nähert sich das Schiff dem nächsten *WOP*, erfolgt bei der vorgewählten Zeit (z. B. 5 min) die *ECC*-Ankündigung, die zu quittieren ist. Die kurz vor Erreichen des *WOP* (z. B. vorgewählt 30 s) erfolgende *ACC*-Ankündigung ist ebenfalls zu bestätigen. Ist der *WOP* erreicht, erfolgt die automatische Ausführung des Kursänderungsmanövers des Schiffes entsprechend einer vorgegebenen Soll-Drehrate bzw. einem Soll-Drehradius oder bei *full track control* positionsgesteuert.

5 Kurs- und Bahnregelung

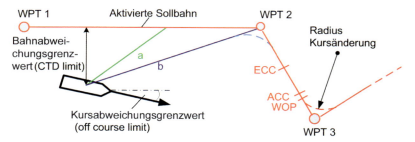

Abb. 5.2.4: Start der Bahnregelung und Bahnverfolgung: Die Bahnen a und b sind mögliche Ansteuerungswege

Zu beachten: Die geplante Kursänderung wird durch das Bahnregelungssystem auch ohne Quittierung der *ECC*-Ankündigung ausgeführt, da die Bahnregelung grundsätzlich – solange keine Störungsmeldungen erfolgen – die geplante aktivierte Sollbahn einhält. Bei nicht erfolgender Bestätigung der *ACC*-Ankündigung durch den Wachoffizier innerhalb 30 s nach WOP erfolgt Auslösung des *back up navigator alarm*, d.h. ein durch den Kapitän für die Rufbereitschaft eingeteilter Offizier muss auf der Brücke Hilfestellung geben. Soll das Manöver nicht wie geplant ausgeführt werden, muss der Bahnregelungsmodus abgeschaltet und auf Handsteuer- oder Kursregelungsbetrieb übergegangen werden.

(5) Datenanzeige

Durch die Darstellung der folgenden Größen im Bahnregelungsdisplay und/oder zentralen Datendisplay eines INS (Kap. 6.1) kann der Bahnführungsprozess anschaulich überwacht werden (Abb. 5.2.5). Typischerweise werden folgende Werte angezeigt:

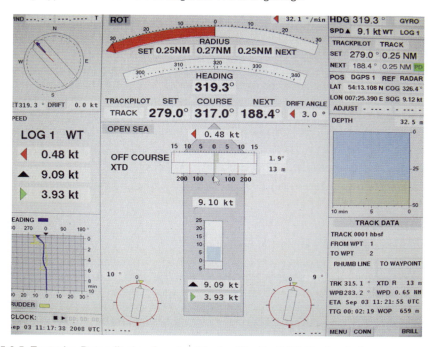

Abb. 5.2.5: Zentrales Datendisplay-Conning Display (Quelle: *SAM Electronics*)

5.2 Bahnregelung (Track control)

- **Kurs:** *Heading*, Kurs über Grund *(COG)* oder Kurs durchs Wasser *(CTW)*, Kursabweichung *(OFF COURSE)*, *ROT*, Radius, Kursabweichungsgrenzen *(off course limit*; durch rote Linien markiert);
- **Position:** Querablage *(XTD* oder auch *CTD)*, Bahnabweichungsgrenzen *(XTD limit*; durch rote Linien an *XTD*-Anzeige markiert, bei deren Überschreitung roter Balken);
- **Track-Daten:** Kurs über Grund *(SET)* nach dem *FROM WPT* und Kurs über Grund *(NEXT)* nach dem *TO WAYPOINT*;
- **WPT-Daten:** Peilung *(Way Point Bearing; WPB)*, Abstand *(Way Point Distance; WPD)* und voraussichtliche Fahrtzeit *(TTG)* zum *TO WAYPOINT*;
- **Geschwindigkeit:** Längs- und Quergeschwindigkeit (vorn und achtern; eingespeist von Dopplerlog), Driftwinkel;
- **Weitere Daten:** Istruderwinkel, Wassertiefe unter Kiel, Wind, etc. .

Durch die Verwendung der ECDIS-Funktion *path prediction* (Kap. 4.1) kann eine Vorhersage der Position und Lage des Schiffes in einem begrenzten Zeitraum (1 bis 4 min) erfolgen.

Zwischen 1 min und 5 min vor dem Passieren des letzten Wegpunktes der aktiven Sollbahn wird der Alarm „Bahn-Ende" ausgelöst. Das Bahnregelungssystem folgt dann – bis zur Übernahme durch den Nutzer – dem Bahnverlauf des letzten Bahnabschnittes oder behält den Kurs *(heading)* des letzten Bahnabschnitts bei (siehe Anlagendokumentation). Erfolgt keine Bestätigung des Alarms innerhalb von 30 s, wird der Hilfsnavigator-Alarm *(back up navigator alarm)* ausgelöst.

(6) Routenmodifikation (Änderung von Wegpunkten)

Während eine aktivierte Sollbahn *(primary track)* verfolgt wird, dürfen der *FROM*, *TO* und *NEXT WAYPOINT* sowie deren Begleitdaten (Drehrate, Drehradius) nicht geändert werden. An einer Kopie der geplanten Route *(secondary track)* können jedoch Modifikationen vorgenommen werden, z. B. wenn einem Hindernis ausgewichen werden muss. Anschließend ist die modifizierte Route (gültig ab dem *TO WAYPOINT*) für die Bahnregelung zu aktivieren. Dabei sind die Startanforderungen nach Pkt. (3) einzuhalten.

(7) *Override*-Funktion

Der Bahnreglerbetrieb kann jederzeit mittels *Override*-Einrichtung beendet werden, um auf Kursreglerbetrieb (dann Sollkursvorgabe!) oder Handsteuerbetrieb überzugehen.

(8) Manuelle Umschaltung von Bahnregelungs- auf Kursregelungsbetrieb

Bei Umschaltung in den Kursreglerbetrieb wird der aktuelle Kurs *(heading)* als Sollkurs übernommen. Ein gerade ausgeführtes Kursänderungsmanöver wird fortgesetzt und der KüG des nächsten geradlinigen Bahnabschnitts als Sollkurs übernommen.

(9) Manuelle Umschaltung von Bahnregelungsbetrieb auf manuelle Steuerung

Die Umschaltung ist bei jedem Ruderwinkel möglich.

Zu beachten: Bei den Umschaltvorgängen nach Pkt. (6, 7, 8) kann die Rückkehr zur automatischen Bahnregelung nur durch den Wachoffizier bei Beachtung der Startbedingungen Pkt. (3) erfolgen.

(10) Rückfallpositionen *(fall back arrangements)*

Eine Rückfallposition gewährleistet bei Ausfall der Bahnregelung (Alarm „Bahnregelung gestoppt") oder des Positionssensors einheitliche und sichere Systemzustände. Es wird automatisch auf Kursregelung *(heading control)* umgeschaltet und zwar

- auf geradem Bahnabschnitt mit Übernahme des aktuellen Kurses als Sollkurs,

5 Kurs- und Bahnregelung

– auf gekrümmtem Bahnabschnitt durch Fortsetzung der Kursänderung und anschließende Übernahme des KüG des nächsten geraden Bahnabschnitts als Sollkurs.

Zu weiteren Rückfallpositionen sei auf den zutreffenden Standard [5.2.1] verwiesen.

5.2.3 Leistungen und Leistungsgrenzen

(1) Leistungsmerkmale

In den Testszenarien für die Prüfung von Bahnregelungssystemen darf auf einem geraden Bahnabschnitt eine Bahnabweichung von 50 m nicht überschritten werden. Wie Praxisergebnisse zeigen, wird mit einem gut parametrisierten Bahnregler und *DGPS*-Positionsempfänger bei mittlerer Störungseinwirkung durch Seegang und Wind ein Schiff mit einer mittleren Querabweichung von etwa 10 bis 20 m – d. h. etwa der halben Schiffsbreite – bezüglich der Sollbahn geführt.

(2) Abhängigkeit von der Positionsbestimmung

Mögliche Fehler eines verwendeten Satellitenortungsempfängers (Kap. 4.1) wirken sich voll auf die Größe der Bahnabweichung der Bahnregelung aus. Die tatsächliche Schiffsposition wird somit in der Größenordnung des Positionsfehlers (des Positionssensors!) von der Sollbahn abweichen. Beispiel: Bei einem Messfehler des Positionssensors von 10 m wird die tatsächliche Bahnabweichung des Schiffes ebenfalls 10 m betragen, ohne dass diese durch den Bahnregler ausgeregelt wird. Es empfiehlt sich dringend die Verwendung von *DGPS*-Empfängern mit einer erreichbaren Positionsgenauigkeit von einigen Metern (bei *C/A*-Code-Auswertung), die für die Bahnregelung im freien Seegebiet und in aller Regel auch in der Revierfahrt ausreichend ist.

Zu beachten: Im *ECDIS*-Display wird trotz der 10 m-Bahnabweichung das Schiffssymbol auf der Sollbahnlinie geführt (!). Vor unkritischer Nutzung der Bahnregelung in Verbindung mit einer *ECDIS* ist deshalb zu warnen (Kap. 4.1.7). Andere Navigationshilfsmittel zur Einschätzung der Lage der tatsächlichen Schiffsposition relativ zur Sollbahn, wie Radarbilddarstellung, sind deshalb unbedingt hinzuzuziehen.

Satellitenortungsempfänger sollten – wegen ihrer Ausfall- und Fehlermöglichkeiten – in Bahnregelungssystemen nicht als alleiniges Positionsbestimmungssystem verwendet werden, sondern sie bedürfen der Stützung durch Ortungssysteme, die nach anderen Funktionsprinzipien arbeiten (z. B. *Loran C*, *low cost*-Inertialsensoren) und der Positionsdatenverarbeitung über Schätzfilter *(Kalman-Filter)*.

(3) Notwendige Kenntnisse der Wachoffiziere

Zu beachten: Wachoffiziere müssen die in der Anlagendokumentation vorgeschriebenen Prozeduren für die Ausführung von Kursänderungsmanövern, für die Umschaltung vom Bahnregelungsbetrieb auf Kursregelungs- und Handsteuerbetrieb sowie für die Umschaltung von Steuerständen beherrschen. Mit Fehlerszenarien der Bahnregelung, zugehörigen Alarmen und Rückfallpositionen sollte man sich unbedingt vertraut machen. Die zur Nutzung der Kursregelung gegebenen Hinweise (Übergang auf Handsteuerbetrieb bei gefährlichen Navigationssituationen, Besetzung Ausguck, Anpassung Regler- und Filterparameter) gelten auch für die Bahnregelung.

Weiterentwicklung: Trends der Weiterentwicklung sind Bahnregelungssysteme für Schiffe mit modernen Manövrierorganen (*AziPod*, Strahlruder, Ruderpropeller), der Einsatz von Satellitenortungsempfängern mit Phasenauswertung und *RTK*-Betrieb *(real time kinematic)* mit erreichbaren Positionsgenauigkeiten im dm- bis cm-Bereich für Bahnregelungen mit hohen Genauigkeitsanforderungen (automatisches Anlegen, Einhaltung einer vorgegebenen Position, *dynamic positioning systems*) und die Messung und Kompensation externer Störgrößen, z. B. der Strominformation an Hafenzufahrten.

6.1 Integrierte Navigationssysteme (INS)

6 Übergreifende Systeme

6.1 Integrierte Navigationssysteme (INS)
Bernhard Berking

Die Integrierten Navigationssysteme (INS) der neuen Generation integrieren
- navigatorische Aufgabenbereiche (z. B. Routenüberwachung und Kollisionsverhütung),
- navigatorische Funktionen (z. B. Ortsbestimmung, Objektidentifizierung, Reiseplanung),
- Navigationssensoren (z. B. Radar, ECDIS, GPS und andere Sensoren) und
- Daten (z. B. Sensorwerte, Radar- und AIS-Zieldaten, ECDIS-Objekte, Referenzobjekte).

Ein INS erhöht die Sicherheit der Navigation durch zentralisierten Zugang zu allen Navigationsinformationen, durch interne Überwachung der Qualität aller Daten und Prozesse, durch verbesserten Gesamtüberblick und Kontrolle des Navigationsprozesses, durch ein sinnvolles Alarmmanagement und Verminderung der Arbeitsbelastung der Wachoffiziere. Die Datenintegration erzeugt nicht mehr, sondern bessere Daten. Defizite einzelner Systeme können identifiziert werden, was zur navigatorischen Sicherheit erheblich beitragen kann. Zwei Beispiele: Die ECDIS-Radar-Integration ermöglicht u. a. die Erkennung eines GPS-Positionsfehlers oder Kursfehlers. Die AIS-Radar-Integration führt u. a. zu verbesserten Daten für die Kollisionsverhütung.

6.1.1 Aufgaben und Struktur

(1) INS-Aufgabenbereiche, -Funktionen und -Arbeitsplätze

Wesentliches Element eines INS sind die „Aufgabenbereiche". Beispiele für Aufgabenbereiche sind: **Routenplanung** *(Route planning)*, **Routenüberwachung** *(Route monitoring)*, **Kollisionsverhütung** *(Collision avoidance)*, **Informationen für die Bahnregelung** *(Navigation control data)*, **Daten- und Statusanzeige** *(Status and data display)* und **Alarmmanagement** *(Alert*

Abb. 6.1.1: INS mit verschiedenen Arbeitsplätzen für aufgabenorientierte Anwendungen *(SAM)*

6 Übergreifende Systeme

management). Ein Navigationssystem wird nur dann als INS anerkannt und zugelassen, wenn es mindestens die beiden Aufgabenbereiche **Routenüberwachung** und **Kollisionsverhütung** enthält. Außerdem enthält jedes INS ein *Alert management* und Zugriff auf die *Navigation Control data* für die Funktionen der manuellen, ggf. auch der automatischen Kurs- und Bahnregelung.

Die „Aufgabenbereiche" werden einer zu definierenden Anzahl von „multi-funktionalen Arbeitsplätzen" zugewiesen, auf denen die verschiedenen navigatorischen Aufgaben vom Nautiker ausgeführt werden (Abb. 6.1.1). Der Aufgabenbereich Kollisionsverhütung enthält als Grundlage u. a. die Anzeige- und Bedieneinheit eines Radar, der Aufgabenbereich Routenüberwachung u. a. die Anzeige- und Bedieneinheit eines ECDIS. Der Navigationsprozess findet an einem zentralen Ort auf der Brücke statt.

INS unterscheiden sich in Art und Umfang. Die kompakteste Version ist die „Cockpit-Brücke". Die Anzahl der multifunktionalen Arbeitsplätze hängt von den integrierten Aufgabenbereichen ab. Sie muss mindestens die gleichzeitige Nutzung aller integrierten Aufgabenbereiche erlauben sowie die Ausrüstungsvorschriften und die Anforderungen an ein sicheres Back-up erfüllen. Für die Aufgabenbereiche Routenüberwachung, Kollisionsverhütung und *Navigation control* steht stets ein eigener Arbeitsplatz zur Verfügung. Die Arbeitsbereiche Routenplanung, Status- und Datenanzeige und die zentrale Nutzerschnittstelle für das Alarmmanagement müssen – von der Brückenbesatzung oder dem Lotsen – auf mindestens einem Arbeitsplatz

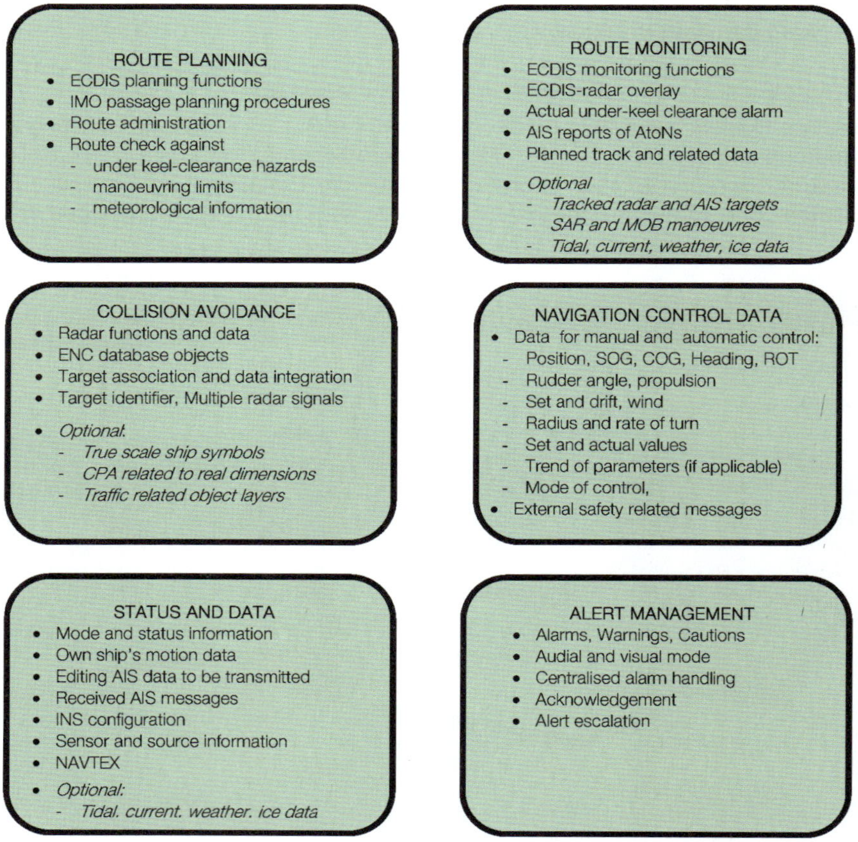

ROUTE PLANNING
- ECDIS planning functions
- IMO passage planning procedures
- Route administration
- Route check against
  - under keel-clearance hazards
  - manoeuvring limits
  - meteorological information

ROUTE MONITORING
- ECDIS monitoring functions
- ECDIS-radar overlay
- Actual under-keel clearance alarm
- AIS reports of AtoNs
- Planned track and related data
- *Optional*
  - *Tracked radar and AIS targets*
  - *SAR and MOB manoeuvres*
  - *Tidal, current, weather, ice data*

COLLISION AVOIDANCE
- Radar functions and data
- ENC database objects
- Target association and data integration
- Target identifier, Multiple radar signals
- *Optional:*
  - *True scale ship symbols*
  - *CPA related to real dimensions*
  - *Traffic related object layers*

NAVIGATION CONTROL DATA
- Data for manual and automatic control:
  - Position, SOG, COG, Heading, ROT
  - Rudder angle, propulsion
  - Set and drift, wind
  - Radius and rate of turn
  - Set and actual values
  - Trend of parameters (if applicable)
  - Mode of control,
- External safety related messages

STATUS AND DATA
- Mode and status information
- Own ship's motion data
- Editing AIS data to be transmitted
- Received AIS messages
- INS configuration
- Sensor and source information
- NAVTEX
- *Optional:*
  - *Tidal, current, weather, ice data*

ALERT MANAGEMENT
- Alarms, Warnings, Cautions
- Audial and visual mode
- Centralised alarm handling
- Acknowledgement
- Alert escalation

Abb. 6.1.2: Wesentliche Funktionen der Aufgabenbereiche eines INS [6.1.1]

6.1 Integrierte Navigationssysteme (INS)

verfügbar gemacht werden können. Die Aufgabenbereiche umfassen die jeweils zugehörigen Funktionen für die Bedienung und Anzeige und werden mit den entsprechenden Daten versorgt. Abb. 6.1.2 zeigt die wesentlichen Funktionen der Aufgabenbereiche nach IMO [6.1.1].

(2) Integration und Optimierung von Informationen

Ein INS überwacht alle in ihm auftretenden navigatorischen Informationen auf Genauigkeit, Gültigkeit, Plausibilität und Aktualität. Jede Information geht vor ihrer Anzeige oder Verwendung im System durch einen Integritätsüberwachungsprozess, um ihre Integrität und Eindeutigkeit sicherzustellen. In einem INS treten navigatorische Größen wie Position, Kurs und Fahrt mehrfach auf, wobei sie aus verschiedenen Quellen stammen und mit unterschiedlichen Messverfahren ermittelt wurden. Beispiele: Für die Fahrt über Grund (SOG) gibt es einen Wert vom Dolog (Kap. 4.1.5) und einen solchen vom GPS-Empfänger. Sowohl das Radar als auch das AIS liefern Werte für die Zieldaten anderer Schiffe (CPA u. a.). Der Integrationsprozess stellt sicher, dass im System jeweils nur ein Wert vorhanden ist und verwendet wird. Zudem werden aus den Sensorwerten Sekundärinformationen gebildet (COG und SOG aus GPS-Positionen; Zielbewegungsdaten aus früherem und aktuellem Messwert). Von besonderer Bedeutung ist, dass ein einheitliches konsistentes Bezugssystem *(Consistent common reference system; CCRS)* für die verschiedenen Informationen verwendet wird, insbesondere

- ein gemeinsamer Bezugspunkt *(Consistent common reference point)* für die Positionen von Antennen und Sensoren, Abstände und Peilungen,
- systemweit einheitliche Daten (Zeit, Position, Kurs, Fahrt, etc.) und
- gemeinsame Grenzwerte (z. B. für Radar- und AIS-Alarme und die Datenassoziation).

Die Integritätsüberwachung beinhaltet eine intelligente Sensorüberwachung, überprüft alle navigatorisch relevanten Werte, vergibt Gültigkeitsmarken, wählt – wenn möglich – die besten Werte aus, erzeugt entsprechende Alarme und verhindert, dass Werte ohne Gültigkeitsmarken für automatische Regelungsprozesse wie Kurs- und Bahnregelung benutzt werden. Der Informationsfluss und die Informationsaufbereitung der relevanten Daten sind in Abb. 6.1.3 dargestellt.

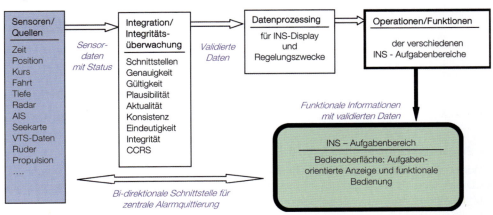

Abb. 6.1.3: Informationsfluss im INS: Datenintegrität und aufgabenbezogene Bedienung

(3) Bahnregelung

Wenn die manuelle oder automatische Bahnregelung integriert ist, kann die geplante Route sowohl auf dem Arbeitsplatz „Routenüberwachung" als auch auf dem Arbeitsplatz „Kollisions-

6 Übergreifende Systeme

verhütung" angezeigt und die Führung des Schiffes von einem dieser beiden Arbeitsplätze aus durchgeführt werden. Bei automatischer Führung sollen notwendige Eingriffe nur an einem der Arbeitsplätze, der deutlich dafür gekennzeichnet ist, vorgenommen werden können. Wenn der Wachoffizier die Führung an einen anderen Arbeitsplatz übergibt, bleiben alle eingestellten Soll- und Grenzwerte unverändert. Durch einen *Override* kann jede automatische Funktion – unabhängig von der Steuerart und vom Zustand des INS – abgebrochen werden. Eine Wiederaufnahme ist nur nach Freigabe durch den Wachoffizier möglich. Dieser hat dabei alle Startbedingungen zu beachten. Der Wachoffizier kann alle für den jeweiligen Kontrollmodus relevanten Informationen kontinuierlich anzeigen lassen. Dieses geschieht auch automatisch, wenn die Kontrollfunktion aktiviert wird oder sich ändert. Abb. 6.1.4 zeigt eine typische Anzeige des Aufgabenbereiches *Navigation control data* mit den relevanten Soll- und Ist-Werten.

Wie ein Vergleich mit Abb. 5.2.5 zeigt, entspricht diese Anzeige dem *Conning Display* der Bahnregelung (Kap. 5.2).

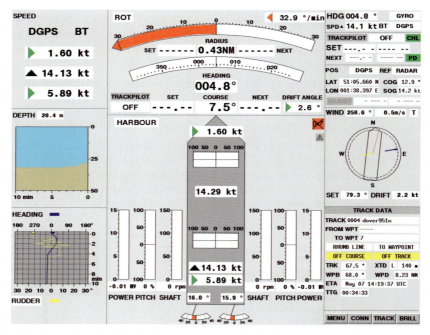

Abb. 6.1.4: Aufgabenbereich *Navigation control data* für die Bahnregelung *(SAM Electronics)*

(4) Ersatz von Einzelgeräten durch INS

Traditionell wird die Navigation mit „Geräten" wie GPS-Empfänger, Kompass, Radargerät und ECDIS-Anlage durchgeführt. Im INS hingegen wird die Navigation in komplexe praxisnahe Aufgabenbereiche wie Routenüberwachung und Kollisionsverhütung eingeteilt. Dabei werden für diese Aufgaben die verfügbaren und notwendigen Funktionen der genannten Einzelgeräte genutzt. Da also das INS durch seine Aufgabenbereiche die Aufgaben der Einzelgeräte übernimmt, kann im Umkehrschluss – unter bestimmten Bedingungen – ein INS die einzelnen Navigationsgeräte ersetzen. Beispiele:

– Wenn das INS für den integrierten Aufgabenbereich Kollisionsverhütung die relevanten Module der IMO *Performance Standards* für INS und Radar erfüllt (Sensor und Zielentdeckung,

operationelle Anforderungen, technische Anforderungen), kann das INS als Einzelgerät **„Radar"** anerkannt werden und dieses ersetzen.
- Wenn das INS für die integrierten Aufgabenbereiche Routenplanung und Routenüberwachung die relevanten Module der *Performance Standards* für INS und ECDIS (Data base, operationelle Anforderungen, funktionale Anforderungen) erfüllt, kann ein INS als **ECDIS** anerkannt werden und dieses ersetzen.
- Ebenso kann das INS als Kursregler, Bahnregler oder als Anzeigegerät für das Positionsbestimmungssystem (GPS), AIS, Echolot, Kompass und Log anerkannt werden.

Als Folge werden die einzelnen Navigationssysteme wohl als externe Sensoren *(Black box)* eine wichtige Rolle spielen, auf der Brücke werden jedoch selbständige Radargeräte oder ECDIS-Anlagen nicht mehr zu finden sein. Sie sind durch INS ersetzt.

6.1.2   *Alert Management* und Rückfallpositionen

(1) *Alert Management*

Anmerkung: Im Folgenden steht der neue übergreifende Begriff *Alert* für den bisher üblichen Begriff „Alarm". Ein „Alarm" ist nur einer der möglichen *Alerts* (s. u.).

Das *Alert management* betrifft alle *Alerts* innerhalb des INS, seiner Module und der angeschlossenen Sensoren. Es reduziert die *Alert*-Belastung für den Wachoffizier dadurch, dass es die Priorität, die Verteilung, die Präsentation und die Behandlung *(Handling)* aller *Alerts* regelt. In der Praxis hat das *Alert management* den Zweck, jede auftretende *Alert*-Situation unmittelbar zu identifizieren, mehrfache und überflüssige optische und akustische *Alerts* zu vermeiden, die Dringlichkeit eines *Alerts* gegenüber anderen hervorzuheben, Entscheidungen für situationsgerechte Maßnahmen zu erleichtern und *Alerts* auf einfache Weise zu handhaben, z. B. zu quittieren.

Mit Hilfe des *Alert managements* gibt es in der Regel für eine Situation nur einen einzigen *Alert*. Die akustische Signalisierung des *Alerts* lässt erkennen, welcher Aufgabenbereich (Arbeitsplatz) für den jeweiligen (spezifischen) *Alert* verantwortlich ist, z. B. der Aufgabenbereich Kollisionsverhütung für einen CPA-*Alert*. Die Bedienung des *Alert Managements* (Quittierung, Test des Systems) erfolgt in dem zentralen Aufgabenbereich (Arbeitsplatz) *Alert Management*, der mindestens am Navigations- und Manövrierarbeitsplatz zur Verfügung steht. Darüber hinaus treten *Alerts* auch in den zugehörigen Arbeitsbereichen auf, wo sie sinnvollerweise quittiert werden, z. B. der CPA-*Alert* im Aufgabenbereich Kollisionsverhütung. Die *Alert*-Aufzeichnung wird für mindestens 24 Stunden gespeichert.

(2) Prioritäten und Kategorien

Alerts sind klassifiziert nach den Prioritäten
- **Alarm *(Alarm)*:** aktuell; sicherheitsrelevant; sofortiges Eingreifen erforderlich,
- **Warnung *(Warning)*:** keine momentane, aber möglicherweise zukünftige Gefahr,
- **Vorsicht *(Caution)*:** Hinweis auf eine außergewöhnliche Situation.

„Alarme" werden akustisch (ggf. auch durch Sprachausgabe) und visuell (mit relevanten Details) angezeigt. Alarme müssen quittiert werden. Die visuelle Darstellung von Alarmen blinkt, bis der Alarm quittiert ist, und wird nicht blinkend angezeigt, wenn der Alarm quittiert ist. Der quittierte Alarm bleibt bestehen, bis die Alarmursache behoben ist. Die akustische Signalisierung des Alarms verstummt mit der Quittierung. Sie kann zwar kurzzeitig unterdrückt werden, wird aber, wenn der Alarm nicht innerhalb von 30 s quittiert wird, erneut ausgelöst.

6 Übergreifende Systeme

„Warnungen" werden visuell dargestellt und mit einem zeitlich begrenzten Signal akustisch angezeigt. Sie müssen quittiert werden. Die visuelle Darstellung von Warnungen blinkt, bis die Warnung quittiert ist, und wird nicht blinkend angezeigt, wenn die Warnung quittiert ist. Auch die quittierten Warnungen bleiben bestehen, bis die Ursache für die Warnung behoben ist.

„Vorsicht"-Anzeigen erfolgen nur visuell (nicht blinkend). Sie müssen nicht quittiert werden und verlöschen, wenn die Ursache behoben ist.

„Alerts", für deren Beurteilung grafische Informationen notwendig sind, werden auf dem Arbeitsplatz der auslösenden Funktion akustisch signalisiert und können auch nur dort quittiert werden (z. B. CPA-*Alert* auf dem Arbeitsplatz für Kollisionsverhütung). Für *Alerts*, für deren Beurteilung keine weiteren Informationen benötigt werden, kann die zentrale Nutzerschnittstelle die akustische Signalisierung übernehmen. Diese *Alerts* können dort auch quittiert werden.

Alert-Eskalierung: Wird innerhalb des INS ein „Alarm" nicht quittiert, wird er nach einer Zeit, die der Nutzer definieren kann oder die in den Regularien der IMO festgelegt ist, zusätzlich an das *Bridge Navigation Watch Alarm System (BNWAS)* weitergereicht. Wird eine „Warnung" nicht quittiert, wird sie – nach einer entsprechenden Zeit – zu einem „Alarm" hochgestuft. Möglicherweise sind für einzelne integrierte Navigationsgeräte individuelle Vorgaben zu beachten.

(3) Redundanz und Rückfallpositionen im INS

Für ein komplexes INS mit einer variablen Anzahl von Aufgaben und Arbeitsplätzen sind im Fall auftretender Systemfehler differenzierte Lösungen hinsichtlich redundanter Ausrüstung, Übernahme einer Aufgabe bzw. Funktion durch andere Arbeitsplätze, Übernahme von primären Sensorwerten von anderen Sensoren, Verminderung der Funktionalität und Unabhängigkeit der Teilsysteme voneinander notwendig. Die situationsgerechte Lösung hängt weitgehend von den integrierten Teilsystemen des INS und deren Redundanzvorschriften ab.

Das Bedienhandbuch eines zugelassenen INS enthält die notwendigen Informationen, insbesondere über Konfiguration und Funktionszuordnung des INS, das Redundanzkonzept, mögliche Fehler und ihre Auswirkungen, Einstellung von Alarmgrenzen sowie Probleme mit verschiedenen Referenzsystemen, Qualitätskennzeichnung von Daten *(Invalid; Doubtful; Invalid)* und Prozeduren zum *Override* der automatischen Funktionen im Notfall. Für jedes INS ist über das Bedienhandbuch hinaus Material zum Vertrautmachen mit der INS-Anlage an Bord *(INS Familiarization)* verfügbar, z. B. Simulatorfunktionen oder weitere elektronische oder gedruckte Medien.

6.2 Schiffsdatenschreiber (VDR)
Jochen Ritterbusch

Der Schiffsdatenschreiber – *Voyage Data Recorder (VDR)* – ist von dem in der Luftfahrt bereits seit längerem erfolgreich eingesetzten Flugdatenschreiber abgeleitet. Die Ausrüstungspflicht für Berufsschiffe ist in *SOLAS (Kapitel V, Regel 20)* festgelegt. Neben der Vollversion [6.2.1] ist auch eine vereinfachte Version – *Simplified Voyage Data Recorder (S-VDR)* – des Schiffsdatenschreibers [6.2.2] für die Nachrüstung von Schiffen spezifiziert. Es müssen alle

- Fahrgastschiffe und Ro-Ro Fahrgastschiffe (Fähren) und
- Neubauten anderer Schiffe >3000 BRZ

mit einem VDR ausgerüstet sein. Darüber hinaus sind Schiffe, die keine Fahrgastschiffe sind und vor dem 1.7.2002 gebaut wurden, in folgenden Etappen mit einem S-VDR auszurüsten:

- Schiffe >20000 BRZ nicht später als zum 1.7.2009 und
- Schiffe von 3000 bis 20000 BRZ beim ersten Trockendockaufenthalt ab dem 1.7.2007, aber nicht später als zum 1.7.2010.

6.2.1 Aufgabe und Wirkungsweise

(1) Aufgabe

Die Aufgabe eines VDR besteht darin, Informationen über Position, Bewegung, physikalischen Zustand und Steuerung eines Schiffes aufzuzeichnen und die Aufzeichnungen über einen relevanten Zeitraum vor und nach einem Zwischenfall in sicherer und auslesbarer Form vorzuhalten. Diese Informationen sollen dazu dienen, die Ursache für den Zwischenfall in nachfolgenden Untersuchungen zu ermitteln. Außerdem sollen die Erkenntnisse aus der Auswertung der

Information	VDR	S-VDR	Intervall
Datum und Zeit	X	X	1 s
Schiffsposition	X	X	
Kompasskurs	X	X	
Geschwindigkeit	X	X	
Tiefe (Echolot)	X	V	
Ruderwinkel	X	V	
Radarbild	X	V (oder AIS)	15 s
Geräusche und Gespräche im Brückenhaus	X	X	Kontinuierlich
UKW-Funkverkehr	X	X	
Haupt- und Pflichtalarme	X	V	1 s und bei Veränderung
Maschinenstatus und Strahlruder	X	V	
Status von Öffnungen im Schiffsrumpf	X	V	
Status von Schotten und Feuerschutztüren	X	V	
Daten von Beschleunigungsaufnehmern	V	V	
Windgeschwindigkeit und -richtung vom Windmesser	V	V	

Tabelle 6.2.1: VDR bzw. S-VDR: Aufgezeichnete Informationen und Aufzeichnungsintervalle
X: in jedem Fall; V: falls verfügbar

6 Übergreifende Systeme

Abb. 6.2.1: Tauchkapsel, Schwimmkapsel und VDR-Haupteinheit (Quelle: *Rutter Technologies Inc.*)

aufgezeichneten Informationen zu Maßnahmen führen, die das Risiko solcher Zwischenfälle reduzieren und damit die Sicherheit der Schifffahrt verbessern und Meeresverschmutzungen vermeiden. Eine Auflistung der Daten, die vom VDR bzw. S-VDR aufgezeichnet werden, ist in Tabelle 6.2.1 gegeben.

Optional können weitere Maschinenbetriebsdaten über Pumpen, Lüfter, Generatoren etc. abgespeichert werden. Der von den aufgezeichneten Daten abgedeckte Zeitraum muss mindestens zwölf Stunden betragen. Neben den Unterschieden im aufzuzeichnenden Datenumfang bestehen zwischen VDR und S-VDR unterschiedliche Anforderungen an das Endaufzeichnungsmedium. Beim VDR muss eine Tauchkapsel mit entsprechend hohem Schutzniveau eingesetzt werden. Beim S-VDR kann alternativ zu einer Tauchkapsel mit etwas reduzierten Schutzanforderungen auch eine schwimmfähige Kapsel verwendet werden (i.A. in Kombination mit einer EPIRB).

(2) Aufbau und Wirkungsweise

Die wesentlichen Bestandteile eines VDR sind (Abb. 6.2.2):

– Haupteinheit (je nach Hersteller auch *Main Unit*, *Data Collecting Unit*, *Data Management Unit* o.a.),
– Status-, Alarm- und Bedienkonsole,

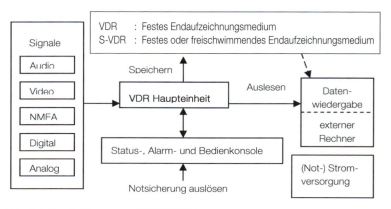

Abb. 6.2.2: Prinzipieller Aufbau eines VDR/S-VDR

6.2 Schiffsdatenschreiber (VDR)

- Endaufzeichnungsmedium (*Final Recording Medium, Data Recording Unit* o. a.),
- Sensoren (bzw. entsprechende Schnittstellen zum Anschluss bordeigener Sensoren),
- *Playback-Equipment* (zum Auslesen und Abspielen der aufgezeichneten Informationen),
- (Not-) Stromversorgung.

Daten: Die vom VDR aufzuzeichnenden Informationen werden von den angeschlossenen Sensor-/Schnittstellen-Modulen in digitaler Form bereitgestellt. Für Video- und Audiodaten müssen spezielle Wandler (Video-Grabber, Mikrofone) eingesetzt werden, um sie in ein digitales, zum Abspeichern geeignetes Format zu konvertieren.

Haupteinheit: Die Haupteinheit besteht im Wesentlichen aus einem leistungsfähigen Computer mit ausreichender Speicherkapazität. Dort werden die digitalisierten Daten überwacht, komprimiert, mit Zeitinformationen versehen und sowohl lokal abgespeichert als auch an das Endaufzeichnungsmedium zur sicheren Verwahrung weitergeleitet. Der Datenspeicher ist als Ringpuffer ausgelegt, bei dem neue Daten ältere (älter als zwölf Stunden) überschreiben. Wenn über die Bedieneinheit eine Daten-Notsicherung *(Emergency Backup)* ausgelöst wird, werden die Aufzeichnungen der letzten zwölf Stunden in einem Bereich abgelegt, in dem sie vor dem Überschreiben mit neuen Daten geschützt sind. Die Haupteinheit ist – wenn das Schiff nicht untergegangen bzw. zerstört ist – auch der Zugangspunkt für das Auslesen und Abspielen der aufgezeichneten Daten. Bei einigen VDR-Systemen wird die Datensicherung zum Auslesen auf einem internen Festspeicher abgelegt, bei anderen auf einem Wechselmedium (Wechselfestplatte, Speicherkarte, USB-Stick, o. Ä.), das zur Datenauswertung einfach herausgenommen werden kann.

Status-, Alarm- und Bedienkonsole: Die Konsole ist je nach Hersteller sehr unterschiedlich gestaltet. Sie kann direkt in der Haupteinheit integriert oder als abgesetzte kompakte Einheit in die Brückenkonsole eingebaut sein. Auf der Konsole werden Status und Alarme des VDR angezeigt. Außerdem kann dort über eine Taste die Notsicherung *(Emergency Backup)* ausgelöst werden. Abb. 6.2.3 zeigt zwei Beispiele von Konsolen.

Abb. 6.2.3: Zwei Status-, Alarm- und Bedienkonsolen (Quelle: *INTERSCHALT Maritime Systems AG*)

Endaufzeichnungsmedium: Dort werden die Daten kontinuierlich abgelegt. Die Speicherkapazität umfasst mindestens einen Zeitraum von zwölf Stunden. Die Tauchkapsel sinkt bei einem Schiffsuntergang mit ab und sendet ein Unterwasserschall-Ortungssignal zum Wiederauffinden und Bergen aus bis zu 6000 m Tiefe. Die Schwimmkapsel schwimmt auf und sendet ein Funk-Ortungssignal auf 121,5 MHz mit etwa 50 mW Leistung aus.

Konfiguration: Neben den eigentlichen Daten wird im VDR eine Konfigurationsdatei abgespeichert. Diese Datei enthält Informationen über die spezielle Konfiguration des VDR und grundlegende Informationen über das Schiff wie zum Beispiel die Einbauorte der Mikrofone, technische Daten der Sensoren und eindeutige Identifikationsmerkmale des Schiffes. Die Konfigurationsdatei ist wichtig für die korrekte Zuordnung in der Darstellung der ausgelesenen Daten. Um den

6 Übergreifende Systeme

verfügbaren Speicherplatz optimal zu nutzen, werden die Daten in spezielle Formate konvertiert und komprimiert. Zum Abspielen müssen die Daten daher nach dem Auslesen zunächst entpackt und in für die Auswertung geeignete Standard-Formate konvertiert werden.

Stromversorgung: Damit die Datenaufzeichnung bei einem Stromausfall noch möglichst lange fortgesetzt wird, muss der VDR sowohl an die Notstromversorgung des Schiffes als auch an eine separate Reservestromversorgung (Batterie) angeschlossen sein, die mindestens zwei Stunden autarken Betrieb gewährleistet.

Abgesehen von diesen Hauptbaugruppen sind VDR-Anlagen im Aufbau und in der Struktur sehr stark herstellerabhängig gestaltet.

6.2.2 Bedienung von Schiffsdatenschreibern

Da der VDR nicht unmittelbar der Navigation dient, sondern vielmehr die Aufklärung von Seeunfällen unterstützen soll, ist die Bedienung von nautischer Seite nicht umfangreich. Umfangreicher ist sie für die Ermittler von Untersuchungsbehörden.

(1) Bedienung durch das Brückenpersonal

Der VDR überwacht ständig die Integrität der aufgezeichneten Daten sowie den eigenen Betriebszustand. Dazu wird u. a. automatisch etwa alle zwölf Stunden ein Mikrofontest durchgeführt, bei dem ein akustisches Testsignal im Mikrofon erzeugt und ausgewertet wird. Falls die Überwachung einen Fehler feststellt, die korrekte Datenaufzeichnung also nicht mehr gewährleistet ist, wird ein Alarm ausgelöst, der auf der Status-/Alarm-Konsole angezeigt wird und dort auch quittiert werden kann. Die Implementierung kann von Schiff zu Schiff sehr unterschiedlich sein. Es wird empfohlen, bei einer ausgewiesenen Fehlfunktion (Alarm) das Bedienhandbuch heranzuziehen oder gegebenenfalls den Service zu benachrichtigen. Um bei einem Zwischenfall die aufgezeichneten Daten der letzten zwölf Stunden vor dem Überschreiben zu sichern, muss am VDR die Daten-Notsicherung *(Emergency Backup)* ausgelöst werden. Bei einigen Geräten kann mehr als eine Notsicherung abgespeichert werden. Die so gesicherten Daten können bei Bedarf zur Auswertung ausgelesen werden. Eine Beschreibung der Vorgehensweise ist dem Bedienhandbuch bzw. einer speziellen Anleitung für Untersuchungsbehörden zu entnehmen (s. u.).

(2) Bedienung durch Untersuchungsbehörden

Für Untersuchungsbehörden besteht die Bedienung des VDR in erster Linie aus dem Zugriff auf die gespeicherten Daten, die auf einen externen Standard-Rechner übertragen und in einer für die Auswertung geeigneten Form dargestellt werden sollen, und aus der Darstellung der Daten mit der notwendigen Software.

Beim Auslesen kann entweder auf die Notsicherung in der VDR-Haupteinheit oder die in dem Endaufzeichnungsmedium (Kapsel) abgelegten Daten zugegriffen werden. Das Auslesen der Daten aus einer geborgenen Kapsel und das anschließende Aufbereiten zur Auswertung kann in der Regel nur vom Hersteller vorgenommen werden, da die Speicherkarten in der Kapsel teilweise beschädigt sein können und unsachgemäße Handhabung zu Datenverlust führen kann. Für das Auslesen und Darstellen der gesicherten Daten aus der VDR-Haupteinheit (Emergency Backup) muss der Hersteller eine geeignete Präsentationsoberfläche/Software zur Verfügung stellen (s. Abb. 6.2.4). Diese muss bei ab 1.6.2008 aufgestellten Geräten vor Ort in oder an der VDR-Haupteinheit verfügbar sein: entweder auf einer CD oder zum Herunterladen von der VDR-Haupteinheit mit Standard-Hardware und -Software (Ethernet, USB) [6.2.3].

6.2 Schiffsdatenschreiber (VDR)

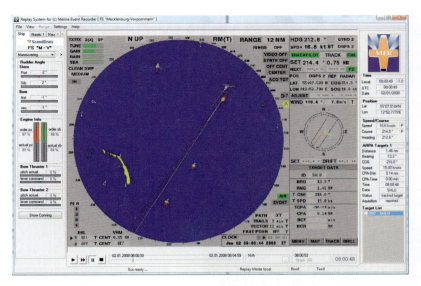

Abb. 6.2.4: Darstellen der ausgelesenen Conning-Daten (Beispiel: *MER*)

Grundlegende Instruktionen, die CD (falls Teil des Systems) sowie zusätzliche – für das Auslesen notwendige – Hardware (Spezialkabel) müssen in einem ordnungsgemäß verschlossenen und mit der Aufschrift „*DO NOT OPEN, important material for the exclusive use by Investigation Authorities*" versehenen Paket fest an der VDR-Haupteinheit angebracht sein.

After the great success of the German edition now available in English!

Compendium Marine Engineering
Operation – Monitoring – Maintenance
Editors: Hansheinrich Meier-Peter | Frank Bernhardt

According to the German edition this book represents a compilation of marine engineering experience. It is based on the research of scientists and the reports of many field engineers all over the world.

This book is mainly directed towards practising marine engineers, principally within the marine industry, towards ship operators, superintendents and surveyors but also towards those in training and research institutes as well as designers and consultants.

Technical Data:
ISBN 978-3-87743-822-0,
1016 pages, hardcover
Price: € 98,- (plus postage)

Find out more about this compendium and order your copy at www.shipandoffshore.net

Seehafen Verlag

7 Meteorologie und Grundlagen der Ozeanographie
Ralf Brauner

7.1 Grundlagen der Meteorologie

7.1.1 Luftdruck

Luft besitzt wie jedes andere Gas eine Masse, die damit ein Gewicht ausübt. Infolge der unterschiedlichen Ein- und Ausstrahlung auf der Erde besitzen die Luftmassen verschiedene Temperaturen, sodass ihre Dichte schwankt. Diese horizontalen und vertikalen Temperaturunterschiede sind wichtig für die Luftbewegungen. Eine Luftsäule übt durch ihr Gewicht auf eine unter ihr liegende Fläche eine Kraft aus, was als Druck definiert ist. Die Einheit des Druckes ist das Pascal (Pa). 1 Pa entspricht dem Druck, den ein Gewicht von 1 kg auf eine Quadratmeter Fläche ausübt. In der Erdatmosphäre befinden sich über jedem Quadratmeter Erdoberfläche ungefähr 10000 kg Luft. Die Schwerkraft übt daher eine Beschleunigung von fast 10 m/s^{-2} aus und somit herrscht an der Erdoberfläche ein Luftdruck von ca. 100000 Pascal. Da die Einheit Pascal unhandlich ist, verwendet man Hektopascal (hPa), wobei 1000 hPa der früheren Einheit mit 1000 mbar entsprechen. Der Normaldruck auf der Erdoberfläche beträgt 1013,2 hPa.

Als Messgerät für den Luftdruck werden meist Aneroidbarometer verwendet. Sie arbeiten mit luftleeren Metalldosen. Der Luftdruck, der von außen auf diese Dosen wirkt, verformt sie; dies wird über einen Zeigermechanismus angezeigt. Bei Druckanstieg werden die Dosen zusammengedrückt. Solche Aneroidbarometer werden auch für Barographen verwendet, die den Luftdruck auf Diagrammpapier aufzeichnen [7.1.1].

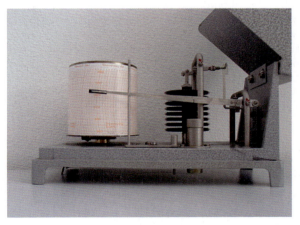

Abb. 7.1.1: Barograph (Quelle: *Hafendienst Deutscher Wetterdienst*)

Auf Schiffen findet man zunehmend digitale Barometer/-graphen. Diese haben eine erstaunliche Präzision und mit ihnen lässt sich auch der Luftdruckverlauf einer längeren Reise gut dokumentieren.

Bei Wetterbeobachtungen wird der Luftdruck in Barometerhöhe und reduziert auf Meereshöhe angegeben, da er sich um etwa ein Hektopascal pro acht Meter Höhenunterschied ändert. Dazu ist das Barometer an Bord entsprechend zu kalibrieren. Erst so lassen sich Luftdruckunterschiede in einer Wetterkarte vergleichbar darstellen. Als Luftdruckextreme sind bisher Werte von 873 hPa (in einem Taifun) und 1084 hPa (im sibirischen Winterhoch) gemessen worden.

7 Meteorologie und Grundlagen der Ozeanographie

Prinzipiell ist bei der Luftdruckmessung auf Schiffen in Fahrt zu beachten, wie sich das Schiff relativ zum Druckgebilde bewegt. Sind die Zugbahn eines Tiefdruckgebiets und der Kurs des Schiffes entgegengesetzt, verstärkt sich der Luftdruckfall. Deshalb ist ein Merksatz wie der, dass auf dreistündige Luftdruckänderungen von mehr als 10 hPa meist schwerer Sturm folgt, nur bedingt anwendbar. Fährt das Schiff vor dem Tiefdruckgebiet mit einem Kurs, der in etwa der Verlagerungsrichtung des Tiefs entspricht, ist der Luftdruckfall abgeschwächt. Aufgrund des „abgeschwächten" Luftdruckfalls würde man auf eine schwächere Tiefdruckentwicklung schließen.

In den gemäßigten Breiten gibt es zwei verschiedene Formen des täglichen Luftdruckganges. In einem stationären Hoch mit geringen Druckänderungen von Tag zu Tag ist ein von der Tageszeit abhängiger Druckverlauf festzustellen. Es tritt eine Doppelwelle mit Druckmaxima in der ersten Nachthälfte und vormittags sowie mit Minima in der zweiten Nachthälfte und nachmittags auf. Die Amplitude beträgt allerdings nicht einmal 1 hPa. Befindet man sich in einer Wetterlage mit einem Wechsel von Hoch- und Tiefdruckgebieten, wird der tägliche Luftdruckgang des ungestörten Wetters völlig von den Druckgebilden überlagert. In den Tropen erreicht die 24-stündige Druckwelle Amplituden von mehr als dem doppelten Wert.

7.1.2 Wind

Je stärker der Luftdruckunterschied zwischen zwei Orten ist, desto stärker weht der Wind. Linien gleichen Luftdrucks sind Isobaren (siehe Abb. 7.1.2). Isobaren werden in Wetterkarten international in einem Abstand von 5 hPa oder teilweise auch 4 hPa eingezeichnet. Je enger demnach Isobaren beieinanderliegen, desto größer ist das Druckgefälle und umso stärker ist der Wind.

Wo immer in der Atmosphäre horizontale Druckunterschiede auftreten, sind horizontale Luftbewegungen die Folge. Ist der Luftdruck an irgendeinem Punkt höher als in dessen Umgebung, wird eine Kraft wirksam, die vom höheren zum tieferen Druck gerichtet ist. Sie ist umso größer, je größer die Druckunterschiede sind. Die Kraft, die die Luft vom höheren zum tieferen Druck strömen lässt, ist die Druckgradientkraft. In den Betrag dieser Druckgradientkraft gehen also die horizontalen Druckdifferenzen und die Entfernung zwischen den Gebieten mit höherem und tieferem Druck ein. Sie bewirkt, dass Luftteilchen vom höheren zum tieferen Druck in Bewegung gesetzt werden.

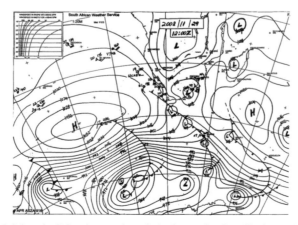

Abb. 7.1.2: Linien gleichen Luftdrucks werden als Isobaren in einer Bodenwetterkarte (SAWS) dargestellt

7.1 Grundlagen der Meteorologie

Dass sich ein Luftteilchen nicht direkt vom Hoch zum Tief bewegt, was ja auch schnell zum Ausgleich bestehender Druckunterschiede führen würde, liegt an der rotierenden Erde. Sie bewirkt eine Richtungsablenkung aller großräumigen, relativ zur Erdoberfläche erfolgenden Bewegungsvorgänge. Dieser Effekt wird als Corioliskraft bezeichnet.

Die Corioliskraft wächst gleichmäßig mit der Windgeschwindigkeit an. Sie ist proportional zur Winkelgeschwindigkeit der Erde und auch abhängig von der geografischen Breite. Am Pol ist sie am größten und null am Äquator. Die Corioliskraft wirkt senkrecht zur Windrichtung (in Strömungsrichtung gesehen), und zwar nach rechts auf der Nordhalbkugel und nach links auf der Südhalbkugel. Alle Bewegungen auf der Nordhalbkugel werden daher nach rechts abgelenkt.

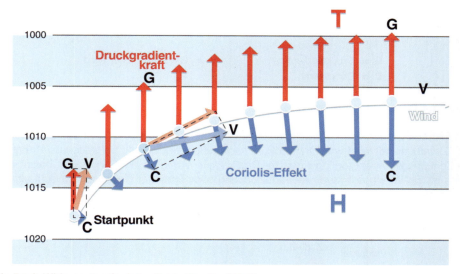

Abb. 7.1.3: Wirkung des Corioliseffekts (Quelle: [7.1.1])

Die Wirkungsweise des Corioliseffekts kann mit der Abb. 7.1.3 veranschaulicht werden. Im Startpunkt eines Luftteilchens wirkt die Druckgradientkraft G mit einer Beschleunigung zum tiefen Druck. Setzt sich das Luftteilchen in Bewegung, bewirkt die einsetzende Corioliskraft C eine Ablenkung nach rechts, sodass sich eine resultierende Windgeschwindigkeit V ergibt. Die weiteren Kräfteparallelogramme verdeutlichen, wie die Luftbewegung durch den Corioliseffekt immer weiter in Richtung der Isobaren abgelenkt wird. Mit zunehmender Windgeschwindigkeit nimmt auch die Corioliskraft zu. In dem Augenblick, da C die Druckgradientkraft G in Richtung und Betrag genau ausbalanciert (in gemäßigten Breiten nach einigen Stunden), hat sich ein stabiles Gleichgewicht eingestellt. Der resultierende Wind wird als geostrophischer Wind (Abb. 7.1.4) bezeichnet. Er weht auf der Nordhalbkugel so, dass der tiefe Druck zur Linken (Rücken zum Wind) und der hohe Druck zur Rechten liegt.

Auf der Südhalbkugel ist es umgekehrt. Dieser Zusammenhang heißt barisches Windgesetz. Bei der Eintragung von Winddaten in Wetterkarten wird diese Regel berücksichtigt: Die Fiedern zur Kennzeichnung der Windstärke werden stets in Richtung zum tieferen Druck hin gezeichnet; also auf der Nordhalbkugel zur linken, auf der Südhalbkugel zur rechten Seite des Windpfeils (mit dem Rücken zum Wind).

Da die Isobaren aber nicht immer gradlinig sind, kommt eine weitere Kraft hinzu – die Zentrifugalkraft. In der Abb. 7.1.5 ist dargestellt, wie sie bei gekrümmtem Isobarenverlauf wirkt. Das

7 Meteorologie und Grundlagen der Ozeanographie

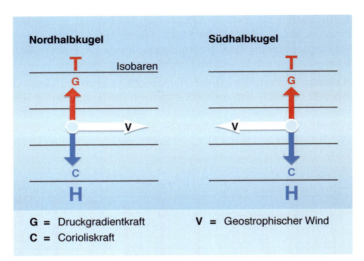

Abb. 7.1.4: Geostrophischer Wind (Quelle: [7.1.1])

Produkt aus Corioliskraft C, Druckgradientkraft G und Zentrifugalkraft Z ist der Gradientwind. Die Zentrifugalkraft wirkt vom Drehzentrum nach außen. Daher wirkt bei zyklonaler Krümmung die Zentrifugalkraft entgegengesetzt zur Druckgradientkraft. Da die Corioliskraft balancierend wirkt, ist die Windgeschwindigkeit reduziert und somit geringer (subgeostrophisch) als beim gradlinigen Verlauf der Isobaren. Bei antizyklonaler Krümmung (um ein Hoch) addieren sich Druckgradientkraft und Zentrifugalkraft und der Wind ist erhöht (supergeostrophisch).

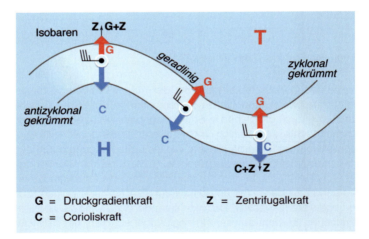

Abb. 7.1.5: Gradientwind (Quelle: [7.1.1])

Neben der Zentrifugalkraft ist noch ein weiterer Effekt wichtig. Beim geostrophischen Wind weht der Wind parallel zu den Isobaren. In Bodennähe ist dies nicht der Fall, hier ist der Wind durch die Bodenreibung etwas rückgedreht. Siehe hierzu das in der Abb. 7.1.6 dargestellte Kräfteparallelogramm. Ist die Bodenreibung sehr stark, ist auch der Winkel größer. Über See beträgt er etwa 10 bis 25°. Dadurch weht der Wind auf der Nordhalbkugel linksherum (gegen den Uhrzeigersinn) in ein Tief hinein und rechtsherum (im Uhrzeigersinn) aus dem Hoch heraus.

7.1 Grundlagen der Meteorologie

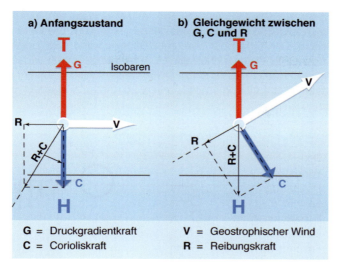

Abb. 7.1.6: Wirkung der Reibung: G = Druckgradientkraft, V = Wind, C = Corioliskraft, R = Reibungskraft (Quelle: [7.1.1])

Die Windrichtung wird als 8-teilige Skala (N, NW, W, SW, S, SE, E, NE) in 45°-Stufen angegeben, und zwar aus der Richtung, aus der der Wind weht. Bei Südwestwind kommt die Luft also aus Südwesten. Bei Stationsmeldungen von Wetterstationen wird die 16-teilige Auflösung in 22,5° Stufen verwendet, also N, NNE, NE, usw.

Zur Messung der Windgeschwindigkeit benutzt man die Einheiten m/s oder kn (Knoten) oder auch km/h. Im Bereich der Seefahrt wird aber meistens die 13-teilige Windstärkenskala (0–12) verwendet.

Beaufortskala	Knoten	m/s	km/h
0	1	0,0 – 0,2	1
1	1 – 3	0,3 – 1,5	1 – 5
2	4 – 6	1,6 – 3,3	6 – 11
3	7 – 10	3,4 – 5,4	12 – 19
4	11 – 15	5,5 – 7,9	20 – 28
5	16 – 21	8,0 – 10,7	29 – 38
6	22 – 27	10,8 – 13,8	39 – 49
7	28 – 33	13,9 – 17,1	50 – 61
8	34 – 40	17,2 – 20,7	62 – 74
9	41 – 47	20,8 – 24,4	75 – 88
10	48 – 55	24,5 – 28,4	89 – 102
11	56 – 63	28,5 – 32,6	103 – 117
12	> 63	> 32.7	> 118

Knoten = Seemeilen pro Stunde (1 Seemeile = 1852 Meter)
m/s = Meter pro Sekunde
km/h = Kilometer pro Stunde

Abb. 7.1.7: Einheiten der Windgeschwindigkeit

7 Meteorologie und Grundlagen der Ozeanographie

In Bodenwetterkarten werden Windrichtung und -stärke eingetragen, wie in der Abb. 7.1.8 ersichtlich. Der Strich zeigt in die Richtung, aus der der Wind weht. Die Windstärke wird durch Fieder gekennzeichnet. Eine Windfieder bedeutet 2 Bft, eine halbe 1 Bft. Bei Vorhersagekarten (z. B. im Internet) oder GRIB-Daten (siehe Kap. 7.5.5) wird hingegen oft anders verfahren. Hier bedeutet eine Fieder 10 Knoten. Das kann zu großen Unterschieden führen. Bei zwei Fiedern ergeben sich nach der Beaufortskala 4 Windstärken, 20 Knoten sind jedoch die obere Grenze der Windstärke 5.

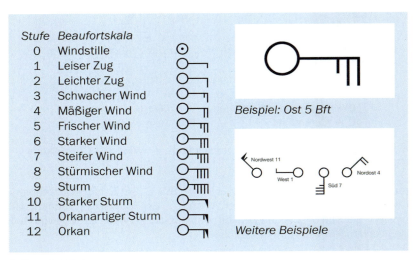

Abb. 7.1.8: Beaufortskala

Bei den Windvorhersagen ist zu beachten, dass der angegebene Mittelwind für eine Höhe von 10 m über Wasseroberfläche gilt. Zur Windmessung wird das Anemometer verwendet. Da die Windgeschwindigkeit stark mit der Höhe zunimmt, ist die Messung nicht ganz unproblematisch. Daher sollte das Windmessgerät nach Möglichkeit auf eine Höhe von 10 m über der Wasseroberfläche kalibriert werden. Zu unterscheiden ist dabei auf jeden Fall wahrer Wind und scheinbarer Wind. Bei einer Messung sollte in das Logbuch nach Möglichkeit der wahre Wind eingetragen werden. Der wahre Wind lässt sich aus dem scheinbaren Wind und der Schiffsgeschwindigkeit bestimmen.

Bei der Windmessung im Hafen ist zu bemerken, dass bei ablandigem Wind die Verhältnisse auf der freien See deutlich höhere Windgeschwindigkeiten aufweisen können, da die Bodenreibung über Land stärker und die Windgeschwindigkeit reduziert ist. Weht der Wind auflandig, spiegelt die Messung im Hafen etwa die Verhältnisse auf der freien See wieder.

Ist keine Windmessanlage vorhanden, lässt sich die Windstärke anhand von Beobachtungen des Seegangs nach der Einteilung der Beaufortskala beurteilen und die Richtung des Windes anhand der Verlagerung der Wellenzüge mit dem Kompass bestimmen.

7.1.3 Lufttemperatur

Die Lufthülle, in der sich das gesamte Wettergeschehen abspielt, wird Troposphäre genannt. Sie erstreckt sich in den mittleren Breiten bis in eine Höhe von 10 bis 12 km. Der obere Rand wird als Tropopause bezeichnet. In den polaren Regionen liegt die Tropopause bei 5 bis 7 km, in den Tropen bei 14 bis 17 km. Bis zur Tropopause nimmt die Lufttemperatur im Mittel stetig ab. Oberhalb der Tropopause nimmt in der Stratosphäre die Temperatur wieder zu, was sich aus der Ozonschicht ergibt. Dort finden chemische Reaktionen mit den UV-Strahlen des Sonnenlichts statt, wobei Wärme freigesetzt wird.

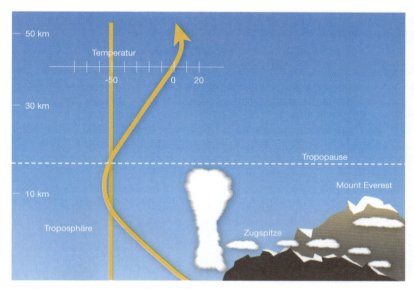

Abb. 7.1.9: Aufbau der Atmosphäre (Quelle: [7.1.5])

Lufttemperaturen werden mit einem Thermometer in Grad Celsius (°C) gemessen. Es hat als Fixpunkte die Temperatur schmelzenden Eises und den Siedepunkt von Wasser bei einem Luftdruck von 1013,2 hPa. Die Temperatur des Schmelzpunktes bezeichnet man mit 0°C, die des siedenden Wassers mit 100°C. Besonders in Nordamerika wird auch noch in Fahrenheit gemessen. Die Maßeinheit ist hier °F.

Umrechnen lassen sich Temperaturen von Fahrenheit nach Celsius mit folgender Formel:

$$°F \text{ in } °C: T(°C) = 5/9 \cdot (T[°F] - 32) \qquad (7.1.1)$$

Verwendet werden meist Quecksilberthermometer oder auch mit Alkohol gefüllte. In der Praxis haben sich auch elektrische Thermometer durchgesetzt. Grundsätzlich ist zu beachten, dass Messungen mit dem Thermometer nicht durch Sonneneinstrahlung verfälscht werden sollten. Daher sollte die Messung im Schatten stattfinden. Auch sollte der Platz gut belüftet sein, wie etwa die Brückennock, damit die Temperatur nicht in „gestauter" Luft gemessen wird.

7.1.4 Luftfeuchte

Die Luftfeuchte, der Wasserdampf in der Luft, spielt besonders im Zusammenhang mit Nebel und schlechten Sichten eine wichtige Rolle. Wasserdampf ist ein durchsichtiges und farbloses Gas, das als Beimengung in der Luft enthalten ist. Trockene Luft besteht aus 78 Volumenprozent Stickstoff, 21 Volumenprozent Sauerstoff und etwa 1 Volumenprozent Edel- und Spurengasen. Wasser tritt in der Atmosphäre als Gas (Wasserdampf), Flüssigkeit (Regentropfen, Nebeltröpfchen, Tau) oder in fester Form (Hagel, Graupel, Schneekristalle) auf. Beim Übergang

7 Meteorologie und Grundlagen der Ozeanographie

von einem Aggregatzustand in einen anderen wird Wärme verbraucht oder gewonnen. Der maximal mögliche Wasserdampfgehalt (Sättigung) in der Luft hängt allein von der Temperatur ab. Je wärmer die Luft ist, desto mehr Wasserdampf kann sie aufnehmen. Als praktische Größe für die Luftfeuchte wird in der Seefahrt die relative Feuchte verwendet. Sie ist das Verhältnis des augenblicklichen (gemessenen) Wasserdampfgehaltes zum möglichen Höchstwert bei einer bestimmten Temperatur und wird in Prozent angegeben. Dazu ein Beispiel: Bei einer Temperatur von 25°C kann 1 m³ Luft maximal 23 g Wasser aufnehmen. Werden 11,5 g Wasser in der Luft gemessen, dann ergibt sich die relative Feuchte zu:

$$11{,}5/23 \cdot 100\,\% = 50\,\% \text{ relative Feuchte} \tag{7.1.2}$$

Durch Abkühlung oder Erwärmung der Luft verändert sich die absolute Feuchte. Da kalte Luft weniger Wasserdampf aufnehmen kann als warme, ist ihre Sättigungsfeuchte niedriger als bei warmer Luft. Die Temperatur, auf die die Luft abgekühlt werden muss, damit der Sättigungswert des Wasserdampfes erreicht wird, wird mit Taupunkt bezeichnet. Es ist die Temperatur, bei der sich durch Abkühlung Tau infolge Kondensation niederschlägt. Die höchsten gemessenen Taupunkte werden in den Tropen angetroffen; sie liegen bei maximal 25 bis 27°C. Überschreitet der Taupunkt 16°C, wird dies bereits als Schwüle empfunden [7.1.2].

Abb. 7.1.10: Schleuderpsychrometer zur Messung der Luftfeuchte an Bord (Quelle: *Hafendienst Deutscher Wetterdienst*)

Es ist nicht einfach, an Bord die Luftfeuchtigkeit zu messen. Verwendet werden kann das aus zwei Thermometern bestehende Schleuderpsychrometer. Das eine Thermometer wird mit einem Leinengewebe überzogen und mit Wasser angefeuchtet. Dieses Thermometer wird der umgebenden Luft ausgesetzt. Zur schnelleren Abkühlung wird es in ventilierte Luft gehalten oder in der Luft geschleudert. Wegen der entstehenden Verdunstungskälte zeigt dieses „feuchte" Thermometer eine im Vergleich zum „trockenen" Thermometer niedrigere Temperatur an. Wenn sich nach etwa zwei Minuten Ventilation die Verdunstungskälte am Thermometer und die Wärmezufuhr durch die vorbeiströmende Luft im Gleichgewicht befinden, sinkt die Temperatur nicht weiter, sondern bleibt konstant. Mithilfe dieser Feuchttemperatur und der tatsächlichen Lufttemperatur, der Trockentemperatur, können Taupunkt und relative Feuchte der Luft aus einer Psychrometertabelle entnommen werden.

7.1.5 Nebel

Von der relativen Feuchte hin zur Nebelbildung ist es nur ein kleiner Schritt. Es gibt verschiedene Möglichkeiten, eine Luftmasse zur Kondensation (100 %) zu führen, z. B. durch Zufuhr von Feuchtigkeit, Mischung von Luftmassen mit hoher Luftfeuchtigkeit oder Abkühlung der Luft.

Nebel ist in der Schifffahrt eine wichtige Wettergröße. Nebel ist eigentlich eine am Boden aufliegende Wolke vom Typ Stratus. In der Schifffahrt wird dann von Nebel gesprochen, wenn die Sichtweite weniger als 1000 m beträgt. Nebeltröpfchen sind sehr fein, im dichten Nebel haben sie größere Durchmesser und es kann Sprühregen oder Schneegriesel beobachtet werden.

Abb. 7.1.11: Warmwassernebel

Nebelarten gibt es viele, die für die Schifffahrt wichtigen sind der Strahlungsnebel sowie Warm- und Kaltwassernebel. Strahlungsnebel bildet sich überwiegend nachts oder in den Morgenstunden bei klarem oder nur gering bewölktem Himmel über Land. Er tritt vor allem auf, wenn ein großer Unterschied zwischen den Tages- und den Nachttemperaturen vorherrscht und dabei relativ wenig Wind weht. Der Erdboden gibt nach Sonnenuntergang durch Ausstrahlung Wärme an obere Luftschichten ab. Die Lufttemperatur der bodennahen Schichten nimmt ab und erreicht ihren Taupunkt, wo die Kondensation/Nebelbildung einsetzt. Strahlungsnebel über Land kann durch Wind auf See verdriften und führt zur raschen Sichtverschlechterung insbesondere in Küstennähe, Flussmündungen oder auch engen Durchfahrten zwischen Inseln. Im Sommer wird er durch stärkere Sonneneinstrahlung rasch aufgelöst [7.1.3].

Über See dominant sind aber eher die jahreszeitlich bedingten Nebelarten Warmwasser- und Kaltwassernebel. Der Warmwassernebel entsteht, wenn kalte Luft über warmes Wasser

7 Meteorologie und Grundlagen der Ozeanographie

Abb. 7.1.12: Kaltwassernebel

strömt. Durch Verdunstung an der Wasseroberfläche kommt es bei einer hohen Temperaturdifferenz zwischen Luft und Wasser zur Kondensation. Auf beiden Halbkugeln der Erde tritt dieser Nebel jeweils im Herbst in den gemäßigten Breiten auf, da dann das Wasser noch relativ warm ist. Der Warmwassernebel löst sich auf, sobald die Sonne die Luftmassen über dem Meer erwärmt. Mit Kaltwassernebel muss im Frühjahr der jeweiligen Halbkugel gerechnet werden, wenn warme und feuchte Luftmassen über das noch kalte Meer geführt werden. Die Luft wird unter den Taupunkt abgekühlt. Es kommt zur Kondensation, der Kaltwassernebel entwickelt sich. Im Gegensatz zum Warmwassernebel trägt die Erwärmung durch die Sonneneinstrahlung nur wenig dazu bei, den Nebel aufzulösen, denn die Wassertemperatur bleibt nahezu unverändert. Da das Meer nicht so rasch erwärmt werden kann, hilft beim Kaltwassernebel nur ein Wechsel der Luftmasse. Es muss eine deutlich trockenere Luftmasse herangeführt werden, damit die Nebelsituation beendet wird. Kaltwassernebel ist aber auch das ganze Jahr über in Seegebieten anzutreffen, in denen warme Luft über kalte Meeresströmungen weht. Bekannte Gebiete dafür sind die Grand Banks vor Neufundland, wo der kalte Labradorstrom nach Süden strömt. Auch der kalte Kalifornienstrom und der Humboldtstrom produzieren bevorzugt Kaltwassernebel (siehe Kap. 7.6.2).

Schlechte Sichten können nicht nur durch Nebel oder starken Niederschlag hervorgerufen werden, sondern auch durch Staub. Beispielsweise kann im Mittelmeerraum mit der Luftmasse transportierter Saharastaub die Sichtweite stark vermindern.

7.1.6 Wolken

Im vorigen Abschnitt wurde bereits Nebel als eine am Boden aufliegende Wolke beschrieben. Die Wolkenbildung ist fast immer mit aufsteigender Luft verbunden. Dabei gelangt Luft in kältere Schichten und wird unter den Taupunkt abgekühlt. Damit es überhaupt zur Kondensation kommt, und das gilt auch für die Nebelbildung, müssen in der Luft Kondensations- oder Gefrierkerne vorhanden sein. Das können kleine Tröpfchen sein, in denen z. B. kleine Salzpartikel gelöst sind. Wird also Luft abgekühlt, ist mehr Feuchtigkeit in der Luft vorhanden und die Tröpfchen wachsen an. Bei Gefrierkernen (Kondensstreifen am Himmel entstehen durch den Verbrennungsausstoß der Triebwerke) wie etwa Quarzpartikeln lagert sich ebenfalls Wasser an. Bei Wolken findet man je nach Höhe und Temperatur der Luftmasse Wasserwolken, Eiswolken oder Mischwolken.

Bei stärker aufsteigender Luft entstehen Quellwolken (Cumuluswolken, auch Konvektions- oder Haufenwolken). Wird die Luft nur sehr langsam und großräumig gehoben, entwickeln sich Schichtwolken (Stratuswolken).

Quellwolken bilden sich meistens tagsüber, vor allem über Land, wenn die Sonne die Erdoberfläche erwärmt. Über See kann man sie aber auch beobachten, wie etwa in der Passatregion. Dabei steigt feuchte und wärmere Luft auf bis in eine Höhe, in der Wasserdampf kondensiert, es entstehen Wolkentröpfchen. Schichtwolken finden sich dagegen an und vor der Warmfront eines Tiefdruckgebietes, wo die warme Luft langsam auf die kalte Luft aufgleitet. Auch hier ist die Kondensation für die Wolkenbildung verantwortlich.

Wolken werden nach ihrem Erscheinungsbild in mehrere Typen eingeteilt. International wird in zehn Haupttypen (Gattungen) unterschieden: Cirrus (Ci), Cirrrocumulus (Cc), Cirrostratus (Cs), Altocumulus (Ac), Altostratus (As), Nimbostratus (Ns), Stratocumulus (Sc), Stratus (St), Cumulus (Cu) und Cumulonimbus (Cb).

Abb. 7.1.13: Haupttypen der Wolken (Quelle: [7.1.5])

Für weitere Arten, Unterarten und Sonderformen gibt es noch besondere lateinische Bezeichnungen, wie z. B. den Altocumulus opacus. Der Zusatz „opacus" bedeutet schattig oder dicht, mit anderen Worten: Die Sonne kann nicht mehr durch die Wolke scheinen.

Neben der Klassifikation werden die Wolken auch definierten Stockwerken zugeordnet. Zu unterscheiden sind drei: ein tiefes, ein mittleres und ein hohes Stockwerk. In den gemäßigten Breiten entsprechen dem tiefen Stockwerk Höhen von etwa 0 bis 2 km, dem mittleren 2 bis 7 km und dem hohen bis 13 km.

Hohe Wolken bestehen aus Eiskristallen, tiefe Wolken dagegen aus Wassertröpfchen. Wasserwolken sind wenig lichtdurchlässig. Sie erscheinen grau oder weiß. Eiswolken dagegen haben eine große Lichtdurchlässigkeit. Ihre Ränder sind unscharf, oft haben sie ein faseriges Aussehen [7.1.4].

7.2 Allgemeine Zirkulation und Westwinddrift

Verantwortlich für die Entstehung des Wettergeschehens ist in erheblichem Maße die Sonneneinstrahlung. Sie erwärmt aufgrund der annähernden Kugelform der Erde und der Neigung der Erdachse die Äquatorregionen stärker als die Pole.

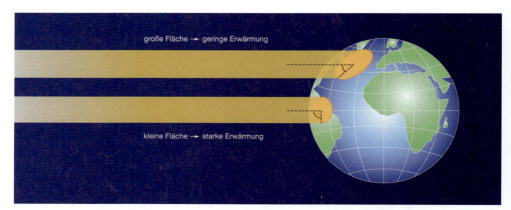

Abb. 7.2.1: Die Sonne erwärmt die Erde unterschiedlich stark (Quelle: [7.1.5])

Dadurch entsteht ein Temperaturgefälle vom Äquator zu den Polen, das durch Luft- und auch Meeresströmungen zu einem Ausgleich strebt. Diese Ausgleichsströmung verlagert die aufsteigenden warmen Luftmassen in Richtung Pol sowie kalte Luft in Richtung Äquator. Da der Erdball zusätzlich noch rotiert, ist die Zirkulation der Luftmassen aber etwas komplexer. Nördlich und südlich des Äquators finden sich Hochdruckgebiete (Subtropenhoch). Auf der Nordhalbkugel auf dem Nordatlantik trägt das Hochdruckgebiet den Namen Azorenhoch, da es über das Jahr gesehen seinen Schwerpunkt über der Inselgruppe der Azoren hat. Im Südatlantik ist es das St. Helena-Hoch. Zwischen dem Äquator und den Subtropenhochs wehen die Passatwinde. Auch über den Polen (Arktis und Antarktis) beobachtet man im Klimamittel ein Hochdruckgebiet, da hier kalte Luftmassen zum Boden absinken. Zwischen dem Hoch über den Polen und dem Subtropenhoch treffen kalte arktische Luftmassen und warme Luftmassen aus dem Süden aufeinander. Die Grenzfläche zwischen Polarluft und gemäßigter Luft heißt Polarfront. Sie befindet sich auf beiden Halbkugeln je nach Jahreszeit zwischen 45° und 65°. Genau in dieser Zone entstehen die Tiefdruckgebiete. Ihre Aufgabe ist es, die kalten Luftmassen nach Süden und warme Luftmassen nach Norden zu verlagern.

7.2 Allgemeine Zirkulation und Westwinddrift

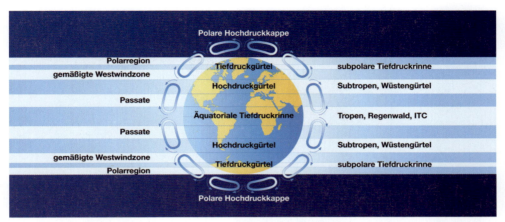

Abb. 7.2.2: Die Zirkulationszellen, Klimaregionen und Windsysteme auf der Erde (Quelle: [7.1.5])

7.2.1 Tiefdruckgebiete an der Polarfront

Die Tiefdruckgebiete der Nord- und Südhalbkugel sind die „Mischmaschinen" zwischen dem Subtropenhoch und dem Hochdruckgebiet über den Polen. An der Luftmassengrenze, der Polarfront, nehmen die Temperaturgegensätze immer mehr zu, so dass sich aus kleinen instabilen Temperatur- und Druckschwankungen Wellenbildungen an der Luftmassengrenze ergeben. Unter bestimmten Umständen entwickeln sich diese Wellen zu Tiefdruckgebieten. Tiefdruckgebiete haben, von ihrer Entstehung an der Polarfront bis sie sich „auffüllen", einen typischen „Lebensweg".

Die Entwicklung und Verlagerung der Tiefdruckgebiete, aber auch der Hochdruckgebiete, ist eng mit den Temperatur- und Strömungsverhältnissen in der mittleren und oberen Troposphäre (siehe Abb. 7.2.3) verbunden. Die Polarfront ist nicht nur am Boden ausgeprägt, sondern der horizontale Temperaturgegensatz lässt sich auch in der mittleren und oberen Atmosphäre analysieren. Derartige Gegensätze in der freien Atmosphäre werden auch als Frontalzone bezeichnet. Neben der Polarfront gibt es eine weitere Frontalzone, die Subtropenfront. Sie verläuft am Nordrande des Subtropenhochgürtels und trennt Luft der gemäßigten Breiten von subtropischen Luftmassen. Nahe der Tropopause findet man in großer Höhe an der Polar- und Subtropenfront ausgeprägte Starkwindbänder (Strahlstrom, Jetstream).

In den Höhenwetterkarten (siehe Abb. 7.2.3) werden nicht die Isobaren, wie in den Bodenwetterkarten, analysiert, sondern die Höhenlinien (Isohypsen) einer bestimmten Hauptdruckfläche. Sie verbinden Orte gleicher Höhe über NN in einer bestimmten Druckfläche. In einem Tief liegt auch die Druckfläche niedrig, d.h., die Isohypsen weisen einen tiefen Wert auf. Umgekehrt liegt im Hoch die Druckfläche hoch, die Topographie der Druckfläche besitzt hohe Werte. Die wichtigste Höhenwetterkarte ist die des 500-hPa-Niveaus. Die Druckfläche 500 hPa teilt die Atmosphäre – hinsichtlich der Masse – in zwei Hälften. Nach der Standard-Atmosphäre liegt sie in etwa 5,6 km Höhe. Ihre tatsächliche Höhe schwankt in den gemäßigten Breiten zwischen Werten unter 5 km bis zu 6 km über dem Meeresniveau. Die Isohypsen zeigen oft ein ausgeprägtes Wellenmuster mit veränderlichen Trögen (Ausbuchtung äquatorwärts) und Keilen (Ausbuchtung polwärts). Vereinfacht lässt sich sagen, dass deren Intensität und Verlagerung maßgeblich die Entwicklung und Verlagerung der Tief- und Hochdruckgebiete steuern.

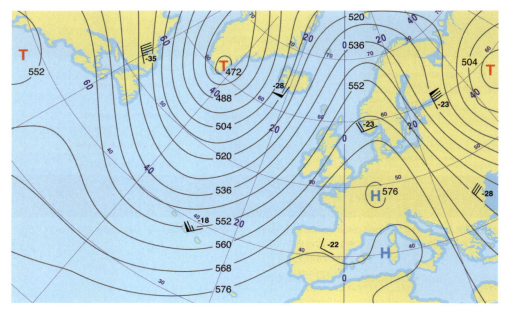

Abb. 7.2.3: Ausschnitt aus einer Höhenwetterkarte (Quelle: [7.1.1])

Der so genannte Trog oder Höhentrog hat eine räumliche Ausdehnung, die wie in der Abb. 7.2.3 dargestellt, große Teile des Nordatlantiks abdeckt. Oft ist sie auch kleinräumiger mit 100 km bis hin zu mehreren 100 km. Der Trog verlagert sich zunächst mit der Höhenströmung. Gelegentlich kann die Verlagerung aber durch kräftige Warmluftzufuhr an den Flanken verzögert werden. Die beiden Hochkeile bewirken einen „Abtropfvorgang". Dieser *Cut-off-Effekt* lässt einen Kaltlufttropfen entstehen, dessen weitere Entwicklung und Verlagerung nur schwer vorhersagbar sind. Da auf seiner Rückseite wärmere Luftmassen in Richtung zum kalten Zentrum fließen, können sie auf die zentrumsnahe Kaltluft aufgleiten und zu lang anhaltenden Niederschlägen führen. In seinem Zentrum herrscht feuchtlabile Schichtung, die besonders im Sommer Schauer und Gewitter auslöst. Dagegen fließen auf seiner Vorderseite relativ kältere Luftmassen aus, sodass hier häufig gutes Wetter mit Absinken herrscht; gelegentlich treten einzelne Schauer auf [7.1.1, 7.2.1].

Betrachtet man bei der Tiefentwicklung der Einfachheit halber nur die Entwicklung am Boden und zunächst nur auf der Nordhalbkugel, bildet sich im Anfangsstadium zunächst eine Welle (siehe Abb. 7.2.4a) aus. Das geschieht dort, wo die Entwicklung durch bestimmte Antriebsmechanismen, wie etwa Hebungsvorgänge, in der Atmosphäre begünstigt ist. Dazu fällt der Luftdruck über dem Ort. Die Wellenbildung bewirkt, dass warme Luftmassen weiter nach Norden vordringen – es bildet sich an der Grenze der Luftmassen die Warmfront aus. Gleichzeitig schiebt sich von Norden kalte Luft nach Süden vor, sodass die Luftmassengrenze zur Kaltfront wird. Die Front ist also die vordere Grenze einer Luftmasse in Bewegungsrichtung.

Nicht jedes Tief, welches das Stadium der Wellenbildung erreicht hat, entwickelt sich weiter. Die vorher genannten Voraussetzungen müssen stimmen, damit nach der Welle das „ideale Tief" (siehe Abb. 7.2.4b) entsteht. Dabei darf nicht vergessen werden, dass während des gesamten Entwicklungsprozesses meist eine Verlagerung in östliche Richtungen erfolgt.

Besonders infolge der höheren Dichte der kalten Luft kommt die Kaltfront wesentlich schneller voran als die Warmfront. Bevor die Kaltfront die Warmfront einholt, nimmt die Warmluftmasse an der Südseite des Tiefs eine typische Form an, es entsteht der so genannte Warmsektor. Auf der Vorderseite des Tiefs gleitet die leichtere warme Luft auf die sich davor befindende kühlere und schwere Luft auf und wird dadurch gehoben. Somit kommt die warme Luft in kältere Regionen, der Kondensationsprozess setzt ein. Die damit verbundene Wolkenbildung erzeugt den mehrere hundert Kilometer breiten Aufgleitschirm mit einem ausgedehnten Niederschlagsgebiet.

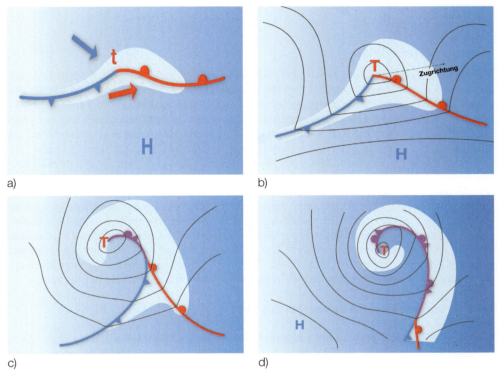

Abb. 7.2.4: Lebensweg eines Tiefs: (a) Wellenstadium, (b) ideales Tief mit Warm- und Kaltfront, (c) beginnende Okklusion, (d) Tief ist fast vollständig okkludiert (Quelle: [7.1.1])

An der „klassischen" Kaltfront des idealen Tiefs dagegen ist auf dem Satellitenbild nur ein sehr schmales Wolkenband zu erkennen. Nach der Passage der Kaltfront tritt „Rückseitenwetter" ein, die Wolkendecke „reißt" auf.

Da die Kaltluft den Kern des Tiefs schneller umrundet als die Warmluft, holt die Kaltfront die Warmfront ein. Dieser Vorgang beginnt nahe dem Kern, denn dort ist der Abstand zwischen der Warm- und Kaltfront am geringsten und setzt sich nach außen hin fort. Vom Tiefkern aus entsteht somit die Okklusionsfront, kurz Okklusion (siehe Abb. 7.2.4c) genannt. Manchmal wird stattdessen auch der Begriff „Ausläufer" oder „Tiefausläufer" verwendet. Dort, wo sich Warm- und Kaltfront „verzweigen", liegt der Okklusionspunkt.

Der Okklusionspunkt wandert an der Kaltfront entlang nach außen, bis das Tief (siehe Abb. 7.2.4d) vollständig okkludiert ist. Mit dem Prozess der Okklusion schmilzt der Energievorrat, denn der Lieferant, der Temperaturgegensatz zwischen Warm- und Kaltluft, ist erschöpft. Das Tief hat seine Aufgabe erfüllt, warme Luftmassen polwärts und kalte Luftmassen in Richtung Äquator zu verlagern.

7 Meteorologie und Grundlagen der Ozeanographie

Verlagerung und Zugbahnen von Tiefdruckgebieten:
- Im Sommer ziehen die Tiefdruckgebiete normalerweise von West nach Ost auf einer nördlicheren Bahn als im Winter.
- Junge Tiefdruckgebiete bewegen sich in Richtung der Isobaren des Warmsektors und ein sich vertiefendes Tiefdruckgebiet (junges Tief) verlagert sich schneller als ein sich auffüllendes Tief.

Zuggeschwindigkeiten von Tiefdruckgebieten:
- Schnelle: 30–50 kn
- Mittlere: 15–30 kn
- Langsame: unter 15 kn

Die Westwinddrift ist auf der Nord- und Südhalbkugel unterschiedlich ausgeprägt. Das liegt zum einem daran, dass die Antarktis im Mittel kälter ist als die Arktis. Denn je größer die Unterschiede in den beteiligten Luftmassen sind, umso kräftiger sind die Tiefdruckentwicklungen. Zudem ist der Einfluss der Bodenreibung in der Westwinddrift der Südhemisphäre geringer, denn nur die Südspitze Südamerikas sowie Teile von Australien und Neuseeland unterbrechen die Verlagerung der Tiefdruckgebiete um die Antarktis in östlicher Richtung. Deshalb haben die windigen Breiten der Südhalbkugel auch Namen wie die *Roaring Forties*. Es gibt eine Vielzahl von Berichten aus der Zeit der Segelschifffahrt über die „Brüllenden Vierziger" *(Roaring Forties)* und die „Wütenden Fünfziger" *(Furious Fifties)*. Die mittlere Windrichtung in den *Roaring Forties* schwankt um West, aber im aktuellen Wetter gibt es ebenfalls deutliche Änderungen in der Windrichtung. Das hängt damit zusammen, dass sich die Tiefdruckgebiete generell von Westen nähern. Wie auf der Nordhalbkugel gibt es Warm- und Kaltfronten, der Unterschied ist, dass der Wind im Uhrzeigersinn um ein Tief weht. Der Tatsache, dass ein Tief dem nächsten innerhalb kürzester Zeit folgt, verdanken diese Breiten ihren Ruf. Zwischen den Tiefs gibt es Zwischenhochkeile, die zwischen wenigen Stunden und bis zu mehreren Tagen andauern können.

7.2.2 Wettergeschehen um ein ideales Tief

Tiefdruckgebiete an der Polarfront haben einen typischen Wetterablauf besonders durch die Fronten. In der Abb. 7.2.5 ist, bezogen auf die Nordhalbkugel, ein Tiefdruckgebiet mit seinen Fronten dargestellt. Um typische Wetterabläufe zu betrachten, ist ein Schnitt durch (A-B) gelegt. Betrachtet man also die Wetterentwicklung entlang A-B, zieht der Kern des Tiefs nördlich, was typisch für die mittleren Breiten ist. Betrachtet man zunächst die Wolken- und Wettererscheinungen, können als erste Anzeichen für das sich annähernde Tief bzw. die Warmfront aufziehende Cirruswolken (Ci) beobachtet werden. Diese ersten Wolken der Aufzugsbewölkung verdichten sich allmählich zum Cirrostratus (Cs). Mit dem Cirrostratus kann tagsüber manchmal ein Halo um die Sonne wahrgenommen werden. Dieser helle farbige Ring entsteht durch Brechung des Lichts an den Eiskristallen. Nachts ist bei gleichen Bedingungen ein Hof um den Mond sichtbar.

Da die Warmluft des Warmsektors auf die kalte Luft aufgleitet, sind die ersten Cirren schon weit vor der Warmfront am Boden in einem Abstand von 300 bis 400 Seemeilen zu beobachten. Wenn sich Tiefdruckgebiet und Warmfront z. B. mit etwa 20 kn verlagern, lässt sich daraus schließen, dass mit einer Warmfront verbundene Cirruswolken bis zu 20 Stunden vor dem Frontdurchgang am Boden die Wetterveränderung ankündigen. Es reicht nicht aus, nur aufgrund einer Cirrusbewölkung auf eine Wetterverschlechterung zu schließen. Selbst während einer lang anhaltenden Schönwetterperiode können Cirruswolken am Himmel vorhanden sein. Sie können beispielsweise auch im Zusammenhang mit einem Jetstream (sehr kräftiger Wind in der oberen Troposphäre) entstehen. Erst ein Seewetterbericht oder eine Bodenwetterkarte,

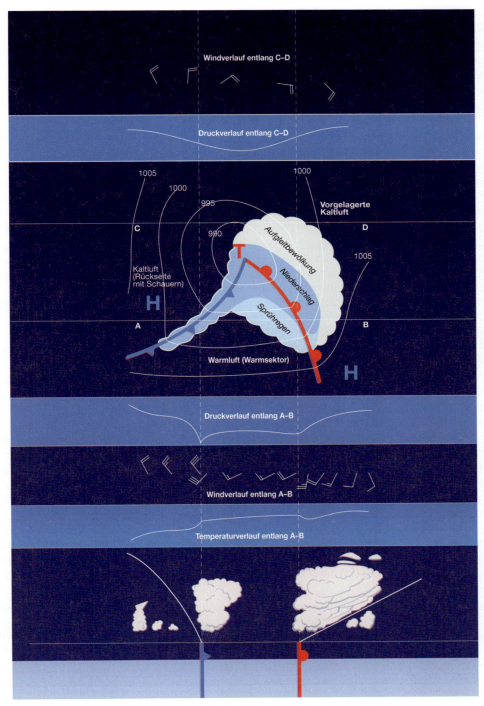

Abb. 7.2.5: Typisches Wetter um ein Tiefdruckgebiet auf der Nordhalbkugel (Quelle: [7.1.5])

in welcher die Annäherung der Warmfront zu erkennen ist, machen das Bild komplett. Die Cirrusbewölkung ist daher lediglich ein Indikator.

Bei weiterer Annäherung der „idealen" Warmfront folgt im mittelhohen Stockwerk Altostratus (As), durch den anfangs noch die Sonne zu erkennen ist, der aber später in den kompakten Nimbostratus (Ns) mit länger andauerndem Regen („Landregen") übergeht. Dadurch kommt es zu einer Sichtverschlechterung. Vor der Warmfront dreht der Wind auf südliche Richtungen und nimmt zu. Dazu kann der Luftdruckabfall gemessen werden, oder wie es sonst heißt: das Barometer fällt.

Nach der Passage der Warmfront lockert die Bewölkung im Warmsektor häufig auf. Meistens sind Stratocumulus (Sc) und Altocumulus (Ac) zu beobachten. Die Sicht ist mäßig oder es ist durch die warme und feuchte Luft auch noch diesig. In Küstennähe entstehen besonders im Frühjahr und Frühsommer durch das kalte Wasser häufig Nebel oder tiefer Stratus (Hochnebel). Der Wind dreht nach der Warmfront von Süd auf Südwest und weht nahezu parallel zu den Isobaren des Warmsektors. Meist nimmt er nach dem Frontdurchgang wieder etwas ab.

Wie schon vorher erwähnt, fällt der Luftdruck mit Annäherung der Warmfront. Vorsicht ist aber geboten, wenn anhand von dreistündigen Luftdrucktendenzen eine Windvorhersage vorgenommen wird, wie z. B.: Wenn der Luftdruck in drei Stunden um mehr als 10 hPa fällt, gibt es Sturm! Diese Regel trifft nur eingeschränkt zu. Wichtig ist, wie sich der Beobachter oder besser das Schiff relativ zur Zugbahn des Tiefs bewegt. Fährt das Schiff entgegen der Richtung des Tiefs, wird der an Bord gemessene Druckfall verstärkt. Dadurch wird bei der Anwendung der vorher genannten Regel auf „Sturm" geschlossen, der zu erwartende Wind wird überschätzt. Ist der Kurs des Schiffes aber ähnlich der Zugbahn des Tiefs, wird der Luftdruckfall abgeschwächt. Das kann zu einer groben Fehleinschätzung führen, denn der zu erwartende Wind wird unterschätzt!

Betrachtet man weiter das Wetter entlang Schnitt (A-B) (siehe Abb. 7.2.5), folgt nun die Kaltfront mit ihren typischen Wettererscheinungen. Da das Bewölkungsband der Kaltfront nur sehr schmal ist, ist die „Vorwarnzeit" durch Wolken nicht annähernd mit der der Warmfront vergleichbar. Etwa 100 bis 150 sm vorher kann oft Altostratus beobachtet werden. Kommt die Front heran, geht es meist sehr schnell. Regen setzt ein, der Luftdruck fällt wieder gering. Mit Passage der Kaltfront erreicht der Luftdruck den tiefsten Wert und steigt dann wieder deutlich an. Dazu dreht der Wind meist von Südwest auf Nordwest. Die Winddrehung kann durchaus Werte um 90 Grad annehmen.

Hinter der Kaltfront wird es oft wolkenlos. Erst in einem gewissen Abstand nach der Front bilden sich Haufen-/Quellwolken. Dann herrscht das typische Rückseitenwetter mit Schauern und Gewittern. Im Bereich der Schauer- und Gewitterwolken (Cumulonimbus) muss mit einer erhöhten Böigkeit gerechnet werden. Während im direkten Bereich der Kaltfront, bedingt durch Regen, schlechte Sicht herrscht, werden danach ausgezeichnete Sichtverhältnisse angetroffen. Lediglich während der Schauertätigkeit wird sich die Sichtweite kurzzeitig verringern.

Zieht ein Tief auf der Nordhalbkugel südlich durch, ergibt sich ein anderer typischer Wetterablauf. Wie im Schnitt (C-D) dargestellt, dreht der Wind nicht sprunghaft durch die Warm- und Kaltfront, sondern gleichmäßig. Auch der Luftdruck fällt, bis der Kern nahezu südlich liegt, und steigt dann wieder an.

7.2.3 Trog

Insbesondere bei kräftigen Sturmtiefs können sich nach der Kaltfront oder Okklusion ein Trog oder mehrere Trogstaffeln ausbilden. Zu erkennen sind sie auf einer Bodenwetterkarte

7.2 Allgemeine Zirkulation und Westwinddrift

an der starken Isobarendrängung, die wellenförmig deformiert ist. Einfacher lässt sich sagen, dass ein Trog nichts anderes ist als eine „zweite Kaltfront". Falls sich ein Trog hinter der Kaltfront nähert, erfolgt die Abkühlung in der Kaltluft nach dem Trog (Nordhalbkugel). In Seewetterberichten wird nach schwachen Trögen, Trögen und markanten Trögen unterschieden. Sie haben eine räumliche Ausdehnung von 50 km bis zu mehreren 100 km. Tröge weisen ebenso wie Kaltfronten einen markanten Windsprung auf, meist ändert sich die Windrichtung bis zu 90°. Dabei dreht der Wind recht. Winde mit Böen bis zur Orkanstärke sind keine Seltenheit. Zudem können Gewitter und Kreuzseen auftreten. An Bord lässt sich ein herannahender Trog daran erkennen, dass der Luftdruck nach dem Durchgang der Kaltfront nicht ansteigt, sondern bereits kurz nach der Passage wieder leicht fällt. Auch der Wind dreht nicht recht um 90°, sondern behält seine Richtung annähernd bei und dreht oft sogar wieder leicht rück. Erst mit Trogpassage dreht der Wind recht und der Luftdruck steigt deutlich an.

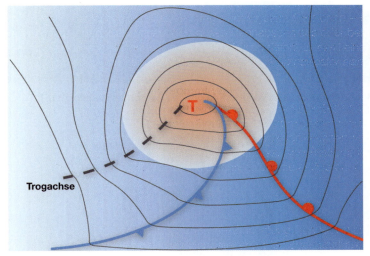

Abb. 7.2.6: Tiefdruckgebiet mit einer Troglinie auf der Nordhalbkugel (Quelle: [7.1.5])

7.2.4 Randtief und Teiltief

Randtiefs entstehen an einer lang gestreckten Kaltfront eines umfangreichen Tiefs aus Wellen. Ausgangspunkt einer Wellenentwicklung ist ein Gebiet starker Auffächerung der Isobaren. Ob sich eine zunächst flache Welle intensiviert, hängt von den Temperaturunterschieden der beteiligten Luftmassen ab. Dann wird die Welle zu einem Randtief der alten Zyklone (Zentraltief). Das Randtief dreht ein, d. h., es zieht auf zyklonaler Bahn (auf der Nordhalbkugel entgegen dem Uhrzeigersinn) um das Haupttief herum, wobei es sich dessen Zentrum nähert. Je stärker sich das Randtief vertieft, umso größer ist seine Tendenz, von einer anfänglich eher geradlinigen Zugbahn auf einer zyklonal gekrümmten Bahn polwärts „einzudrehen".

Häufig schwächt sich die alte, steuernde Zyklone ab, und das Randtief nimmt ihren Platz ein. Die Entwicklung eines Randtiefs verkörpert also die typische Zyklonenentwicklung an der Polarfront. An der Kaltfront des Randtiefs kann sich wiederum ein weiteres Randtief bilden und Zyklonenfamilien können durch eine Abfolge von Randtiefs an der Polarfront entstehen.

7 Meteorologie und Grundlagen der Ozeanographie

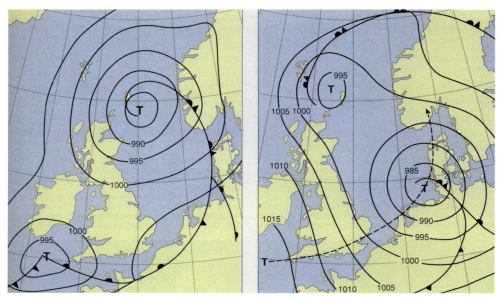

Abb. 7.2.7: Randtief und dessen Verlagerung um das Zentraltief (Quelle: [7.1.1])

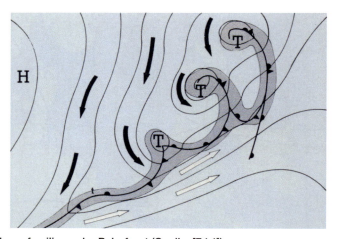

Abb. 7.2.8: Zyklonenfamilie an der Polarfront (Quelle: [7.1.1])

Bei dem Teiltief findet die neue Tiefentwicklung nicht an der Kaltfront statt, sondern am Okklusionspunkt. Anzeichen für eine Teiltiefbildung sind eine lang gestreckte Okklusion und eine starke Austrogung der Isobaren längs ihres Verlaufs. Das Teiltief dreht nicht wie das Randtief ein, sondern zieht meist auf antizyklonaler Bahn weiter und entfernt sich vom Haupttief (Ausscheren des Teiltiefs).

Bevorzugte Gebiete für die Teiltiefbildung sind die Südspitzen lang gezogener meridionaler (Nord-Süd-verlaufender) Gebirgszüge, zum Beispiel Kap Farvel (Südspitze Grönlands), das Skagerrak (auf der Leeseite des südnorwegischen Gebirges) oder auch die Südspitze Südamerikas.

7.2 Allgemeine Zirkulation und Westwinddrift

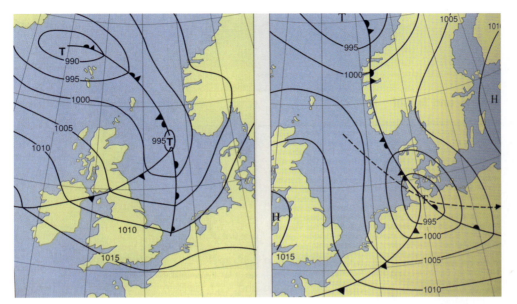

Abb. 7.2.9: Ein Teiltief hat sich am Okklusionspunkt entwickelt und schert auf antizyklonaler Bahn aus (Quelle: [7.1.1])

Auch die Biskaya ist für Teiltief- und Randtiefentwicklungen bekannt. Sie bringen im Seegebiet einen raschen Wetterwechsel, oft begleitet von Sturm oder Orkan. Auf ihrem Weg ostwärts treffen sie meist ohne Vorwarnung auf die Westküsten Frankreichs und führen zu plötzlichen Änderungen in der Wettervorhersage in West- und Mitteleuropa.

7.2.5 Hochdruckgebiete

Die stationären/steuernden Hochdruckgebiete (Antizyklonen) im Atlantik sind das Azorenhoch auf der Nordhalbkugel, im Südatlantik hat es den Namen St. Helena-Hoch. Diese Hochdruckgebiete sind sehr umfangreich und verlagern sich im Mittel nur sehr langsam mit den Jahreszeiten. An der Südflanke des über einen längeren Zeitraum stationären Azorenhochs befindet sich das Gebiet der Passatwinde. Dort entwickeln sich auch die Wirbelstürme/Hurrikane.

Die West- und Ostflanke eines Hochs haben, wie in der Abb. 7.2.10 dargestellt, generell einen sehr typischen aber auch sehr unterschiedlichen Wettercharakter. Die Westflanke eines Hochs wird häufig von Tiefs und deren Ausläufern beeinflusst. Hier werden bodennah und auch in höheren Schichten feuchte, warme und zugleich auch wolkenreiche Luftmassen herangeführt. Es muss mit Regen gerechnet werden, zum Teil auch länger andauernd. Die Sicht ist oft schlecht oder diesig und mit den herannahenden Tiefs weht der Wind frisch bis stark, zum Teil auch stürmisch aus südlichen Richtungen. An der Ostflanke dagegen strömen mit nordwestlichen Winden kühlere Luftmassen nach Süden. Die Luft ist meist trocken und die Sicht daher gut. Gerät die Luft über relativ warmes Wasser bilden sich flache Quellwolken, zum Teil auch vom Typ Cumulunimbus mit Schauern und Gewittern.

Während das Azorenhoch über dem Meer zuhause ist, gibt es auch Hochdruckgebiete, die sich bevorzugt über den Kontinenten aufhalten. Diese ebenfalls stationären und sehr umfangreichen Hochdruckgebiete bilden sich vorzugsweise im Winter über den großen Landmassen der nördlichen Breiten. Sie sind außerordentlich kalte Druckgebilde. Am stärksten ist das

7 Meteorologie und Grundlagen der Ozeanographie

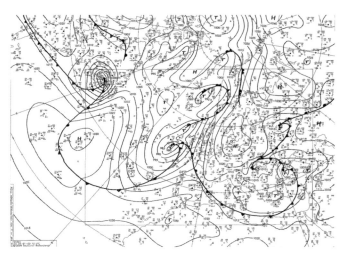

Abb. 7.2.10: Das Azorenhoch ist ein steuerndes Hoch im Nordatlantik (Bodenanalyse *DWD*)

winterliche Sibirische Hoch. Die Verlagerung und auch die Intensität der kalten stationären Hochdruckgebiete sowie die von einer Hitzeperiode begleiteten sommerlichen stationären Hochs über den Kontinenten bringen in der Wettervorhersage oft Schwierigkeiten mit sich. Diese Ω-Wetterlagen dauern typischerweise 10 bis 14 Tage an und die Tiefdruckgebiete werden in der Form eines Omegas um das Zentrum des Hochs herumgeführt. Die Wettervorhersagemodelle unter- oder überschätzen oft die Intensität und Verlagerung, so dass die Perioden oft um einige Tage oder sogar Wochen länger andauern können.

Während stationäre/steuernde Hochdruckgebiete im Sommer und auch im Winter eine über Wochen beständige Witterung bringen, schaffen es wandernde Hochdruckgebiete nur einige Tage lang. Noch kürzer ist der Einfluss des Zwischenhochs, das sich oft keilförmig zwischen zwei Tiefdruckgebiete schiebt. Auf der Nordhalbkugel wird an dessen Ostflanke noch Kaltluft auf der Rückseite des vorhergehenden Tiefdruckgebietes nach Süden transportiert. An der Westflanke werden dagegen schon wieder warme Luftmassen vor dem nächsten Tiefdruckgebiet herangeführt. Die Verlagerung der Zwischenhochdruckgebiete oder Hochkeile entspricht der Zuggeschwindigkeit der flankierenden Tiefdruckgebiete. Sowohl an der West- als auch an der Ostflanke können sich im Zusammenhang mit kräftigen Tiefdruckgebieten in unmittelbarer Nähe zum Zentrum des Hochdruckgebietes Gebiete mit Starkwind oder Sturm ausbilden. Unter bestimmten Voraussetzungen kann sich der temporäre Zwischenhochkeil in ein steuerndes Hoch umwandeln.

Prinzipiell gilt für Hochdruckgebiete, dass in ihnen die Luftmassen absinken. Eine Ursache dafür ist der Bodenwind, der auf der Nordhalbkugel im Uhrzeigersinn aus dem Hoch (Antizyklone) herausweht. Dadurch werden aus dem Hoch bodennah „Luftmassen" entführt. Dieser Verlust wird durch Zufluss in höheren Atmosphärenschichten ausgeglichen.

Überwiegt der bodennahe Massenabfluss dem Zugang aus höheren Schichten, fällt der Luftdruck und das Hoch schwächt sich ab. Sinken dagegen mehr Luftmassen aus höheren Luftschichten ab, als bodennah abgeführt werden, kann man am Barometer einen steigenden Luftdruck ablesen.

Ohne eine äußere Wärmezufuhr erwärmt sich die absinkende Luft. Da „wärmere" Luft eine größere Menge Wasserdampf enthalten kann, verringert sich durch die Absinkbewegung die relative Feuchte. Daher lösen sich Wolken unter Hochdruckeinfluss normalerweise auf. Manchmal setzt sich die Abwärtsbewegung der Luft allerdings nicht bis zum Boden durch. In der Höhe, in der die Erwärmung aufhört, bildet sich eine Sperrschicht, die Inversion. Unmittelbar unterhalb der Inversion sammelt sich Feuchte. Ist die relative Feuchte hoch genug bildet sich eine Hochnebeldecke/tiefer Stratus aus. Besonders in der kalten Jahreszeit kann in Landnähe die Nebeldecke bis zum Boden anwachsen. Dieses hat ein trübes Wetter zur Folge.

7.2.6 Regionale Windsysteme

Im Mittelmeer ist insgesamt die Häufigkeit von Sturmentwicklungen geringer als in den gemäßigten Breiten. Stürme sind, abgesehen von den regionalen Windsystemen Mistral und Bora, meist nur von kurzer Dauer und geringer Ausdehnung.

Bei einer Mistrallage befindet sich häufig ein Tief über dem Golf von Genua. Über der Biskaya/Spanien befindet sich meist ein kräftiger Keil des Azorenhochs. Zwischen diesen beiden Drucksystemen wird mit nord- bis nordwestlichen Winden durch das Garonne-Tal und den Rhône-Graben kalte Luft bis über den Löwengolf geführt. In der kalten Luft bilden sich über dem relativ warmen Mittelmeer besonders in der kälteren Jahreszeit kräftige Schauer und Gewitter mit starken Böen. Bei Mistral werden oft Böen von 10 bis 11 Bft gemessen. Bezogen auf das gesamte Mittelmeer treten mittlere Windstärken von 8 Bft und mehr am häufigsten im Löwengolf auf.

Der Mistral kann zu jeder Jahreszeit auftreten, findet vor allem im Winter und Frühjahr statt, wenn die Kaltluftvorstöße von Norden her häufig sind. Im Februar ist der Golfe du Lion eines der sturmreichsten Seegebiete der Erde, vergleichbar mit den winterlichen Bedingungen bei Kap Hoorn, wo sogar weniger schwere Stürme und Orkane (Bft 10 bis 12) auftreten.

Die mittlere Dauer des Mistrals beträgt dreieinhalb Tage. Vor Mistral wird in der Regel rechtzeitig durch die nationalen Wetterdienste über NAVTEX (siehe Kap. 7.5.3) gewarnt.

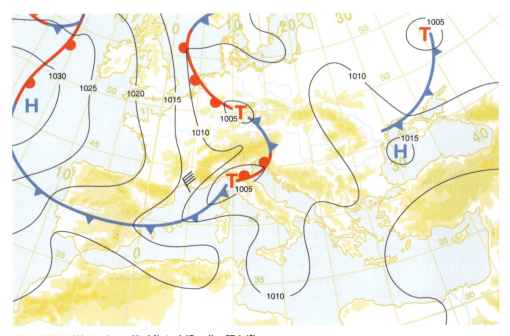

Abb. 7.2.11: Wetterlage für Mistral (Quelle: [7.1.1])

7 Meteorologie und Grundlagen der Ozeanographie

Die Bora ist ein regionales Windsystem in der Adria. Notwendig für das Auftreten von Bora sind ein kräftiges Hoch über Mittel- und Nordeuropa sowie tiefer Druck über dem westlichen Mittelmeer. Oft entwickeln sich bei Bora-Wetterlagen über der Adria zusätzlich Tiefdruckgebiete, wodurch der Wind aus östlichen Richtungen beträchtlich verstärkt wird. Sind Tiefdruckgebiete mit dabei, treten neben heftigen Sturmböen Regen oder Gewitter mit Hagel auf. Da außerdem der Wind quer über die Adria zur italienischen Küste weht, die keinen Schutz bietet, sind Bora-Wetterlagen besonders für Segelboote äußerst gefährlich. Die Bora tritt besonders häufig und stark in den Wintermonaten auf. Oft dauert sie weniger als zwei Tage, manchmal kann sie aber auch fünf Tage und länger andauern. Selbst im Sommer treten in seltenen Fällen überraschend Böen um 50 kn auf. Allgemein wird an der adriatischen Küste die Böigkeit durch den Mechanismus der kalten Fallwinde (wodurch die Bora allgemein bekannt ist!) sowie durch Ecken- und Düseneffekte der Berge verstärkt.

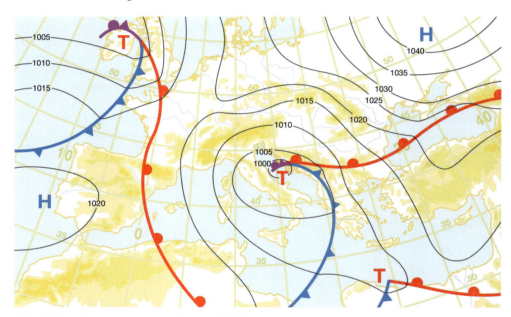

Abb. 7.2.12: Wetterlage für Bora (Quelle: [7.1.1])

Unter den Etesien (Meltemi) versteht man die überwiegend nordöstlichen Winde in der nördlichen Ägäis und nordwestliche Winde im Südosten nahe Rhodos sowie an der türkischen Südküste. Mit den Etesien wird meist trockene Luft herantransportiert, deshalb herrschen sehr gute Sichten und wolkenloser Himmel vor. Bei Etesien handelt es sich um ein regionales Windsystem, welches nur während der Sommermonate eine hohe Beständigkeit hat, und zwar von Mai bis September, mit maximalen Windstärken im Juli und August. Mittlere Winde bis Sturmstärke werden dabei erreicht. Entsprechend den Windrichtungen in der nördlichen und südlichen Ägäis sind für das Entstehen ein hoher Luftdruck über Süd- und Osteuropa oder dem westlichen Mittelmeer und ein Tiefdruckgebiet (Hitzetief) über Asien, speziell Kleinasien, verantwortlich.

Der Scirocco beeinflusst im Unterschied zu den vorher beschriebenen regionalen Windsystemen das gesamte Mittelmeer. Entstehungsgebiete sind die Wüsten Nordafrikas und Arabiens. Da er im gesamten Mittelmeerraum auftritt, hat er in den Küstengebieten der einzelnen Regionen eigene Namen, z.B. Chili in Marokko, Algerien und Tunesien oder Leveche in Südostspanien. Die maximale Häufigkeit dieser Entwicklungen liegt in den Monaten April und Mai. Der

7.2 Allgemeine Zirkulation und Westwinddrift

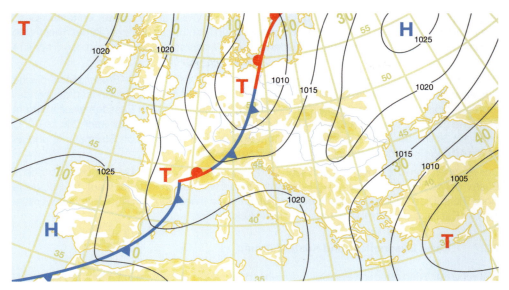

Abb. 7.2.13: Wetterlage für Etesien (Quelle: [7.1.1])

Scirocco weht auf der ganzen Vorderseite eines in der Regel über der Sahara entstandenen Tiefs. Über der Sahara werden bei starken Bodenwinden über der Wüste große Staubmengen in die Luft getragen. Diese Tiefs ziehen über das Mittelmeer, wobei Ost- bis Südostwinde bis Sturmstärke beobachtet werden. In unmittelbarer Küstennähe sind das reine Sandstürme mit Sichtreduzierung bis auf 100 m. Bei oft starkem Niederschlag findet sich an Deck oft der feine

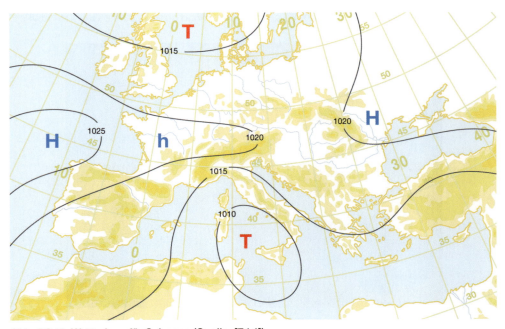

Abb. 7.2.14: Wetterlage für Scirocco (Quelle: [7.1.1])

7 Meteorologie und Grundlagen der Ozeanographie

rote Staub wieder, welcher sich auch nach mehrmaliger Wäsche nur schwer entfernen lässt. Speziell der Golf von Genua ist bei Sturm aus südlichen Richtungen stark gefährdet. Hier treten im Hafen von Genua oft erhebliche Schäden auf, da Wasserstandsänderungen von 3 bis 4 m nicht selten sind.

Bezeichnend für das südliche Australien und Tasmanien ist der *Southerly Buster*, eine typische Begleiterscheinung eines kräftigen Tiefs. Er beginnt mit einer plötzlichen Windrichtungsänderung von Nordwest (Vorderseite des Tiefs) auf Süd bis Südwest nach Passage einer Kaltfront und einem starken Temperaturabfall. Die Änderung in der Lufttemperatur kann bis zu 20°C betragen. Wenn der Luftdruck dazu stark ansteigt, erreicht der Wind oft Sturmstärke und es bilden sich Wolken mit Böenwalzen und Gewittern aus.

Der *Pampero* an der Küste Argentiniens und Uruguays ist vergleichbar mit dem *Southerly Buster* bei Australien. Eine intensive Böenwalze trennt warme von kalter Luft auf der Rückseite eines Tiefs. Diese Böenwalze kann bei der Annäherung eines *Pamperos* beobachtet werden. Bei der Passage des *Pampero* treten Böen mit Orkanstärke auf [7.2.2].

7.2.7 Kap-, Düseneffekt und Küstenführung

Während der Wind auf der freien See weitgehend ungestört weht, wird in Landnähe das Windfeld in Richtung und Stärke oft verändert. Dazu zählen der Kap- und Düseneffekt sowie die Küstenführung. Beim Düseneffekt werden die Luftmassen durch eine Querschnittsverengung zwischen zwei Landzungen oder Inseln gedrückt. Bekannt sind dafür die Straße von Bonifazio, die Straße von Dover und die Straße von Gibraltar. Die Änderungen in der Windstärke können bis zu 4 Bft-Stufen ausmachen. Besonders beeindruckend ist auch der Kapeffekt. Er lässt sich selbst bei nur flachen Kaps beobachten [7.2.3].

Wie in der Abb. 7.2.16 ersichtlich, wird der Wind um das Kap nach Südosten abgelenkt. Zunächst wird der Wind im Luv vom Kap geführt, dadurch kommt es zu einer Ablenkung und Zunahme des Windes. Direkt am Kap erreicht der Wind seine höchste Geschwindigkeit.

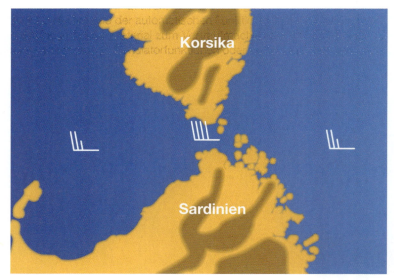

Abb. 7.2.15: Beim Düseneffekt werden die Luftmassen durch eine Querschnittsverengung gedrückt und beschleunigt (Quelle: [7.1.5])

7.2 Allgemeine Zirkulation und Westwinddrift

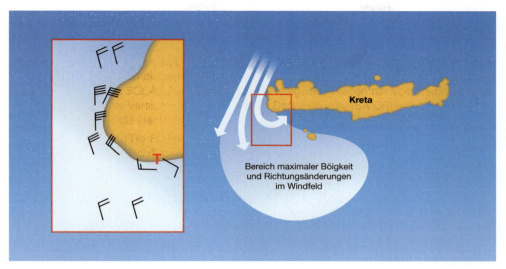

Abb. 7.2.16: Direkt am Kap wird der Wind stark beschleunigt, in Lee ist er verwirbelt und daher zum Teil umlaufend (Quelle: [7.1.5])

Im Lee des Kaps ist er stark verwirbelt, manchmal treten hier auch Fallwinde auf. Das Windfeld wird sich im Lee des Kaps in einem Abstand von mindestens dem Zehnfachen der Höhe des Kaps wieder „normalisieren". Oft bildet sich im Lee eines Kaps durch Unterdruck ein Leetief. Dadurch ist der Wind dort oft umlaufend und schwach. Liegt man beispielsweise im Hafen im Bereich des Leetiefs, sind die dort beobachteten Windverhältnisse stark verfälscht. Ein weiterer Effekt im Zusammenhang mit z. B. Steilküsten ist die Küstenführung (Abb. 7.2.17). Strömt die Luft auf eine Küste zu, wird ein Teil der Luftmassen in Luv parallel zur Steilküste abgelenkt. Dies führt zu einer Erhöhung der Windgeschwindigkeit über See.

7.2.8 Wettererscheinungen an Küsten

Abb. 7.2.17: Der Wind wird durch die Küstenführung abgelenkt und verstärkt (Quelle: [7.1.5])

Wie in Kapitel 7.1.2 beschrieben, wird der Wind durch die Bodenreibung rückgedreht. Da die Reibung über der See geringer ist als über Land, ist dort der Ablenkungswinkel geringer. Diese unterschiedlichen Reibungsverhältnisse haben an Küsten bei auf- oder ablandigen Windverhältnissen Folgen. Liegt wie in der Abb. 7.2.18 nördlich der Nordsee ein Tiefdruckgebiet und der Wind weht an der ostfriesischen Küste ablandig aus Südwest, wird der

7 Meteorologie und Grundlagen der Ozeanographie

Abb. 7.2.18: Wettererscheinungen an Küsten aufgrund unterschiedlicher Reibungsverhältnisse
(Quelle: [7.5.2])

Wind aufgrund der geringeren Reibung über See rechtdrehen. Das führt zu einer Konvergenz der Strömungen und aufsteigender Luft mit Wolkenbildung über dem Wasser im Abstand von der Küste. Weht der Wind auflandig, wie an der belgischen Küste, ergibt sich die Konvergenz landeinwärts und somit auch die Wolkenbildung über dem Land.

7.2.9 Gewitter und Wasserhosen

Bei Gewittertätigkeit treten recht kurzfristig Böen bis zur Orkanstärke und Blitzschlag auf. Dazu können Graupel, Hagel und Starkniederschlag die Sicht stark reduzieren.

Unterschieden wird bei den Gewittern in Luftmassen- und Frontgewitter. Luftmassengewitter entstehen bei intensiver Sonneneinstrahlung. Durch den Tagesgang der Sonneneinstrahlung tritt vor allem im Sommer zur Nachmittagszeit bodennah Überhitzung auf. So erreicht die dann einsetzende Hebung der warmen Luft große Höhen. Dadurch entstehen Cumulonimbuswolken, aus denen sich Schauer und häufig auch Gewitter entwickeln können. Luftmassengewitter bilden sich dann häufig in großen Gebieten aus, die Ausdehnung der einzelnen Gewitterzellen mit 5 bis 10 km ist aber relativ gering.

Gute Vorboten nachmittäglicher Gewitter sind mittelhohe Wolken mit zinnenartigen Formen (Altocumulus castellanus). Den Altocumulus castellanus (siehe Abb. 7.2.20) kann man bereits in den frühen Morgenstunden und vormittags beobachten. Durch die Sonneneinstrahlung verschwindet er aber meist bis zum Mittag wieder.

Nachts schwächen sich die Luftmassengewitter ab, weil die Überhitzung von unten nachlässt. Im Sommer und Herbst muss aber nachts über den küstennahen Seegebieten immer wieder

7.2 Allgemeine Zirkulation und Westwinddrift

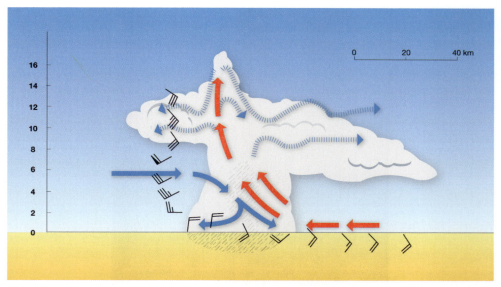

Abb. 7.2.19: Eine Gewitterwolke im Querschnitt (Cumulonimbus). Die blauen Pfeile sind Böen (bis zu Orkanstärke), die den Boden erreichen (Quelle: [7.1.1])

mit auflebenden Gewittern gerechnet werden, da im Sommer die relativ warme See als Wärmequelle wirkt.

Abb. 7.2.20: Der Altocumulus castellanus zeigt die Bereitschaft für Gewitter an [7.1.1]

Bei Frontgewittern sind hier die einzelnen Gewitterzellen linienartig entlang einer Okklusions-/Kaltfront angeordnet. Die zu dem einem Tief gehörende Front schiebt sich in Richtung Hochdruckgebiet. Mächtige Gewitterzellen entstehen durch die Überhitzung (Hochdruckeinfluss) und durch zusätzliche Hebung der feuchten und warmen Luftmassen im Frontbereich.

Während bei Luftmassengewittern die einzelnen Zellen zu unterscheiden sind, ist dies bei Frontgewittern kaum möglich. Die Front schwenkt mit mehreren 100 km Länge über ein Seegebiet hinweg. Oft entwickeln sich vor gewittrigen Kaltfronten noch Böenfronten oder Böenlinien *(squall-lines)*.

Vor dem Gewitter ist der Bodenwind meist schwach und auf dieses gerichtet. Durch die starken Aufwinde innerhalb der Zelle werden die Luftmassen von außen in die Zelle angesaugt.

Abb. 7.2.21: Wasserhosen haben oft nur eine kurze Lebensdauer (Quelle: *Udo Domke*)

Besonders in Verbindung mit schweren Gewittern treten Wasserhosen auf. Wasserhosen sind Wirbel, die sich sehr schnell bilden und auch wieder auflösen können. Sie verlagern sich an der Wasseroberfläche mit nur 10 bis 15 kn und ihre Lebensdauer beträgt oft nur 30 Minuten, aber die Auswirkungen können verheerend sein. Von Windgeschwindigkeiten bis zu 120 kn wurde berichtet.

7.2.10 Land-Seewind-Zirkulation

Die Land-Seewind-Zirkulation ist ein lokales Windsystem, das nur dann ungestört auftritt, wenn die großräumigen Druckunterschiede gering sind. Daher ist ein umfangreiches Hochdruckgebiet bestens geeignet. Die Land-Seewind-Zirkulation funktioniert stark vereinfacht etwa so:

Land und Wasser reagieren unterschiedlich auf die Sonneneinstrahlung. Die Energiespeicherung im Wasser ist erheblich größer als im festen Erdboden. Zudem hat die Oberflächentemperatur des Wassers nur einen geringen Tagesgang, während sie über Land stark mit der Sonneneinstrahlung variiert. Durch die starke Erwärmung der untersten Luftschichten über Land steigen hier Luftmassen auf. Das dabei entstehende Bodentief/Hitzetief wird durch Seewind (Wind von See) aufgefüllt. Der reine Seewind wird zuerst unmittelbar an der Küste beobachtet und breitet sich danach seewärts aus.

Beim Landwind verhält es sich umgekehrt. Das Land kühlt sich nachts bei nur geringer Bewölkung stark ab. Das Wasser ändert seine Temperatur an der Oberfläche dagegen nur geringfügig. Über dem Wasser steigt daher erwärmte Luft auf. Das dabei entstehende Bodentief über dem Meer wird durch Landwind (Wind von Land) aufgefüllt.

Der Seewind erreicht seine maximale Stärke etwa zwei Stunden nach Sonnenhöchststand. Nach Sonnenuntergang wird er schwächer, nachts entwickelt sich dann der schwächere

7.3 Wetter der Tropen

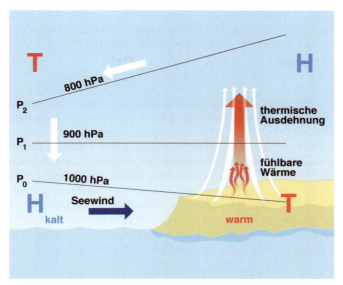

Abb. 7.2.22: Seewind-Zirkulation: Temperatur und Druckverhältnisse bei maximaler Einstrahlung
(Quelle: [7.1.1])

Landwind, der seine maximale Windstärke zwischen 1 und 3 Uhr Ortszeit entwickelt. Der Seewind erreicht etwa 2 bis 4 Beaufort, bei intensiver Sonneneinstrahlung sind 5 bis 6 Beaufort keine Seltenheit. Der Landwind weht mit nur 1 bis 2, maximal 3 Beaufort.

Das vor dem Einsetzen von See- oder Landwind vorherrschende Windfeld kann in Windrichtung und Windstärke erheblich verändert werden.

7.3 Wetter der Tropen

Die Tropen sind gekennzeichnet durch die Intertropische Konvergenzzone und die Passatwinde beiderseits des Äquators. In den Passatwinden entwickeln sich zum Teil die *easterly waves*, aus denen typischerweise die Wirbelstürme entstehen.

7.3.1 Intertropische Konvergenzzone

Aufgrund der ablenkenden Kraft der Erdrotation gibt es keine vom Äquator zu den Polen gerichtete direkte thermische Zirkulation.

Die sehr intensive Sonneneinstrahlung in den Tropen erzeugt eine mächtige Quellbewölkung mit heftigen Schauern und Gewittern. Die hohe Temperatur der Luftmassen lässt im Meeresniveau eine Tiefdruckrinne entstehen, in die von beiden Seiten des Äquators Luftmassen zusammenströmen. Daher wird dieses Gebiet auch als Intertropische Konvergenzzone, kurz ITC, bezeichnet. Die ITC ist eine Zone mit überwiegend schwachen Winden, die nur in Nähe von Schauern und Gewittern böig auffrischen. Da sich ca. 80 % aller Landmassen auf der Nordhalbkugel befinden, heizen sich diese bei hoch stehender Sonne stärker auf als die Meeresgebiete auf der Südhalbkugel. Deshalb liegt die ITC im Mittel etwas nördlich vom geografischen Äquator. Jeweils mit den höchsten Sonnenständen auf den Halbkugeln der Erde variiert die ITC (meteorologischer Äquator) um ca. fünf Breitengrade nach Nord bzw. Süd. Im

Nordsommer liegt er im Mittel bei etwa 10° Nord, kann sich über den Landmassen Asiens aber aufgrund der Erhitzung auch bis ca. 30° Nord verlagern. Die windschwachen Gebiete der ITC sind allgemein als Kalmen, Mallungen oder Doldrums bekannt [7.3.1].

7.3.2 Passate

Polwärts an die ITC schließen sich die Passate als beständige Windsysteme an (Abb. 7.3.1). Sie entstehen in den Hochdruckgebieten der Subtropen. Die Hochdruckgebiete sind verbunden mit einem weiteren Gürtel schwacher Winde und werden als Rossbreiten bezeichnet. Der Name stammt aus den früheren Reisen mit den Segelschiffen nach Südamerika, da dort bei wenigen Winden viele Pferde infolge Wassermangels eingingen, teilweise wurden sie von den Besatzungsmitgliedern verspeist. Aus dem subtropischen Hochdruckgürtel fließen bodennah Luftmassen in Richtung Äquator. Infolge Reibung wird der Ostwind in den unteren Luftschichten zum Äquator hin abgelenkt: Es entsteht der Nordostpassat auf der Nordhalbkugel sowie der Südostpassat auf der Südhalbkugel. Im Urpassat herrscht infolge absinkender Luftbewegung meist wolkenloser Himmel; allenfalls können sich durch thermische Konvektion geringe Cumulusfelder ausbilden. Meist herrscht dunstiges Wetter vor.

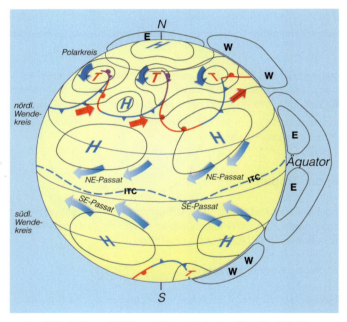

Abb. 7.3.1: Allgemeine Zirkulation mit ITC und Passatwinden (Quelle: [7.1.1])

7.3.3 Monsunzirkulation

Als Monsune bezeichnet man jahreszeitlich sich umkehrende Winde im indischen und asiatischen Raum, die sich aufgrund der Temperatur- und damit der Druckunterschiede der großen Land- und Wassermassen in Asien im Jahresverlauf ausbilden. Während der warme und feuchte Sommermonsun für den Niederschlagsreichtum großer Teile des asiatischen Kontinents verantwortlich ist, fließen mit dem Wintermonsun trocken-kalte Festlandsluftmassen aus dem zentralasiatischen winterlichen Kältehoch. Die mittleren Druckverteilungen in der unteren

7.3 Wetter der Tropen

Atmosphäre zeigen daher auch insbesondere über Asien im Sommer tiefen Luftdruck, der im Winter einem Kältehoch weicht (Abb. 7.3.3). Aufgrund der nördlichen Lage der ITC im Sommer wird dann aus dem Südostpassat der Südhalbkugel nach Überquerung des Äquators und weiter nordwärts ein Südwestwind (Abb. 7.3.2). Dieser führt die feuchtwarmen Luftmassen des Indischen Ozeans dann beispielsweise nach Indien (Sommermonsun).

Abb. 7.3.2: Sommermonsun (Quelle: [7.1.1])

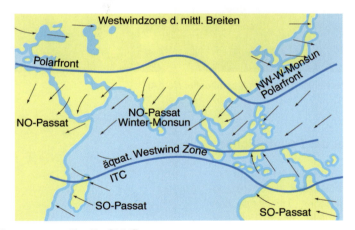

Abb. 7.3.3: Wintermonsun (Quelle: [7.1.1])

Die wichtigste Auswirkung der monsunalen Zirkulation ist die sommerliche Verlagerung des thermischen Äquators und mit ihm der Intertropischen Konvergenzzone – besonders über Asien – nach Norden. Die ITC liegt im Nordsommer infolge der starken Landerwärmung zeitweise bei 30° Nord!

7.3.4 Tropische Wirbelstürme

Der subtropische Hochdruckgürtel mit den beständigen Passatwinden lässt nicht vermuten, dass an der Äquatorseite Wirbelstürme mit verheerenden Auswirkungen entstehen können.

7 Meteorologie und Grundlagen der Ozeanographie

Man unterscheidet in den Tropen vier Arten von Tiefdruckgebieten, von denen die tropische Störung als unterste Entwicklungsstufe am häufigsten auftritt. Sie entsteht bevorzugt im Bereich einer *easterly wave*, die in Form eines schwachen Troges von Ost nach West wandert. Sie kann sich zu einem tropischen Tief (Depression) mit geschlossener Zirkulation weiterentwickeln. Hier treten Winde in Bodennähe bis Stärke Bft 7 auf. Die nächste Entwicklungsstufe ist der tropische Sturm mit Windstärken Bft 8 bis einschließlich Bft 11. Dieser Sturm kann sich zum tropischen Orkan mit Windgeschwindigkeiten bis über 135 kn (in Böen noch höher) intensivieren mit einem ausgedehnten Cirrus-Schirm und spiralförmig angeordneten Wolkenbändern darunter. Im Vergleich zur Anzahl außertropischer Zyklone ist dies jedoch ein seltenes Ereignis. Die tropischen Tiefdruckgebiete (Zyklone) weisen keine Fronten auf, wie man sie von den Tiefs der Westwindzone kennt.

Abb. 7.3.4: Tropischer Wirbelsturm Ivan (Quelle: *NOAA*)

7.4 Wetter der Polarregionen

Das Wetter der zentralen Arktis und Antarktis ist gekennzeichnet durch ein polares Hochdruckgebiet. Um diese sehr stabilen Druckgebilde ziehen Tiefdruckgebiete zirkumpolar ostwärts [7.4.1]. Die Antarktis ist im Gegensatz zur Arktis ein mit Schnee bedeckter Kontinent und ist im Mittel kälter. Da Temperaturgegensätze die Intensität von Tiefdruckentwicklungen steuern, haben die Tiefs rund um die Antarktis im Mittel einen niedrigeren Kerndruck und Sturm- und Orkanwind sind häufiger anzutreffen. Diese Gürtel haben deshalb spezielle Namen bekommen (siehe Kap 7.2.1).

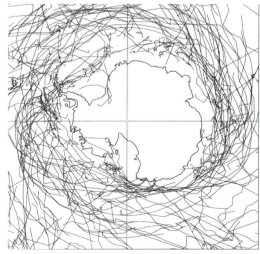

Abb. 7.4.1: Zugbahnen der Tiefdruckgebiete um die Antarktis (Quelle: [7.4.3])

7.4 Wetter der Polarregionen

7.4.1 Polar Lows

Polar Lows sind kleinräumige und kurzlebige Tiefdruckgebiete, die sich über den Meeren der Polarregionen oder küstennahem Meer- oder Schelfeis entwickeln. Ein wesentlicher Faktor für das Entstehen ist dann gegeben, wenn die kalten Luftmassen der Polarregionen auf das offene und relativ warme Meerwasser gelangen. Daraus können sich diese polaren Tiefdruckgebiete entwickeln, deren Ursachen denen der Entwicklung von Wirbelstürmen ähnlich sind. Sie haben jedoch horizontale Ausdehnungen von hundert bis zu mehreren hundert Kilometern. In der Antarktis haben sie Lebensdauern von mehreren Stunden, aber nicht über mehrere Tage. Die Auswirkungen zeigen sich in einer Windzunahme bis hin zur Sturmstärke und starkem Niederschlag. Aufgrund der verminderten Sicht ist die Eisfahrt stark beeinträchtigt. Ihr Aussehen auf dem Satellitenbild gleicht manchmal dem eines tropischen Wirbelsturms, nur eben sehr viel kleiner in den Ausmaßen. Das *NOAA* Satellitenbild im sichtbaren Kanal der Abb. 7.4.2 zeigt ein *Polar Low* im Südsommer nahe des Schelfeises.

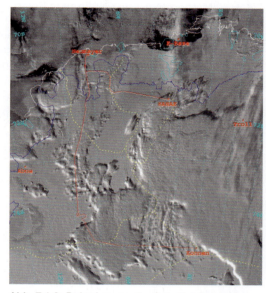

Abb. 7.4.2: *Polar Low* an der Schelfeiskante der Antarktis

In den Computermodellen für die Wettervorhersage sind sie nicht enthalten. Nur mit viel Erfahrung kann man sie auf dem hoch aufgelösten Satellitenbild erkennen [7.4.2].

7.4.2 Katabatische Winde

Insbesondere an den Küsten von Grönland und in der Antarktis können katabatische Winde auftreten. Diese Winde entstehen, wenn sich über den Eisflächen eines Hochplateaus, eines Gebirges oder eines Gletschers die Luft abkühlt. Die Luft mit hoher Dichte fließt als Druckausgleichsströmung ab, es entsteht ein kalter Fallwind. Katabatische Winde tragen als ablandige Winde zur Entstehung von küstennahen Polynjas (Öffnungen im Meereis) bei.

Das Phänomen ist vor den ausgedehnten Schelfeisfeldern im

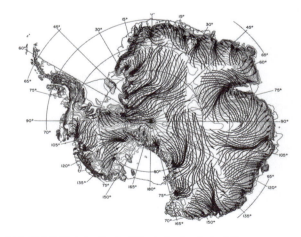

Abb. 7.4.3: Katabatische Winde in der Antarktis
(Quelle: [7.4.3])

Ross-Meer und im Weddell-Meer besonders ausgeprägt. Die katabatischen Winde der Antarktis können Geschwindigkeiten bis zu Orkanstärke annehmen. Die Abb. 7.4.3 zeigt das Vorkommen katabatischer Winde in der Antarktis [7.4.3].

7.4.3 Meteorologische Gefahren in Polarregionen

In den Polarregionen muss durch die im Mittel niedrigen Temperaturen und den besonders um die Antarktis vorherrschenden hohen Seegang mit Vereisung durch Spritzwasser gerechnet werden (siehe Kap. 7.6.1). Aber auch die Vereisung bei spiegelglatter See und hoher Luftfeuchte kann zum Eisansatz führen.

Weitere Gefahren stellen das Treibeis und Eisberge dar. Insbesondere die kleineren *Growler*, die im Gegensatz zu größeren Eisbergen auf dem Radar nicht zu erkennen sind, sind für die Schifffahrt gefährlich.

7.5 Wetterinformationen

7.5.1 Wetterbeobachtungen

Weltweit gibt es etwa 10 000 Stationen an Land und etwa 3500 auf Schiffen, von denen regelmäßig Wetter beobachtet wird (siehe Abb. 7.5.1). Ebenso werden an Land und auch auf See von Schiffen aus (ca. 24) Radiosonden gestartet (siehe Abb. 7.5.2), die das vertikale Profil der Atmosphäre erfassen sollen. Eine Radiosonde besteht aus einem Ballon und einer Messeinheit, die Höhen um 30 km erreichen können. Auf See werden die mit den Sensoren und GPS gewonnenen Daten an die Bodenstation an Bord übertragen. Daten wie die der Radiosonden und die Beobachtungen an Bord werden über verschiedene Kommunikationswege an nationale Wetterdienste weitergegeben und dann weltweit über das GTS *(Global Telecommunication System)* ausgetauscht. Das einheitliche Datenformat und die vereinbarten Termine werden durch die *World Meteorological Organisation (WMO)* geregelt. Weltweit wird typischerweise alle drei Stunden nach UTC (00, 03, 06, 12, 15, 18, 21) Wetter beobachtet. An Wetterstationen wird meist stündlich, an Flughäfen halbstündlich, der aktuelle Wetterzustand übermittelt.

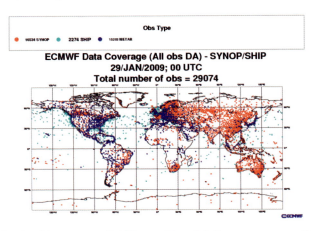

Abb. 7.5.1: Wetterbeobachtungen von Schiffen und Landstationen zum synoptischen Termin 29.01.2002, 12 UTC (Quelle: *ECMWF*)

7.5 Wetterinformationen

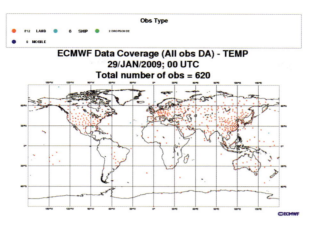

Abb. 7.5.2: Radiosondenaufstiege von Schiffen und Landstationen zum synoptischen Termin 29.01.2002, 12 UTC (Quelle: *ECMWF*)

Die Schifffahrt trägt erheblich dazu bei, da sie besonders in den datenarmen Gebieten über den Ozeanen wertvolle Informationen liefert. Weitere Messwerte liefern dort auch driftende Bojen, die regelmäßig auf den Ozeanen ausgesetzt werden.

Wetterbeobachtungen sind die Grundlage für die Berechnung der Wettervorhersagen mit den leistungsfähigen Computern der nationalen Wetterdienste. Ohne diese Daten können Computer keine Wetter für die Zukunft berechnen. Auch liefern sie wertvolle Klimadaten. Aus dem Datenpool kann das Klima für Seegebiete, wie etwa die mittleren Wetter- und Seegangsverhältnisse, abgeleitet werden. Die Wetterbeobachtungen sind also Quellen der Monatskarten oder *Pilot Charts*, die als Grundlage für die nautische Reiseplanung oder der Planung von Offshoreanlagen unter anderem benutzt werden.

Der Aufbau einer Wetterbeobachtung (Schlüssel FM13) gemäß *WMO* stellt sich international vereinheitlicht wie folgt dar. Hinweise dazu findet man beispielsweise im *Marine Observers Guide* (*DWD* Hamburg).

D......D YYGGi$_w$ 99L$_a$L$_a$L$_a$ Q$_c$L$_o$L$_o$L$_o$L$_o$ i$_R$i$_x$hVV Nddff 00fff 1s$_n$TTT 2s$_n$T$_d$T$_d$T$_d$
4PPPP 5appp (6RRRt$_R$) 7wwW$_1$W$_2$ 8N$_h$C$_L$C$_M$C$_H$ 222D$_s$V$_s$ 0s$_s$T$_w$T$_w$T$_w$ 2P$_w$P$_w$H$_w$H$_w$
3d$_{w1}$d$_{w1}$d$_{w2}$d$_{w2}$ 4P$_{w1}$P$_{w1}$H$_{w1}$H$_{w1}$ 5P$_{w2}$P$_{w2}$H$_{w2}$H$_{w2}$ 6I$_s$E$_s$E$_s$R$_s$ 8s$_w$T$_b$T$_b$T$_b$ ICE c$_i$s$_i$b$_i$D$_i$Z$_i$

Auf die Interpretation und die Inhalte der einzelnen Beobachtungen soll hier nicht näher eingegangen werden [7.5.1].

7.5.2 Wetterkarten

Wetterkarten oder besser „Synoptische Karten" können an Bord über Faksimile (Wetterfax), *Routing Programme* oder über das Internet abgerufen werden. Praktisch für den Bordgebrauch sind Bodenwetterkarten mit eingezeichneten Isobaren und Fronten. Unterscheiden muss man in Analyse- und Vorhersage-/Prognosekarten. Analysekarten zeigen die Druckverteilung der Atmosphäre in Bodennähe zu einem bestimmten Zeitpunkt (z. B. 00, 06, 12, 18 UTC), erstellt aus synoptischen Beobachtungen. Die Isobaren können vom Computer analysiert werden, oft werden sie aber, wie bei den Fronten zwingend notwendig, von Hand erstellt. Die Abbildungen 7.5.3 und 7.5.4 zeigen je eine Bodenanalyse des *UK MetOffice* und des *DWD* von 12 UTC. Hier wurde anhand von Wetterbeobachtungen der Zustand der Atmosphäre vom 23.1.2009 um

7 Meteorologie und Grundlagen der Ozeanographie

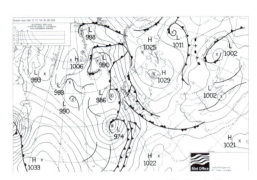 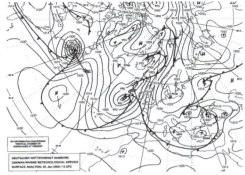

Abb. 7.5.3: Bodenanalyse des *UK MetOffice*   Abb. 7.5.4: Bodenanalyse des *DWD*

12 UTC analysiert. Um die Frontenlage zu finden, benötigt der Fachmann noch weitere Hilfsmittel, unter anderem ein Satellitenbild.

In den Abb. 7.5.5 und 7.5.6 sind Prognosekarten des *UK MetOffice* und des *DWD* zu sehen. Sie zeigen die erwartete Druckverteilung und die Frontenlage, in diesem Fall für T+24 Stunden. Diese sind mit einem Wettervorhersagemodell auf Großcomputern berechnet worden. Typischerweise sind Karten bis zu T+240 Stunden, also für zehn Tage, verfügbar. Doch

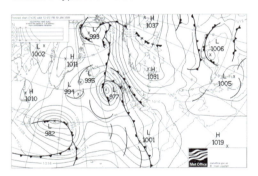 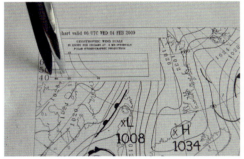

Abb. 7.5.5: Bodenvorhersagekarte des *UK MetOffice* und Anwendung des Windlineals

die Trefferquote nimmt mit zunehmender Vorhersagedauer ab, aber immerhin hat die fünftägige Vorhersagekarte (also 120 Stunden voraus) mittlerweile eine Trefferquote wie vor 25 Jahren die zweitägige Vorhersage [7.5.2, 7.2.3, 7.1.1].

Anhand von Isobarenabständen lassen sich aus den Analyse- und Prognosekarten Wind und Seegang ermitteln. Zu beachten ist der unterschiedliche Isobarenabstand, 5 zu 5 hPa in den Karten des *DWD*, 4 zu 4 hPa bei den Karten des Britischen Wetterdienstes. Dies ist von Bedeutung bei der Bestimmung des Windes aus dem Druckfeld.

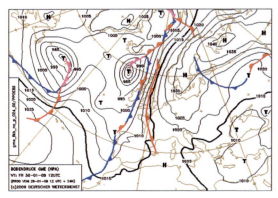

Abb. 7.5.6: Bodenvorhersagekarte des *DWD*

7.5 Wetterinformationen

Mit Hilfe des geostrophischen Windlineals lassen sich auf der Prognosekarte des *UK MetOffice* (siehe Abb. 7.5.5) die Windverhältnisse bestimmen. Zunächst wird mit einem Zirkel senkrecht zu den Isobaren abgenommen. Dann legt man den einen Zirkelschenkel links auf die Linie mit der geografischen Breite an und mit dem anderen Schenkel lässt sich die geostrophische Windgeschwindigkeit ablesen.

Der geostrophische Wind gilt aber nur für gradlinige Isobarenabstände und für einen reibungsfreien Zustand (siehe Kap 7.1.2). Es hängt von der Krümmung (vom Krümmungsradius) ab, ob die Windgeschwindigkeit höher oder niedriger ist als nach der geostrophischen Bestimmung. Bei starker Krümmung muss

- bei zyklonal gekrümmten Isobaren (also um ein Tief) ca. 25 % der Geschwindigkeit subtrahiert werden,
- bei antizyklonal gekrümmten Isobaren (also um ein Hoch) muss ca. 25–30 % der Geschwindigkeit addiert werden.

Dieser berechnete Wind ist also der Gradientwind, der für eine Schicht oberhalb von 600–1000 m gilt (Grenzschicht). Unterhalb der Grenzschicht wirkt die Oberfläche mit ihrer unterschiedlichen Reibung mit. Hinsichtlich der Reibung sollte der Gradientwind annäherungsweise um 20 % reduziert und ein Ablenkungswinkel von etwa 20 Grad angenommen werden.

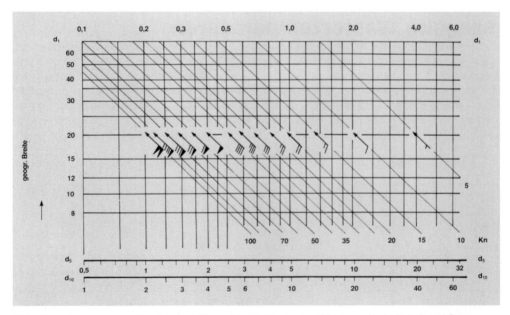

Abb. 7.5.7: Nomogramm (nach *Rudloff*) zur Abschätzung der Windgeschwindigkeit auf See
(Quelle: [7.1.1])

Neben der Berechnung mit dem geostrophischen Windlineal können auch Nomogramme, wie in der Abb. 7.5.7 dargestellt, verwendet werden. Diese lassen sich universell für Analyse- und Vorhersagekarten verwenden. Der mit dem Zirkel ermittelte Isobarenabstand von 5 zu 5 hPa wird in Breitengrade umgerechnet, für die Achse d_5 bedeutet also ein Breitengrad eine Entfernung von 60 sm. Dann wird der Schnittpunkt mit der geografischen Breite gesucht und die Windgeschwindigkeit lässt sich ermitteln. Ebenso wie bei der Benutzung des geostrophischen Windlineals müssen noch die Krümmung der Isobaren und die Reibung berücksichtigt werden.

7 Meteorologie und Grundlagen der Ozeanographie

7.5.3 Wetterwarnungen/GMDSS

NAVTEX (Navigational Information over Telex) ist im Rahmen des GMDSS unter anderem das Informationssystem für Navigations- und Wetterwarnungen sowie für das Seenot-, Such- und Rettungswesen. NAVTEX-Meldungen werden weltweit auf 518 kHz/4209.5 kHz in englischer Sprache ausgestrahlt. Für nationale NAVTEX- Sender ist die Frequenz 490 kHz, meist in der Landessprache, reserviert. Einige NAVTEX-Sender strahlen neben den Wetterwarnungen auch Seewetterberichte aus.

Über NAVTEX werden Warnungen vor Starkwind (*Near Gale* = 6 bis 7 Bft) oder Sturm (*Gale* > 8 Bft) verbreitet. Dazu kommen natürlich auch die Warnungen vor Wirbelstürmen. Da die Reichweite für NAVTEX über die vorher genannten Frequenzen etwa 400 Seemeilen beträgt, ist für den Empfang außerhalb ein EGC *(Enhanced Group Call)*-Empfänger notwendig. Als Kommunikationseinheit werden die INMARSAT-Satelliten genutzt.

Beispiel einer NAVTEX-Warnung für die Deutsche Bucht:

DWHA 150415 Received from German Weather Service Warning No. 103 150415UTC MAR for German Bight: gales east to southeast 17 to 19 m/s (7 to 8 bft).

7.5.4 Wetterberichte

Seewetterberichte werden zu festgelegten Zeiten *(Nautischer Funkdienst des BSH, Admiralty List of Radio Signals Vol 3)* von Küstenfunkstellen (HF, VHF) und über NAVTEX ausgestrahlt. Dabei wird auf international vereinbarte Seegebiete Bezug genommen. Seewetterberichte sind international nicht standardisiert, sie haben aber einen ähnlichen Aufbau. Zunächst werden Sturm- oder Starkwindwarnungen verlesen. Dann folgt ein Bericht der Wetterlage, in dem die Druckgebilde (Hoch, Tief) mit Intensitätsänderung und Zugbahn angegeben werden. Ebenso werden Hochkeile, Fronten und Tröge erwähnt. Anschließend folgen für Seegebiete oder Küstenabschnitte Vorhersagen und oft auch Aussichten. Die Vorhersagen umfassen Windrich-

Rechtsdrehender Wind (*veering*)	Änderung der Windrichtung im Uhrzeigersinn um mindestens 45°
Rück(links-)drehend (*backing*)	Änderung der Windrichtung gegen den Uhrzeigersinn um mindestens 45°
Gewitterböen (*thunder squalls*)	Oft wird die Stärke angegeben, da im Sommer bei Schwachwindlagen Böen mit Sturm oder Orkanstärke auftreten können
Sturmwarnung (*gale warning*)	Mittlere Windstärken von mindestens 8 Bft
Starkwindwarnung (*near-gale warning*)	Mittlere Windstärken zwischen 6 und 7 Bft
Orkan (*storm*)	ab Windstärke 10, dabei auch oft Böen von 12 Bft
Schauerböen (*shower squalls*)	in Schauernähe können Böen auftreten, die den Mittelwind um mehr als 2 Bft überschreiten können
Gute Sicht (*good visibility* oder kurz: *vis good*)	Sichtweiten über 10 km
Mittlere Sicht (*moderate visibility* oder kurz: *vis mod*)	Sichtweiten 5 bis 10 km
Diesig (*misty*):	Sichtweiten über 1 km bis 5 km
Nebel (*fog*):	Sichtweiten unter 1 km

Tabelle 7.5.1: Meteorologische Begriffe [7.1.1]

7.5 Wetterinformationen

tung, Windgeschwindigkeit/-stärke, signifikantes Wetter (z.B. Gewitter), Sicht und Höhe des Seegangs (signifikant). Dabei werden überwiegend einheitliche meteorologische Begriffe in den verschiedenen Sprachen verwendet [7.5.3].

7.5.5 GRIB-Daten

GRIBs oder GRIB-Daten *(GRIdded Binary)* sind Wettervorhersageinformationen in einem von der *WMO* festgelegten Code in binärer Form. GRIB-Daten haben somit ein international vereinbartes Format zum Austausch meteorologischer und ozeanografischer Daten. GRIB-Daten sind Ergebnisse der globalen und lokalen Wettervorhersagemodelle. Bei nationalen oder privaten Wetterdiensten stehen GRIB-Daten zur Verfügung und können gegen Gebühr und zum Teil auch kostenlos an Bord übermittelt werden. Dabei ist eine Auswahl der Parameter möglich.

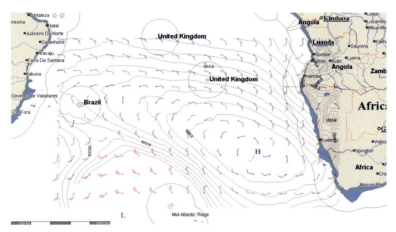

Abb. 7.5.8: GRIB-Daten (hier Wind) dargestellt mit dem Routingprogramm *MaxSea*

Der große Vorteil der GRIB-Daten liegt in der Komprimierung, wodurch die zu übermittelnden Daten bzw. Dateien klein gehalten werden können. Diese Daten beinhalten in der Regel Vorhersagen für Windrichtung, Windgeschwindigkeit sowie den Seegang auch mit den Teilkomponenten Windsee und Dünung (Höhe, Periode). Die GRIB-Daten liegen mindestens zwei- bis viermal täglich vor und können somit mehrmals am Tag aktualisiert werden. Wie gut die Vorhersagen sind, hängt letztendlich vom Wettervorhersagemodell ab. Derzeit werden weltweite GRIB-Daten u.a. von den globalen Wettervorhersagemodellen des *GFS* (USA), *UK Met Office* (UK), *GME* (*DWD* Offenbach) und *ECMWF* (*Europäisches Zentrum für Mittelfristprognosen in Reading*) angeboten.

Die GRIB-Daten können mit Hilfe spezieller Software – meist mit Hilfe von Routingprogrammen wie in der Abb. 7.5.8 – dargestellt werden. Mit den Routingprogrammen lassen sich dann optimale Routen berechnen (siehe Kap. 7.9).

7.5.6 Routingservice

Viele nationale oder private Wetterdienste bieten einen Routingservice an. Dieser umfasst oft neben der eigentlichen Beratungstätigkeit für eine optimierte Route auch ein Flottenmanagement, ein *Tracking* und eine Postanalyse der Reise. Während nur noch wenige Wetterdienste sich allein auf die landgestützte Vorhersage beschränken (der Meteorologe routet das vom

7 Meteorologie und Grundlagen der Ozeanographie

Büro aus), sind doch die meisten Anbieter dazu übergegangen, eine Kombination aus Auswertung der Schiffsführung an Bord mit Unterstützung durch den Routingservice im Büro an Land anzubieten. Mehr Informationen dazu können dem Kapitel 7.9 entnommen werden.

7.6 Grundlagen der Ozeanographie

7.6.1 Seegang

Unter Seegang versteht man zunächst einmal die Wellen auf der Oberfläche der Ozeane und Meere. Bei etwas genauerer Betrachtung kann man neben einer periodischen vertikalen auch eine horizontale Auslenkung der Wasserteilchen um Ihre Ruhelage erkennen. Bei genügend großer Wassertiefe ist es eine kreisförmige Bahn, die auch als Orbitalbewegung bezeichnet wird.

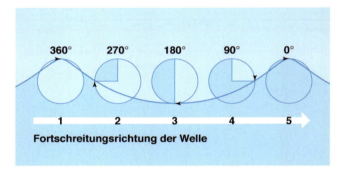

Abb. 7.6.1: Orbitalbewegung und Fortschreiten einer Welle (Quelle: [7.6.1])

Die Wellenhöhe (H) ist definiert als der senkrechte Abstand zwischen Wellental und Wellenberg. Als Wellenlänge (L) wird der Abstand zwischen zwei aufeinander folgenden Wellenbergen bezeichnet.

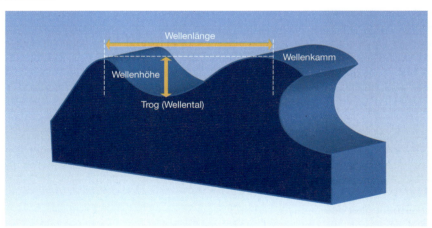

Abb. 7.6.2: Definition von Wellenberg und Wellental (Quelle: [7.6.1])

Die Wellenperiode (T) ist die Zeit, die zwischen den Durchgängen zweier gut ausgeprägter Wellenzüge am Ort verstreicht.

7.6 Grundlagen der Ozeanographie

Die Bestimmung der Wellenlänge, Wellenhöhe und Wellenperiode ist von einem fahrenden Schiff nicht einfach und erfordert einige Erfahrung. Insbesondere Wellenlänge und Wellenperiode sind wichtige Faktoren hinsichtlich der Schiffstabilität im Seegang. Die Wellenlänge kann nur schwer anhand der Länge des Schiffs ermittelt werden. Die Wellenperiode kann vom fahrenden Schiff aus einfacher und genauer mit der Stoppuhr ermittelt werden. Dabei misst man mehrmals die Zeit, die ein von brechenden Wellen verursachter Schaumfleck für eine vollständige Abwärts- und Aufwärtsbewegung braucht, also zwischen zwei aufeinanderfolgenden oberen Positionen. Mit Hilfe der Wellenperiode lässt sich aber die Wellenlänge im tiefen Wasser errechnen:

$$L = 1{,}56 \cdot T^2 \ (m) \tag{7.6.1}$$

Für alle Wellen wird die Wellen-/Phasengeschwindigkeit (c) durch die Dispersionsrelation bestimmt. Ist das Verhältnis von Wellenlänge (L) zur Wassertiefe (h) sehr klein (<< 1), ergibt sich:

$$c = \sqrt{\frac{g \cdot L}{2\pi}} \quad \text{oder} \quad c = 1{,}25 \cdot \sqrt{L} \ (m/s) \tag{7.6.2}$$

Diese Beziehung gilt für Wellen im tiefen Wasser. Danach ist die Phasengeschwindigkeit (c) nur von der Wellenlänge (L) abhängig. Lange Wellen verlagern sich demnach mit einer größeren Geschwindigkeit als kurze Wellen. Dies gilt für lange Wellen wie die in diesem Kapitel auch erwähnten Tsunami-Wellen.

Wellenperiode (T) und Phasengeschwindigkeit (c) stehen im Zusammenhang über die Beziehung:

$$c = 1{,}56 \cdot T \ (m/s) \tag{7.6.3}$$

Für geringe Wassertiefen (h) im Verhältnis zur Wellenlänge (L) wird für flaches Wasser (h/L < 1/20) folgende Approximation benutzt:

$$c = \sqrt{g \cdot h} \ (m/s) \tag{7.6.4}$$

Hier ist die Phasengeschwindigkeit (c) neben der Erdbeschleunigung somit nur noch abhängig von der Wassertiefe (h).

Seegang lässt sich verstehen als Überlagerung von Einzelwellen, man bezeichnet ihn auch als Seegangsspektrum. Bei der Überlagerung von Wellen benachbarter Wellenlängen und Perioden können Wellengruppen entstehen, die wie Einzelwellen eine Geschwindigkeit besitzen. Diese wird als Gruppengeschwindigkeit (c_{gr}) bezeichnet.

Für tiefes Wasser beträgt die Gruppengeschwindigkeit $c_{gr} = 0{,}5 \cdot c$, für flaches Wasser ist (c_{gr}) = c.

Der beobachtete Seegang ist generell ein Produkt aus den Wellen der Komponenten Windsee und Dünung. Als Windsee wird der Teil des Seegangs bezeichnet, der im Wesentlichen durch den am Ort oder in näherer Umgebung herrschenden Wind angefacht wird. Die Wellenkämme haben eine spitze Form und die einzelnen Wellen erscheinen ungleichmäßig. Die Windsee ist im Gegensatz zur Dünung auf See leicht zu beobachten.

Dünungswellen haben eine größere Wellenlänge und die Wellenberge sind stark abgerundet. Dadurch sind sie gegenüber denen der Windsee nicht so auffällig und erst nach längerer Betrachtung des Seegangs herauszufiltern. Die Dünung hat zwei Definitionen/Ursachen:

1. Dünung ist gealterter/auslaufender Seegang. Hört der Windeinfluss auf, verschwinden zunächst die kurzen Wellen der Windsee. Physikalisch betrachtet besitzen die langen Dünungswellen eine höhere Energie. Deshalb sind sie auch nach dem Abflauen des Windes noch vorhanden.
2. Da lange Wellen (Dünung) schneller fortschreiten als kurze Wellen (Windsee), läuft die Dünung dem eigentlichen Windfeld voraus. Sie ist schon weit vor einem noch kommenden

Windfeld/Sturm zu beobachten. Dünung kann daher ein Frühwarnsignal für ein noch folgendes Windfeld sein. Sie kann allerdings auch auf einen Sturm schließen lassen, der sich aber während der Verlagerung bis zum Ort der Beobachtung bereits wieder abschwächt. Dann sind außer der hohen Dünung keine weiteren Auswirkungen des Sturms eingetreten.

Dünungswellen sind auf den Ozeanen, aber auch auf Nordsee und Mittelmeer zu beobachten. Besonders nach dem Abflauen des Windes bleiben auch dort noch lange und flache Dünungswellen erhalten. Dass Dünungswellen dem eigentlichen Windfeld vorauslaufen, ist dann zu spüren, wenn man sich im Bereich einer Kreuzsee befindet. Kreuzseen entstehen bevorzugt in Nähe von Kaltfronten, Trögen oder Zentren von Tiefdruckgebieten, also dort, wo sich die Richtung des Windes stark oder sprunghaft ändert. Anhand der Abb. 7.6.3 ist zu erkennen, wie sich die beiden Wellensysteme, deren Ursprünge in unterschiedlichen Windfeldern liegen, südlich der Kaltfront überlagern. Vor der Kaltfont verlagert sich der Seegang mit südwestlichen Winden in Richtung Nordost. Hinter der Kaltfront weht ein Nordwestwind, dessen Dünungswellen das Seegangsfeld vor der Kaltfront kreuzen. Kreuzseen sind gefährlich, weil durch die Überlagerung der beiden Wellensysteme unvermutet hohe Einzelwellen entstehen. Dieses gilt vor allem in der Nähe von Trögen und Fronten von Sturmtiefs. Aber auch bei normal ausgeprägten Tiefdruckgebieten ist, beispielsweise im Mittelmeer oder auf Nord- und Ostsee, der Einfluss von Kreuzseen zu spüren.

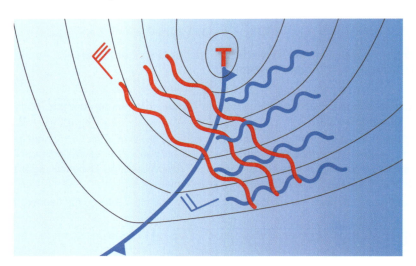

Abb. 7.6.3: Kreuzsee vor einer Kaltfront

Auch die Bestimmung der Höhe des Seegangs bereitet oft Probleme. International wird in der Wetter- und Seegangsbeobachtung sowie in der Seegangsvorhersage die signifikante oder kennzeichnende Wellenhöhe ($H_{1/3}$) verwendet. Darunter ist die mittlere Höhe der gut ausgeprägten Wellen (Mittel des oberen Drittels) – nicht extremen Wellen – zu verstehen. Die extremen/maximalen Wellen werden nicht berücksichtigt, sie können das Doppelte der kennzeichnenden Wellenhöhe erreichen. Somit kann die Höhe einzelner Wellen den z.B. in der Seegangsvorhersage (GRIB Daten etc.) vorhergesagten Wert der signifikanten Wellenhöhe übertreffen. Bei der Wetterbeobachtung an Bord lassen sich tagsüber die Wellenhöhen einigermaßen abschätzen. Je nach Bedeckungsgrad erscheinen die Wellen aber trotzdem mehr oder weniger hoch. Bei bedecktem Himmel oder bei schlechten Sichten werden Wellenhöhen

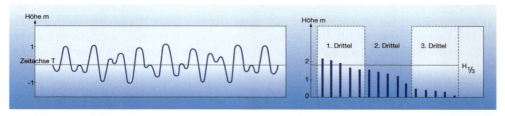

Abb. 7.6.4: Kennzeichnende Wellenhöhe $H_{1/3}$ (Quelle: [7.6.1])

oft unterschätzt. Nachts verhält es sich umgekehrt, die Höhe des Seegangs wird oft überschätzt.

Die Höhe des Seegangs resultiert aus mehreren Faktoren. Zusätzlich zur Windgeschwindigkeit wird sie noch bestimmt durch den *Fetch* (Windwirklänge) und die Wirkdauer des Windes. Unter dem *Fetch* ist die Anlaufstrecke zu verstehen, in der der Wind den Seegang anfachen kann. Wie in der Abb. 7.6.5 dargestellt, ist der *Fetch* als Abstand zwischen der Küstenlinie und dem Schiff unter Berücksichtigung der Windrichtung definiert. Soll der Seegang bestimmt werden, kann der *Fetch* mithilfe der Seekarte ermittelt werden. Die Windgeschwindigkeit kann aus Seewetterberichten, Prognosekarten oder Stationsmeldungen entnommen oder durch eigene Messungen belegt werden. Dagegen ist die Wirkdauer eher schwierig einzuschätzen.

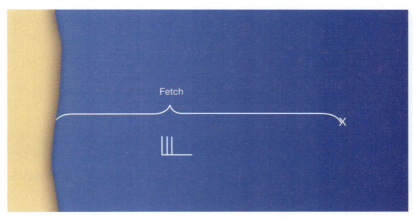

Abb. 7.6.5: *Fetch* ist die Strecke, in der der Wind wirken und den Seegang anfachen kann
(Quelle: [7.6.1])

Mit Hilfe des Diagramms in der Abb. 7.6.4 kann die kennzeichnende Wellenhöhe $H_{1/3}$ im tiefen Wasser (nach *WMO-Nr. 702*) bestimmt werden. Bei einer Windgeschwindigkeit von 30 kn, einer Wirkdauer von 12 Stunden und einem *Fetch* von 60 km geht man wie folgt vor: Auf der 30 kn-Windgeschwindigkeitskurve sucht man den Schnittpunkt zur senkrechten Linie mit der Wirkdauer von 12 Stunden. Auf der 30 kn-Windgeschwindigkeitskurve wird nun der Schnittpunkt mit der Kurve *Fetch* 60 km ermittelt. Nun lässt sich eine signifikante Wellenhöhe von 2,6 m ablesen. Erst ein *Fetch* von 200 km führt zu einer Wellenhöhe von 4 m.

Im Nordatlantik werden mittlere kennzeichnende Seegangshöhen unter 2 m im Juli und etwa 4 m im Winter angetroffen. Im nördlichen Indischen Ozean sind es im Winter etwa 1 bis 1,5 m, während in der Monsunzeit 4 m erreicht werden. Bei Sturm oder Orkan werden Vielfache dieser mittleren Seegangshöhen erreicht. Selbst in der Nordsee wurden im Südteil

Wellenhöhen bei Orkan von mehr als 10 m registriert, im Nordteil im tiefen Wasser wurden auf Plattformen 15 bis 18 m aufgezeichnet. In der Ostsee sind im Südwestteil aufgrund des *Fetch* die maximalen Wellenhöhen deutlich geringer, aber im Ostteil, insbesondere in den Seegebieten Nördliche, Zentrale und Südöstliche Ostsee, sind bei Sturm Wellenhöhen von mehr als 6 m möglich.

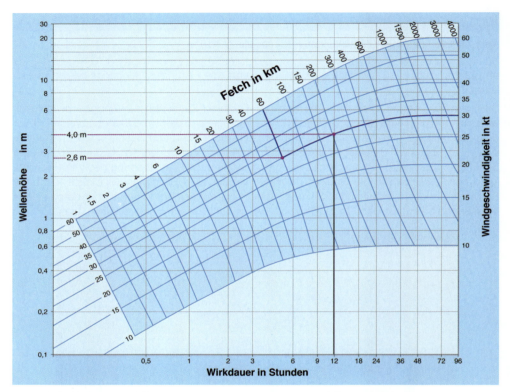

Abb. 7.6.6: Diagramm zur Bestimmung der kennzeichnenden Wellenhöhe H im tiefen Wasser (nach *WMO-Nr. 702*)

Die Höhe des Seegangs ist nicht nur von Windgeschwindigkeit, Wirkdauer und *Fetch* abhängig. Sowohl Änderungen in der Wassertiefe als auch Meeres- und Gezeitenströme modifizieren den Seegang. Beim Übergang zum flachen Wasser ändern sich Wellenhöhe und Wellenlänge. Sobald die Wassertiefe die halbe Wellenlänge unterschreitet, beginnen die Wellen den Meeresboden zu „fühlen". Die Verlagerung der Wellen verlangsamt sich, die Wellen werden steiler und die Wellenlänge verkürzt sich. Dieser Effekt macht sich insbesondere auf der Ostsee bemerkbar. Hier werden in der Regel sehr kurze Wellen angetroffen.

Ist ein kritischer Wert überschritten, beginnt die Brechung der Wellen. Wellen, die durch Untiefen oder durch stark abnehmende Wassertiefe in Küstennähe hervorgerufen werden, werden als Grundseen bezeichnet. Ihre Höhe kann das 2,5-fache der charakteristischen Wellenhöhe betragen. Das passiert auch abseits der Küstenlinie über Barren und Untiefen. Durch die veränderte Wassertiefe und damit verbundene verlangsamte Verlagerung beugen sich Wellen in Küstennähe, d.h. sie verändern ihre Richtung. Daher muss in Lee von kleinen Inseln oft mit kreuzlaufenden und kabbeligen Seen gerechnet werden.

7.6 Grundlagen der Ozeanographie

Besonders in Küstennähe und in Meerengen, wo die Gezeiten erheblich in Richtung und Stärke wechselnde Strömungen im Wasser hervorrufen, wird der Seegang stark modifiziert. Läuft die See gegen den Wind, wird der Seegang steiler und kürzer. Umgekehrt verhält es sich, wenn die See und der Strom die gleiche Richtung haben. Dann wird der Seegang länger und flacher. Neben den Gezeitenströmen gilt das Beschriebene auch für alle Meeresströmungen. Für Meeresströmungen wird diese Modifikation im Seegang in Kapitel 7.6.2 für den Agulhasstrom beschrieben, wo besonders hohe und steile Extremwellen *(freak waves)* entstehen können. Die *freak waves* treten als Einzelwelle (Kaventsmann), in kleinen Gruppen *(three sisters)* und als eine mehrere hundert Meter lange Wand *(white wall)* auf.

Nach neuesten Theorien können *freak waves* unter anderem dadurch entstehen, dass ein Tiefdruckgebiet mit seinem Sturmwindfeld über einen gewissen Zeitraum und eine gewisse Distanz in Richtung der angefachten Wellen mit deren Gruppengeschwindigkeit zieht. Dadurch wird eine Konstellation von *Fetch* und Wirkdauer erzeugt, die für hohe Windstärken allgemein als sehr wenig wahrscheinlich gilt.

Treffen mehrere Wellensysteme hoher Wellen aufeinander, dann können diese sich überlagern. Dabei entstehen insbesondere im Südatlantik und Südpazifik ausgeprägte Monsterwellen, die wie beim Passagierschiff „MS Bremen" im Jahr 2001 mit Höhen von bis zu 35 m angegeben wurden.

Wellen können außer vom Wind auch durch Seebeben ausgelöst werden. Diese Tsunami-Wellen haben auf den Ozeanen Wellenhöhen von nur wenigen Dezimetern bei einer großen Wellenlänge. Diese Wellen laufen mit Geschwindigkeiten von 300 bis 500 kn auf Küsten zu. Dort werden sie unter anderem durch die abnehmende Wassertiefe modifiziert, sie steilen sich auf und können in Küstennähe zu großen Schäden führen.

Im Zusammenhang mit Seegang ist auch die Schiffsvereisung zu erwähnen. Spritzwasser kann bei Lufttemperaturen von −3 bis −18 °C und Wassertemperaturen nahe oder unter dem Gefrierpunkt beim Auftreffen auf Schiffsteile gefrieren. Über die Stärke der Vereisung

Abb. 7.6.7: **Schiffsvereisung durch Spritzwasser**

entscheiden natürlich auch die Schiffsgeschwindigkeit, der Kurs bezogen auf die Richtung des Seegangs und die Windstärke. Bei tieferen Temperaturen gefriert das Spritzwasser bereits in der Luft und lagert sich nicht mehr direkt am Schiff an. Durch die Spritzwasservereisung können sich innerhalb kurzer Zeit erhebliche Mengen Eis auf dem Schiff anlagern, wodurch der Schwerpunkt und somit auch die Stabilität erheblich verändert werden.

Aber selbst bei geringem Seegang oder auch spiegelglatter See kann es zur Schiffsvereisung durch Gefrieren von Nebel (Luft mit hoher Feuchte) an kalten Schiffsteilen kommen. Das dabei gefrierende Süßwasser wird als *Black-Frost* bezeichnet.

7.6.2 Meeresströmungen

Gemeinsam mit der allgemeinen atmosphärischen Zirkulation transportieren Meeresströmungen die wesentlichen Wärmemengen auf der Erde. Die Transportgeschwindigkeit liegt zwischen 15 und 30 sm pro Tag. In bestimmten Gebieten werden weit über 50 sm pro Tag erreicht.

Die Oberflächenströmungen werden im Wesentlichen durch Windschub als Driftströmungen erzeugt. Infolge der Reibung an der Grenzfläche zwischen Wasser und Luft erfolgt ein Impulstransport, der das Wasser nahezu in Richtung des Windes bewegt. Durch innere Reibung (Viskosität) werden Wassermassen in tieferen Schichten (bis zu 200 m) vom Oberflächenwasser mitgezogen. Zusätzlich entstehen infolge von Dichteunterschieden (Veränderung des Salzgehaltes und der Temperatur) auch vertikale Strömungen. Durch die globale atmosphärische Zirkulation gibt es relativ stabile Luftströmungen um die großen subtropischen Hochdruckgürtel, auf der Nord- und Südhalbkugel entsprechend, und das sieht auf den Ozeanen recht ähnlich aus. Auf dem Atlantischen Ozean und dem Pazifischen Ozean existieren zwei große Strömungskreise, jeweils einer nördlich und südlich des Äquators. Auf dem Indischen Ozean gibt es nur einen Strömungskreis wegen der Monsunzirkulation. Besonders auf der Nordhalbkugel folgen die Strömungen den Küsten der Kontinente. Wegen der Strömungsrichtung im Uhrzeigersinn liegen die Küsten jeweils in Richtung der Strömung betrachtet links von der Strömung. Grundsätzlich erkennt man, dass an den Westküsten beider Halbkugeln kaltes polares Wasser

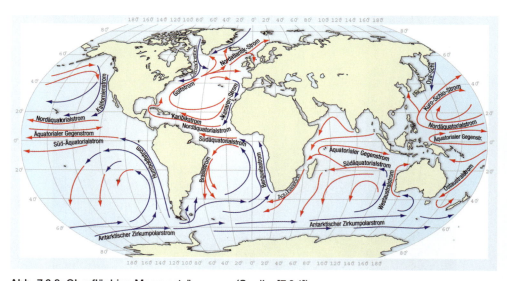

Abb. 7.6.8: Oberflächige Meeresströmungen (Quelle: [7.6.1])

in gemäßigte Breiten transportiert wird. Dagegen strömt warmes subtropisches Wasser an den Ostküsten polwärts.

Die kalten und warmen oberflächennahen Meeresströmungen sind in Abb. 7.6.8 dargestellt. Auf dem Nordatlantik erkennt man den Stromkreis mit dem warmen Nordäquatorialstrom, dem Antillen- und Karibikstrom. Nordöstlich davon beginnt der Golfstrom mit dem anschließenden Nordatlantikstrom. Nach Süden schließt sich der Kreis durch den kalten Kanarenstrom, der wieder in den Nordäquatorialstrom übergeht. Auf dem Südatlantik dreht ein Teil des Antarktischen Zirkumpolarstroms vor Südafrika mit der Bodenwindströmung nach Norden ab als kalter Benguelastrom, der in den Südäquatorialstrom mündet und südlich des Äquators vor Südamerika als warmer Brasilstrom wieder südwärts fließt. Im Stromkreis des Indischen Ozeans ist besonders der warme, südwärts setzende Agulhasstrom zu erwähnen. Auf dem Nordpazifik wendet sich der warme Nordäquatorialstrom bei den Philippinen nordwärts und fließt als warmer Kuro-Schio-Strom an Japan vorbei. Er kommt als Pazifikstrom an der Westküste Kanadas und der USA an, wo er der Küste nach Süden folgt als kalter Kalifornienstrom. Auf dem Südpazifik dreht ein Teil des Antarktischen Zirkumpolarstroms vor Südamerika als kalter Humboldtstrom nordwärts. Er mündet in den Südäquatorialstrom und fließt östlich von Neuseeland zurück. Ein weiterer Stromkreis schließt sich zwischen Neuseeland und Australien als warmer Ostaustralstrom an. Westlich Australiens fließt der kältere Westaustralstrom nordwärts. Zwischen den beiden Süd- und Nordäquatorialströmen hat sich zum Massenausgleich der Äquatoriale Gegenstrom ausgebildet. Die äquatorialen Gegenströmungen sind die ostwärts fließenden Äste der tropischen Strömungskreise, in dem Teile der westwärts transportierten Wassermassen des Nord- und des Südäquatorialstromes zurückfließen. Im Pazifik und Atlantik ist der Äquatoriale Gegenstrom ganzjährig, im Indischen Ozean nur in den Sommermonaten (Mai bis Oktober) anzutreffen.

Hinweise zu den Strömungen (Richtung, Geschwindigkeit) und deren Beständigkeit können den *Pilot Charts* oder den Monatskarten des *BSH* entnommen werden (siehe Abb. 7.6.9).

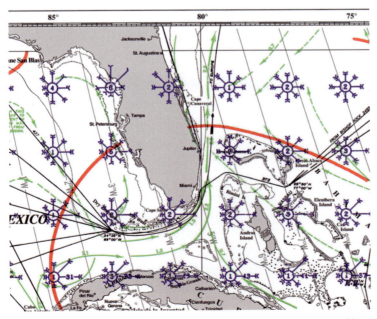

Abb. 7.6.9: Der Golfstrom (grüne Pfeile), dargestellt in den *Pilot Charts* (Auszug Monat Januar)

7 Meteorologie und Grundlagen der Ozeanographie

Besondere Meeresströmungen und von Bedeutung für die Schifffahrt sind der Golfstrom und der Agulhasstrom. Der Golfstrom beginnt an der US-Ostküste bei Florida, verläuft bis North Carolina parallel zur Küste. Dort erreicht er Geschwindigkeiten von 2,5 kn und mehr mit einer Breite bis 50 sm. Unter Land bilden sich zum Teil Neerströme aus. Im weiteren Verlauf schwenkt er dann nordostwärts. An der Grenzfläche zum Labradorstrom tritt eine Vermischung mit dem warmen Golfstrom ein, die sich als Mäander und Wirbel vom Strom ablöst. Dabei bilden sich kalte und warme Wirbel *(cold-, warm eddies)* mit Durchmessern von 50 bis 150 sm. Beim Durchfahren führen diese zu einer Erhöhung oder Reduzierung der Fahrt um etwa 2 kn. Der warme Golfstrom wechselt weiter in den Nordatlantikstrom, der sich bis nach Spitzbergen fortsetzt und den Südteil dieser Insel weitgehend eisfrei hält. Der Nordatlantikstrom erreicht im Mittel Geschwindigkeiten von 0,5 kn.

Der Agulhasstrom setzt entlang der südafrikanischen Ostküste vom Äquator süd- oder südwestwärts. Er ist schmal, 22–24°C warm, mit 5 kn relativ schnell und trifft nahe und östlich des Kaps der Guten Hoffnung häufig auf starke Südwestwinde, die sich auf der Rückseite der Tiefdruckgebiete (nach Kaltfronten und Trögen) durchsetzen. Die Winde sind entgegengesetzt zur Strömung und steilen die See heftig auf. Erzeugt werden dabei extreme Wellenhöhen *(freak waves)*.

Wegen der inneren Reibung setzen sich die Meeresströmungen in eine Tiefe bis etwa 200 m fort. Bereits an der Wasseroberfläche beeinflusst die Corioliskraft die Drift – auf der Nordhalbkugel wirkt sie rechtsablenkend. Jede tiefer liegende Wasserschicht wird nun von der über ihr liegenden mitgezogen, wobei mit der Tiefe der unmittelbare Windeinfluss abnimmt. Die Wirkung der Corioliskraft bleibt dagegen bestehen, so dass sie in größeren Tiefen immer mehr an Einfluss gewinnt. Die Ablenkung nimmt also mit der Tiefe zu. Diese Drehung ist als Ekman-Spirale in Abb. 7.6.10 dargestellt.

Eine Folge der Ekman-Spirale ergibt sich an den Westseiten der Kontinente, z.B. beim Kalifornienstrom. Die zunächst küstenparallele Strömung wird wegen der Corioliskraft nach rechts abgelenkt. Dadurch wird Masse von der Küste wegtransportiert, so dass aus der Tiefe nährstoffreiches Auftriebswasser zur Oberfläche strömt.

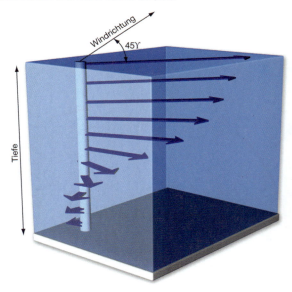

Abb. 7.6.10: Ekman-Spirale (Quelle: [7.6.1])

7.6 Grundlagen der Ozeanographie

7.6.3 Gezeitenströmungen

Die längsten Wellen des Ozeans sind mit den Gezeiten verknüpft. Auswirkungen sind das rhythmische Steigen und Fallen des Wasserstandes und dadurch regelmäßig sich ändernde Gezeitenströmungen. Gezeiten treten in Randmeeren nur dann merklich auf, wenn sie entweder sehr groß sind oder eine genügend große Verbindung zum Ozean haben, wie zum Beispiel die Nordsee. Ist die Verbindung zum Ozean von geringeren Ausmaßen, werden im Randmeer Gezeitenwellen nur unter Umständen angeregt.

Gezeiten werden durch die Anziehungskraft von Mond und Sonne hervorgerufen. An jedem Ort auf der Erdoberfläche hat die Gezeit einen komplizierten Charakter, sie setzt sich aus so genannten Partialgezeiten zusammen, die jeweils in Beziehung zur Bewegung der Erde relativ zum Mond und zur Sonne stehen. Um die Gezeiten zu verstehen, ist es erforderlich, die gezeitenauslösenden Kräfte zu betrachten. Die Abb. 7.6.11 zeigt die Bahn der Erde und des Mondes um die Sonne, wobei sich der Mond um die Erde innerhalb von etwa 27,5 Tagen einmal (etwa 13-mal im Jahr) dreht.

Ein stationärer Erdbeobachter im Punkt „E" auf der Erdoberfläche sieht den Mond jeden Tag zur selben Zeit um 360/27,5 = 13 Grad versetzt, das heißt, der Mondtag dauert 24 Stunden und 50 Minuten. Startet man mit Neumond, beobachtet man nach nicht ganz 14 Tagen den Vollmond, nachdem der Mond inzwischen die Erde halb umrundet hat. Es treten bei dieser Bewegung zwei Kräfte auf, zum einen die Anziehungskraft Erde-Mond und zum anderen die Zentrifugalkraft des Systems Erde-Mond. Beide Kräfte halten sich das Gleichgewicht. Während die Anziehungskraft je nach Stellung des Erdbeobachters zum Mond variiert, ist die Zentrifu-

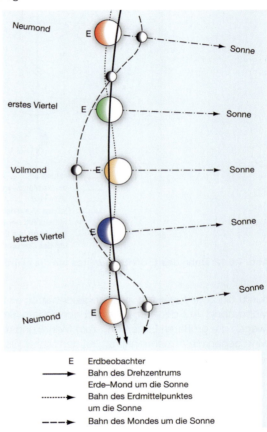

Abb. 7.6.11: Bahnen von Sonne und Mond um die Erde (Quelle: [7.6.1])

galkraft des Systems Erde-Mond auf der Erdoberfläche überall gleich. Der Drehpunkt bzw. der gemeinsame Schwerpunkt des Systems Erde-Mond liegt innerhalb der Erde, etwa 1/4 Erdradius (1700 km) unterhalb der Erdoberfläche. Dieser Schwerpunkt bewegt sich auf einer elliptischen Bahn um die Sonne, während der Erdmittelpunkt um diese Bahn mal näher, mal entfernter zur Sonne verläuft. Diese kreisförmige Bahn des Erdmittelpunktes (Abb. 7.6.12) um die elliptische Bahn des Schwerpunktes Erde-Mond erzeugt wie jede Drehbewegung eine Zentrifugalkraft, die überall auf der Erdoberfläche gleich groß ist.

Dagegen variiert die Anziehungskraft auf den Mond. Auf der dem Mond zugewandten Seite der Erde wird die gering erhöhte Gravitationskraft (aufgrund der größeren Nähe zum Mond)

7 Meteorologie und Grundlagen der Ozeanographie

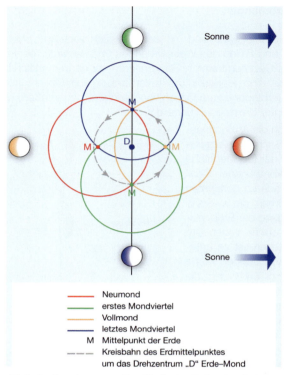

Abb. 7.6.12: Bahn des Erdmittelpunktes um die elliptische Bahn des Schwerpunktes Erde-Mond
(Quelle: [7.6.1])

durch die Zentrifugalkraft zwar abgeschwächt, es bleibt aber dennoch eine Kraft in Richtung Mond übrig. Auf der dem Mond abgewandten Seite ist die Gravitationskraft etwas geringer (wegen der größeren Entfernung zum Mond) und die Zentrifugalkraft des Systems Erde-Mond wirkt gegen die Anziehungskraft auf den Mond, also in entgegengesetzter Richtung, weg vom Mond, um denselben Betrag (Abb. 7.6.13).

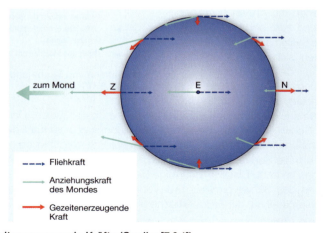

Abb. 7.6.13: Gezeitenerzeugende Kräfte (Quelle: [7.6.1])

7.6 Grundlagen der Ozeanographie

Auch die Sonne bewirkt Gezeiten. Die entsprechenden Kräfte sind jedoch aufgrund der großen Distanz der Erde zur Sonne nicht einmal halb so groß wie die des Mondes (nur 46 %). Die hier erläuterte Form der halbtägigen Gezeiten ist sehr vereinfacht. Diese Art des Gezeitenverlaufs ist die am meisten beobachtete. Neben den halbtägigen werden in anderen Meeresgebieten auch eintägige Gezeiten beobachtet, und es gibt auch Mischformen von eintägigen und halbtägigen Gezeiten. In europäischen Meeresgebieten treten jedoch überwiegend halbtägige Gezeiten auf.

Der Tidenhub beträgt auf den Ozeanen bis zu 0,75 m. Wesentlich größer ist der Tidenhub an den Küsten und hier besonders in engen Buchten und Flussmündungen, da sich hier die Gezeitenwelle nicht mehr wie auf dem freien Ozean unbeeinflusst verlagern kann. Die Strömungen, die vom Wellenberg der Gezeitenwelle zum Wellental entstehen, sind auf dem Ozean sehr gering, im Küstenbereich aufgrund des großen Gezeitenhubs stark. An jedem Ort wird dabei genauso viel Wasser bei Flut herangeführt wie bei Ebbe weggeführt. Während der Tidenhub in der westlichen Ostsee nur ca. 30 cm beträgt, werden an der deutschen Nordseeküste um 3 m erreicht. In den Ästuaren der tidebeeinflussten Flüsse, z. B. Elbe und Weser, beträgt der Tidenhub aufgrund der Trichterwirkung bis über 4 m. Höher als in den deutschen Küstengewässern ist der Tidenhub unter anderem bei St. Malo in Frankreich oder im Bristol-Channel zwischen Wales und England, er kann dort fast 12 m erreichen. Besonders hohe Tidenhübe gibt es auch an der Ostküste Nordamerikas: der wahrscheinlich größte Tidenhub der Erde findet sich an der Bay of Fundy in Kanada. Dort drängt sich die Tide des Atlantischen Ozeans in eine Meerenge und bewirkt einen Tidenhub von bis zu 15 m.

Außer den Gezeiten beeinflussen Luftdruck, Windrichtung und Windstärke den mittleren Wasserstand. Eine Erhöhung des Luftdrucks um 30 hPa führt etwa zu einer Reduktion im mittleren Wasserstand von 30 cm. Wesentlich größer sind die Änderungen durch den Wind. So erreicht die Wasserstandserhöhung durch den Windstau bei Hochwasser in der trichterförmigen Elbemündung in Cuxhaven bei Westnordwestwind der Stärke 6 etwa 0,5 m über mittlerem Hochwasser, bei Windstärke 10 über 3 m. Umgekehrt beträgt die Wasserstandserniedrigung bei Niedrigwasser in Cuxhaven bei Ostwind der Stärke 10 etwa 2 m.

Änderungen im Wasserstand werden auch durch Seiches hervorgerufen. Dabei handelt es um stehende Wellen (Eigenschwingungen) in einem Seegebiet. Sie treten am auffälligsten in allen natürlichen abgeschlossenen Gewässern auf und werden durch den Wind erzeugt. Sie treten z. B. in der Ostsee oder den Große Seen Nordamerikas auf, wo Schwankungen im Wasserstand von etwa 3 m beobachtet wurden [7.6.1, 7.6.6, 7.6.7].

7.6.4 Meereis

Das Meereis an der Oberfläche von Meeren, Seen und Flüssen hat einen erheblichen Einfluss auf die Schifffahrt. In strengen Wintern kann es den Seeverkehr besonders in Randmeeren zum Erliegen bringen. Es gibt aber auch Gebiete wie die Nordwest- und Nordostpassage der Arktis, in denen ständig mit Eisbrechern Fahrrinnen freigehalten werden.

Bei einer Temperatur von 0 °C ändert sich der Aggregatzustand des Wassers von der flüssigen in die feste Form. Eis hat eine geringere Dichte als Wasser, deshalb schwimmt es. Wie stark die Meereisbildung ist, hängt im Wesentlichen von den meteorologischen Bedingungen ab, also der Lufttemperatur und der Andauer niedriger Lufttemperaturen.

Die Eisbildung wird auch durch weitere Faktoren wie etwa Salzgehalt des Wassers, Wassertiefe, Gezeiten- und Meeresströmungen und Seegang beeinflusst. Mit zunehmendem Salzgehalt sinkt der Gefrierpunkt des Meerwassers. Bei einem mittleren Salzgehalt liegt der Gefrierpunkt bei etwa −1,8 °C. Da bei größeren Wassertiefen mehr Zeit für die Abkühlung erforderlich ist, beginnt die Eisbildung meist in Küstengewässern. In stehenden Gewässern (ohne Tide) folgt sie meist den Tiefenlinien. Auch Schneefall begünstigt die Eisbildung, denn der Schnee kühlt die oberflächennahe Schicht rasch ab.

Das Meereis bedeckt im Mittel rund 6,5 % der Ozeane. Bei Abkühlung des Wassers sammeln sich zunächst millimetergroße Eiskristalle an. Bei ruhigem Wetter entsteht dabei ein mehrere Dezimeter dicker Eisbrei. Bei glattem Wasser bildet sich eine kristalline Neueisdecke. Diese wird häufig als Nilas bezeichnet und ist beim Zufrieren von Seen zu beobachten oder auch auf von Eisbrechern eröffneten Rinnen. Ist dagegen das Meer bewegt, verdichtet sich der Eisbrei zu Klumpen. Durch Aneinanderreiben bekommen die Klumpen eine scheiben- oder pfannkuchenförmige Gestalt (Abb. 7.6.14).

Abb. 7.6.14: Pfannkucheneis in der Antarktis

Bei Andauer von tiefen Temperaturen und wenig Seegang bildet sich dann Festeis. Wird das Festeis wiederum durch Seegang aufgebrochen, spricht man allgemein von Packeis. Wirkt auf das Packeis Wind oder Strom, kann das zu einem hohen Seitendruck auf die Schollen führen und es bildet sich Presseis. Mitunter schieben sich die Schollen übereinander, wenn sie z. B. auf ein Hindernis stoßen, dann entstehen Presseisrücken, die einige Meter hoch sein können (Abb. 7.6.15).

Ein Schiff kann durch eine Neueisdecke oder Pfannkucheneis fahren. Bei der Fahrt durch Treibeis/Packeis sollten Gebiete vermieden werden, in denen das Eis gepresst werden könnte. Presseisrücken können in der Regel nur von Eisbrechern durchfahren werden. Bei der Fahrt durch Packeis ist auch zu beachten, dass eine frische Schneeauflage die Fahrt reduziert, da die Reibung mit dem Schiffsrumpf erhöht ist.

In der internationalen Eisnomenklatur (siehe Tabelle 7.6.1) wird weiterhin noch zwischen erstjährigem und mehrjährigem Eis unterschieden. Das mehrjährige Eis in der Arktis hat Dicken zwischen 3 und 4 m, in der Antarktis meist geringere [7.6.8].

7.6 Grundlagen der Ozeanographie

Abb. 7.6.15: Presseisrücken

Art	Beschreibung
Eisschlamm *Grease Ice*	Eisschlamm entsteht aus Eisnadeln oder Eisplättchen (*Frazil Ice*) und bildet eine suppenartige Schicht an der Wasseroberfläche
Nilas	Dünne elastische Eisschicht. Bildung bei ruhiger See
Pfannkucheneis *Pancake Ice*	Runde Eisstücke mit einem Durchmesser von 30 cm bis 3 m und mit wulstigen Rändern, die durch Kollisionen unter dem Einfluss des Seegangs gebildet werden
Junges Eis *Young Ice*	Übergang vom Nilas zum erstjährigen Eis
Erstjähriges Eis *First-Year Ice*	Meereis, das in nur einem Winter gebildet wurde
Mehrjähriges Eis *Multi-Year Ice*	Meereis, das die Eisschmelze mindestens eines Sommers überstanden hat
Trümmereis *Brash Ice*	Eisbruchstücke
Rinne *Lead*	Bruch oder Durchgang im Meereis
Polynia	Öffnung im Meereis
Offenes Wasser *Open Water*	Nicht vom Meereis bedeckter Ozean

Tabelle 7.6.1: Auszug aus der Nomenklatur für Meereis (Quelle: [7.4.3])

Eiskarten können bei verschiedenen nationalen Hydrografischen Instituten im Internet eingesehen oder angefordert werden. Die Ausstrahlung erfolgt auch über Faksimilie. Neben der farblichen Darstellung bezüglich der Bedeckung in Zehntel werden die unterschiedlichen Eisarten und deren Entwicklungszustand im *Egg Code* beschrieben.

Neben dem Meereis stellen Eisberge eine weitere Gefahr für die Schifffahrt dar. Eisberge entstehen an den Küsten der Polargebiete. Die mächtigen Inlandeismassen sowohl Grönlands als auch der Antarktis fließen aufgrund der Schwerkraft in Form von Gletschern zu den Küsten ab. Man unterscheidet in Tafel- und Gipfeleisberge.

7 Meteorologie und Grundlagen der Ozeanographie

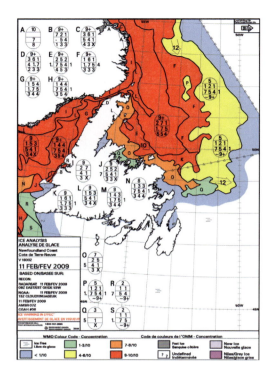

Abb. 7.6.16: Eis-Analyse für das Gebiet um Neufundland (Quelle: *Enviromental Canada*)

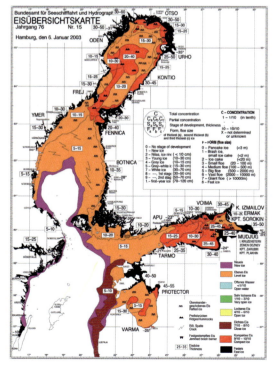

Abb. 7.6.17: Eiskarte des *BSH* für den nördlichen Ostseeraum

7.6 Grundlagen der Ozeanographie

Tafeleisberge mit maximalen Seitenlängen bis zu 300 km kommen nur in den Regionen der Antarktis vor. Sie stammen von den Schelfeisplatten. Das Schelfeis entsteht, wenn der Gletscher an die Küsten, also den Meeresgrund, gelangt. Die Eisdecke schiebt sich auf dem Boden des Schelfmeeres zum offenen Ozean vor. Selbst bei Wassertiefen von 600 m ist dies der Fall. Wird das Wasser tiefer, beginnt die Schelfeisdecke zu schwimmen und die Dicke nimmt ab. Die schwimmende Schelfeisdecke wird an den Rändern durch lange Dünungswellen des Ozeans bewegt. Dabei brechen größere Teile ab, die dann als Tafeleisberge mit den Meeres- oder Windströmungen treiben. Den Vorgang des Abbrechens nennt man „kalben". Der Eisberg schwimmt, da er aus gefrorenem Süßwasser besteht, welches ein geringeres spezifisches Gewicht als Meerwasser besitzt. Das Verhältnis zwischen der Höhe des Tafeleisbergs zum Tiefgang beträgt 1:7. Bei einer Höhe von ca. 30 m beträgt also der Tiefgang 210 m.

Abb. 7.6.18: Tafeleisberge in der Antarktis

Gipfeleisberge haben ihren Ursprung im Nordpolarmeer aus den Gletschern Grönlands. Da die Temperaturen nahe der grönländischen Küste, eher als an der antarktischen Küste, positive Werte erreichen, bilden sich keine großen Schelfeisflächen. Daher sind die Eisberge eher unregelmäßig geformt. Es ragen bei dem unregelmäßig geformten Gipfeleisberg nur die Zacken aus dem Wasser, die kompakte Masse befindet sich wie beim Tafeleisberg unter Wasser. Daher beträgt das Verhältnis zwischen Höhe und Tiefgang 1:5. Der Gipfeleisberg erreicht Höhen bis zu 70 m über der Meeresoberfläche. Maximale Höhen bis zu 215 m Höhe wurden bereits gemessen. Im Winter frieren die Eisberge in der Meereisdecke fest. Besonders im Frühjahr und Sommer treiben sie mit den Meeresströmungen, wie dem Ostgrönland- oder Labradorstrom, nach Süden. Mit Hilfe von Flugzeugen, Satelliten und Schiffen wird täglich die Eisberggrenze durch den *Canadian Ice Service* analysiert und veröffentlicht. Für den Seeverkehr im Nordatlantik spielt das eine wesentliche Rolle. Während sich Eisberge im Radar in einer Entfernung von 10 bis 20 sm gut lokalisieren lassen, besteht eine große Gefahr bei *Growlern*. *Growler*, die noch zerklüftet und etwa 3 m hoch sind, lassen sich mit dem Radar in 1 bis 2 sm Entfernung

7 Meteorologie und Grundlagen der Ozeanographie

erkennen. Das ist bei den heutzutage üblichen Schiffsgeschwindigkeiten nicht gerade viel. Bei Seegang wird die Erkennung mit dem Radar schwieriger. Besonders schlecht sind die *Growler* im Radar auszumachen, die durch Seegang an der Oberfläche „glatt gewaschen" wurden. Daher birgt das Seegebiet bei Neufundland mit Eisbergen, *Growlern* und dem durch das kalte Meerwasser bedingten Kaltwassernebel besondere Gefahren.

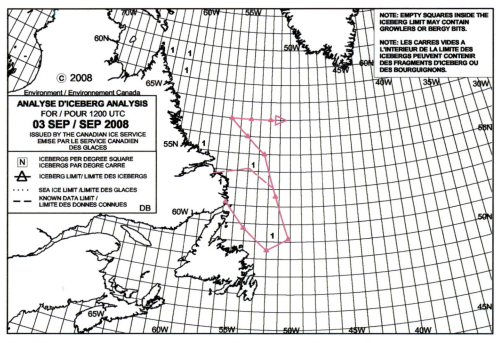

Abb. 7.6.19: Eisberggrenze des *Canadian Ice Service* für den Nordatlantik

7.7 Tropische Wirbelstürme

7.7.1 Entstehung

Die Entwicklung von Wirbelstürmen kann trotz moderner Wettervorhersagemodelle noch nicht exakt vorhergesagt werden. Nach ihrer Entstehung und Analyse können aber relativ treffsichere Aussagen zu deren Verlagerung und Entwicklung von den Vorhersagezentralen (z. B. *NHC* in Miami) gemacht werden.

Man unterscheidet in den Tropen vier Arten von Tiefdruckgebieten. Die tropische Störung mit einem Wolkenfeld *(cloud cluster)*, die unterste Entwicklungsstufe, tritt am häufigsten auf. Sie entsteht bevorzugt im Bereich einer *Easterly Wave*, die in Form eines schwachen Troges im Passatgürtel von Ost nach West wandert. Diese Tröge können das ganze Jahr über in den Passatgürteln auftreten, nur 9 % entwickeln sich zu einem tropischen Wirbelsturm. Sie verlagern sich mit etwa 20 kn westwärts und bringen auf der Vorder- und Rückseite Änderungen in der Windrichtung und -stärke, wie in der Abb. 7.7.1 dargestellt. Im Bereich der *Easterly Wave* muss kurzzeitig mit Starkwinden, manchmal auch bis Sturmstärke und schlechten Sichten durch Schauer oder Gewittern, gerechnet werden.

7.7 Tropische Wirbelstürme

Abb. 7.7.1: *Easterly Wave* über dem Nordatlantik (Quelle: *MachArt*, Hamburg)

Die *Easterly Wave* kann sich zu einem tropischen Tief (Depression) mit geschlossener Zirkulation entwickeln. In der Nähe treten Winde in Bodennähe bis Stärke Bft 7 auf. Die nächste Entwicklungsstufe ist der tropische Sturm mit Windstärken von Bft 8 bis einschließlich Bft 11. Dieser Sturm kann sich zum tropischen Orkan mit Windgeschwindigkeiten bis über 135 kn intensivieren. Im Vergleich zur Anzahl außertropischer Zyklone (Tiefdruckgebiet) in der Westwinddrift ist die Entwicklung eines tropischen Orkans eher selten. Die tropische Zyklone hat im Gegensatz dazu keine Fronten.

Die Entstehung eines tropischen Orkans ist bis heute nicht vollständig geklärt, anhand von langen Beobachtungen konnte aber festgestellt werden, dass u. a. folgende Bedingungen erfüllt sein müssen:

- Temperatur der Meeresoberfläche $\geq 27\,°C$
- Geografische Breite über 5 Grad
- Entwicklung überwiegend aus westwärts wandernden tropischen Störungen *(Easterly Wave)*
- Entstehung ausschließlich über den Ozeanen.

Abb. 7.7.2: Entstehungsgebiete tropischer Zyklone auf der Nordhalbkugel (Quelle: [7.1.1])

Die hohen Wassertemperaturen sind erforderlich, damit ausreichend Energie zur Verfügung steht. Die wasserdampfreiche Luft über der Meeresoberfläche wird im konvergenten Windfeld (Zusammenfließen der Luft) zum tiefen Druck bewegt und dort zum Aufsteigen gezwungen. Es muss jedoch ein gewisser Abstand zum Äquator gegeben sein, denn bei zu geringer Corioliskraft ist eine geschlossene Zirkulation nicht möglich.

Solange sich der Wirbel über dem sehr warmen Wasser befindet, ist der Energienachschub begünstigt. Über kälterem Wasser wird die Entwicklung gehemmt, über Land wird der Wirbelsturm auch durch die erhöhte Bodenreibung abgeschwächt.

7 Meteorologie und Grundlagen der Ozeanographie

Wirbelstürme erreichen nicht so horizontale Ausdehnungen wie etwa umfangreiche Sturmtiefs der Westwinddrift. Das Gebiet mit Windgeschwindigkeiten von Orkanstärke (>64 kn und Böen bis ca. 150 kn) hat eine Breite von mindestens 80 sm, vereinzelt bis 200 sm. In einem Bereich von 300 bis 500 sm Durchmesser um das Auge treten Sturmstärken (ab Bft 8) auf. Das Auge hat eine Ausdehnung von 15 bis etwa 25 sm. Der Übergang zum Auge ist durch plötzliche Windabnahme gekennzeichnet und meist wolkenlos.

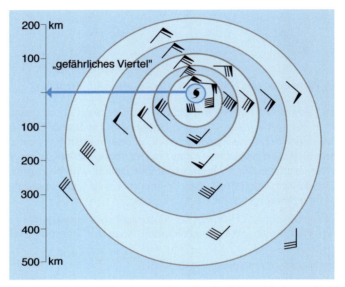

Abb. 7.7.3: Windverteilung in einem Hurrikan auf der Nordhalbkugel (schematisch) (Quelle: [7.1.1])

Der Hurrikan hat eine gewisse Asymmetrie. Die höchsten Windgeschwindigkeiten werden auf der Nordhalbkugel, in Zugrichtung gesehen auf der rechten Seite (Abb. 7.7.3), der Seite des steuernden Subtropenhochs, angetroffen. Hier addiert sich die zyklonale Rotation des Wirbelsturms mit der östlichen Grundströmung des Hochs. Die rechte Vorderseite wird daher auch als „gefährliches Viertel" bezeichnet.

Infolge der Wirkung der hohen Windstärken und Turbulenzen ist der Zustand der Meeresoberfläche im Bereich tropischer Orkane chaotisch. Hoher Seegang und Gischt lassen die Grenze zwischen Ozean und Atmosphäre verschwimmen. Die kennzeichnende Wellenhöhe liegt bei etwa 12 m, Einzelwellen können gut doppelt so hoch sein. Im Bereich des tropischen Orkans ist vor allem die Kreuzsee gefürchtet, die in Kernnähe entsteht. Aus dem Zentrum laufen die Wellen mit etwa dem fünffachen Wert der Verlagerungsgeschwindigkeit des Hurrikans, sodass für Seefahrt und Küste schon in einem weiten Vorfeld Gefahr besteht. An den Küsten treten zudem Flutwellen auf, die erhebliche Wasserstandserhöhungen und Zerstörungen verursachen.

7.7.2 Anzeichen für die Annäherung eines tropischen Wirbelsturms

Neben den zu beachtenden Warnungen der nationalen Wetterdienste sollten insbesondere die See, die Wolken und vor allem der Luftdruck aufmerksam beobachtet werden.

Sichere Anzeichen sind:
- die in den Tropen tägliche Entwicklung des Luftdrucks (Luftdruckminima um ca. 4 und 16 Uhr Ortszeit sowie Luftdruckmaxima um ca. 10 und 22 Uhr Ortszeit) bleibt aus,

7.7 Tropische Wirbelstürme

- der Luftdruck weicht um mehr als 3 hPa vom langjährigen Mittel ab,
- bei einer Abweichung von mehr als 5 hPa sollte von einem Wirbelsturm ausgegangen werden. Das Barometer sollte stündlich abgelesen werden,
- der Wind verändert sich in Stärke und Richtung erheblich,
- die in den Passatwinden vorhandene Dünung wird deutlich höher und kommt aus der Richtung, in der der Wirbelsturm vermutet wird,
- am Himmel zeigen sich ausgeprägte Felder mit Cirrusbewölkung, oft spiralförmig angeordnet,
- das Radar gibt eine Vorwarnung in einem Radius von etwa 100 Seemeilen. Da nun aber das Zentrum schon sehr nahe ist, sollten sofort Ausweichmanöver eingeleitet werden.

Nach *SOLAS Kapitel V* sind alle Schiffe zu einer Meldung verpflichtet, die sich in der Nähe eines tropischen Wirbelsturms befinden. Schiffe sollten die nächste Küstenfunkstelle informieren. Das gilt im Übrigen auch, wenn Bft 10 an Bord beobachtet wird und keine Warnung für das Seegebiet vorliegt.

Die Meldung sollte folgende Inhalte haben:

1. Position des Sturms soweit bekannt mit der Uhrzeit der Begegnung,
2. Position, Kurs und Geschwindigkeit zur Zeit der Beobachtung,
3. Luftdruck bezogen auf Meeresniveau,
4. Änderung des Luftdrucks in den letzten drei Stunden,
5. Wahre Windrichtung und Windstärke,
6. Zustand der See, Höhe und Richtung des Seegangs, Periode und Wellenlänge.

Diese Angaben sollten mindestens alle drei Stunden übermittelt werden, so lange das Schiff sich im Einflussbereich des Wirbelsturms befindet [7.7.1, 7.7.2].

7.7.3 Jahreszeitliches Auftreten und Zugbahnen

Aufgrund der vorher beschriebenen Bedingungen gibt es bestimmte Entstehungsgebiete und Jahreszeiten, in denen gehäuft mit tropischen Wirbelstürmen gerechnet werden muss. So stellen die tropischen Weltmeere an der Äquatorseite des subtropischen Hochdruckgürtels ein ideales Entstehungsgebiet dar, jeweils im Sommer oder Herbst der betreffenden Halbkugel.

Weltweit treten im Mittel jährlich etwa 82 tropische Stürme und Orkane auf, wobei etwa 47 % Orkanstärke erreichen. Über dem Südatlantik und dem östlichen Südpazifik ist die Intertropische Konvergenzzone (ITC) in die nördliche Hemisphäre hinein verschoben. Dies dürfte der Grund dafür sein, dass sich in diesen Seegebieten keine Wirbelstürme entwickeln.

Das Vorkommen tropischer Stürme und Wirbelstürme – verteilt auf die verschiedenen Seegebiete und Monate – ist in der Abb. 7.7.4 dargestellt. Keine Angabe bedeutet: Häufigkeit weniger als 0,05 (weniger als einmal in 20 Jahren). Die Jahreswerte sind nicht gleich der Summe der Monatswerte, weil tropische Stürme und Orkane, die über den Monatswechsel hinaus auftreten, nur als ein Ereignis gezählt werden. Die Monate mit dem jeweils häufigsten Vorkommen und die mittleren Jahreswerte sind hervorgehoben. Die Entstehungsgebiete liegen überwiegend im Bereich geringer Luftdruckgegensätze innerhalb der ITC.

Die meisten tropischen Zyklone entwickeln sich über dem westlichen Nordpazifik. In diesem Seegebiet ist kein Monat frei von tropischen Zyklonen, während auf dem Nordatlantik in den Monaten Januar bis April keine tropischen Stürme auftreten. Die aktivste „Hurrikan-Zeit" fällt für den Bereich des Nordatlantiks auf Anfang bis Mitte September. Hier dauert die offizielle Hurrikan-Saison vom 1. Juni bis 30. November.

7 Meteorologie und Grundlagen der Ozeanographie

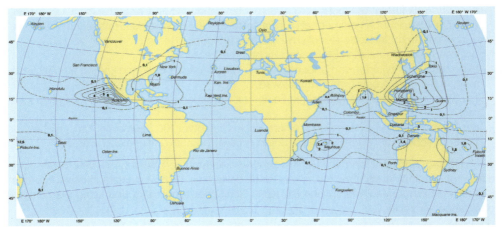

Abb. 7.7.4: Mittlere Häufigkeit für das Auftreten tropischer Zyklone (0,1 = einmal in 10 Jahren, 2 = zweimal im Jahr) (Quelle: [7.1.1])

Die Anzahl der tropischen Stürme und Orkane in den einzelnen Seegebieten ist von Jahr zu Jahr sehr unterschiedlich. Auf dem Nordatlantik werden beispielsweise jährlich durchschnittlich 9,4 tropische Stürme und Hurrikans gezählt.

Die typischen Zugbahnen der tropischen Zyklone sind in Abb. 7.7.5 dargestellt. Sie entstehen auf der Äquatorseite der subtropischen Hochdruckgebiete und ziehen mit der Hauptströmung westwärts, typischerweise werden Verlagerungsgeschwindigkeiten um 10 kn erreicht. Gelangen sie an die Westflanke dieser Hochs, scheren sie polwärts aus. Da an diesen Umbiegestellen die Hauptströmung relativ schwach ist, verringert sich die Verlagerungsgeschwindigkeit. Hier spricht man auch vom Trödelstadium. Ziehen die tropischen Zyklone weiter und dann allmählich in die Westwinddrift hinein, nehmen sie Fahrt auf und wandeln sich in „gewöhnliche" Sturmtiefs – also in außertropische Zyklone – um, die mit den für junge Zyklone typischen Verlagerungsgeschwindigkeiten nordost- bis ostwärts weiterziehen. Sie verlieren zwar ihre typischen Merkmale wie hohe Windgeschwindigkeiten und das Auge, andere Eigenschaften

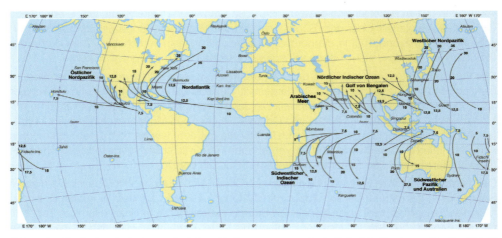

Abb. 7.7.5: Typische Zugbahn und mittlere Verlagerungsgeschwindigkeit in Knoten   (Quelle: [7.1.1])

bleiben jedoch erhalten. Nicht jeder Wirbelsturm dreht an den Umbiegestellen nach Norden bzw. nach Süden ein. Alternativ dazu kann auch die Zugrichtung beibehalten werden und der tropische Wirbelsturm zieht auf dem Nordatlantik weiter in Richtung West bis Nordwest.

7.7.4 Warnungen vor Wirbelstürmen

Für die Navigation in Gebieten mit häufigen tropischen Zyklonen sind die Hurrikanwarnungen vor diesen Stürmen und Orkanen die wichtigste Informationsquelle. Aufgrund der modernen Beobachtungsmethoden, insbesondere durch die Wettersatelliten, wird heute jeder tropische Sturm und jeder Wirbelsturm erkannt. Die Warnungen sind in den unterschiedlichen Gebieten recht ähnlich aufgebaut. Die Hurrikanvorhersagen basieren auf globalen Vorhersage- und speziellen Hurrikanmodellen. Der Vorhersagezeitraum umfasst bislang maximal fünf Tage. Trotz der Vorhersagen ist äußerste Vorsicht geboten.

Die Bezeichnung tropischer Windsysteme ist je nach Seegebiet verschieden. Zwar gibt es internationale Empfehlungen zur Standardisierung, doch werden in den Warnungen die national gebräuchlichen Bezeichnungen verwendet, damit diese für die Schifffahrt und die Bevölkerung der betroffenen Nation gleich lautend und verständlich sind. Die tropischen Wirbelstürme erhalten weibliche und männliche Vornamen in alphabetischer Reihenfolge. Dies dient einer einfachen und eindeutigen Beschreibung.

Die folgende Tabelle enthält die Standardbezeichnungen nach den Empfehlungen der *Weltorganisation für Meteorologie (WMO)* sowie die unterschiedlichen Begriffe für jedes größere Seegebiet und die nationalen Bezeichnungen (in englischer Sprache):

Windgeschwindigkeit		WMO-Standard	
Bft	kn	englisch	deutsch
bis 7	bis 33	*Tropical depression*	Tropisches Tief
8–9	34–47	*Moderate tropical storm*	(Mäßiger) tropischer Sturm
10–11	48–63	*Severe tropical storm*	(Schwerer) tropischer Sturm
12	64 u. mehr	*Hurricane (or local synonym)*	Hurrikan (oder Synonym)
Windgeschwindigkeit		Seegebiet	
Bft	kn	Nordatlantik/Öst. Nordpazifik	Westl. Nordpazifik
bis 7	bis 33	*Tropical depression*	*Tropical depression*
8–9	34–47	*Tropical storm*	*Tropical storm*
10–11	48–63	*Tropical storm*	*Severe tropical storm (China tropical storm)*
12	> 64	*Hurricane*	*Typhoon* (Taifun)
Windgeschwindigkeit		Seegebiet	
Bft	kn	bei Australien	Ind. Ozean
bis 7	bis 33	*Tropical low*	*Tropical depression* (15–33 kn)
8–9	34–47	*Tropical cyclone*	*Moderate tropical depression/storm*
10–11	48–63	*Tropical cyclone*	*Severe tropical depression/storm*
12	> 64	*Severe tropical*	*Tropical Cyclone Cyclone* (64–90 kn) *Intense tropical cyclone* (90–115 kn) *Very intense tropical cyclone* (über 115 kn)

7 Meteorologie und Grundlagen der Ozeanographie

Windgeschwindigkeit		Seegebiet	
Bft	kn	Nördlicher Indischer Ozean Indien/Bangladesh	Sri Lanka
6	22–27	Depression	Depression
7	28–33	Deep depression	Depression
8–9	34–47	Cyclonic storm	Cyclonic storm
10–11	48–63	Severe cyclonic storm	Cyclonic storm
12	64 u. mehr	Severe cyclonic storm of hurricane intensity	Severe cyclone

Über die Grenzen der USA hinaus ist eine dort gebräuchliche Intensitätsskala bekannt, auch *Saffir-Simpson-Scale* genannt, welche die Hurrikan-Stärke nach Windgeschwindigkeit oder Höhe der Sturmflut (und deren Auswirkungen) beschreibt:

Stärke	Wind (kn)	Sturmflut (m)
TD	< 34	–
TS	34–63	–
1	64–82	ca. 1,5
2	83–95	2,0–2,5
3	96–113	2,6–3,7
4	114–135	3,8–5,5
5	> 135	> 5,5

Die vom *NHC* herausgegebenen Warnungen für die Schifffahrt werden als *marine advisories* bezeichnet und haben folgenden standardisierten Inhalt:
1. *WMO-Header*
   WMO-Dokument-Kennziffer
   Dokument-Kennziffer des Nationalen Wetterdienstes
   Typ und Name der tropischen Zyklone
   Warnungsnummer und Ausgabestelle
   Uhrzeit und Tag der Warnung, spezielle Kennung der tropischen Zyklone
2. Warnungen, die in Kraft sind
3. Position des Zentrums der tropischen Zyklone in Grad. Zehntelgrad mit Uhrzeit (UTC) und genauer Position (Nm)
4. Gegenwärtige Zugrichtung (16-teilige Windrose, rechtweisend) und Geschwindigkeit (kn)
5. Geschätztes Minimum des Kerndruckes (hPa/mb)
6. Geschätzter Durchmesser des Kernes (Auge) (Nm)
7. Maximale Windverhältnisse, Wind-Radien und Radien der Bereiche mit Wellenhöhen ≥ 12 ft
   Maximale geschätzte Windgeschwindigkeit und Böen
   Radien mit 64-, 50- und 34-kn-Winden, aufgeschlüsselt nach Quadranten, bezogen auf die Position des Zentrums
   Radius des Gebietes mit Seegang ≥ 12 ft (3,7 m), aufgeschlüsselt nach Quadranten
   Erläuternde Hinweise
8. Wiederholung von Lage des Zentrums mit Zeit und Angabe von Position/Zeit der vorhergehenden *advisory*

7.7 Tropische Wirbelstürme

9. Vorhersagen T+12, T+24, T+36, T+48, T+72, T+96 und T+120 Stunden für Position, Max-Wind, Böen sowie Radien der Bereiche mit ≥ 64, 50 und 34 kn, aufgeschlüsselt nach Quadranten
10. Bitte um Schiffswettermeldungen von allen Schiffen in einem genannten Abstand (Nm) vom Zentrum der tropischen Zyklone
11. Nächstes Advisory, Angabe der planmäßigen Ausgabe des folgenden Bulletins (normalerweise sechs Stunden nach dem Termin des aktuellen Bulletins)

7.7.5 Ausweichmanöver vor tropischen Wirbelstürmen

Die asymmetrische Windverteilung mit dem „gefährlichen" und dem „fahrbaren" Viertel ist für navigatorische Entscheidungen bei Ausweichmanövern von Bedeutung.

Grundsätzlich sollten Seegebiete mit tropischen Wirbelstürmen natürlich gemieden werden. Sollen sie dennoch befahren werden, ist es ratsam, sich darauf einzustellen, d. h. ständig die Warnungen (NAVTEX, NHC, nationale Wetterdienste, etc.) zu verfolgen und aufmerksam die meteorologischen Bedingungen (Luftdruck, Seegang) zu beobachten.

Mit den heutigen Mitteln, wie Wettersatelliten und Wetterradar, wird praktisch jeder Wirbelsturm analysiert. Die Navigation im Gefahrenbereich tropischer Zyklone wird durch deren oft unsichere Bahnen und Verlagerungsgeschwindigkeiten erschwert. Dies gilt insbesondere in Gebieten mit geringer Zuggeschwindigkeit, in denen die Zyklone polwärts eindrehen. Man sollte das Zentrum eines tropischen

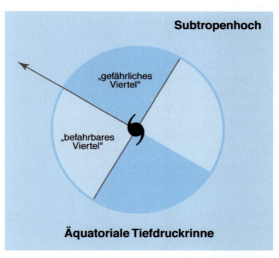

Abb. 7.7.6: Gefährliches und befahrbares Viertel einer tropischen Zyklone auf der Nordhalbkugel
(Quelle: [7.1.1])

Wirbelsturms auf jeden Fall mindestens in einem Abstand von 80 sm passieren, besser ist eine Distanz von 250 sm. Die mittlere Ungenauigkeit für Positionsvorhersagen von tropischen Zyklonen beträgt nach Statistiken des US-Wetterdienstes:

- 75 sm nach 24 Stunden
- 140 sm nach 48 Stunden
- 210 sm nach 72 Stunden
- 252 sm nach 96 Stunden
- 326 sm nach 120 Stunden

Ohne Hilfe eines grafischen Verfahrens oder mit Hilfe entsprechender Software an Bord kann auf der Nordhalbkugel wie folgt ausgewichen werden:

1. Ist der Wind rechtdrehend, befindet sich das Schiff im gefährlichen Viertel. Nun sollte man mit größtmöglicher Geschwindigkeit mit einem Windeinfall von 10° bis 45° von Steuerbord zügig das Seegebiet verlassen. Wenn der Wind dann weiter rechtdreht, kann der Kurs nach Steuerbord parallel zur Zugbahn mit entgegengesetztem Kurs geändert werden.

7 Meteorologie und Grundlagen der Ozeanographie

2. Bleibt der Wind in der Richtung konstant, befindet sich das Schiff auf einem Kurs entgegen der Zugbahn des Wirbelsturms. Man sollte mit größtmöglicher Geschwindigkeit nach Steuerbord ausweichen, um in das fahrbare Viertel zu kommen und dann wie unter 3. fortfahren.
3. Dreht der Wind rück, ist das Schiff im fahrbaren Viertel. Man sollte mit vorlichem Windeinfall von Steuerbord und größtmöglicher Geschwindigkeit Abstand zur Zugbahn gewinnen. Der Kurs kann mit zunehmendem Rückdrehen wieder nach Backbord und in einen Kurs entgegen der Zugbahn des Wirbelsturm geändert werden.

Das in der Abb. 7.7.7 dargestellte grafische Verfahren für die Nordhalbkugel dient dazu, den unmittelbaren Bereich schweren Sturms zu meiden. In dem dargestellten Beispiel für einen Wirbelsturm wird angenommen, dass das Schiff bei Windgeschwindigkeiten von 34 kn keinen Schaden nimmt. Aus einem Hurrikan Bulletin lassen sich Position sowie die Radien der Windgeschwindigkeit 34 kn für die vorhergesagten Positionen nach T+24h, T+48h und T+72h entnehmen. Diese werden mit den mittleren Ungenauigkeiten für Positionsvorhersagen von tropischen Zyklonen des US-Wetterdienstes eingetragen. Soll das Risiko minimiert werden, können die Radien der Ungenauigkeit erhöht werden.

Diese grafische Lösung dient zur Abschätzung der Gefahrensituation. Bereits nach T+72h ist der Bereich für Winde geringer als 34 kn auf etwa 1000 sm angewachsen.

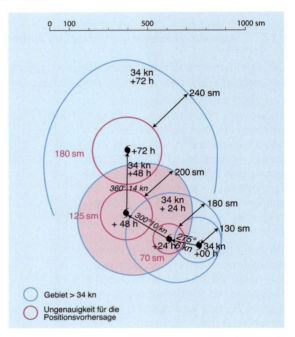

Abb. 7.7.7: Abschätzung des Gefahrenbereichs (Quelle: [7.1.1])

Da die Vorhersagefehler sehr schnell anwachsen, sollten nach Empfang jeder neuen Warnung mögliche Ausweichkurse korrigiert werden.

7.8 Meteorologische Reiseplanung

Die meteorologische Reiseplanung ist ein Teil des Gesamtkonzepts der nautischen Reiseplanung, Hinweise dazu findet man in *SOLAS Kapitel V Regel 34* und in der *STCW*. Nach *Kapitel V Regel 34 SOLAS* hat sich die Schiffsführung vor Antritt der Reise über das zu erwartende Wetter zu informieren, dabei sollte auch eine eventuell wetterabhängige Schiffswegeführung ermittelt werden. Es muss die Route herausgearbeitet werden, über die das Schiff das Ziel

– sicher,
– schnell (kürzeste Reisezeit) oder
– wirtschaftlich (Brennstoffverbrauch optimiert)

erreichen kann. Dabei sollen natürlich auch die Ladung bzw. Passagiere geschont werden und das Schiff sollte nicht übermäßigen Belastungen ausgesetzt werden.

7.8 Meteorologische Reiseplanung

Für die meteorologische Reiseplanung sind die Klima-, Witterungs- und Wetternavigation zu berücksichtigen. Für die Reiseplanung können in der Klimanavigation beispielsweise die *Pilot Charts* oder Monatskarten des *BSH* als Grundlage (siehe Abb. 7.8.1) benutzt werden. Sie zeigen die mittleren Verhältnisse u. a. für Wind, Seegang, Nebel, Luftdruck, Meeresströmungen und Wirbelsturmhäufigkeit.

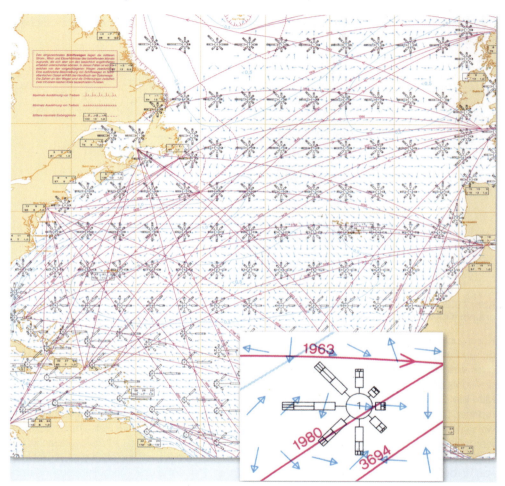

Abb. 7.8.1: Auszug aus den Monatskarten des *BSH*

Aufgrund dieser Datenbasis kann für die geplante Reise in Anhängigkeit vom Schiff/Schiffstyp die optimale Klimaroute gefunden werden. Typische Klimarouten sind auch in verschiedenen gängigen Handbüchern wie etwa den *Ocean Passages* enthalten [7.8.1, 7.8.2].

Unter der Witterungsnavigation versteht man das heutzutage übliche Wetter-*Routing*. Dabei werden Wetter- und Seegangsvorhersagen für einen Zeitraum von etwa 10 Tagen in die Planung einbezogen. Hierbei ist zu unterscheiden, ob das Streckenwetter (*enroute*) berechnet wird oder ein Ausweichkurs möglich ist. Beim Streckenwetter ist ein Kurs durch Randbedingungen wie etwa Schifffahrtswege, Meereis oder auch Gefahren durch Piraterie vorgegeben. Entsprechend dem vorgegebenen Kurs werden mit Hilfe von Wetterkarten, Seegangsprognose-

7 Meteorologie und Grundlagen der Ozeanographie

karten oder *Routing*programmen mit Hilfe von GRIB-Daten die voraussichtlichen Wind- und Seegangsbedingungen auf der Fahrt berechnet. Dazu werden von der Werft/Reederei oder von Schiffbau-Versuchsanstalten Angaben/Diagramme darüber benötigt, welche Geschwindigkeit das Schiff oder der Schiffstyp bei vorgegebenen Wind- und Seegangsbedingungen erreichen kann. Mit den Ergebnissen kann die Fahrt entsprechend angepasst oder auch das Auslaufen verzögert werden, um auf dem vorgegebenen Track die optimalen Wetter- und Seegangsbedingungen anzutreffen, damit das Schiff sein Ziel sicher sowie schnell oder wirtschaftlich erreichen kann.

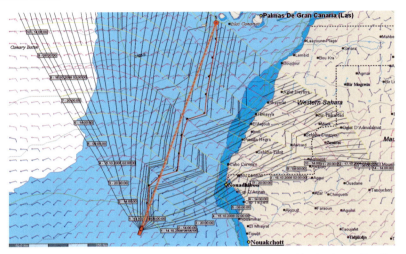

Abb. 7.8.2: Berechnung der optimalen Route (hier kürzeste Reisezeit) mit einem *Routing*programm (Quelle: *MaxSea*)

Kann zum Beispiel bei einer Reise über den Ozean der Kurs den Wetter- und Seegangsbedingungen angepasst werden, führt der Kurs/die Route das Schiff je nach Vorgabe schnell, sicher oder wirtschaftlich zum Ziel. Auch für diese Berechnung wird ein Diagramm benötigt, welches die Abhängigkeit der Schiffsgeschwindigkeit von Wind- und Seegangsbedingungen beschreibt. Mit Hilfe der Isochronenmethode (siehe Kap. 7.9) wird die optimale Route vom Computer berechnet. Diese Berechnung kann an Land durch einen Wetterservice oder an Bord durchgeführt werden. Klima- und Witterungsnavigation können daher für die Planung der Reise herangezogen werden. Trotz der heute doch sehr guten Wettervorhersage kann es zu Abweichungen in der Zugbahn oder Intensität von Druckgebilden kommen. Auch Strukturen wie etwa die Entwicklung von Wirbelstürmen können kaum vorhergesagt werden. Plötzliche unvorhergesehene Änderungen in den Wetter- und Seegangsverhältnissen müssen daher in der Wetternavigation berücksichtigt werden. Dazu zählt z. B. das plötzliche Auftreten von Kreuzseen oder die Entwicklung/Beobachtung von Extremwellen, die ein sofortiges Handeln der Schiffsführung erfordern. Aber auch eine plötzliche oder dauerhafte Sichtverschlechterung kann zur Reduzierung der Schiffsgeschwindigkeit beitragen und die meteorologische Reiseplanung muss korrigiert werden.

7.9 Wetter-*Routing* und wirtschaftliches Fahren

Wetter-*Routing* ist, wie in Kap. 7.8 bereits angedeutet, nach SOLAS *Kapitel V Regel 34* ein Teil der nautischen Reiseplanung. Wie bereits in Kap. 7.5.6 vorgestellt, bieten viele nationale oder private Wetterdienste einen *Routingservice* an. Mit dem Wetter-*Routing* wird heute meist rechner-

7.9 Wetter-Routing und wirtschaftliches Fahren

gestützt die optimale Route für ein Schiff berechnet. Der *Routingservice* benutzt dafür spezielle *Routingsoftware* (*BonVoyage*, etc.), die dem Nutzer auch an Bord zur Verfügung gestellt wird. Der *Routingservice* bzw. das Programm benötigt folgende Angaben:
- Schiffsname und Rufzeichen,
- Schiffsgeschwindigkeit im Stillwasser oder *Charter Performance* oder Reisedurchschnitt,
- Tiefgang, GM und Rollzeit,
- Schiffstyp, Länge, Breite,
- Verdrängung, Leistung der Hauptmaschine,
- Art der Ladung, besondere Ladung (Schwergut, Deckslast),
- Seeverhalten und Stabilität,
- Abfahrtshafen,
- Zwischenhäfen, Bunkerhäfen,
- Zielhafen mit ETA,
- Abfahrtsdatum und Abfahrtszeit ETD (zu berichtigen, wenn Verzögerung um mehr als vier Stunden),
- Kommunikationsmöglichkeiten,
- Mitteilung, ob Wettermeldungen nach *WMO* Standard verschlüsselt werden.

Mit diesen Daten wird die optimale Route zwischen dem Abgangs- und dem Zielhafen berechnet, mit Hilfe der Vorhersage- und Klimadaten (Wind, Seegang, Meeres- und Gezeitenströmungen), bezogen auf das Schiff/den Schiffstyp und dessen Beladung, Trimm, Stabilität und die Grenzwerte für Wellenhöhe und Windgeschwindigkeit.

Diese Berechnungen können aufgrund verbesserter Kommunikationsmöglichkeiten (Übertragung der Vorhersagedaten) von der Schiffsführung an Bord oder dem *Routingservice* durchgeführt werden. Viele Beratungsdienste bieten einen kombinierten Service mit bordeigener Auswertung und Unterstützung durch den *Routing*experten an. Der Vorteil der Kombination aus bordeigener Auswertung mit den beratenden Meteorologen an Land liegt auf der Hand: Die Schiffsführung kann mit dem an Bord vorhandenen *Routing*programm und aktuellen Wetterdaten mehrmals täglich die Berechnung der optimalen Route aktualisieren und bei Abweichungen sofort handeln (z. B. kritisches Rollen). Zusätzlich kann der Meteorologe vom *Routingservice* von Land aus wertvolle Hinweise geben, wenn die Modellrechnungen fehlerhaft sind (z. B. Zugbahnen und Intensität von Tiefdruckgebieten betreffend) oder bei Wirbelsturmaktivität. Der *Routingservice* an Land verfügt aufgrund des besseren Datenzugangs und der technischen Infrastruktur (z. B. Satellitenbilder, Hurrikan Bulletins) immer über die aktuellsten Informationen. Auch eine Auswertung nach der Reise hinsichtlich der Chartergeschwindigkeit (Performanceanalyse) kann erfolgen.

Wichtig ist in diesem Zusammenhang, dass von Bord aus Wetterbeobachtungen regelmäßig an den *Routingservice*/GTS (siehe Kap. 7.5.1) übermittelt werden. Nur so kann der *Routing*experte an Land die Schiffsführung optimal beraten und die Vorhersage entsprechend anpassen. Die Schiffsführung erhält dafür mindestens einmal täglich eine Routenberatung, die nach Absprache eine Wetterlage, Wetterkarten, die optimale Route mit Ansteuerungspunkten und die Wetterprognose mit dem voraussichtlichen Reisewetter enthält. Bei Bedarf werden auch alternative Routen beschrieben. Daraus ergibt sich für die gesamte Reisedauer ein interaktiver Prozess aus Schiffsführung und *Routingservice*.

Was auch immer das an Bord berechnete *Routing* oder die Hinweise des Wetterexperten an Land vorschlagen, die letzte Entscheidung liegt immer beim Kapitän. Er muss die Empfehlungen und Berechnungen auf Plausibilität prüfen und mit seiner Erfahrung bewerten. Wenn auch die „Trefferquote" in der Wettervorhersage für den Bodenwind in der 36-stündigen Vorhersage über 90 % beträgt, nimmt sie doch mit zunehmender Vorhersagedauer ab. Obwohl die

7 Meteorologie und Grundlagen der Ozeanographie

„Trefferquoten" in mittelfristigen Wettervorhersage in den letzten Jahren deutlich angestiegen sind, muss die Schiffsführung ständig die aktuelle Wetterentwicklung beobachten und auf etwaige Änderungen richtig reagieren.

Optimiert werden Routen mit Hilfe entsprechender Software für

- eine kurze Reisezeit (früheste Ankunft),
- minimierten Brennstoffverbrauch bei pünktlicher Ankunft.

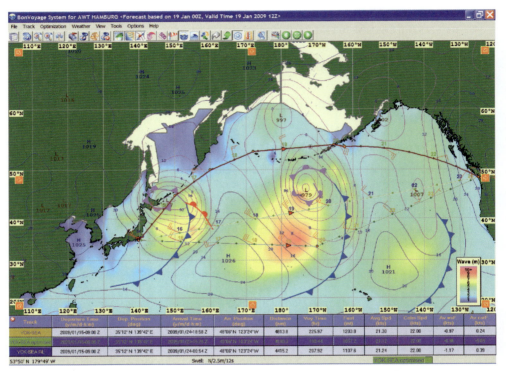

Abb. 7.9.1: Berechnung der optimalen Route mit *BonVoyage (AWT)* für einen Schiffstyp (Vergleich kürzeste Reisezeit und minimierter Brennstoffverbrauch)

Die Berechnung (Abb. 7.9.1) erfolgt per Computer mit den voreingestellten Schiffsparametern (Polardiagramm/Widerstand bei verschiedenen Seegang- und Windbedingungen (siehe Abb. 7.9.2), und Randbedingungen (Vermeidung von kritischem Seegang, Rollverhalten, etc.) unter anderem mit Hilfe der Isochronenmethode. Das Prinzip der Isochronenmethode ist in der Abb. 7.9.3 dargestellt. Eine Isochrone hüllt die Menge aller Punkte ein, die ein Schiff vom Starthafen in einem bestimmten Zeitintervall (t_1) erreichen kann. Dabei können je nach Lage des Starthafens auch Kurse mit einbezogen werden, die zunächst entgegengesetzt zum beabsichtigten Kurs laufen.

Von den Einzelpunkten der ersten Isochrone wird dann wiederum ein Fächer mit Kursen bis zum Zeitintervall t_2 aufgespannt. Dieses Verfahren wird so oft wiederholt, bis der Zielhafen erreicht ist. Vom Zielhafen aus wird derjenige Punkt auf der letzten Isochrone gesucht, der in der kürzesten Fahrzeit zu erreichen ist. Diese Methode wird bis zurück zum Starthafen hin angewandt und die Verbindungslinie stellt dann die zeitoptimale Route (kürzeste Reisezeit) dar.

Optimiert man die Route hinsichtlich Treibstoffverbrauch, werden in der Regel Gebiete (Starkwind, Seegang) gemieden, in denen die Drehzahl der Maschine maximiert werden muss, um

7.9 Wetter-Routing und wirtschaftliches Fahren

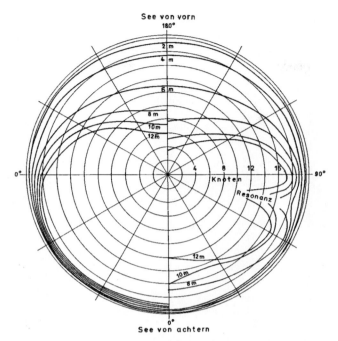

Abb. 7.9.2: Polardiagramm/Widerstand bei verschiedenen Seegang- und Windbedingungen

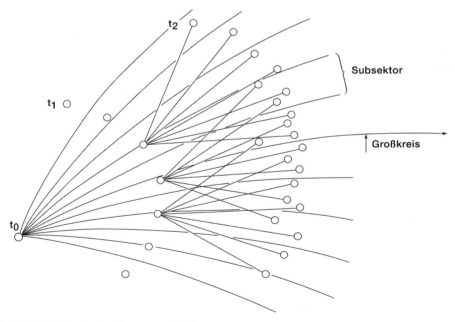

Abb. 7.9.3: Prinzip der Isochronenmethode

7 Meteorologie und Grundlagen der Ozeanographie

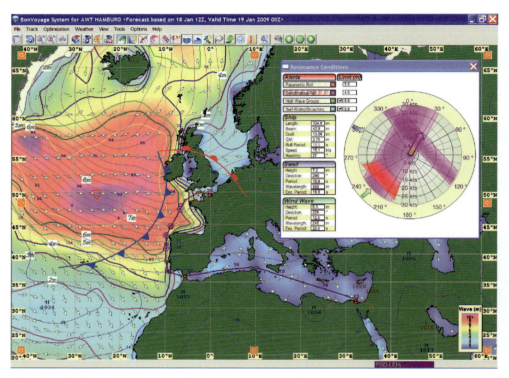

Abb. 7.9.4: Gebiete mit kritischem Rollen werden dargestellt (hier *Routing*programm *BonVoyage, AWT*)

die Geschwindigkeit zu halten. Im Hinblick auf gestiegene Brennstoffkosten und deren weitere Entwicklung wird das wirtschaftliche Fahren (Optimierung des Brennstoffeinsatzes) immer wichtiger. Berechnungen haben ergeben, dass bei einer zehntägigen Reise über den Atlantik durch die Optimierung des Brennstoffverbrauchs bei einer kalkulierten Verspätung von einem Tag bis zu 20 % Brennstoff eingespart werden kann.

Weitere Ansätze zur Einsparung erhofft man sich für einige Schiffstypen durch den Einsatz von Zugdrachen-Antriebsystemen *(Skysails)*, die in Abhängigkeit von den Windverhältnissen die Treibstoffkosten eines Schiffes zwischen 10 und 35 % senken sollen. Gelegentlich erhofft man sich durch günstige Winde eine zeitweilige Reduzierung des Treibstoffverbrauchs um 50 %.

Die angebotenen Optimierungsprogramme können mit den voreingestellten Schiffsparametern und Angaben, Vorhersagen der Wellenlänge und Periode des Seegangs und deren Teilkomponenten auch Gebiete (Abb. 7.9.4) anzeigen, in denen synchrones oder parametrisches Rollen auftreten kann. Dadurch werden der Schiffsführung wertvolle Hinweise gegeben, die in die nautische Reiseplanung einfließen.

8 Seeverkehrsrecht
Hanno Weber

Seeverkehrsrecht ist öffentliches Recht, das heißt, es kann durch Absprache zwischen Verkehrsteilnehmern nicht geändert werden. Verstöße gegen Verkehrsvorschriften sind regelmäßig Ordnungswidrigkeiten oder Straftaten. Teile des deutschen Straf- und Ordnungswidrigkeitenrechts greifen auch außerhalb des Geltungsbereichs des Grundgesetzes; Verstöße können dann gleichzeitig mehreren Rechtsordnungen unterliegen, z.B. dem Recht des Handlungsortes, dem Recht der Flagge und dem Recht des Staates, dem der Täter angehört. – Von zentraler Bedeutung sind die *KVR (Kollisionsverhütungsregeln/Internationale Regeln von 1972 zur Verhütung von Zusammenstößen auf See)*; für Staaten, welche die entsprechende Konvention von 1972 nicht ratifiziert haben, gelten die *KVR* gewohnheitsrechtlich.

Örtliche Vorschriften, wie z.B. die *SeeSchStrO (Seeschifffahrtsstraßen-Ordnung)*, und Hafengesetze gehen als speziellere Regeln zwar vor, sie müssen mit den Regeln der *KVR* aber so weit wie möglich übereinstimmen *(Regel 1(b) KVR)*. Im Grenzbereich nationaler und internationaler Normen ist das Verkehrsrecht des zu erwartenden Kollisionsortes maßgeblich, denn kein Rechtsregime wirkt jenseits seines Geltungsbereichs. Kollisionen auf der Grenze zweier Rechtsregime sind nach den Generalklauseln zu beurteilen, die in allen Regelungen enthalten sind (etwa *Regel 2(a) KVR* und *§ 3(1) SeeSchStrO*).

Auch im Seeverkehrsrecht gilt der „Vertrauensgrundsatz": Wer sich regelgerecht verhält, darf grundsätzlich darauf vertrauen, dass auch andere Verkehrsteilnehmer sich weiterhin korrekt verhalten werden; in schwierigen Verkehrslagen muss man allerdings auch mit überraschenden Manövern anderer Verkehrsteilnehmer rechnen.

8.1 Verordnung zu den *KVR*

Die *VOKVR (Verordnung zu den Internationalen Regeln von 1972 zur Verhütung von Zusammenstößen auf See)* bestimmt die Anwendung der *KVR* als deutsches Recht.

Verordnung zu den Internationalen Regeln von 1972 zur Verhütung von Zusammenstößen auf See

§ 2 Geltungsbereich

(1) Diese Verordnung gilt

1. auf den Seeschifffahrtsstraßen und in den an ihnen gelegenen bundeseigenen Häfen sowie im übrigen deutschen Küstenmeer,

2. für Schiffe, die berechtigt sind, die Bundesflagge zu führen, seewärts der Begrenzung des Küstenmeeres der Bundesrepublik Deutschland, soweit nicht in Hoheitsgewässern anderer Staaten abweichende Regelungen gelten.

(2) ... (3) ....

§ 3 Grundregeln für das Verhalten im Verkehr

(1) Jeder Verkehrsteilnehmer hat sich so zu verhalten, dass die Sicherheit und Leichtigkeit des Verkehrs gewährleistet ist und dass kein anderer geschädigt, gefährdet oder mehr als nach den Umständen unvermeidbar, behindert oder belästigt wird. Er hat insbesondere die Vorsichtsmaßnahmen zu beachten, die Seemannsbrauch oder besondere Umstände des Falles erfordern.

(2) Zur Abwehr einer unmittelbar drohenden Gefahr müssen unter Berücksichtigung der besonderen Umstände auch dann alle erforderlichen Maßnahmen ergriffen werden, wenn diese ein Abweichen von den Vorschriften dieser Verordnung notwendig machen.

(3) Wer infolge körperlicher oder geistiger Mängel oder des Genusses alkoholischer Getränke oder anderer berauschender Mittel in der sicheren Führung eines Fahrzeuges oder in der sicheren Ausübung einer anderen Tätigkeit des Brücken-, Decks- oder Maschinendienstes behindert ist, darf ein Fahrzeug nicht führen oder als Mitglied der Schiffsbesatzung eine andere Tätigkeit des Brücken-, Decks- oder Maschinendienstes nicht ausüben.

(4) Wer 0,25 mg/l oder mehr Alkohol in der Atemluft oder 0,5 Promille oder mehr Alkohol im Blut oder eine Alkoholmenge im Körper hat, die zu einer solchen Atem- oder Blutalkoholkonzentration führt, darf ein Fahrzeug nicht führen oder als Mitglied einer Schiffsbesatzung eine andere Tätigkeit des Brücken-, Decks- oder Maschinendienstes nicht ausüben.

(5) Der Schiffsführer eines Fahrgastschiffes oder eines Fahrtbeschränkungen und Fahrverboten nach § 30 Abs1 der Seeschifffahrtsstraßen-Ordnung unterliegenden Fahrzeuges darf in der Dienstzeit während der Fahrt alkoholische Getränke nicht zu sich nehmen oder bei Dienstantritt nicht unter der Wirkung solcher Getränke stehen. In Ruhezeiten und sonstigen Erholungszeiten an Bord darf der Schiffsführer alkoholische Getränke zu sich nehmen, wenn sichergestellt ist, dass er bei der Übernahme sicherheitsrelevanter Aufgaben nicht mehr unter der Wirkung solcher Getränke steht. Satz 1 gilt für die im Brückendienst eingesetzten Mitglieder der Schiffsbesatzung entsprechend.

§ 4 Verantwortlichkeit

(1) Der Fahrzeugführer und jeder sonst für die Sicherheit Verantwortliche haben die Vorschriften dieser Verordnung über das Verhalten im Verkehr und über die Ausrüstung der Fahrzeuge mit Einrichtungen für das Führen und Zeigen von Lichtern und Signalkörpern und das Geben von Schallsignalen zu befolgen. ...

(2) Verantwortlich ist auch der Seelotse; er hat den Fahrzeugführer oder dessen Vertreter so zu beraten, dass sie die Vorschriften dieser Verordnung befolgen können.

(3) ... (4) ... (5) ...

§ 6 Verkehrstrennungsgebiete

(1) Verkehrstrennungsgebiete sind Schifffahrtswege, die durch Trennlinien oder Trennzonen oder anderweitig in Einbahnwege geteilt sind, auf denen jeweils nur in Fahrtrichtung rechts der Trennlinie oder Trennzone gefahren werden darf.

(2) Regel 10 der Internationalen Regeln gilt für die Verkehrstrennungsgebiete, die von der Internationalen Seeschifffahrts-Organisation (IMO) angenommen und in den Nachrichten für Seefahrer .... bekanntgemacht worden sind.

§ 7 Sicherheitszonen

(1) Sicherheitszonen sind Wasserflächen, die sich in einem Abstand von 500 m, gemessen von jedem Punkt des äußeren Randes, um Anlagen oder sonstige Vorrichtungen zur wissenschaftlichen Meeresforschung oder Erforschung oder Ausbeutung von Naturschätzen erstrecken. Die nach § 7 der Seeanlagenverordnung von der zuständigen Genehmigungsbehörde eingerichteten Sicherheitszonen gelten als Sicherheitszonen im Sinne dieser Verordnung.

(2) Sicherheitszonen dürfen nicht befahren werden; dies gilt nicht für Fahrzeuge, die für die Versorgung der Anlagen oder Vorrichtungen eingesetzt sind sowie vorbehaltlich des Absatzes 3 für Fahrzeuge, deren Rumpflänge 24 Meter nicht übersteigt oder die vom Befahrensverbot befreit sind.

(3)...

Der örtliche Geltungsbereich der *KVR* wird in *§ 2(1)* beschrieben. Die dort in *Nr. 1* genannten **"Seeschifffahrtsstraßen"** sind in *§ 1 SeeSchStrO* definiert (dazu siehe Kap. 8.8); sieht man von kleinen Modifikationen ab, dann enden sie an der ehemaligen 3-sm-Grenze. Das ebenfalls in *Nr. 1* genannte **"übrige"** deutsche Küstenmeer erstreckt sich seewärts dieser Seeschifffahrtsstraßen bis zur deutschen Hoheitsgrenze (12 sm jenseits der Basislinie). Im Bereich der Emsmündung gelten mit den Niederlanden abgestimmte Besonderheiten (*Schifffahrtsordnung Emsmündung* und eine entsprechende Einführungsverordnung).

§ 3 (1) und *(2)* entspricht in etwa der *Regel 2 KVR* (deren Kommentierung siehe in Kap. 8.3). Das Verbot, andere zu "behindern", darf nicht verwechselt werden mit den Behinderungsverboten der *KVR*. *§ 3 (3)* bis *(5)* enthält strenge Regeln vor allem zum Genuss von Alkohol oder anderen berauschenden Mitteln.

§ 4 macht deutlich, dass sich die Verkehrsvorschriften nicht nur an den Kapitän wenden; auch jeder sonst für die Sicherheit Verantwortliche ist Adressat der Normen. Für den Lotsen und seine Beratungspflicht wird das in *Abs. (2)* besonders hervorgehoben. *§ 7* definiert den in den *KVR* nicht enthaltenen Begriff **"Sicherheitszone"** und normiert ein grundsätzliches Verbot, diese Gebiete zu befahren. Geschützt werden Vorrichtungen, die der Forschung oder dem Meeresbergbau dienen; *Abs. (1) S. 2* betrifft vor allem Anlagen zur Nutzung der Windenergie. *§ 7a* regelt umfangreich eine umweltschutzrechtliche Pflicht, bestimmten Küstenstaaten **"Auskunft auf Ersuchen"** zu erteilen.

8.2 Einleitung zu den *KVR*

Die *KVR* enthalten 38 Regeln und vier Anlagen; die *Regeln 1* bis *19* sind hier zum Teil abgedruckt und kommentiert. Die *KVR 72* gelten seit dem 15.7.1977. Eine besonders wichtige Neuerung war die Einführung von Behinderungsverboten (in *Regel 9, 10* und *18*); zu ihnen erfolgte später eine Klarstellung in *Regel 8 (f)*. Diese Klarstellung war notwendig geworden, da es in der Praxis Verständnisschwierigkeiten gab; eine *Anleitung für die einheitliche Anwendung bestimmter Regeln der Regeln von 1972...* hatte keine Klarheit geschaffen.

Der Text der *KVR* enthält sowohl Leerformeln als auch Allgemeine Rechtsbegriffe. Bei den Leerformeln handelt es sich meistens um Formulierungen wie *"wenn es die Umstände zulassen"* oder *"nach Möglichkeit ... vermeiden"*. Diese Ausdrücke sind unsinnig, denn niemand ist rechtlich verpflichtet, etwas Unmögliches zu tun. Diese Leerformeln sind auch gefährlich, denn sie erwecken den Eindruck, man dürfe anders handeln, als ausdrücklich vorgesehen (zum geforderten Abweichen von Normen vgl. *Regel 2(b)*).

Die **Auslegung** der allgemeinen Rechtsbegriffe (wie "Nahbereichslage", "Gefahr" und "sichere Geschwindigkeit") sollte weltweit einheitlich erfolgen. Für völkerrechtliche Verträge (und ihre Anlagen wie die *KVR*) gilt das *WVÜ (Wiener Übereinkommen über das Recht der Verträge)* mit seinen *Artikeln 31* und *32*:

Art. 31 Allgemeine Auslegungsregel

(1) Ein Vertrag ist nach Treu und Glauben in Übereinstimmung mit der **gewöhnlichen***, seinen Bestimmungen in ihrem* **Zusammenhang** *zukommenden* **Bedeutung** *und im Lichte seines* **Zieles und Zwecks** *auszulegen. (Hervorhebungen nicht im Original).*

Art. 31 (1) WVÜ macht deutlich, dass es bei der Auslegung der *KVR* in erster Linie auf die gewöhnliche Bedeutung der Begriffe ankommt. Ist ein Begriff damit nicht eindeutig bestimmbar, dann wird er durch den Zusammenhang (die Systematik der *KVR*) und den Zweck der Regel konkretisiert. Nur wenn der Sinn einer Norm nach Anwendung dieser Kriterien offen bleibt, können weitere Umstände zur Auslegung herangezogen werden (*Art. 32 WVÜ*). Solche

8 Seeverkehrsrecht

Umstände, die sich etwa aus Konferenzprotokollen ergeben könnten, stehen dem Praktiker nicht zur Verfügung. Lücken in den *KVR* können durch Richterrecht geschlossen werden; dieses Richterrecht muss sich aber auch am *WVÜ* messen lassen.

Die *KVR* werden ergänzt durch den **STCW-Code** über den **Wachdienst** (*Anlage 1 Kapitel VIII/2 zum Internationalen Übereinkommen vom 7. Juli 1978 über Normen für die Ausbildung, die Erteilung von Befähigungszeugnissen und den Wachdienst von Seeleuten*). Der Code enthält 58 Nummern, die ihrerseits wieder stark untergliedert sind. Der Kapitän hat demnach zwar die allgemeine Verantwortung, während der Wache ist jedoch in erster Linie der Wachoffizier für die sichere Führung des Schiffes verantwortlich. Der *STCW-Code* selbst wird ergänzt durch umfangreiche *Tätigkeitsrichtlinien für nautische Wachoffiziere auf See*. Diese Richtlinien befassen sich unter anderem mit der Wachübergabe, der Überprüfung der Navigationsausrüstung, dem Einsatz der Selbststeueranlage, der Radaranlage, der Nebelfahrt, dem Fahren mit einem Lotsen an Bord und mit der Wache vor Anker. Die *Nr. 24* enthält folgenden Hinweis: „*Trotz der Regelung, den Kapitän unter den genannten Umständen sofort zu unterrichten, soll der Wachoffizier außerdem* **nicht zögern**, *zur Sicherheit des Schiffes sofortige Maßnahmen zu treffen, wenn es die Umstände erfordern.*"

Die folgende Übersicht zeigt die **Systematik der Ausweich- und Fahrregeln**. Dabei ist besonders zu beachten, dass bei verminderter Sicht nur die Behinderungsverbote der *Regeln 9* und *10* gelten; für Fälle der *Regel 18* kann sich ein Behinderungsverbot bei verminderter Sicht nur aus *Regel 2(a)* ergeben.

In jedem Fall gilt:

Es ist gehörig Ausguck zu halten (Regel 5). Es ist mit sicherer Geschwindigkeit zu fahren (Regel 6). Es ist zu überwachen, ob ein Kollisionsrisiko besteht (Regel 7). Manöver zur Vermeidung eines Zusammenstoßes sind regelgerecht durchzuführen (Regel 8). Es sind die allgemeinen Vorschriften über das Fahren im engen Fahrwasser zu beachten (Regel 9). Es sind die allgemeinen Vorschriften zum Fahren im Verkehrstrennungsgebiet und in dessen Nähe zu beachten (Regel 10). Die speziellen Behinderungsverbote der Regeln 9 und 10 sind zu befolgen. Sicherheit und Leichtigkeit des Verkehrs sind zu gewährleisten (§ 3 Abs. 1 VOKVR). Wenn eine Lücke in den Normen der KVR besteht, ist sie entsprechend der allgemeinen seemännischen Praxis zu füllen; wenn eine solche Praxis nicht besteht, muss so gehandelt werden, wie es die besonderen Umstände des Falles erfordern (Regel 2(a)). Bei unmittelbarer Gefahr muss von den Regeln abgewichen werden, wenn es zur Abwendung einer Kollision erforderlich ist (Regel 2(b)). Sicherheitszonen dürfen nicht befahren werden (§ 7 Abs. 2 VOKVR).

Zusätzlich gilt:

Entweder Teil B Abschnitt II	**oder**	Teil B Abschnitt III
(„in Sicht von einander"):		(„nicht in Sicht"):
Der Ausweichpflichtige muss ausweichen (Regeln 12 bis 15 und Regel 18(a) bis (c)) und das andere Fahrzeug muss Kurs und Geschwindigkeit beibehalten (Regel 17). Die Behinderungsverbote der Regel 18(d) bis (f) sind zu beachten.		Fahrzeuge müssen die Vorschriften der Regel 19 für das Verhalten bei verminderter Sicht befolgen.

8.3 Allgemeine Regeln *(Regel 1 bis 3 KVR)*

> *Teil A*
>
> *Allgemeines*
>
> *Regel 1 Anwendung*
>
> *(a) Diese Regeln gelten für alle Fahrzeuge auf Hoher See und auf den mit dieser zusammenhängenden, von Seeschiffen befahrbaren Gewässern.*
>
> *(b) Diese Regeln berühren nicht die von einer zuständigen Behörde erlassenen Sondervorschriften für Reeden, Häfen, Flüsse, Seen oder Binnengewässer, die mit der Hohen See zusammenhängen und von Seeschiffen befahrbar sind. Solche Sondervorschriften müssen mit diesen Regeln soweit wie möglich übereinstimmen.*
>
> *(c) ...*
>
> *(d) Die Organisation kann für die Zwecke dieser Regeln Verkehrstrennungsgebiete festlegen.*
>
> *(e) ...*

Die *KVR* knüpfen an den Begriff „Fahrzeug" an, wie er in *Regel 3(a)* definiert ist. Die „Hohe See" ist das Gebiet jenseits des „Küstenmeeres", und zwar einschließlich der „Ausschließlichen Wirtschaftszone" und, wenn vom Küstenstaat beansprucht, einer „Anschlusszone". Buchstabe *(b)* macht noch einmal deutlich, dass die *KVR* auch auf Revieren und in Häfen gelten, soweit sie nicht von speziellen örtlichen Vorschriften verdrängt sind. Die in Buchstabe *(d)* genannte „Organisation" ist die IMO.

> *Regel 2 Verantwortlichkeit*
>
> *(a) Diese Regeln befreien ein Fahrzeug, dessen Eigentümer, Kapitän oder Besatzung nicht von den Folgen, die durch unzureichende Einhaltung dieser Regeln oder unzureichende sonstige Vorsichtsmaßnahmen entstehen, welche allgemeine seemännische Praxis oder besondere Umstände des Falles erfordern.*
>
> *(b) Bei der Auslegung und Befolgung dieser Regeln sind stets alle Gefahren der Schifffahrt und des Zusammenstoßes sowie alle besonderen Umstände einschließlich Behinderungen der betroffenen Fahrzeuge gebührend zu berücksichtigen, die zum Abwenden unmittelbarer Gefahr ein Abweichen von diesen Regeln erfordern.*

In dieser Regel sind zwei völlig verschiedene Generalklauseln zu unterscheiden: Buchstabe *(a)* hilft, Lücken im Regelwerk zu schließen, Buchstabe *(b)* verpflichtet, von den grundsätzlich geltenden Regeln abzuweichen.

Hinsichtlich **Buchstabe** *(a)* ist zu betonen, dass er nur angewendet werden darf, wenn eine Situation nicht durch die speziellen Normen der *KVR* geregelt ist, wenn also eine Lücke besteht. Unsinnig und gefährlich sind Meinungen wie diese: *„Common sense and good seamanship are often better than a written rule"*. Besteht eine Lücke in den speziellen Regeln, so kann sich eine konkrete Handlungspflicht aus einer „allgemeinen seemännischen Praxis" (verkürzt „gute Seemannschaft") oder aus „den besonderen Umständen des Falles" ergeben.

Die **allgemeine seemännische Praxis** ist wie Gewohnheitsrecht zu behandeln; sie setzt voraus, dass eine gesetzliche Regelung fehlt und dass sich eine Praxis herausgebildet hat, die von erfahrenen Seeleuten und anderen Fachleuten als richtig anerkannt ist. Gute Seemannschaft kann zum Beispiel verlangen:

Manöver des Kurshalters vor dem Zeitpunkt, der in *Regel 17(b)* genannt ist; Wahl des Ankerplatzes so, dass andere Fahrzeuge nicht gefährdet werden; Passieren von Ankerliegern hinter deren Heck; Steuern von Hand; Anker auf dem Revier klar halten zum Fallen (evtl. aushieven), auch wenn es nicht ausdrücklich vorgeschrieben ist; beim Ausweichen den Bug auch in den Fällen der *Regeln 13* und *18* nicht kreuzen; Ausweichen gegenüber Ankerliegern und Ruderbooten; Abgabe von Manöversignalen auch in bestimmten Fällen der verminderten Sicht; an empfohlenen Routen rechts fahren; Tiefwasserwege nicht ohne guten Grund benutzen; rechts halten, wenn unbekannt ist, ob man in einem „engen Fahrwasser" fährt; Manövrierfähigkeit nicht durch zu großen Squat einschränken; Warten bei Gegenstrom an Engstellen, um die sichere Passage mit einem Gegenkommer zu gewährleisten; korrekte und vollständige Eingabe von AIS-Daten; bei fehlender Radarortung, wohl aber vorhandenen AIS-Daten, den Nahbereich zu anderen Fahrzeugen analog *Regel 19(d)* vermeiden.

Eine Frage der guten Seemannschaft ist es auch, ob man ein „Kollisionsrisiko herbeiführen" darf. Das kann zum Beispiel bejaht werden, wenn MS"Y" in Abb. 8.3.1 seine Kursänderung in „großem Abstand" durchführt *(Long Range Rule)*. Auf der Londoner Konferenz zu den *KVR* hat man darüber diskutiert, ob solch ein „großer" Abstand mit 8 sm festgelegt werden könne; wegen der Vielzahl denkbarer Situationen wurde jedoch keine bestimmte Distanz für das Eingreifen von Ausweichregeln/Kurshaltepflichten festgelegt. Ein in der Praxis häufiger Fall ist auch das Verhalten eines Fahrzeugs, das beim Verlassen des Ankerplatzes Fahrt so aufnimmt, dass es in eine stehende Peilung zu anderen Fahrzeugen läuft.

Besteht keine anerkannte Praxis zum Ausfüllen von Lücken in den speziellen Regeln, so muss getan werden, **was die besonderen Umstände des Falles erfordern**. Das kann auch eine absichtliche Strandung sein.

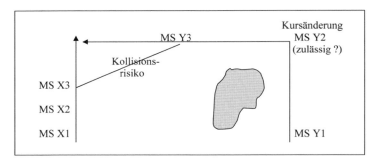

Abb. 8.3.1: Kursänderung in stehende Peilung

Buchstabe *(b)* verlangt ein Verhalten, welches grundsätzlich verboten ist. Die Norm muss, wie alle Ausnahmeregeln, eng ausgelegt werden. Das geforderte Abweichen von den speziellen Normen setzt dreierlei voraus:

1) eine grundsätzliche **Bindung** durch eine spezielle Regel oder durch eine anerkannte Praxis,
2) eine **unmittelbare Gefahr**, also eine Situation, bei der sich in allernächster Zukunft mit Sicherheit ein Unfall ereignen wird,
3) eine Maßnahme, die **erforderlich** und zum Abwenden der Gefahr **geeignet** ist.

Das klassische Beispiel für Buchstabe *(b)* ist eine Situation, bei der drei Maschinenfahrzeuge sternförmig auf einen Punkt zulaufen, jedes Ausweichpflichtiger und auch Kurshalter ist. In weniger gefährlichen Fällen (wie etwa in Abb. 8.3.2) wird man den Begriff „unmittelbare" Gefahr in der Praxis nicht eng auslegen, sondern schon Ausweichmanöver spätestens dann fahren, wenn nur eine schlichte „Kollisionsgefahr"/„*danger of collision*" besteht (zu den verschiedenen Gefahrbegriffen vgl. Kap. 8.4 zu *Regel 7*).

8.3 Allgemeine Regeln (Regel 1 bis 3 KVR)

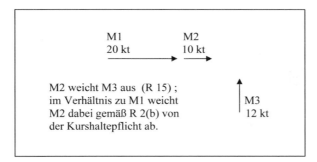

Abb. 8.3.2: Normenkonkurrenz (Kurs halten oder ausweichen)

Regel 3 Allgemeine Begriffsbestimmungen

Soweit sich aus dem Zusammenhang nicht etwas anderes ergibt, gilt für diese Regeln Folgendes:

(a) Der Ausdruck „Fahrzeug" umfasst alle Wasserfahrzeuge einschließlich nicht wasserverdrängender Fahrzeuge und Wasserflugzeuge, die als Beförderungsmittel auf dem Wasser verwendet werden oder verwendet werden können.

(b) Der Ausdruck „Maschinenfahrzeug" bezeichnet ein Fahrzeug mit Maschinenantrieb.

(c) Der Ausdruck „Segelfahrzeug" bezeichnet ein Fahrzeug unter Segel, dessen Maschinenantrieb, falls vorhanden, nicht benutzt wird.

(d) Der Ausdruck „fischendes Fahrzeug" bezeichnet ein Fahrzeug, das mit Netzen, Leinen, Schleppnetzen oder anderen Fanggeräten fischt, welche die Manövrierfähigkeit einschränken, jedoch nicht ein Fahrzeug, das mit Schleppangeln oder anderen Fanggeräten fischt, welche die Manövrierfähigkeit nicht einschränken.

(e) Der Ausdruck „Wasserflugzeug" bezeichnet ein zum Manövrieren auf dem Wasser eingerichtetes Luftfahrzeug.

(f) Der Ausdruck „manövrierunfähiges Fahrzeug" bezeichnet ein Fahrzeug, das wegen außergewöhnlicher Umstände nicht so manövrieren kann, wie es diese Regeln vorschreiben, und daher einem anderen Fahrzeug nicht ausweichen kann.

(g) Der Ausdruck „manövrierbehindertes Fahrzeug" bezeichnet ein Fahrzeug, das durch die Art seines Einsatzes behindert ist, so zu manövrieren, wie es diese Regeln vorschreiben, und daher einem anderen Fahrzeug nicht ausweichen kann.

Der Ausdruck „manövrierbehindertes Fahrzeug" umfasst, ohne darauf beschränkt zu sein:

(i) Ein Fahrzeug, das ein Seezeichen, Unterwasserkabel oder eine Rohrleitung auslegt, versorgt oder aufnimmt;

(ii) ein Fahrzeug, das baggert, Forschungs- oder Vermessungsarbeiten oder Unterwasserarbeiten ausführt;

(iii) ein Fahrzeug in Fahrt, das Versorgungsmanöver ausführt oder mit der Übergabe von Personen, Ausrüstung oder Ladung beschäftigt ist;

(iv) ein Fahrzeug, auf dem Luftfahrzeuge starten oder landen;

(v) ein Fahrzeug beim Minenräumen;

(vi) ein Fahrzeug während eines Schleppvorgangs, bei dem das schleppende Fahrzeug und sein Anhang erheblich behindert sind, vom Kurs abzuweichen.

(h) Der Ausdruck „tiefgangbehindertes Fahrzeug" bezeichnet ein Maschinenfahrzeug, das durch seinen Tiefgang im Verhältnis zur vorhandenen Tiefe und Breite des befahrbaren Gewässers erheblich behindert ist, von seinem zu verfolgenden Kurs abzuweichen.

(i) Der Ausdruck „in Fahrt" bedeutet, dass ein Fahrzeug weder vor Anker liegt noch an Land festgemacht ist noch auf Grund sitzt.

(j) Die Ausdrücke „Länge" und „Breite" eines Fahrzeugs bedeuten die Länge über alles und die größte Breite.

(k) Fahrzeuge gelten nur dann als einander in Sicht befindlich, wenn jedes vom anderen optisch wahrgenommen werden kann.

(l) Der Ausdruck „verminderte Sicht" bezeichnet jeden Zustand, bei dem die Sicht durch Nebel, dickes Wetter, Schneefall, heftige Regengüsse, Sandstürme oder ähnliche Ursachen eingeschränkt ist.

(m) Der Ausdruck „Bodeneffektfahrzeug (BEF)" bezeichnet ein in verschiedenen Betriebsweisen einsetzbares Fahrzeug, das in seiner Hauptbetriebsweise unter Ausnutzung des Bodeneffektes in nächster Nähe zur Oberfläche fliegt.

Alle Fahrzeuge in Fahrt mit Maschinenantrieb sind **„Maschinenfahrzeuge"**; dazu gehören auch treibende Fahrzeuge, deren Maschine zu Manövern bereit ist, fischende Fahrzeuge (vor allem Trawler untereinander), manövrierunfähige, manövrierbehinderte und tiefgangbehinderte Fahrzeuge. Allerdings sagen die Eingangsworte der *Regel 3*, dass sich aus dem Zusammenhang, aus der Systematik der Regeln also, etwas anderes ergeben kann. So sind manövrierunfähige, manövrierbehinderte und fischende Fahrzeuge im Rahmen der *Regel 18(a)* und *(b)* trotz ihres Maschinenantriebs keine Maschinenfahrzeuge. – „Fischende" Fahrzeuge sind nur solche, deren Manövrierfähigkeit durch das Fanggerät tatsächlich eingeschränkt ist. **„Manövrierunfähige"** Fahrzeuge (Buchstabe *(f)*) und **„manövrierbehinderte"** Fahrzeuge (Buchstabe *(g)*) unterscheiden sich nur durch die Ursache, die es ihnen unmöglich macht auszuweichen (außergewöhnliche Umstände bzw. Art des Einsatzes). Tatsächlich müssen sie aber, um die Reise überhaupt ohne Schlepper fortsetzen zu dürfen, noch einen Rest von Manövrierfähigkeit haben, denn gelegentlich müssen auch sie ausweichen, sei es untereinander, sei es beim Überholen. Manövrierunfähig ist zum Beispiel auch ein Fahrzeug unter Segel ohne Wind und ohne einsatzfähige Maschine. – Während einer Lotsenversetzung ohne Probleme führen Maschinenfahrzeuge weiterhin ihre normalen Lichter; bei einer Versetzung mit Hubschrauber richtet sich die Lichterführung nach den örtlichen Regelungen. – Schleppverbände sind nur dann manövrierbehindert, wenn ihre Fähigkeit, den Kurs zu ändern, „erheblich" eingeschränkt ist; von ähnlich großer Bedeutung kann für Schleppverbände eine durchgreifende Änderung der Geschwindigkeit sein. **„Tiefgangbehindert"** (Buchstabe *(h)*) können nur Maschinenfahrzeuge sein; sowohl Tiefe als auch Breite des Gewässers müssen ein Abweichen vom notwendigen Kurs „erheblich" behindern.

„In Fahrt" (Buchstabe *(i)*) ist ein Fahrzeug auch dann, wenn es den Anker nur als Manövrierhilfe benutzt. Nicht definiert ist der für die Lichterführung wichtige Begriff **„Fahrt durchs Wasser"**: ein Fahrzeug in Fahrt (!) macht Fahrt durchs Wasser, wenn das Wasser am Schiffsrumpf als Folge des eigenen Antriebs vorbeistreicht; vertreibt ein gestopptes Maschinenfahrzeug allein durch den Wind, so macht es keine Fahrt durchs Wasser.

Der Ausdruck „verminderte Sicht" (Buchstabe *(l)*) ist, dem Wortlaut des Gesetzes folgend, als **„eingeschränkte"** Sicht zu lesen. Rauch kann der Fall einer „ähnlichen" Ursache sein. Eingeschränkte Sicht besteht immer dann, wenn es zur Kollisionsverhütung notwendig ist, Manöver nach *Regel 19(d)* schon einzuleiten, bevor andere Fahrzeuge in Sicht kommen; kann man seine Ausweichpflicht dagegen nach dem Sichten noch gehörig (*Regel 8(a)* bis *(e)*) erfüllen, so ist die

Sicht nicht „eingeschränkt". Für größere Fahrzeuge ist eingeschränkte Sicht bei einer Sichtweite von 2 sm regelmäßig zu bejahen; im Hafen, im Fahrwasser und zwischen Sportfahrzeugen liegen die Grenzwerte deutlich darunter. Eingeschränkte Sicht im Sinne der *Regel 35* (für die Pflicht, Schallsignale zu geben) kann nicht angenommen werden, wenn die Sichtweite größer ist als die Tragweite der Nebelsignale.

8.4 Ausweich- und Fahrregeln *(Regel 4* bis *10 KVR)*

Teil B

Abschnitt I

Verhalten von Fahrzeugen bei allen Sichtverhältnissen

Regel 4 Anwendung

Die Regeln dieses Abschnitts gelten bei allen Sichtverhältnissen.

Regel 5 Ausguck

Jedes Fahrzeug muss jederzeit durch Sehen und Hören sowie durch jedes andere verfügbare Mittel, das den gegebenen Umständen und Bedingungen entspricht, gehörigen Ausguck halten, der einen vollständigen Überblick über die Lage und die Möglichkeit der Gefahr eines Zusammenstoßes gibt.

Der Begriff **„Ausguck"** umfasst auch das Hören; Ausguck ist auch nach achtern und auf Ankerliegern zu halten. Die genannten „anderen verfügbaren Mittel" sind etwa die Benutzung von Ferngläsern, UKW- und Radarüberwachung sowie die Beobachtung der AIS-Daten. In der Nebelfahrt ist der Ausguck auf der Back zu gehen, wenn dies ungefährlich ist und auch nützliche Informationen verspricht, die von der Brücke aus nicht zu gewinnen sind. Bei der Frage, ob Ausguck in der vorhandenen Brückennock gegangen werden muss, ist ähnlich abzuwägen.

Der *STCW-Code (Abschnitt A – VIII/2)* enthält umfangreiche Bestimmungen zum Ausguck. So muss der Ausguck in der Lage sein, *„sich ganz seiner Aufgabe zu widmen"* (Nr. 14); die Funktionen von Ausguck und Rudergänger sind getrennt wahrzunehmen, auf „kleinen" Schiffen (wohl bis Kuttergröße) kann eine Person genügen *(Nr. 15).*

Regel 6 Sichere Geschwindigkeit

Jedes Fahrzeug muss jederzeit mit einer sicheren Geschwindigkeit fahren, so dass es geeignete und wirksame Maßnahmen treffen kann, um einen Zusammenstoß zu vermeiden, und innerhalb einer Entfernung zum Stehen gebracht werden kann, die den gegebenen Umständen und Bedingungen entspricht.

Zur Bestimmung der sicheren Geschwindigkeit müssen unter anderem folgende Umstände berücksichtigt werden:

(a) Von allen Fahrzeugen:

(i) die Sichtverhältnisse;

(ii) die Verkehrsdichte einschließlich Ansammlungen von Fischerei- und sonstigen Fahrzeugen;

(iii) die Manövrierfähigkeit des Fahrzeugs unter besonderer Berücksichtigung der Stoppstrecke und der Dreheigenschaften unter den gegebenen Bedingungen;

(iv) bei Nacht die Hintergrundhelligkeit, z. B. durch Lichter an Land oder eine Rückstrahlung der eigenen Lichter;

(v) die Wind-, Seegangs- und Strömungsverhältnisse sowie die Nähe von Schifffahrtsgefahren;

8 Seeverkehrsrecht

> *(vi) der Tiefgang im Verhältnis zur vorhandenen Wassertiefe.*
>
> *(b) Zusätzlich von Fahrzeugen mit betriebsfähigem Radar:*
>
> *(i) die Eigenschaften, die Wirksamkeit und die Leistungsgrenzen der Radaranlage;*
>
> *(ii) jede Einschränkung, die sich aus dem eingeschalteten Entfernungsbereich des Radars ergibt;*
>
> *(iii) der Einfluss von Seegang, Wetter und anderen Störquellen auf die Radaranzeige;*
>
> *(iv) die Möglichkeit, dass kleine Fahrzeuge, Eis und andere schwimmende Gegenstände durch Radar nicht innerhalb einer ausreichenden Entfernung geortet werden;*
>
> *(v) die Anzahl, die Lage und die Bewegung der vom Radar georteten Fahrzeuge;*
>
> *(vi) die genauere Feststellung der Sichtweite, die der Gebrauch des Radars durch Entfernungsmessung in der Nähe von Fahrzeugen oder anderen Gegenständen ermöglicht.*

Zur **sicheren Geschwindigkeit** enthalten die Buchstaben *(a)* und *(b)* einen klaren Katalog von Kriterien; zur Nebelfahrt siehe Kap. 8.6. Ganz allgemein gilt: eine Geschwindigkeit ist sicher, wenn sie es erlaubt, eine Kollision mit den nach den *KVR* geforderten Manövern zu vermeiden und eine sichere Passage zu gewährleisten. Auch eine niedrige Geschwindigkeit kann unsicher sein; das ist anzunehmen, wenn sie eine gefährliche Abdrift erlaubt oder wenn sie die Steuerfähigkeit zu stark beeinträchtigt; die Einsatzfähigkeit eines Bugstrahlruders ist hier von erheblicher Bedeutung.

Regel 7 Möglichkeit der Gefahr eines Zusammenstoßes

(a) Jedes Fahrzeug muss mit allen zur Verfügung stehenden Mitteln entsprechend den gegebenen Umständen und Bedingungen feststellen, ob die Möglichkeit der Gefahr eines Zusammenstoßes besteht. Im Zweifelsfall ist diese Möglichkeit anzunehmen.

(b) Um eine frühzeitige Warnung von der Möglichkeit der Gefahr eines Zusammenstoßes zu erhalten, muss eine vorhandene und betriebsfähige Radaranlage gehörig gebraucht werden, und zwar einschließlich der Anwendung der großen Entfernungsbereiche, des Plottens oder eines gleichwertigen systematischen Verfahrens zur Überwachung georteter Objekte.

(c) Folgerungen aus unzulänglichen Informationen, insbesondere aus unzulänglichen Radarinformationen, müssen unterbleiben.

(d) Bei der Feststellung, ob die Möglichkeit der Gefahr eines Zusammenstoßes besteht, muss unter anderem folgendes berücksichtigt werden:

(i) Eine solche Möglichkeit ist anzunehmen, wenn die Kompasspeilung eines sich nähernden Fahrzeugs sich nicht merklich ändert;

(ii) eine solche Möglichkeit kann manchmal auch bestehen, wenn die Peilung sich merklich ändert, insbesondere bei der Annäherung an ein sehr großes Fahrzeug, an einen Schleppzug oder an ein Fahrzeug nahebei.

Die *KVR* kennen drei Gefahrenstufen:

1) **Kollisionsrisiko**/„Möglichkeit der Gefahr eines Zusammenstoßes" *(risk of collision)*;
2) **„Gefahr eines Zusammenstoßes"** *(danger of collision)*;
3) **„unmittelbare Gefahr"** *(immediate danger)*.

Die deutsche Formulierung im ersten Fall ist eine unglückliche Übersetzung, denn das „*risk*" ist ein „Risiko" (vgl. *Normblatt DIN 13312: 2005*). Darum wird in der Kommentierung nur der Begriff „Kollisionsrisiko" verwendet; gemeint ist ein **konkretes** Risiko. – Den Begriff „Gefahr eines Zusammenstoßes" verwendet das Gesetz nur in *Regel 19(e)*; eine solche „drohende" Gefahr liegt vor, wenn ohne Gegenmaßnahmen in naher Zukunft wahrscheinlich ein Schaden eintreten

8.4 Ausweich- und Fahrregeln (Regel 4 bis 10 KVR)

wird. – Eine „unmittelbare Gefahr" besteht, wenn ohne Gegenmaßnahmen in allernächster Zukunft mit Sicherheit ein Schaden eintritt.

Regel 7 befasst sich nur mit dem ersten Fall, dem konkreten Kollisionsrisiko, und gibt eine gut verständliche Beschreibung der Pflichten. Offen bleibt, bei welcher Distanz (räumlich und zeitlich) zum möglichen Kollisionsort ein Risiko bejaht werden muss. Wegen der großen Zahl der denkbaren Fallgestaltungen ist das nach der allgemeinen seemännischen Praxis oder den besonderen Umständen des Falles *(Regel 2(a))* zu entscheiden (Schlagworte: „großer Abstand", „*long distances*", „*Long Range Rule*").

Buchstabe *(b)* verlangt den „gehörigen" Gebrauch der Radaranlage; das umfasst vor allem die Wahl der Darstellungsart und der Wellenlänge sowie die Intensität der Beobachtung und Auswertung. Bei hoher Verkehrsdichte gehört die Nutzung der Radarinformationen, unabhängig von den Sichtverhältnissen, immer zum gehörigen Gebrauch.

Regel 8 Manöver zur Vermeidung von Zusammenstößen

(a) Jedes Manöver zur Vermeidung von Zusammenstößen muss, wenn es die Umstände zulassen, entschlossen, rechtzeitig und so ausgeführt werden, wie gute Seemannschaft es erfordert.

(b) Jede Änderung des Kurses und/oder der Geschwindigkeit zur Vermeidung eines Zusammenstoßes muss, wenn es die Umstände zulassen, so groß sein, dass ein anderes Fahrzeug optisch oder durch Radar sie schnell erkennen kann; aufeinanderfolgende kleine Änderungen des Kurses und/oder der Geschwindigkeit sollen vermieden werden.

(c) Ist genügend Seeraum vorhanden, so kann eine Kursänderung allein die wirksamste Maßnahme zum Meiden des Nahbereichs sein, vorausgesetzt, dass sie rechtzeitig vorgenommen wird, durchgreifend ist und nicht in einen anderen Nahbereich führt.

(d) Ein Manöver zur Vermeidung eines Zusammenstoßes mit einem anderen Fahrzeug muss zu einem sicheren Passierabstand führen. Die Wirksamkeit des Manövers muss sorgfältig überprüft werden, bis das andere Fahrzeug endgültig vorbei und klar ist.

(e) Um einen Zusammenstoß zu vermeiden oder mehr Zeit zur Beurteilung der Lage zu gewinnen, muss ein Fahrzeug erforderlichenfalls seine Fahrt mindern oder durch Stoppen oder Rückwärtsgehen jegliche Fahrt wegnehmen.

(f)

(i) Ein Fahrzeug, das auf Grund einer dieser Regeln verpflichtet ist, die Durchfahrt eines anderen Fahrzeugs nicht zu behindern, muss, wenn es die Umstände erfordern, frühzeitig Maßnahmen ergreifen, um genügend Raum für die sichere Durchfahrt des anderen Fahrzeugs zu lassen.

(ii) Ein Fahrzeug, das verpflichtet ist, die Durchfahrt oder die sichere Durchfahrt eines anderen Fahrzeugs nicht zu behindern, ist von dieser Verpflichtung nicht befreit, wenn es sich dem anderen Fahrzeug so nähert, dass die Möglichkeit der Gefahr eines Zusammenstoßes besteht, und muss, wenn es Maßnahmen ergreift, in vollem Umfang die Maßnahmen berücksichtigen, die nach den Regeln dieses Teiles vorgeschrieben sind.

(iii) Ein Fahrzeug, dessen Durchfahrt nicht behindert werden darf, bleibt in vollem Umfang verpflichtet, die Regeln dieses Teiles einzuhalten, wenn die beiden Fahrzeuge sich so nähern, dass die Möglichkeit der Gefahr eines Zusammenstoßes besteht.

Die *Regeln 12, 13, 14, 15* und *19* sind jedem Wachhabenden geläufig; gefährlich ist jedoch die Tatsache, dass die Handlungspflichten nicht immer so erfüllt werden, wie es *Regel 8* in den Buchstaben *(a)* bis *(e)* verlangt. Ein Manöver muss **rechtzeitig**, entschlossen und **durchgreifend** ausgeführt werden, **schnell erkennbar** sein, zu einem **sicheren Passierabstand** führen und dabei auch den **Nahbereich zu Dritten** vermeiden. Für die in Buchstabe *(a)* genannte

8 Seeverkehrsrecht

„gute Seemannschaft" bleibt danach kaum noch ein Anwendungsbereich. – Alle aufgezählten Bedingungen sind auch bei Pflichtmanövern des Kurshalters *(Regel 17(b)* bzw. *2(a))* zu erfüllen.

Die Buchstaben *(a)* bis *(c)* verbieten es, aus wirtschaftlichen Überlegungen langsame und möglichst kleine Kursänderungen durchzuführen. Benutzt ein ausweichpflichtiges Fahrzeug den Trial-Modus des Radargerätes, um einen „sicheren" Passierabstand hinter dem Heck eines querenden Fahrzeugs festzustellen, so ändert das nichts an der Pflicht, nach Buchstabe *(b)* optisch schnell erkennbar zu handeln. Manöver sind nach *Regel 34(a)* durch Signale mit der Pfeife anzuzeigen; das gilt sicherlich nur, wenn sie auch gehört werden können. Auf größere Distanzen und vor allem bei Nacht sind die nach *Regel 34(b)* nur als Ergänzung vorgesehenen Lichtsignale oft wirksamer.

Der Buchstabe *(f)* musste nachträglich eingefügt werden, da das Rechtsinstitut **Behinderungsverbot** nicht immer verstanden wurde und daher oft nicht beachtet werden konnte. Ziffer *(i)* in Zusammenhang mit *Nr. 3* der „Anleitung" zu den *KVR* macht deutlich, dass Behinderungsverbote früher greifen als Ausweichpflichten, **Ausweichsituationen sollen vermieden werden**. Ist ein Kollisionsrisiko aber entstanden, dann müssen beide Fahrzeuge handeln; das sagt Ziffer *(ii)* für den Adressaten des Behinderungsverbotes, Ziffer *(iii)* für das ursprünglich geschützte Fahrzeug. Abb. 8.4.1 zeigt die Änderung der Handlungspflicht für „T" (tiefgangbehindert), Abb. 8.4.2 das Verhältnis von „M" (Maschinenfahrzeug) und „F" (fischendes Fahrzeug) im engen Fahrwasser.

Manöver, die Behinderungen in einem engen Fahrwasser oder in einem Verkehrstrennungsgebiet verhindern sollen, sind oft schon außerhalb dieser Gebiete zu beginnen, um *Regel 8(a)* bis *(e)* zu erfüllen. Das mit dem Behinderungsverbot belastete Fahrzeug muss mit Eintritt des Kollisionsrisikos in jedem Fall auch berücksichtigen, wie das andere Fahrzeug handeln wird (zweiter Teil von Buchstabe *(f) (ii)*).

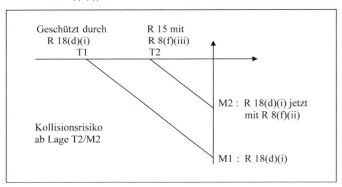

Abb. 8.4.1: Behinderungsverbot gegenüber Tiefgangbehinderten

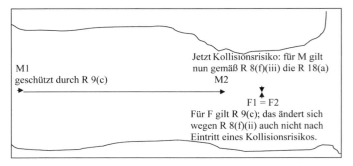

Abb. 8.4.2: Behinderungsverbot des fischenden Fahrzeugs im engen Fahrwasser

8.4 Ausweich- und Fahrregeln (Regel 4 bis 10 KVR)

Regel 9 Enge Fahrwasser

(a) Ein Fahrzeug, das der Richtung eines engen Fahrwassers oder einer Fahrrinne folgt, muss sich so nahe am äußeren Rand des Fahrwassers oder der Fahrrinne an seiner Steuerbordseite halten, wie dies ohne Gefahr möglich ist.

(b) Ein Fahrzeug von weniger als 20 Meter Länge oder ein Segelfahrzeug darf nicht die Durchfahrt eines Fahrzeugs behindern, das nur innerhalb eines engen Fahrwassers oder einer Fahrrinne sicher fahren kann.

(c) Ein fischendes Fahrzeug darf nicht die Durchfahrt eines Fahrzeugs behindern, das innerhalb eines engen Fahrwassers oder einer Fahrrinne fährt.

(d) Ein Fahrzeug darf ein enges Fahrwasser oder eine Fahrrinne nicht queren, wenn dadurch die Durchfahrt eines Fahrzeugs behindert wird, das nur innerhalb eines solchen Fahrwassers oder einer solchen Fahrrinne sicher fahren kann. Das letztere darf das in Regel 34 Buchstabe d vorgeschriebene Schallsignal geben, wenn es über die Absichten des querenden Fahrzeugs im Zweifel ist.

(e)

(i) Kann in einem engen Fahrwasser nur dann sicher überholt werden, wenn das zu überholende Fahrzeug mitwirkt, so muss das überholende Fahrzeug seine Absicht durch das entsprechende Signal nach Regel 34 Buchstabe c Ziffer i anzeigen. Ist das zu überholende Fahrzeug einverstanden, so muss es das entsprechende Signal nach Regel 34 Buchstabe c Ziffer ii geben und Maßnahmen für ein sicheres Passieren treffen. Im Zweifelsfall darf es die in Regel 34 Buchstabe d vorgeschriebenen Signale geben.

(ii) Diese Regel befreit das überholende Fahrzeug nicht von seiner Verpflichtung nach Regel 13.

(f) Ein Fahrzeug, das sich einer Krümmung oder einem Abschnitt eines engen Fahrwassers oder einer Fahrrinne nähert, wo andere Fahrzeuge durch ein dazwischenliegendes Sichthindernis verdeckt sein können, muss mit besonderer Aufmerksamkeit und Vorsicht fahren und das entsprechende Signal nach Regel 34 Buchstabe e geben.

(g) Jedes Fahrzeug muss, wenn es die Umstände zulassen, das Ankern in einem engen Fahrwasser vermeiden.

Eine Definition des **engen Fahrwassers** fehlt, wenn nicht örtliche Regelungen Sicherheit schaffen. Zweck der *Regel 9* ist es, Kollisionsrisiken durch ein strenges Rechtsfahrgebot zu vermeiden. Orientiert man sich an diesem Zweck, dann handelt es sich dort um ein „enges" Fahrwasser, wo es auch allgemeiner seemännischer Praxis entspricht, rechts zu fahren. Ein enges Fahrwasser ist auch dadurch gekennzeichnet, dass Querverkehr den Längsverkehr gefährlich stören kann. „Fahrrinnen" sind vor allem Rinnen innerhalb eines engen Fahrwassers oder in anderen Gebieten, wenn zumindest Teile der Schifffahrt auf die Rinne angewiesen sind. *Regel 9* gilt auch in kurzen Engstellen.

Rechts fahren (Buchstabe *(a)*) heißt, so dicht am rechten Rand fahren, wie es ohne Gefahr möglich ist; es genügt also sehr oft nicht, rechts von einer Feuer- oder Radarlinie zu fahren. Buchstabe *(e)* sieht für bestimmte Überholmanöver den Austausch von Pfeifensignalen (siehe Kap. 8.7) vor; er wird in der Praxis auch durch UKW-Absprachen ersetzt, die eindeutig sein müssen.

Die Behinderungsverbote der *Regel 9* richten sich an vier Fahrzeuggruppen: Fahrzeuge **unter 20 Meter** Länge, **Segelfahrzeuge**, **fischende** Fahrzeuge und **querende** Fahrzeuge. Der Begriff „Queren" umfasst auch das teilweise Queren und das seitliche Einlaufen. – Allgemeines zu den Behinderungsverboten ist bei *Regel 8* dargestellt; die Kritik an den Behinderungsverboten bezieht sich vor allem auf die Unklarheiten im Einzelfall, wie hier in *Regel 9*: Wie ist ein Fahrzeug unter 20 Meter Länge – vor allem nachts – als solches zu erkennen (Buchstabe *(b)*)? Wie ist zu erkennen, ob ein Fahrzeug nur innerhalb einer Fahrrinne oder eines Fahrwassers „sicher" fahren kann (Buchstabe *(b)* und *(d)*)? Ähnlich kritische Fragen ergeben sich bei *Regel 10.*

Regel 10 Verkehrstrennungsgebiete

(a) Diese Regel gilt in Verkehrstrennungsgebieten, die von der Organisation festgelegt worden sind; sie befreit ein Fahrzeug nicht von seiner Verpflichtung auf Grund einer anderen Regel.

(b) Ein Fahrzeug, das ein Verkehrstrennungsgebiet benutzt, muss

(i) auf dem entsprechenden Einbahnweg in der allgemeinen Verkehrsrichtung dieses Weges fahren;

(ii) sich, soweit möglich, von der Trennlinie oder Trennzone klar halten;

(iii) in der Regel an den Enden des Einbahnweges ein- oder auslaufen; wenn es jedoch von der Seite ein- oder ausläuft, muss dies in einem möglichst kleinen Winkel zur allgemeinen Verkehrsrichtung erfolgen.

(c) Ein Fahrzeug muss soweit wie möglich das Queren von Einbahnwegen vermeiden; ist es jedoch zum Queren gezwungen, so muss dies möglichst mit der Kielrichtung im rechten Winkel zur allgemeinen Verkehrsrichtung erfolgen.

(d)

(i) Ein Fahrzeug darf eine Küstenverkehrszone nicht benutzen, wenn es den entsprechenden Einbahnweg des angrenzenden Verkehrstrennungsgebiets sicher befahren kann. Fahrzeuge von weniger als 20 Meter Länge, Segelfahrzeuge und fischende Fahrzeuge dürfen die Küstenverkehrszone jedoch benutzen.

(ii) Ungeachtet der Ziffer i darf ein Fahrzeug eine Küstenverkehrszone benutzen, wenn es sich auf dem Weg zu oder von einem Hafen, einer Einrichtung oder einem Bauwerk vor der Küste, einer Lotsenstation oder einem sonstigen, innerhalb der Küstenverkehrszone gelegenen Ort befindet, oder zur Abwendung einer unmittelbaren Gefahr.

(e) Außer beim Queren oder beim Einlaufen in einen Einbahnweg oder beim Verlassen eines Einbahnweges darf ein Fahrzeug in der Regel nicht in eine Trennzone einlaufen oder eine Trennlinie überfahren, ausgenommen

(i) in Notfällen zur Abwendung einer unmittelbaren Gefahr;

(ii) zum Fischen innerhalb einer Trennzone.

(f) Im Bereich des Zu- und Abgangs der Verkehrstrennungsgebiete muss ein Fahrzeug mit besonderer Vorsicht fahren.

(g) Ein Fahrzeug muss das Ankern innerhalb eines Verkehrstrennungsgebietes oder im Bereich des Zu- und Abgangs soweit wie möglich vermeiden.

(h) Ein Fahrzeug, das ein Verkehrstrennungsgebiet nicht benutzt, muss von diesem einen möglichst großen Abstand halten.

(i) Ein fischendes Fahrzeug darf die Durchfahrt eines Fahrzeugs auf dem Einbahnweg nicht behindern.

(j) Ein Fahrzeug von weniger als 20 Meter Länge oder ein Segelfahrzeug darf die sichere Durchfahrt eines Maschinenfahrzeugs auf dem Einbahnweg nicht behindern.

(k) Ein manövrierbehindertes Fahrzeug, das in einem Verkehrstrennungsgebiet Arbeiten zur Aufrechterhaltung der Sicherheit der Schifffahrt durchführt, ist von der Befolgung dieser Regel befreit, soweit dies zur Ausführung der Arbeiten erforderlich ist.

(l) Ein manövrierbehindertes Fahrzeug, das in einem Verkehrstrennungsgebiet Unterwasserkabel auslegt, wartet oder aufnimmt, ist von der Befolgung dieser Regel befreit, soweit dies für die Ausführung der Arbeiten erforderlich ist.

8.4 Ausweich- und Fahrregeln (Regel 4 bis 10 KVR)

Der Begriff „Verkehrstrennungsgebiet" (VTG) ist in § 6 VOKVR (siehe Kap. 8.1) grob definiert; umfangreiche allgemeine Regelungen finden sich in der IMO-Veröffentlichung SHIPS' ROUTEING. Die in *Regel 10(a)* genannte „Organisation" ist die IMO. Das Verhalten in den nicht von der IMO festgelegten VTG hat sich – zumindest für die Großschifffahrt – gemäß *Regel 2(a)* an den Normen der *Regel 10* zu orientieren.

Anders als *Regel 9* enthält *Regel 10* nur Behinderungsverbote für **drei** Fahrzeuggruppen: fischende Fahrzeuge, Fahrzeuge von weniger als 20 Meter und Segelfahrzeuge. Maschinenfahrzeuge, die einem Einbahnweg folgen, verhalten sich oft so, als müssten querende Fahrzeuge Rücksicht auf sie nehmen; das ist jedoch nicht der Fall, es gelten vielmehr die Ausweichregeln ohne Einschränkung (so ausdrücklich der 2. Halbsatz in *Regel 10(a)*). In Abb. 8.4.3 muss daher MV"B" dem MV"A" nach *Regel 13* und MV"Y" dem MV"X" nach *Regel 15* ausweichen.

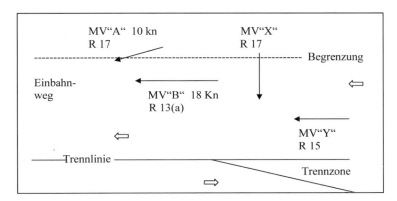

Abb. 8.4.3: Kein Vorrecht für Fahrzeuge, die dem Einbahnweg folgen

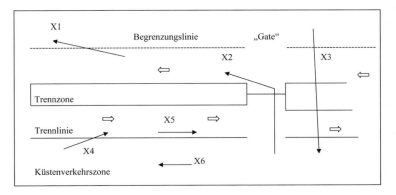

Abb. 8.4.4: Verkehrstrennungsgebiet (Kursführung)

Der **Benutzer** des VTG muss dem richtigen Weg in der allgemeinen Verkehrsrichtung (dargestellt durch Pfeile) folgen und sich von Trennlinien und Trennzonen möglichst **„klar"** halten (vgl. Fahrzeug X5 in Abb. 8.4.4). Fahrzeuge, die außerhalb des VTG fahren, müssen einen **„möglichst großen"** Abstand vom VTG halten; (vgl. Fahrzeug X6 in Abb. 8.4.4); so kann X6 nicht gezwungen sein, bei fast entgegengesetzten Kursen *(Regel 14(a))* nach Westen in den Einbahnweg zu laufen.

8 Seeverkehrsrecht

Das **Queren** von Einbahnwegen ist grundsätzlich verboten; X3 handelt insofern falsch, es hätte das „Gate" benutzen können. X2 quert dagegen richtig und läuft dann am Anfang ein, denn das „Gate" wird wie eine Unterbrechung des VTG behandelt. – Zwingen die Umstände dazu, das VTG oder einen Einbahnweg zu queren, dann muss dies mit der Kielrichtung im rechten Winkel zur allgemeinen Verkehrsrichtung erfolgen. Notwendige Kursänderungen zur Erfüllung einer Ausweichpflicht sind gestattet; Entsprechendes gilt in der Nebelfahrt für Kursänderungen zur Vermeidung des Nahbereichs.

Ebenso wie das Queren ist das seitliche **Einlaufen und Auslaufen** verboten, wenn es auf zumutbare Weise vermieden werden kann; X1 hätte wohl am westlichen Ende aus-, X4 am westlichen Ende einlaufen müssen. Der spitze Winkel bei beiden Fahrzeugen ist regelgerecht (Abb. 8.4.4). – Fischende Fahrzeuge dürfen im VTG arbeiten; im Einbahnweg müssen sie dabei aber die allgemeine Verkehrsrichtung einhalten.

Das Befahren der „Küstenverkehrszonen" (KVZ) ist zwar ausführlich in Buchstabe (d) geregelt, eine KVZ ist aber nicht Teil des VTG. Auch die Buchstaben (f) bis (h) betreffen Gebiete, die nicht zum VTG selbst gehören (Bereich der Zu- und Abgänge sowie seitliche Abstände vom VTG); **Ankerverbote** gelten gemäß Buchstabe (g) im gesamten VTG (also auch in einer Trennzone) und im Bereich der Zu- und Abgänge.

8.5 Ausweich- und Fahrregeln *(Regel 11 bis 18 KVR)*

Abschnitt II

Verhalten von Fahrzeugen, die einander in Sicht haben

Regel 11 Anwendung

Die Regeln dieses Abschnitts gelten für Fahrzeuge, die einander in Sicht haben.

Regel 12 Segelfahrzeuge

(a) Wenn zwei Segelfahrzeuge sich einander so nähern, dass die Möglichkeit der Gefahr eines Zusammenstoßes besteht, muss das eine dem anderen wie folgt ausweichen:

(i) Wenn sie den Wind nicht von derselben Seite haben, muss das Fahrzeug, das den Wind von Backbord hat, dem anderen ausweichen;

(ii) wenn sie den Wind von derselben Seite haben, muss das luvwärtige Fahrzeug dem leewärtigen ausweichen;

(iii) wenn ein Fahrzeug mit Wind von Backbord ein Fahrzeug in Luv sichtet und nicht mit Sicherheit feststellen kann, ob das andere Fahrzeug den Wind von Backbord oder von Steuerbord hat, muss es dem anderen ausweichen.

(b) Im Sinne dieser Regel ist die Luvseite diejenige Seite, die dem gesetzten Großsegel gegenüberliegt, bei Rahseglern diejenige Seite, die dem größten gesetzten Schratsegel gegenüberliegt.

Regel 12 gilt nicht für Überholsituationen. – Für Nautiker ohne Segelerfahrung illustriert Abb. 8.5.1 den Inhalt der *Regel 12(a)(iii)*. Die in Buchstabe (b) genannten „Schratsegel" sind Längsschiffs-Segel.

8.5 Ausweich- und Fahrregeln (Regel 11 bis 18 KVR)

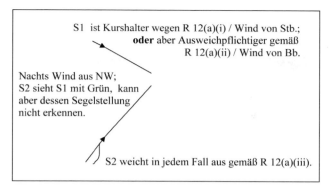

Abb. 8.5.1: Zu *Regel 12(a)(iii)*

Regel 13 Überholen

(a) Ungeachtet der Regeln des Teiles B Abschnitt I und II muss jedes Fahrzeug beim Überholen dem anderen ausweichen.

(b) Ein Fahrzeug gilt als überholendes Fahrzeug, wenn es sich einem anderen aus einer Richtung von mehr als 22,5 Grad achterlicher als querab nähert und daher gegenüber dem zu überholenden Fahrzeug so steht, dass es bei Nacht nur dessen Hecklicht, aber keines der Seitenlichter sehen könnte.

(c) Kann ein Fahrzeug nicht sicher erkennen, ob es ein anderes überholt, so muss es dies annehmen und entsprechend handeln.

(d) Durch eine spätere Änderung der Peilung wird das überholende Fahrzeug weder zu einem kreuzenden im Sinne dieser Regeln noch wird es von der Verpflichtung entbunden, dem anderen Fahrzeug auszuweichen, bis es dieses klar passiert hat.

Regel 13 geht allen anderen Ausweichregeln (*Regel 12, 15* und *18(a)* bis *(c)*) vor. Zwar wird hier das Merkmal „Kollisionsrisiko" nicht genannt, aber ohne ein solches Risiko gibt es auch hier keine Ausweichpflicht. Überholer ist, wer sich aus dem Hecklichtsektor nähert. Hat der Hintermann insofern Zweifel (Buchstabe *(c)*), so muss er als Überholer handeln; weiß der Vordermann in solch einem Fall, dass tatsächlich er nach *Regel 15* (kreuzende Kurse) ausweichpflichtig ist, so fahren beide Fahrzeuge ein Ausweichmanöver. – Wer sich aus dem Hecklichtsektor genähert hat, jetzt aber im Bereich der Seitenlichter steht, bleibt Überholer (vgl. Fahrzeug "Y" in Abb. 8.5.2). Wenn konkrete Umstände nicht etwas anderes verlangen, wird ein Überholer

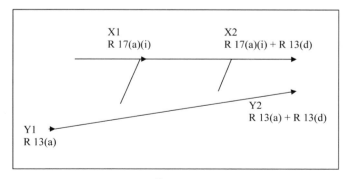

Abb. 8.5.2: Änderung der Seitenpeilung beim Überholen

8 Seeverkehrsrecht

den Vordermann an Backbord lassen; so wird seine Ausweichfähigkeit bei kreuzenden Kursen nicht eingeschränkt.

Regel 14 Entgegengesetzte Kurse

(a) Wenn zwei Maschinenfahrzeuge auf entgegengesetzten oder fast entgegengesetzten Kursen sich einander so nähern, dass die Möglichkeit der Gefahr eines Zusammenstoßes besteht, muss jedes seinen Kurs nach Steuerbord so ändern, dass sie einander an Backbordseite passieren.

(b) Eine solche Lage muss angenommen werden, wenn ein Fahrzeug das andere recht voraus oder fast recht voraus sieht, bei Nacht die Topplichter des anderen in Linie oder fast in Linie und/oder beide Seitenlichter sieht und am Tage das andere Fahrzeug dementsprechend ausmacht.

(c) Kann ein Fahrzeug nicht sicher erkennen, ob eine solche Lage besteht, so muss es von dieser ausgehen und entsprechend handeln.

Diese Regel unterscheidet sich von anderen Ausweichregeln dadurch, dass beide Fahrzeuge handeln müssen und dass ihnen ein bestimmtes Manöver, eine Kursänderung nach Steuerbord, vorgeschrieben wird. Die besondere Gefahr liegt in der hohen Annäherungsgeschwindigkeit. – *Regel 14* enthält drei Alternativen: **entgegengesetzte** Kurse und fast entgegengesetzte Kurse (Buchstabe *(a)*) sowie **Zweifelsfälle** (Buchstabe *(c)*).

„Kurse" haben auch manövrierfähige Maschinenfahrzeuge, die treiben. – **Entgegengesetzte** Kurse liegen vor, wenn man beide Seitenlichter recht voraus sieht oder, wäre es Nacht, sehen könnte. Praktisch schwierig ist es zu bestimmen, bei welcher Seitenpeilung man die beiden Seitenlichter fast recht voraus sieht oder sehen könnte, wann also **fast** entgegengesetzte Kurse anzunehmen sind; das ist von den Umständen des Falles abhängig, etwa vom Seegebiet, von der Größe der Schiffe und dem notwendigen Passierabstand; letztlich läuft diese Entscheidung oft auf die Frage hinaus, ob ein **Zweifelsfall** nach Buchstabe *(c)* vorliegt. Besonders gefährlich sind hier die Situationen, in denen der Gegenkommer eben an Steuerbord steht. Abb. 8.5.3 zeigt den Fall, dass „Y" Zweifel hat und gemäß *Regel 14(c)* nach Steuerbord geht, „X" aber den als sicher angenommenen Passierabstand (Grün an Grün) vergrößert.

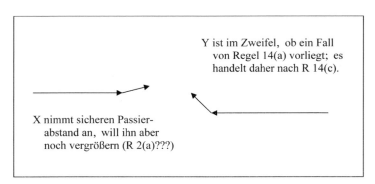

Abb. 8.5.3: Keine Ausweichlage oder Fall entgegengesetzter Kurse?

Regel 15 Kreuzende Kurse

Wenn die Kurse zweier Maschinenfahrzeuge einander so kreuzen, dass die Möglichkeit der Gefahr eines Zusammenstoßes besteht, muss dasjenige ausweichen, welches das andere an seiner Steuerbordseite hat; wenn die Umstände es zulassen, muss es vermeiden, den Bug des anderen Fahrzeugs zu kreuzen.

8.5 Ausweich- und Fahrregeln (Regel 11 bis 18 KVR)

Die Regel gilt für alle **Maschinenfahrzeuge in Sicht** voneinander, deren **Kurse sich kreuzen**, es sei denn, eine der **Ausnahmen** *(Regel 13, 14, oder 18)* greift ein, oder es fehlt (noch) an einem **Kollisionsrisiko**, an einer „Möglichkeit der Gefahr eines Zusammenstoßes". Schnelle Fähren werden häufig schon vor Entstehung eines Kollisionsrisikos einen sicheren Kurs wählen, so, als träfe sie ein Behinderungsverbot. Ein Fahrzeug, das eine andauernde Kursänderung durchführt, hat keinen „Kurs"; die Kurse in Abb. 8.5.4 kreuzen sich also nicht, beide Fahrzeuge halten sich rechts im engen Fahrwasser. – Halbsatz 2 betont für Fälle der kreuzenden Kurse den schon allgemein geltenden Grundsatz, möglichst hinter dem Heck anderer Fahrzeuge zu passieren.

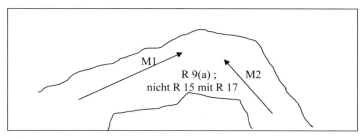

Abb. 8.5.4: „gekrümmte" Kurse

Auch bei *Regel 15* hat das treibende, aber manövrierfähige Fahrzeug einen Kurs (vgl. Abb. 8.5.5); der Kurshalter wird hier rechtzeitig und klar erkennbar von seinem Recht aus *Regel 17(a)(ii)* Gebrauch machen und wohl hinter dem Heck des MS X passieren.

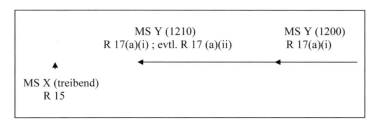

Abb. 8.5.5: Ausweichpflicht eines treibenden Fahrzeugs

Regel 16 Maßnahmen des Ausweichpflichtigen

Jedes ausweichpflichtige Fahrzeug muss möglichst frühzeitig und durchgreifend handeln, um sich gut klar zu halten.

Regel 17 Maßnahmen des Kurshalters

(a)

(i) Muss von zwei Fahrzeugen eines ausweichen, so muss das andere Kurs und Geschwindigkeit beibehalten (Kurshalter).

(ii) Der Kurshalter darf jedoch zur Abwendung eines Zusammenstoßes selbst manövrieren, sobald klar wird, dass der Ausweichpflichtige nicht angemessen nach diesen Regeln handelt.

(b) Ist der Kurshalter dem Ausweichpflichtigen aus irgendeinem Grund so nahe gekommen, dass ein Zusammenstoß durch Manöver des letzteren allein nicht vermieden werden kann,

8 Seeverkehrsrecht

so muss der Kurshalter so manövrieren, wie es zur Vermeidung eines Zusammenstoßes am dienlichsten ist.

(c) Ein Maschinenfahrzeug, das bei kreuzenden Kursen nach Buchstabe a Ziffer ii manövriert, um einen Zusammenstoß mit einem anderen Maschinenfahrzeug zu vermeiden, darf seinen Kurs, sofern die Umstände es zulassen, gegenüber einem Fahrzeug an seiner Backbordseite nicht nach Backbord ändern.

(d) Diese Regel befreit das ausweichpflichtige Fahrzeug nicht von seiner Ausweichpflicht.

Sobald ein **Kollisionsrisiko** besteht (und in Zweifelsfällen, vgl. *Regel 7(a) Satz 2*), gilt für ein Fahrzeug, das nicht ausweichpflichtig ist, Folgendes (vgl. Abb. 8.5.6):

1. Phase: Es **muss** Kurs und Geschwindigkeit beibehalten *(Regel 17(a)(i))*.
2. Phase: Es **darf** selbst Manöver zur Vermeidung der Kollision ausführen *(Regel 17(a)(ii))*.
3. Phase: Es **muss** Manöver zur Vermeidung der Kollision ausführen *(Regel 17(b))* oder *Regel 2(a))*.

Manöver sind in der ersten Phase denkbar, wenn die Voraussetzungen aus *Regel 2(b)* vorliegen; beim Ansteuern einer Lotsenstation oder eines Ankergebietes (und in ähnlichen, offensichtlichen Fällen) darf das Merkmal „unmittelbare" Gefahr der Regel nicht eng ausgelegt werden.

Die zweite Phase beginnt, sobald „klar" wird, dass der Ausweichpflichtige nicht oder nicht angemessen handelt. Diese notwendige Klarheit verschafft sich der Kurshalter normalerweise durch fünf kurze Töne mit der Pfeife *(Regel 35(d))* und die Feststellung, dass der Ausweichpflichtige darauf nicht reagiert; das dort als Ergänzung genannte Sichtsignal (praktisch mit der ALDIS-Lampe), wird richtigerweise auch allein gegeben, wenn das Pfeifensignal vom Ausweichpflichtigen noch nicht gehört werden kann. Nachts ist das Lichtsignal in jedem Fall wirkungsvoller. Ein Kurshalter sollte sein Recht wahrnehmen und ein nach Buchstabe *(a)(ii)* erlaubtes Manöver ausführen. – Buchstabe *(c)* verbietet für den Normalfall der *Regel 15* eine Kursänderung des Kurshalters nach Backbord.

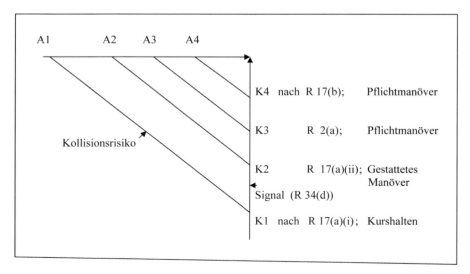

Abb. 8.5.6: Pflichten und Recht des Kurshalters

8.5 Ausweich- und Fahrregeln (Regel 11 bis 18 KVR)

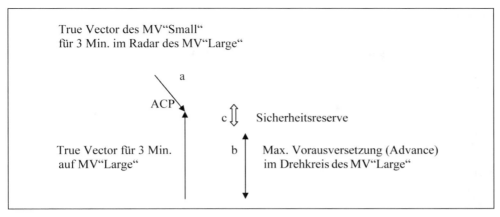

Abb. 8.5.7: Handlungspflicht „großer" Kurshalter (Regel 2(a))

Die dritte Phase (Handlungspflicht des Kurshalters) beginnt nach dem Wortlaut des Gesetzes erst, sobald der Ausweichpflichtige allein eine Kollision nicht mehr verhindern kann. Mit Zunahme der Schiffsgrößen gibt es aber immer mehr Fälle, in denen eine Handlungspflicht schon vor diesem in Buchstabe (b) genannten Zeitpunkt besteht. Diese Pflicht ergibt sich aus *Regel 2(a)*: Der Kurshalter muss spätestens dann handeln, wenn er eine Kollision auch allein eben noch verhindern kann. Abb. 8.5.7 zeigt mit Hilfe der wahren Vektoren, in welchem Abstand ein Kurshalter MV „Large" hart nach Steuerbord gehen muss, wenn er für eine Kursänderung von 110° drei Minuten benötigt. Ohne Einsatz von Vektoren ergibt sich der Abstand, bei dem die Handlungspflicht aus *Regel 2(a)* spätestens beginnt, als Summe von

1) eigener maximaler **Vorausversetzung b** (im ersten Teil des Drehkreises),
2) **Weg a** (den der Ausweichpflichtige in dieser Zeit abläuft) und
3) eingeplanter **Sicherheitsreserve c** (einschließlich des Abstands Steven/eigene Radarantenne).

Diese Grundüberlegung gilt für den Idealfall einer genau stehenden Peilung; wandert die Seitenpeilung im Uhrzeigersinn aus, so muss der Kurshalter noch früher handeln. – Ist sicher, dass der Ausweichpflichtige eine erfolgreiche Kursänderung nach Steuerbord nicht mehr durchführen kann, so kommt für den Kurshalter auch eine Kursänderung nach Backbord in Betracht.

Regel 18 Verantwortlichkeit der Fahrzeuge untereinander

Sofern in Regeln 9, 10 und 13 nicht etwas anderes bestimmt ist, gilt Folgendes:

(a) Ein Maschinenfahrzeug in Fahrt muss ausweichen

(i) einem manövrierunfähigen Fahrzeug;

(ii) einem manövrierbehinderten Fahrzeug;

(iii) einem fischenden Fahrzeug;

(iv) einem Segelfahrzeug.

(b) Ein Segelfahrzeug in Fahrt muss ausweichen

(i) einem manövrierunfähigen Fahrzeug;

(ii) einem manövrierbehinderten Fahrzeug;

(iii) einem fischenden Fahrzeug.

(c) Ein fischendes Fahrzeug in Fahrt muss, soweit möglich, ausweichen

(i) einem manövrierunfähigen Fahrzeug;

(ii) einem manövrierbehinderten Fahrzeug.

(d)

(i) Jedes Fahrzeug mit Ausnahme eines manövrierunfähigen oder manövrierbehinderten muss, sofern die Umstände es zulassen, vermeiden, die sichere Durchfahrt eines tiefgangbehinderten Fahrzeugs zu behindern, das Signale nach Regel 28 zeigt.

(ii) Ein tiefgangbehindertes Fahrzeug muss unter Berücksichtigung seines besonderen Zustands mit besonderer Vorsicht navigieren.

(e) Ein Wasserflugzeug auf dem Wasser muss sich in der Regel von allen Fahrzeugen gut klar halten und vermeiden, deren Manöver zu behindern. Sobald jedoch die Möglichkeit der Gefahr eines Zusammenstoßes besteht, muss es die Regeln dieses Teiles befolgen.

(f)

(i) Ein Bodeneffektfahrzeug muss sich bei Start, Landung und oberflächennahem Flug von allen Fahrzeugen gut klar halten und vermeiden, deren Manöver zu behindern;

(ii) ein Bodeneffektfahrzeug, das auf der Wasseroberfläche betrieben wird, muss die Regeln dieses Teiles für Maschinenfahrzeuge erfüllen.

Die Buchstaben *(a)*, *(b)* und *(c)* der *Regel 18* enthalten **Ausweichregeln**; sie treten für Überholfälle hinter *Regel 13* zurück und setzen jeweils ungeschrieben ein Kollisionsrisiko voraus. Der Begriff „Maschinenfahrzeug" in Buchstabe *(a)* umfasst nicht die manövrierunfähigen, manövrierbehinderten und fischenden Fahrzeuge mit Maschinenantrieb.

Grundsätzlich muss davon ausgegangen werden, dass auch manövrierunfähige und manövrierbehinderte Fahrzeuge mit Fahrt durchs Wasser einen Rest von Manövrierfähigkeit haben; untereinander gelten für sie die Ausweichregeln 13, 14 und 15. Auch für fischende Fahrzeuge untereinander und zwischen tiefgangbehinderten Fahrzeugen gelten grundsätzlich die Ausweichregeln.

Die in den Buchstaben *(d)*, *(e)* und *(f)* normierten **Behinderungsverbote** greifen – wie auch andere Behinderungsverbote – schon vor Eintritt eines Kollisionsrisikos und gelten nach diesem Zeitpunkt fort *(Regel 8 (f) (i) und (ii))*. Die Behinderungsverbote verlieren ihre Bedeutung in den Fällen, in denen der Handlungspflichtige mit Eintritt des Kollisionsrisikos sogar zum Ausweichpflichtigen wird (Maschinenfahrzeug M kreuzt den Kurs eines von Steuerbord kommenden tiefgangbehinderten Fahrzeugs T).

8.6 Verhalten von Fahrzeugen bei verminderter Sicht *(Regel 19 KVR)*

Abschnitt III

Verhalten von Fahrzeugen bei verminderter Sicht

Regel 19 Verhalten von Fahrzeugen bei verminderter Sicht

(a) Diese Regel gilt für Fahrzeuge, die einander nicht in Sicht haben, wenn sie in einem Gebiet oder in der Nähe eines Gebiets mit verminderter Sicht fahren.

(b) Jedes Fahrzeug muss mit sicherer Geschwindigkeit fahren, die den gegebenen Umständen und Bedingungen der verminderten Sicht angepasst ist. Ein Maschinenfahrzeug muss seine Maschinen für ein sofortiges Manöver bereithalten.

8.6 Verhalten von Fahrzeugen bei verminderter Sicht (Regel 19 KVR)

(c) Jedes Fahrzeug muss bei der Befolgung der Regeln des Abschnitts I die gegebenen Umstände und Bedingungen der verminderten Sicht gehörig berücksichtigen.

(d) Ein Fahrzeug, das ein anderes lediglich mit Radar ortet, muss ermitteln, ob sich eine Nahbereichslage entwickelt und/oder die Möglichkeit der Gefahr eines Zusammenstoßes besteht. Ist dies der Fall, so muss es frühzeitig Gegenmaßnahmen treffen; ändert es deshalb seinen Kurs, so muss es nach Möglichkeit folgendes vermeiden:

(i) eine Kursänderung nach Backbord gegenüber einem Fahrzeug vorlicher als querab, außer beim Überholen;

(ii) eine Kursänderung auf ein Fahrzeug zu, das querab oder achterlicher als querab ist.

(e) Außer nach einer Feststellung, dass keine Möglichkeit der Gefahr eines Zusammenstoßes besteht, muss jedes Fahrzeug, das anscheinend vorlicher als querab ein anderes Fahrzeug hört oder das eine Nahbereichslage mit einem anderen Fahrzeug vorlicher als querab nicht vermeiden kann, seine Fahrt auf das für die Erhaltung der Steuerfähigkeit geringstmögliche Maß vermindern. Erforderlichenfalls muss es jegliche Fahrt wegnehmen und in jedem Fall mit äußerster Vorsicht manövrieren, bis die Gefahr eines Zusammenstoßes vorüber ist.

Regel 19(a) setzt voraus: erstens **„eingeschränkte"** Sicht (zu ihr *Regel 3(l)*) oder die Nähe eines Gebietes mit „eingeschränkter" Sicht sowie zweitens ein anderes Fahrzeug, das **nicht „in Sicht"** (dazu *Regel 3(k)*) ist. Kann man ein anderes Fahrzeug also trotz Nebels sehen, gilt *Regel 19* im Verhältnis zu diesem Fahrzeug nicht/nicht mehr. Die Buchstaben *(b)* und *(c)* gelten auch dann, wenn sich im Seegebiet tatsächlich kein anderes Fahrzeug befindet.

Die allgemeine Pflicht, mit sicherer Geschwindigkeit zu fahren *(Regel 6)* hat für die Nebelfahrt eine herausragende Bedeutung. Daher wird diese Pflicht in *Regel 19(b)* nicht nur wiederholt, sie wird auch in einem Punkt konkretisiert: ein Maschinenfahrzeug muss zu **sofortigen** Maschinenmanövern bereit sein. Das bedeutet für die Mehrheit der Fahrzeuge eine Reduzierung der Geschwindigkeit, das Fahren mit Manöver-VV. Eine Ausnahme wird anzuerkennen sein, wenn von jedem Objekt im Seegebiet rechtzeitig Radar- oder AIS-Informationen vorliegen, um Maschinenmanöver einzuleiten oder den Nahbereich durch eine Kursänderung mit Sicherheit zu vermeiden.

Für zwei typische Situationen lässt sich die sichere Geschwindigkeit genauer beschreiben, für die „Fallgruppe Orten" (Fahren nach Radarsicht) und die „Fallgruppe Sichten" (Fahren nach Sicht). In der **Fallgruppe Orten** wird jedes Objekt vor dem Sichten zwar geortet, das Vermeiden des Nahbereichs durch eine Kursänderung wäre jedoch nicht mehr möglich. Hier muss ein Fahrzeug auf „halbe Radarsichtweite" aufgestoppt werden können; Radarsichtweite ist dabei die Distanz, auf welche auch das Objekt mit den schlechtesten Reflektionseigenschaften im Seegebiet spätestens erfasst wird. Ist die Radarsichtweite z. B. 2 sm, so lässt sich der Nahbereich nicht mehr vermeiden; die Stoppstrecke darf höchstens 1 sm betragen, das wohl sehr kleine Objekt wird die restliche Seemeile nach dem Hören des Nebelsignals zum Aufstoppen nur teilweise benötigen. – In der **Fallgruppe Sichten** können Objekte in Sicht kommen, ohne von ihnen vorher Informationen durch Radar oder AIS erhalten zu haben. Hier ist die Geschwindigkeit sicher, die es nach dem Sichten noch erlaubt, eine Kollision durch Kursänderung zu vermeiden oder, wenn Raum für eine solche Kursänderung fehlt, auf halbe Sichtweite aufzustoppen *(Half Distance Rule)*. – Es gibt zwei Wetterlagen, für welche sich nicht allgemein sagen lässt, welche Geschwindigkeit sicher ist; es sind Fälle mit sehr starkem Niederschlag und solche mit starken Seegangsechos in Seegebieten, in denen sich auch kleine Fahrzeuge aufhalten können.

Fahrzeuge ohne Radar- oder AIS-Informationen müssen sich an der Tragweite von Nebelsignalen orientieren. Als Anhaltspunkt für diese Fahrzeuge kann alte Rechtsprechung dienen; sie führt dann wohl zu einer Geschwindigkeit zwischen 4 und 8 Knoten.

Die Buchstaben *(d)* und *(e)* bestimmen die Rechtsfolgen (Handlungspflichten) für vier Tatbestände (Situationen):

Situation	Pflicht
19(d)S.1: Ein Objekt wird nur „geortet".	Feststellen, ob sich eine Nahbereichslage entwickelt!
19(d)S.2: Man stellt fest, dass sich eine Nahbereichslage entwickelt.	Nahbereichslage/Situation nach 19(e)S.1 vermeiden!
19(e)S.1: 1. Alternative: Vorlicher als quer wird ein Nebelsignal gehört, oder 2. Alternative: eine Nahbereichslage mit einem Fahrzeug vorlicher als quer ist nicht vermeidbar.	Kurs beibehalten und mit der Fahrt an die Grenze der Steuerfähigkeit gehen! (**Ausnahme** für beide Alternativen: Es besteht kein Kollisionsrisiko.)
19(e)S.2: Das Fahren an der Grenze der Steuerfähigkeit ist noch zu schnell.	Schiff aufstoppen! – Dann mit äußerster Vorsicht manövrieren!

„**Orten**" im Sinne der *Regel 19(d)S.1* ist das Erkennen eines Objekts auf dem Radarschirm (wohl auch mit Hilfe von AIS), sobald man Peilung und Abstand genommen hat. Um festzustellen, ob sich eine Nahbereichslage entwickelt, wird im Normalfall die ARPA-Funktion des Radargerätes benutzt; dabei sind dessen Genauigkeitsgrenzen zu beachten. Die *KVR* verwenden in *Regel 7(b)* statt ARPA noch die Formulierung „ein (dem Plotten) gleichwertiges Verfahren". – Ist man auf das „**Plotten**" auf dem Radarschirm angewiesen, dann muss der Plott folgende Bedingungen erfüllen: Mindestens drei Ortungen, in gleichen Zeitintervallen genommen; die Ortungen müssen in einer Linie und in gleichen Abständen voneinander liegen; Kurs und Geschwindigkeit dürfen auf dem eigenen Fahrzeug nicht geändert worden sein und der gefundene Vektor muss so lang sein, dass er auswertbar ist. Damit ist das in *Regel 7(b)* geforderte Plotten beschrieben; der Gesetzgeber versteht darunter also nur den ersten Schritt des „Ra-darzeichnens".

Buchstabe *(d)* Satz 1 macht deutlich, dass „**Nahbereichslage**" und Kollisionsrisiko/*risk of collision* praktisch gleichzusetzen sind. Schwierig ist es, die Ausdehnung des **Nahbereichs** zu bestimmen. Für das Gebiet **vorlicher** als quer macht es keinen Sinn, die Ausdehnung mit weniger als 1,5 sm anzunehmen, denn so weit sind die Nebelsignale der meisten Fahrzeuge zu hören und man müsste auch aus diesem Grund an die Grenze der Steuerfähigkeit gehen (Buchstabe *(e)* Satz 1, 1. Alternative). – Ein solcher Nahbereich von 1,5 sm wäre jedoch in vielen Fällen zu klein, der Nahbereich muss daher abhängig von der jeweiligen Situation festgelegt werden. Das möge mit folgendem Beispiel deutlich gemacht werden: Das eigene Schiff A (Länge 180 m) und der Gegenkommer B laufen beide 15 kn. Die eigene Stoppstrecke beträgt acht Schiffslängen (0,8 sm), die Stoppstrecke von B muss geschätzt werden (0,8 sm). Gibt man eine Schiffslänge für die Distanz Steven-Radarantenne auf A (0,1 sm) und nur 0,3 sm als Sicherheit hinzu, so beträgt die Ausdehnung des Nahbereichs nach voraus 2,0 sm. In Gerichtsentscheidungen wird häufig eine Ausdehnung des Nahbereichs von 2 sm oder mehr erörtert.

Entwickelt sich eine Nahbereichslage, müssen grundsätzlich beide Fahrzeuge handeln, denn keines kann sicher sein, dass es vom anderen geortet wurde. In der Praxis handelt ein „überholendes" Fahrzeug jedoch allein, da die Ausdehnung des Nahbereich nach **achteraus** deutlich kleiner angenommen wird als für den Vorausbereich. Dies führt in Abb. 8.6.1 zu der logisch überraschenden Konsequenz, dass im Verhältnis zwischen „A" und „B" nur für „B" eine Nahbereichslage besteht, nicht aber für „A". Dieses vernünftige Ergebnis ist es wohl, das gelegentlich zu dem Vorwurf führt, die Nautiker würden im Nebel die Überholvorschrift für Fahrzeuge in Sicht voneinander *(Regel 13)* anwenden.

8.6 Verhalten von Fahrzeugen bei verminderter Sicht (Regel 19 KVR)

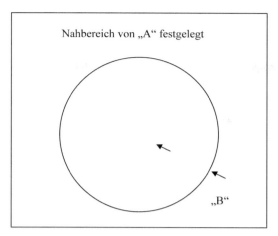

Abb. 8.6.1: Figur des Nahbereichs aus Sicht des Fahrzeugs „A"

Entwickelt sich eine Nahbereichslage, dann müssen beide Fahrzeuge „Gegenmaßnahmen" ergreifen. Dabei sind bestimmte Kursänderungen verboten (Buchstabe *(d)* Satz 2). Ob eine gewünschte **navigatorische** Kursänderung unter dieses Verbot fällt, kann nur im Einzelfall entschieden werden, und zwar ähnlich wie bei der *„long range rule"* (zu ihr vgl. die Kommentierung von *Regel 2(a)* in Kapitel 8.3).

Ein Fahrzeug X auf Nordkurs, dessen Kurs im freien Seeraum von einem Fahrzeug Y mit Ostkurs etwa rechtwinklig gekreuzt wird, darf die Nahbereichslage nicht durch eine Kursänderung nach Backbord vermeiden. Mit einer Kursänderung nach Osten auf Parallelkurs ist die Situation nicht überzeugend zu klären; eine Fahrtreduzierung wäre nicht schnell zu erkennen und würde auch eine Kursänderung des „Y" nach Süden beeinträchtigen. Da diese Probleme auf beiden Fahrzeugen bekannt sind, wird „Y" sehr „rechtzeitig" *(Regel 8(a))* handeln, sodass „X" nicht mehr handeln muss. So entsteht auch hier der falsche Eindruck, "X" und „Y" würden nach Klarsichtregeln handeln (hier nach *Regel 15*/kreuzende Kurse).

Regel 19 gilt auch im Bereich von **Verkehrstrennungsgebieten**; das Einlaufen in eine Küstenverkehrszone zur Vermeidung einer Nahbereichslage ist also grundsätzlich richtig, wenn sich dadurch eine Nahbereichslage mit Dritten (Fahrzeugen in dieser Zone) nicht entwickelt. Beim Überholen im Einbahnweg handelt die Praxis so, dass man bewusst in den Nahbereich/ „Hörbereich" des Vordermanns läuft, um sich dort darauf zu berufen, dass ein Kollisionsrisiko nicht besteht (Buchstabe *(e)* am Anfang).

Buchstabe *(e)* Satz 1 nennt zwei Situationen, in denen die **Fahrt an die Grenze der Steuerfähigkeit** zu reduzieren ist:

Das ist zum einen gefordert, wenn eine Nahbereichslage mit einem Fahrzeug vorlicher als quer nicht mehr vermieden werden kann. Die Fahrtreduzierung muss entschlossen und durchgreifend erfolgen und darf gemäß *Regel 2(a)* durch das Signal angezeigt werden, das für Fahrzeuge in Sicht voneinander vorgesehen ist (drei kurze Töne mit der Pfeife/„Ich arbeite rückwärts"); die Grenze der Steuerfähigkeit soll möglichst an der Grenze des Nahbereichs erreicht sein. – An der Grenze der Steuerfähigkeit muss nach Buchstabe *(e)* Satz 1 auch gegangen werden, wenn man vorlicher als quer das Nebelsignal eines anderen Fahrzeugs hört; auf den Abstand zum anderen Fahrzeug kommt es nicht an, das Bestehen einer Nahbereichslage ist hier immer zu bejahen. – Die Praxis zeigt, dass Kursänderungen im Nahbereich häufig zu Kollisionen führen; sie sind daher nach allgemeiner seemännischer Praxis *(Regel 2(a))* grundsätzlich verboten.

8 Seeverkehrsrecht

Eine Pflicht, „mit besonderer Vorsicht" zu manövrieren, ergibt sich auch aus Satz 2, denn er gilt „in jedem Fall"/in beiden Sätzen des Buchstaben *(e)*.

Buchstabe *(e)* Satz 2 befasst sich mit dem Fall, dass eine Geschwindigkeit an der Grenze der Steuerfähigkeit – etwa 3 bis 4 Knoten – noch zu hoch ist. Jetzt besteht nicht nur ein Kollisionsrisiko, sondern eine Kollisions**gefahr** *(danger of collision;* zu den Begriffen siehe in Kap. 8.4 zu *Regel 7)*, es ist „erforderlich" **aufzustoppen**. Auch hier kann ein Maschinenmanöver durch Pfeifensignal angezeigt werden; das treibende Maschinenfahrzeug gibt das Nebelsignal der *Regel 35(a)*. Nun muss mit äußerster Vorsicht „manövriert" werden, Kursänderungen sind dabei grundsätzlich verboten. Kursänderungen, die zur Abwendung einer Kollision notwendig sind, werden gemäß Regel 2(a) durch Kursänderungssignale für Klarsichtsituationen *(Regel 34(a))* angezeigt.

8.7 Sichtzeichen und Schallsignale der *KVR* (Auszug)

A. Symbole

— Ein langer Ton mit der Pfeife   • Ein kurzer Ton mit der Pfeife

 5 Sekunden rasches Schlagen eines Gongs   5 Sekunden rasches Läuten mit der Glocke

 Funkellicht (Rundumlicht)   Einzelschlag mit der Glocke

 Festes Rundumlicht

Festes Sektorenlicht (aus Blickwinkel sichtbar)   Festes Sektorenlicht (aus Blickwinkel nicht sichtbar)

B. Lichter und Signalkörper der Fahrzeuge (*Regel 20 bis 30*)

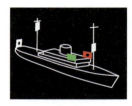

Maschinenfahrzeug von 50 m Länge (darunter: achteres Topplicht wahlweise); *Regel 23(a)*

Luftkissenfahrzeug; *Regel 23(b)*

Bodeneffektfahrzeug (BEF); *Regel 23(c)*

8.7 Sichtzeichen und Schallsignale der KVR (Auszug)

Maschinenfahrzeug unter Segel; *Regel 25(e)*

Segelfahrzeug (Lichter im Topp wahlweise); *Regel 25(a), (c)*

Segelfahrzeug unter 20 m Länge wahlweise; *Regel 25(b)*

Schlepper (unter 50 m Länge; Verband Heck/Heck länger als 200 m); *Regel 24(a), (d)*

Anhang; *Regel 24(e)*

Schleppverband (Heck/Heck länger als 200 m); *Regel 24(a)*

Schubverband nicht starr verbunden, (Schubboot unter 50 m Länge; sonst auch achteres Topplicht); *Regel 24(f)*

Trawler mit Fahrt durchs Wasser (sonst keine Seitenlichter, kein Hecklicht); *Regel 26(b)*

8 Seeverkehrsrecht

Nichttrawler ohne Fahrt durchs Wasser, Netz mehr als 150 m waagerecht im Wasser; *Regel 26(c)*

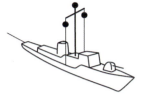

Minenräumer; *Regel 27(f)*

Behindert durch Unterwasserarbeiten; *Regel 27(e)*

Manövrierunfähiger; nachts, mit Fahrt durchs Wasser (sonst nur die roten Rundumlichter); *Regel 27(a)*

Manövrierbehinderter; nachts mit Fahrt durchs Wasser (sonst nur die drei Rundumlichter); *Regel 27(b)*

Schlepper, manövrierbehindert, Länge unter 50 m; Verband (Heck/Heck) länger als 200 m; *Regel 24(a)*

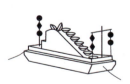
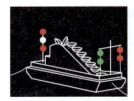

Manövrierbehinderter beim Baggern/bei Unterwasserarbeiten mit seitlicher Behinderung (Passierseite Grün über Grün/zwei Rhomben übereinander); *Regel 27(d)*

8.7 Sichtzeichen und Schallsignale der KVR (Auszug)

   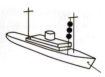

Tiefgangbehinderter; *Regel 28* Grundsitzer; *Regel 30(d)*

 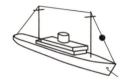 

Ankerlieger (Länge 50 m oder mehr; darunter genügt ein Ankerlicht); *Regel 30(a)-(c)*

Fahrzeug im Lotsdienst, in Fahrt; *Regel 29*

C. Manöver und Warnsignale *(Regel 34)*

•	„Ich ändere meinen Kurs nach Steuerbord"; *Regel 34(a)*
• •	„Ich ändere meinen Kurs nach Backbord"; *Regel 34(a)*
• • •	„Ich arbeite rückwärts"; *Regel 34(a)*
• • • • •	Aufmerksamkeitssignal („Husten"); *Regel 34(d)*
• • ▬	„Sie begeben sich in Gefahr"; *Regel 36 und 35(h)* i. V. m. *ISB*

Die genannten Signale können durch ein entsprechendes Lichtsignal (Blitze) ergänzt werden.

▬ ▬ •	„Ich beabsichtige, an Steuerbord zu überholen"; *Regel 34(c)*
▬ ▬ • •	„Ich beabsichtige, an Backbord zu überholen"; *Regel 34(c)*
▬ • ▬ •	Einverständnis des Vordermanns mit Überholwunsch; *Regel 34(c)*
▬	Achtungssignal und Antwort auf Achtungssignal; *Regel 34(e)*

D. Nebelsignale *(Regel 35)*

▬	Maschinenfahrzeug mit Fahrt durchs Wasser; *Regel 35(a)*
▬ ▬	Maschinenfahrzeug in Fahrt ohne Fahrt durch Wasser; *Regel 35(b)*
▬ • •	Manövrierunfähige, Manövrierbehinderte (auch vor Anker), Segelfahrzeuge, Tiefgangbehinderte, Fischer (auch vor Anker), schleppende und schiebende Fahrzeuge; *Regel 35(c), (d)*
▬ • • •	einziges und letztes geschlepptes Fahrzeug, falls bemannt; *Regel 35(e)*
• • • •	Zusatzsignal eines Fahrzeugs im Lotsdienst; *Regel 35(k)*
🔔 🎵	Ankerlieger (100 m Länge oder mehr; darunter ohne Gongsignal); *Regel 35(g)*
• ▬ •	Zusätzliches Aufmerksamkeitssignal eines Ankerliegers; *Regel 35(g)*
	Grundsitzer (100 m Länge oder mehr; darunter ohne Gong); *Regel 35(h)*

8.8 Seeschifffahrtsstraßen-Ordnung (SeeSchStrO)

Hier und im Kapitel 8.9 werden Teile der SeeSchStrO wiedergegeben und erläutert. Der volle Text ist an Bord mitzuführen.

A. Allgemeines (§§ 1 bis 4 SeeSchStrO)

§ 1 Geltungsbereich

(1) Die Verordnung gilt auf den Seeschifffahrtsstraßen mit Ausnahme der Emsmündung, die im Osten durch eine Verbindungslinie zwischen ... begrenzt wird. Seeschifffahrtsstraßen im Sinne dieser Verordnung sind

1. die Wasserflächen zwischen der Küstenlinie bei mittlerem Hochwasser oder der seewärtigen Begrenzung der Binnenwasserstraßen und einer Linie von drei Seemeilen Abstand seewärts der Basislinie,

2. die durchgehend durch Sichtzeichen B. 11 der Anlage I begrenzten Wasserflächen der seewärtigen Teile der Fahrwasser im Küstenmeer.

Darüber hinaus sind Seeschifffahrtsstraßen im Sinne dieser Verordnung die Wasserflächen zwischen den Ufern der nachstehend bezeichneten Teile der angrenzenden Binnenwasserstraßen: Nr. 3. ... Nr. 21.

(2) Auf den Wasserflächen zwischen der seewärtigen Begrenzung im Sinne des Absatzes 1 Satz 2 und der seewärtigen Begrenzung des Küstenmeeres sind lediglich § 2 Abs. 1 Nr. 3, Nr. 13 Buchstabe b, Nr. 22 bis 25 und 27, die §§ 3, 4, 5, 7 und § 32 Abs. 3, § 35 Abs. 1 und 2 sowie die §§ 55 bis 61 anzuwenden.

(3) Die Verordnung gilt im Bereich der Seeschifffahrtsstraßen auch auf den bundeseigenen Schifffahrtsanlagen, den dem Verkehr auf den Bundeswasserstraßen dienenden Grundstücken und in den öffentlichen bundeseigenen Häfen.

(4) Im Geltungsbereich dieser Verordnung gelten die Internationalen Regeln von 1972 zur Verhütung von Zusammenstößen auf See – Kollisionsverhütungsregeln ... in der jeweils für die Bundesrepublik Deutschland geltenden Fassung, soweit diese Verordnung nicht ausdrücklich etwas anderes bestimmt.

(5) Die Wasserflächen und Seegebiete, die vom Geltungsbereich dieser Verordnung (§ 1 Abs. 1 bis 3) erfasst werden, sind aus der als Anlage III zu dieser Verordnung beigefügten Karte ersichtlich. (Anm.: siehe Bild 5.1.15)

Im Geltungsbereich der SeeSchStrO werden Regeln der KVR verdrängt, sofern die SeeSchStrO speziellere Regelungen enthält (Abs. 4). Wegen eines ungeklärten Grenzverlaufs gelten für die Emsmündung – mit den Niederlanden abgestimmte – eigene, besondere Vorschriften (Abs. 1 S. 1), und zwar die Verordnung zur Einführung der Schifffahrtsordnung Emsmündung (EmsSchEV) und die Schifffahrtsordnung Emsmündung. Die SeeSchStrO wird ergänzt durch Bekanntmachungen der Wasserschifffahrtsdirektionen Nord und Nordwest zur SeeSchStrO und durch Regelungen für das Befahren von Naturschutz- und Sperrgebieten. Für Häfen, die nicht zu den Seeschifffahrtsstraßen gehören, gelten eigene Gesetze; diese verweisen aber umfangreich auf SeeSchStrO und KVR. Abb. 8.8.1 zeigt den Geltungsbereich der SeeSchStrO. Er liegt grundsätzlich innerhalb der ehemaligen Hoheitsgrenze von maximal 3 sm (Abs. 1 S. 2 Nr. 1, schwarze Linie), erweitert an den Stellen, an denen betonnte Fahrwasser über die 3 sm-Grenze hinausgehen (Abs. 1 S. 2 Nr. 2); maßgeblich für diese „Boxen" ist jeweils das erste Tonnenpaar, nicht eine Ansteuerungstonne. Abs. 1 S. 3 beschreibt, welche Teile der „Binnenwasserstraßen" Seeschifffahrtsstraßen sind (in Abb. 8.8.1 satt rot). – Jenseits der 3 sm-Grenze und der „Boxen" liegt das „übrige

8.8 Seeschifffahrtsstraßen-Ordnung (SeeSchStrO)

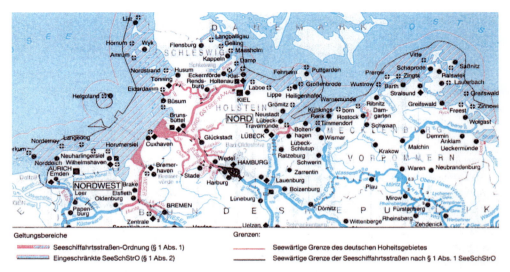

Geltungsbereiche
- Seeschiffahrtsstraßen-Ordnung (§ 1 Abs. 1)
- Eingeschränkte SeeSchStrO (§ 1 Abs. 2)

Grenzen:
- Seewärtige Grenze des deutschen Hoheitsgebietes
- Seewärtige Grenze der Seeschifffahrtsstraßen nach § 1 Abs. 1 SeeSchStrO

Abb. 8.8.1: Geltungsbereich der *SeeSchStrO* (*Anlage III zu § 11 Abs. 5*)

Küstenmeer", es endet an der Hoheitsgrenze (rote Linie, maximal 12 sm seewärts der Basislinien). In ihm gelten nur die in Abs. 2 genannten Vorschriften zu Reeden, Wegerechtschiffen, Maritimer Verkehrssicherung, Verantwortlichkeit, Schifffahrtszeichen, Fahrzeugen des öffentlichen Dienstes, zum Ankern, zum Verhalten gegenüber Fahrzeugen, die „bestimmte gefährliche Güter" befördern sowie für Maßnahmen der Schifffahrtspolizei.

§ 2 Begriffsbestimmungen

(1) Für diese Verordnung gelten die Begriffsbestimmungen der Regeln 3, 21 und 32 der Kollisionsverhütungsregeln; im übrigen sind im Sinne dieser Verordnung:

1. Fahrwasser

die Teile der Wasserflächen, die durch die Sichtzeichen B.11 und B.13 der Anlage I begrenzt oder gekennzeichnet sind oder die, soweit dies nicht der Fall ist, auf den Binnenwasserstraßen für die durchgehende Schifffahrt bestimmt sind; die Fahrwasser gelten als enge Fahrwasser im Sinne der Kollisionsverhütungsregeln;

Nr. 2 bis Nr. 7 geben Definitionen zu folgenden Begriffen: Steuerbordseite des Fahrwassers, Reede, schwimmendes Gerät, schwimmende Anlage, außergewöhnlicher Schwimmkörper, Schleppverband.

7a. Maschinenfahrzeuge mit Schlepperhilfe

ein manövrierfähiges Maschinenfahrzeug mit betriebsklarer Maschine in Fahrt, das sich eines oder mehrerer Schlepper zur Unterstützung bedient (bugsieren); es gilt als ein alleinfahrendes Maschinenfahrzeug im Sinne von Regel 23 Buchstabe a der Kollisionsverhütungsregeln;

8. Schubverbände ...... ;

9. außergewöhnliche Schub- und Schleppverbände

Schub- und Schleppverbände, die die für Seeschifffahrtsstraßen bekanntgemachten Abmessungen nach Länge, Breite oder Tiefgang überschreiten, die die Schifffahrt außergewöhnlich behindern können oder besonderer Rücksicht durch die Schifffahrt bedürfen; sie gelten als manövrierbehinderte Fahrzeuge im Sinne der Regel 3 Buchstabe g der Kollisionsverhütungsregeln;

8 Seeverkehrsrecht

10. außergewöhnlich große Fahrzeuge

Fahrzeuge, die die für eine Seeschifffahrtsstraße nach § 60 Abs.1 bekanntgemachten Abmessungen nach Länge, Breite oder Tiefgang überschreiten.

Die Nummern 10a bis 12 geben Definitionen zu Hochgeschwindigkeitsfahrzeug, Fahrgastschiff und Fähre.

13. Wegerechtschiffe

a) Fahrzeuge mit Ausnahme der auf dem Nord-Ostsee-Kanal befindlichen, die die für eine Seeschifffahrtsstraße nach § 60 Abs. 1 bekanntgemachten Abmessungen überschreiten oder wegen ihres Tiefgangs, ihrer Länge oder wegen anderer Eigenschaften gezwungen sind, den tiefsten Teil des Fahrwassers für sich in Anspruch zu nehmen,

b) Fahrzeuge im Bereich der Wasserflächen zwischen der seewärtigen Begrenzung im Sinne des § 1 Abs. 1 Satz 2 Nr. 1 und 2 und der seewärtigen Begrenzung des Küstenmeeres, die die nach § 60 Abs. 1 bekanntgemachten Voraussetzungen erfüllen;

Die Nr. 14 bis 21 geben Definitionen zu den Begriffen Binnenschiff, Freifahrer, bestimmte gefährliche Güter, Flammpunkt, Sichtzeichen der Fahrzeuge, Signalkörper der Fahrzeuge, Wassermotorrad und – für den Nord-Ostsee-Kanal – Verkehrsgruppe, Sportfahrzeug, Weichengebiet und Zufahrt.

22. Maritime Verkehrssicherung

die von der Verkehrszentrale zur Verhütung von Kollisionen und Grundberührungen, zur Verkehrsablaufsteuerung oder zur Verhütung der von der Schifffahrt ausgehenden Gefahren für die Meeresumwelt gegebenen Verkehrsinformationen und Verkehrsunterstützungen sowie erlassenen Verfügungen zur Verkehrsregelung und -lenkung;

23. Verkehrsinformationen

nautische Warnachrichten sowie Mitteilungen der Verkehrszentrale über die Verkehrslage, Fahrwasser- sowie Wetter- und Tidenverhältnisse, die zu festgelegten Zeiten in regelmäßigen Abständen oder auf Anforderung einzelner Schiffe gegeben werden;

24. Verkehrsunterstützung

Hinweise und Warnungen der Verkehrszentrale an die Schifffahrt sowie Empfehlungen im Rahmen einer Schiffsberatung von der Verkehrszentrale aus durch Seelotsen ..., die bei verminderter Sicht, auf Anforderung oder wenn die Verkehrszentrale es auf Grund der Verkehrsbeobachtung für erforderlich hält, gegeben werden und sich entsprechend den Erfordernissen der Verkehrslage, der Fahrwasser- sowie der Wetter- und Tidenverhältnisse auch auf Positionen, Passierzeiten, Kurse, Geschwindigkeiten oder Manöver bestimmter Schiffe erstrecken können;

25. Verkehrsregelungen

schifffahrtspolizeiliche Verfügungen der Verkehrszentrale im Einzelfall, die entsprechend den Erfordernissen der Verkehrslage, der Fahrwasser- sowie der Wetter- und Tidenverhältnisse Regelungen über Vorfahrt, Überholen, Begegnen, Höchst- und Mindestgeschwindigkeiten oder über das Befahren einer Seeschifffahrtsstraße umfassen können;

26. Verkehrslenkung

Maßnahmen der Verkehrszentralen am Nord-Ostsee-Kanal, durch die der Verkehr zum Zwecke der Gefahrenabwehr oder der Verkehrsablaufsteuerung gelenkt wird;

27. Verkehrszentralen

die von der Wasser- und Schifffahrtsverwaltung des Bundes eingerichteten Revierzentralen.

Die *Nr. 28* definiert den Begriff AIS (Automatisches Schiffsidentifizierungssystem), der *Abs. 2* – im Einklang mit *Regel 20 KVR* – die Begriffe „am Tage" und „bei Nacht".

§ 2 Abs. 1 verweist auf die Begriffsbestimmungen der *KVR* und enthält in den *Nr. 1* bis 28 einen langen Katalog eigener Definitionen; einige werde nachstehend erläutert: **Fahrwasser** *(Nr. 1)* gelten als „enge Fahrwasser" im Sinne der *KVR*, für sie gilt also *Regel 9 KVR*. Fahrwasser sind grundsätzlich durch Tonnen (oder andere Sichtzeichen) begrenzt; insoweit unterscheiden sie sich vorteilhaft vom (undefinierten) „engen Fahrwasser" der *KVR*. Wo eine Betonnung fehlt, ist „Fahrwasser" der Teil der Wasserfläche, der für die durchgehende Schifffahrt bestimmt ist; die Bedeutung dieser offenen Formulierung muss für jede Wasserfläche (und für jede Art von Verkehrsteilnehmern) gesondert bestimmt werden, indem man nach ihrem „Zweck" für die betroffene Schifffahrt fragt. – Ein Verkehrsweg, der nur durch Mitteltonnen markiert wird, ist kein „Fahrwasser"; er könnte nur eine „Fahrrinne" nach *Regel 9 KVR* sein. **Maschinenfahrzeuge mit Schlepperhilfe** *(Nr. 7a)* sind „in Fahrt" und manövrierfähig. Sie werden **bugsiert**, also nicht geschleppt. Diese Eigenschaft ist von Bedeutung für die Lichterführung und für das spezielle Nebelsignal. **Außergewöhnliche Schub- und Schleppverbände** *(Nr. 9)* gelten als „manövrierbehinderte Fahrzeuge". Sie benötigen für die Fahrt eine schifffahrtspolizeiliche Genehmigung *(§ 57)*; auch Fahrten **Außergewöhnlich großer Fahrzeuge** *(Nr. 10)* müssen genehmigt werden. Die in *Nr. 13* genannten **Wegerechtschiffe** gelten als „manövrierbehinderte Fahrzeuge" im Sinne der *KVR*. Buchstabe a betrifft Fahrzeuge, die in einem Fahrwasser den tiefsten Teil in Anspruch nehmen müssen, Buchstabe b Fahrzeuge im „übrigen Küstenmeer". Die Norm stellt klar, dass es sich nicht um „tiefgangbehinderte" Fahrzeuge handelt, die nur durch ein Behinderungsverbot geschützt wären *(Regel 18(d) KVR)*. Der Begriff **bestimmte gefährliche Güter** *(Nr. 16)* ist vom Begriff „Gefährliche Güter" des *IMDG-Code* zu unterscheiden.

Das System **Maritime Verkehrssicherung** *(Nr. 22* bis *27)* wird vom Bund getragen; er bedient sich dazu der Verkehrszentralen *(Nr. 27)*. Diese geben zum einen „Verkehrsinformationen" *(Nr. 22, 23)* und „Verkehrsunterstützung", also Hinweise, Warnungen und – bei verminderter Sicht durch Radarlotsen – „Empfehlungen" *(Nr. 22, 24)*. Die Verkehrszentralen können auch Maßnahmen zur „Verkehrsregelung" *(Nr. 25)* treffen; das geschieht durch polizeiliche „Verfügung" zum Abwenden einer konkreten Gefahr. Diese Verfügungen gehen den Vorschriften der *SeeSchStrO* vor *(§ 56 Abs. 2)* und müssen grundsätzlich befolgt werden. „Verkehrslenkung" *(Nr. 26)* ist nur für den Nord-Ostsee-Kanal vorgesehen.

§ 3 enthält **Grundregeln für das Verhalten im Verkehr** und ist wortgleich mit *§ 4* (Verantwortlichkeit) der *VOKVR* (zu dessen Text und Anmerkungen siehe in Kap. 8.1; vgl. auch die Anmerkungen zu *Regel 2 KVR* in Kap. 8.3).

§ 4 Verantwortlichkeit

(1) Der Fahrzeugführer und jeder sonst für die Sicherheit Verantwortliche haben die Vorschriften dieser Verordnung über das Verhalten im Verkehr und über die Ausrüstung der Fahrzeuge mit Einrichtungen für das Führen und Zeigen der Sichtzeichen und das Geben von Schallsignalen zu befolgen. Auf Binnenschiffen ist neben dem Fahrzeugführer hierfür auch jedes Mitglied der Besatzung verantwortlich, das vorübergehend selbständig den Kurs und die Geschwindigkeit des Fahrzeugs bestimmt.

(2) Verantwortlich ist auch der Seelotse; er hat den Fahrzeugführer oder dessen Vertreter so zu beraten, dass sie die Vorschriften dieser Verordnung befolgen können.

(3) Bei Schub- und Schleppverbänden ist unbeschadet der Vorschrift des Absatzes 1 der Führer des Verbandes für dessen sichere Führung verantwortlich. Führer des Verbandes ist der Führer des Schleppers oder des Schubschiffes; die Führer der beteiligten Fahrzeuge können vor Antritt der Fahrt auch einen anderen Fahrzeugführer als Führer des Verbandes bestimmen.

(4) Steht der Fahrzeugführer nicht fest und sind mehrere Personen zur Führung des Fahrzeugs berechtigt, so haben sie vor Antritt der Reise zu bestimmen, wer verantwortlicher Fahrzeugführer ist.

(5) Die Verantwortlichkeit anderer Personen, die sich aus dieser Verordnung oder sonstigen Vorschriften ergibt, bleibt unberührt.

Die §§ 5 bis 10 befassen sich mit den Schifffahrtszeichen, also mit Lichtern und Signalen (zu ihnen siehe in Kap. 8.9). Für die Großschifffahrt ist interessant, dass alle Lichter der SeeSchStrO eine Mindesttragweite von 2 sm haben müssen, auch wenn nach den KVR eine Tragweite von 1 sm genügt (§ 8 Abs. 2 und § 10 Abs. 1).

B. Fahrregeln und Regeln zum Ruhenden Verkehr *(§§ 21 bis 33 SeeSchStrO)*

Vierter Abschnitt

Fahrregeln

§ 21 Grundsätze

(1) Die Fahrregeln dieses Abschnittes sowie des siebenten Abschnittes gelten unabhängig von den Sichtverhältnissen. Abweichend von den Regeln 11 und 19 der Kollisionsverhütungsregeln gelten die Regel 13 Buchstabe a und c und Regel 14 Buchstabe a und c der Kollisionsverhütungsregeln im Fahrwasser auch dann, wenn die Fahrzeuge einander nicht in Sicht, aber mittels Radar geortet haben.

(2) Beim Begegnen, Überholen und Vorbeifahren an Fahrzeugen und Anlagen ist ein sicherer Passierabstand nach Regel 8 Buchstabe d der Kollisionsverhütungsregeln einzuhalten.

(3) Im Fahrwasser müssen die Buganker klar zum sofortigen Fallen sein. Dies gilt nicht für Fahrzeuge von weniger als 20 Metern Länge.

Abs. 1 Satz 1 bestimmt, dass die Fahrregeln der §§ 21 bis 31 bei verminderter Sicht auch dann gelten, wenn die Fahrzeuge einander nicht in Sicht haben. – Nach Satz 2 gelten **im Fahrwasser** die *Regel 13 KVR* (Überholen) und die *Regel 14* (entgegengesetzte Kurse) auch bei verminderter Sicht, sobald die Fahrzeuge einander mit Radar geortet haben; „geortet" meint hier „festgestellt haben, dass ein Überholen/Begegnen bevorsteht". Diese Sonderregelung lässt sich mit der technischen Entwicklung der letzten Jahrzehnte und dem System der Maritimen Verkehrssicherung *(§ 2 Nr. 22 bis Nr. 25)* begründen; sie gilt außerhalb des Fahrwassers nicht. – Praktisch hat die Sonderregelung in Satz 2 kaum Bedeutung: wer die nach KVR einschlägige *Regel 19(e)* Satz 1 KVR anwendet, wird sich regelmäßig auf dessen Eingangsworte (kein Kollisionsrisiko) berufen können und nicht an die Grenze der Steuerfähigkeit gehen; ein Passieren mit sicherer Geschwindigkeit und sicherem Passierabstand verlangen auch die KVR immer.

Abs. 3 verlangt – wie wohl auch schon *Regel 2(a) KVR* – dass der Anker klar zum sofortigen Fallen ist, sei es von der Brücke gesteuert, sei es durch Personal auf der Back. Die Berufsschifffahrt wird die Vorschrift auch außerhalb des Fahrwassers anwenden.

§ 22 Ausnahmen vom Rechtsfahrgebot

(1) Abweichend vom Gebot, im Fahrwasser gemäß Regel 9 Buchstabe a der Kollisionsverhütungsregeln soweit wie möglich rechts zu fahren, darf innerhalb von nach § 60 Abs. 1 bekanntgemachten Fahrwasserabschnitten von allen oder von einzelnen Fahrzeuggruppen links gefahren werden. Nach § 60 Abs. 1 bekanntgemachte Fahrzeuggruppen haben die einmal gewählte Fahrwasserseite beizubehalten.

(2) Außerhalb des Fahrwassers ist so zu fahren, dass klar erkennbar ist, dass das Fahrwasser nicht benutzt wird.

(3) Auf nach § 60 Abs. 1 bekanntgemachten Wasserflächen außerhalb des Fahrwassers haben sich alle bekanntgemachten Fahrzeuggruppen an der in ihrer Fahrtrichtung rechts vom Fahrwasser liegenden Seite zu halten.

In den Fällen des *Abs. 1* kann beim Begegnen nach Backbord ausgewichen werden, wenn die in *§ 24 Abs. 3* genannten Voraussetzungen (eindeutige UKW-Absprachen) erfüllt sind. – *Abs. 2* und *3* stehen nicht im Zusammenhang mit Überschrift und *Abs. 1* der Norm; in Fahrtrichtung rechts vom Fahrwasser muss nur dann gefahren werden, wenn nach *§ 60* entsprechende Vorschriften erlassen sind; sonst ist nur darauf zu achten *(Abs. 2)*, dass man klar erkennbar außerhalb des Fahrwassers fährt.

§ 23 Überholen

(1) Grundsätzlich muss links überholt werden. Soweit die Umstände des Falles es erfordern, darf rechts überholt werden.

(2) Das überholende Fahrzeug muss unter Beachtung der Regel 9 Buchstabe e und Regel 13 der Kollisionsverhütungsregeln die Fahrt so weit herabsetzen oder einen solchen seitlichen Abstand vom vorausfahrenden Fahrzeug einhalten, dass kein gefährlicher Sog entstehen kann und während des ganzen Überholmanövers jede Gefährdung des Gegenverkehrs ausgeschlossen ist. Das vorausfahrende Fahrzeug muss das Überholen soweit wie möglich erleichtern.

(3) Das Überholen ist verboten

1. in der Nähe von in Fahrt befindlichen, nicht freifahrenden Fähren,

2. an engen Stellen und in unübersichtlichen Krümmungen,

3. vor und innerhalb von Schleusen sowie innerhalb der Schleusenvorhäfen und Zufahrten des Nord-Ostsee-Kanals mit Ausnahme von schwimmenden Geräten im Einsatz,

4. innerhalb von Strecken und zwischen Fahrzeugen, die nach § 60 Abs. 1 bekanntgemacht sind.

(4) Kann in einem Fahrwasser nur unter Mitwirkung des zu überholenden Fahrzeugs sicher überholt werden, so ist das Überholen nur erlaubt, wenn das zu überholende Fahrzeug auf eine entsprechende Anfrage oder Anzeige des überholenden Fahrzeugs hin eindeutig zugestimmt hat. Das überholende Fahrzeug kann abweichend von Regel 9 Buchstabe e Ziffer i der Kollisionsverhütungsregeln seine Absicht über UKW-Sprechfunk dem zu überholenden Fahrzeug mitteilen, wenn ... . Liegen die Voraussetzungen für die Absprache über UKW-Sprechfunk nicht vor, gilt ausschließlich Regel 9 Buchstabe e der Kollisionsverhütungsregeln.

(5) ...

Anders als *Abs. 1* enthalten die *KVR* für „enge Fahrwasser" kein Gebot, links zu überholen; ist ein „enges Fahrwasser" aber tatsächlich so genau begrenzt und schmal wie Fahrwasser der *SeeSchStrO*, dann ergibt sich wegen des Rechtsfahrgebotes der *KVR* auch im „engen Fahrwasser" ein Überholverhalten wie nach *Abs. 1*. – Das nach Satz 2 erlaubte Rechtsüberholen folgt für Fahrzeuge mit geringeren Tiefgängen aus dem Rechtsfahrgebot der *Regel 9(a) KVR*.

Abs. 2 formuliert die Bedingungen für ein sicheres Überholen. Satz 2 hebt die grundsätzliche **Kurshaltepflicht** des Vordermanns *(Regel 17(a)(i) KVR)* auf; er muss das Überholmanöver, wo notwendig und möglich, unaufgefordert durch eigene Fahrt- und Kursänderungen erleichtern. – *Abs. 3* normiert Überholverbote; für Fälle der *Nr. 4* sind Schifffahrtszeichen vorgesehen. – *Abs. 4* befasst sich mit den Fällen der *Regel 9(e) KVR*, in denen der Überholer das vorausfahrende Fahrzeug zur Mitwirkung auffordert. Die *SeeSchStrO* lässt abweichend von *Regel 9 KVR* – kurz gesagt – auch eine eindeutige Absprache beider Fahrzeuge über UKW-Sprechfunk zu.

§ 24 Begegnen

(1) Beim Begegnen auf entgegengesetzten oder fast entgegengesetzten Kursen im Fahrwasser ist nach Steuerbord auszuweichen.

(2) Das Begegnen ist verboten an Stellen, innerhalb von Strecken und zwischen bestimmten Fahrzeugen, die nach § 60 Abs. 1 bekanntgemacht sind.

(3) ....

(4) ....

Abs. 1 ist – anders als *Regel 14 KVR* – nicht auf Maschinenfahrzeuge beschränkt; alle Fahrzeuge im Fahrwasser müssen beim Begegnen nach Steuerbord ausweichen: Dieser Wortlaut passt zwar auch auf Segelfahrzeuge, die sich beim Queren des Fahrwassers begegnen, wegen *§ 25 Abs. 3* haben sie jedoch nach *Regel 12 KVR* zu handeln. – Engstellen (Abs. 2) können durch Schifffahrtszeichen gekennzeichnet sein.

§ 25 Vorfahrt der Schifffahrt im Fahrwasser

(1) Die in den nachfolgenden Absätzen enthaltenen Regelungen gelten für Fahrzeuge im Fahrwasser abweichend von der Regel 9 Buchstabe b bis d und den Regeln 15 und 18 Buchstabe a bis c der Kollisionsverhütungsregeln.

(2) Im Fahrwasser haben dem Fahrwasserverlauf folgende Fahrzeuge unabhängig davon, ob sie nur innerhalb des Fahrwassers sicher fahren können, Vorfahrt gegenüber Fahrzeugen, die

1. in das Fahrwasser einlaufen,

2. das Fahrwasser queren,

3. im Fahrwasser drehen,

4. ihre Anker- oder Liegeplätze verlassen.

(3) Sofern Segelfahrzeuge nicht deutlich der Richtung des Fahrwassers folgen, haben sie sich untereinander nach den Kollisionsverhütungsregeln zu verhalten, wenn sie dadurch vorfahrtberechtigte Fahrzeuge nicht gefährden oder behindern.

(4) Fahrzeuge im Fahrwasser haben unabhängig davon, ob sie dem Fahrwasserverlauf folgen, Vorfahrt vor Fahrzeugen, die in dieses Fahrwasser aus einem abzweigenden oder einmündenden Fahrwasser einlaufen.

(5) Nähern sich Fahrzeuge einer Engstelle, die nicht mit Sicherheit hinreichenden Raum für die gleichzeitige Durchfahrt gewährt, oder einer durch das Sichtzeichen A.2 der Anlage I gekennzeichneten Stelle des Fahrwassers von beiden Seiten, so hat Vorfahrt

1. in Tidengewässern und in tidenfreien Gewässern mit Strömung das mit dem Strom fahrende Fahrzeug, bei Stromstillstand das Fahrzeug, das vorher gegen den Strom gefahren ist,

2. in tidefreien Gewässern ohne Strömung das Fahrzeug, das grundsätzlich die Steuerbordseite des Fahrwassers zu benutzen hat.

Das wartepflichtige Fahrzeug muss außerhalb der Engstelle so lange warten, bis das andere Fahrzeug vorbeigefahren ist.

(6) Ein Fahrzeug, das die Vorfahrt zu gewähren hat, muss rechtzeitig durch sein Fahrverhalten erkennen lassen, dass es warten wird. Es darf nur weiterfahren, wenn es übersehen kann, dass die Schifffahrt nicht beeinträchtigt wird.

§ 25 regelt die **Vorfahrt im Fahrwasser**; weitere Fälle der Vorfahrt sind in *§ 46* (Schleusen des *NOK*) normiert; ähnliche Fälle finden sich in den *§§ 29 Abs. 2 und 5*, *§ 47 Abs. 2* und *§ 49 Abs. 3 und 4*. Das Rechtsinstitut „Vorfahrt" ergänzt vor allem die Behinderungsverbote der

Regel 9 KVR; es schafft Rechtsklarheit, wo Behinderungsverbote zu viele Fragen offen lassen. Die Vorfahrtsregeln gelten auch bei **verminderter Sicht**. *Regel 19(e) KVR* bleibt dabei von Bedeutung: auch das durch Vorfahrt geschützte Fahrzeug muss erforderlichenfalls an die Grenze der Steuerfähigkeit gehen oder gar aufstoppen.

Vorfahrtsregeln normieren keine „Ausweichpflicht" im Sinne der *KVR* und führen daher auch nicht zur Kurshaltepflicht des bevorrechtigten Fahrzeugs, weder bei klarer noch bei verminderter Sicht. Selbstverständlich darf das durch eine Vorfahrtsregel geschützte Fahrzeug weder die Vorfahrt „erzwingen" noch sonst Manöver fahren, welche gegen allgemeine Grundsätze des § 3 der *Regel 2 KVR* verstoßen.

§ 25 regelt drei Fallgruppen:

Erstens vier Fälle der Vorfahrt von Fahrzeugen, die **im Fahrwasser fahren**, dem Fahrwasserverlauf folgen *(Abs. 2)*. Auch kleine Fahrzeuge haben dieses Vorfahrtsrecht. „Queren" umfasst auch das teilweise Queren; gemeint ist ein deutliches Abweichen des Kurses über Grund vom Fahrwasserverlauf. In Einbahnwegen eines Verkehrstrennungsgebietes gibt es keine „Vorfahrt", denn diese Wege sind keine „Fahrwasser". – Zweitens die Vorfahrt von Fahrzeugen, die sich **im Fahrwasser befinden**, ohne ihm zu folgen *(Abs. 4)*, die also z. B. warten oder drehen. – Drittens die Vorfahrt **an Engstellen** *(Abs. 5)*. Für Engstellen unbetonnter Fahrwasser ist die Definition der „Steuerbordseite des Fahrwassers" in *§ 2 Abs. 1 Nr. 2* von Bedeutung.

Wollen zwei Fahrzeuge jeweils in das Fahrwasser des anderen Fahrzeugs „einlaufen", sich also im Grenzbereich ihrer beiden Fahrwasser treffen, so müssen beide aufeinander Rücksicht nehmen, Seemannsbrauch und die besonderen Umstände des Falles berücksichtigen. – *Abs. 6* regelt, **wie** sich Fahrzeuge zu verhalten haben, um die Vorfahrt zu gewähren: sie müssen grundsätzlich **warten**; für kleine Fahrzeuge lässt *Satz 2* das „Einfädeln" nach rechts zu.

§ 26 Fahrgeschwindigkeit

(1) Jedes Fahrzeug, Wassermotorrad und Segelsurfbrett muss unter Beachtung der Regel 6 der Kollisionsverhütungsregeln mit einer sicheren Geschwindigkeit fahren. Fahrzeuge und Wassermotorräder haben ihre Geschwindigkeit rechtzeitig so weit zu vermindern, wie es erforderlich ist, um Gefährdungen durch Sog oder Wellenschlag zu vermeiden, insbesondere beim Vorbeifahren an

1. Häfen, Schleusen und Sperrwerken,

2. festliegenden Fähren,

3. manövrierunfähigen und festgekommenen Fahrzeugen sowie an manövrierbehinderten Fahrzeugen nach Regel 3 Buchstabe g der Kollisionsverhütungsregeln,

4. schwimmenden Geräten und schwimmenden Anlagen,

5. außergewöhnlichen Schwimmkörpern, die geschleppt werden, sowie

6. an Stellen, die durch Sichtzeichen über Geschwindigkeitsbeschränkungen oder durch Flagge „A" des Internationalen Signalbuches gekennzeichnet sind.

(2) ..... . (3)..... . (4) ....

Die §§ 27 bis 31 befassen sich mit Schleppen und Schieben, Durchfahren von Brücken und Sperrwerken, Fahrtbeschränkungen und Fahrverboten sowie mit Wasserskilaufen, Wassermotorradfahren und Segelsurfen. Der *§ 30 Abs. 2 Nr. 3* macht klar, dass auch auf dem Revier die **Selbststeueranlage** gebraucht werden darf; in diesen Fällen hat sich ein Rudergänger in der Nähe des Ruders aufzuhalten.

Fünfter Abschnitt

Ruhender Verkehr

§ 32 Ankern

(1) Das Ankern ist im Fahrwasser mit Ausnahme auf den Reeden verboten. Dies gilt nicht für manövrierbehinderte Fahrzeuge nach Regel 3 Buchstabe g Ziffer i) und ii) der Kollisionsverhütungsregeln. Außerhalb des Fahrwassers ist das Ankern auf folgenden Wasserflächen verboten:

1. an engen Stellen und in unübersichtlichen Krümmungen,

2. in einem Umkreis von 300 Metern von schwimmenden Geräten, Wracks und sonstigen Schifffahrtshindernissen und Leitungstrassen sowie von Warnstellen, Kabeln und Rohrleitungen,

3. bei verminderter Sicht in einem Abstand von weniger als 300 Metern von Hochspannungsleitungen,

4. in einem Abstand von 100 Metern vor und hinter Sperrwerken,

5. vor Hafeneinfahrten, Anlegestellen, Schleusen und Sielen sowie in den Zufahrten zum Nord-Ostsee-Kanal,

6. innerhalb von Fähr- und Brückenstrecken sowie

7. an Stellen und innerhalb von Wasserflächen, die nach § 60 Abs. 1 bekanntgemacht sind.

(2) Der Gebrauch des Ankers für Manövrierzwecke gilt nicht als Ankern. Im Bereich der in Absatz 1 Nr. 2 und 4 bezeichneten Wasserflächen ist auch der Gebrauch des Ankers verboten.

(3) Auf den nach § 60 Abs. 1 bekanntgemachten Reeden dürfen nur die Fahrzeuge ankern, denen nach der Zweckbestimmung der Reede das Liegen dort gestattet ist.

(4) .... .

§ 32 enthält überwiegend Klarstellungen zu Pflichten, die sich schon aus den Generalklauseln ergeben. Das Ankerverbot nach *Abs. 1 Satz 3 Nr. 2* ist noch nicht beachtet, wenn man den Anker außerhalb des Fahrwassers wirft; das Fahrzeug darf auch beim Schwojen nicht mit dem Heck ins Fahrwasser ragen. Entsprechendes gilt für Fälle der *Nr. 2* und *Nr. 4*. Besonders zu beachten ist die Unterscheidung zwischen „Ankern" und dem **„Gebrauch** des Ankers". Mit dem Verbot in *Nr. 2* wird erreicht, dass ein Fahrzeug auch mit Radar geortet werden kann; der Abstand bezieht sich also auf die Lotlinie der Leitung.

§ 33 Anlegen und Festmachen

(1) Die Schifffahrt darf durch das Anlegen und Festmachen nicht beeinträchtigt werden. Hat ein Fahrzeug mit dem Manöver des Anlegens begonnen, hat die übrige Schifffahrt diesen Umstand zu berücksichtigen und mit der gebotenen Vorsicht zu navigieren.

(2) .....

(3) .....

(4) Festgemachte Fahrzeuge dürfen die Schiffsschraube nur drehen

1. probeweise mit der geringstmöglichen Kraft,

2. unmittelbar vor dem Ablegen und

3. wenn andere Fahrzeuge oder Anlagen nicht gefährdet werden.

8.9 Sichtzeichen und Schallsignale der SeeSchStrO (Auszug)

Sechster Abschnitt

Sonstige Vorschriften

§ 37 Verhalten bei Schiffsunfällen und bei Verlust von Gegenständen

(1) Bei Gefahr des Sinkens ist das Fahrzeug möglichst so weit aus dem Fahrwasser zu schaffen, dass die Schifffahrt nicht beeinträchtigt wird. Nach einem Zusammenstoß ist hierzu auch der Führer eines beteiligten schwimmfähig gebliebenen Fahrzeugs verpflichtet.

(2) Wird der für die Schifffahrt erforderliche Zustand der Seeschifffahrtsstraße oder die Sicherheit und Leichtigkeit des Verkehrs durch

1. in der Seeschifffahrtsstraße hilflos treibende, festgekommene, gestrandete oder gesunkene Fahrzeuge, schwimmende Anlagen oder außergewöhnliche Schwimmkörper oder durch andere treibende oder auf Grund geratene Gegenstände oder

2. Schiffsunfälle, Brände oder sonstige Vorkommnisse auf Fahrzeugen, schwimmenden Anlagen oder außergewöhnlichen Schwimmkörpern

beeinträchtigt oder gefährdet, so ist das zuständige Wasser- und Schifffahrtsamt oder die Verkehrszentrale unverzüglich zu unterrichten.

(3) Der Ort des gesunkenen Fahrzeugs ist vom Fahrzeugführer unverzüglich behelfsmäßig zu bezeichnen. Nach einem Zusammenstoß ist hierzu auch der Führer eines beteiligten schwimmfähig gebliebenen Fahrzeugs verpflichtet. Er darf die Fahrt erst nach Genehmigung des zuständigen Wasser- und Schifffahrtsamtes fortsetzen.

(4) Ein festgekommenes Fahrzeug darf seine Maschine zum Freikommen benutzen, es sei denn, dass dies ohne Beschädigung der Seeschifffahrtsstraße einschließlich der Ufer, Strombauwerke und Schifffahrtsanlagen nicht möglich ist oder die Schifffahrt gefährdet wird.

(5) Auf Fahrzeugen, die das Bleib-weg-Signal nach Nummer 2.2 der Anlage II. 2 wahrnehmen, sollen unverzüglich alle erforderlichen Maßnahmen zum Abwenden der drohenden Gefahr ergriffen werden, insbesondere

1. alle nach außen führenden und nicht zur Aufrechterhaltung des Schiffsbetriebes erforderlichen Öffnungen geschlossen,

2. alle nicht zur Gewährleistung der Sicherheit von Schiff, Besatzung und Ladung erforderlichen Hilfsmaschinen abgestellt,

3. nicht geschützte offene Feuer gelöscht, insbesondere das Rauchen eingestellt, sowie

4. Geräte mit glühenden oder Funken gebenden Teilen stillgelegt werden.

8.9 Sichtzeichen und Schallsignale der *SeeSchStrO* (Auszug)

A. Schallsignale mit der Pfeife

• ▬ • •	▬ ▬ ▬	▬
Aufforderung zum Anhalten durch Behördenfahrzeuge (Anlage I; A.16)	Sperrung (Anlage I; C.4)	Achtungssignal (Anlage II.2; Nr.1)

8 Seeverkehrsrecht

Allgemeines Gefahren- und Warnsignal
(Anlage II.2; Nr. 2.1)

Bleib-weg-Signal
(dauernd gegeben);
(Anlage II.2; Nr. 2.2)

Bugsiertes Maschinen-
fahrzeug in Fahrt
(Anlage II.2; Nr. 3.2)

B. Gebots- und Verbotszeichen

Überholverbot
(Anlage I; A.1)

Begegnungsverbot
(Anlage I; A.2)

Ankerverbot
(Anlage I; A.8)

Geschwindigkeitsbeschrän-
kung wegen Sog und
Wellenschlag (Anlage I; A.4)

Höchstgeschwindigkeit;
km/h (Anlage I; A.3)

Aufforderung zum Anhalten
durch Behördenfahrzeug
(Anlage I; A.16)

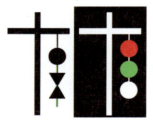
Dauernde Sperrung
(Anlage I; A.18)

Außergewöhnliche Schifffahrtsbehinderung
(Anlage I; B.6)

8.9 Sichtzeichen und Schallsignale der SeeSchStrO (Auszug)

C. Sichtzeichen der Fahrzeuge

Fahrzeug bei Erfüllung Polizeilicher Aufgaben (Anlage II.1; Nr.1)

Zollfahrzeug, am Tag eine viereckige grüne Flagge; (Anlage II.1; Nr. 2)

Fahrzeug mit „bestimmten gefährlichen Gütern" (Anlage II.1; Nr.6)

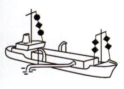

Manövrierbehindertes Fahrzeug beim Baggern/bei Unterwasserarbeiten, an beiden Seiten passierbar (Anlage II.1; Nr.10)

Das Standardwerk der Schiffsbetriebstechnik

Herausgeber: Prof. Dr.-Ing. Frank Bernhardt • Prof. Dr.-Ing. Hansheinrich Meier-Peter

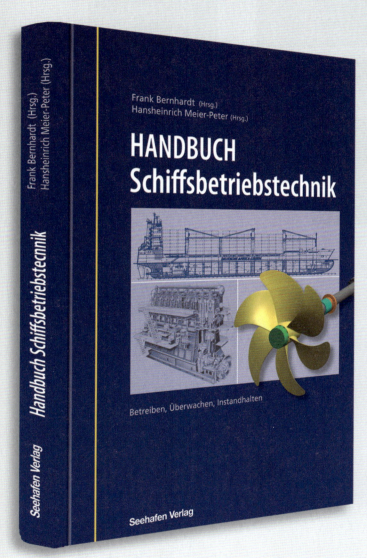

Betrieb – Überwachung – Instandhaltung

Mit dem „Handbuch Schiffsbetriebstechnik" schließt der Seehafen Verlag die Lücke, die die beiden längst vergriffenen Standardwerke „Schiffsmaschinenbetrieb" (Hrsg. Moeck) und „Handbuch der Schiffsbetriebstechnik" (Hrsg. Illies) hinterlassen haben. Auf dem neuesten Stand der Technik beschreibt das „Handbuch Schiffsbetriebstechnik" bewährte technische Lösungen und bietet praktische Hilfestellungen und Lösungsansätze zur systematischen Fehlersuche bei Störungen und Unregelmäßigkeiten.

Bestellen Sie jetzt Ihr Exemplar, um jederzeit Informationen über sämtliche technischen Fragen auf allen Gebieten der Schiffsbetriebstechnik nachschlagen zu können.

Technische Daten: ISBN: 978-3-87743-816-9, 1079 Seiten, Format 170 x 240 mm, Hardcover
Preis: € 78,- + inkl. MwSt. zzgl. Versandkosten

Mehr Informationen und das komplette Inhaltsverzeichnis finden Sie unter www.schiffundhafen.de/betrieb

DVV Media Group

Seehafen Verlag

9 Telekommunikation
Günter Schmidt

9.1 Betrieb des mobilen Seefunkdienstes

9.1.1 Funkausrüstungspflicht und Funkpersonal für Seeschiffe

SOLAS IV [9.1.1] enthält grundsätzliche Vorschriften zur Funkausrüstung auf Seeschiffen. Danach sind alle Frachtschiffe ab einer BRZ von 300 und alle Fahrgastschiffe in der Auslandsfahrt funkausrüstungspflichtig. Art und Umfang der Funkausrüstung richten sich nach dem Seegebiet, in dem das Schiff eingesetzt wird.

Schiffe, die nicht den internationalen Bestimmungen unterliegen, sind nach nationalen Vorschriften auszurüsten. Nach *Schiffssicherheitsverordnung (SchSV)* gelten für die Funkausrüstung die Anforderungen der *Kapitel III* und *IV* der *Anlage* zum *SOLAS-Übereinkommen*. Ausnahmen nach § 6 Absatz 1 der SchSV werden durch gesonderte Richtlinien des *Bundesministeriums für Verkehr, Bau und Stadtentwicklung (BMVBS)*, des *Bundesamtes für Seeschifffahrt und Hydrographie (BSH)* oder der *Berufsgenossenschaft für Transport und Verkehrswirtschaft (BG Verkehr)* festgelegt.

Funkausrüstungspflichtige Schiffe müssen ein gültiges Funksicherheitszeugnis an Bord mitführen. Für die Bundesrepublik Deutschland wird es von der *BG Verkehr* ausgestellt. Die Kontrolle der Funkgeräte und die Abnahme der Funkstation erfolgen jährlich durch den Prüfdienst des *BSH*, einer zugelassenen Klassifikationsgesellschaft oder einen zugelassenen *SeeFust*-Ausrüster. Bei Aufenthalt deutscher Schiffe im Ausland kann das Funksicherheitszeugnis auch von der dort zuständigen Behörde ausgestellt werden.

Einige Staaten haben für ihre Hoheitsgewässer Sonderbestimmungen bezüglich der Ausrüstungspflicht der Schiffe mit Funkanlagen erlassen (z. B. USA: zusätzliche *VHF*-Kanäle). Für die Erfüllung der Ausrüstungsvorschriften ist der Schiffseigner verantwortlich.

(1) Funkpersonal – Seefunkzeugnisse

Eine Seefunkstelle *(SeeFust)* darf nur bedienen, wer ein von der zuständigen Behörde ausgestelltes oder von ihr anerkanntes für die *SeeFust* vorgeschriebenes gültiges Seefunkzeugnis besitzt. Am Binnenschifffahrtsfunk darf nur teilnehmen, wer ein vorgeschriebenes gültiges Sprechfunkzeugnis besitzt.

(2) Seefunkzeugnisse

Von der Bundesverwaltung werden seit dem 1.2.2003 folgende Seefunkzeugnisse sowie Gültigkeits- und Anerkennungsvermerke (Befähigungsnachweise) ausgestellt oder in ihrer Gültigkeitsdauer verlängert:

a) für die Ausübung des Seefunkdienstes bei *SeeFust* auf *SOLAS*-Schiffen, die am „Weltweiten Seenot- und Sicherheitsfunksystem" *(GMDSS)* teilnehmen:
   - *Allgemeines Betriebszeugnis für Funker (General Operator's Certificate; GOC)*
   - *Beschränkt Gültiges Betriebszeugnis für Funker (Restricted Operator's Certificate; ROC)*
   - *UKW-Betriebszeugnis für Funker (UBZ)*

b) für die Ausübung des Seefunkdienstes bei *SeeFust* auf Schiffen, die nicht dem *Kapitel IV* des *SOLAS-Abkommens* unterliegen und die am *GMDSS* teilnehmen:
   - *Allgemeines Funkbetriebszeugnis (Long Range Certificate; LRC)*
   - *Beschränkt Gültiges Funkbetriebszeugnis (Short Range Certificate; SRC)*

9 Telekommunikation

(3) Befugnisumfang der Seefunkzeugnisse

Nach der Art der zu bedienenden *SeeFust* richtet sich, welches der oben aufgeführten Seefunkzeugnisse für die Ausübung des Seefunkdienstes bei dieser Seefunkstelle ausreicht.

- Das *Allgemeine Betriebszeugnis für Funker (GOC)* berechtigt zur uneingeschränkten Ausübung des Seefunkdienstes bei Sprech-Seefunkstellen, Schiffs-Erdfunkstellen sowie allen Funkeinrichtungen des *GMDSS*.
- Das *Beschränkt Gültige Betriebszeugnis für Funker (ROC)* berechtigt zur Ausübung des Seefunkdienstes bei Sprech-Seefunkstellen für *VHF* und Funkeinrichtungen des *GMDSS* für *VHF*.
- Das *UKW-Betriebszeugnis für Funker (UBZ)* berechtigt zur Ausübung des Seefunkdienstes bei Sprech-Seefunkstellen für *VHF* und Funkeinrichtungen des *GMDSS* für *VHF* in den deutschen Seegebieten.
- Das *Allgemeine Funkbetriebszeugnis (LRC)* berechtigt zur uneingeschränkten Ausübung des Seefunkdienstes bei Sprech-Seefunkstellen, Schiffs-Erdfunkstellen und Funkeinrichtungen des *GMDSS* auf Sportfahrzeugen sowie auf Schiffen, für die dies in einer Rechtsnorm oder in einer Richtlinie im Sinne des *§ 6 SchSV* vorgesehen ist.
- Das *Beschränkt Gültige Funkbetriebszeugnis (SRC)* berechtigt zur Ausübung des Seefunkdienstes bei Sprech-Seefunkstellen für *VHF* und Funkeinrichtungen des *GMDSS* für *VHF*.
- Für das Bedienen von Satelliten-Seenotfunkbaken *(EPIRBs)*, Radartranspondern für die Suche und Rettung *(SARTs)*, Satelliten-Funkanlagen, die ausschließlich der allgemeinen Kommunikation dienen sowie Funkempfangseinrichtungen für den ausschließlichen Empfang seefahrtsbezogener Informationen ist der Besitz eines Seefunkzeugnisses nicht erforderlich.

Der Funker muss sein Funkzeugnis an Bord mitführen. Auf Verlangen ist es Prüfbeamten deutscher oder ausländischer Behörden vorzuzeigen.

(4) Voraussetzungen für den Erwerb eines Seefunkzeugnisses

Der Bewerber erhält ein Seefunkzeugnis, wenn er das erforderliche Alter erreicht hat und die Anforderungen hinsichtlich Ausbildung und Befähigungsbewertung erfüllt. Das Alterserfordernis ist erfüllt, wenn er beim

- *GOC, ROC, UBZ* und *LRC* das 18. Lebensjahr und beim
- *SRC* das 15. Lebensjahr vollendet hat.

Der Bewerber erfüllt die Anforderungen hinsichtlich Ausbildung und Befähigungsbewertung

- bei Seefunkzeugnissen für die Ausübung des Funkdienstes auf *SOLAS-Schiffen*, wenn die Voraussetzungen und Prüfungsanforderungen nach *§ 2* des *Seeaufgabengesetzes in der Fassung und Bekanntmachung vom 18. September 1998 (BGBl. I S. 2968)* in der jeweils geltenden Fassung und nach *Anlage 3* zu *§ 13 Abs. 4a* der *SchSV* erfüllt sind,
- beim *LRC* und *SRC*, wenn die Voraussetzungen und Prüfungsanforderungen nach *Anlage 3* zu *§ 13 Abs. 4a* der *SchSV* erfüllt sind.

9.1.2 Funkstellen, Frequenzzuteilung

Alle Funkstellen, die am Seefunkdienst teilnehmen, haben eine nach internationalen Regeln festgelegte Kennzeichnung. Das Senden ohne oder mit einer falschen Kennung ist untersagt. Im Sprech-Seefunkdienst werden die Funkstellen wie folgt gekennzeichnet:

- *SeeFust*: Rufzeichen oder amtlicher Name des Schiffes,
- *KüFust*: Rufzeichen oder geografischer Name des Ortes, dem möglichst das Wort „Radio" folgen sollte.

9.1 Betrieb des mobilen Seefunkdienstes

(1) Rufzeichen und Namen

Die Rufzeichen der deutschen *SeeFust* werden aus der internationalen Rufzeichenreihe *DAAA – DRZZ* gebildet. Es gibt aber auch deutsche *SeeFust* mit Rufzeichen der Rufzeichenreihe *Y2AA – Y9ZZ*, der früheren DDR. Bei deutschen Schiffen, denen vom Seeschiffsregister des Heimathafens ein Unterscheidungssignal zugeteilt worden ist, wird dieses im Seefunkdienst als Rufzeichen verwendet, z. B. *DHBE*. Nicht im Schiffsregister eingetragene Schiffe erhalten ein Rufzeichen aus zwei Buchstaben und vier nachfolgenden Ziffern, z. B. *DB7892*, von der *Bundesnetzagentur*, Außenstelle Hamburg. Funkstellen auf Überlebensfahrzeugen von Schiffen erhalten das Rufzeichen der *SeeFust* des Mutterschiffes mit zwei nachfolgenden Ziffern, von denen die erste nicht 0 oder 1 sein darf, z. B. *DHBE23*.

Im Sprechfunkdienst benutzen die Funkstellen folgende Kennungen:

- *KüFust* für öffentlichen Nachrichtenaustausch (Funkstellen, die auch Funkverkehr in das öffentliche Netz abwickeln): geografischer Name des Ortes + „RADIO", z. B. „Hamburg Radio"
- *KüFust* für nichtöffentlichen Nachrichtenaustausch (Revier- und Hafenfunkdienst): geografischer Name des Ortes + Art des Dienstes + „RADIO" (darf beim Anruf fehlen), z. B.
  - „Hamburg Port (Radio)": Hafenabfertigung im Hamburger Hafen,
  - „Elbe Pilot (Radio)": Lotseneinsatz (Anforderung, Abgabe) auf der Elbe,
  - „Brunsbüttel Radar I": Landradarberatung auf der Elbe zwischen den Tonnen 53 und 57.

Ausführliche Angaben zum Revierfunk enthalten die **Revierfunkdienste** des *BSH*, die alle ein bis zwei Jahre neu herausgegeben werden.

(2) Rufnummern

Zur Kennzeichnung der *SeeFust* im *GMDSS* werden neben Schiffsnamen und Rufzeichen „Rufnummern des mobilen Seefunkdienstes" *(Maritime Mobile Service Identity; MMSI)* verwendet. Sie sind grundsätzlich 9-stellig und setzen sich zusammen aus der

- 3-stelligen Seefunkkennzahl *(Maritime Identification Digit; MID)*, gefolgt von einer
- 6-stelligen Ziffernreihe.

Jedem Land wurden gemäß *Vollzugsordnung für den Funkdienst (VO Funk; engl.: Radio Regulations; RR)* eine oder mehrere Seefunkkennzahlen zugewiesen. Deutschland hat die Seefunkkennzahlen 211 und 218 (ehemals DDR). Die *MIDs* sind im *Handbuch Nautischer Funkdienst* [9.1.2] jeweils zu Beginn der Länderabschnitte aufgeführt. Die *MMSI* wird für den Aufbau von Wählverbindungen in den Verkehrsrichtungen Land-Schiff, Schiff-Land und Schiff-Schiff verwendet, z. B. beim *DSC*-Betrieb oder im Seefunkdienst über Satelliten.

(3) Frequenzzuteilung

Die Regulierung der Telekommunikation und die Frequenzzuteilung sind hoheitliche Aufgaben des Bundes. Nach *Telekommunikationsgesetz (TKG)* ist für jede Frequenznutzung eine Frequenzzuteilung erforderlich. Die vor dem 1.8.1996 erteilten Genehmigungen nach dem *Fernmeldeanlagengesetz (FAG)* bleiben bestehen. Vor der Vergabe der Frequenzzuteilung muss eine Abnahme der Funkanlage durch das *BSH* an Bord erfolgen. Nur *VHF*-Seefunkanlagen auf nicht ausrüstungspflichtigen Schiffen werden ohne Abnahme genehmigt. Der Betrieb darf erst aufgenommen werden, wenn die Frequenzzuteilung erfolgt ist und die Urkunde (international: *Ship Station Licence*) ausgehändigt worden ist. Nach den internationalen *Radio Regulations (RR)* gilt dies auch für Schiffe, die ihren ständigen Liegeplatz im Ausland haben. Die Frequenzzuteilung ist in jedem Fall erforderlich, unabhängig davon, ob die *SeeFust* am öffentlichen Funkverkehr (Richtung Schiff–Land) oder nur am nichtöffentlichen Funkverkehr,

z. B. Schiff–Schiff, Revier- und Hafenfunkdienst oder Sicherheitsfunkverkehr) teilnimmt. Frequenzzuteilungen für Seefunkanlagen sind zeitlich unbegrenzt gültig. Bei Verstößen gegen die Bedingungen und Auflagen zur Genehmigung kann die Bundesnetzagentur die Frequenzzuteilung widerrufen. Ohne Frequenzzuteilung betriebene Funkanlagen können außer Betrieb gesetzt werden. Für *SeeFust*, die am öffentlichen Nachrichtenaustausch teilnehmen wollen, muss der Inhaber der Frequenzzuteilung zusätzlich einen Vertrag mit einer zugelassenen Abrechnungsgesellschaft schließen. Sie erhalten in der Frequenzzuteilung die Kennzeichnung *CP (Public Correspondence)*. *SeeFust*, die ausschließlich am schiffsbetrieblichen Funkverkehr teilnehmen wollen, erhalten die Bezeichnung *OT (Operational Traffic)*.

Alle Änderungen an Funkanlagen, die die Frequenzzuteilung berühren, müssen der *Bundesnetzagentur*, Außenstelle Hamburg, schriftlich mitgeteilt werden (z. B. Namensänderung des Schiffes oder Funkgerätewechsel).

9.1.3 Organisation des Funkbetriebs an Bord

Der Kapitän hat die Oberaufsicht über den Funkdienst der *SeeFust*. Sein Stellvertreter, solange er das Schiff tatsächlich führt.

Der für den Funkbetrieb „zuständige" Wachoffizier ist verantwortlich für

– den sicheren Funkbetrieb,
– die pflegliche und betriebsgerechte Handhabung der Funkanlagen,
– die Sicherstellung der ständigen Bereitschaft aller Einrichtungen, die zur *SeeFust* gehören und
– die laufende Überwachung der technischen Einrichtungen während der Reise. Zum Beispiel
  – ist die Ersatzstromquelle täglich zu prüfen,
  – sind die Funkgeräte für die Überlebensfahrzeuge mindestens wöchentlich zu testen,
  – sind die Wachempfänger und die Batterien regelmäßig zu prüfen bzw. zu warten,
  – sind nach Schlechtwetterphasen (Seewasser in Brückenhöhe) die Antennen zu kontrollieren und evtl. die Isolatoren zu entsalzen.

Zu beachten: Die Ergebnisse der Prüfungen bzw. die Wartungsmaßnahmen müssen im Funktagebuch oder im Seetagebuch dokumentiert werden. Nicht selbst behebbare Schäden müssen dem Kapitän gemeldet werden. Ist die Betriebssicherheit erkennbar beeinträchtigt, ist unverzüglich für die sachgerechte Instandsetzung zu sorgen. Mitarbeiter des Abnahme- und Prüfdienstes *(BSH)* haben das Recht, Funkanlagen an Bord jederzeit zu prüfen. Der Kapitän und die Wachoffiziere (Funker) müssen dafür sorgen, dass die Funkanlagen nicht von Unbefugten bedient werden können.

(1) Dienstbehelfe für Seefunkstellen

Dienstbehelfe sind Unterlagen mit Vorschriften oder Informationen, die von einer *SeeFust* benötigt werden, um möglichst reibungslos am Seefunkdienst teilnehmen zu können. Zu den Dienstbehelfen gehören sowohl die von der *Internationalen Fernmelde-Union (ITU)* in Genf herausgegebenen Unterlagen als auch solche von amtlichen oder zuständigen deutschen Stellen oder Stellen des Auslands. Sie werden im Allgemeinen periodisch ergänzt, berichtigt oder erneuert. Es besteht die Vorschrift, dass bei der *SeeFust* immer die neuesten Ausgaben und die letzten Nachträge zu Verfügung stehen. Erforderliche Berichtigungen sind vor Reisebeginn durchzuführen. Die Berichtigungen sind in den Dienstbehelfen zu dokumentieren.

Die Neuausgabe der internationalen und deutschen Dienstbehelfe wird in den *Nachrichten für Seefahrer (NfS)*, die selbst ein Dienstbehelf sind, bekannt gegeben. In den *NfS* wird über wichtige

9.1 Betrieb des mobilen Seefunkdienstes

Änderungen und Neuerungen im Seefunkdienst unterrichtet. Die in den *NfS* enthaltenen Anweisungen sind für *SeeFust* und deren Funkpersonal verbindlich. Das Mitführen von Dienstbehelfen ist grundsätzlich in den Nebenbestimmungen (Auflagen) der Urkunde zum Betreiben von *SeeFust* (Frequenzzuteilung) vorgeschrieben.

Als herausragender internationaler Dienstbehelf erfüllen die *Admiralty List of Radio Signals* (Vol. 1–6) [9.1.3] alle Anforderungen für die Unterstützung eines sicheren und störungsfreien Funkverkehrs. Für den Revierfunk in den deutschen Küstengewässern sollte der *VTS Guide Germany* des *BSH* an Bord sein.

(2) Dienstbehelfe der *ITU*

- *Verzeichnis der Küstenfunkstellen/List of Coast Stations (ITU, List IV)*: Neuausgabe alle zwei Jahre, zusammenfassender Nachtrag alle sechs Monate;
- *Verzeichnis der Seefunkstellen/List of Ship Stations (ITU, List V)*: erscheint in zwei Bänden, Neuausgabe jährlich, Nachtrag vierteljährlich;
- *Verzeichnis der Ortungsfunkstellen und der Funkstellen für Sonderfunkdienste/List of Radiodetermination and Special Service Stations (ITU, List VI)*: Neuausgabe bei Bedarf, zusammenfassender Nachtrag alle sechs Monate;
- *Verzeichnis der Rufzeichen und Rufnummern des Seefunkdienstes und des Seefunkdienstes über Satelliten/List of Call Signs and Numerical Identities of Stations Used by Maritime and Maritime Mobile-Satellite Services (ITU, List VII A)*: Neuausgabe alle zwei Jahre, zusammenfassender Nachtrag alle drei Monate;
- *Handbuch für den Seefunkdienst und den Seefunkdienst über Satelliten/Manual for Use by Maritime and Maritime Mobile-Satellite Services (ITU)*: Neuausgabe und Berichtigung bei Bedarf.

(3) *Internationales Signalbuch (ISB)*

Alle Schiffe, die nach *SOLAS 74/88* funkausrüstungspflichtig sind, müssen das *Internationale Signalbuch (ISB)* mitführen [9.1.4].

(4) Aufzeichnungen über den Funkdienst

- Für Funkstellen an Bord von Seefahrzeugen, die nach *SOLAS* mit *GMDSS*-Funkanlagen ausgerüstet sein müssen, und
- für übrige Sprech-Seefunkstellen an Bord von Seefahrzeugen, die zur Führung des Seetagebuchs verpflichtet sind, gilt folgende Regelung:

Das Führen eines Funktagebuchs ist nicht mehr erforderlich. Statt dessen sind gemäß *Anhang S 16 Abschnitt 3* der *VO Funk (international: Radio Regulations: RR)* folgende Angaben mit Zeit *(UTC)* und Datum sofort in das Seetagebuch einzutragen:

- eine Zusammenfassung aller Aussendungen, die sich auf Not-, Dringlichkeits- und Sicherheitsfälle beziehen (Notmeldungen und Notverkehr sind, wenn möglich, wörtlich einzutragen);
- wichtige Dienstvorkommnisse (Ausfall der Funkanlage, Wartung und Reparatur der Funkgeräte, Empfangsschwierigkeiten, amtliche Prüfungen der *SeeFust* usw.),
- täglich einmal der Standort des Fahrzeugs,
- Wartung und Aufladen der Batterien.

Die Dokumentation des Funkbetriebs im *GMDSS Radio Logbook* wird empfohlen.

(5) Fernmeldegeheimnis

Alle Personen an Bord, die die Funkanlage bedienen bzw. die *SeeFust* beaufsichtigen, müssen nach *Telekommunikationsgesetz (TKG)* das Fernmeldegeheimnis wahren. Ebenso müssen alle

Personen an Bord, die von Seefunkgesprächen oder anderen durch den Funkdienst empfangene Nachrichten aufgrund ihrer dienstlichen Tätigkeit Kenntnis erhalten, z. B. der Rudergänger, darüber Stillschweigen bewahren. Es darf nicht einmal mitgeteilt werden, dass überhaupt Fernmeldeverkehr stattgefunden hat. Insbesondere ist zu beachten bzw. gilt:

- Es dürfen keine Funksendungen empfangen werden, die nicht für die eigene *SeeFust* bestimmt sind.
- Die Schweigepflicht gilt für alle Mitteilungen, die über die *SeeFust* abzuwickeln sind.
- Verletzungen des Fernmeldegeheimnisses werden strafrechtlich verfolgt.
- Dem Schiffsführer gegenüber besteht keine Pflicht zur Wahrung des Fernmeldegeheimnisses.

Folgende Funksendungen dürfen von allen *SeeFust* aufgenommen werden:

- Meldungen an alle Funkstellen (*CQ*-Meldungen); z. B.: Wetterberichte der *KüFust* oder Sammelanrufe der *KüFust*,
- Wettermeldungen anderer *SeeFust* für amtliche Stellen, soweit sie für den eigenen Gebrauch verwendet werden,
- Nachrichten, die an andere *SeeFust* weiterzuleiten sind.

Weiter gilt:

- Andere Funkaussendungen, (z. B. Presse- oder Wirtschaftsnachrichten, Fernseh- und Rundfunksendungen) dürfen nur empfangen werden, wenn die *SeeFust* Teilnehmer der betreffenden Dienste ist.
- Der Kapitän kann aus wichtigen Gründen der Schiffsführung die Aufnahme bestimmter Meldungen/Nachrichten verlangen.
- Privater öffentlicher Nachrichtenaustausch sollte, wenn möglich, nur im Funkraum abgewickelt werden. Ist dies nicht möglich, sollte der Teilnehmer darauf hingewiesen werden.

Zu beachten: Viele praktische Hinweise und gute Beispiele für die technische Betriebssicherheit und die Organisation einer *SeeFust* enthält *The Mariner's Guide to Marine Communications* [9.1.5].

9.2 Mobile Seefunkeinrichtungen – Funktechnik

Eine für alle Seegebiete ausgerüstete *SeeFust* umfasst sowohl terrestrische Funkeinrichtungen als auch satellitengestützte Systeme. Neben stationär installierten Funkanlagen sind auch mobile Geräte vorgeschrieben.

9.2.1 *VHF*-, *MF*- und *HF*-Seefunkgeräte

(1) *DSC*-Seefunkanlagen

Je nach Einsatzgebiet müssen *SeeFust* mit *Digital Selective Calling (DSC)*-Funkanlagen für *VHF*, *MF* und *HF* ausgerüstet sein. Dazu werden die entsprechenden Sende- und Empfangsanlagen mit im gleichen Frequenzbereich arbeitenden *DSC-Controllern* verbunden. In den *DSC-Controllern* werden die Nachrichten in Binärzeichen umgesetzt. Deren Elemente „0" und „1" werden in Form zweier Tonfrequenzen übertragen.

Für den Aufbau einer *DSC*-Nachricht steht ein Vorrat von insgesamt 128 Zeichen zur Verfügung. Diese werden aus jeweils zehn Binärzeichen so gebildet, dass bereits bei der Dekodierung ein fehlerhaft übertragenes Zeichen erkannt wird. Zur weiteren Erhöhung der Übertragungssicherheit wird jedes Zeichen zweimal gesendet. Jede Nachricht wird außerdem um

9.2 Mobile Seefunkeinrichtungen – Funktechnik

ein Prüfzeichen ergänzt. Damit ist auf einfache Weise sichergestellt, dass selbst bei stark gestörten Übertragungen nur fehlerfrei erkannte Nachrichten ausgewertet werden. Mit *DSC*-Seefunkanlagen ist jederzeit eine schnelle und sichere Seenotalarmierung „per Knopfdruck" möglich. In Registern werden die jeweils letzten 20 empfangenen Not-, Sicherheits- und Routineanrufe nicht löschbar gespeichert. Außerdem verfügen die *Controller* über Speicher, aus denen – wie bei Landtelefoneinrichtungen üblich – mit wenigen Tastendrücken Anrufe zur Aussendung gebracht werden können.

(2) *VHF-DSC*-Seefunkanlagen

VHF-DSC-Seefunkanlagen bestehen aus der Alarmierungseinrichtung (Senden und Empfangen), dem *DSC*-Kodierer und einer Sprechfunkanlage. Der gesamte *DSC*-Betrieb (Not-, Sicherheits- und Routineanrufe) wird im *VHF*-Bereich auf Kanal 70 durchgeführt. Moderne Anlagen bzw. gut aufeinander abgestimmte Geräte stellen den Anrufkanal und die Kanäle für die folgende Verkehrsabwicklung automatisch ein. *DSC*-Nachrichten werden mit einer Geschwindigkeit von 1200 Baud übertragen. Daraus ergibt sich eine Übertragungszeit für einen Anruf, je nach Datenumfang, von 0,45–0,63 s.

(3) *MF/HF-DSC*-Sefunkanlagen

MF/HF-DSC-Seefunkanlagen (Abb. 9.2.1) müssen – außer auf den ausschließlich für Not-, Dringlichkeits- und Sicherheitsanrufe erlaubten Frequenzen (*MF*: 2187,5 kHz; *HF*: 5 *DSC*-Not- und Sicherheitsfrequenzen) – für die Teilnahme am allgemeinen Funkverkehr auf besonderen internationalen und nationalen *DSC*-Frequenzen senden und empfangen können. Die Übertragungsgeschwindigkeit im *MF/HF*-Bereich beträgt 100 Baud. Daraus ergibt sich eine Übertragungszeit für einen *DSC*-Anruf, je nach Datenumfang, von 6,2–7,2 s. Mit *MF/HF-DSC*-Seefunkanlagen muss neben Sprechfunkverkehr auch Funkfernschreibverkehr (Radiotelex) möglich sein.

Abb. 9.2.1: *MF/HF-DSC*-Seefunkanlage

(4) *DSC*-Wachempfänger

Zur Überwachung der *DSC*-Not- und Sicherheitsfrequenzen sind Wachempfänger vorgeschrieben. Die *DSC*-Wachempfänger dürfen nicht versehentlich abschaltbar sein. Der Frequenzen scannende Not- und Sicherheits-Wachempfänger für *MF/HF* darf keine Routinefrequenzen überwachen. Entsprechend dem Einsatzgebiet gehören zur Ausrüstungspflicht:

- *VHF*: 1 *DSC*-Wachempfänger für den Kanal 70,
- *MF*: 1 *DSC*-Wachempfänger für 2187,5 kHz,
- *MF/HF*: 1 *DSC*-Wachempfänger für 2187,5 kHz und 5 *HF*-Frequenzen für Not- und Sicherheitsanrufe.

Alle *DSC*-Notalarme im *MF*- und *HF*-Bereich beginnen mit einem „200-bit 100-*baud dot pattern*". Dieses Muster erlaubt den Einsatz scannender Wachempfänger an Bord. Damit alle Notalarme sicher erkannt werden, darf ein Durchlauf durch alle Frequenzen nicht länger als 2 s dauern.

9 Telekommunikation

(5) Funkfernschreibanlagen

Für das Funkfernschreibverfahren im terrestrischen Seefunk (Radiotelex) wird neben einem *MF/HF*-Sender/Empfänger eine Fernschreibeinrichtung benötigt. Heute werden fast ausschließlich Anlagen betrieben, die einen Computer mit Drucker, Bildschirm (Abb. 9.2.2) und Tastatur als Terminal verwenden. Bei diesen Anlagen werden die zu übermittelnden Informationen zunächst in einen Speicher geschrieben, aus dem sie dann bei Bedarf abgefordert werden. Die aktuellen Geräte ermöglichen eine bequeme Textbearbeitung und können außerdem für Verwaltungsaufgaben eingesetzt werden. Der beim Landtelex übliche 5-Elemente-Code ist

Abb. 9.2.2: Radiotelexbildschirm – *ARQ*-Betrieb

für die Übertragung von Nachrichten auf dem Funkweg nicht geeignet. Durch atmosphärische Bedingungen kommt es zu *Fading*, Schwund, Rauschen usw.. Durch diese Einflüsse gestörte (verstümmelte) Signale sind mit dem 5-Elemente-Code nicht mehr eindeutig erkennbar. Aus diesem Grund wurde für den SITOR-Betrieb ein besonderer 7-Elemente-Code entwickelt. Bei diesem besteht jedes Zeichen aus vier Zeichenschritten *„Mark"* und drei Zeichenschritten *„Space"*. Über dieses Verhältnis erkennt die Empfangsstation, ob ein Zeichen komplett und unverstümmelt übertragen wurde. Nur wenn das 4:3-Verhältnis gegeben ist, kann das entsprechende Zeichen erkannt und ausgedruckt werden. Radiotelex arbeitet mit der Sendeart *F1B*, einem Telegrafiesystem, das mit Frequenzumtastung ohne Modulation durch eine Tonfrequenz arbeitet. Die Sendeart *F1B* erfordert frequenzstabile Sender und Empfänger.

(6) *VHF*-Handsprechfunkgeräte

Die *VHF*-Handsprechfunkgeräte für Überlebensfahrzeuge dienen primär zur Verständigung mit Fahrzeugen, die an der Suche und Rettung beteiligt sind. Sie dürfen auch für den Funkverkehr an Bord benutzt werden, wenn sie mit Akkumulatoren betrieben werden. *GMDSS*-zugelassene *VHF*-Handsprechfunkgeräte müssen in bis 1 m Wassertiefe wasserdicht sein. Sie müssen mindestens auf dem Kanal 16 und einem weiteren Kanal senden und empfangen können. Die Ausrüstung mit den Kanälen 6, 13, 15 und 17 wird empfohlen. Duplex-Kanäle sind nicht erlaubt. Die Geräte müssen während der Reise ständig betriebsbereit sein. Für den Einsatz im Rettungsmittel ist der Betrieb mit einer Lithiumzelle vorgeschrieben.

(7) *VHF*-Aero-Funkgeräte

Für die Abwicklung des Funkverkehrs bei Such- und Rettungsarbeiten vor Ort müssen Fahrgastschiffe Flugfunkgeräte mit den Frequenzen 121,5 und 123,1 MHz (Abb. 9.2.3) an der Position mitführen,

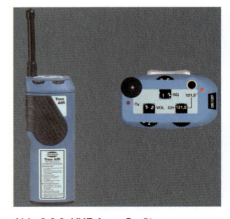

Abb. 9.2.3: *VHF*-Aero-Gerät

von der das Schiff gewöhnlich geführt wird *(conning station)*. Neben fest installierten Geräten erfüllen auch Handsprechfunkgeräte für den Flugfunkdienst die Ausrüstungsvorschrift.

9.2.2 *Inmarsat*-Schiffs-Erdfunkstellen

Die Sende- und Empfangseinrichtungen des *Inmarsat*-Systems – als Teil der Seefunkanlage an Bord von Seeschiffen – werden als Schiffs-Erdfunkstellen *(SES; Ship Earth Station)* bezeichnet. Die ursprünglich im Wesentlichen für die Verbesserung der Sicherheitskommunikation gegründete Inmarsat-Organisation stellt ihre Dienstleistungen aktuell auch für Endgeräte zur Verfügung, die nicht den Anforderungen des Sicherheitsfunksystems *GMDSS* entsprechen. Die folgenden *SES* erfüllen die *GMDSS*-Vorschriften.

Inmarsat A: *Inmarsat A*-Anlagen sind 1982 erstmalig für den kommerziellen Satellitendienst auf Seeschiffen installiert worden. Über das mit Analogtechnik und Parabolantenne, die für den Betrieb auf einen der vier *Inmarsat*-Satelliten auszurichten ist, arbeitende System waren bis zur Abschaltung am 31.12.2007 Telefonverbindungen (Duplex) in Direktwahl, Telefax-, Telex- und E-Mail-Betrieb sowie Datenverbindungen mit bis zu 64 kbit/s möglich. *Inmarsat A* erfüllte die Anforderungen des *GMDSS*-Systems.

Inmarsat B: Das digitale *Inmarsat B*-System ist 1994 eingeführt worden. *Inmarsat B* bietet die gleichen Dienste wie *Inmarsat A*, jedoch mit verbesserter Übertragungsqualität und -geschwindigkeit. Auch *Inmarsat B* benötigt eine Parabolantenne. Das *B-System* ist Bestandteil der *GMDSS*-Ausrüstung nach *SOLAS*.

Inmarsat C: Das 1991 in Betrieb genommene digitale *Inmarsat C*-System sendet und empfängt mit einer kompakten Rundstrahlantenne. Mit *Inmarsat C* können digitalisierbare Informationen (Telexe, E-Mails, Sensordaten usw.) gesendet und empfangen werden. Auch E-Mail-Betrieb über das Internet ist mit *C-Anlagen* möglich und wird von mehreren Küsten-Erdfunkstellen *(CES; Coast Earth Station)* angeboten. Telefon- und damit auch Telefaxbetrieb sind nicht möglich. *Inmarsat C* arbeitet mit dem *Store and Forward*-Verfahren (Speicherbetrieb). Bei dieser Betriebsart gibt es zu keinem Zeitpunkt eine direkte Verbindung zwischen den Teilnehmern.

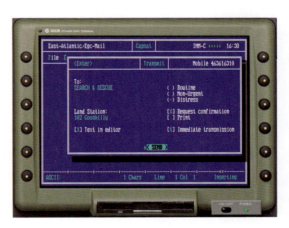

Abb. 9.2.4: *Inmarsat C*-Anlage

Das System sendet mit automatischem Datenfluss und einer Übertragungsgeschwindigkeit von 600 bit/s. Bei vorübergehender Störung wird die Übertragung automatisch fortgesetzt. *Inmarsat C*-Terminals (Abb. 9.2.4) haben Schnittstellen für Tastaturen, PCs (RS 232), Drucker und Navigationsrechner. Das *C-System* ist Bestandteil der *GMDSS*-Ausrüstung nach *SOLAS*.

Inmarsat Mini C: Die *Inmarsat Mini C*-Anlage erfüllt in der *GMDSS*-Version alle geforderten Funktionen einer *GMDSS*-kompatiblen *SES*. Das kompakte *Mini C*-Terminal zeichnet sich durch einen sehr geringen Energiebedarf aus. Die Anlage ist insbesondere für den Einbau auf Yachten und Fischereifahrzeugen entwickelt worden.

Inmarsat Fleet 77: *Inmarsat Fleet 77* wurde Ende 2001 eingeführt. Das System ermöglicht über ein einziges Terminal Sprachdienste und Datenübertragungen mit bis zu 128 kbit/s. Das herausragende Merkmal der *Fleet 77-SES* ist die Identifizierung der vier Prioritätsstufen gesendeter und empfangener Informationen *(Distress, Urgency, Safety* und *Routine)*. Notrufe haben Vorrang vor allen anderen Aussendungen. Mit dieser Technologie setzt die *SES Fleet 77* den Standard für zukünftige *GMDSS-SES*.

9.2.3   *EPIRBs*, *SARTs*, *NAVTEX*- und *EGC*-Empfänger

(1) Satelliten-Seenotfunkbaken *(EPIRBs)*

Satelliten-*EPIRBs (EPIRB; Emergency Position Indicating Radio Beacon)* sind selbstaufschwimmende Baken, die über 48 Stunden Notsignale senden und damit die Notposition kennzeichnen. Ein *EPIRB*-Alarm beinhaltet

– immer die Identität *(MMSI)* des Schiffes in Not oder die Seriennummer der Bake,
– abhängig vom Bakentyp die Position oder Informationen zur Positionsbestimmung und,
– wenn eingegeben, die Art des Notfalls.

Die Baken senden beim Aufschwimmen automatisch. Sie können aber auch manuell durch einen Schalter oder eine Fernbedieneinheit aktiviert werden. Der Aufstellungsort an Bord muss so gewählt werden, dass möglichst immer freie Sicht zu den Satelliten des jeweiligen Systems gewährleistet ist und das Aufschwimmen im Seenotfall unter allen Umständen möglich ist.

Zu beachten: Nach der Installation ist die zur Bake gehörende Registrierkarte unverzüglich auszufüllen und an die vorgeschriebene nationale Institution (Deutschland: *Bundesnetzagentur, Außenstelle Hamburg*) abzusenden. Fehler bei der Registrierung können im Seenotfall zur Verzögerung der Such- und Rettungsarbeiten führen. Optional werden *EPIRBs* mit einer Heizung als Schutz gegen Vereisung ausgerüstet. Möglich ist auch die Ausrüstung der Halterung mit einer Alarmanlage, um die Bake vor Diebstahl zu sichern.

a) *COSPAS-SARSAT-EPIRBs*

COSPAS-SARSAT-EPIRBs (406 MHz Satelliten-*EPIRBs*) der neuen Generation (Abb. 9.2.5) senden den Seenotalarm sowohl über die vier polumlaufenden Satelliten (*LEOSAR*-System) als auch über die fünf geostationären Satelliten (*GEOSAR*-System) des *COSPAS-SARSAT*-Systems an ein zugehöriges *Local User Terminal (LUT)*.

– Die polumlaufenden Satelliten berechnen die Position der Bake über den Doppler-Effekt. Die Positionsgenauigkeit beträgt 1 bis 2 sm. Als Alarmverzögerungszeiten wurden im Extremfall mehrere Stunden festgestellt.
– Die geostationären Satelliten empfangen die Notfallposition von der *EPIRB* (i.A. eingebauter *GPS*-Empfänger) und senden die Daten in wenigen Minuten zu den Bodenstationen des *GEOSAR*-Systems *(GEOLUTs)*.

Mit einem zusätzlichen Bakensignal auf 121,5 MHz (Reichweite etwa 20 sm) und einem *Xenon*-Blitzlicht unterstützen einige Baken die Zielfahrt *(homing)* für die Bergung.

Abb. 9.2.5: *COSPAS-SARSAT-EPIRB*

b) Die *Inmarsat E-EPIRB*

Das System *Inmarsat E* ist zum 01.12.2006 eingestellt worden. Alle registrierten *E-EPIRBs* sind von der *Inmarsat Ltd.* auf der Basis Gerät gegen Gerät kostenfrei gegen eine *COSPAS-SARSAT*-Bake mit GPS (Kap. 9.2.3 a)) getauscht worden.

c) Die *VHF-EPIRB*

Für das Seegebiet A1 (Kap. 9.4.3 (3)) kann an Stelle einer Satelliten-*EPIRB* eine *VHF-EPIRB* mit eingebautem Radartransponder (*SART*; s. u.) verwendet werden. Sie muss frei aufschwimmen können. Im Notfall sendet die *VHF-EPIRB* eine *DSC*-Alarmierung über den *VHF*-Kanal 70 aus, die sowohl von den Wachempfängern an Bord anderer Schiffe als auch von *KüFust/RCCs* (*RCC; Rescue Co-ordination Centre*) empfangen wird. Der Radartransponder unterstützt im Notfall die Such- und Bergungsoperationen.

(2) *SARTs*

Search and Rescue Radar Transponder *(SARTs)* (Abb. 9.2.6) gehören nach *SOLAS* zur Pflichtausrüstung und dienen im *GMDSS* zur Ortung von Schiffen in Seenot oder deren Überlebensfahrzeugen. Sie ermöglichen eine Zielfahrt zur Unfallposition mittels Radar (Kap. 2.6.7) auch bei schlechter Sicht. Der Transponder muss zunächst entweder manuell in den „*Standby-Modus*" geschaltet (aktiviert) werden, oder er wird bei „*float free*"-Modellen beim Aufschwimmen automatisch aktiviert. Ein betriebsbereiter Transponder wird durch Sendeimpulse von X-Band-Radargeräten (9 GHz-Bereich) angesprochen und sendet eine deutliche Kennung von zwölf Strichen. Von Suchschiffen, die eine Radarantenne in etwa 15 m Höhe haben, werden Transponder in 5–10 sm Entfernung ausgelöst. Die IMO schreibt für *SARTs* eine Reichweite von mindestens 5 sm bei einer Antennenhöhe von 1 m vor. Die Betriebsdauer beträgt 96 Stunden im Standby-Betrieb, gefolgt von einem Minimum von 8 h Sendezeit mit einer kontinuierlichen Abfrage mit einer Impulswiederholfrequenz von 1 kHz. Die Aussendung der Transponderimpulse wird optisch und akustisch angezeigt. Bei einigen *EPIRBs* wird auch der Standby-Betrieb optisch und/oder akustisch angezeigt.

Abb. 9.2.6: *SART*

(3) *NAVTEX*-Empfänger

NAVTEX (Navigational Warnings by Telex)-Anlagen bestehen aus einem Festfrequenzempfänger (Abb. 9.2.7), einem Drucker und einer Fehlerkorrektureinheit. Sie empfangen terrestrisch ausgestrahlte Sicherheitsmeldungen für die Schifffahrt. Die Aussendung der *NAVTEX*-Meldungen erfolgt im *MF*-Bereich auf den Frequenzen 518 kHz (internationaler *NAVTEX*-Dienst in englischer Sprache) und 490 kHz (nationaler *NAVTEX*-Dienst in der jeweiligen Landessprache). Die Aussendungen haben eine Reichweite zwischen 250 und 400 sm, abhängig von der Sendeleistung und den Ausbreitungsbedingungen. *SOLAS-IV* schreibt nur *NAVTEX*-Empfänger vor, die die Aussendungen auf 518 kHz empfangen und ausdrucken können. In tropischen Gebieten, in denen die *MF*-Aussendungen starken atmosphärischen Störungen unterliegen, können die Meldungen zusätzlich auch auf der *HF*-Frequenz 4209,5 kHz gesendet werden.

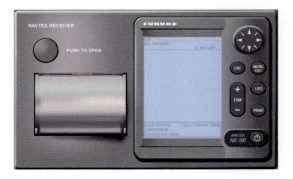

Abb. 9.2.7: *NAVTEX*-Empfänger

(4) *EGC*-Empfänger

EGC (Enhanced Group Call)-Empfänger sind auf allen Schiffen vorgeschrieben, deren Einsatzgebiete außerhalb der *NAVTEX*-Gebiete liegen. *EGC*-Schifffahrtssicherheitsinformationen *(MSI; Maritime Safety Information)* werden im Satellitenfunkdienst über das *Inmarsat*-System verbreitet. Sie werden über Einkanalempfänger empfangen. Diese können Bestandteil einer *Inmarsat C*-Satelliten-Empfangsanlage sein. Es gibt aber auch eigenständige *EGC*-Empfänger. Der Grundempfänger besteht aus einem Decoder, einem Demodulator, einem Prozessor und einem Drucker. Im *EGC*-System sendet jeder *Inmarsat*-Satellit einen Träger auf einem zugewiesenen Kanal aus und ermöglicht allen – mit entsprechenden *Inmarsat*-Anlagen ausgerüsteten Schiffen – an sie adressierte *EGC*-Meldungen automatisch zu empfangen. Der *EGC*-Träger hat eine größere Leistung als die Signale der normalen Satellitenkommunikation, um die sichere Überwachung zu gewährleisten. Die Geräte müssen einen 60-s-Stromausfall ohne Datenverlust überstehen. Notalarmierungen in der Verkehrsrichtung Land–Schiff lösen einen optischen und akustischen Alarm aus und müssen manuell quittiert werden.

9.3 Sprechfunkdienst

9.3.1 Vorbereitung des Funkverkehrs – Funkanruf

(1) Sendefrequenzen

SeeFust dürfen nur die ihnen zugeteilten Sendefrequenzen benutzen. Dabei sind die vorgeschriebene Zweckbestimmung und die Verkehrsrichtung zu beachten:

– Anruffrequenzen: Verkehrsrichtung Schiff–Land und Verkehrsrichtung Schiff–Schiff
– Arbeitsfrequenzen: Verkehrsrichtungen Schiff–Land/Land–Schiff und Schiff–Schiff

Zu beachten: Bestimmte Frequenzen, insbesondere im *MF*-Bereich (Grenzwelle) dürfen nur in festgelegten Gebieten (Verwendungsgebiete) benutzt werden. Für jede Frequenz ist die Sendeart, mit der sie betrieben werden darf, festgelegt. Der Sprechfunkverkehr darf, mit Ausnahme des Not-, Dringlichkeits- und Sicherheitsverkehrs, nur auf Arbeitsfrequenzen abgewickelt werden. Die üblichen Arbeitsfrequenzen der *KüFust* sind im internationalen Verzeichnis *List of Coast Stations* (Dienstbehelfe; Kap. 9.1.3 (2)) fett gedruckt. In anderen Dienstbehelfen sind die Arbeitsfrequenzen, bei *VHF* auch die Nummern der Arbeitskanäle, häufig fett gedruckt oder unterstrichen.

(2) Sprechweg/Kanal

Im Sprechfunkverkehr zwischen *SeeFust* und *KüFust* benutzen diese im Allgemeinen zwei unterschiedliche Sendefrequenzen (Duplex-Betrieb). Sind diese Frequenzen einander fest zugeordnet, bezeichnet man sie als Sprechweg oder Kanal. Hat eine *KüFust* mehrere Kanäle, können diese nummeriert sein (1. Kanal, 2. Kanal oder 1. Sprechweg...).

(3) Anrufvorbereitungen – Wiederholen eines Anrufs

Entsprechend der 1. Grundregel für den Seefunkdienst „Erst hören – dann senden" wird grundsätzlich zuerst der Empfänger eingeschaltet. Vor der Inbetriebnahme des Geräts sind mit Hilfe der Dienstbehelfe (Kap. 9.1.3 (2)) die Informationen über Frequenzen, Kanäle, Sendezeiten, Betriebsverfahren und Dienste der jeweiligen *KüFust* zu ermitteln. Erst wenn sich eine *KüFust* mit ihrem eigenen Namen meldet, besteht absolute Gewissheit über die eingestellte Station. Für alle Funkstationen gilt deshalb: Keine Aussendung ohne eigenen Stationsnamen. Vor *VHF*-Anrufen

9.3 Sprechfunkdienst

an *KüFust* ist die Rauschsperre *(SQUELCH)* auszuschalten, um die Empfindlichkeit des Empfängers zu vergrößern. Lautes Rauschen zeigt an, dass der eingestellte Kanal frei ist.

Jede Funkstelle muss sich vor Beginn eines Anrufs vergewissern, dass sie keinen anderen Funkverkehr stört. Ist eine solche Störung wahrscheinlich, wartet die Funkstelle eine geeignete Pause für den Anruf ab. Wird trotzdem ein Verkehr gestört, muss das Senden auf Verlangen der Funkstelle, deren Verkehr gestört wird, sofort beendet werden. Der störenden Funkstelle ist eine voraussichtliche Wartezeit mitzuteilen.

Ein nicht beantworteter Anruf darf in Abständen von 3 min wiederholt werden. Auch vor einer Wiederholung muss geprüft werden, dass kein anderer Funkverkehr gestört wird und die gerufene Funkstelle nicht mit einer anderen Funkstelle Verkehr abwickelt. In Gebieten, in denen eine zuverlässige Verbindung mit einer gerufenen *KüFust* möglich ist (*VHF*-Bereich), darf eine rufende *SeeFust* den Anruf jedoch wiederholen, sobald sie sicher ist, dass die *KüFust* keinen anderen Verkehr mehr abwickelt.

9.3.2 IMO SMCP und *Internationales Signalbuch (ISB)*

Die IMO-Standardredewendungen für die Seefahrt *(IMO Standard Marine Communication Phrases; SMCP)* [9.3.1, 9.3.2] wurden 2001 als *Resolution A1.918(22)* verabschiedet. Gemäß dem internationalen *STCW-Übereinkommen* werden das Verstehen und die Verwendung der IMO-Standardredewendungen für die Zeugniserteilung von nautischen Wachoffizieren auf Schiffen von 500 BRZ und mehr verlangt.

(1) Zielsetzungen und Einordnung der *SMCP* in der Praxis

Die IMO-Standardredewendungen für die Seefahrt wurden entwickelt, um
- die Sicherheit in der Seeschifffahrt zu erhöhen,
- die Sprache zu standardisieren, die zur Verständigung auf See, auf Revieren und Wasserstraßen und in Häfen sowie an Bord von Schiffen mit mehrsprachigen Besatzungen verwendet wird und
- die schifffahrtsbezogenen Ausbildungsstätten bei der Erreichung der genannten Ziele zu unterstützen.

Die Verwendung der Redewendungen muss in strenger Einhaltung der von der *ITU in der Vollzugsordnung für den Funkdienst (VO Funk;* engl.: *Radio Regulations; RR)* festgelegten Verfahren erfolgen. Den *SMCP* sollte immer der Vorzug gegeben werden gegenüber anderen Formulierungen mit ähnlicher Bedeutung. Insbesondere sollte der Aufbau der Redewendungen nicht verändert werden. Die IMO-Redewendungen sollen sich zu einer anerkannten Sicherheitssprache auf der Grundlage des Englischen für den mündlichen Austausch von Informationen zwischen den Menschen aller Nationen, die Seeschifffahrt betreiben, entwickeln. Eine CD, die mit der gewünschten Aussprache der Redewendungen vertraut machen soll, kann bei der IMO angefordert werden.

Die IMO-Redewendungen gliedern sich in zwei Teile:
- Teil A: externe Kommunikation
- Teil B: Kommunikation an Bord

Teil A kann als Ablösung des Seefahrtstandardvokabulars von 1985 angesehen werden. Ergänzt wird dieser Teil durch wichtige Redewendungen aus den Bereichen Schiffsführung und Sicherheit der Schifffahrt. Teil B bezieht sich auf andere sicherheitsbezogene Redewendungen an Bord, die als nützliche Ergänzung zu Teil A auch für die Ausbildung im maritimen Englisch anzusehen sind.

(2) Wesentliche kommunikative Merkmale der *SMCP*

Die *SMCP* bauen auf Grundkenntnisse in der englischen Sprache auf. Sie wurden absichtlich in einer vereinfachten Form des maritimen Englisch abgefasst. Die grammatische, lexikalische und idiomatische Vielfalt der englischen Sprache wird auf ein annehmbares Minimum reduziert. Die *SMCP* verwenden als wesentliches Merkmal standardisierte Strukturen. Diese unterstützen die angestrebten funktionalen Aspekte, z. B. Verminderung von Missverständnissen in der verbalen Kommunikation. Dabei berücksichtigen die *SMCP* den aktuellen maritimen englischen Sprachgebrauch an Bord in der Schiff-Land- und der Schiff-Schiff-Kommunikation. Dies bedeutet, dass in den Redewendungen, die für Gefahren- und andere Situationen angeboten werden, welche einem erheblichen Zeitdruck oder psychologischem Stress unterliegen sowie in Navigationswarnungen eine Blocksprache verwendet wird. Die Funktionswörter *„the"*, *„a/an"*, *„is/are"* werden entweder ausgelassen oder nur sparsam verwendet, wie es in der Seefahrtpraxis üblich ist. Die Nutzer können allerdings in dieser Hinsicht flexibel sein.

Die weiteren sprachlichen Empfehlungen können wie folgt zusammengefasst werden:
- Vermeiden von Synonymen,
- Vermeiden von kontrahierten Formen,
- Anbieten vollständig ausformulierter Antworten auf „yes/no"-Fragen,
- Anbieten alternativer Basisantworten auf Satzfragen,
- Beschränkung jeder Redewendung auf jeweils ein Ereignis,
- Strukturieren der Redewendungen: identischer unveränderlicher Hauptteil plus veränderlicher Zusatz.

Die IMO-Redewendungen ersetzen nicht das *Internationale Signalbuch (ISB)*.

(3) Verwendung des *ISB* im Sprechfunkverfahren

Das *Internationale Signalbuch* von 1969 ergänzt insbesondere mit dem ärztlichen Abschnitt, der mit Hilfe der *Weltgesundheitsorganisation* zusammengestellt wurde, die *IMO-SMCP*. Die in den beiden Teilen

I. Ersuchen um ärztliche Hilfe,
II. Ärztlicher Rat

und in den Ergänzungstafeln M1 bis M3 (M1: Einteilung des Körpers, M2: Liste der wichtigsten Krankheiten, M3: Liste der Medikamente) aufgeführten Erläuterungen, Anweisungen und Informationen sind Gegenstand der medizinischen Ausbildung für die nautischen Schiffsoffiziere. Erleichtert wird der Gebrauch des ärztlichen Abschnittes durch alphabetische Sachregister. Alle zur Verfügung gestellten Formulierungen, Beschreibungen und Bezeichnungen können sowohl als Klartext im Sprechfunkverfahren als auch als *„ISB*-Codegruppe" übermittelt werden. Sämtliche Codegruppen des ärztlichen Abschnittes beginnen mit dem Buchstaben M (Medical).

9.3.3 Anruf und Verkehrsabwicklung

(1) Sprechfunkanrufe

Jeder Funkverkehr wird grundsätzlich mit einem „Anruf" eingeleitet. Vorgeschrieben ist für Sprechfunkanrufe folgendes Grundmuster (Funkspruch 9.3.1):
- höchstens dreimal den Namen der gerufenen Funkstelle,
- die Wörter HIER IST oder THIS IS oder DE (gesprochen: DELTA ECHO),
- höchstens dreimal den Namen der rufenden Funkstelle und
- einmal das Rufzeichen der rufenden Station.

9.3 Sprechfunkdienst

> Farsund Radio Farsund Radio Farsund Radio
> THIS IS
> Holstein Holstein Holstein / DLOF
> I have a phone call to Hamburg, (over)
>
> **Funkspruch 9.3.1: Sprechfunkanruf – Grundmuster**

Die Namen der Funkstellen sollten nur bei störungsarmen Verbindungen *(VHF)* weniger als dreimal genannt werden. Bei guten Bedingungen ist auch der Grund für den Anruf (Gesprächsanmeldung, Travelreport *(TR)*, usw.) anzugeben. Im Simplex- oder Semi-Duplex-Verkehr ist abschließend das Wort „*over*" zu sprechen. Es zeigt der gerufenen Funkstelle an, dass sie antworten soll. Die größeren *MF-KüFust* für den öffentlichen Nachrichtenaustausch sind ununterbrochen auf 2182 kHz hörbereit. Zusätzlich sind viele *KüFust* ununterbrochen oder zu bestimmten Zeiten auf einer oder mehreren Schiff-Land-Frequenzen (Arbeitsfrequenzen) hörbereit. Auf diesen nationalen Schiff-Land-Frequenzen sollen die *KüFust*, möglichst auch von den *SeeFust* anderer Länder, gerufen werden, um die Frequenz 2182 kHz zu entlasten. Anrufe auf 2182 kHz dürfen nicht länger als 1 min dauen. Bevor eine Station auf 2182 kHz sendet, muss sie sich vergewissern, dass kein Notverkehr läuft.

(2) Anrufverfahren mittels *DSC* im *MF-(GW)*-Bereich

Soweit möglich sollten *KüFust* zur Abwicklung von öffentlichem Funkverkehr mit dem Digitalen Selektivrufverfahren *(DSC)* angerufen werden. Der Anruf wird von der *SeeFust* auf der *DSC*-Frequenz 2189,5 kHz gesendet. Die *KüFust* antwortet auf 2177 kHz. Die angerufene *KüFuSt* teilt in der *DSC*-Empfangsbestätigung die für die Gesprächsabwicklung vorgesehenen Sendefrequenzen (z. B.: *KüFust*: 1785 kHz; *SeeFust*: 2129 kHz) mit. Nach dem Umschalten auf diese Sprechfunkfrequenzen (aktuelle *MF-DSC*-Funkanlagen schalten automatisch um) muss die *SeeFust* warten, bis die angerufene *KüFust* den Sprechfunkverkehr aufnimmt.

a) Verkehrsaufnahme (Funkspruch 9.3.2) und -abwicklung (Funksprüche 9.3.3 bis 9.3.5)

> 211206270 (MMSI der SeeFust Holstein)
> THIS IS
> Farsund Radio
> good morning, what can I do for you?
>
> **Funkspruch 9.3.2: KüFust „Farsund Radio" – Aufnahme des Verkehrs auf 1785 kHz**

> Farsund Radio
> THIS IS
> 211206270 / Holstein / DLOF
> I have a phone call to Germany; country code: 0049,
> area code: 40, phone number:
> 890 xxx-xxx, MY ACCOUNTING CODE IS DPxx
>
> **Funkspruch 9.3.3: SeeFust „Holstein" – Antwort mit dem "Anliegen" auf 2129 kHz**

> Holstein
> THIS IS
> Farsund Radio
> one moment please, I'll call Germany for you
>
> **Funkspruch 9.3.4: KüFust – Antwort**

> Holstein
> THIS IS
> Farsund Radio
> Hamburg is in the line, go ahead please
>
> **Funkspruch 9.3.5: KüFust – Meldung nach Bereitstellung der Verbindung**

b) Beendigung des Funkverkehrs (Funksprüche 9.3.6 und 9.3.7)

> Holstein
> THIS IS
> Farsund Radio
> it was a 6 minutes call, there is no traffic on hand for you, have a nice trip, bye-bye
>
> **Funkspruch 9.3.6: KüFust – Beendigung des Funkverkehrs**

> Farsund Radio
> THIS IS
> Holstein
> thanks, have a good watch, bye-bye
>
> **Funkspruch 9.3.7: SeeFust – Abschlussmeldung**

Ein *MF-DSC*-Anruf für öffentlichen Verkehr darf wiederholt werden, wenn innerhalb von 5 min keine Empfangsbestätigung empfangen wird. Wird auch der Wiederholungsanruf nicht bestätigt, müssen weitere Anrufversuche 15 min zurückgestellt werden.

(3) Schiff-Schiff-Verkehr im *MF-(GW)*-Bereich

Seit dem 1.2.1999 wird die Frequenz 2182 kHz von *SeeFust* nicht mehr abgehört. Es wird empfohlen, sich nach vorheriger Vereinbarung direkt auf einer Schiff-Schiff-Frequenz oder per *DSC* auf der Frequenz 2177 kHz anzurufen. Die Abwicklung des Verkehrs erfolgt dann im Sprechfunkverfahren auf einer zugelassenen Schiff-Schiff-Frequenz. Routineanrufe sind auf der *DSC*-Not- und Sicherheitsfrequenz 2187,5 kHz nicht gestattet.

(4) Öffentlicher Nachrichtenaustausch im Sprechfunkverfahren im *HF-(KW)*-Bereich

Der Ausbau der Satellitenkommunikationssysteme, die einfache Bedienung der Satellitenanlagen an Bord, die gute Übertragungsqualität und günstige Gesprächskosten haben dazu geführt, dass der öffentliche Nachrichtenaustausch im Sprechfunkverfahren im *HF*-Bereich nur noch von sehr wenigen *KüFust* angeboten wird. Sprechfunkanrufe, *DSC*-Anrufe und die Verkehrsabwicklung werden im *HF*-Bereich analog zum *MF*-Bereich durchgeführt.

(5) Sprechfunkverkehr im *VHF-(UKW)*-Bereich

Der *VHF*-Bereich für den Sprech-Seefunkdienst liegt zwischen 156 MHz und 174 MHz. Die Kanäle 1 bis 28 und 60 bis 88 stehen zur Verfügung. Seit dem 1. Januar 1986 darf der *VHF*-Kanal 70 nicht mehr für den Sprechfunkverkehr benutzt werden. Er ist ausschließlich dem Digitalen Selektivrufverfahren *(DSC)* vorbehalten. Bei Geräten, die vor dem 1. Januar 1986 eingebaut und genehmigt wurden, sind Sprechfunkaussendungen jedoch noch möglich. Durch Sprechfunkaussendungen auf Kanal 70 werden *DSC*-Anrufe nachhaltig gestört. Ein *DSC*-Notalarm kann unter Umständen völlig unterdrückt werden.

Zu beachten: Sprechfunkverkehr auf Kanal 70 ist unzulässig und wird als Verstoß gegen die geltenden Bestimmungen *(TKG)* des Seefunkdienstes behandelt.

(6) Öffentlicher und nichtöffentlicher Verkehr im *VHF*-Bereich

Im *VHF*-Bereich sind von Bedeutung:

- **Öffentlicher Funkverkehr:** Funkgesprächs-, Funktelegramm- und Fernschreibverkehr über das öffentliche Netz,
- **Nichtöffentlicher Funkverkehr:** Schiffsbetrieblicher Funkverkehr, Revier- und Hafenfunkdienst, Verbindungen über *KüFust* des Revier- und Hafenfunkdienstes mit dem öffentlichen Fernmeldenetz sind nicht zugelassen. Es dürfen nur Mitteilungen übermittelt werden, die sich auf das Führen, die Fahrt oder die Sicherheit von Schiffen beziehen.

(7) Der *VHF*-Kanal 16

Kanal 16 (156,8 MHz) ist der internationale Not-, Sicherheits- und Anrufkanal. Er darf nur verwendet werden für

- Notanrufe und Notverkehr,
- Aussendung des Dringlichkeitszeichens und von Dringlichkeitsmeldungen,
- Aussendung des Sicherheitszeichens und von Sicherheitsmeldungen,
- Anrufe und deren Beantwortung nach den Bestimmungen der Verkehrsabwicklung im *VHF*-Bereich,
- die Ankündigung von Sammelanrufen und wichtigen Schiffssicherheitsmeldungen,

9.3 Sprechfunkdienst

– einen kurzen, die Sicherheit der Schifffahrt betreffenden Funkverkehr, wenn es darauf ankommt, dass alle *SeeFust*, die sich in *VHF*-Reichweite befinden, die Aussendung empfangen und
– Selektivanrufe.

Grundsätzlich sind Aussendungen auf Kanal 16 auf ein Mindestmaß zu beschränken. Die Übermittlung eines Anrufs und der zusätzlichen Angaben für die Vorbereitung des Verkehrs dürfen nicht länger als 1 min dauern (ausgenommen in Not-, Dringlichkeits- und Sicherheitsfällen). Wenn die Möglichkeit besteht, eine *KüFust* auf einem Arbeitskanal zu rufen, muss dies getan werden.

(8) Anrufkanäle der Küstenfunkstellen

Im *VHF*-Bereich werden *KüFust*, die nicht mittels *DSC* erreichbar sind, von *SeeFust* auf einem ihrer Arbeitskanäle über Sprechfunk angerufen. Ist dieses nicht möglich, dürfen der Anruf und die Beantwortung ausnahmsweise auf Kanal 16 durchgeführt werden. Die *KüFust* bestimmt den Arbeitskanal für die Verkehrsabwicklung. *KüFust* des Revier- und Hafenfunkdienstes werden grundsätzlich auf ihrem Arbeitskanal angerufen. Als umfassende Dienstbehelfe (Kap. 9.1.3 (1), (2)) stehen für diesen Bereich die Bände 1 und 2 *Pilot Services, Vessel Traffic Services and Port Operation* der *Admiralty List of Radio Signals, Volume 6* und der *VTS Guide Germany* des *BSH* zur Verfügung.

(9) Verkürzter *VHF*-Anruf

Wenn die Bedingungen zum Herstellen einer *VHF*-Verbindung gut sind (keine Störungen, gute Lautstärke), ist der Name der gerufenen Funkstelle nur einmal und der Name der rufenden Funkstelle nur zweimal zu sprechen. Im Anruf sind der Grund des Anrufs und, soweit erforderlich, der Arbeitskanal zu nennen (Funkspruch 9.3.8). Beispiel: Anforderung der Landradarberatung im Bereich Brunsbüttel Radar I auf Kanal 62.

> Brunsbüttel Radar I
> THIS IS (HIER IST oder DE)
> Holstein Holstein / DLOF
> Elbe inbound, position near buoy No 53, shore based radar assistance requested
> **Funkspruch 9.3.8: Verkürzter *VHF*-Anruf**

(10) Schiff-Schiff-Verkehr im *VHF*-Bereich

SeeFust rufen sich untereinander, soweit sie mit *VHF-DSC*-Seefunkanlagen ausgerüstet sind, mittels *DSC* auf Kanal 70. Nicht mit *DSC*-Seefunkgeräten ausgestattete *SeeFust* werden auf Kanal 16 gerufen. Die Verkehrsabwicklung erfolgt auf einem Schiff-Schiff-Kanal (6, 8, 72, 77, ...) entsprechend der Priorität des Verkehrs. Nachrichten „AN ALLE FUNKSTELLEN" sollten sowohl mittels *DSC* auf Kanal 70 als auch im Sprechfunkverfahren angekündigt werden. Die Meldungen sind auf Kanal 13 oder 16 zu verbreiten. Kanal 13 ist für jede *SeeFust* vorgeschrieben.

(11) Schiff-Schiff-Verkehr/Anruf auf Kanal 16 (Funksprüche 9.3.9 bis 9.3.13)

Holstein Holstein HIER IST Anita Anita / DOAK ich habe eine Frage ich gehe auf Kanal 8, over **Funkspruch 9.3.9: Anruf Schiff-Schiff auf Kanal 16**	Anita Anita HIER IST Holstein Holstein / DLOF verstanden ich gehe auf Kanal 8, over **Funkspruch 9.3.10: Antwort auf Kanal 16**	Holstein HIER IST Anita verstanden, ich höre auf Kanal 8, over **Funkspruch 9.3.11: Bestätigung der rufenden *SeeFust***
Holstein HIER IST Anita hören sie mich? Over **Funkspruch 9.3.12: Anruf auf dem vereinbarten Arbeitskanal (Kanal 8)**	Anita HIER IST Holstein ich höre sie gut, over **Funkspruch 9.3.13: Antwort auf dem Arbeitskanal**	

Im Weiteren erfolgen die Verkehrsabwicklung und der Verkehrsschluss; dabei ist von den beteiligten Stationen der Schiffsname nur noch einmal zu sprechen. Im Abstand von 15 min sollten die Schiffsnamen durch das Rufzeichen ergänzt werden.

(12) Sprechfunkverkehr zwischen Funkstellen an Bord

Sprechfunkverkehr zwischen Funkstellen an Bord ist ein nichtöffentlicher Funkverkehr für schiffsbetriebliche Zwecke.

Dazu gehören:
- interner Funkverkehr an Bord ein und desselben Schiffes,
- Funkverkehr zwischen Schiff und Rettungsbooten usw.,
- Funkverkehr innerhalb von Schlepp- und Schubverbänden.

In den genannten Fällen dürfen auch Personen die Funkgeräte bedienen, die kein Funkzeugnis haben. Dabei ist zu beachten:
- Im Hoheitsgebiet der Bundesrepublik Deutschland dürfen die tragbaren Funkgeräte nicht an Land benutzt werden.
- Im *VHF*-Bereich sind für den Anruf und die Verkehrsabwicklung die Kanäle 15 und 17 mit maximal 1 Watt Leistung zu benutzen.

Die Hauptfunkstelle eines Schiffes wird durch das Schlüsselwort „CONTROL" (Brücke) gekennzeichnet. Nebenfunkstellen heißen „ALFA" (Back), „BRAVO" (Heck) oder „CHARLIE" (Büro) usw. Beispiel: Die Station „Holstein Back" wird von der Station „Holstein Brücke" gerufen (Funkspruch 9.3.14).

> Holstein ALFA (Back) [höchstens dreimal]
> HIER IST (THIS IS)
> Holstein CONTROL (Brücke) [höchstens dreimal], over
>
> **Funkspruch 9.3.14: Bordinterner Anruf**

9.3.4   Not- und Sicherheitsverkehr im *VHF*-Bereich

Nach *Artikel 30.4* der *VO Funk* gelten für alle Schiffe, die die Techniken und Frequenzen des *GMDSS* nutzen, auch die Betriebsbestimmungen des *GMDSS*. „Nicht-*SOLAS*-Schiffe", die nicht gemäß *GMDSS* ausgerüstet sind, wickeln den Not-, Dringlichkeits- und Sicherheitsverkehr im *VHF*-Bereich nach den Vorschriften des Sprech-Seefunkdienstes ab. Im *MF*-Bereich kann der Not- und Sicherheitsfunkverkehr nur nach den Betriebsvorschriften des *GMDSS* durchgeführt werden, da viele *KüFust* und fast alle *SeeFust* die Hörwache auf der Frequenz 2182 kHz eingestellt haben. Alarmzeichengeber und -empfänger für 2182 kHz gehören im *GMDSS* nicht mehr zur Pflicht-Funkausrüstung. Eine sichere Notalarmierung ist deshalb auf 2182 KHz nicht mehr gewährleistet. Ein Beschluss des IMO-Unterausschusses *Suche und Rettung (COMSAR 8)* fordert auch weiterhin – wann immer es möglich ist – die Hörwache auf *VHF*-Kanal 16 für *SOLAS*-Schiffe.

Damit soll sichergestellt werden, dass ein Kanal für die Notalarmierung und den Notverkehr für „Nicht-*SOLAS*-Schiffe" zur Verfügung steht und die Schiffe untereinander über einen Anrufkanal verfügen.

(1) Notverkehr

Ein Seenotfall liegt vor, wenn ein Schiff oder eine Person von einer unmittelbaren Gefahr bedroht ist und sofortige Hilfe benötigt. Ob ein Seenotfall vorliegt entscheidet der Kapitän. Das Sprechfunk-Notzeichen besteht aus dem Wort „MAYDAY".

Notverkehr hat Vorrang vor allen anderen Aussendungen und wird vorzugsweise auf dem Not-, Sicherheits- und Anrufkanal, Kanal 16 (156,8 MHz), abgewickelt. Notmeldungen dürfen auch auf jeder anderen Frequenz ausgesendet werden. Grundsätzlich dürfen Funkstellen in Not alle Mittel benutzen, um Hilfe zu erlangen. Die Not kennt kein Gebot!

Insbesondere beim Sprechfunk-Notverkehr sind die folgenden Regeln zu beachten:

- Es ist so langsam zu sprechen, dass die wesentlichen Inhalte der Meldungen unter Verwendung üblicher Abkürzungen handschriftlich aufgezeichnet werden können.
- Wann immer möglich, sind die IMO *SMCP*-Redewendungen zu benutzen.
- Schwierige Wörter und Zahlen sind zu wiederholen und zu buchstabieren. Es ist die Buchstabiertafel aus dem *ISB* zu benutzen.
- Alle Zahlengruppen (*MMSI*, Position, usw.) sind ziffernweise zu sprechen.
- Es dürfen nur bekannte Abkürzungen benutzt werden. Dazu gehören z. B. die gebräuchlichen Q-Gruppen [9.3.3, 9.3.4].
- Code-Gruppen aus dem *ISB* werden mit *„INTERCO"* angekündigt.

(2) Notanruf – Notmeldung

Der Notanruf ist immer an alle gerichtet. Der Notanruf und die Notmeldung dürfen nur auf Anordnung des Kapitäns ausgesendet werden. Bestätigt werden darf erst nach der Übermittlung der Notmeldung. Der Notanruf hat absoluten Vorrang vor jedem anderen Verkehr. Wird ein Notanruf gehört,

- muss jede Störung des Notverkehrs vermieden werden,
- muss der Notanruf aufgezeichnet werden (Funktagebuch oder Seetagebuch),
- muss die Meldung beantwortet werden (Bestätigung),
- muss alles Erforderliche zur Hilfeleistung veranlasst werden,
- muss versucht werden, den Havaristen zu orten.

(3) Aussenden des Notanrufs und der Notmeldung auf Kanal 16

Die Seenotalarmierung besteht aus

- dem Notanruf,
- der Notmeldung,
- zwei Peilstrichen (etwa 10 s Dauer) und
- dem Namen mit dem buchstabierten Rufzeichen der *SeeFust* in Not (als Unterschrift) nach längeren Meldungen.

Wenn die *SeeFust* in Not keine Antwort auf ihre Notmeldung erhält, muss sie den Notanruf und die Notmeldung in Abständen (etwa 3 bis 4 min) wiederholen. Bevor ein Schiff völlig aufgegeben wird, sollen die Funkgeräte, falls erforderlich und möglich, auf ununterbrochenes Senden geschaltet werden.

(4) Bestätigung einer Notmeldung

Die Reihenfolge der Bestätigungen wird durch die Position des Havaristen bestimmt. Es ist zu unterscheiden:

- *SeeFust* ganz in der Nähe des Havaristen: Es muss sofort der Kapitän informiert werden. Der Empfang der Notmeldung muss – auf Anweisung des Kapitäns – sofort bestätigt werden.
- *KüFust* in der Nähe des Havaristen: *SeeFust* stellen die Bestätigung für kurze Zeit zurück, damit die *KüFust* zuerst bestätigen kann.
- *SeeFust* in Not mit Sicherheit nicht in der Nähe der eigenen *SeeFust*: Mit der Empfangsbestätigung ist etwas zu warten, um die Bestätigung näher liegender Funkstellen nicht zu stören.

9 Telekommunikation

– Havarist sehr weit entfernt und die eigene *SeeFust* kann mit Sicherheit keine Hilfe leisten: Der Empfang der Notmeldung braucht nur dann bestätigt werden, wenn keine andere Funkstelle bestätigt. Anschließend ist mit einer Mayday Relay-Meldung die zuständige Seenotleitstelle *(MRCC; Maritime Rescue Coordination Centre)* oder eine *KüFust* zu informieren.

(5) Informationen der bestätigenden Funkstelle an den Havaristen

Jede *SeeFust*, die den Empfang einer Notmeldung bestätigt, muss anschließend auf Anordnung des Kapitäns dem Havaristen sobald wie möglich folgende Informationen in der angegebenen Reihenfolge übermitteln (Notzeichen und Anruf sind voranzustellen):

– Schiffsname und Rufzeichen,
– Standort,
– Geschwindigkeit und voraussichtliche Ankunftszeit,
– gegebenenfalls bei ungenauer Notposition die rwP des Schiffes in Not (falls vorhanden).

Vor der Aussendung dieser Meldung ist sicherzustellen, dass die Aussendungen von anderen Funkstellen, die einen günstigeren Standort für eine Hilfeleistung haben, nicht gestört werden. Der Havarist bestätigt den Empfang.

(6) Notverkehr

Der Notverkehr umfasst alle Informationen über die Art des Notfalls, die gewünschten Hilfeleistungen, die erforderlichen Such- und Rettungsarbeiten, die Hilfsangebote sowie den Funkverkehr vor Ort bis zur Beendigung des Notverkehrs. Beim Notverkehr sind folgende Formvorschriften und Zuständigkeiten zu beachten:

– Jedem Anruf und jeder Meldung muss das Notzeichen „MAYDAY" vorangestellt werden.
– Die Koordinierung des Funkverkehrs vor Ort obliegt dem Havaristen oder dem am besten geeigneten Fahrzeug vor Ort *(On Scene Co-ordinator; OSC)*.
– Der Havarist, der *On Scene Co-ordinator* und die beteiligte *KüFust* bzw. Rettungsleitstelle dürfen den Funkstellen, die den Funkverkehr stören, Funkstille auferlegen (SILENCE MAYDAY).
– Jede andere Funkstelle kann Funkstille fordern (SILENCE DETRESSE).
– Der Notverkehr muss beobachtet werden und in das Funktagebuch oder Seetagebuch eingetragen werden (möglichst wörtlich).
– Kann das eigene Schiff nicht helfen und ist ausreichende Hilfe sichergestellt, darf die Beobachtung eingestellt werden.
– Es besteht ein Sendeverbot für unbeteiligte Funkstellen auf den Frequenzen, auf denen der Notverkehr abgewickelt wird.
– Ist die Beobachtung gewährleistet und wird sie nicht gestört, darf auf anderen Frequenzen gesendet werden.
– Eine von der leitenden Funkstelle „AN ALLE FUNKSTELLEN" gerichtete Meldung mit dem Schlüsselbegriff PRUDENCE erlaubt eingeschränkten Funkbetrieb auf den Notfrequenzen während des Notfalls.
– Eine von der leitenden Funkstelle „AN ALLE FUNKSTELLEN" gerichtete Meldung mit dem Schlüsselbegriff SILENCE FINI beendet den Notverkehr. Die Zeitangabe in der Schlussmeldung ist die Aufgabezeit der Meldung zur Beendigung des Notverkehrs.

Dringlichkeits- und Sicherheitsmeldungen dürfen während einer Pause im Notverkehr nur in verkürzter Form angekündigt werden. Dabei ist der Arbeitskanal, auf dem die Meldung ausgesendet werden soll, zu nennen.

9.3 Sprechfunkdienst

(7) Beispiel einer Verkehrsabwicklung im Notfall auf *VHF*-Kanal 16

a) Seenotalarmierung (Funksprüche 9.3.15 bis 9.3.18)

MAYDAY MAYDAY MAYDAY THIS IS Holstein Holstein Holstein / DLOF **Funkspruch 9.3.15: Notanruf**	MAYDAY Holstein / DLOF position 57-12 N 002-25 E (I repeat my Pos...) on fire assistance urgently requested, over **Funkspruch 9.3.16: Notmeldung**
Drücken der Sprechtaste (2x 10 Sekunden) **Funkspruch 9.3.17: Peilstriche**	Holstein / DLOF, over **Funkspruch 9.3.18: „Unterschrift"**

b) Bestätigung der Notmeldung
  (zuerst *KüFust*, wenn in der Nähe, dann *SeeFust*) (Funksprüche 9.3.19, 9.3.20)

MAYDAY Holstein Holstein Holstein / DLOF THIS IS Meteor Meteor Meteor/ DHPX RECEIVED MAYDAY, over **Funkspruch 9.3.19: Anruf und Bestätigung**	MAYDAY Meteor / DHPX THIS IS Holstein / DLOF understood, over **Funkspruch 9.3.20: Antwort des Havaristen**

c) Abgabe des Hilfsangebots (Funkspruch 9.3.21) auf Anordnung des Kapitäns
  (Sprechpause abwarten) und Antwort des Havaristen (Funkspruch 9.3.22)

MAYDAY Holstein / DLOF THIS IS Meteor / DHPX my position is 27 nm west of your position, speed 15 kn, ETA in approximately 2 hours, over **Funkspruch 9.3.21: Hilfsangebot**	MAYDAY Meteor / DHPX THIS IS Holstein / DLOF understood, over **Funkspruch 9.3.22: Antwort des Havaristen**

d) Anita/DOAK stört den Seenotverkehr (Funksprüche 9.3.23, 9.3.24)

Anita SILENCE MAYDAY **Funkspruch 9.3.23: Havarist oder OSC gebietet Funkstille**	Anita SILENCE DETRESSE, DHPX **Funkspruch 9.3.24: Hilfsfahrzeug *(Meteor/ DHPX)* fordert Funkstille**

e) Beendigung des Notverkehrs (Aufheben der Funkstille) (Funksprüche 10.3.25, 10.3.26)

MAYDAY ALL STATIONS ALL STATIONS ALL STATIONS THIS IS Meteor / DPHX 1700 Holstein / DLOF SEELONCE FEENE, out **Funkspruch 9.3.25: Hilfsfahrzeug *(Meteor)* beendet den Notverkehr**	MAYDAY ALL STATIONS ALL STATIONS ALL STATIONS THIS IS Holstein / DLOF 1700 Holstein / DLOF SEELONCE FEENE, out **Funkspruch 9.3.26: Havarist *(Holstein)* beendet den Notverkehr**

f) Meldung über die Wiederaufnahme eines eingeschränkten Betriebes auf den Notfrequenzen (Funkspruch 9.3.27)

> MAYDAY
> ALL STATIONS ALL STATIONS ALL STATIONS
> THIS IS
> Holstein / DLOF
> 1700 Holstein / DLOF PRUDENCE, out
>
> **Funkspruch 9.3.27: Eingeschränkter Funkbetrieb auf Notfrequenzen wird gestattet**

8) Aussenden von Peilzeichen auf *VHF*-Kanal 16

Es gibt bisher wenige *SeeFust*, die den Kanal 16 peilen können (z. B. Fahrzeuge der *DGzRS*). Zunehmend werden englische und französische *VHF-KüFust* mit Peileinrichtungen ausgerüstet. In diesen Sendegebieten unterstützten die Peilzeichen die Suche und Rettung.

(9) Weiterverbreitung von Notmeldungen *(Mayday Relay)*

In den folgenden Fällen müssen *SeeFust* eine empfangene Notmeldung oder einen beobachteten Notfall weiterverbreiten:

– Die *SeeFust* in Not kann selbst nicht mehr senden.
– Weitere Hilfe wird für erforderlich gehalten.
– Die empfangene Notmeldung ist von keiner anderen *SeeFust* bestätigt worden und mit dem eigenen Schiff kann nicht geholfen werden.

Eine *Mayday Relay*-Aussendung hat auf Kanal 16 zu erfolgen (Funkspruch 9.3.28).

Eine von einer *KüFust* verbreitete *Mayday Relay*-Meldung darf nur bestätigt werde, wenn Hilfe geleistet werden kann.

> MAYDAY RELAY MAYDAY RELAY MAYDAY RELAY
> THIS IS
> Nordland Nordland Nordland / DDUZ
> at 0530 UTC heard on VHF channel 16
> MAYDAY
> Frauke / DADY
> position 61-10 N   003-45 E
> heavy list, making water, require assistance urgently
> THIS IS
> Nordland / DDUZ, over
>
> **Funkspruch 9.3.28: SeeFust – Maday Relay-Meldung**

(10) Dringlichkeitszeichen – Dringlichkeitsmeldungen

Im Sprechfunk besteht das Dringlichkeitszeichen aus der Gruppe der Wörter „PAN PAN". Es ist vor dem Anruf dreimal auszusenden. Es kündigt eine Dringlichkeitsmeldung an, die die Sicherheit eines Schiffes oder einer Person betrifft. Dringlichkeitsmeldungen haben Vorrang vor allen anderen Aussendungen, ausgenommen Notverkehr.

Verfahrens- und Formvorschriften:

– Dringlichkeitszeichen und -meldungen dürfen nur mit Genehmigung des Kapitäns gesendet werden.

9.3 Sprechfunkdienst

- Das Dringlichkeitszeichen wird im *VHF*-Bereich auf Kanal 16 gesendet.
- Dringlichkeitsmeldungen werden im Allgemeinen auf Kanal 16 übermittelt.
- Die Verbreitung der Meldung muss jedoch auf einem Arbeitskanal erfolgen:
    - bei langen Meldungen (>1 Minute),
    - bei ärztlichen Ratschlägen,
    - bei Wiederholungen.
- Dringlichkeitsmeldungen dürfen an alle Funkstellen oder an eine bestimmte Funkstelle gesendet werden.
- Funkstellen müssen alle Aussendungen unterlassen, die die Dringlichkeitsmeldung stören könnten.
- Wird ein Dringlichkeitszeichen empfangen, muss diese Frequenz mindestens 3 min abgehört werden. Folgt in dieser Zeit keine Dringlichkeitsmeldung, ist – wenn möglich – eine *KüFust* über den Empfang des Dringlichkeitszeichens zu unterrichten. Danach darf die *SeeFust* den normalen Funkbetrieb wieder aufnehmen.
- Werden durch eine Dringlichkeitsmeldung, z. B. „schwer verletzte Person an Bord", Maßnahmen von anderen *SeeFust* gefordert, ist die Dringlichkeitsmeldung sofort zu widerrufen, wenn die Maßnahmen nicht mehr erforderlich sind.

Die Ankündigung und die Erstaussendung einer Dringlichkeitsmeldung erfolgen auf Kanal 16 (Funkspruch 9.3.29).

PAN PAN PAN PAN PAN PAN
ALL STATIONS ALL STATIONS ALL STATIONS
THIS IS
Karin Karin Karin / DIWU
we are running aground near Hammerodde Bornholm,
tug assistance requested, over

Funkspruch 9.3.29: Erstaussendung einer Dringlichkeitsmeldung auf Kanal 16

Wiederholungsaussendungen werden auf Kanal 16 nur angekündigt (Funksprüche 9.3.30, 9.3.31).

PAN PAN PAN PAN PAN PAN
ALL STATIONS ALL STATIONS ALL STATIONS
THIS IS
Karin Karin Karin / DIWU
please listen on channel 6, over

Funkspruch 9.3.30: Ankündigung der Dringlichkeitsmeldung auf Kanal 16

PAN PAN PAN PAN PAN PAN
ALL STATIONS ALL STATIONS ALL STATIONS
THIS IS
Karin Karin Karin / DIWU
we are running aground near Hammerodde Bornholm,
tug assistance requested
I am listening on channel 16, over

Funkspruch 9.3.31: Aussendung der Wiederholungsmeldung auf Kanal 6

Aussendung einer Dringlichkeitsmeldung an eine bestimmte Funkstelle (Funkspruch 9.3.32)

- *KüFust* sind möglichst auf einem Arbeitskanal anzurufen, sonst auf Kanal 16.

PAN PAN PAN PAN PAN PAN
Lyngby Radio Lyngby Radio Lyngby Radio
THIS IS
Karin Karin Karin / DIWU
medical assistance requested, (over)

Funkspruch 9.3.32: Dringlichkeitsmeldung an eine *KüFust*

9 Telekommunikation

```
PAN PAN  PAN PAN  PAN PAN
ALL STATIONS  ALL STATIONS  ALL STATIONS
THIS IS
Ingrid Ingrid Ingrid / DHGR
cancel my urgency message of 140930, out
```
Funkspruch 9.3.33: Aufhebung einer Dringlichkeitsmeldung

Die Aufhebung einer Dringlichkeitsmeldung ist an alle beteiligten Stationen zu senden (Funkspruch 9.3.33).

```
PAN PAN
THIS IS
Ingrid / DHGR
please listen on channel 6, over
```
Funkspruch 9.3.34: Ankündigung in Kurzform

Ist Kanal 16 mit Seenotverkehr belegt, darf eine Dringlichkeitsmeldung nur in Kurzform (Sprechpause abwarten) angekündigt werden, damit der Notverkehr nicht gestört wird (Funkspruch 9.3.34).

(11) Sanitätstransporte

Zur Ankündigung und Kennzeichnung von Sanitätstransporten *(Medical transport)*, die durch die *Genfer Konvention* von 1949 und die Zusatzprotokolle zu dieser Konvention geschützt sind, ist im Sprechfunkverfahren nach dem Dringlichkeitszeichen einmal das Wort „MEDICAL" zu sprechen.

(12) Ärztliche Ratschläge

Die deutsche *KüFust* „DP07 Seefunk" und bedeutende ausländische *KüFust* vermitteln den *SeeFust* auf Ersuchen ärztliche Ratschläge. Anrufe mit der Bitte um einen ärztlichen Ratschlag werden mit „RADIOMEDICAL" und Name der *KüFust* eingeleitet. Die Inanspruchnahme dieses Dienstes ist kostenlos. In dringenden Fällen ist das Dringlichkeitszeichen erlaubt.

(13) Sicherheitszeichen und Sicherheitsmeldungen

Im Sprechfunk besteht das Sicherheitszeichen aus dem französischen Wort „SECURITE". Es ist vor dem Anruf dreimal zu sprechen. Es kündigt eine sehr sicherheitsrelevante wichtige nautische Warnung oder eine wichtige Wetterwarnung an. Verfahrensvorschriften:

- Das Sicherheitszeichen wird im *VHF*-Bereich auf Kanal 16 gesendet.
- Sicherheitsmeldungen können auf Kanal 16 oder einem Arbeitskanal übermittelt werden. Der Arbeitskanal wird am Ende des Anrufs angegeben.
- Sicherheitsmeldungen können an alle Funkstellen oder an eine bestimmte Funkstelle gerichtet werden.
- Gefährliches Eis, gefährliche Wracks oder jede andere, die Schifffahrt bedrohende Gefahr sowie Wirbelstürme müssen unverzüglich an alle Funkstellen verbreitet werden. Die Aussendung ist zu wiederholen. Außerdem ist die nächst erreichbare *KüFust* zu unterrichten.
- Nur im *VHF*-Bereich verbreitete Sicherheitsmeldungen sind, wenn möglich, an die nächst erreichbare *KüFust* zu übermitteln.

Ankündigung einer Sicherheitsmeldung auf Kanal 16 (Funkspruch 9.3.35) und anschließende Aussendung der Sicherheitsmeldung auf Kanal 6 (Funkspruch 9.3.36).

9.4 Weltweites Seenot- und Sicherheitsfunksystem (GMDSS)

```
SECURITE SECURITE SECURITE
ALL STATIONS  ALL STATIONS  ALL STATIONS
THIS IS
Karin Karin Karin / DIWU
please listen on channel 6, over
```
Funkspruch 9.3.35: Ankündigung der Sicherheitsmeldung auf Kanal 16

```
SECURITE SECURITE SECURITE
ALL STATIONS  ALL STATIONS  ALL STATIONS
THIS IS
Karin Karin Karin / DIWU
traffic separation area german bight, light buoy
delta bravo 6 unlit
please listen on channel 16, over
```
Funkspruch 9.3.36: Aussendung der Meldung auf Kanal 6

Aussendung einer Sicherheitsmeldung an eine bestimmte Funkstelle (Funkspruch 9.3.37): *KüFust* sind möglichst auf einem Arbeitskanal anurufen, sonst auf Kanal 16.

```
SECURITE SECURITE SECURITE
Lyngby Radio  Lyngby Radio  Lyngby Radio
THIS IS
Karin Karin Karin / DIWU, over
```
Funkspruch 9.3.37: Sicherheitsanruf an eine KüFust

Lyngby Radio antwortet und Karin sendet die Meldung auf einem von Lyngby Radio vorgegebenen Arbeitskanal (duplex). Das Sicherheitszeichen ist bei der Übermittlung der Meldung nicht mehr zu sprechen.

Weiterhin gilt:

– Sicherheitsfunkverkehr hat Vorrang vor Routinefunkverkehr und schiffsdienstlichen Aussendungen, d. h. ein laufender Routinefunkverkehr darf für die Verbreitung einer Sicherheitsmeldung unterbrochen werden.
– Viele *KüFust* verbreiten nautische Warnnachrichten nach einem festen Sendeplan. Vitale nautische Warnnachrichten (Warnnachrichten von überragender Bedeutung) werden auf Kanal 16 angekündigt.
– In außergewöhnlichen Fällen dürfen Sicherheitsmeldungen auch während eines laufenden Notverkehrs in Kurzform (siehe Dringlichkeitsverkehr) auf Kanal 16 angekündigt werden.

9.4 Weltweites Seenot- und Sicherheitsfunksystem *(GMDSS)*

Mit der schrittweisen Einführung der Teilsysteme und der Betriebsverfahren des **Global Maritime Distress and Safety Systems (GMDSS)** von 1992 bis 1999 sind fast alle technischen Mängel des „alten" Sicherheitsfunksystems behoben worden. Die volle Funktionalität des Systems wird jedoch nur erreicht, wenn die in den Dienstbehelfen (Kap. 9.1.3 (2)) festgelegten Betriebsverfahren präzise eingehalten werden.

Zu beachten: Für den sicheren *GMDSS*-Betrieb sollten für alle an Bord installierten *GMDSS*-Teilsysteme/Geräte, inklusive *EPIRB, Sart(s)* und Notstromversorgung, Kurzbedienungsanleitungen für die sicherheitsrelevanten Elementarfunktionen erstellt werden und immer offen im Bereich der *GMDSS*-Funkstation ausliegen.

9.4.1 Grundelemente des *GMDSS*

Jedes vollständig nach *GMDSS* ausgerüstete Schiff hat mindestens zwei unabhängig voneinander arbeitende Alarmierungssysteme an Bord. Dabei werden folgende Techniken verwendet:

– Digitales Selektivrufverfahren *(DSC)*,
– Satellitentechnik (*Inmarsat*-System und *COSPAS-SARSAT*-System).

Im Wesentlichen zielt *GMDSS* darauf ab, dass Such- und Rettungseinrichtungen an Land sowie die Schifffahrt in der Nähe eines Schiffes in Not ohne Zeitverlust alarmiert werden.

Dadurch wird ermöglicht, dass koordinierte Such- und Rettungsmaßnahmen ohne Zeitverlust eingeleitet werden können. Außerdem werden im *GMDSS* für alle Teilsysteme Betriebsverfahren zur sicheren Abwicklung des Not-, Dringlichkeits- und Sicherheitsverkehrs vorgegeben [9.4.1, 9.3.4]. Zusätzlich sorgt ein weltumfassendes Netz von Informationsdiensten dafür, dass der Schifffahrt in allen Seegebieten Sicherheitsinformationen zur Vermeidung von Seenotfällen zur Verfügung gestellt werden.

Die Verbindungsaufnahme im *GMDSS* erfolgt weitestgehend automatisch. In Notfällen werden die Rettungsleitstellen *(RCC/Rescue Coordination Centre)* bzw. *MRCC/Maritime Rescue Coordination Centre)* in kürzester Zeit informiert. Die Aufnahme, Aufzeichnung und Speicherung von Seenot-, Dringlichkeits- und Schiffssicherheitsmeldungen erfolgt durch Wachempfänger. Hörwachen durch einen Funker (Wachoffizier) sind nicht mehr erforderlich. Die Ausrüstung der Schiffe mit Funkanlagen ist im Wesentlichen nicht mehr von der Größe des Schiffes, sondern von seinem Einsatzgebiet abhängig. Ein besonders ausgebildeter Funkoffizier wird in diesem System nicht mehr gefordert. Jeder, der ein den installierten Funkgeräten entsprechendes *GMDSS*-Betriebszeugnis besitzt, darf die Anlage bedienen.

Unabhängig vom Einsatzgebiet erfüllt jede vollständige *GMDSS*-Anlage neun Grundfunktionen:

- Senden von Notalarmierungen in Richtung Schiff-Land über mindestens zwei getrennte und unabhängige Wege, die verschiedene Funksysteme verwenden,
- Empfangen von Notalarmen in der Verkehrsrichtung Land-Schiff,
- Senden und Empfangen von Notalarmen in Richtung Schiff-Schiff,
- Durchführung von Koordinierungsfunkverkehr für Such- und Rettungsmaßnahmen,
- Durchführung von Funkverkehr vor Ort bei Suche und Rettung,
- Senden und Empfangen von Zeichen zur Standortfeststellung,
- Senden und Empfangen von Nachrichten für die Seeschifffahrt *(MSI; Maritime Safety Information)*,
- Durchführung von allgemeinem Funkverkehr mit landgestützten Funksystemen oder Funknetzen,
- Durchführung von Funkverkehr Brücke zu Brücke.

Die ersten drei Funktionen beinhalten die Notalarmierung. Im Notfall sollen die Stationen informiert werden, die unter Berücksichtigung der Seenotposition am wirksamsten zur Hilfeleistung in der Lage sind. Das *GMDSS*-System ist so konzipiert, dass ein Schiff mit einer vollständigen *GMDSS*-Anlage jederzeit weltweit eine sichere Notalarmierung an eine Landstation senden und eine Empfangsbestätigung empfangen kann.

Die Notalarme werden in Abhängigkeit vom verwendeten System automatisch aufgezeichnet, und zwar

- von *KüFust* und *SeeFust* mit *DSC*-Wachempfängern, wenn die Notalarmierung mittels *DSC (VHF, MF, HF)* oder *VHF-EPIRB* erfolgt,
- von Küsten-Erdfunkstellen des *Inmarsat*-Systems *(CES; Coast Earth Station)*, wenn die Notalarmierung mit *Inmarsat B-, C-* oder *Fleet 77*-Anlagen erfolgt,
- von Erdfunkstellen des *COSPAS-SARSAT*-Systems *(LUT; Local User Terminal)*, wenn die Notalarmierung über die 406 MHz-*EPIRB* erfolgt.

9.4.2 Seegebiete und Teilsysteme des *GMDSS*

(1) Seegebiete im *GMDSS*

Die Einteilung der Seegebiete in vier Kategorien richtet sich nach den landseitig zur Verfügung stehenden Funkeinrichtungen und deren Reichweite. Die Einrichtung der jeweiligen Seegebiete

9.4 Weltweites Seenot- und Sicherheitsfunksystem (GMDSS)

wird von den zuständigen Verwaltungen vorgenommen und in den *GMDSS Master Plan* der IMO übernommen. Dabei ist

- Seegebiet A1: Ein – von einer Vertragsregierung festgelegtes – Seegebiet innerhalb der Sprechfunkreichweite mindestens einer *VHF-KüFust*, die ununterbrochen für *DSC*-Alarmierungen zur Verfügung steht;
- Seegebiet A2: Ein – von einer Vertragsregierung festgelegtes – Seegebiet (ohne Seegebiet A1) innerhalb der Sprechfunkreichweite mindestens einer *MF-KüFust*, die ununterbrochen für *DSC*-Alarmierungen zur Verfügung steht;
- Seegebiet A3: Ein Gebiet (ohne Seegebiete A1 und A2) innerhalb der Überdeckung eines geostationären *Inmarsat*-Satelliten, der ununterbrochen für Alarmierungen zur Verfügung steht;
- Seegebiet A4: Ein Seegebiet außerhalb der Seegebiete A1, A2 und A3.

(2) Das Digitale Selektivrufsystem *(DSC)*

Ergänzend zum bestehenden Selektivrufverfahren mit Einzeltonfolge *(SSFC; Sequential Single-Frequency Code System)* ist im terrestrischen Seefunkdienst ein digitales Selektivrufsystem *(DSC; Digital Selective Calling)* als Teilsystem des *GMDSS* eingeführt worden. *DSC* ist ein Schmalband-Telex-Anrufsystem und arbeitet im *VHF-*, *MF-* und *HF*-Bereich. Neben den Satellitensystemen bildet das *DSC*-System das zweite Standbein im *GMDSS*. Mit dem *DSC*-System können folgende *GMDSS*-Funktionen durchgeführt werden:

- Notalarmierung *(distress alert)* in den Verkehrsrichtungen Schiff–Land, Land–Schiff und Schiff–Schiff,
- Weiterleitung eines Notalarms *(distress relay)* in der Richtung
    - Schiff–Land (an eine einzelne *KüFust*) und
    - Schiff–Schiff (nur in besonderen Fällen),
- Dringlichkeits- und Sicherheitsanrufe,
- Anrufe im öffentlichen Verkehr (Routineanrufe).

(3) Satellitenfunksysteme

Im *GMDSS* werden zwei Satellitensysteme benutzt: das *Inmarsat*-System und das *COSPAS-SARSAT*-System. Über Inmarsat ist es möglich, Nachrichten und Daten aller Art auszutauschen. Das *COSPAS-SARSAT*-System wird nur für die Alarmierung und Kennzeichnung der Notfallposition verwendet. Zurzeit (2009) gibt es keine Kommunikation zwischen dem *COSPAS-SARSAT*- und dem *Inmarsat*-System.

a) Das *Inmarsat*-System

Das *Network Operations Centre (NOC)* der *Inmarsat*-Organisation in London ist mit den vier *Network Coordination Stations (NCSs)* verbunden. Die *NCSs* koordinieren die Betriebsabläufe der Satelliten. Monitor-Einrichtungen zwischen dem *NOC* und den *NCSs* ermöglichen es, die Kommunikation im Sendernetz zu beobachten, zu kontrollieren und zu koordinieren. Das *NOC* kann über die *NCSs Inmarsat*-Systemmessages z. B. Statusmeldungen über die Betriebsbereitschaft einzelner Satelliten an alle oder einzelne mobile Satelliten-Anlagen senden. Die geostationären Satelliten der dritten Generation (F3-Satelliten) sind in etwa 36 000 km über dem Äquator positioniert. Die Bezeichnungen der Satelliten sind aus den Positionen abgeleitet (Tabelle 9.4.1).

Bezeichnung	Abkürzung (englischer Name)	Position
Atlantik-Ost	AOR-E (Atlantic Ocean Region East)	015°30' W
Atlantik-West	AOR-W (Atlantic Ocean Region West)	053°00' W
Indischer Ozean	IOR (Indian Ocean Region)	064°00' E
Pazifik	POR (Pacific Ocean Region)	178°00' E

Tabelle 9.4.1: Bezeichnungen und Positionen der F3-*Inmarsat*-Satelliten

Als Ersatz stehen noch sechs weitere Satelliten früherer Generationen zur Verfügung. Die *Inmarsat*-Satelliten „leuchten" die Erdoberfläche zwischen etwa 70° S und 70° N aus. Für jede Region stehen mehrere Küsten-Erdfunkstellen *(CES; Coast Earth Station)* als Überleitstellen in die Landnetze zur Verfügung. Aufgrund der Überschneidungen der einzelnen Bedeckungsbereiche der Satelliten können die Nutzer in vielen Gebieten zwischen mehreren Satelliten wählen. Das *Inmarsat*-System besteht aus folgenden Segmenten:

- den *Inmarsat*-Satelliten;
- den – als Überleitstellen zu den terrestrischen Netzen fungierenden – festen Land-Erdfunkstellen *(LES; Land Earth Station)*, die in der maritimen Satellitenkommunikation als „Küsten-Erdfunkstellen" *(CES)* bezeichnet und von Fernmeldeverwaltungen/-gesellschaften betrieben und im Wettbewerb angeboten werden;
- den mobilen Erdfunkstellen des Seefunkdienstes über Satelliten an Bord von Schiffen *(SES)*, Landfahrzeugen und Flugzeugen, die von den Nutzern selbst beschafft werden müssen.

Die Satelliten-Funkanlagen an Bord erhalten von den Fernmeldeverwaltungen eine Identifikationsnummer *(IMN; Inmarsat Mobile Number)*. In der Bundesrepublik Deutschland sind die *IMN* bei der *Bundesnetzagentur* (Außenstelle Hamburg) zu beantragen. Die Festlegung der Nummern erfolgt bei *Inmarsat*. Über die *IMN* können die *SES* weltweit direkt angewählt werden.

b) Das *COSPAS-SARSAT*-System

COSPAS-SARSAT ist ein gemeinschaftliches internationales satellitengestütztes Such- und Rettungssystem, das von den Raumfahrtverwaltungen Kanadas, Frankreichs, der USA und Russlands errichtet wurde. *KOSPAS* ist das russische Akronym für „Kosmisches System zur Ortung havarierter Schiffe und Flugzeuge". *SARSAT* ist die englische Kurzbezeichnung für „Such- und Rettungssatelliten". Das System verwendet

- polumlaufende *(LEOSAR) COSPAS*-Satelliten in 850 km Höhe und *SARSAT*-Satelliten in 1000 km Höhe, bei deren Nutzung die Seenotposition über den Doppler-Effekt berechnet wird.
  Status 2008: 4 aktive Satelliten, 36 Empfangsstationen *(LEOLUTs; Low Earth Orbit Local User Terminals)*, 21 *Mission Control Centres (MCCs)*.
- geostationäre Satelliten (GEOSAR) mit festen Positionen etwa 36 000 km über dem Äquator, bei deren Nutzung die Seenotposition von der *EPIRB* des Havaristen gesendet (i. A. mittels integriertem *GPS*-Empfänger) wird.
  Status 2008: 5 aktive Satelliten, 1 Ersatzsatellit, 18 Empfangsstationen in 14 Ländern, 21 *MCCs*.

Die *LEOSAR/GEOSAR*-Satelliten empfangen die Signale der entsprechenden 406 MHz-*EPIRB* (aktuelle Baken senden Daten für beide Satellitensysteme) und geben diese an eine Empfangsfunkstelle *(LUT; Local User Terminal)* weiter. Von dort wird die Position der *EPIRB* und die Seenotmeldung über das *Mission Control Centre (MCC)* an das für das Seegebiet des Havaristen

9.4 Weltweites Seenot- und Sicherheitsfunksystem (GMDSS)

zuständige *RCC* weitergeleitet. Falls erforderlich, werden die Alarme von den Satelliten (nur im *LEOSAR*-System erforderlich, wenn kein *LUT* beim Empfang des Alarms im Sendegebiet des Satelliten liegt) zwischengespeichert. Es können 90 Alarme gleichzeitig aufgenommen und bearbeitet werden. Im *COSPAS-SARSAT-LEOSAR*-System werden die folgenden Verfahren unterschieden:

- *global coverage mode*: Die Daten werden vom Satelliten empfangen und gespeichert, wenn eine sofortige Weitergabe an ein *LUT* nicht möglich ist (nur 406 MHz-Baken).
- *local mode*: Die empfangenen Daten werden sofort an ein *LUT* weitergeleitet (121,5 MHz und 406 MHz Baken).

(4) Warnfunkdienste

Im *GMDSS* müssen ausrüstungspflichtige Schiffe Nachrichten, die für die sichere Durchführung der Reise erforderlich sind, automatisch empfangen können. Um die Aussendung von nautischen Warnnachrichten in festgelegten Gebiete (*NAVAREAS* – Vorhersage- und Warngebiete) zu organisieren und zu koordinieren, wurde von der IMO und dem *IHO* der *World-Wide Navigational Warning Service (WWNWS)* gegründet. Die Seegebiete der Erde sind in 16 *NAVAREAs* (I bis XVI) gegliedert. Der *WWNWS* ist Bestandteil des *GMDSS* und zuständig für die Verbreitung von Nachrichten für die Sicherheit der Seeschifffahrt *(MSI; Maritime Safety Information)*. Die *NAVAREAs* des *NAVTEX*-Dienstes und des *SafetyNET* Service sind identisch. *MSI*-Meldungen werden über folgende Funksysteme verbreitet:

- die *NAVTEX*-Dienste,
- den internationalen *(Enhanced Group Call) SafetyNET* Service und
- Telexdienste im *HF*-Bereich.

MSI-Meldungen umfassen

- nautische und meteorologische Warnnachrichten,
- meteorologische Vorhersagen und
- wichtige sicherheitsbezogene Aussendungen für Schiffe (z. B. Seenotalarmierungen Land-Schiff).

Folgende Dienstbehelfe (Kap. 9.1.3 (1)) enthalten Informationen über Frequenzen, Sendezeiten und Sendestationen und Angaben über neu eingerichtete *NAVTEX*- und *SafetyNET* Service-Dienste:

- *Nachrichten für Seefahrer (NfS)*,
- *Handbuch Nautischer Funkdienst*,
- *Admiralty List of Radio Signals Volume 3 (MSI)* und *Volume 5 (GMDSS)*,
- *GMDSS Master Plan*.

a) *NAVTEX*

NAVTEX [9.4.2] ist ein System zur Verbreitung und zum automatischen Empfang von *MSI* über das terrestrische Funkfernschreibverfahren *(Radiotelex)* in der Betriebsart *FEC (Forward Error Correction)* mit fehlergeschützter Aussendung. Es sind zwei Dienste zu unterscheiden.

Internationaler *NAVTEX*-Dienst: *NAVTEX*-Meldungen werden für Küstengewässer in englischer Sprache auf der *MF*-Frequenz 518 kHz verbreitet. Die Reichweite beträgt bis zu 400 sm vom jeweiligen Sender.

Nationale *NAVTEX*-Dienste: *MSI* werden auf anderen Frequenzen als 518 kHz (z. B. 490 und 4209,5 kHz) und in anderen Sprachen, die von den zuständigen Verwaltungen bestimmt werden, verbreitet.

9 Telekommunikation

Der internationale *NAVTEX*-Dienst befindet sich noch im Aufbau. Eine Übersicht der eingerichteten und geplanten internationalen *NAVTEX*-Stationen enthält z. B. der *GMDSS Master Plan* der IMO [9.4.1].

Kodierung: *NAVTEX*-Meldungen beginnen nach der *Start of Message Group (ZCZC)* mit der 4-Zeichen-Kennung „$B_1B_2B_3B_4$":

- B_1: einzelner Buchstabe: Kennung der *NAVTEX*-Station,
- B_2: einzelner Buchstabe: Art der Meldung und
- B_3B_4: Nummerierung der Meldung: jeweilige Sendestation von 00 bis 99.

Die Nummerierung erfolgt durch den *NAVTEX-coordinator*, der zuständigen Verwaltungsstelle. Besonders wichtige Meldungen haben die Kennung 00 (z. B. Notmeldungen). Sie können nicht unterdrückt werden und werden immer ausgedruckt.

Beispiel: ZCZC GA20 – *Cullercoats Radio* (G) hat eine Navigationswarnung (A) mit der laufenden Nummer 20 (20) gesendet. Der internationale Dienstbehelf *Admiralty List of Radio Signals, Volume 5 (GMDSS)* beschreibt das vollständige Kodierungssystem im Abschnitt *„NAVTEX"* sehr übersichtlich und anschaulich.

Anwendung: *NAVTEX* ist nicht geeignet für die Abwicklung von Notverkehr. Es wird lediglich die Seenotalarmierung in der Richtung Land-Schiff durchgeführt (B_2 = D). Die Aussendungen erfolgen zeitversetzt nach einem festen international veröffentlichten Zeitplan. Dadurch werden Überschneidungen verhindert. *NAVTEX*-Empfänger können so programmiert werden, dass nur die Aussendungen ausgedruckt werden, die für das jeweilige Schiff von Bedeutung sind. Entsprechend dem Seegebiet sind vom Wachoffizier die Kennungen

- der *NAVTEX*-Sendestation(en) und
- die Art der gewünschten Meldungen

in den *NAVTEX*-Empfänger einzugeben. *SAR*-Meldungen, vitale Warnungen usw. werden zusätzlich optisch und akustisch angezeigt. Sie können nicht zurückgewiesen werden. Lagemeldungen für Reviere *(Local warnings)* werden nicht per *NAVTEX* gesendet.

b) *SafetyNET* Service

Der *SafetyNET* Service [9.4.3] ist ein internationaler satellitengestützter automatischer Telexdienst zur Verbreitung von *MSI*. Der Dienst umfasst

- nautische und meteorologische Warnungen,
- Wettervorhersagen und
- andere dringende Sicherheitsmeldungen (z. B. Seenotalarmierungen in der Richtung Land-Schiff).

Der *SafetyNET* Service ist ein Bestandteil des *Enhanced Group Call (EGC)*-Systems von *Inmarsat*. Das *EGC*-Verfahren ist technisch ein Teil des *Inmarsat C*-Systems und eine Ergänzung des internationalen *NAVTEX*-Dienstes. *MSI* für wenig befahrene Küstengewässer, für die der internationale *NAVTEX*-Dienst nicht eingerichtet wird, werden über den *SafetyNET* Service verbreitet. Schiffe, die außerhalb der *NAVTEX*-Gebiete fahren, müssen ununterbrochen *MSI* über den *SafetyNET* Service aufnehmen können.

EGC ermöglicht die zielgerichtete Verbreitung von Meldungen an folgende Adressaten:

- alle Schiffe *(all ships call)*,
- Schiffe in festgelegten Gebieten, z. B. NAVAREAS/METAREAS *(area calls)*,
- Schiffe in vom Absender definierten rechtwinkligen oder kreisförmigen Gebieten *(area calls)* und
- Gruppen von Schiffen *(group calls)*.

9.4 Weltweites Seenot- und Sicherheitsfunksystem (GMDSS)

Area calls: Area calls werden automatisch von allen *EGC*-Empfängern aufgezeichnet, gespeichert und ausgedruckt, wenn deren Position innerhalb des vom Absender gewählten Gebiets (*NAVAREA/METAREA* oder frei definiertes Gebiet) liegt. Durch Einstellungen am *EGC*-Empfänger können auch Aussendungen für zusätzliche Gebiete empfangen werden. Wird die Position im Empfänger nicht spätestens nach 24 Stunden aufdatiert, werden alle area calls aufgezeichnet, die vom eingestellten Satelliten gesendet werden.

Group calls: Group Calls werden auf allen Schiffen aufgezeichnet, in deren *EGC*-Empfänger die gesendete Gruppenrufnummer gespeichert ist. Erreichbar sind alle Schiffe innerhalb der Abdeckung der geostationären *Inmarsat*-Satelliten (etwa 70° N bis 70° S).

Jede *SafetyNET*-Meldung trägt eine Kennung. Sie wird im Empfangsgerät gespeichert (mindestens 250 Speicherplätze) und verhindert automatisch den Empfang von Wiederholungsaussendungen. Besonders wichtige Meldungen sind z. B.:

- *shore to ship distress alerts* und
- *meteorological and navigational warnings* usw..

Sie haben besondere Kennungen und können vom Anwender nicht unterdrückt werden.

SafetyNET-Meldungen werden von den zuständigen Stellen der Länder herausgegeben. So erstellen

- Nationale hydrografische Dienste: Navigationswarnungen,
- Nationale Wetterdienste: Wetterwarnungen und Vorhersagen,
- *RCCs*: Land-Schiff-Alarmierungen, *SAR*-Meldungen und andere dringende Informationen,
- *International Ice Patrol*: Eiswarnungen (für den Nordatlantik).

Die Verbreitung erfolgt über die für das jeweilige Bedeckungsgebiet *(AOR-E, AOR-W, IOR, POR)* zuständige *NCS* des *Inmarsat C*-Dienstes auf dem Organisationskanal „*common channel*". Der Zeitpunkt der Aussendung richtet sich nach der Dringlichkeit der Meldung *(priority: Distress vor Urgency vor Safety)*. Die planmäßigen Aussendungen erfolgen für die einzelnen *NAVAREAS/METAREAS* zu bestimmten Zeiten über einen benannten Satelliten. Der Dienstbehelf (Kap. 9.1.3 (1)) *Admiralty List of Radio Signals, Volume 3 Maritime Safety Information Services* enthält u. a. folgende tabellarische Übersichten:

- verantwortliche Länder und *LES* für alle *NAVAREAS/METAREAS* (I–XVI),
- detaillierte Sendepläne für die *NAV Information (Warnings)* und die *MET Information* des *EGC SafetyNET* Systems.

Außerplanmäßige Meldungen, z. B. weitergeleitete Notmeldungen *(distress relay)* und Dringlichkeitsmeldungen für Gebiete, die von mehreren Satelliten abgedeckt werden, werden von diesen auch verbreitet. Damit auch Anlagen, die nicht ununterbrochen auf den Organisationskanal abgestimmt sind (z. B. *Inmarsat C Klasse 2*-Anlagen bei eigenen Aussendungen), alle *MSI* aufzeichnen können, werden sehr dringende Meldungen 6 min nach der Erstaussendung wiederholt. Not- und Dringlichkeitsmeldungen lösen einen optischen und akustischen Alarm aus.

c) *MSI* über Radiotelex im *HF*-Bereich

Aussendungen von *MSI* über *HF*-Frequenzen dienen als Ergänzung des internationalen *NAVTEX*-Dienstes. Meldungen in der jeweiligen Landessprache sind zugelassen. Einzelheiten zu den *KüFust* für den *HF-MSI*-Dienst enthält *Anhang 9 des IMO Master Plans* [9.4.1]. Frequenzen, Sendezeiten und nähere Angaben zu den Aussendungen (Sprache, Gebiete, Art der Meldungen) enthalten die Dienstbehelfe (Kap. 9.1.3 (1)) *Admiralty List of Radio Signals,* Volume 3 *Maritime Safety Information Services* und Volume 5 *GMDSS*. Der *HF-MSI*-Radiotelexdienst befindet sich noch im Aufbau.

9.4.3 *GMDSS*-Betrieb an Bord: Funktionen und Alarme

Die Ausrüstungs- und Betriebsbestimmungen des *GMDSS* sind in der Neufassung des *Kapitels IV* in *SOLAS 74/88* enthalten. Diese Vorschriften sind auch Bestandteil der *Schiffssicherheitsverordnung (SchSV)*. Die Bestimmungen von *SOLAS* und *SchSV* gelten grundsätzlich nur für ausrüstungspflichtige Schiffe. Fahrzeuge, die sich freiwillig ausrüsten, sollten sich an diesen Vorschriften orientieren.

(1) Besetzung mit Funkbetriebspersonal

Zur ordnungsgemäßen Durchführung des Funkverkehrs müssen auf jedem *SOLAS*-Schiff unter deutscher Flagge mindestens der Kapitän und alle nautischen Wachoffiziere im Besitz des *Allgemeinen Betriebszeugnisses für Funker (GOC)* sein. Ein Zeugnisinhaber ist zu benennen, der in Notfällen vorrangig (auf Fahrgastschiffen ausschließlich) für die Abwicklung des Funkverkehrs verantwortlich ist. Durch geeignete Maßnahmen (Aufstellung der Sicherheitsrolle) ist sicherzustellen, dass dieses Besatzungsmitglied in Notfällen nicht mit weiteren Aufgaben betraut wird.

(2) Wachen auf Frequenzen des *GMDSS*

Schiffe auf See müssen – entsprechend dem Seegebiet (A1–A4), in dem sie operieren – für folgende Frequenzen ununterbrochene Funkwachen einrichten:

- DSC *VHF*-Kanal 70 bei Ausrüstung mit einer *VHF-DSC*-Anlage,
- DSC 2187,5 kHz bei Ausrüstung mit einer *MF-DSC*-Anlage,
- DSC 2187,5 kHz, 8414,5 kHz und mindestens eine weitere *HF-DSC*-Frequenz (z. B. 4207,5 kHz, 6312 kHz, 12577 kHz oder 16804,5 kHz) – je nach Tageszeit und Standort des Schiffes bezogen auf die nächstgelegene *DSC-KüFust* – bei Ausrüstung mit einer *MF/HF-DSC*-Anlage,
- *VHF*-Kanal 13 (Schifffahrtssicherheitskanal), wann immer möglich,
- Frequenzen zum Empfang von Alarmen *(distress alert)* über das *Inmarsat*-System in der Richtung Land-Schiff bei Ausrüstung mit einer *Inmarsat B-*, *C-*, *Mini C-* oder *Fleet 77*-Anlage,
- Frequenzen für die Aufnahme von *MSI*-Meldungen des jeweiligen Gebietes – *NAVTEX* (518 kHz), *EGC SafetNET (Inmarsat C)* oder *HF MSI*.

Die Überwachung der Frequenzen zur Aufnahme von *MSI*-Meldungen sollte auch während der Hafenliegezeiten nicht unterbrochen werden.

(3) Alarmierung im Seenotfall – Priorität der Funksysteme

Die wichtigste Funktion des *GMDSS* ist die sichere Seenotalarmierung aus jedem Seegebiet der Erde über mindestens zwei getrennte und unabhängige Funksysteme. Welches System zuerst eingesetzt werden sollte ist bei *SOLAS*-Schiffen abhängig vom Standort (Seegebiet) zum Zeitpunkt des Notfalls (Tabelle 9.4.2).

| Seegebiet A1: | 1. *DSC VHF* (Schiff-Land- und Schiff-Schiff-Alarmierung) und
2. Sprechfunk *VHF* (Alarmierung der nicht *GMDSS*-Schiffe)
3. *DSC MF* (Schiff-Land- und Schiff-Schiff-Alarmierung, Reichweite etwa 150 sm)
4. *Inmarsat B, C, Mini C, Fleet 77* (nur Schiff-Land-Alarmierung)
5. *DSC-VHF-EPIRB* (zurzeit noch nicht erhältlich)
6. *COSPAS-SARSAT-EPIRB* 406 MHz (Schiff-Land-Alarmierung) |

9.4 Weltweites Seenot- und Sicherheitsfunksystem (GMDSS)

Seegebiet A2:	1. *DSC MF* (Schiff-Land- und Schiff-Schiff-Alarmierung) 2. *Inmarsat B, C, Mini C, Fleet 77* (Schiff-Land-Alarmierung) 3. *DSC VHF* (Schiff-Schiff-Alarmierung) und 4. Sprechfunk *VHF* (Alarmierung der nicht *GMDSS*-Schiffe) 5. *COSPAS-SARSAT-EPIRB* 406 MHz (Schiff-Land-Alarmierung)
Seegebiet A3:	1. *Inmarsat B, C, Mini C, Fleet 77* (Schiff-Land-Alarmierung) und/oder *DSC HF* auf der/den best geeigneten Frequenz(en) (Schiff-Land-Alarmierung) und 2. *DSC MF* (Schiff-Schiff-Alarmierung) 3. *COSPAS-SARSAT-EPIRB* 406 MHz (nur Schiff-Land-Alarmierung)
Seegebiet A4:	Aus A4-Seegebieten ist eine Alarmierung über das Inmarsat-System nicht möglich. 1. *DSC HF* auf der/den bestgeeigneten Frequenz(en) (Schiff-Land-Alarmierung) und 2. *DSC MF* (Schiff-Schiff-Alarmierung) 3. *COSPAS-SARSAT-EPIRB* 406 MHz (Schiff-Land-Alarmierung)

Tabelle 9.4.2: Priorität der einzusetzenden Funksysteme im Seenotfall

(4) *GMDSS*-Betrieb – Notalarm und Notverkehr

Grundsätzlich sollte jeder Notverkehr im *GMDSS* mit der Aussendung eines Notalarms beginnen. In jeder Notalarmierungseinrichtung des *GMDSS* ist die Identität (im Allgemeinen die *MMSI*) des jeweiligen Schiffes gespeichert. Sie wird als „Mindestinformation" auch bei den „Schnellaussendungen" (häufig nur zwei Bedienschritte) ausgesendet. Wenn die Zeit ausreicht, sollten alle Notalarme neben der Identität auch die Notfallposition und die Art des Notfalls (Tabelle 9.4.3) enthalten. Während *DSC*-Notalarmierungen sowohl von *SeeFust* als auch von *KüFust*, die mit entsprechenden Wachempfängern ausgerüstet sind, empfangen werden können, sind satellitengestützte Alarme nur von den *CES* des *Inmarsat*-Systems bzw. den *LUTs* des *COSPAS-SARSAT*-Systems empfangbar. Aus den Seegebieten A1 und A2 ist, wenn möglich, immer zuerst eine Alarmierung mittels *DSC* durchzuführen.

Nature of Distress
fire, explosion
flooding
collision
grounding
danger of capsizing
sinking
disabled and adrift
person over board
piracy
abandoning ship

Tabelle 9.4.3: Notfälle im *GMDSS*

(5) *DSC*-Betrieb – Notalarm und Notverkehr im *VHF*- und *MF*-Bereich

Der *DSC*-Betrieb wird an dem folgenden Beispiel demonstriert.

Schiff in Not: Anita / DOAK / 211205940; 50-02 N, 006-40 W; 10:00 UTC; sinking
                 (Position auf der Grenze A1/A2)
Bergungsfahrzeug: Holstein / DLOF / 211206270

a) Aussendung des *DSC*-Notalarms und Vorbereitung des Notverkehrs

Schritt 1:   Notalarm aussenden
             VHF (Kanal 70) und *MF* (2187,5 kHz)
Schritt 2:   Sender und Empfänger auf die Sprechfunkkanäle einstellen und abhören
             VHF (Kanal 16) und *MF* (2182 kHz)
             Abwarten der Empfangsbestätigung

b) Bestätigung eines *DSC*-Notalarms

Die Bestätigung soll folgendermaßen erfolgen:

– Sind *DSC-KüFust* oder *RCCs* in der Reichweite des Havaristen, müssen *SeeFust* die Bestätigung für 5 min zurückzustellen. *KüFust* sollen zuerst (mittels *DSC*) bestätigen können.

9 Telekommunikation

- *SeeFust*, die einen *DSC*-Notalarm empfangen, stellen die Empfänger und Sender auf die entsprechende Sprechfunk-Notfrequenz ein:
  VHF (Kanal 16) und *MF* (2182 kHz)
- *SeeFust* bestätigen im Sprechfunkverfahren (frühestens nach 5 min), wenn eine *KüFust* oder ein *RCC* in der Reichweite des Havaristen liegt.

Beispiel (s. o.): Holstein / DLOF / 211206270 empfängt den *DSC*-Notalarm und bestätigt per Sprechfunk (Funkspruch 9.4.1). Es folgt die Antwort des Havaristen: (Funkspruch 9.4.2).

MAYDAY 211205940 THIS IS Holstein / DLOF RECEICED MAYDAY, over **Funkspruch 9.4.1: Bestätigung durch eine *SeeFust***	MAYDAY Holstein / DLOF THIS IS 211205940 / Anita / DOAK UNDERSTOOD, over **Funkspruch 9.4.2: Antwort des Havaristen**

Im Allgemeinen bestätigen nur *KüFust* mittels *DSC*. Für *SeeFust* gilt:

- *SeeFust* dürfen per *DSC* nur bestätigen, wenn die über Sprechfunk gesendete Bestätigung ohne Antwort geblieben ist und die Aussendung des *DSC*-Notalarms anhält, d. h., dass weitere zwei Aussendungen im Abstand von 3,5 bis 4 min empfangen worden sind. In diesem Fall hat offensichtlich keine andere Funkstelle den Alarm empfangen.
- Vor einer *DSC*-Bestätigung durch eine *SeeFust* muss diese eine *KüFust* bzw. eine *CES* in geeigneter Weise über den Notfall informieren.
- Ist keine *KüFust* für eine sichere *VHF*- oder *MF*-Verbindung in der Nähe und der Havarist ohne jeden Zweifel nahe bei, muss von der *SeeFust* sofort bestätigt werden und über eine *KüFust* oder eine *CES* ein *RCC* informiert werden.

c) Aufnahme und Abwicklung des Notverkehrs – Funkverkehr vor Ort

Der Notverkehr umfasst alle Informationen über die Art des Notfalls, die erforderlichen Such- und Rettungsarbeiten, den Funkverkehr vor Ort und die Beendigung des Notverkehrs. Jedem Anruf und jeder Meldung wird das Notzeichen MAYDAY vorangestellt. Die Kommunikation zwischen dem Schiff in Not und den Hilfsfahrzeugen und der Funkverkehr dieser Funkstellen mit dem *On Scene Co-ordinator (OSC)* wird als „Funkverkehr vor Ort" bezeichnet. Abgewickelt wird dieser Verkehr vorzugsweise auf dem *VHF*-Kanal 16. Außerdem dürfen der Kanal 6 und die Flugfunkfrequenzen 123,1 MHz und 121,5 MHz in Richtung Schiff-Luftfahrzeug (z. B. *SAR*-Hubschrauber) benutzt werden. Vor Ort steuert der *OSC* den Funkverkehr. Muss das Schiff in Not verlassen (aufgegeben) werden, sollen die *VHF*-Handsprechfunkgeräte, ein Radartransponder *(SART)* und – wenn möglich – die *EPIRB* mitgenommen werden.

Das Fahrzeug in Not beginnt den Notverkehr (Funkspruch 9.4.3) im Sprechfunkverfahren (nach Bestätigung des *DSC*-Notalarms). Das Hilfsangebot ist in Funkspruch 9.4.4 wiedergegeben, die Antwort des Havaristen in Funkspruch 9.4.5, eine Aufforderung zur Einhaltung der Funkstille (*Forelle* stört den Notverkehr) in Funkspruch 9.4.6. Um die „Nicht-*SOLAS*-Schiffe" in den Notfall mit einzubeziehen, ist im *VHF*-Bereich der Notmeldung ein Notanruf voranzustellen.

9.4 Weltweites Seenot- und Sicherheitsfunksystem (GMDSS)

MAYDAY MAYDAY MAYDAY
THIS IS
Anita Anita Anita / DOAK / 211205940
MAYDAY
Anita / DOAK / 211205940
50-02 N   006-40 W
sinking
15 persons on board
2 persons seriously injured
medical assistance required, over
Funkspruch 9.4.3: Sprechfunknotanruf und Notmeldung

MAYDAY
Anita / DOAK
THIS IS
Holstein / DOLF
my position is 30 nm west of you
speed 16 kn
I expect to reach you in 2 hours, over
Funkspruch 9.4.4: Hilfsangebot

MAYDAY
Holstein
THIS IS
Anita
UNDERSTOOD, over
Funkspruch 9.4.5: Antwort des Havaristen

Forelle / DPRW
SILENCE MAYDAY
Funkspruch 9.4.6: Aufforderung zur Einhaltung der Funkstille (Forelle stört den Notverkehr) durch den Havaristen

d) Aufhebung der Funkstille vor Ort (Schlussmeldung), veranlasst durch das *RCC* (Funksprüche 9.4.7, 9.4.8)

MAYDAY
ALL STATIONS ALL STATIONS ALL STATIONS
THIS IS
Holstein Holstein Holstein / DOLF
1700 UTC 211205940 / Anita / DOAK
SEELONCE FEENEE, out
Funkspruch 9.4.7: Aufhebung der Funkstille durch ein Hilfsfahrzeug

MAYDAY
ALL STATIONS ALL STATIONS ALL STATIONS
THIS IS
Anita Anita Anita / DOAK
17-00 UTC 211205940 / Anita / DOAK
SEELONCE FEENEE, out
Funkspruch 9.4.8: Aufhebung der Funkstille durch den Havaristen

e) Aussendung eines *DSC*-Notalarms für eine andere Funkstelle in Not

Die Aussendung eines *DSC*-Notalarms für eine andere Funkstelle in Not durch eine *SeeFust* ist nur in zwei Fällen erlaubt:

– Das Schiff in Not kann selbst keinen Notalarm senden.
– Der Kapitän des assistierenden Schiffes entscheidet, dass weitere Hilfe erforderlich ist. Dieser Alarm sollte grundsätzlich an die zuständige *KüFust* bzw. an ein *RCC* und nicht „AN ALLE FUNKSTELLEN" gesendet werden.

f) Bestätigung eines von einer *KüFust* weiterverbreiteten *DSC*-Notalarms

Ein von einer *KüFust* oder einem *RCC* gesendeter *DSC*-MAYDAY RELAY wird von *SeeFust* im Sprechfunkverfahren bestätigt (Funkspruch 9.4.9).

MAYDAY RELAY
002111240 (RCC Bremen)
THIS IS
Holstein / DLOF
RECEIVED MAYDAY RELAY, over
Funkspruch 9.4.9: Bestätigung eines Mayday Relay

(6) *DSC*-Betrieb – Notalarm und Notverkehr im *HF*-Bereich

Für die Schiff-Land-Alarmierung aus A3-Gebieten ist im *GMDSS* neben den *SES* des *Inmarsat*-Sysstems die Alarmierung per *DSC* auf fünf Frequenzen im *HF*-Bereich vorgesehen. Bei

9 Telekommunikation

der Frequenzauswahl sind der Standort und die Ausbreitungsbedingungen entsprechend der Jahres- und Tageszeit zu berücksichtigen.

Zu beachten: Bei hohem Sonnenstand ist auf einer hohen *HF*-Frequenz zu senden. Häufig ist die Frequenz 8414,5 kHz geeignet. Entsprechend der Notsituation gibt es zwei Verfahren zur Aussendung des Notalarms.

- **Es ist ausreichend Zeit vorhanden:**
  Die Alarmierung erfolgt auf einer Frequenz. Anschließend wird auf die Bestätigung einer *KüFust* gewartet. Erfolgt innerhalb von 3 Minuten keine Bestätigung, ist der Alarm auf einer anderen Frequenz zu wiederholen.
- **Es ist keine Zeit vorhanden:**
  Die Alarmierung erfolgt in schneller Folge auf mehreren/allen *HF*-Frequenzen (abhängig vom Gerätehersteller), ohne zwischendurch auf eine Bestätigung zu warten *(multifrequency)*. Die Aufnahme des Notverkehrs (Sprechfunk oder Funkfernschreibverfahren) beginnt in dem Frequenzbereich, in dem der Alarm bestätigt worden ist.

Abweichend vom *VHF*- und *MF-DSC*-Betrieb gilt:

- Ein von einer *SeeFust* im *HF*-Bereich empfangener *DSC*-Notalarm wird nicht bestätigt.
- *SeeFust* müssen beobachten, ob eine *KüFust* per *DSC* bestätigt.
- *SeeFust*, die einen *HF-DSC*-Notalarm empfangen, müssen auf der zugeordneten *HF*-Sprechfunkfrequenz eine Hörbereitschaft herstellen.
- Wenn laut Alarmierung der Notverkehr im Funkfernschreibverfahren abgewickelt werden soll, muss eine Empfangsbereitschaft auf der zugeordneten Fernschreibfrequenz und, wenn möglich, eine Hörbereitschaft auf der zugeordneten Sprechfunkfrequenz hergestellt werden.
- Wird der *DSC*-Notalarm auf mehreren *HF*-Frequenzen empfangen, sollte jeweils 1–2 min auf den einzelnen Frequenzen der Funkverkehr abgehört werden. Wurde auch über 8414,5 kHz alarmiert, sollte mit dem Abhören der 8-MHz-Frequenzen begonnen werden.
- Wird ein im *HF*-Bereich empfangener Notalarm nicht innerhalb von fünf Minuten von einer *KüFust* bestätigt und kein Notverkehr zwischen einer *KüFust* und dem Havaristen beobachtet, ist ein *DSC-Distress Relay* an eine *KüFuSt* zu senden und ein *RCC* über eine geeignete Funkverbindung zu informieren.
- *SeeFust*, die einen *DSC-Distress Relay* einer *KüFust* empfangen, der an alle *SeeFust* in einem bestimmten Gebiet gerichtet ist, sollen nicht mittels *DSC*, sondern im gleichen Frequenzbereich per Sprechfunk bestätigen.

Zu beachten: Die Ablaufdiagramme *Actions by ships upon reception of VHF/MF DSC Distress alert* und *Actions by ships upon reception of HF DSC Distress alert* aus dem für den sicheren *GMDSS*-Betrieb unverzichtbaren Dienstbehelf *Admiralty List of Radio Signals, Volume 5 (GMDSS)*, sollten herausgetrennt werden und immer gut ablesbar im Bereich der *GMDSS*-Anlage ausliegen bzw. an eine Pinwand geheftet werden.

(7) Abwicklung von Notverkehr im Funkfernschreibverfahren (Radiotelex)

Grundsätzlich bestimmt der Havarist im *DSC*-Notalarm, in welcher Betriebsart der Notverkehr abgewickelt werden soll. Im *MF*- und *HF*-Bereich darf der Notverkehr auch im Funkfernschreibverfahren durchgeführt werden. Entscheidet er sich für das Funkfernschreibverfahren (Radiotelex), erfolgt auch die Bestätigung des Notalarms im Funkfernschreibverfahren. Gearbeitet wird in der Regel im *FEC-Collective-Mode*. Bei dieser Betriebsart sendet immer nur eine Station, alle anderen Stationen stehen auf Empfang. Mit der Radiotelex-Bestätigung ist mindestens 2 min zu warten, damit auf allen Schiffen die Telex-Einrichtungen eingeschaltet werden können. Jede eigene Aussendung beginnt mit der Betätigung der *<Enter>*-Taste und endet mit der *<Break>*-Taste.

9.4 Weltweites Seenot- und Sicherheitsfunksystem (GMDSS)

Beispiel: Holstein / DLOF / 211206270 bestätigt den *DSC*-Notalarm (empfangen auf 2187,5 kHz) vom Havaristen Anita / DOAK / 211205940 per Radiotelex auf 2174,5 kHz im *FEC*-Verfahren „AN ALLE FUNKSTELLEN" *(FEC-Collective-Call)* (Funkspruch 9.4.10). Es folgt die Antwort des Havaristen (Funkspruch 9.4.11).

```
<Enter>
MAYDAY
211205940
DE (THIS IS)
211206270 / (Holstein)
RRR
MAYDAY
<Enter><Break>
```
Funkspruch 9.4.10: Bestätigung im Telexverfahren *(FEC-Collective)*

```
<Enter>
MAYDAY
Holstein
DE (THIS IS)
211205940 / Anita
UNDERSTOOD
<Enter><Break>
```
Funkspruch 9.4.11: Antwort des Havaristen *(FEC-Collective)*

Nach der Bestätigung erfolgt die Aufnahme des Notverkehrs normalerweise durch das Schiff in Not (Funkspruch 9.4.12).

```
<Enter>
MAYDAY
Anita / SELCALL 211205940
50-02 N  006-40 W (falls nicht im Alarm enthalten)
sinking
15 persons on board
2 persons seriously injured
medical assistance required
<Enter><Break>
```
Funkspruch 9.4.12: Telex-Notmeldung *(FEC-Collective)*

```
<Enter>
MAYDAY
Anita
DE (THIS IS)
Holstein
my position is 30 nm west of you, speed 16 kn,
I expect to reach you in 2 hours
we have a doctor on board
<Enter><Break>
```
Funkspruch 9.4.13: Telex-Hilfsangebot *(FEC-Collective)*

Im Weiteren kann das Hilfsfahrzeug (Holstein / 211206270) den Havaristen (Anita / 211205940) im *ARQ*-Verfahren rufen (SELCALL: 211205940), wenn es vorteilhaft ist. Dieser Funkverkehr kann jedoch von anderen Funkstellen nicht „mitgehört" werden. „Hilfsangebote" sollten deshalb im *FEC-Collective*-Verfahren gesendet werden (Funkspruch 9.4.13).

Zur Beendigung des Notverkehrs (Aufhebung der Funkstille) muss die steuernde Rettungsleitstelle eine Meldung im Funkfernschreibverfahren veranlassen. Beispiel: Hilfsfahrzeug Holstein / DLOF / 211206270 beendet den Notverkehr des „Notfalls" Anita / DOAK / 211205940 im *FEC-Collective*-Verfahren (Funkspruch 9.4.14).

```
<Enter>
MAYDAY
CQ (ALL STATIONS)
DE (THIS IS)
Holstein / (DLOF)
1700z Anita / DOAK / (211205940)
SILENCE FINI
<Enter><Break>
```
Funkspruch 9.4.14: Aufhebung der Funkstille *(FEC-Collective)*

(8) Notalarmierung, Notmeldung und Notverkehr über das *Inmarsat*-System

Aus A3-Seegebieten ist eine sichere Schiff-Land-Alarmierung mit den *GMDSS-Inmarsat*-Systemen *B, C, Mini-C* und *Fleet 77* möglich [9.4.4]. Während die C-Anlagen für Alarmierungen

9 Telekommunikation

in diesem Bereich nur das Telex-Betriebsverfahren zur Verfügung stellen, kann bei den übrigen Systemen auch das Sprechfunkverfahren gewählt werden. Funkverkehr vor Ort ist mit *Inmarsat*-Anlagen nicht möglich.

a) Notalarmierung und Notmeldung über *Inmarsat C*

Jede *Inmarsat C-CES* ist über zuverlässige Leitungen mit einer Rettungsleitstelle *(RCC)* verbunden. Viele *RCCs* sind außerdem mit *Inmarsat*-Anlagen ausgerüstet, über die sie mit anderen Rettungsleitstellen bzw. mit Schiffen in der Nähe des Havaristen kommunizieren können. So wird sichergestellt, dass die geforderte Hilfe so schnell wie möglich geleistet wird. Mit *Inmarsat C*-Anlagen kann auf zwei Wegen eine Notalarmierung durchgeführt werden.

- **„Schnellalarmierung":** Hierfür ist z. B. der *„Distress Button"* oder eine Tastenkombination am Transceiver mehrere Sekunden gedrückt zu halten bis die Alarmlampe zu blinken beginnt.
- **Alarmierung über das C-Terminal:** Die Aussendung des Notalarms wird bei jeder *C*-Anlage durch Blinken der roten Alarmlampe angezeigt. Ein sich anschließendes kontinuierliches Leuchten der Lampe bedeutet die Bestätigung des Alarms durch eine *CES*. Selbst bei laufendem Telexverkehr (Senden bzw. Empfangen) oder nicht eingeloggter Anlage ist eine „Schnellalarmierung" möglich. Ist die Anlage nicht eingeloggt, wird über die gesendete Position des Havaristen durch die *Network Coordination Station (NCS)* des Seegebietes die nächstgelegene Seenotleitstelle *(RCC)* informiert. Um zu verhindern, dass veraltete Angaben über die Position, den Kurs und die Geschwindigkeit gesendet werden, sollten diese Daten in kurzen Intervallen (max. 4 h) manuell aufdatiert oder von einem Navigationsempfänger übernommen werden. Als „Art des Notfalls" wird bei der „Schnellalarmierung" *„undesignated"* gesendet.

Die bildschirmgestützte Alarmierung erfolgt über den Menüpunkt *„Distress"*. Durch Auswahl der nächstgelegenen *CES* und der zutreffenden Art des Notfalls werden zielgerichtete Rettungsmaßnahmen beschleunigt. Gegebenenfalls werden landseitig weitere *RCCs* informiert. Nach der Alarmierung wird über dem *„common channel"* der jeweiligen *NCS* ein Arbeitskanal zwischen dem *RCC* und der *SES* an Bord des Havaristen eingerichtet, d. h. die Satellitenanlage an Bord muss auf diesen Kanal abgestimmt bleiben.

Zu beachten: Nach der Notalarmierung und während des Notverkehrs darf deshalb auf keinen Fall der Satellit gewechselt werden.

b) *Distress Priority Messages*

Eine *Distress Priority Message* beinhaltet eine genaue Beschreibung der Notfallsituation an Bord und der benötigten Hilfe. Sie wird nach der Alarmierung mit dem Texteditor am Terminal erstellt und über den Menüpunkt *„Transmit"* mit der Priorität *Distress* über die ausgewählte *CES* direkt zum angeschlossenen *RCC* geschickt. Weitere *Distress Priority Messages* sollen abgesetzt werden, wenn die Situation es erlaubt oder wenn die Notfallsituation sich ändert, z. B. wenn das Schiff verlassen werden muss.

c) Notalarmierung und Notmeldung über *Inmarsat B* und *Fleet 77*

Um Missverständnissen vorzubeugen, sollten die Notalarmierung und der Notverkehr im Telexbetrieb abgewickelt werden.

Telex-Notalarmierung über *Inmarsat B*: Im Seenotfall sind die folgenden Schritte (unter Beachtung der Bedienungsanleitung) durchzuführen:

- Anlage auf Telexbetrieb schalten,
- *„Distress Button"* drücken und mindestens 6 s gedrückt halten,
- Nummer der bestgeeigneten *CES* eingeben und mit *<Enter>* abschließen.

Es wird von der gewählten *CES* eine Verbindung mit einer Seenotleitstelle *(RCC)* hergestellt.

9.4 Weltweites Seenot- und Sicherheitsfunksystem (GMDSS)

Nach dem Erhalt der Kennung (Answerback) der Seenotleitstelle folgt das Kommando „GA+" *(go ahead)*.

Vom Havaristen ist jetzt die Notmeldung im angegebenen Format abzusetzen (Funkspruch 9.4.15). Nach der Notalarmierung ist die Telexleitung freizuhalten, damit das *RCC* jederzeit zurücktelexen kann.

```
<Enter>
MAYDAY
THIS IS [Schiffsname / Rufzeichen]
CALLING ON INMARSAT FROM POSITION
[Breite / Länge oder Peilung / Abstand]
MY INMARSAT MOBILE NUMBER IS .........
USING THE [Ocean Region] SATELLITE
MY COURSE AND SPEED ARE .........
NATURE OF DISTRESS: z.B.: grounding
ASSISTANCE REQUIRED: z.B.: tug assistance
OTHER INFORMATION (Angaben zur Unterstützung der Rettungsmaßnahmen)
```
Funkspruch 9.4.15: Telex-Notalarmierung – *Inmarsat B*

Telefonie-Notalarmierung über *Inmarsat-B* und *Fleet 77*: Im Seenotfall sind die folgenden Schritte (unter Beachtung der Bedienungsanleitung) durchzuführen:

– Handhörer aus der Halterung nehmen (nur *Inmarsat B*),
– „*Distress Button*" drücken und mindestens 6 s gedrückt halten,
– Mit dem Klingelton Handhörer aus der Halterung nehmen (nur *Fleet 77*),
– Anruf mit <#> abschließen.

Es wird von der eingestellten *CES* eine Verbindung mit einer Seenotleitstelle *(RCC)* hergestellt.

Die Seenotleitstelle meldet sich.

Vom Havaristen ist jetzt der Notanruf und die Notmeldung im folgenden Format abzusetzen (Funkspruch 9.4.16).

```
MAYDAY MAYDAY MAYDAY
THIS IS [Schiffsname / Rufzeichen]
CALLING ON INMARSAT FROM POSITION [Breite / Länge oder Peilung / Abstand]
MY INMARSAT MOBILE NUMBER IS .........
USING THE [Ocean Region] SATELLITE
MY COURSE AND SPEED ARE .........
NATURE OF DISTRESS: z.B.: grounding
ASSISTANCE REQUIRED: z.B.: tug assistance
OTHER INFORMATION (Angaben zur Unterstützung der Rettungsmaßnahmen)
```
Funkspruch 9.4.16: Notanruf und Notmeldung – *Inmarsat*-Telefonie

(9) Bedienung und Test der *EPIRB*

Die *EPIRB* ist im *GMDSS* als „zweite" Alarmierungseinrichtung vorgesehen. Beim Verlassen des Schiffes sollte die *EPIRB* möglichst in das Rettungsmittel mitgenommen werden. Für diesen Fall muss regelmäßig die sichere und schnelle Entnahme der *EPIRB* aus der Halterung geübt werden. Da die Freigabemechanismen an den Halterungen bei den einzelnen *EPIRB*-Herstellern sehr unterschiedlich funktionieren, ist bei einem Schiffswechsel die sichere Entnahme der *EPIRB* zu überprüfen.

EPIRBs sind mit etwa 30 % an den Fehlalarmen im *GMDSS* beteiligt. Als häufige Ursache ist die Fehlbedienung der Bake ermittelt worden. Wichtig ist es, die Bedeutung der folgenden vier Schalterpositionen im Bedienfeld der *EPIRB* zu kennen.

- **ARMED** (Schalterstellung während der Seereise):
  Die Bake ist einsatzbereit. Wird die Bake mit dem Status *ARMED* aus der Halterung genommen und kommen Kontakte an der Bake zusätzlich mit Wasser in Berührung, startet mit einer kurzen Verzögerung (bei einigen Typen nach wenigen Sekunden) der Notsender. Muss die Bake für Wartungsarbeiten oder zu Übungszwecken aus der Halterung genommen werden, ist der Schalter vor der Entnahme auf *OFF* zu stellen.
- **OFF** (Schalterstellung, wenn die Bake, außer im Seenotfall, aus der Halterung genommen werden muss):
  Für längere Transporte, z. B. für Service-Arbeiten beim Hersteller, ist zusätzlich die Batterie abzuklemmen (wenn möglich) oder die Bake ist in Aluminiumfolie zu wickeln.
- **TRANSMIT** oder **ON** (Schalterstellung für Sendebetrieb in der Halterung):
  Für eine sichere *EPIRB*-Notalarmierung in der Halterung ist zu prüfen, ob die notwendige freie „Rundumsicht" der Satellitenantenne sichergestellt ist. Bei mehreren Bakentypen ist nur außerhalb der Halterung eine optimale Abstrahlung der Notsignale garantiert, weil ihre Halterungen aus Metall die Aussendungen stören. Im Allgemeinen wird ein Mindestabstand von 1 m von Metallflächen gefordert.
- **TEST** (Schalterstellung zur Überprüfung der Batteriekapazität):
  Moderne Baken führen den Test automatisch durch. Einige Baken müssen zur Durchführung der Test-Funktion aus der Halterung genommen werden. Bei modernen Baken werden zusätzlich auch Elemente des Senders geprüft.

Zu beachten: Die an der *EPIRB* angebrachte Fangleine darf auf keinen Fall zur Sicherung der Bake am Schiff verwendet werden. Sie soll vielmehr im Seenotfall die *EPIRB* in der Nähe der Rettungsmittel halten. Bordseitig ist regelmäßig der Zustand des Wasserdruckauslösers zu kontrollieren. Er ist alle zwei Jahre auszutauschen. Dieser Wechsel ist mit Bordmitteln durchführbar. Der Austausch der Batterie (etwa alle sechs Jahre) erfolgt in der Regel durch eine Servicefirma an Land. Beim Transport ist die *EPIRB* so zu sichern, dass ein Sendebetrieb ausgeschlossen ist.

(10) Betrieb und Bedienung von *SAR* Radartranspondern *(SARTs)* im Seenotfall

SARTs arbeiten im X-Band (3 cm) und antworten nur auf Impulse von X-Band-Radaranlagen (Kap. 9.2 (2)). Eine möglichst gute Erkennbarkeit im Falle der manuellen (Knopfdruck) Aktivierung eines *SART* wird durch Beachtung folgender Hinweise erreicht.

a) Alarmaussendung – Start der *SART* durch Sendeimpulse der Radargeräte

Für die Alarmaussendung ist Folgendes zu beachten:
- Der aktivierte *SART* sollte möglichst hoch an einer dafür vorgesehenen Halterung angebracht sein und frei strahlen können.
- Die Nähe dämpfender Materialien – wie auch des menschlichen Körpers – verringert die Reichweite deutlich. Muss der *SART* mit der Hand gehalten werden, sollte er möglichst am gestreckten Arm über dem Kopf positioniert werden.
- Auf keinen Fall darf der Teil des *SART*, der die Antenne enthält, mit der Hand umfasst werden.
- Sind auf einem Fahrzeug oder Rettungsmittel mehrere *SARTs* vorhanden, sollte nur einer zur Zeit aktiviert werden, um Energie zu sparen und damit die Gesamteinsatzzeit zu vergrößern und um die Auswertbarkeit der Signale im Radar nicht durch mögliche Interferenzen einzuschränken.

b) Alarmentdeckung im Radar

Messbereich: Während der Suche nach einem *SART* ist es ratsam, einen Entfernungsmessbereich von 6 bis 12 sm zu benutzen. Die Ausdehnung des vollständigen *SART*-Signals beträgt

9.4 Weltweites Seenot- und Sicherheitsfunksystem (GMDSS)

etwa 7,5 sm. Für die eindeutige Identifikation ist es notwendig, eine gewisse Anzahl von Impulsen gleichzeitig zu beobachten, um das *SART*-Signal sicher von anderen Echos unterscheiden zu können.

Nebenkeuleneffekte: Bei dichter Annäherung an einen *SART* bewirken die Nebenkeulen der Radarantenne *SART*-Signale in Form einer Serie konzentrischer Bögen oder Kreise. Diese könnten gegebenenfalls durch die Verwendung der *„STC"*-Funktion (Kap. 2.6) beseitigt werden. Die Beobachtung der Nebenkeulen-Effekte ist aber hilfreich, da sie die Nähe eines *SART* zum Schiff bestätigen.

Tuning: Zur Erhöhung der Sichtbarkeit des *SART*-Signals bei Seegangsstörungen oder in der Nähe von Landechos kann das Radargerät verstimmt werden, um die Störungen zu verringern, ohne das *SART*-Antwortsignal zu schwächen. Bei der Verstimmung von Radargeräten ist Vorsicht geboten, da andere erwünschte Navigations- und Antikollisionsinformationen möglicherweise vollständig unterdrückt werden können. Die Abstimmung muss daher so schnell wie möglich auf Normalbetrieb zurückgestellt werden.

STC- und FTC-Einstellung: Bei starken Seegangsechos sind die ersten Signale einer *SART*-Antwort nicht immer erkennbar. Für das Erreichen der maximalen Ortungsreichweite eines *SART* ist die *STC*-Einstellung vorsichtig (!) zu optimieren. Dabei ist Vorsicht geboten, da andere natürliche Ziele unterdrückt werden können. Sind die ersten *SART*-Signale – unabhängig von der Einstellung der Seegangsenttrübung – nicht erkennbar, kann die Entfernung zur *SART*-Position gegebenenfalls durch Rückrechnen von der Position des 12. *SART*-Signals erfolgen. Die *„FTC"*-Funktion kann bei dem Versuch, einen *SART* in Schauerböen zu orten, benutzt werden. Als Grundeinstellung sollte *„FTC"* jedoch abgeschaltet werden, um schwache *SART*-Signale nicht zu unterdrücken.

(11) *DSC*-Betrieb – Dringlichkeitsverkehr im *VHF*- und *MF*-Bereich

Die Aussendung von Dringlichkeitsmeldungen erfolgt in zwei Stufen:

– Ankündigung mittels *DSC* (*DSC*-Dringlichkeitsanruf) an alle Funkstellen oder an eine bestimmte Funkstelle
  VHF (Kanal 70); *MF* (2187,5 kHz),
– Verbreitung der Meldung über Sprechfunk (Funkspruch 9.4.17)
  VHF (Kanal 16); *MF* (2182 kHz).

Bei Meldungen länger als 1 min ist ein Arbeitskanal, bzw. eine Arbeitsfrequenz zu nutzen.

```
PAN PAN  PAN PAN  PAN PAN
ALL STATIONS  ALL STATIONS  ALL STATIONS
THIS IS
Anita Anita Anita / DOAK / 211205940
my position is 180 degrees 1 mile from buoy number 10
I have been in collision and I am in no immediate danger, over
```
Funkspruch 9.4.17: Dringlichkeitsverkehr nach *DSC*-Ankündigung

Empfang von Dringlichkeitsanrufen und Dringlichkeitsmeldungen:

– *DSC*-Dringlichkeitsanrufe an alle Schiffe werden von *SeeFust* nicht bestätigt.
– *SeeFust* müssen den Sprechfunk-Empfänger auf den/die angegebene(n) Kanal/Frequenz(en einstellen, um die folgende Dringlichkeitsmeldung abzuhören.

9 Telekommunikation

(12) *DSC*-Betrieb – Sicherheitsverkehr im *VHF*- und *MF*-Bereich

Die Aussendung von Sicherheitsmeldungen erfolgt in zwei Stufen:

- Ankündigung mittels *DSC* (*DSC*-Sicherheitsanruf) an alle Funkstellen, an eine bestimmte Funkstelle oder an alle Funkstellen in einem bestimmten Gebiet *(area call)*
  VHF (Kanal 70); *MF* (2187,5 kHz),
- Verbreitung der Meldung über Sprechfunk (Funkspruch 9.4.18)
  VHF (im Regelfall Kanal 16); *MF* (2182 kHz).

Bei Meldungen länger als 1 min ist ein Arbeitskanal, bzw. eine Arbeitsfrequenz zu nutzen.

> SECURITE SECURITE SECURITE
> ALL STATIONS ALL STATIONS ALL STATIONS
> THIS IS
> Anita Anita Anita / DOAK / 211205940
> my position is 180 degrees 1 mile from buoy number 10
> engines are broken down
> I am anchoring in the north bound traffic lane
> request ships keep clear, out
>
> **Funkspruch 9.4.18: Sicherheitsverkehr nach *DSC*-Ankündigung**

Empfang von Sicherheitsanrufen und Sicherheitsmeldungen:

- *DSC*-Sicherheitsanrufe an alle Schiffe werden von *SeeFust* nicht bestätigt.
- *SeeFust* müssen den Sprechfunk-Empfänger auf den/die angegebene(n) Kanal/Frequenz(en) einstellen, um die folgende Sicherheitsmeldung abzuhören.

(13) Fehlalarme im *GMDSS*

Die hohe Zahl der Fehlalarme im *GMDSS* führt zu einer beträchtlichen Belastung der Seenotleitungen. Erhebliche negative Auswirkungen bei der Abwicklung von Notfällen können die Folge sein. Zur Reduzierung der Zahl der Fehlalarme hat die IMO die *„Richtlinien zur Vermeidung von Fehlalarmen"* [9.4.1] verabschiedet. Ergänzt werden die Richtlinien durch das vom *BSH* entwickelte *„Formblatt zur Meldung eines versehentlich ausgelösten Seenotalarms"*. Sowohl die Richtlinien als auch das Formblatt sind auf den Internetseiten des *BSH* unter www.bsh.de veröffentlicht.

a) Maßnahmen zur Vermeidung von Fehlalarmen an Bord

Die Gründe für die hohe Zahl der Fehlalarmierungen sind vielfältig. Ein hoher Prozentsatz der Fehlalarme wird z. B. durch schlecht gesicherte *„Distress"*-Tasten/Schalter und unlogische Bedienerführung hervorgerufen. Das Problem der Fehlalarme soll durch gemeinsame Anstrengungen der Gerätehersteller, der Verwaltungen der Länder und der Ausbildungseinrichtungen gelöst werden. Eine erhebliche Reduzierung lässt sich erreichen, wenn die folgenden Maßnahmen an Bord durchgeführt werden:

- Alle an Bord für die Aussendung von Seenotalarmen verantwortlichen *GMDSS*-Zeugnisinhaber müssen eingewiesen und befähigt sein, die auf dem Schiff vorhandenen Funkgeräte zu bedienen.
- Die in Seenotfällen für die Abwicklung des Funkverkehrs verantwortliche(n) Person oder Personen sollte(n) die erforderlichen Anweisungen und Informationen an alle Besatzungsmitglieder geben, die wissen sollten, wie *GMDSS*-Geräte zur Aussendung von Seenotalarmen zu benutzen sind.
- Während jedes Manövers *abandoning vessel* ist zu trainieren, wie Notgeräte zur Sicherung der *GMDSS*-Funktionen benutzt werden müssen.
- *GMDSS*-Geräte dürfen nur unter der Aufsicht der Person getestet werden, die in Notfällen für die Abwicklung des Funkverkehrs verantwortlich ist.

9.4 Weltweites Seenot- und Sicherheitsfunksystem (GMDSS)

- Es sind keine Tests und Übungen an *GMDSS*-Geräten zulässig, die zu Fehlalarmen führen können.
- Die in Satelliten-*EPIRBs* enthaltenen Kennungen, die vom *SAR*-Personal zur Reaktion auf Notfälle verwendet werden, müssen fehlerfrei in einer Datenbank registriert werden, die 24 h täglich oder automatisch den *SAR*-Stellen zur Verfügung steht.
- *EPIRB*-, *Inmarsat*- und *DSC*-Registrierdaten müssen unverzüglich aktualisiert werden, wenn der Name des Reeders oder des Schiffes, die Flagge oder ähnliche Angaben wechseln.
- Bei Neubauten ist der Aufstellungsort der *EPIRBs* im frühestmöglichen Stadium der Konzeption und der Konstruktion des Schiffes zu berücksichtigen.
- Satelliten-*EPIRBs* müssen in Übereinstimmung mit den Herstelleranleitungen durch qualifiziertes Personal installiert werden. Sie dürfen bei der Installation nicht beschädigt werden. Sie müssen frei aufschwimmen und automatisch ausgelöst werden, wenn das Schiff sinkt.
- Bei der Änderung der Kennung oder Wartung der Batterie sind die Herstelleranforderungen genauestens zu befolgen.
- Die Fangleine muss frei aufschwimmen können. Sie darf nur zur Sicherung der *EPIRB* an einem Überlebensfahrzeug oder einer Person im Wasser benutzt werden.
- *EPIRBs* dürfen nicht ausgelöst werden, wenn Hilfe bereits in absehbarer Kürze verfügbar ist.
- Nach einer Verwendung im Notfall ist die *EPIRB* – sofern möglich – zu bergen und auszuschalten.
- Beschädigte *EPIRBs* und *EPIRBs* von Schiffen, die zum Abwracken verkauft oder aus anderen Gründen nicht weiter verwendet werden, müssen durch Entfernen der Batterie unbrauchbar gemacht werden. Sie sind dem Hersteller zurückzugeben oder zu zerstören.
- *EPIRBs* sollten während des Transports zum Hersteller (z.B. für Wartungsarbeiten) in Aluminiumfolie eingewickelt werden, um die Aussendung von Zeichen während des Transports zu verhindern.

b) Rücknahme von Fehlalarmen

Wird versehentlich ein Notalarm ausgesendet, ist er **sofort (!)** zu widerrufen.

Rücknahme von *DSC*-Fehlalarmen im *VHF*-Bereich (Kanal 70):

- Sender sofort abschalten, wenn die Aussendung bemerkt wird,
- Anlage auf Kanal 16 schalten und
- Anruf „AN ALLE FUNKSTELLEN" mit der Angabe des Schiffsnamens, des Rufzeichens, der *MMSI* und Widerruf des Fehlalarms (Funkspruch 9.4.19).

```
ALL STATIONS  ALL STATIONS  ALL STATIONS
THIS IS
Holstein Holstein Holstein / DLOF / 211206270
PLEASE CANCEL MY DISTRESS ALERT OF 1700 UTC, out
```
Funkspruch 9.4.19: Widerruf auf Kanal 16 nach *DSC-VHF*-Fehlalarmierung

Rücknahme von DSC-Fehlalarmen im MF-Bereich (2187,5 kHz):

- Sender sofort abschalten, wenn die Aussendung bemerkt wird,
- Anlage auf 2182 kHz schalten und
- Anruf „AN ALLE FUNKSTELLEN" mit der Angabe des Schiffsnamens, des Rufzeichens, der *MMSI* und Widerruf des Fehlalarms (Funkspruch 9.4.20).

```
ALL STATIONS  ALL STATIONS  ALL STATIONS
THIS IS
Holstein Holstein Holstein / DLOF / 211206270
PLEASE CANCEL MY DISTRESS ALERT OF 1700 UTC, out
```
Funkspruch 9.4.20: Widerruf auf 2182 kHz nach *DSC-MF*-Fehlalarmierung

Rücknahme von *DSC*-Fehlalarmen im *HF*-Bereich

Die Rücknahme ist, wie für den *MF*-Bereich beschrieben, durchzuführen. Der Widerruf muss in allen Frequenzbereichen erfolgen, auf denen der Alarm ausgesendet wurde. Der Sender ist entsprechend nacheinander auf die Sprechfunkfrequenzen in den Bereichen 4, 6, 8, 12 und 16 MHz umzuschalten und abzustimmen.

Rücknahme von *Inmarsat-C*-Fehlalarmen

Es ist die zuständige Rettungsleitstelle durch die Aussendung einer *Distress Priority Message* (Funkspruch 9.4.21) über dieselbe Küsten-Erdfunkstelle über den Widerruf des Alarms zu informieren, über die der Fehlalarm ausgesendet wurde.

```
Holstein / DLOF / IMN: 421120627
53-33 N  009-57 E  101533 UTC
CANCEL MY INMARSAT C DISTRESS ALERT OF  101530 UTC
= Master+
```

Funkspruch 9.4.21: *Inmarsat C*-Telexmeldung nach *Inmarsat C*-Fehlalarmierung

Rücknahme von *EPIRB*-Alarmen:

Wenn eine *EPIRB* (Seenotfunkbake) unbeabsichtigt ausgelöst wurde, sollte das Schiff Verbindung mit der nächstgelegenen *KüFust* oder einer geeigneten Küsten-Erdfunkstelle oder einer Rettungsleitstelle aufnehmen und den Fehlalarm widerrufen.

Allgemeine Hinweise:

- Ungeachtet der vorab genannten Hinweise sollten Schiffe alle ihnen verfügbaren Mittel benutzen, um die zuständigen Stellen darüber zu informieren, dass ein Fehlalarm gesendet wurde und diesen widerrufen.
- Im Allgemeinen werden keine Maßnahmen gegen Schiffe oder Seeleute eingeleitet, die einen Fehlalarm melden oder widerrufen. Im Hinblick auf die ernsten Auswirkungen von Fehlalarmen und das strikte Verbot solcher Aussendungen können die Verwaltungen jedoch wiederholte Verstöße gegen diese Bestimmungen strafrechtlich verfolgen.
- Die versehentliche Auslösung und Rücknahme eines Notalarms müssen in das Funktagebuch oder das Seetagebuch eingetragen werden. Außerdem sollte das *Formblatt zur Meldung eines versehentlich ausgelösten Seenotalarms* aussagekräftig ausgefüllt und an das *BSH* geschickt werden.

c) Überprüfen der Not- und Sicherheitsfrequenzen von *DSC*-Anlagen

- Die Funktionsfähigkeit der *VHF-DSC*-Anlage(n) ist durch *DSC*-Anrufe im öffentlichen Verkehr zu überprüfen. Sind keine geeigneten Funkstellen in *VHF*-Reichweite, kann die eigene „gedoppelte" Anlage gerufen werden. Test-Aussendungen auf Kanal 70 sind nicht gestattet.
- Die *DSC*-Not- und Sicherheitsruffrequenzen im *MF*- und *HF*-Bereich sind durch wöchentliche Testanrufe an geeignete *KüFust* zu prüfen. In der Bedienerführung der Geräte gibt es einen Menüpunkt „Test". Die ausgewählte *KüFust* bestätigt den Anruf mittels *DSC*. Eine weitere Verkehrsabwicklung erfolgt nicht.
- Die Überprüfung von *VHF-DSC*-Anlagen und die Durchführung der Testanrufe im *MF*- und *HF*-Bereich sind in das Funktagebuch oder das Seetagebuch einzutragen.

Das Autorenteam

Prof. Dr. Bernhard Berking

Studium der Physik und Promotion (1968) an der TU Braunschweig, Habilitation an der Uni Hamburg (1975). Dozent (1973–1980) und Professor (1980–2005) an der HAW Hamburg. Visiting Professor (1985–2005) an der World Maritime University (WMU). Leiter der Schifffahrtskommission der Deutschen Gesellschaft für Ortung und Navigation (DGON) (1984–2003). Arbeitsschwerpunkte: Maritime Ausbildung und technische Navigation.

Prof. Ralf Brauner

Studium der Meteorologie mit Nebenfach Ozeanographie an der Universität Hamburg. Von 1992 bis 2009 Mitarbeiter beim Deutschen Wetterdienst in Hamburg mit Schwerpunkt Wettervorhersage für Schifffahrt, Teilnahme an zahlreichen Expeditionen auf den Forschungsschiffen „Polarstern" und „Meteor" und auf der Forschungsstation Neumayer in der Antarktis. Seit 2009 Professor für Maritime Meteorologie und Informatik an der Jade Hochschule (FH Wilhelmshaven/Oldenburg/Elsfleth).

Kapitän Hans-Hermann Diestel

Berufsausbildung bei der Deutschen Seereederei Rostock (DSR), Studium an der Seefahrtschule Wustrow. Fahrzeit als Nautischer Wachoffizier seit 1963, Kapitän 1971, Leiter der Seeunfalluntersuchung in der Chefinspektion der DSR 1985–1989, Designated Person Ashore 1999–2005. Seit 2005 Auditor ISM Code und Leiter von Seminaren für die Weiterbildung von Kapitänen und nautischen Offizieren (Reisevorbereitung, Bridge Resource Management, Fahren in schwerem Wetter).

Autorenvitae

Kapitän Prof. Werner Huth

Berufsausbildung bei der Hamburg-Amerika-Linie, Ausbildung an der Hamburger Seefahrtschule zum Schiffsoffizier und Kapitän, Fahrzeit als Schiffsoffizier bei der Hapag-Lloyd AG. Von 1973 bis 2006 Lehrtätigkeit am Fachbereich Seefahrt der FH Hamburg (später Institut für Schiffsbetrieb, Seeverkehr und Simulation ISSUS) u.a. in den Fächern Manövrieren, Navigation und Schiffsführung. 21 Jahre Sprecher des Fachbereichs bzw. Geschäftsführender Direktor ISSUS. Über 30 Jahre tätig in der Seeunfalluntersuchung (Seeamt Hamburg, Bundesoberseeamt) und als Sachverständiger für diverse Gerichte.

Prof. Dr.-Ing. Jürgen Majohr

1956–1962 Studium der Hochfrequenztechnik und Elektroakustik an der TU Ilmenau. 1962–1971 Entwicklungsingenieur für elektronische Schiffsführungsanlagen im Funkwerk Berlin-Köpenick. 1963–1969 apl. wiss. Aspirantur und Promotion. 1971–1988 wiss. Oberassistent und Dozent an der Hochschule für Seefahrt Warnemünde/Wustrow (HfS). 1981 Habilitation. 1989–1992 a.o. Professor für Technische Systeme der Navigation. 1992–1996 Bereich Seefahrt der Universität Rostock, seit 1996 Lehraufträge für maritime Elektronik, Sensorik und Regelung. Seit 1995 Inhaber des Ingenieurbüros für Verkehrstechnik und Automation (IAT).

Dipl.-Ing. Ralf-Dieter Preuß

Ausbildung zum Diplom-Ingenieur für Nachrichtentechnik an der Technischen Universität Hannover. Von 1983–1995 für die Wasserstraßenverwaltung der Bundesrepublik Deutschland tätig, zunächst im Entwurf von Spezialschiffen, dann in der Betreuung von technischen Einrichtungen. Seit 1995 beim Bundesamt für Seeschifffahrt und Hydrographie (BSH) u.a. für RADAR, Funk-Kommunikation und AIS zuständig. Teilnahme am Projekt BAFEGIS und aktiv im Standardisierungsprozess für das AIS. Leiter des akkreditierten Navigationslabors des BSH, verantwortlich für Prüfung und internationale Entwicklung von Navigationssystemen.

Dipl.-Ing. Jochen Ritterbusch

Studium der Elektrotechnik an der Technischen Universität Braunschweig. 1988–2000 Entwicklungsingenieur bei der SAM Electronics GmbH im Bereich maritime Navigations- und Kommunikationssysteme. Seit 2003 beim Bundesamt für Seeschifffahrt und Hydrographie (BSH) für Navigationssysteme zuständig. 2006 Übernahme der Sachgebietsleitung „Navigationssysteme, Satellitennavigation".

Autorenvitae

Dipl.-Wirt.-Ing. Günter Schmidt

Berufsausbildung bei der Reederei Hapag-Lloyd AG. Studium am Fachbereich Seefahrt der Fachhochschule Hamburg, Fahrtzeit als Nautischer Wachoffizier, Studium See- und Hafenwirtschaft an der Universität Hamburg. 1988–2006 Lehrtätigkeit am Fachbereich Seefahrt/Institut ISSUS der Hochschule für Angewandte Wissenschaften Hamburg (HAW), seit 2007 an der Fachhochschule Flensburg in den Fachgebieten Navigation, Telekommunikation und Meteorologie.

Prof. Dr. Christoph Wand

Ausbildung als NOB/NOA und Nautikstudium in Bremen. Seefahrtzeit als Nautischer Offizier und Kapitän auf Schwergutschiffen, Mehrzweckfrachtern und Großseglern. Nebenberufliche Studien in Mathematik und Physik (Dipl. Math.) in Bremen, Hagen und Münster und Theologie und Philosophie (Dr. Theol.) in Münster. Seit 1998 Professor für Technische Schiffsführung am Fachbereich Seefahrt in Elsfleth. Präsident des Verbands Deutscher Kapitäne und Schiffsoffiziere.

Prof. Dr. Ralf Wandelt

Nautik-Studium am Fachbereich Seefahrt in Elsfleth, Seefahrtzeit als nautischer Wachoffizier, Studium der Physik und Ozeanographie an den Universitäten Oldenburg und Kiel. Promotion in Theoretischer Physik, Wissenschaftlicher Mitarbeiter am Alfred-Wegener-Institut für Polar- und Meeresforschung in Bremerhaven und an der Universität Oldenburg. Seit 1995 Professor für Physik und Schiffstheorie am Fachbereich Seefahrt in Elsfleth.

Prof. Hanno Weber

Nautische Patente in Hamburg. Borderfahrung auf Handelsschiffen in allen Bereichen vom Schiffsjungen bis zum Kapitän.
Jurastudium und 2. Staatsexamen in Hamburg. Lehrtätigkeit von 1973 bis 2003 in Schifffahrtsrecht am Fachbereich Seefahrt der Fachhochschule Hamburg/HAW Hamburg.

Autorenvitae

Dipl.-Ing. (FH) Kapitän Gert Weißflog

Vollmatrose bei der Deutschen Seerederei Rostock (DSR). Studium an der Seefahrtsschule Wustrow und an der IH für Seefahrt Warnemünde/Wustrow (Dipl.-Ing.) mit dazwischenliegender und anschließender Fahrzeit als nautischer Offizier auf verschiedenen Schiffen der DSR. Ab 1975 zehnjährige Lehrtätigkeit an der IH für Seefahrt Warnemünde/Wustrow in der Aus- und Weiterbildung von Nautikern, danach Fahrzeiten auf Schiffen der DSR und Tätigkeit in nautischen Inspektionen der DSR. Ab 1992 Lehrtätigkeit am Fachbereich Seefahrt der Hochschule Wismar, Fachschulbildungsgänge Nautik (bis 2009).

Dipl.-Ing. Stefan Wessels (OStR)

Berufsausbildung und Fahrzeit als Schiffsmechaniker, Studium Schiffsbetrieb an der FH Hamburg, Fachbereich Seefahrt. Fahrzeiten als Schiffsbetriebsoffizier, 1. Offizier und Kapitän bei Hapag-Lloyd Containerline und Reederei Briese. Seit 2000 Lehrtätigkeit an der Staatlichen Seefahrtschule Cuxhaven in der nautischen Fachschulausbildung, Leitung des Schiffsführungssimulators.

Abkürzungs- und Formelverzeichnis

Abkürzung	Erläuterung
a	Abweitung
AAIC	Accounting Authority Identification Code
Abl	Ablenkung
Abl	Magnetkompass-Ablenkung (als Formelzeichen δ_{Mg})
ABZ	Allgemeines Betriebszeugnis für Funker
ACC	Actual Course Change Indication, aktuelle Ankündigung einer Kursänderung
AFC	Automatic Frequency Control
AIS	Automatic Identification System
Answerback	Zusätzliche Kennung einer Telex-Einrichtung bei der Nachrichtenübermittlung
AOR-E	Atlantic Ocean Region East
AOR-W	Atlantic Ocean Region West
ARCS	Admirality Raster Chart Service
ARQ	Automatic Repetition Request
b	Breitenunterschied in Seemeilen (Breitendistanz)
Bf	Beschleunigungsfehlerberichtigung 1. Art
BG Verkehr	Berufsgenossenschaft für Transport und Verkehrswirtschaft
BIIT	Built-in integrity test; Selbsttestfunktion
BMVBS	Bundesministerium für Verkehr, Bau und Stadtentwicklung
BRM	Bridge Resource Management
BRZ	Brutto-Raumzahl
BS	Beschickung für Strom
BSH	Bundesamt für Seeschifffahrt und Hydrographie
BTM	Bridge Team Management
BW	Beschickung für Wind
CD	Compact Disc
CEP	Circular error probability (Fehlerkreisradius)
CES	Coast Earth Station
CFAR	Constant Failure Alarm Rate
CFR	Code of Federal Regulations
COG	Course over Ground; Kurs über Grund
COLREG's	Convention on the International Regulations for Preventing Collisions at Sea
COSPAS	Cosmicheskaya Sistyeme Poiska Avariynich Sudov
CPA	Closest Point of Approach
CSS	Co-Ordinator Surface Search
CTD	Cross Track Distance, Querabweichung von der Sollbahn
C UP	Course Up
d	Distanz
D-GPS	Differential-Global Positioning System

Abkürzungs- und Formelverzeichnis

Abkürzung	Erläuterung
DGPS	*Differential Global Positioning System*
DGzRS	Deutsche Gesellschaft zur Rettung Schiffbrüchiger
drms	*Distance root mean square* (Mittlerer Punktfehler)
DSC	*Digital Selective Calling*; Digitaler Selektivruf im Seefunk
EBL	*Electronic Bearing Line*
ECC	*Early Course Change Indication*, frühzeitige Ankündigung einer Kursänderung
ECDIS	*Electronic Chart Display and Information System*
ECS	*Electronic Chart System*
EGC	*Enhanced Group Call*
EL	Wassertiefe unter Kiel bei Echolotung
EM-Log	Elektromagnetisches Log
ENC	*Electronic Navigational Chart*
EPIRB	*Emergency Position Indicating Radio Beacon*
ETA	*Estimated time of arrival*
f	Gezeitenfaktor
FAG	Gesetz über Fernmeldeanlagen (Fernmeldeanlagengesetz)
FD	Falldauer
FdW	Fahrt durchs Wasser
FEC	*Forward Error Correction*
Ff	Fahrtfehler
Ff	Fahrtfehlerberichtigung (als Formelzeichen δ_{Kr})
FTC	*Fast Time Constant*
FU	*Follow Up Rudder Control* – Folgeregelung des Ruders
FüG	Fahrt über Grund
GEOSAR	*Geostationary Search and Rescue System*
GMDSS	*Global Maritime Distress and Safety System*; Weltweites Seenotfunksystem
GOC	*General Operator's Certificate*
GPS	*Global Positioning System*
GT	*Gross Tonnage*
GW	Grenzwelle
H	Höhe der Gezeit, Leuchtfeuerhöhe
HDLC	*High Level Data Link Control*; Datenübertragungsprotokoll
HDOP	*Horizontal Dilution of Precision*
HF	*High Frequency*
HSC	*High Speed Craft*, Hochgeschwindigkeitsfahrzeug
HUG	Höhenunterschied Gezeit
H UP	*Head Up*
HWH	Hochwasserhöhe

Abkürzungsverzeichnis

Abkürzungs- und Formelverzeichnis	
Abkürzung	**Erläuterung**
HWZ	Hochwasserzeit
ICS	International Chamber of Shipping
IEC	International Electrotechnical Commission
IHO	International Hydrographic Organisation
IMN	Inmarsat Mobile Number
IMO	International Maritime Organization
Inmarsat	International Mobile Satellite Organisation
INS	Integriertes Navigationssystem
IOR	Indian Ocean Region
IR	Interference Rejection
ISB	Internationales Signalbuch
ISM	International Safety Management Code
ITU	International Telecommunication Union
KdW	Kurs durchs Wasser
KN	Karten-Null
KrA	Kreisel-A
KrFw	Kreiselkompassfehlweisung
KrK	Kreiselkompasskurs
KrN	Kreisel-Nord
KrP	Kreiselkompasspeilung
KrR	Kreisel-R
KT	Kartentiefe
KüFust	Küstenfunkstelle
KüG	Kurs über Grund
KVR	International Regulations for Preventing Collisions at Sea 1973; Kollisionsverhütungsregeln
KVZ	Küstenverkehrszone
LEOSAR	Low-altitude Earth Orbit System for Search and Rescue
LES	Land Earth Station
LP	Long Pulse
LRC	Long Range Certificate
LRIT	Long Range Information and Tracking; System zur Identifizierung von Schiffen über große Entfernungen
LUT	Local User Terminal
Master Plan	Veröffentlichung der IMO, die weltweit die GMDSS-Einrichtungen beschreibt
MCC	Mission Control Centre
METAREA	Meteorological Area
MF	Medium Frequency
MgK	Magnetkompasskurs

Abkürzungsverzeichnis

Abkürzungs- und Formelverzeichnis	
Abkürzung	**Erläuterung**
MgN	Magnetkompass-Nord
MgP	Magnetkompasspeilung
MID	Maritime Identification Digit
MKD	Minimum Keybord and Display; Bedienpanel für AIS
MMSI	Maritime Mobile Service Identity; Rufnummer des mobilen Seefunkdienstes
MP	Medium Pulse
MRCC	Maritime Rescue Coordination Centre
MSI	Maritime Safety Information
Mw	Missweisung
mwK	missweisender Kurs
mwN	missweisend Nord
mwp	missweisende Peilung
n	Höhenwinkel in Bogenminuten
NAVAREA	Vorhersage- und Warnbereich für koordinierte Aussendung von nautischen Warnnachrichten
NAVTEX	Navigational Warnings by Telex
NCS	Network Coordination Station
NfS	Nachrichten für Seefahrer
NFU	Non Follow Up Rudder Control – Zeitsteuerung des Ruders
NL-Filter	Nichtlineares Filter
NMEA	Internationaler Standard zum Austausch von digitalen maritimen Sensordaten
NOC	Network Operations Centre
N UP	North Up
NWH	Niedrigwasserhöhe
NWZ	Niedrigwasserzeit
OOW	Officer Of the Watch
OSC	On Scene Co-ordinator
PI	Parallel Indexing
PID-Regler	Proportional-, Integral-, Differential-Regler
POR	Pacific Ocean Region
PPU	Personal Pilot Unit; Lotsen-Terminal
PRF	Pulse Repetition Frequency
PSC (O)	Port State Control (Officer)
Q-Gruppen	Mit dem Buchstaben „Q" beginnende Codierungen für den Funkdienst, festgelegt in der VO Funk
RACON	RAdar BeaCON
RADAR	Radio Detection and Ranging
Radiotelex	Terrestrisches Telexverfahren über Frequenzen im MF-(GW-) und HF-(KW-)Bereich
RCC	Rescue Co-ordination Centre

Abkürzungs- und Formelverzeichnis

Abkürzung	Erläuterung
RCDS	Raster Chart Display System
RENC	Regional ENC Coordination Centre
RM	Relative Motion
RNC	Raster Navigational Chart
ROC	Restricted Operator's Certificate
RoT	Rate of Turn – Drehrate
RR	Radio Regulations (deutsche Fassung: VO Funk)
RTK	Real Time Kinematic
rwK	rechtweisender Kurs
rwN	rechtweisend Nord
RX	Receiver
S-52	Special Publication No. 52 (IHO): Colour and Symbols Specifications for ECDIS
S-57	Special Publication No. 57 (IHO): Transfer Standard for Digital Hydrographic Data
S-61	Special Publication No. 61 (IHO): Product Specification for RNCs
S-63	Special Publication No. 57 (IHO): Data Protection Scheme
SA	Selective Availability
SAR	Search And Rescue, Suche und Rettung
SARSAT	Search And Rescue Satellite Aided Tracking
SART	Search and Rescue Radar Transponder
SchSV	Schiffssicherheitsverordnung
SD	Steigdauer
See-BG	See-Berufsgenossenschaft (jetzt BG Verkehr)
SeeFust	Seefunkstelle
SeeSchStrO	Seeschifffahrtsstraßen-Ordnung
SENC	System ENC
SES	Ship Earth Station
SITOR	Simplex Telex over Radio
SMCP	Standard Marine Communication Phrases
SMS	Safety Management System
SOG	Speed over Ground; Geschwindigkeit über Grund
SOLAS	International Convention for the Safety of Live at Sea
SOTDMA	Self-organized Time Division Multiple Access; zeitgesteuertes Zugriffsverfahren
SP	Short Pulse
SPS	Standard Positioning Service
SRC	Short Range Certificate
STC	Sensitivity Time Control
STCW	International Convention on Standards of Training, Certification and Watchkeeping for Seafarers

Abkürzungs- und Formelverzeichnis

Abkürzung	Erläuterung
STCW-Ü	Internationales Übereinkommen von 1978 über Normen für die Ausbildung, Erteilung von Befähigungszeugnissen und den Wachdienst von Seeleuten
S-VDR	*Simplified Voyage Data Recorder* (vereinfachter Schiffsdatenschreiber)
TCPA	*Time to the closest Point of Approach*
TF	Tidenfall
TH	Tidenhub
THD	*Transmitting Heading Device*, Kursübertragungseinrichtung
TKG	Telekommunikationsgesetz
TM	*True Motion*
TMHD	*Transmitting Magnetic Heading Device*, Kursübertragungseinrichtung mit Magnetfeldsensor
TR	*Travel Report*
Transceiver	Kunstwort aus Transmitter und Receiver
TS	Tidenstieg
TX	Sender
UKHO	*United Kingdom Hydrographic Office*
UKK	*Under Keel Clearance*
UKW	Ultrakurzwelle
UNLOCODE	*United Nations Code for Trade and Transport Locations*
USB	*Universal Serial Bus* (serielles Bussystem zwischen Computer mit externen Geräten)
UTC	*Universal Time Coordinated*
v	Schiffsgeschwindigkeit
V	Geschwindigkeit der Erde am Äquator (900 Knoten)
$\vec{V_A}$	Absolute Geschwindigkeit des Eigenschiffs A
$\vec{V_B}$	Absolute Geschwindigkeit des Fremdschiffes B
$\vec{V_{Br}}$	Relative Geschwindigkeit des Fremdschffes B
VDR	*Voyage Data Recorder* (Schiffsdatenschreiber)
VHF/UKW	*Very High Frequency*/Ultrakurzwelle
VO Funk	Vollzugsordnung für den Funkdienst
VRM	*Variable Range Marker*
VTG	Verkehrstrennungsgebiet
VTS	*Vessel traffic service*; Verkehrszentrale
WARC	*World Administrative Radio Conference*
WGS 84	*World Geodetic System 1984*; geodätische Bezugssystem
WMO	*World Meteorological Organization*
WOP	*Wheel Over Point*, Ruderlegepunkt
WPT	*Waypoint*, Wegpunkt
WT	Wassertiefe
WWNWS	*World-Wide Navigational Warning Service*

Abkürzungs- und Formelverzeichnis

Abkürzung	Erläuterung
ZUG	Zeitunterschied Gezeit
φ	Geografische Breite
$\Delta\varphi$	Breitenunterschied als Winkel
Φ	Vergrößerte Breite
$\Delta\Phi$	Vergrößerter Breitenunterschied
λ	Geografische Länge
$\Delta\lambda$	Längenunterschied als Winkel
ℓ	Längenunterschied in sm (Äquatormeridiandistanz)
α	Kurswinkel
σ	Standardabweichung, Fehler

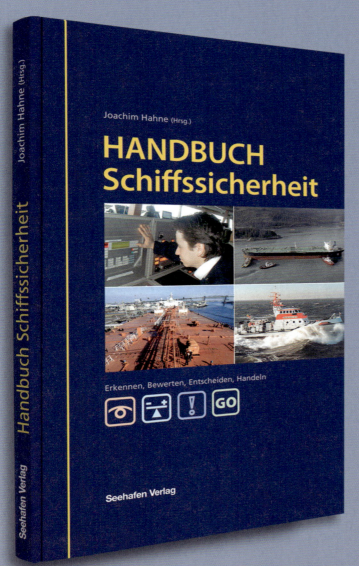

Für eine höhere Sicherheit im Seeverkehr

Herausgeber und Leiter des Autorenkollektivs: Prof. Dr.-Ing. habil. Joachim Hahne

Schiffssicherheit: Erkennen – Bewerten – Entscheiden – Handeln

Das Handbuch Schiffssicherheit ist eine hilfreiche Grundlage zur Gestaltung eines effektiven Safety Managements, insbesondere zum Notfallmanagement für die Bewältigung von unmittelbaren Gefahren auf See. Anschauliche Darstellungen, detaillierte Fallbeispiele und konkrete Handlungsvorschläge unterstreichen die Praxisnähe dieses Handbuchs. Bestellen Sie jetzt Ihr Exemplar, um im Notfall sicher und richtig zu handeln!

Technische Daten: ISBN 3-87743-815-6, 472 Seiten, Format 170 x 240 mm, Hardcover
Preis: € 58,- + inkl. MwSt. zzgl. Versandkosten

Weitere Informationen und das komplette Inhaltsverzeichnis finden Sie unter www.schiffundhafen.de/sicher

Seehafen Verlag

Literaturverzeichnis

[1.1.1] ICS: Bridge Procedure Guide (Fourth Edition 2007)
[1.1.2] US Government: Code of Federal Regulations (CFR)
[1.1.3] IMO: International Safety Management Code (ISM)
[1.1.4] Checklisten im ICS: Bridge Procedure Guide (Fourth Edition 2007)
[1.1.5] IMO: Safety Management System (SMS)
[1.1.6] DDR Seekammer: Unfall MS „Heinz Kapelle"
[1.2.1] IMO: SOLAS Chapter V Rule 34
[1.2.2] United Kingdom Hydrographic Office (UKHO): Chart 5500
[1.2.3] IMO: Guidelines for Voyage Planning A 893(21)
[1.2.4] BSH: Handbuch für Brücke und Kartenhaus, Kap. 5 „Richtlinien für die Reiseplanung"
[1.2.5] BSH: Nachrichten für Seefahrer (NfS)
[1.2.6] BRD: Schiffssicherheitsgesetz vom 9.9.98, zuletzt geändert durch 11. SchSAV vom 7.4.10
[1.2.7] Bundesoberseeamt Hamburg W1/97 (1)
[1.2.8] Landgericht Hamburg 413 O 93/06 (2)
[1.2.9] Landgericht Stade 32Cs-141 Js 1764/02 (3)
[1.2.10] IMO: Ship Management System (SMS)
[1.2.11] United States Naval Oceanographic Office: Atlas of Pilot Charts
[1.3.1] IMO: STCW Code
[1.3.2] BRD: Gesetz über das Seelotswesen vom 13.9.1984, zuletzt geändert 28.7.2008
[1.4.1] See-BG: Bekanntmachung der Richtlinien zur Beschaffung und Darstellung von Manövrierinformationen vom 24.4.1989
[1.4.2] IMO: Provision and Display of Manoeuvring Information on Board Ships A.601(15) vom 19.11.1987
[2.1.1] IHO: INT1 Symbols, Abbreviations, Terms Used on Charts, Monaco 2005
[2.1.2] Birr, H.; Kuschinsky, S.; Uhlig, L.: Leitfaden der Navigation – Terrestrische Navigation, Transpress VEB Verlag für Verkehrswesen, Berlin 1968
[2.1.3] Meldau, O.; Steppes, O.: Lehrbuch der Navigation, Arthur Geist Verlag, Bremen 1963
[2.1.4] Hame, R.: Sphärische Trigonometrie, Ehrenwirth Verlag, München 1995
[2.1.5] Dietrich, G.; Kalle, K.; Krauss, W.; Siedler., G.: Allgemeine Meereskunde, Bornträger Verlag, Berlin 1975
[2.1.6] Huth, W.: Navigation für die Sport- und Berufsschifffahrt, DSV-Verlag, Hamburg 1998
[2.2.1] Damm, K.; Irminger, P.; Schultz, H.; Wand, C.: Sporthochseeschifferschein; Delius-Klasing, Bielefeld 2006
[2.2.2] Damm, K.; Irminger, P.; Schultz, H.; Wand, C.: Übungen und Aufgaben – Sporthochseeschifferschein, Delius-Klasing, Bielefeld 2007
[2.2.3] DSV-Verlag (Hrsg.): Begleitheft, Hilfsmittel für Ausbildung und Prüfung zum Sportseeschifferschein und Sporthochseeschifferschein, Hamburg 2005
[2.2.4] Lütjen, J.; Stein, W. (Hrsg.): FULST Nautische Tafeln, Bremen 1981
[2.2.5] Blange, A. G. (Hrsg.): Norie's Nautical Tables, St. Ives, Cambridgeshire (GB) 1994
[2.2.6] US Hydrographic Office: Sight Reduction Tables; Pub. No. 249, Vol. 1 Selected Stars. Downloads kostenlos: http://pollux/nss.nima.mil/pubs/

Literaturverzeichnis

[3.1.1] Berking, B.: Satellitennavigation und GPS; Up-to-date Weiterbildung Nr. 50, Hamburg 1990

[3.1.2] Ackroyd, N.; Lorimer, R.: Global Navigation – A GPS User's Guide, London 1990

[3.1.3] IMO: Performance Standards for Shipborne GPS Receiver Equipment, Res. MSC.112(73), 2000

[3.1.4] Volpe, A.: Vulnerability Assessment of the Transportation Infrastructure Relying on GPS; US DOT 2001

[3.1.5] IMO: Performance Standards for Shipborne Galileo Receiver Equipment; Res. MSC.112(73), 2000

[3.1.6] Bundesministerium für Verkehr-, Bau und Wohnungswesen: Deutscher Funknavigationsplan, 2005

[3.2.1] IMO: Carriage requirements for shipborne navigational systems and equipment, SOLAS, Chapt. V, Reg. 19, 2008

[3.2.2] IMO: SOLAS Chapt. V, HSC-Code, Annex 19, 2008

[3.2.3] Majohr, J.; Cramer, S.; Nobst, K.; Uhlig, L.: Leitfaden der Navigation – Technische Systeme, Transpress Verlag für Verkehrswesen, Berlin 1979

[3.2.4] DIN 13312: Navigation – Begriffe, Abkürzungen, Formelzeichen, Symbole, Beuth-Verlag, Berlin 2005

[3.2.5] IMO: Performance Standards For Gyro-Compasses, Res. A.424(XI), 1979

[3.2.6] IMO: Performance Standards For Gyro-Compasses For High-Speed Craft, Res. A.821/19, 1995

[3.2.7] IMO: Magnetic Compasses, Carriage and Performance Standards, Res. A.382(X), 1977

[3.2.8] IMO: Performance Standards for Marine TMHDs, Res. MSC.86(70) Annex 2, 1998

[3.2.9] IMO: Performance Standards for Marine THDs, Res. MSC.116(73), 2000

[3.3.1] IMO: Performance Standards For Echo-Sounding Equipment, Res. MSC.74 (69) Annex 4, 1998

[3.3.2] IMO: Performance Standards for Devices to Measure and Indicate Speed and Distance, Res. MSC96 (72), 2000

[3.3.3] Mansfeld, W.: Satellitenortung und Navigation, 2. Auflage, Friedr. Vieweg & Sohn Verlag, Wiesbaden 2004

[4.1.1] Hecht, H.; Berking, B.; Büttgembach, G.; Jonas, M.: Die Elektronische Seekarte, Wichmann-Verlag, Heidelberg 1999. ISBN 3-87907-303-1

[4.1.2] Hecht, H.; Berking, B.; Büttgembach, G.; Jonas, M.; Alexander, L.: The Electronic Chart, 2nd ed., GITC-Publisher, Lemmer (NL) 2006. ISBN 90-806205-7-2

[4.1.3] IMO: Performance Standards for ECDIS, Res. 232(82), 2006

[4.1.4] Primar, IC-ENC: Facts about Electronic charts and Carriage requirements, 2nd ed., 2007

[4.1.5] EU – Paris MOU: Guidelines for PSCOs on Electronic Charts, Den Haag 2001

[4.1.6] IMO: Intern. Convention for Standards for Certification, Training and Watchkeeping (STCW), 2010

[4.1.7] IMO: Model Course 1.27: The Operational Use of ECDIS, 2000. ISBN 92-801-6112-1

[4.2.1] IMO: Performance Standards for Radar Equipment, Res. MSC.192(79), 2004

[4.2.2] IMO: Guidelines for the Presentation of Navigation-related Symbols, Terms and Abbreviations, SN/Circ.243, 2004

[4.2.3] IMO: Performance Standards for the Presentation of Navigation-related Information, Res. MSC.191(79), 2004

[4.2.4] IMO: Interim Guidelines for the Presentation and Display of AIS Target Information, SN/Circ. 217, 2001

[4.2.5] National Imagery and Mapping Agency: Radar Navigation and Maneuvering Board Manual; Pub 1310, 7th ed., 2001

[4.2.6] IMO: Convention on the International Regulations for Preventing Collisions at Sea (Colregs), 1972

[4.2.7] Bole, A.; Dineley, W. O: Radar and ARPA Manual, Butterworth Heinemann, 2nd ed., Amsterdam Boston 2005

[4.2.8] Ohlrogge, E.: Angewandte Radarkunde, DSV-Verlag, Hamburg 2001

[4.3.1] IMO: Recommendation on Performance Standards for an Universal AIS, Res. MSC.74(69) Annnex 3, 1998

[4.3.2] IMO: Guidelines for the onboard operational use of Shipborne AIS, Res. A.917(22), 2001

[4.3.3] IMO: Guidelines for the installation of a Shipborne AIS, SN/Circ.227, 2003

[4.3.4] UNLOCODE: http://www.unece.org/cefact/locode/service/main.htm

[5.1.1] Majohr, J.: Mathematisches Modellkonzept für Kurs- und Bahnregelstrecken für Schiffe, Schiffbauforschung, S. 75–89, Rostock 1985

[5.1.2] DIN EN ISO 11674: Selbststeueranlagen, Beuth-Verlag, Berlin 2002

[5.1.3] Markert, M.; Buch, T.: Hand- und Selbststeueranlage HSA 5 – eine neue Generation, Ortung und Navigation, H.2, S. 231–244, Düsseldorf 1992

[5.1.4] IMO: Performance Standards for Heading Control Systems, Res. MSC 64(67) Annex3, 1996

[5.1.5] IMO: Use of Heading and/or Track Control Systems, SOLAS Chapt. V, Reg. 24–26, 2008

[5.2.1] IMO: Performance Standards for Track Control Systems, Resolution MSC.74(69) Annex 2, 1998

[6.1.1] IMO: Performance Standards for INS, Res. MSC.252(83), 2007

[6.2.1] IMO: Performance Standards for Shipborne VDRs, Res. A. 861(20),1997

[6.2.2] IMO: Performance Standards for Shipborne S-VDRs, Res. MSC.163(78), 2004

[6.2.3] IMO: Amendments to the Performance Standards for Shipborne VDRs and Performance Standards for Shipborne S-VDRs, Res. MSC.214(81), 2006

[7.1.1] Autorenteam Seewetteramt: Seewetter, Hamburg (2009)

[7.1.2] Meyers Lexikonredaktion: Meyers Kleines Lexikon der Meteorologie, Mannheim/Wien/Zürich (1987)

[7.1.3] Liljequist, G. H.; Cehak, K.: Allgemeine Meteorologie, Berlin (1984)

[7.1.4] Autorenteam Seewetteramt: Der kleine Wolkenatlas, Hamburg (2007)

[7.1.5] Brauner, R.; Böhme, L.; Kleine Jäger, F.: Lehrbuch für die Prüfung zum amtlichen Sportküstenschifferschein

[7.2.1] Deutscher Wetterdienst (DWD): Leitfaden Nr. 8, Synoptische Meteorologie, Offenbach (1990)

[7.2.2] Tibbs, C.: Das Wetter, Bielefeld (2008)

[7.2.3] World Meteorological Organisation (WMO): Coastal Winds – Marine Met. and Related Ocean. Activities Report No. 21, WMO-TD-No. 275, Genf (1988)

[7.3.1] Nieuwolt, S.; McGregor: Tropical Climatology, Wiley (1998)

[7.4.1] King, J. C. ; Turner, J.: Antarctic Meteorology and Climatology, Cambridge (1997)

[7.4.2] Rassmussen, E. A.; Turner, J.: Polar Lows, Cambridge (2003)

[7.4.3] Turner, J.; Pendlebury, S.: The International Antarctic Weather Forecasting Handbook, Cambridge (2004)
[7.5.1] Meteorological Office: The Marine Observer's Handbook, London (1995)
[7.5.2] Autorenteam Seewetteramt: Wetter and Bord, Hamburg (2005)
[7.5.3] United Kingdom Hydrographic Office (UHKO): Admiratly List Vol 5, GMDSS
[7.6.1] Brauner, R.; Dentler, F.-U.; Kresling, A.; Seifert, W.: Strom, Seegang, Gezeiten, Hamburg (2003)
[7.6.2] Dietrich, G.; Kalle, K.; Krauss, W.: Allgemeine Meereskunde, Stuttgart (1992)
[7.6.3] Osborne, A.: Freak waves in Random Oceanic States, Phys. Review Letters, USA (2001)
[7.6.4] Rosenthal, W.: Rogue waves – Forecast and impact on marine structures, WP1/EU-Projekt, Hamburg (2002)
[7.6.5] World Meteorological Organisation (WMO): Guide to Wave Analysis and forecasting, Genf (1998)
[7.6.6] Bundesamt für Seeschifffahrt und Hydrographie: Atlas der Gezeitenströme in der Deutschen Bucht, Hamburg (1983)
[7.6.7] Bundesamt für Seeschifffahrt und Hydrographie: Atlas der Gezeitenströme für die Nordsee, den Kanal und die britischen Gewässer, Hamburg (1963)
[7.6.8] World Meteorological Organisation (WMO): Sea-Ice Nomenclature. WMO-No.259, Genf (1970)
[7.7.1] World Meteorological Organisation (WMO): Operational Techniques for Forecasting Tropical Cyclone Intensity and Movement, WMO-No. 528, Genf (1976)
[7.7.2] World Meteorological Organisation (WMO): World Weather Watch, Hurricane Operational Plan, WMO-No. 524, Genf (1985)
[7.8.1] Müller, J.; Krauss, J.: Handbuch für die Schiffsführung, Band I, Teil A, Berlin 1983
[7.8.2] Scharnow, U.; Berth, W.; Keller, W.: Maritime Wetterkunde, Berlin (1991)
[8] Cockcroft; Lahmeijer: A Guide to the Collision Avoidance Rules, Oxford (UK) 6. A. 2004/2007
[8] van Dokkum; Klaas: Ship Sailing Rules, Enkhuisen (Niederlande) 2005
[8] Farwell, R. F.: Farwell's Rules of the Nautical Road, Annapolis, Maryland (USA) 2005
[8] Gilbert; W. L.; Parker, J. C.: Managing Collision Avoidance at Sea, London 2007
[8] Graf; Steinicke: Seeschiffahrtsstraßen-Ordnung, Bielefeld, 4. A. 2009
[8] Hilgert; Schilling: Kollisionsverhütung auf See (Teil 1), Rostock 1992
[8] Marsden on Collisions at Sea, London 12. A. 1997/2003
[8] Röper, H. J.: Bahnführungs- und Manöverentscheidungen – Verantwortung an Bord bei Einflußnahme durch VTS (zur „Maritimen Verkehrssicherung"), ORTUNG UND NAVIGATION 1995, S. 244
[8] Weber, H.: Zum Begriff „sichere Geschwindigkeit" in der Nebelfahrt, Hansa 1984, S. 1628
[9.1.1] IMO: Amendments to the 1974 SOLAS Convention concerning Radiocommunications for the Global Maritime Distress and Safety System, 1989
[9.1.2] BSH: Handbuch Nautischer Funkdienst, jährlich
[9.1.3] The United Kingdom Hydrographic Office: Admiralty Lists of Radio Signals", Volume 1–6, Taunton, Somerset, alle zwei Jahre
[9.1.4] BSH: Internationales Signalbuch (ISB), amtliche Ausgabe 1969, 1995
[9.1.5] Waugh, I: The Mariner's Guide to Marine Communications, 2nd edition, London 2007

Literaturverzeichnis

[9.3.1] BSH: IMO Standard Marine Communication Phrases (IMO-SMCP), deutsch/englische Fassung, 2003

[9.3.2] IMO: "Standard Marine Communication Phrases", Resolution A1.918(22), 2002

[9.3.3] Deutsche Bundespost Telekom: Handbuch Seefunk, 6. Ausgabe, Bonn 1994

[9.3.4] International Telecommunication Union (ITU): Manual for use by the Maritime Mobile and Maritime Mobile-Satellite Services, edition 2005, Genf 2005

[9.4.1] IMO: Manual on the Global Maritime Distress and Safety System (GMDSS Manual), 2007 edition, 2007

[9.4.2] IMO: NAVTEX Manual, 2005 edition, 2005

[9.4.3] IMO: International SafetyNET Manual, 2003 edition, 2003

[9.4.4] Inmarsat Customer Services: Inmarsat Maritime Communications Handbook, Issue 4, London 2002

Stichwortverzeichnis

A

Ablenkspur 174
Ablenkung der Magnetnadel 64
Ablenkungskurve 127
Ablenkungstabelle 127
Ablenkungswinkel 273
Abstandsmessung zwischen Schiff und
 Objekt 71
Abstrahlwinkel 136
Abweitung 53
Admirality List of Lights and
 Fog Signals 89, 90
Admirality Raster Chart Service (ARCS) 146
Admiralty Sailing Directions 88, 90
Admiralty Tidal Stream Atlases 87
Admiralty Tide Tables (ATT) 83
AFC, Automatic Frequency Control 180
Agulhasstrom 296
AIS 195, 209
AIS Class B 219
AIS Ship Report 212
AIS-Aussendungen 212
AIS-Komponenten 210
AIS-Tracking 200
AIS-Zielkategorien 215
AIS-Zugriffsverfahren 209
Aktivierte Sollbahn 231
Alarmierungssysteme 385
Alert-Eskalierung 240
Alert-Management 239
Alerts 239
Alter der Gezeit 80
Altocumulus castellanus 274
Analysekarten 283
Anemometer 252
Aneroidbarometer 247
Anfangs- und Endkurs 59
Ankern 356
Anrufvorbereitungen 372
Anschlussort 82
Ansteuerungstonne 46
Anti Clutter Rain 164, 182
Anti Clutter Sea 164, 181
Antizyklone 268
Äquatorialer Gegenstrom 295
ARCS, Admiralty Raster Chart Service 146

Area calls 391
ARPA 197
Aufgaben des wachhabenden Offiziers
 (OOW) 19
Aufgabenverteilung im BRM 18
Aufstellungsfehler eines
 Kreiselkompasses 66
Auftriebswasser 296
Ausguck 327
Ausläufer von Warm- und Kaltfront 261
Auslegung der allgemeinen
 Rechtsbegriffe 321
Ausweichmanöver 311
Automatic Frequency Control (AFC) 180
Automatic Radar Plotting Aid 197
Automatic Tracking Aid 197
Autopilot 220
Azimut 94, 100, 104
Azimutale Auflösung 170
Azimutalprojektion 50

B

Back up navigator alarm 232
Bahnführung, automatische 225
Bahnkontrolle 17
Bahnplanung 228
Bahnregelung 160, 228, 237
Barisches Windgesetz 249
Barometer/-graphen 247
Beaufortskala 252
Behinderungsverbot 321, 330, 331, 340
Beobachteter Ort 70
Berichtigungen der Navigation 91
Beschickung für Strom 67
Beschickung für Wind 66
Beschleunigungsfehler 125
Beschleunigungsfehlerberichtigung 123, 124
Besteckrechnung nach Mittelbreite 53
Besteckrechnung nach vergrößerter
 Breite 55
Besteckversetzung 75
Betonnungssysteme 45
Bezugsort (Standard Port) 82
Bezugssysteme, geografische 89, 114
Bleib-weg-Signal 357
Blindsektoren 173

Stichwortverzeichnis

Blocking-Effekt 136
Bodeneffekt 340
Bodenreibung 250
Bodenwetterkarten 283
Böenfronten 276
Böenwalze 272
Bora 270
Bow Crossing Range (BCR) 194
Bow Crossing Time (BCT) 194
Brechungsindex 171
Breitenparallele 48
Breitenunterschied in Bogenminuten 53
Bridge Order Book 19
Bridge Resource Management (BRM) 11, 12, 18
Bridge Team Management (BTM) 11
Brückenorganisation 12
Brückenprozeduren 162

C

Canadian Ice Service 303
Chart datum 110, 114
Chart Radar 142, 205, 206
Checklisten für eine sichere Seewache 14
Cirrusbewölkung 262
Clean sweep 182
Clear scan 182
Closest Point of Approach (CPA) 193
Cloud cluster 304
Cold, warm eddies 296
Consistent common reference system 237
Corioliskraft 249
COSPAS-SARSAT-System 388
Course Up-Modus 178
Cross track distance (CTD) 229
Cut-off-Effekt 260

D

Datenintegrität 237
Dauerruder 223
Deklination 94
Dienstbehelfe 364
Differenzial-GPS (DGPS) 107
Diffuse Reflexion 168
Display-Kategorien 151
Doppel-Horizontalwinkelmessung 74
Doppelpeilung 74

Doppler-Effekt 131, 134
Doppler-Fahrtmessanlagen 134
Doppler-Frequenzverschiebung 131, 138
Doppler-Logge 134
Drehfähigkeit 222
Drehradius 220
Drehrate 220
Drehraten- oder Radiusregelung 225
Dringlichkeitsmeldungen 382
Dringlichkeitsverkehr 401
Dringlichkeitszeichen 382
Druckgradientkraft 248
DSC-Betrieb 393, 401
DSC-Seefunkanlagen 366
Ducting 172
Dünung 289
Düseneffekt 272

E

Easterly Wave 280, 304
Ebbe 82
Ebenes Kursdreieck 54
ECDIS 139, 140
ECDIS, Grenzen von 153, 154
ECDIS Voyage recording 160
ECDIS-Alarme 158
ECDIS-Ausrüstungsvorschriften 141
ECDIS-Funktionen (Übersicht) 150
ECDIS-Training 143
Echo averaging 182
Echo enhancement 182
Echo expansion 182
Echo stretching 182
Echoanzeigen, indirekte 173
Echogramm 133
EGC-Empfänger 372
Egg Code 301
Eingeschränkte Sicht 326
Einschwingzeit 123, 125
Einschwingzustand 125
Einzel-Gefahrentonne 47
Eisberg 301
Eisbildung 299
Eisbrei 300
Eiskarten 301
Ekman-Spirale 296
Electronic Bearing Line (EBL) 183
Electronic Chart System (ECS) 140

Stichwortverzeichnis

Electronic Navigational Chart (ENC) 144
Electronic Plotting Aid 197
Elektromagnetische Fahrtmessanlage 136
Elektronische Kreiselkompasse 122
Emsmündung 348
ENC (Electronic Navigational Chart) 140
ENC Updating 149
ENC Usages 145
ENC-Verschlüsselung 149
ENC-Versorgung 149
Enges Fahrwasser 331
Entgegengesetzte Kurse 336
EPIRB 399
Erfassung, automatische von
   Radarzielen 200
Etesien 270
Extremwellen 293

F

Fahrbare Viertel 312
Fahrenheit 253
Fahrrinnen 331
Fahrt durchs Wasser 68, 135, 136
Fahrtfehler 65
Fahrtfehlerberichtigung 124
Fahrtfehlerberichtigung,
   automatische 123, 124
Fahrt über Grund 68, 136
Fahrwasser 351
Faksimile 283
Falldauer 82
Fallwinde 270
Fangleine 400
Faseroptik-Kreisel 129
Fehlalarme 402
Fehlerdreieck 77
Fehler durch Blasenbildung 134
Fehlerkreis 112
Fehlweisung 63, 123
Fernmeldegeheimnis 365
Festeis 300
Fetch 291
Feuer in der Kimm 72
Fischende Fahrzeuge 326, 334
Flüssigkeits-(Fluid-)kompass 127
Flüssigkeitslager, hydrodynamische 122
Flut 82
Fluxgate-Kompass 127

Freak waves 293, 296
Frequenzen des GMDSS 392
Frequenzzuteilung 363
Frontgewitter 275
FTC-Einstellung 401
FTC-Regler 164, 182
Funkausrüstung 361
Funkfernschreibverfahren 368, 396
Funkstellen 362
Funktagebuch 404

G

Gain 164, 180
GALILEO 116
Gefahr 324
Gefahr eines Zusammenstoßes 328
Gefährliches Viertel 306
Genauigkeitsstaffelung 77
Genauigkeit terrestrischer Ortsbestimmungs-
   verfahren 75
Geografische Breite und Länge 48, 49
Geostrophischer Wind 250
Geostrophisches Windlineal 285
Gesamtbeschickung 99
Geschwindigkeit, sichere 328, 341, 355
Gewitter 274
Gezeiten 77, 297
Gezeitenerzeugende Kräfte 77
Gezeitenstromatlanten 87
Gezeitenströme 77, 87
Gezeitentafeln 88
GFS 287
Gierfilter 224
Gipfeleisberge 303
GLONASS 118
GMDSS-Betrieb 392
GMDSS (Global Maritime Distress and Safety
   Systems) 385
Gnomonische Projektion 50
Golfstrom 296
GPS 106
GPS-Empfänger 109, 110
GPS-Fehlereinflüsse 115
GPS-Genauigkeit 111
GRIB-Daten 287
Großkreis 50
Großkreiskarte 62
Großkreisrechnung 57

Group calls 391
Growler 303
GTS
   (Global Telecommunication System) 282
Güter, gefährliche 351

H

Halbmonatliche Ungleichheit der Gezeit 79
Halbtägige Gezeiten 299
Halo 262
Hand-Automatik-Schalter 221
Handbuch für Brücke und Kartenhaus 88, 90
Handsprechfunkgeräte 368
HDOP (Horizontal Dilution of Precision) 113
Head Up-Modus 178
Hektopascal 247
Hochdruckgebiet 258, 267
Hochnebeldecke 269
Hoch- und Niedrigwasser 78
Hochwasserhöhe 82
Hochwasserzeit 82
Höhentrog 260
Höhenwinkelmessung 71
Horizontalwinkelmessung 72
Hydrodynamische Flüssigkeitslager 122

I

Ideales Tief 260
Identifizierung von Steuerparametern 222
Impulsdauer 166
Impulsfolgefrequenz 167
Impulskompression 208
Impulslänge 166, 180
Impulsperiode 167
Indexbeschickung 95
Indirekte Echoanzeigen 173
Inklination 126
Inmarsat A 369
Inmarsat B 369
Inmarsat C 369
Inmarsat Fleet 77 369
Inmarsat Mini C 369
Integrierte Navigationssysteme (INS) 129, 235
Integrierte Positionsempfänger 118
Interference Rejection 176, 182
Interswitch 177
Intertropische Konvergenzzone 277

ISB 365
Isobaren 248
Isobarendrängung 265
Isochronenmethode 314
Isogonen 63
Isohypsen 259
Istruderwinkel 221

J

Jetstream 259

K

Kaltfront 260, 261
Kaltwassernebel 255
Kanal 16 376
Kanarenstrom 295
Kapeffekt 272
Kardinalzeichen 47
Karte 1 (INT 1) 88
Kartendatenstandards
   ~,S-52 140
   ~,S-57 140
   ~,S-63 140
Kartentiefe 82
Katabatische Winde 281
Kaventsmann 293
Kennung von Leuchtfeuern 44
Kippfehler 95
Klimarouten 313
Klima-, Witterungs- und
   Wetternavigation 313
Kollisionsgefahr 344
Kollisionsrisiko 328, 338
Kollisionsverhütungsregeln 348
Kompass 119
Kompasskontrolle 65, 104
Kompasskurs 63
Kompassregulierung 126
Kompassrose 63
Konvergenz 274
Koordinatensystem 93
Koppelort 70
Korrelation 166
Kräftefreie Kreisel 119
Kreisel mit Dämpfungseinrichtung 121
Kreisel-A 66, 123
Kreiselkompass 65, 119, 121

Stichwortverzeichnis

Kreiselkompassfehlweisung 123
Kreiselkugel 121
Kreisel-R 123
Kreuzpeilung 74
Kreuzsee 290
Kritische Kursänderungen 196
Kugeldreieck 58
Kugelkompasse 127
Kurs durchs Wasser 67
Kurs über Grund 67
Kursabweichungsalarm 227
Kursbeschickung 62
Kursgleiche 49
Kurshalter 337
Kursmessanlagen 119
Kursregeleinrichtung 221
Kursregelstrecke 221
Kursregelung (heading control) 220, 229
Kursübertragseinrichtung 128
Kursüberwachungsalarm 227
Küstenführung 273
Küstenmeer 321, 349
Küstenverkehrszonen 334

L

Land-Seewind-Zirkulation 276
Landwind 276
Längenunterschied
 in Bogenminuten 53
Lateralsystem 46
Leitfeuer 45
Leuchtfeuer 44
Leuchtfeuerverzeichnisse 90
Long pulse 169, 180
Look-ahead-Alarme 158
LORAN-C 118
Lotse 320
Lotsenanschluss 211
Lotsenkarte (Pilot Card) 41
Lotsenübernahme 12
Lotung 73
Loxodrome 49
Loxodromisches Kugeldreieck 54
Luftdruck 247
Luftdruckabfall 264
Luftdruckmessung 248
Luftdrucktendenzen 264
Luftfeuchte 253

Luftmassengewitter 274
Luftmassengrenze 259
Luftsäule 247
Lufttemperatur 253

M

Magnetisches Erdfeld 126
Magnetkompass 126
Magnetkompassablenkung 126
Magnetkompasskurs 126
Magnetkompass-Nord 126
Magnetron 163
Manövrierbehindert 326, 340
Manövrierunfähig 326, 340
Mariner's Handbook (NP100) 90
Maritime Verkehrssicherung 351
Markante Tröge 265
Maschinenfahrzeuge 326
Matched-Filter-Korrelation 208
Mayday Relay 382
Medium pulse 169, 180
Meereis 299
Meeresströmungen 294
Mehrfachecho 174
Mehr-Kompasssysteme 129
Meltemi 270
Mercator-Karte 52
Meridiane 48
Meridianschnittpunkte 60
Meridiansuchendes
 Kreiselsystem 119
Messbereich (Range) 181
Meteorologische
 Begriffe 287
Meteorologische
 Einflüsse 80
Meteorologische
 Reiseplanung 312
Mischsegeln 60
Missweisend Nord 126
Missweisender Kurs 126
Missweisung 63, 126
Mistral 269
Mittelbreite 54
Mittzeit 80
MKD 210, 211
Monatskarten 283, 295, 313
Mondtag 79

Monsun 278
Mutterkompass 121

N

Nachlauffehler 204
Nachleuchtschleppen 187, 191
Nachrichten für Seefahrer (NfS) 91
Nahauflösung eines Ziels 132
Nahbereichslage 342
Nahechodämpfung 181
Navigation Control data 238
Navigations-Echolote 131
Navigieren mit einem Lotsen an Bord 37
NAVTEX 286, 371, 389
Nebelarten 255
Nebenkeulen 174
Nebenkeuleneffekte 401
Nebenzipfelechos 174
Nenntragweite 44
New Technology Radar 207
Niedrigwasserhöhe 82
Niedrigwasserzeit 82
Nilas 300
Nippzeit 80
NOAA 146
Nomogramm 285
Nordäquatorialstrom 295
Nordatlantikstrom 295
Normalatmosphäre 171
North Up-Modus 178
Notalarmierung, Notmeldung
    und Notverkehr 397
Notices to Mariners (NTM) 89, 91
Notverkehr 378, 380, 394
NT-Radar 207
Nullmeridian 49

O

Objekt-Attribut-Struktur 144
Objekt-Geometrie-Bezug 145
Ocean Passages 313
Officer Of the Watch
    (wachhabender Offizier) 12
Okklusion 261
Optimale Route 315
Ort aus zwei Höhen 97
Orten 342

Orthodrome 50
Ortsbestimmung 73
Ortungsreichweite 130
Override Tiller 226
Override-Funktion 233, 238

P

Packeis 300
Pampero 272
Parallel Indexing 184
Passate 278
Past Positions 187
Peilung 70
Permits 139
Pick Report 154
Pilot Card 41
Pilot Charts 283, 295, 313
Plotten 187, 342
Plotthilfen 197
Polar Lows 281
Polardiagramm 316
Polarfront 258
Polynjas 281
Port State Control 143
Positionsgenauigkeit 112
Positionssensoren 106
Prediction 159
Presseisrücken 300
Propeller-Log 138

Q

Quellwolken 257

R

Racon 206
Radar 163
Radar maps 205
Radarabstandsmessung 183
Radarkeule 169
Radarpeilung 183
Radarreichweite 170
Radarüberlagerung 161
Radarzielen,
    automatische Erfassung von 200
Radiale Auflösung 169
Radiosonde 282

Stichwortverzeichnis

Radiotelex 396
Randtiefs 265
Range 181
Raster Navigational Chart (RNC) 140, 146
Rasterkarten 147
Rate of Turn (ROT) 195
Rauschgrenze 180
RCDS (Raster Navigation Chart) 140
Rechtweisender Kurs 53, 63
Reference target 202
Refraktion 170
Regionale Windsysteme 269
Reguläre Reflexion 168
Reichweite
 von Navigations-Echoloten 132, 135
Reiseplan, Erstellung 35
Reiseplanung,
 Funktion und Ziele der 21, 30, 155
Reiseplanung zur Lotsenübernahme 36
Reiseüberwachung 156
Relative Feuchte 254
Relative Motion 179
Richtcharakteristik (Schallkeule) 131
Richtfeuer 45
Richtwirkung 132
RNC (Raster Navigational Chart) 140, 146
Roaring Forties 262
Rossbreiten 278
Route im Reiseplan 32
Route Monitoring 156
Routencheck 156
Routenkonstruktion 155
Routingprogramme 314
Routingservice 287
Rückfallpositionen
 (fall back arrangements) 233
Rückseitenwetter 264
Ruder 221, 223
Ruderanlage 229
Rudergänger 355
Ruderwinkelbegrenzung 227
Rufnummern des mobilen
 Seefunkdienstes 363
Rufzeichen der deutschen SeeFust 363
Ruhekursanzeige 125

S

Safety contour 153

SafetyNET Service 390
Saffir-Simpson-Scale 310
Sanitätstransporte 384
SAR Radartransponder (SARTs) 400
SART (Search And Rescue Radar
 Transponder) 207, 371
Satelliten und Signale 108
Satelliten-EPIRBs 370
Satellitenfunksysteme 387
Satellitenkompass 128
Satelliten-Log 138
S-Band 165, 166
Schallabsorption 130
Schallfrequenzen 130, 132
Schallgeschwindigkeit 130, 136
Schallwelle 130
Schattensektoren 173
Scheitelpunkt des Großkreises 60
Schichtwolken 257
Schiffskurs 119
Schiffsmagnetfeld 126
Schiffsschraube, Drehen der 356
Schiffsunfall 357
Schiffszeitkonstante 222
Schleppfehler 127
Schleuderpsychrometer 254
Schlingerfehler 122, 125
Schnellalarmierung 398
Schnelleinschwingung 123
Schnittwinkel 75
Schönwetterperiode 262
Schuler-Periode 120, 125
Scirocco 270
Secondary port 82
Seefunkzeugnisse 361
Seegang 288
Seegebiete 386
Seehandbücher 90
Seekarten 89
See-Kartennull 82
Seemännische Praxis 323
Seemeile 53
Seenotfall 378
Seeschifffahrtsstraßen 348
Seeverkehrsrecht 319
Seewetterberichte 286
Seewind 276
Seezeichen 44
Segelfahrzeuge 334

Seiches 299
Selbststeueranlage 220
Selective Availability 114
Selektivrufsystem (DSC) 387
SENC (System Electronic Navigational Chart) 140
SENC-Verteilung 149
Sendefrequenz 135
Sextant 95
Short pulse 169, 180
Sichere Schiffsführung 24
Sicherheitsmeldungen 384
Sicherheitsverkehr 402
Sicherheitszeichen 384
Sicherheitszone 321
Sicht, verminderte 326, 340, 352
Sichtweite 44, 255
SMCP (Standard Marine Communication Phrases) 373
Solid State Radar 207
Sollruderwinkel 221
SOTDMA-Prinzip 209
Southerly Buster 272
Sphärisches Dreieck 58
Sprechfunkanruf 374
Sprechfunkdienst 372
Springverspätung 80
Springzeit 80
Squall-lines 276
Standard port 82
Standardredewendungen 373
Standing Order 19
Standlinie, astronomische 70, 101
Stationäre Hochdruckgebiete 268
Statistische Unsicherheit 111
Staudruck-Log 138
STC-Einstellung 401
STC-Regler 164
STCW-Code 327
Stehende Peilung 191
Steigdauer 82
Stereografische Projektion 50
Steuerbordseite des Fahrwassers 349
Steuerparameter 222
Strahlungsnebel 255
Stratosphäre 253
Stricheinteilung 63
Stromdreieck 68
Strömungskreis 294

Stundenwinkel 94
Stützruder 223
Subgeostrophische Windgeschwindigkeit 250
Subrefraktion 171
Subtropenhoch 258
Supergeostrophische Windgeschwindigkeit 250

T

Tafel- und Gipfeleisberge 301, 303
Tägliche Ungleichheit der Gezeit 80
Target Swop 203
Target Tracking 197
TCPA (Time to Closest Point of Approach) 193
Teiltief 266
Telefonie-Notalarmierung 399
Terrestrische Ortsbestimmung 70
THD (Transmitting Heading Devices) 128
The Mariner's Handbook 88
Tide 82
Tidenfall 82
Tidenhub 79, 82, 299
Tidenstieg 82
Tiefausläufer 261
Tiefdruckgebiete 259
Tiefenalarm 133
Tiefenauflösung 132
Tiefeninformationen 152
Tiefenmessanlage 131
Tiefenmessbereich 133
Tiefen- und Fahrtmessung 130
Tiefgangbehinderte Maschinenfahrzeuge 326
Tochterkompass 121
Tragflüssigkeit 122
Tragweite von Leuchtfeuern 44
Trails 187, 191
Trial manoeuvre 196
Trichterschwimmer 122
Trog 260, 264
Trogstaffel 264
Tropen 277
Tropische Störung 280
Tropischer Orkan 280, 305
Tropischer Sturm 280
Tropischer Wirbelsturm 307
Tropisches Tief 280

Stichwortverzeichnis

Tropopause 253
Troposphäre 252
True Motion 179
Tune 164, 180
Tuning 401

U

Überholen eines Fahrzeugs 335, 353
Überholmanöver auf einem Revier 42
Unmittelbare Gefahr 329
Unterreichweite 171
Urpassat 278
Usages 152

V

Variable Range Marker 183
Vektordaten 144
Vektoren 187
Verantwortung des Kapitäns 15
Vereisung 282
Vergangenheitspositionen 187
Vergrößerte Breite 55
Vergrößertes Kursdreieck 56
Verkehrsabwicklung im Notfall 381
Verkehrstrennungsgebiet 320, 333
Verordnung zu den KVR 319
Versegelungspeilung 74
Vertrauensgrundsatz 319
Vorfahrt 354, 355
VTS-Zentralen 218

W

Wachdienst 322
Warmfront 260
Warmwassernebel 255
Warnnachrichten 389
Wasserflugzeug 340
Wasserhosen 276
Wasserstandsänderungen 272
Wasserstandserhöhung 299
Wassertiefe 82, 131
Wegabhängiges Handsteuersystem 221
Wegerechtschiffe 351
Wegpunkte 228

Wegpunktliste 156
Wellenbildung 259, 260
Wellenhöhe 288
Wellenlänge 130, 288
Wellenperiode 288
Westwinddrift 262
Wettergeschehen 262
Wetterkarten 283
Wetterlage 286
Wetter-Routing 314
Wetterstationen 282
Wettervorhersagemodell 284
WGS-84 114
Wheel-Over-Point 29
White wall 293
Wiederkehr von Leuchtfeuern 44
Winddrehung 264
Windgeschwindigkeit 251
Windrichtung 251
Windsee 289
Windwirklänge 291
Wirbelsturm 279, 304
Wirkdauer des Windes 291
Wirtschaftliches Fahren 314
Witterungsnavigation 313
Wolken 256
World Meteorological Organisation (WMO) 282

X

X-Band 165, 166

Z

Zeitabhängiges Handsteuersystem 221
Zentrifugalkraft 250
Zielextraktion 198
Zielverfolgung 197
Zielvertauschung 203
Zugbahnen der tropischen Zyklone 308
Zweikreiselverband 121
Zweistrahlverfahren (Janusprinzip) 135
Zweitauslenkungsecho 175
Zylinderentwurf 50